Günter Seyfferth

Praktisches Baustellen-Controlling

Aus dem Programm Bauwesen

Baukalkulation und Projektcontrolling
von E. Leimböck, U. R. Klaus und O. Hölkermann

Baubetriebslehre – Projektmanagement
von P. Greiner, P. E. Mayer und K. Stark

Architekten und Ingenieure als Generalplaner
von J. F. Kemper

Praktisches Baustellen-Controlling
von G. Seyfferth

Bauaufträge erfolgreich akquirieren
von S. Arnold

Bautagebuch
von W. Daub

Bilanzen und Besteuerung von Bauunternehmen
von E. Leimböck

Rückbau von Plattenbauten
von H.-P. Unruh und A. Nagora

vieweg

Günter Seyfferth

Praktisches Baustellen-Controlling

Handbuch für Bau- und Generalunternehmen

vieweg

Bibliografische Information Der Deutschen Bibliothek
Die Deutsche Bibliothek verzeichnet diese Publikation in der Deutschen Nationalbibliografie; detaillierte bibliografische Daten sind im Internet über <http://dnb.ddb.de> abrufbar.

1. Auflage Mai 2003

Der Vieweg Verlag ist ein Unternehmen der Fachverlagsgruppe BertelsmannSpringer.
www.vieweg.de

Umschlaggestaltung: Ulrike Weigel, www.CorporateDesignGroup.de
Druck und buchbinderische Verarbeitung: Lengericher Handelsdruckerei, Lengerich
Gedruckt auf säurefreiem und chlorfrei gebleichtem Papier
Printed in Germany

ISBN 3-528-01753-8

Vorwort

Ein Unternehmen kann am Markt auf Dauer nur dann bestehen, wenn die Erlöse aus den Aufträgen im Durchschnitt höher als die Kosten sind. Das Unternehmen muss also sowohl den Erlösen als auch den Kosten größtes Augenmerk schenken. Baustellen-Controlling ist im weitesten Sinne Konzeption und Arbeitsverfahren zur Unterstützung des Ziels, einen Bauauftrag mit den niedrigstmöglichen Kosten auszuführen und dabei den höchstmöglichen Erlös zu erzielen. Baustellen-Controlling dient dem wirtschaftlichen Erfolg.

Baustellen-Controlling setzt bereits in der Phase der Auftragsverhandlung ein und legt unmittelbar nach Auftragserteilung in Form der Planungsschritte die wichtigen Grundlagen zur Steuerung der Bautätigkeiten sowie zu deren späterer Bewertung. Die Vorarbeiten verschaffen bereits im Vorfeld der Ausführung ausschlaggebende Klarheit und Sicherheit zur Beeinflussung der Erlöse und Kosten. Die Bautätigkeit wird sicher und umfassend disponiert. Im Laufe der Ausführung sind die Ergebnisse der Planungsarbeiten die Grundlage für Vergleiche und Folgerungen, welche wiederum in aktuell abgesicherte Steuerungsmaßnahmen münden. Planungen und Vergleiche dienen nicht zuletzt der Feststellung von Einflussnahmen des AG auf den Bauablauf und deren Auswirkungen.

Baustellen-Controlling ist auch Informationsbasis für das Unternehmens-Controlling. Es liefert zunächst die wichtigen vorausschauenden Informationen zu den einzelnen Projekten wie voraussichtlicher Erlös, Budgets, voraussichtliche Kosten, voraussichtliches Ergebnis, und später - im Laufe der Bauausführung - die entsprechenden Informationen in aktualisierter Form unter Einbeziehung der tatsächlichen Kosten bis zum Stichtag. Es liefert außerdem die jeweiligen korrekten Leistungswerte sowie die Leistungswerte der Nachunternehmer.

Die dargestellte Konzeption des Baustellen-Controlling ist als Bestandteil einer umfassenden und durchgängigen baubetrieblichen Gesamtkonzeption unter Mitwirkung zahlreicher namhafter Unternehmen aller Größenordnungen entstanden und von diesen und vielen anderen als Regelwerk akzeptiert und aufgenommen. Die Konzeption bezieht die Arbeitsmöglichkeiten ein, welche eine leistungsfähige Software einzubringen vermag; sie wurde zur Grundlage entsprechender Entwicklungen und ist damit auch umsetzbar. Gut 20 Jahre intensiver Zusammenarbeit zwischen vielen interessierten und sehr kompetenten Personen haben zu einem effektiv nutzbaren Ergebnis geführt, welches die bestens begründete Perspektive bietet, das Regelwerk für alle Bauunternehmen und für die Ausbildung von Ingenieuren und Architekten zu werden. Für die Softwarehersteller ist sie - je nach dortigem Entwicklungsstand - die Grundlage zur Entwicklung restlicher Module oder der Ansatzpunkt für neue Entwicklungen.

Weder in Fachkonzeption noch in Softwareprodukten ist alles neu. Es wurde Bestehendes aufgegriffen, zusammengeführt und weiterentwickelt. Es waren hervorragende Möglichkeit der Zusammenarbeit geboten zum Nutzen aller in diesem Prozess beteiligten Personen. Die vielen Fachdiskussionen mit Praktikern namhafter Bauunternehmen aus verschiedenen Bausparten sowie die Erörterungen um die Möglichkeiten der EDV mit vielen Softwareentwicklern haben dem Fachbereich des Baubetriebes zur notwendigen Klarheit und Vollständigkeit verholfen. Allen Teilnehmern an diesen Diskussionen sei gedankt.

Hinweise zu Abbildungen aus einer baubetrieblichen Software

Eine Konzeption des Baustellen-Controlling ist nur dann ausgereift und umsetzbar, wenn sie das Ergebnis aus der gleichzeitigen Auseinandersetzung mit dem Fachgebiet des Baubetriebes und den Möglichkeiten der Softwareentwicklung ist. Damit ist es naheliegend, dass Beispiele aus den Arbeitsschritten des Baustellen-Controlling u.a. mit Hilfe von Abbildungen von Dialogen und Drucklisten aus einer baubetrieblichen Software belegt werden. Ohne Beispiele kann die Konzeption nur schwer oder gar nicht verständlich gemacht werden; ohne Beispiele wäre mitunter der Bezug zur praktischen Arbeit überhaupt nicht zu erkennen. Ausführungen textlicher Art und die Inhalte der Abbildungen müssen aufeinander abgestimmt sein, wenn sie ihre Aufgabe im Sinne des Lesers erfüllen sollen.

Wenn ein Autor Abbildungen aus einer bestimmten Software benutzt, setzt er sich dem Vorwurf der Einseitigkeit aus. Muss er deshalb darauf verzichten und ganz eigenständige Formen wählen? Der folgenden Vita des Autors ist zu entnehmen, dass er u.a. für die in "ihrer" Zeit jeweils führenden Produkte der baubetrieblichen Software beratend und unterstützend tätig war, in den letzten Jahren für das Produkt ARRIBA® der Fa. RIB Bausoftware GmbH, Vaihinger Straße 151, 70567 Stuttgart. Grundlage dieses Produktes ist die Fachkonzeption des Baubetriebes, wie sie in diesem Buch beschrieben ist. Es wäre einer Verleugnung der eigenen bisherigen Tätigkeit gleich gekommen, wenn der Autor den Versuch unternommen hätte, jegliche Ähnlichkeit mit Abbildungen aus diesem Produkt zu vermeiden.

Für eine Reihe von Abbildungen wurde also auf das Produkt ARRIBA® zurückgegriffen, aber nur in den Fällen, in denen der Inhalt in vollem Umfang "neutral" im Sinne des Fachkonzeptes anzusehen ist und keiner softwarespezifischen Erläuterung bedarf. Insofern hat auch jede andere Form mit gleichen Inhalten Gültigkeit im Sinne des Fachkonzeptes. In vielen Fällen wurden eigene Formen erstellt, z.T. unter Rückgriff auf eigene Entwürfe für die Softwareentwicklung. In einer Reihe von Fällen mussten aus Gründen des verfügbaren Platzes oder aus Gründen der Übersichtlichkeit ohnehin verkürzte oder andere Darstellungen gewählt werden, welche der Autor dann mit sonstigen Mitteln geschaffen hat. In einigen Punkten erlaubte auch der derzeitige Entwicklungsstand noch nicht den Rückgriff auf ein am Markt erhältliches Software-Produkt.

Mit der Wahl der Abbildungen, gleich aus welcher Quelle, soll nicht gesagt sein, dass alles bis ins Detail nur so aussehen kann und darf. Es gibt in manchen Aufgabenstellungen durchaus verschiedene Wege, um zum Ziel zu kommen. Mit der Auswahl ist auch nicht gesagt, dass Darstellungen aus einem anderen Produkt nicht ebenfalls in Frage gekommen wären. Anderseits ist aber Softwareentwicklung nicht eine Frage der Beliebigkeit.

Abschließend muss noch darauf hingewiesen werden, dass die Werte der verwendeten Zahlenbeispiele auf keinen Fall als Vorlage für konkrete Bearbeitungen verwendet werden können. Die Zahlen dienen ausschließlich der Verdeutlichung der Rechenvorgänge. Der Autor übernimmt keinerlei Gewähr für die Richtigkeit solcher Werte für den konkreten Einzelfall.

Stuttgart, Februar 2003 Günter Seyfferth

Der Autor

Günter Seyfferth, Alte Dorfstraße 79, 70599 Stuttgart

Jahrgang 1940

1960 – 1965:	Studium Bauingenieurwesen an der damaligen Technischen Hochschule Stuttgart (heute Universität Stuttgart). Abschluss als Diplom-Bauingenieur
1965 – 1971:	Tätigkeit als Statiker, Kalkulator und Bauleiter in einem mittelständischen Bauunternehmen
1971 – 1979:	Ed. Züblin AG, Niederlassung Stuttgart Bauleiter von 2 technisch sehr schwierigen Hochbaumaßnahmen, dann 1. Bauleiter großer Arbeitsgemeinschaften: S-Bahn- und Stadtbahnlose in Stuttgart, Großschifffahrtsschleuse im Rhein-Main-Donau-Kanal.
1979 – 1988:	Ed. Züblin AG, Hauptverwaltung Stuttgart Leiter der Abteilung für Baubetrieb mit den Aufgaben: Kalkulation von Großbauvorhaben, Entwicklung und Betreuung von Sonderbauverfahren, Arbeitsvorbereitung von Großbaustellen, Wirtschaftlichkeitskontrolle, firmeninterne Gutachten, Arbeitsverfahren im Baubetrieb einschl. Einsatz der EDV, Entwicklung von Arbeitsgrundlagen für den Baubetrieb.
1988 – 1994:	Mitglied der Geschäftsleitung der TechnoData GmbH (zu dieser Zeit das führende Software- und Dienstleistungsunternehmen für den Baubetrieb) mit Zuständigkeit für den Baubetrieb: - Weiterentwicklung der baubetrieblichen Konzeptionen - Umsetzung der Konzeptionen in der baubetrieblichen Software - Entwicklung und Durchführung von Ausbildungsplänen - Entwicklung geeigneter Datenstrukturen für den Baubetrieb - Beratung und Betreuung von Bauunternehmen
seit 1995:	Selbstständiger beratender Ingenieur im Fachgebiet des Baubetriebs: - Weiterentwicklung bzw. Neuentwicklung der baubetrieblichen Fachkonzeptionen von Angebotskalkulation und Baustellen-Controlling unter Einbeziehung der Aufgabenstellungen für leistungsfähige und moderne baubetriebliche Software. - Entwicklung von Datenmodellen und Detailvorgaben für neue baubetriebliche Software moderner Prägung. - Beratung und Betreuung der RIB GmbH, Stuttgart bei der Umsetzung der entwickelten baubetrieblichen Konzeptionen; Detail-Vorgaben für deren neues Software-Produkt ARRIBA®, Qualitätsüberwachungen. - Beratung von Bauunternehmen in Auf- und Ausbau der Arbeitsweisen im Baubetrieb - Veröffentlichungen zu Themen des Baubetriebs

Zielgruppen des Fachbuches, und wie es zu lesen ist

Das Fachbuch wendet sich an

- Studenten des Bauingenieurwesens und der Architektur mit der Orientierung auf den Baubetrieb in Bauunternehmen und Generalunternehmen
- Bauingenieure, Architekten und Wirtschaftsingenieure in Bauunternehmen und Generalunternehmen in den Positionen als Oberbauleiter, Projektleiter, Bauleiter, Kalkulator, Arbeitsvorbereiter, Abrechner sowie im Tätigkeitsfeld der Arbeitsorganisation
- Unternehmensleitung, kaufmännische Leitung von Bauunternehmen aller Sparten
- Nachunternehmer in der Bauwirtschaft
- Ausbilder und Berater in baubetrieblichen Themen

Die einzelnen Leser werden jeweils unterschiedliche Voraussetzungen im Wissen um die Thematik des Baustellen-Controlling mitbringen. Diese unterschiedlichen Randbedingungen bereiten dem Autor eines Fachbuches zu einem so umfangreichen Thema durchaus beträchtliche Probleme, soll er doch gleichzeitig dem Unkundigen alles vermitteln und dem Kundigen evtl. nur in einer speziellen Aufgabenstellung schnell und gezielt helfen. Der eine liest konsequent von vorne nach hinten, der andere fühlt sich durch den Gesamtumfang zunächst nur belästigt, braucht er doch vielleicht gerade nur den Inhalt von 1 oder 2 Seiten.

Es bestand also die Aufgabe, die Thematik sowohl umfassend darzustellen als auch das gezielte Nachschlagen zu ermöglichen. Es war somit klar, dass der große Umfang der Thematik über eine ausführliche und tief strukturierte Gliederung aufzubereiten war. Ergänzend zur gezielten Suche über das ausführliche Inhaltsverzeichnis steht ein ausführlich strukturierter Index der Fachbegriffe zur Verfügung.

Unter der Maßgabe, das Baustellen-Controlling im praktischen Ablauf einzelner Arbeitsschritte zu zeigen und dort mit Beispielen zu belegen, tauchte das Problem auf, dass zur vollen Verständlichkeit mitunter ausführliche Darlegungen der Theorie bzw. notwendiger struktureller Grundlagen erforderlich waren. Wären diese Erläuterungen direkt in die Beschreibung des Arbeitsschrittes aufgenommen worden, so wäre weder das Wesentliche des Arbeitsschrittes selbst noch die Erläuterung von Theorie und Grundlagen gut zu erkennen gewesen. Dies hat dazu geführt, dass zumindest dort eine Trennung zwischen Theorie, Grundlagen und praktischer Arbeit vorgenommen wurde, wo die Darstellungen von Theorie und Grundlagen jeweils bereits für sich alleine sehr umfangreich sind.

Dem Fachbuch liegt folglich eine Grobstruktur zu Grunde, welche Allgemeines, Grundlagen, Übersicht und Theorie auf der einen Seite und die einzelnen Arbeitsschritte auf der anderen Seite trennt. Diese Grobstruktur kommt über die "Abschnitte" zum Ausdruck:

Abschnitt A:	Definitionen, Aufgaben, Ziele, Einordnung
Abschnitt B:	Strukturelle Grundlagen des Baustellen-Controlling
Abschnitt C:	Vom Angebot zum Auftrag
Abschnitt D:	Gesamtübersicht und theoretische Grundlagen
Abschnitt E:	Baustellen-Controlling in der Projektphase der Ausführung: Ausgangssituation, Leistungsumfang
Abschnitt F:	Baustellen-Controlling in der Projektphase der Ausführung: Die Planungsschritte
Abschnitt G:	Baustellen-Controlling in der Projektphase der Ausführung: Verfolgung der Bauausführung
Abschnitt H:	Baustelle mit begrenztem Volumen und kurzer Bauzeit ("Kleinbaustelle")

Jeder dieser Abschnitte ist ausführlich und tief in Kapitel gegliedert.

Bei dieser Art der Strukturierung sind Aussagen zu vielen Einzelpunkten des Baustellen-Controlling in mehreren Abschnitten zu finden, meist in sich gegenseitig erklärender Weise. Der Leser erhält diesbezüglich Unterstützung über Querverweise auf die Kapitel mit ergänzender Behandlung der Thematik. So sind in den Abschnitten E bis H an allen Stellen, zu denen Grundlagen oder Theorie an früherer Stelle erläutert sind, die Querverweise auf die entsprechenden Kapitel gegeben. An einigen Stellen sind aber auch kurze Wiederholungen zu finden, um ein Nachschlagen an anderer Stelle überflüssig zu machen. Aber auch die Verbindungen zwischen den Arbeitsergebnissen einzelner Arbeitsschritte oder zwischen einzelnen, aufeinander aufbauenden Erläuterungen von Theorie oder Grundlagen sind über zahlreiche Querverweise hergestellt.

So kann der Leser durchaus über Inhaltsverzeichnis oder Stichwortverzeichnis direkt in ein Einzelthema springen, ohne sich schon aller Abhängigkeiten bewusst zu sein. Die Querverweise führen ihn dorthin, wo eine Beziehung besteht, sofern er denn den Bedarf hat nachzulesen.

Abkürzungen

AG	Auftraggeber
AGK	Allgemeine Geschäftskosten
AN	Auftragnehmer
AP	Mittellohn für Arbeiter + Polier (ohne Sozial- und Lohnnebenkosten)
APSL	Mittellohn für Arbeiter + Polier + Sozial- + Lohnnebenkosten
ASL	Mittelohn für Arbeiter + Sozial- + Lohnnebenkosten
AT	Arbeitstag
A + V	kalkulative Kosten für Abschreibung und Verzinsung
AV	Arbeitsvorbereitung
BAS	Bauarbeitsschlüssel
BE	Baustelleneinrichtung
Bebu	Betriebsbuchhaltung
BGK	Baustellengemeinkosten
BGL	Baugeräteliste
DB	Deckungsbeitrag
EKT	Einzelkosten der Teilleistungen
EKZ	Einzelkostenzuschläge
EP	Einheitspreis
GB	Gesamtbetrag (EP x Menge)
GRS	Gruppenstufe
H-Koa	Hauptkostenart
KLR-Bau	Kosten- und Leistungsrechnung der Bauunternehmen
Koa	Kostenart
KOR	Kostenrisiko
KT	Kalendertag
KW	Kalenderwoche
Kwh	Kilowattstunde
LE-Menge	Leistungsmenge

LV	Leistungsverzeichnis
LV-Menge	Menge einer Teilleistung lt. Ausschreibung/Vertrag
LW	Leistungswert
Mo	Monat
ME	Mengeneinheit
ML	Mittellohn
NU	Nachunternehmer
OZ	Ordnungsziffer
Pos.	Position
RE-Menge	Rechnungsmenge
Rep.	kalkulative Kosten für Reparatur
SF-Bau	Schlüsselfertigbau
SIV	Soll-Ist-Vergleich
UML	Verbleibender Umlagebetrag
U-Pos.	Unterposition
VA-Menge	voraussichtliche Ausführungsmenge
VE	Vergabeeinheit
VS	Verrechnungssatz
WuG	Wagnis und Gewinn

Inhaltsverzeichnis

Abschnitt A: Definitionen, Aufgaben, Ziele, Einordnung 1

Abschnitt B: Strukturelle Grundlagen des Baustellen-Controlling 26

Abschnitt E: Baustellen-Controlling in der Projektphase der Ausführung: Ausgangssituation, Leistungsumfang, Vertragsmanagement . 246

Abschnitt F: Baustellen-Controlling in der Projektphase der Ausführung: Die Planungsschritte ... 283

Abschnitt G: Baustellen-Controlling in der Projektphase der Ausführung: Verfolgung der Bauausführung 435

Abschnitt A: Definitionen, Aufgaben, Ziele, Einordnung

Was Baustellen-Controlling ist und welche Bedeutung es für die einzelnen Arbeitsplätze und das Unternehmen hat, wird einleitend stufenweise verdeutlicht, ohne dabei schon auf Details einzugehen. Wir werden sehen, dass Baustellen-Controlling wesentlich mehr ist, als üblicherweise darunter verstanden wird. Der eine oder andere Leser wird vielleicht sogar zur Kenntnis nehmen, dass er Baustellen-Controlling bisher anders gesehen und viele darin begründete Chancen noch nicht ergriffen hat.

1 Baustellen-Controlling im Bauunternehmen – Ziele und Definition

1.1 Ziel des Controlling allgemein

Unter dem Begriff *Controlling* versteht man die Summe derjenigen Arbeitsverfahren zur Planung, Kontrolle und Steuerung der unternehmerischen Tätigkeit, die in besonderem Maße und z.T. auch ganz speziell auf folgendes Ziel ausgerichtet sind:

- Optimierung des finanziellen Ergebnisses

Da sich ein finanzielles Ergebnis als Differenz von Erlös und Kosten ergibt, lassen sich zwei Einzelziele des Controlling definieren:

- Optimierung der Erlöse
- Minimierung der Kosten

Ob diese beiden Einzelziele tatsächlich erreicht sind, beweisen nicht irgendwelche spektakulären Erfolge bei Erlös oder Kosten im Einzelfall, sondern nur die Erfolgsbilanz auf lange Sicht. Deshalb müssen die beiden Einzelziele erweitert wie folgt definiert werden:

- Optimierung der Erlöse unter Wahrung oder Steigerung des Ansehens des Unternehmens bei den Auftraggebern
- Minimierung der Kosten unter Sicherstellung einer hohen Qualität der Leistung

Controlling zielt also auch auf die Nachhaltigkeit des Erfolges. Daraus leitet sich ab, dass den Controlling-Verfahren u.a. auch folgende Aufgabenstellungen zuzuweisen sind:

- Systematisierung der Arbeitsweisen im Unternehmen
- Weiterentwicklung und Optimierung der Arbeitsweisen im Unternehmen
- Qualifizierung der Mitarbeiter

Controlling-Verfahren müssen also nicht nur Arbeitsergebnisse im konkreten Einzelfall und aus derzeitiger Sicht liefern, sondern sie müssen dem Unternehmen und dessen Mitarbeitern auch die Chance auf Verbesserung der Arbeitsweisen und auf Weiterentwicklungen im Sinne des Erfolges auf lange Sicht bieten.

Controlling ist gegenwarts- und zukunftsorientiert.

1.2 Abgrenzung zwischen Baustellen-Controlling und Unternehmens-Controlling

Wenn vom Controlling in Bauunternehmen gesprochen wird, ist es wichtig, zwischen dem Baustellen-Controlling und dem Unternehmens-Controlling zu unterscheiden:

Baustellen-Controlling	=	**Controlling der Tätigkeit der einzelnen Baustelle**
Unternehmens-Controlling	=	**Controlling der Tätigkeit des Unternehmens**

Das Baustellen-Controlling erstreckt sich auf

- den Erlös aus dem Vertrag der einzelnen Baumaßnahme,
- die Kosten, die direkt mit der einzelnen Baumaßnahme in Zusammenhang stehen.

Das Unternehmens-Controlling erstreckt sich auf

- den Erlös aus sämtlichen Tätigkeiten des Unternehmens,
- die Kosten sämtlicher Aktivitäten des Unternehmens.

Da zur Gesamttätigkeit des Unternehmens die Tätigkeiten an den einzelnen Baustellen zählen, gilt:

Baustellen-Controlling	=	**Informationsbasis für das Unternehmens-Controlling**

Die oft gehörte Aussage *Baustellen-Controlling ist Bestandteil des Unternehmens-Controlling* benutze ich bewusst nicht, weil sie falsch interpretiert werden könnte. Die Aussage ist zwar einerseits richtig, weil nur aus dem Baustellen-Controlling die abgesicherten Informationen zu den einzelnen Baumaßnahmen kommen können, die das Unternehmens-Controlling braucht. Es ist auch richtig, dass bestimmte Informationsstrukturen beider Verfahren aufeinander abgestimmt sein müssen, damit Informationen gegenseitig genutzt werden können. Andererseits können die beiden Controlling-Systeme durchaus getrennt voneinander betrieben werden, weil sowohl die personellen Zuständigkeiten getrennt als auch die letztlich notwendigen Softwarelösungen eigenständig sind. Das Baustellen-Controlling liegt weitgehend in der Hand der Techniker, das Unternehmens-Controlling in der Hand der Kaufleute. Es gibt nicht die gemeinsame Software aus einer Hand für beide Systeme, weil die Anforderungen – abgesehen von der Einheitlichkeit bestimmter Informationsstrukturen – grundlegend unterschiedlich sind.

Die unbestreitbar notwendigen Verbindungen zwischen den beiden Controlling-Systemen werden über Abstimmungen in der Organisation und über Software-Lösungen zum Zweck des wechselseitigen Informationsaustausches hergestellt.

Gegenstand dieser Veröffentlichung ist alleine das Baustellen-Controlling. Auf das Unternehmens-Controlling ist aber zumindest insoweit einzugehen, als das Baustellen-Controlling dem Unternehmens-Controlling Informationen liefern muss und aus dem kaufmännischen Bereich Informationen an das Baustellen-Controlling zu übergeben sind.

1.3 Definition von "Baustellen-Controlling", Interpretationen, Folgerungen

Es ist zunächst erforderlich, den Fachbegriff *Controlling* – und damit auch *Baustellen-Controlling* - zu erläutern. Allein aus der folgenden ersten Definition lässt sich bereits die weitreichende Bedeutung ablesen:

Baustellen-Controlling = **Planung** + **Kontrolle** + **Steuerung**

Planung, *Kontrolle* und *Steuerung* beziehen sich auf alle Maßnahmen, die direkt mit einer bestimmten Baumaßnahme in Zusammenhang stehen. Vorstehende Darstellung muss so verstanden werden, dass alle drei Komponenten Bestandteile des Baustellen-Controlling sind. Sie darf nicht als Reihenfolge von Arbeitsschritten aufgefasst werden. Bereits in der Planung finden Kontrollen statt. Steuerung ist unmittelbare Folge von Planung. Kontrolle ist Mittel zur Aktualisierung der Planung und zusätzlicher Ansatzpunkt für Steuerung.

Controlling bedeutet gemäß vorstehender Definition mehr als *Kontrolle*. Aus diesem Grund wird für das Ganze auch der englisch-amerikanische Begriff verwendet.

Aber auch der Begriff *Kontrolle* als Bestandteil von Controlling darf nicht im negativen Sinne missverstanden werden. Er steht hier für

Kontrolle = **Absicherung der Planung**

Kontrolle = **Verfolgung der Ausführung** + **Vergleich mit der Planung**

oder

Kontrolle = **Sichere Planung und sicheres Wissen über die Ausführung**

Damit gewinnt das Wort *Kontrolle* eine positive Bedeutung; es steht für eigene Aktivität zur Gewinnung von sicherer Information und "selbst unter Kontrolle haben". Kontrolle ist hier nicht das Machtinstrument, dem die Kontrollierten - bewusst oder unbewusst - Widerstand entgegensetzen würden. Kontrolle - und natürlich das gesamte Baustellen-Controlling - ist Arbeitsmittel im Dienst des gemeinsamen Zieles - des Erfolges.

Baustellen-Controlling braucht unbedingt die Identifikation aller Projektbeteiligten

- mit den Entscheidungen über die Art der Planungs- und Kontrollschritte
- mit den Arbeitsergebnissen der Planung und der Kontrolle
- mit den Entscheidungen zur Steuerung

Damit diese Identifikation überhaupt möglich ist, müssen die Projektverantwortlichen der unterschiedlichen Ebenen je nach Zuständigkeit in das Baustellen-Controlling einbezogen werden.

Baustellen-Controlling = **offenes System für alle Projektverantwortlichen**

Wo wahrheitsgemäße und aussagekräftige Information geschaffen wird, kommen grundsätzlich nützliche Erkenntnisse zutage. Auch wenn sie negativer Art sind, ist das Wissen darum wichtig. Unwissen oder Verbergen bewirkt keine Veränderung. Wissen, im konstruktiven Sinne verwendet, hilft; gemeinsames Wissen der Verantwortlichen hilft noch mehr. Es ist äußerst wichtig, dass alle am Projekt Beteiligten zum Informationsgehalt beitragen, die Information offen legen und Wissen in konstruktiver Weise einsetzen und nutzen. Das Leitungspersonal der Baustelle muss sich bewusst machen, dass die offene Nutzung eines mächtigen Baustellen-Controlling die besten Arbeitsergebnisse bringt und damit dem persönlichen Erfolg am ehesten dient. Das Unternehmen muss davon ausgehen, dass die Bereitstellung eines mächtigen Instrumentes und dessen gemeinsame Nutzung unter einvernehmlicher Zielstellung der Garant für Vertrauen und Erfolg ist.

Kontrolle = **Informationsbeschaffung zum Zweck einer konstruktiven Zusammenarbeit im Dienst des gemeinsamen Erfolgs**

Baustellen-Controlling ist Arbeitsweise und Arbeit aller an der Bauausführung beteiligten Personen des Unternehmens. Zur Umsetzung des Baustellen-Controlling im Unternehmen braucht es nicht den sog. "Controller", sondern die Sach- und Fachkundigen, die helfen, das Baustellen-Controlling zusammen mit den Beteiligten zum erfolgreichen Arbeitsmittel an diesen Arbeitsplätzen und im Unternehmen zu machen. Wichtige und richtige Informationen zum einzelnen Projekt kann nicht ein "Externer" schaffen; dies ist nur den direkt am Bau Beteiligten möglich. Also gehört Baustellen-Controlling direkt in die Hände der Verantwortlichen für den Baustellenerfolg. Es spricht natürlich nichts gegen eine Unterstützung durch erfahrene Controller.

Baustellen-Controlling	=	**Arbeitsweisen, Arbeitsgrundlagen, Arbeitsmittel, und gemeinsame Arbeit im Dienst des gemeinsamen Erfolges**

Damit das Baustellen-Controlling diese Stellung im Unternehmen tatsächlich erreicht, kann es notwendig sein, in einer Übergangszeit eigene oder fremde Spezialisten einzusetzen. Diese müssen die Konzeptionen beherrschen, die Werkzeuge kennen, die Möglichkeiten der Umsetzung in Abhängigkeit von den konkreten Randbedingungen realistisch einschätzen können und im Projektteam ihre Kompetenz unter Beweis stellen.

Welche Arbeitschritte/Arbeitsweisen allgemein und insgesamt zum Baustellen-Controlling zu zählen sind, bestimmt sich aus der Summe der Aufgabenstellungen aller Baustellen in allen Arten von Bauunternehmen. Was davon in welcher Weise in welchem Bauunternehmen und bei welcher Baustelle sinnvoll angewendet wird, richtet sich nach den spezifischen Randbedingungen von Unternehmen und Baustelle. Baustellen-Controlling kann also kein starres, sondern muss ein an die Randbedingungen anpassbares System sein. Baustellen-Controlling ist auch niemals Selbstzweck, sondern immer nur ein Mittel zum Zweck des wirtschaftlichen Erfolges.

Baustellen-Controlling	=	**Flexibles Mittel zum Zweck des wirtschaftlichen Erfolges**

Für Auswahl und Art der Anwendung einzelner Möglichkeiten im Baustellen-Controlling gilt – wie auch für jede andere Tätigkeit im Beruf: Der Nutzen muss den Aufwand rechtfertigen. Dabei darf aber nicht alleine aus der isolierten Betrachtung eines einzelnen Schrittes heraus beurteilt werden. Wie noch gezeigt werden wird, ergeben sich vielfältige Chancen auf Erfolge einerseits bereits aus der Einrichtung des Baustellen-Controlling an sich, andererseits auch erst aus der Verkettung mehrerer Controlling-Schritte im Projekt. Der größtmögliche Nutzen entsteht erst aus der mittel- bis langfristig angelegten konsequenten Umsetzung des Baustellen-Controlling und aus der jeweils richtigen Einzelentscheidung aus der Kenntnis des Ganzen heraus.

Zurück zum Kernsatz:

Baustellen-Controlling	=	**Planung**	+	**Kontrolle**	+	**Steuerung**

Der Bogen der Tätigkeiten, die allgemein unter dem Begriff des Baustellen-Controlling zusammengeführt werden, reicht also von der Kostenkalkulation als erstem Planungsschritt bis zu Schlussauswertungen einer Bauausführung, deren Ergebnisse wiederum bei zukünftigen Planungen helfen sollen. Darin eingeschlossen sind auch projektübergreifende Betrachtungen zur Optimierung von Planungen und Auswertungen aufgrund der Randbedingungen des Unternehmens.

Es kann nicht in Zweifel gezogen werden, dass Planungsschritte wie Arbeitskalkulation, Bauablaufplanung und Disposition Bestandteil - und zwar ein unverzichtbarer - des Baustellen-Controlling sind. Zur Planung zählen nicht zuletzt auch sämtliche Schritte der Vorbereitung und Disposition der Einzeltätigkeiten der Baustelle, gleich wer dafür jeweils zuständig ist. Gesamtplanungen legen ein für die Gesamtdisposition und –information ausreichendes Detailwissen zugrunde. Ausführungsplanungen zu Einzeltätigkeiten der Baustelle sind Ergänzungen auf der Grundlage des genauen Detailwissens zu einem ausführungsnahen Zeitpunkt.

Die Planung legt alle wichtigen Grundlagen, die vor und während der Ausführung aufgegriffen werden müssen. Die Planung ist Vorgabe und Richtlinie für die Ausführung sowie eine Prognose auf das Bauende. Die Planungsergebnisse sind Mittel für die Disposition, die Planungsvorgaben sind Vergleichsmaßstäbe für die spätere Kontrolle der Bauausführung. Die Planung schafft die Strukturen der Informationsarten und Informationen, auf deren Grundlage wiederum die Informationen aus der Kontrolle bereitgestellt werden. Die Strukturen der Informationen in der Planung müssen unter Berücksichtigung der realen Möglichkeiten der Informationsaufbereitung während der Bauausführung aufgebaut werden.

Planung	=	**Disposition und Vorgabe sowie Prognose**
Planung	=	**Strukturierung der Informationen**
Planung	=	**Vergleichsmaßstab für die Kontrolle**
Planung	=	**Darstellung der Ziele**

Planung im Rahmen des Baustellen-Controlling ist aber auf keinen Fall ein einmaliger Vorgang vor Aufnahme der Bautätigkeit mit unverrückbaren Arbeitsergebnissen. So, wie während der Bauzeit das Wissen um die auszuführenden Leistungen wächst und wie Erkenntnisse aus bereits ausgeführten Teilleistungen hinzukommen, werden die Planungen für die noch bevorstehenden Restbauleistungen vervollständigt und aktualisiert.

Planung	=	**fließender Prozess während der Bauzeit**

Nur, wenn die Planung so gehandhabt wird, erfüllt sie ihre Aufgabe im Rahmen des Baustellen-Controlling. Planungsaussagen brauchen konkrete Grundlagen zur gesicherten Abschätzung; solche Grundlagen ergeben sich mitunter erst im Laufe der Bauzeit. Kontrollinformationen müssen auf der Basis einer aktuellen Planung zustande kommen, damit die daraus abgeleiteten Steuerungsmaßnahmen einen realen Hintergrund gaben. Planungsergebnisse in Form der Prognoseaussagen über Restbauleistungen oder über die Gesamtbaumaßnahme sind nur nützlich, wenn sie auf den Feststellungen zum aktuellen Leistungsstichtag beruhen.

Natürlich bedeutet dies nicht, dass jegliche Information einer Erstplanung durch Planungsaktualisierungen hinfällig wird. Die Erstplanung kann in den Beschreibungen der Teilleistungen sowie den Aussagen zu deren Kosten und Terminen zwar nur selten als endgültig angesehen werden, andererseits legt sie aber doch auch bestimmte Ziele zum Gesamtprojekt oder auch zu Teilbereichen fest, die nicht ohne triftigen Grund aufgegeben werden dürfen. Bestimmte Ergebnisse der Erstplanung bleiben auch die Ziele der Planungsaktualisierungen und der Steuerungsmaßnahmen. Auf jeden Fall bleiben bestimmte Ergebnisse der Erstplanung der Vergleichsmaßstab für aktualisierte Planungen und für bestimmte Kontrollen.

Erstplanung = **Vergleichsmaßstab für aktualisierte Planungen**

Erstplanung = **Definition von Zielen**

Erstplanung + aktuelle Planung = **Grundlage der Steuerung**

Die Planung der einzelnen Projekte liefert aber auch wichtige Daten für das Unternehmens-Controlling. Die Strukturen der Planung sind so zu wählen, dass das Unternehmens-Controlling mit Planungsdaten in der gewünschten Detaillierung versorgt wird. Bereits die Notwendigkeit der Versorgung des Unternehmens-Controlling mit Planungsdaten führt zur bereits erwähnten Aussage, dass das Baustellen-Controlling die Informationsbasis für das Unternehmens-Controlling ist.

Bestimmte Strukturen der Planungsdaten aus dem Baustellen-Controlling müssen dem Bedarf des Unternehmens-Controlling entsprechen. Der später im Rahmen der Bauausführung notwendige Bedarf der Integration der Ist-Informationen aus dem kaufmännischen Bereich in das Baustellen-Controlling macht ebenfalls Abstimmungen in den Strukturen bestimmter Informationen erforderlich. Daraus folgt:

Baustellen-Controlling und Unternehmens-Controlling arbeiten mit Informationsstrukturen, die so aufeinander abgestimmt sind, dass der wechselseitige Informationsfluss gemäß Bedarf gewährleistet ist.

Planung anstelle von Improvisation, aussagekräftige Information anstelle von Vermutung - beides zusammen ist zwar Voraussetzung zum wirtschaftlichen Erfolg, braucht aber die Umsetzung in Form von Steuerungsmaßnahmen der Bautätigkeit, um den Erfolg wirklich herbeizuführen. Nur im Vergleich mit der Planung geben die Informationen aus der Bauausführung brauchbare Hinweise zu notwendigen und möglichen Verbesserungen. Die Steuerungsmaßnahmen aus diesen Erkenntnissen müssen das Ziel der Einhaltung der Planung haben.

Planung = **Ziel für die Steuerungsmaßnahmen**

Planung + Kontrolle = **Analyse der Bauausführung**

Steuerung = **Umsetzung der Erkenntnisse aus Planung und Kontrolle**

Es darf nicht übersehen werden, dass die Planung auch die Dokumentation der Absichten des Bauunternehmens gegenüber dem Auftraggeber ist. Sobald der AG in den Bauablauf in der Art eingreift, dass Mehrkosten entstehen, ist eine glaubhafte Dokumentation der ursprünglichen Absichten von größter Bedeutung.

Aus der Verbindung von ursprünglicher Planung, Erkenntnissen im Rahmen der Kontrolle und erforderlichen steuernden Eingriffen ergeben sich die wichtigen Anhaltspunkte zur Geltendmachung zusätzlicher Forderungen und zum Nachweis von Art und Höhe der Mehrkosten. Auch dies ist ein Beleg dafür, dass die Planung ein notwendiger Bestandteil des Baustellen-Controlling ist.

Planung = **Nachweis der ursprünglichen Absichten gegenüber AG**

Planung + Kontrolle = **Nachweis der Mehrkosten gegenüber AG**

Baustellen-Controlling dient dem wirtschaftlichen Erfolg also nicht nur in Form der Möglichkeit zur Optimierung der Kosten; es verfolgt auch den Zweck der Optimierung der Erlöse.

Baustellen-Controlling = **Mittel zum Zweck der Optimierung der Erlöse**

Planung ist eine Aussage in die Zukunft und Vorgabe für Arbeiten der Zukunft. Die Kontrolle in Form der Informationsbeschaffung aus der Bauausführung dient als Entscheidungsgrundlage für wiederum bevorstehende restliche Tätigkeiten. Steuerung ist das Aufgreifen und Nutzen der bisherigen Grundlagen und Informationen und letztlich auch wiederum modifizierte Planung für die Zukunft. Auswertungen von Bautätigkeiten sind Planungshilfen für die Zukunft. Daraus folgt:

Baustellen-Controlling ist gegenwarts- <u>und</u> zukunftsorientiert.

Art der Arbeiten und Arbeitsumfang im Baustellen-Controlling bestimmen sich vorrangig aus dem Bedarf der noch anstehenden Tätigkeiten der Zukunft. Darunter sind sowohl die Tätigkeiten der Baumaßnahme in der verbleibenden Restbauzeit als auch ähnliche Tätigkeiten bei zukünftigen anderen Bauvorhaben zu sehen. Informationen zu den ausgeführten Leistungen sind zwar Informationen zur Vergangenheit, sie werden aber für die in die Zukunft reichenden Entscheidungen genutzt. Der Nutzen von Informationen zur ausgeführten Leistung ist um so größer, je kurzfristiger die Informationen vorliegen. Wichtige Erkenntnisse müssen unmittelbar vorliegen, damit sie sofort genutzt werden können. Um diese Schnelligkeit zu erreichen, muss sich die Informationsbeschaffung auf den notwendigen Umfang beschränken.

Kontrolle = **zeitnahes Informationssystem**

Kontrolle = **Informationssystem zu Schwerpunkten**

Wir werden später sehen, dass die Forderung nach zeitnaher Information nicht in jeder gewünschten Weise durch das System der Baubetriebsrechnung des kaufmännischen Bereiches erfüllt werden kann, und dass deshalb im Baustellen-Controlling ein paralleles Informationssystem zu Ist-Kosten aufgebaut werden muss. Es sei aber ebenfalls vorweggenommen, dass dieses System im Baustellen-Controlling nicht konkurrierend, sondern ergänzend zur Baubetriebsrechnung zu sehen ist.

Aufgrund der Aussage, dass sich das Informationssystem im Baustellen-Controlling auf Schwerpunkte beschränken kann, könnte man vermuten, dass bei Nutzung dieser Möglichkeit eine Komplettauswertung über alle Bereiche ausgeschlossen ist. Auch diesbezüglich sei schon vorweggenommen, dass eine solche Beschränkung im Berichtswesen des Baustellen-Controlling nur die Auswertungen der Kurzzeiträume der unmittelbaren Vergangenheit berührt, während bei weiter zurückliegenden Zeiträumen die Komplettaussagen der kfm. Baubetriebsrechnung integriert werden können.

Kontrolle = **Integration des kfm. Informationssystems**

Es kam bereits zum Ausdruck: Baustellen-Controlling ist Methodik und Werkzeug für alle, die zum wirtschaftlichen Erfolg in einer Baumaßnahme beizutragen haben. Es ist das Hilfsmittel für jeden Einzelnen in der Hand jedes Einzelnen, also für Oberbauleiter, Bauleiter, Projektleiter, Kalkulator, Arbeitsvorbereiter, Bauabrechner, Aufsichtsführende und nicht zuletzt auch für kaufmännisch Verantwortliche im Unternehmen. Baustellen-Controlling ist das Werkzeug für die Zusammenarbeit zum gegenseitigen Nutzen. Es braucht eine entsprechende positive Einstellung bei den Beteiligten, wenn es zum gewünschten Erfolg führen soll.

2 Vorwort zum Einfluss der EDV

2.1 Erfolgreiches Baustellen-Controlling nicht ohne Software

Zunächst sei eine wichtige Aussage aus einem der folgenden Kapitel vorweggenommen:

Baustellen-Controlling ist Bestandteil einer baubetrieblichen Gesamtkonzeption.

Bezogen auf ein bestimmtes Projekt umfasst der baubetriebliche Arbeitsbereich die Tätigkeiten von der Ausführungsbeschreibung des beabsichtigten Bauvorhabens bis zur Schlussauswertung nach der Ausführung. In einem Bauunternehmen beginnt die Tätigkeit in der Regel mit der Aufnahme einer Ausschreibung und der Bearbeitung des Angebotes. Die Tätigkeiten im Rahmen des Baustellen-Controlling befassen sich mit der Projektphase der Beauftragung und Bauausführung.

Im Baustellen-Controlling entstehen umfangreiche und verflochtene Informationen, die in folgenden Arbeitsschritten immer wieder aufgegriffen, ergänzt und in neue Zusammenhänge gebracht werden. Dabei kommt es u.a. auf rationelle Arbeit und Schnelligkeit der Informationsflüsse an. Schaffung, Nutzung und Verwaltung der Informationen setzt damit den Einsatz der EDV voraus. Baustellen-Controlling unterscheidet sich in dieser Hinsicht in keiner Weise von anderen beruflichen Bereichen, in denen viele Informationen in Zusammenhängen für vielerlei Aufgaben an vielen Arbeitsplätzen bewältigt werden müssen.

Für ein leistungsfähiges Controlling ist der Einsatz der EDV unumgänglich. Geeignete Software nach modernen Gesichtspunkten ist am Markt erhältlich. Es muss allerdings auch gesagt werden, dass viele angebotenen Produkte den Anforderungen einer leistungsfähigen baubetrieblichen Gesamtkonzeption nicht entsprechen.

Eine Software für den baubetrieblichen Bereich ist nun allerdings nicht bestimmend für die Inhalte einer baubetrieblichen Gesamtkonzeption. Zuerst kommt die Konzeption, dann die Software auf der Basis dieser Konzeption. Vielfach bewiesen ist aber, dass eine leistungsfähige Software viele notwendige Arbeitsschritte des Baustellen-Controlling überhaupt erst in Praxis ermöglicht, die andernfalls nur Theorie bleiben müssten. Ein baubetriebliches Fachkonzept ist wiederum nur dann ausgereift, wenn bei dessen Entwicklung die Möglichkeiten, welche eine Software eröffnen könnte, erkannt und genutzt wurden. Die optimale Lösung entsteht, wenn Entwicklung von baubetrieblichem Fachkonzept und zugehöriger Software als eine zusammengehörige Aufgabe gesehen werden. Da Baustellen-Controlling nicht nur Theorie sein darf, sondern selbstverständliche Projektpraxis sein muss, bezieht die baubetriebliche Konzeption die Möglichkeiten ein, welche die EDV für die Umsetzung der Theorie bietet. Die Konzeption findet ihren Niederschlag in der Software, womit die Software Träger der Konzeption und Werkzeug zu deren Vermittlung und Umsetzung in der Praxis wird.

Die baubetriebliche Software ist Träger der baubetrieblichen Gesamtkonzeption und Mittel zu deren Vermittlung und Umsetzung in der Praxis. Die Konzeption ist bestimmend für die Inhalte der Software. Die Konzeption nutzt die Möglichkeiten der EDV.

Was gemäß Kapitel 1.3 für das Verfahren des Baustellen-Controlling gilt, gilt natürlich auch für die zugehörige Software:

Eine Software für den Baubetrieb ist niemals Selbstzweck, sondern immer nur Mittel zum Zweck.

Es muss an dieser Stelle auch gesagt werden, dass nicht jede einzelne Tätigkeit im Baustellen-Controlling die baubetriebliche Software als Werkzeug bzw. die dort hinterlegten Informationsstrukturen als Arbeitsgrundlage braucht. So kann z.B. die Überwachung der gelieferten Tonnage des bituminösen Materials einer Straßendeckschicht im Vergleich mit Fläche und Soll-Einbaustärke durchaus "manuell" geschehen. Dieser Schritt ist dann dennoch Bestandteil des Controllings. Andererseits könnte in diesem Beispiel bereits ein bescheidenes Hilfsmittel in Form eines per EDV gedruckten Formulars hilfreich sein. Noch besser ist es, ein Formular am Bildschirm zu haben, in dem die relevanten Zahlen eingegeben werden, worauf das Formular alle Berechnungen selbst durchführt. Auch dieses einzelne Arbeitsergebnis aus der EDV muss damit noch nicht unbedingt in einen Gesamtzusammenhang gestellt sein, was vielleicht eine etwas ausführlichere Vorbereitungsarbeit bedingen würde.

Mit dem vorstehenden Beispiel soll angedeutet sein, dass der Einsatz von Software für das Baustellen-Controlling auch dann lohnend ist, wenn das Werkzeug nur punktuell eingesetzt wird. Das Softwarekonzept muss eben so angelegt sein, dass sowohl solche ausgewählten Arbeiten ohne umfangreiche Vorarbeiten möglich sind als auch die schrittweise Ausweitung der Tätigkeiten mit diesem Werkzeug, letztlich im Rahmen eines weitreichenden Gesamtkonzeptes.

Soll ein Fachbuch über das Baustellen-Controlling eine aktuelle Bedeutung haben, kommt der Autor nicht umhin, in den Beschreibungen die Existenz einer leistungsfähigen Software zu berücksichtigen. Er muss sowohl auf die allgemeinen Bedeutungen der EDV für diesen Arbeitsbereich und für das Unternehmen eingehen als auch in den Beschreibungen der einzelnen Module des Baustellen-Controlling die typischen Einflüsse der Software auf Strukturen, Informationsflüsse und Arbeitsweisen berücksichtigen.

In vielen Kapiteln werden Sie Ausführungen finden, die in Zusammenhang mit dem Werkzeug *Software* stehen. Nun ist es aber nicht Aufgabe dieses Buches, ein bestimmtes Software-Produkt zu beschreiben. Bei der Kurzlebigkeit vieler Softwaredetails wäre dies ohnehin nicht sinnvoll. Deshalb sind die Ausführungen, die in Zusammenhang mit der Software stehen, allgemeingültig gehalten.

Es gibt selbstverständlich unverzichtbare Anforderungen an die Software; Anforderungen allgemeiner Art und Detailanforderungen in einzelnen Arbeitsgebieten. Diese Veröffentlichung mag als Maßstab für manche Anforderung dienen. Sie kann aber nicht in jedem Detail ein "Muss" für jegliche Software-Lösung sein, zumal auch im Baustellen-Controlling gilt, dass es in manchen Aufgabenstellungen durchaus verschiedene Wege geben kann, um zum Ziel zu kommen. Man wird auch feststellen, dass keine der verfügbaren Softwarelösungen alle Teile und Details der hier abgebildeten Konzeption berücksichtigt. Dies ist für deren Tauglichkeit auch nicht immer von ausschlaggebender Bedeutung, zumal das einzelne Bauunternehmen eigene Schwerpunkte setzt.

Viele der Abbildungen, wenn auch nicht alle, sind mit Hilfe einer baubetrieblichen Software zu Stande gekommen. Damit ist nicht gesagt, dass die Lösung im Detail genauso aussehen muss. Auf jeden Fall ist der Autor davon überzeugt, dass die Anforderungen und Bedeutungen allgemeiner Art, die in Kapitel 2.2 und 3 dargestellt sind, zu den unverzichtbaren Entscheidungskriterien bei der Wahl einer Software für den Baubetrieb zählen - heute und in Zukunft.

2.2 Standard-Software ist der Weg

Das Einführen einer Software ist ein aufwändiger Prozess in einem Bauunternehmen. Er beeinflusst nachhaltig die Arbeitsweisen und bereitgestellten Arbeitsmittel. Ein Unternehmen kann eine baubetriebliche Software also nicht einfach wechseln wie der Bauleiter sein Hemd nach einem langen Arbeitstag. Die Entscheidung für ein bestimmtes Produkt muss wohl überlegt sein. Es ist eine Entscheidung von sehr weitreichender, wenn nicht sogar existenzieller Bedeutung.

Der Nutzen einer baubetrieblichen Software für ein Bauunternehmen steht und fällt mit der Qualität der zu Grunde liegenden baubetrieblichen Gesamtkonzeption. Die Verwirklichung und dauerhafte Betreuung eines leistungsfähigen umfassenden baubetrieblichen Gesamtkonzeptes in Form einer Software bedingt einen so hohen Aufwand, dass ihn ein einzelnes Unternehmen nicht tragen kann. Es kommt also keine individuell beauftragte oder selbst hergestellte Software in Frage, sondern nur eine dem Markt allgemein zur Verfügung stehende Software, eine sog. Standard-Software.

Einer solchen Standard-Software muss ein baubetriebliches Konzept zugrunde liegen, das den Belangen zumindest der wichtigsten Arten von Bauunternehmen gerecht wird, also z.B. den Bauunternehmen für Hochbau, Tiefbau und Schlüsselfertiges Bauen. Aber auch der Markt im sog. Baunebengewerbe (Ausbau, Haustechnik, Ausrüstungen) ist ein wichtiger Sektor für den Software-Anbieter. Alle diese Unternehmensarten haben gemeinsame, aber auch unterschiedliche Anforderungen und Arbeitsschwerpunkte.

Berücksichtigt eine Software alle diese Belange, ist sie durch ihr breites Spektrum zwangsläufig äußerst leistungsfähig. In dieser Breite ist sie für ein vielseitig tätiges Unternehmen durchaus in vollem Umfang oder zumindest sehr weitgehend von Interesse. Für ein Unternehmen mit engerem Tätigkeitsfeld sind die ausgefeilten Konzeptionen allgemeingültiger Art ebenso von großer Bedeutung, es braucht aber eher nur eine Auswahl an Funktionen mit Zuschnitt auf die spezifischen Belange. Eine Standard-Software unterliegt deshalb nicht nur der Summe aller denkbaren fachlichen Anforderungen, sondern auch der Anforderung, dem einzelnen Kunden die Möglichkeit der Anpassung in Form der eigenen Wahl grundlegender Datenstrukturen und der eigenen Auswahl der Arbeitsverfahren zu bieten. Auch die Organisationsformen im Unternehmen müssen abgebildet bzw. berücksichtigt werden können.

Je umfassender und breiter die Konzeptionen und Arbeitsweisen einer Standard-Software angelegt sind, um so preisgünstiger kann sie dem einzelnen Kunden zur Verfügung gestellt werden, um so größer ist aber auch der Nutzen allgemeiner Art für jede Art von Unternehmen. Der Kunde profitiert immer von der weitreichenden Konzeption und den vielfältigen und durchdachten Arbeitsweisen. Ist die Standard-Software aus der Kenntnis der jeweils spezifischen Belange einzelner Bausparten und Unternehmensstrukturen heraus entwickelt, so wird sie auch den Arbeitsbedarf am einzelnen Arbeitsplatz gut abdecken. Zudem wird sie über die notwendige Flexibilität verfügen, damit der Kunde das System inhaltlich auf seinen Bedarf ausrichten kann.

Zu dieser Anpassung gehört die Schaffung eigener Arbeitsgrundlagen gemäß den spezifischen Erfordernissen und Randbedingungen. Damit ist - insbesondere mit Bezug auf das Baustellen-Controlling - beispielhaft gemeint:

- Abgestimmte Kostenartenstrukturen der Bebu und der Kalkulation
- Abgestimmte Arbeitsabläufe und –inhalte zwischen baubetrieblichem und kaufmännischem Bereich
- Standard-Leistungsbeschreibungen gemäß dem eigenen Leistungsprofil
- Zugehörige Standard-Kalkulation
- Informationen zu verfügbaren Ressourcen (Personal, Gerät etc.)
- Konzeption des Berichtswesens
- Integration der Informationen aus baubetrieblichem und kaufmännischem Bereich

Weiterhin gehören dazu die Möglichkeiten der Definition der erforderlichen Arbeitsbreite und – tiefe gemäß eigenem Bedarf. Strukturen und Arbeitsmodule der Software müssen dem Unternehmen und dessen Mitarbeitern den schrittweisen Auf- und Ausbau des Controllings im Unternehmen gemäß eigenen Randbedingungen und Möglichkeiten erlauben. Die Konzeption der Software muss die Systematisierung der Arbeitsweisen und deren Weiterentwicklung fördern.

In einer Standard-Software mit anspruchsvollem Kundenkreis werden im Laufe der Zeit weitere positive Anregungen aus verschiedenen Quellen berücksichtigt werden. Von den entsprechenden Verbesserungen und Ergänzungen profitiert jeder Nutzer der Software. Der Fortschritt in der Entwicklung einer Standard-Software ist schneller und weitreichender als der Fortschritt in jeder Individualsoftware, weil ein größerer Interessentenkreis mit seinen Anregungen dahinter steht und die Entwicklungen leichter finanzierbar sind.

Die Wahl der Standard-Software ist ein Kompromiss aus der Abwägung von Kosten, Verfügbarkeit von Wissen und Leistung sowie des Wunsches nach Individualität und Exklusivität. Erfüllt eine Standard-Software die oben und in Kapitel 3 angeführten Bedingungen allgemeiner Art sowie eine Reihe von prinzipiell wichtigen Einzelanforderungen, so ist dieser Kompromiss mit Sicherheit die beste aller denkbaren Lösungen. Es sei vor der Gefahr gewarnt, die Entscheidung von allzu vielen Details abhängig zu machen, die möglichst genau nach den eigenen Vorstellungen gelöst sein sollen. Wie manche Einzelheit ganz im Detail aussieht, ist bei einer Standard-Software guten Renommees in der Regel unwichtig, höchstens gewöhnungsbedürftig.

Die Entscheidung für eine neue Standard-Software bedingt, dass die Bereitschaft zum Loslassen von verschiedenen "alten" Gewohnheiten und Gepflogenheiten vorhanden ist. Manches wird anders, manches wird evtl. sogar neu sein. *Anders* oder *neu* muss natürlich nicht zwangsläufig auch *besser* bedeuten. Der Grund für eine Neuorientierung kann nur sein, dass ein bisher betriebenes System nicht umfassend genug in der Konzeption und nicht vollständig und ausreichend in denjenigen Funktionen ist, die aktuell oder für die Zukunft als wesentlich angesehen werden. Fehlt ein qualifiziertes System, ist eine Neuorientierung trotz aller Umstände unumgänglich.

Leistungsfähige Software-Lösungen sind übrigens durchaus darauf eingestellt, bestehende Strukturen und Daten aus anderen Systemen weitgehend übernehmen zu können. Investitionen der Vergangenheit sind also keineswegs verloren. Allerdings sollte man mit der Neuorientierung auch den Mut zur Überprüfung bisheriger Arbeitsgrundlagen aufbringen. Auf jeden Fall muss geprüft werden, ob Anpassungen sinnvoll sind, um erweiterte oder neue Möglichkeiten der Software nutzen zu können.

3 Baustellen-Controlling ist ...

In den vorstehenden Kapiteln wurde bereits angedeutet, dass Baustellen-Controlling sowohl den Aufgaben konkreter Baumaßnahmen dient als auch den langfristigen Zielen des Unternehmens und seiner Mitarbeiter. Bevor detailliertere Informationen zu den einzelnen Modulen des Baustellen-Controlling gegeben werden, sollen vorab die Bedeutungen des Baustellen-Controlling allgemeiner Art dargestellt werden.

Baustellen-Controlling ist ...

3.1 Tätigkeit zur Erzielung des wirtschaftlichen Erfolges

Die Tätigkeiten im Baustellen-Controlling umfassen alle Schritte der Planung, der Verfolgung, der Auswertung und der Steuerung von Bautätigkeiten, die dem wirtschaftlichen Erfolg in der Abwicklung der konkreten Bauaufträge und dem Erfolg zukünftiger ähnlicher Bauaufträge dienen.

Zum Baustellen-Controlling gehören also Tätigkeiten und Arbeitsergebnisse wie Kostenplanung, Bauablaufplanung, Budgetierung, Vergabekontrolle, Ergebnisprognosen, Disposition, Leistungsvorgabe, Leistungsbewertung, Nachtragsmanagement, Lieferkontrolle, Aufwandskontrolle, Soll-Ist-Vergleiche, Schlussauswertungen und vieles andere mehr.

Jeder, der an die Bauaufgaben geplant und mit Kostenbewusstsein herangeht und die Ausführung ergebnisorientiert betreibt, ist im Sinne des Baustellen-Controlling tätig.

3.2 System und Methodik für die Gesamtheit der Tätigkeiten

Baustellen-Controlling ist mehr als ein Oberbegriff für eine Vielzahl von Tätigkeiten und Informationen innerhalb des baubetrieblichen Bereiches.

Baustellen-Controlling legt Arbeitsweisen fest, gibt die Ordnung und die Systematik für die einzelnen Tätigkeiten gemäß den Erfordernissen vor. Es ist Leitfaden und Werkzeug für Ausbildung und Praxis. Es stellt Arbeitsergebnisse in einen Zusammenhang, es berücksichtigt gegenseitige Abhängigkeiten. Es macht schon vorhandene Arbeitsergebnisse nutzbar für weitere Aufgaben und Ziele. Es macht die Erfahrungen nutzbar für zukünftige Planungen und Ausführungen.

Baustellen-Controlling ist ein in sich abgestimmtes System und die Methodik für die Gesamtheit von Tätigkeiten und Informationen. Baustellen-Controlling ist das Integrationsmodell für die Vielzahl der Einzeltätigkeiten.

Damit Baustellen-Controlling diese Funktion überhaupt und dann in effektiver Weise ausüben kann, ist der Einsatz der EDV unumgänglich. Dazu wird auf das vorstehende Kapitel 2 verwiesen.

3.3 Bestandteil eines baubetrieblichen Gesamtkonzeptes

Mit "Baubetrieb" ist das Tätigkeitsfeld in Bauunternehmen gemeint, das Projektbeschreibung, Ausschreibung, Angebotskalkulation, Arbeitsvorbereitung, Bauausführung, Bauabrechnung und eben Baustellen-Controlling umfasst. Nicht dazu zählt die architektonische und ingenieurmäßige Planung, die ihren Niederschlag in Bauentwurfs- und Baukonstruktionsplänen findet. Das Tätigkeitsfeld "Baubetrieb" liegt üblicherweise in der Zuständigkeit von technisch ausgebildeten Personen, also von Bauingenieuren/Bautechnikern, Wirtschaftsingenieuren, Architekten, Polieren/Schachtmeistern, z.T. auch von Maschineningenieuren. Baubetrieb ist sowohl technisch als auch betriebswirtschaftlich orientiert.

Ein baubetriebliches Gesamtkonzept stellt Einzeltätigkeiten und Informationen in einen Gesamtzusammenhang und gibt die Methodik dafür vor.

Baustellen-Controlling ist Bestandteil des baubetrieblichen Gesamtkonzeptes.

Es hat als sehr bedeutender Teil des Gesamtsystems einen wesentlichen Einfluss, unterliegt aber auch Forderungen aus anderen Bereichen.

Die baubetriebliche Software ist Träger der baubetrieblichen Gesamtkonzeption und Werkzeug für deren Vermittlung und Umsetzung.

3.4 Arbeitsgrundlage, Leitfaden und Werkzeug

Mit Hilfe der baubetrieblichen Software, die den Bereich des Baustellen-Controlling beinhaltet, werden die gewünschten Informationsstrukturen aufgebaut und zur gemeinschaftlichen Nutzung bereitgestellt. Auf der Basis der definierten Strukturen wird eine projektübergreifende Grundlage an Informationsarten und Informationen geschaffen, auf die in der konkreten Projektarbeit zurückgegriffen wird, wie z.B. auf Kostenarten, Artikel, Geräte etc.

Die per Software geschaffenen und bereitgestellten Strukturen und Informationen sind Arbeitsgrundlage für die Tätigkeiten im Baustellen-Controlling.

Die Methodik des Baustellen-Controlling hat ihren Niederschlag in den Modulen der baubetrieblichen Software gefunden. Diese Module sind Hilfsmittel zur Erfüllung einer bestimmten Arbeit in einer zweckmäßigen und abgestimmten Arbeitsweise. Die Software verwaltet und wertet aus. Die Software liefert Arbeitsergebnisse in aussagekräftiger und nutzbarer Form. Die Software unterstützt die manuelle Arbeit durch Bereitstellung geeigneter Arbeitsformulare.

Durch die Software ist Baustellen-Controlling Leitfaden und Werkzeug zur Durchführung der Arbeitsplatzaufgaben.

3.5 Bindeglied zwischen Arbeitsplätzen, Arbeitsergebnissen und Projekten

In die Tätigkeiten im Rahmen des Baustellen-Controlling sind oft mehrere Personen einzubeziehen. So liegt vielleicht die Arbeitskalkulation in den Händen eines Kalkulators, die Bauablaufplanung in der Arbeitsvorbereitung, die Baustellen-Kontrolle und -steuerung in der Hand des Bauleiters, die Feindisposition in der Verantwortung des Poliers. Vielleicht hat auch der Bauleiter bei Arbeitskalkulation und Bauablaufplanung zumindest mitgewirkt. In solchen häufigen Fällen müssen Verbindungen zwischen Arbeitsplätzen gehalten, Arbeitsweisen aufeinander abgestimmt und Arbeitsergebnisse gegenseitig wieder aufgegriffen und genutzt werden. Auch die Arbeit eines einzelnen Mitarbeiters baut immer wieder auf Arbeitsergebnissen seiner vorherigen Arbeit auf.

Das erforderliche Bindeglied ist das Baustellen-Controlling, d.h. dessen Methodik, das Werkzeug Software, die vom Unternehmen vorgegebenen Informationsstrukturen und Informationen, die per EDV erzeugten und gegenseitig nutzbaren Arbeitsergebnisse. Die Arbeitsweisen sind geordnet, systematisch und übereinstimmend. Die Arbeitsergebnisse werden für jedermann im Unternehmen verständlich und nutzbar.

Baustellen-Controlling ist das Bindeglied zwischen den Arbeitsplätzen und Arbeitsergebnissen in einer gesamtheitlichen Projektaufgabe.

Die diesbezügliche Bedeutung des Baustellen-Controlling geht aber noch weiter. Die Mitarbeiter eines Unternehmens sind immer wieder mit neuen Projekten betraut oder auch gleichzeitig für mehrere Projekte tätig bzw. verantwortlich. Baustellen-Controlling ist ein Regelwerk der Arbeitsweisen und Informationsstrukturen. Wiederholungen von Arbeiten von Projekt zu Projekt gemäß diesen Regeln beschleunigen den Lerneffekt und schaffen Routine. Die Aufbereitung der Projektinformationen gemäß definierten Regeln macht Arbeitsergebnisse leichter lesbar sowie projektübergreifend nutzbar.

Dieser Effekt kommt nicht zuletzt auch neuen Mitarbeitern zugute. Die Werkzeuge führen sie in bewährte Arbeitsweisen ein, sie lernen Zusammenhänge kennen und verstehen, die verfügbaren Informationen sind Vermittlung von Erfahrungen und notwendige Wissensgrundlage.

Baustellen-Controlling ist Synergie (Zusammenwirken) der Erfahrung der Mitarbeiter und der Informationen aller Projekte.

In diesem Zusammenwirken kommt es u.a. auf die Verwendung verständlicher und einheitlicher Fachbegriffe an. Schon mancher Schaden ist daraus entstanden, dass im Alltag Begriffe verwendet wurden, die nicht eindeutig und übereinstimmend interpretiert wurden. Es ist eine der Aufgaben des Baustellen-Controlling, diesbezüglich im Unternehmen für Klarheit zu sorgen. Die vorliegende Veröffentlichung nimmt sich dieser Aufgabe an. Es werden die Fachbegriffe im Sinne der am weitest verbreiteten Interpretationen verwendet.

Die Verteilung der Aufgaben und Zuständigkeiten im Unternehmen bedingt, dass mit Hilfe des Werkzeugs *Software* die entsprechenden Organisationsformen berücksichtigt werden können. Softwareangebot und Zugriffsberechtigungen müssen auf den Bedarf des jeweiligen Arbeitsplatzes zugeschnitten werden können. Dies erleichtert die Übersicht, steuert den Informationsfluss und verhindert ungewollte oder unzulässige Eingriffe.

3.6 Mittel zur Rationalisierung der Tätigkeiten

Rationalisierung ist das zweckmäßige und wirtschaftliche Einrichten von Arbeiten. Mit der Methodik, den bereitgestellten Arbeitsgrundlagen, der vorgegebenen Systematik und den Werkzeugen selbst ist die Grundlage für die Rationalisierung vieler Arbeiten gelegt, welche im Zuge des Baustellen-Controlling anfallen. In einigen Bereichen wird überhaupt erst die Möglichkeit geschaffen, als notwendig erkannte Arbeiten angehen und zu nutzbaren Ergebnissen bringen zu können. Nicht zuletzt bestimmen natürlich das Werkzeug EDV und die hierin zugrunde gelegten Arbeitsweisen über die Möglichkeiten der Rationalisierung.

Baustellen-Controlling ist Mittel zur Rationalisierung der Routinearbeiten, eröffnet neue wichtige Arbeitsfelder und gibt Raum, sich auf besonders ergebnisrelevante Tätigkeiten konzentrieren zu können.

3.7 Garant für Arbeitsqualität

Die zur allgemeinen Nutzung bereitgestellten Arbeitsgrundlagen in Form der Stamm-Kataloge sowie der Standardbeschreibungen und Standardkalkulationen verfügen über eine hohe Qualität in Struktur und Inhalten. Auch sehr viel Basiswissen ist darin enthalten. Mit der Nutzung dieser Grundlagen in den Projekten wird deren Qualität, wird das darin enthaltene Wissen auf die Projekte übertragen.

Für die einzelnen Arbeitsschritte im Projekt gibt das Baustellen-Controlling die Regeln der Bearbeitung, die Zusammenhänge der Informationen untereinander und die Logik und Formen der Auswertungen vor. Damit folgen die Ergebnisse der laufenden Arbeiten einer vorgegebenen Qualitätsnorm, so dass die Inhalte höchstens wegen falscher Eingaben, nicht aber in der Logik ihrer Auswertung in Frage gestellt werden müssen. Nicht zuletzt ist auch die Übereinstimmung der Art der Auswertungen von Projekt zu Projekt sowie der verwendeten Fachbegriffe ein Zeichen der Qualität.

Wird unter Verwendung der baubetrieblichen Software ein schlüssiges Konzept der Arbeitsweisen festgelegt und werden qualitativ hochstehende Arbeitsgrundlagen geschaffen, so ist der Einsatz des Baustellen-Controlling ein Garant für die Qualität der Arbeit.

3.8 Flexibles Arbeitssystem

Die Werkzeuge zur Durchführung des Baustellen-Controlling sind so gestaltet, dass trotz Geschlossenheit und Durchgängigkeit des Systems eine individuelle Anpassung von Arbeitsgrundlagen, Arbeitsweisen und konkreten Arbeiten gemäß tatsächlichen Erfordernissen möglich ist. Die vorgegebene Methodik ist also nur ein Rahmen, in dem die Flexibilität des Einsatzes der einzelnen Arbeitsschritte gemäß Bedarf und Nutzen gewährleistet ist.

Baustellen-Controlling ist ein flexibles Arbeitssystem, das die Wahl von Arbeitsbreite und -tiefe gemäß Bedarf und Nutzen ermöglicht, welcher gemäß den Randbedingungen des Unternehmens und der einzelnen Projekte festgelegt werden kann.

Eine umfassende baubetriebliche Software ist zwar der beste Garant für die Einhaltung der definierten Arbeitsweisen, sie darf aber nicht dazu verleiten, alle darüber möglichen Arbeiten bei jedem Projekt in absoluter Vollständigkeit durchzuführen. Dies würde in der Regel nur dazu führen, dass ein extrem hoher Aufwand betrieben und eine Informationsflut geschaffen wird, in der die tatsächlich wichtigen Informationen untergehen. Die "Kunst" des Baustellen-Controlling besteht u.a. darin, die Tätigkeiten und deren Intensität so zu wählen, dass der Nutzen den Aufwand deutlich übersteigt. Die "Kunst" besteht aber auch darin, zunächst einmal das umzusetzen, was man kann, und sich für das nächste Projekt das Ziel zu setzen, mehr zu können.

Baustellen-Controlling ist ein flexibles Werkzeug, dessen Anwendungsbreite und -tiefe schrittweise gemäß Bedarf und den eigenen Möglichkeiten ausgebaut werden kann. Der Einsatz der Software ist Mittel zum Zweck, nicht aber Selbstzweck.

3.9 Grundlage und Werkzeug für die Personalausbildung

Aus den Darstellungen in den vorstehenden Kapiteln folgt zwangsläufig, dass ein im Unternehmen eingeführtes Baustellen-Controlling eine wichtige Grundlage für die interne Personalausbildung ist. Das zugrunde liegende baubetriebliche Gesamtkonzept ist die vollständige Ausbildungsbasis, das Baustellen-Controlling selbst ist die spezifische Grundlage für die Ausbildung der Bauausführenden. Die baubetriebliche Software und die damit geschaffenen Arbeitsgrundlagen sind Hilfsmittel bei Ausbildung und Einarbeitung.

Mit der baubetrieblichen Konzeption werden den technisch orientierten Mitarbeitern die notwendigen Kenntnisse betriebswirtschaftlicher Art vermittelt.

Baustellen-Controlling ist als ausschlaggebende Komponente eines baubetrieblichen Gesamtkonzeptes die Grundlage für die Ausbildung des Personals. Software und Arbeitsgrundlagen sind das Werkzeug zur Vermittlung der Konzeption, zum Training der Mitarbeiter und zur Umsetzung des Wissens in der Praxis.

3.10 Hilfsmittel für die Unternehmensentwicklung

So lauten zusammengefasst einige Kernaussagen der vorstehenden Kapitel:

Die Konzeption des Baustellen-Controlling muss Bestandteil eines umfassenden baubetrieblichen Gesamtkonzeptes sein. Für die Einrichtung und Umsetzung eines umfassenden baubetrieblichen Gesamtkonzeptes bedarf es der Software als Träger der Konzeption und als Arbeitsmittel. Die erforderliche Qualität des Gesamtkonzeptes und die erforderliche Leistungsfähigkeit des zugehörigen Werkzeuges findet man nur in Form einer Standard-Software. Ein solches allgemeingültiges baubetriebliches Gesamtkonzept wird prinzipiell übernommen, in der Auswahl und Bereitstellung der Arbeitsmöglichkeiten auf den spezifischen Bedarf des Unternehmens und seiner Arbeitsplätze zugeschnitten. Zusammen mit den ebenfalls nach eigenem Bedarf geschaffenen Basisinformationen und inhaltlichen Strukturen ist das baubetriebliche Gesamtkonzept des Unternehmens geschaffen. Mit dieser Konzeption und den Werkzeugen ist ein leistungsfähiges System eingerichtet. Dieses System ermöglicht oder fördert vielerlei Arbeiten; es systematisiert alle diese Arbeiten und stellt sie in einen umfassenden Zusammenhang; es ist Grundlage und Mittel zur weiteren Qualifizierung der Mitarbeiter.

Aus allem muss gefolgert werden:

Ein unternehmensspezifisches baubetriebliches Gesamtkonzept ist zusammen mit den zur Verfügung gestellten Arbeitsmitteln ein wichtiges Hilfsmittel zur weiteren Entwicklung des Unternehmens.

Die Qualifizierung der Mitarbeiter auf der Basis des baubetrieblichen Gesamtkonzeptes sowie die Bereitstellung der geeigneten Werkzeuge sind die Grundlage für ein erfolgreiches Zusammenwirken an den verschiedenen Arbeitsplätzen – nicht nur innerhalb eine Projektes, sondern projektübergreifend und auf lange Sicht. Konzeption und Werkzeuge vermitteln betriebswirtschaftliches Wissen und Denken, worüber die Fähigkeit des technisch orientierten Personals zu einer breiter angelegten Zusammenarbeit und zu einer Arbeit im Sinne des wirtschaftlichen Erfolges des Unternehmens wächst. Die Mitarbeiter erarbeiten sich schrittweise alle Bestandteile der Konzeption und machen sie zur Grundlage ihres Handelns. Jede neu erworbene Befähigung ermöglicht die Inangriffnahme weiterer Ziele. Neue Mitarbeiter werden unter klaren Zielvorgaben der Qualifikation einbezogen. Die Entwicklung an vielen Arbeitsplätzen, die aufeinander abgestimmte Entwicklung, die Entwicklungen mit fester Orientierung: all dies ist letztlich Entwicklung der Fähigkeiten und der Stärke des Unternehmens.

3.11 Wettbewerbsvorteil des Unternehmens

Es ist eine Tatsache, dass zum heutigen Zeitpunkt Baustellen-Controlling beim Durchschnitt aller Bauunternehmen eher nur ein Schlagwort als selbstverständliche Praxis ist. Die Ursachen für diesen unbefriedigenden Zustand sind vielschichtig und zahlreich. Einige Ursachen seien genannt:

- Die Kenntnis, was Baustellen-Controlling eigentlich ist, ist unzureichend.
- Es fehlt an tauglichen Gesamtkonzepten für den Baubetrieb und für deren Umsetzung.
- Aufgrund fehlender Kenntnis werden Chancen nicht erkannt.
- Es fehlt an der Einsicht, dass die praktizierten Arbeitsweisen verbesserungsfähig sind.
- Es fehlt am Willen zu lernen.
- Es fehlt am Willen zur Änderung von Zuständen, oft aus persönlichen Gründen.
- Man hat Angst vor Veränderungen.
- Es fehlt an Personal, dass über die erforderlichen Fähigkeiten zur Entwicklung, Einführung und Umsetzung von Konzeptionen verfügt.
- Es fehlt an geeigneter Software für den Baubetrieb.
- Man beschäftigt die falschen Berater, verzeichnet entsprechende Misserfolge und bringt damit das gesamte Baustellen-Controlling in Verruf.
- Man scheut den Aufwand und die Kosten.
- Persönliche Gründe Einzelner verhindern den Erfolg von Bemühungen anderer.
- Es fehlt am Mut zu Entscheidungen und Investitionen, weil der Weg mühsam und der Erfolg nicht sofort feststellbar ist.

Dieses düstere Bild ist häufig anzutreffen, es gilt aber keineswegs für jedes Bauunternehmen. Insbesondere, seit es leistungsfähige Werkzeuge mit guter konzeptioneller Grundlage gibt, nimmt die Zahl der Unternehmen zu, welche die umfassenden Konzeptionen aufgegriffen, in Werkzeuge, Personalausbildung und richtige Beratung investiert und den Weg der Umsetzung in der Praxis mehr oder weniger weit gegangen sind, und zwar mit durchaus greifbarem Erfolg. Aber auch in diesen Fällen ist noch nicht überall die Gefahr gebannt, dass die Möglichkeiten und Chancen, die im Baustellen-Controlling begründet sind, doch zu eng gesehen werden, womit das Projekt der Entwicklung des Baubetriebes auf halbem Wege stecken bleiben könnte.

Warum es fast überall an Personal mit einer guten Qualifikation in baubetrieblichen Themen fehlt, müssen sich viele Beteiligte fragen:

- Die Hochschulen in ihrer Aufgabe der Ausbildung.
- Die Studenten und Ingenieure in ihrer Pflicht zur Qualifikation.

- Die einzelnen Bauunternehmen in ihrer Aufgabe der Arbeit an der Qualifikation ihrer Mitarbeiter.
- Die Gemeinschaft der Bauunternehmen und deren Verbände in ihrer Aufgabe, auf bessere Ausbildungen an Hochschulen und in Unternehmen zu drängen oder auf andere Weise für das erforderliche Ausbildungsangebot zu sorgen.

(Zum Thema der Ausbildung sei auch auf Abschnitt A, Kap. 4 und 5 verwiesen.)

Der beschriebene Zustand wird sich nach und nach bessern, der Prozess der Veränderung wird aber lange Zeit in Anspruch nehmen, weil er mit Personalausbildung in allen "Instanzen" und in großem Umfang verbunden ist. Die gesamte Branche unter Einbeziehung der Institutionen für die Ausbildungen hat es selbst in der Hand, wie schnell der Prozess voranschreiten wird. Oder hört man von der Lobby der Baubranche nur, wenn es um die Kritik an der Kürzung öffentlicher Mittel für Bauprogramme geht?

Das einzelne Bauunternehmen kann aber auf keinen Fall warten, bis von irgendwo die Lösung der Probleme kommt. Unternehmer sein, heißt auch in dieser Hinsicht, das eigene Schicksal selbst in die Hand zu nehmen, und zwar schnell und trotz aller Probleme.

Gerade weil es lange dauern wird, bis ein gutes Baustellen-Controlling eine weit verbreitete Selbstverständlichkeit in der Praxis sein wird, kann sich das Unternehmen, das die Möglichkeiten frühzeitig erkennt und nutzt, für lange Zeit einen Wettbewerbsvorteil verschaffen. Es wird in der Lage sein, mit den bestehenden Marktpreisen für Bauleistungen bessere Ergebnisse zu erzielen als der Durchschnitt der Bauunternehmen.

Baubetriebliche Konzeption mit integriertem Baustellen-Controlling verschafft dem Unternehmen einen Wettbewerbsvorteil über lange Dauer, wenn die Aufgabe möglichst umgehend angegangen wird.

3.12 Wettbewerbsvorteil des Einzelnen am Arbeitsmarkt

Es ist unbestreitbar, dass die Bauindustrie einen extrem hohen Bedarf an gut ausgebildeten Fachleuten im Sinne der geschilderten Aufgaben hat. Dieser Bedarf ist mangels Einsicht (siehe oben) noch nicht überall erkannt, er wird aber erkannt werden.

Darin liegt eine geradezu fantastische Chance für Ingenieure, sich über die entsprechende Qualifikation zu einer äußerst gefragten Arbeitskraft zu machen. Je früher man diese Qualifikation erwirbt, um so besser werden die Chancen sein. Man wird zunächst einer der Wenigen sein, der Entwicklungsprozesse in Unternehmen in Gang bringen und beeinflussen kann. Früher als viele andere wird man die Qualifikation und das Ansehen erworben haben, welches die Türen zu neuen Tätigkeiten und höheren Verantwortungen öffnet.

Eine hohe Qualifikation in baubetrieblichen Themen eröffnet dem Einzelnen beste Aussichten auf Erfolg im Beruf. Der frühzeitige Erwerb der Fähigkeiten verschafft dem Einzelnen unübersehbare Vorteile für den Wettbewerb am Arbeitsmarkt.

4 Eine Konzeption für alle Fälle?

Stellt sich ein Autor die Aufgabe, das Baustellen-Controlling allgemeingültig und umfassend darzustellen, so muss er sich zwangsläufig mit allen Randbedingungen auseinandersetzen, welche von wesentlichem Einfluss auf die Gesamtkonzeption und auf darin enthaltene einzelne Komponenten sind. Er muss also berücksichtigen

- die unterschiedlichen Bausparten
- die unterschiedlichen Größen der Unternehmen
- die unterschiedlichen Größen der Baustellen
- die unterschiedlichen Randbedingungen der Durchführung der Baumaßnahmen

Das Ergebnis der Autorenarbeit ist dann entsprechend umfangreich. Dadurch fühlt sich u.U. derjenige, welcher nur mit reduzierten Anforderungen an die Bauausführung zu tun hat, zu Aussagen provoziert wie

- Das ist doch alles viel zu kompliziert!
- Wer soll das alles lernen und machen?
- Für meine Baustelle genügt viel weniger!

Beschränkt sich aber der Autor in Gesamtkonzeption und Komponenten auf die Erfordernisse nur aus bestimmten Randbedingungen, so provoziert er Einwürfe wie

- Die Konzeption berücksichtigt aber nicht, dass .....!
- Und was tue ich, wenn ....?
- Für die Verhältnisse meiner Baustelle brauche ich etwas ganz anderes!
- Da habe ich aber mal was ganz anderes gelernt!

Unternimmt man den Versuch, über Befragungen zu klären, was benötigt wird, erhält man von hundert befragten Personen mindestens hundert verschiedene Antworten.

Alleine schon aus dieser Situation heraus bleibt gar nichts anderes übrig, als tatsächlich ein umfassendes Baustellen-Controlling mit seinen sämtlichen Komponenten zu beschreiben unter Beachtung sämtlicher wesentlicher Randbedingungen. Nur darin kann sich jeder mit seinen spezifischen Anforderungen wiederfinden. Allerdings muss auch jeder tatsächlich herausfinden können, was in welcher Weise bei seinen Randbedingungen nützlich ist.

Es geht aber letztlich nicht um die Frage, welche Probleme der Autor zu lösen hat, sondern darum, dass endlich eine einzige allgemeingültige und umfassende Fachkonzeption die Grundlage des Denkens und Handelns in Lehre und Praxis sein muss. Die Ursache für viele Probleme, Fragen und evtl. sogar Widerstände ist darin zu sehen, dass genau dieser Grundsatz, der für jeden Bereich der Wirtschaft gilt, ausgerechnet im Baubetrieb missachtet wird. Die Hochschulen bilden nach Konzepten aus, welche höchstens zufälligerweise aufeinander abgestimmt sind. Das Wissen von Unternehmen und Personen ist oft nur individuell geprägt und nicht zum gegenseitigen Nutzen einsetzbar. Änderungen in den Tätigkeitsprofilen von Unternehmen und Personen bedingen viel zu oft einen Neuanfang im Aufbau von Grundwissen und Konzeptionen. Die fehlende allgemeingültige und umfassende Wissensbasis macht jeden individuellen Versuch zur Entwicklung und Umsetzung brauchbarer Lösungen zu einem fast nicht zu bewältigenden Kraftakt.

In den Fachbereichen von Betriebsbuchhaltung und Finanzbuchhaltung ist es eine Selbstverständlichkeit, dass die dort handelnden Personen über das allgemeingültige Wissen der Betriebswirtschaft verfügen müssen. Auf dieser Grundlage erfolgen die Ausbildungen; auf dieser Grundlage wird im Unternehmen gearbeitet; auf dieser Basis werden die unternehmensspezifischen Arbeitsweisen gemäß den Erfordernissen entwickelt und praktiziert. Genauso muss es im Baubetrieb sein, in dem Ingenieure und Architekten maßgeblich verantwortlich sind. Warum sollen ausgerechnet im Baubetrieb allgemein anerkannte Grundsätze nicht gelten?

Ein einziges allgemeingültiges und umfassendes baubetriebliches Gesamtkonzept – und darin das Konzept des Baustellen-Controlling – muss zur Grundlage der Ausbildung gemacht werden, sei es an den Hochschulen, sei es in sonstigen Einrichtungen, sei es in den Unternehmen selbst. Mit der Aufnahme des allgemeingültigen Grundwissens, das zunächst nicht beschränkt ist auf spezielle Randbedingungen, wird die Befähigung zur erfolgreichen Betätigung im Baubetrieb erworben, gleich in welchem Unternehmen, gleich in welcher Verantwortung. Das umfassende Wissen ist die Voraussetzung und die Grundlage für die Entwicklung der Konzeptionen des Unternehmens und die Auswahl und das Praktizieren der geeigneten Arbeitsweisen gemäß den spezifischen Erfordernissen. Es ist die Voraussetzung für erfolgreiche Anpassungen im Zuge des Wandels des Marktes und des Unternehmensprofils. Es ist die Voraussetzung für die Nutzbarkeit des einmal erworbenen Wissens in neuen Tätigkeitsfeldern. Nicht zuletzt ist es auch Voraussetzung und Grundlage dafür, aus der Gesamtdarstellung des Baustellen-Controlling heraus den richtigen Weg für die konkrete Baustelle wählen zu können.

Damit ist die Frage der Überschrift "Ein Konzept für alle Fälle?" beantwortet. Die Antwort lautet aber weder ja noch nein, sondern: Es gibt nur ein allgemeingültiges baubetriebliches Gesamtkonzept. Dieses Gesamtkonzept berücksichtigt alle Randbedingungen der unterschiedlichen Arten von Baustellen. Ausgehend von dem umfassenden Gesamtkonzept werden die richtigen Lösungen für Teilaufgaben entwickelt, welche im konkreten Fall sinnvoll einsetzbar sind. Das baubetriebliche Gesamtkonzept ist der einheitliche Rahmen, innerhalb dessen das Unternehmen sein Profil entwickelt, welches auf seinen spezifischen Bedarf ausgerichtet ist. Mit Hilfe des allgemeingültigen Gesamtkonzeptes entsteht ein individuelles Unternehmenskonzept.

Die konkrete Art der Bautätigkeit wird durch Controlling-Schritte vorbereitet und begleitet, welche zwar auf die spezifischen Randbedingungen abgestimmt sind, welche aber dennoch integrierte Bestandteile des Gesamtkonzeptes bleiben. Die strukturellen Grundlagen (siehe Abschnitt B) sind inhaltlich auf den Bedarf gemäß eigener Tätigkeit ausgerichtet. Die Arbeitsschritte sowie deren Breite und Tiefe werden gemäß dem Bedarf im konkreten Ausführungsfall gewählt (siehe auch Abschnitt A, Kap. 3.8). Das fundierte Gesamtwissen ist die Grundlage für die richtigen Entscheidungen im Einzelfall.

Diesen Erkenntnissen folgt die vorliegende Veröffentlichung. Sie beschreibt das allgemeingültige und umfassende Konzept des Baustellen-Controlling. Sie durchleuchtet aber auch die wichtigen spezifischen Randbedingungen der Bautätigkeit und zeigt die darauf abgestimmten Lösungen auf. Viele der Ausführungen und Beispiele beziehen sich auf bestimmte Fälle der Praxis. An vielen Stellen ist auch ausgesagt, was unter einer bestimmten Bedingung wie gemacht werden sollte oder was nicht sinnvoll ist. Letztlich ist es aber nicht möglich, überall darzulegen, unter welchen Randbedingungen die Aussage oder das Beispiel Gültigkeit hat oder nicht oder in welcher variierten Form. Der Leser muss auf der Basis des fundierten Gesamtwissens selbst erkennen, welcher Schritt und welche Arbeitsweise in seinem konkreten Fall sinnvoll ist und welcher Art Vorbereitung es für die Durchführung bedarf. Eigene Erfahrungen aus dem Baustellen-Controlling werden ihn im Laufe der Zeit sicherer machen.

Zwei Sätze sollten immer beherzigt werden: Es soll nicht alles gemacht werden, was theoretisch geht, sondern das, was im konkreten Fall angebracht ist. Es kann mehr für den wirtschaftlichen Erfolg getan werden, als allgemein für möglich gehalten wird.

5 Das ist doch überzogen und nicht zu bewältigen!

Ursache für diese provokante Überschrift ist, dass allzu häufig so oder ähnlich reagiert wird, sobald von einer konsequenten Art des Baustellen-Controlling und den dafür erforderlichen Maßnahmen der Ausbildung gesprochen wird. Es gibt ohne Zweifel nur eine mögliche Antwort:

Es ist nichts überzogen; es ist alles zu bewältigen.

Die Begründung für diese eindeutige Stellungnahme wurde eigentlich bereits im vorstehenden Kapitel 4 gegeben:

Alle im Baubetrieb tätigen Personen müssen über ein allgemeingültiges umfassendes baubetriebliches Grundwissen verfügen. Das dargestellte allgemeingültige und umfassende Konzept des Baustellen-Controlling ist einer der Hauptbestandteile genau dieses Grundwissens. Wo dieses Wissen nicht vorhanden ist, muss es geschaffen werden. Evtl. ist es erforderlich zu analysieren, warum das Grundwissen nicht vorhanden ist; evtl. sind Hindernisse zu beseitigen und Voraussetzungen zu schaffen. Hierzu sei auf die Ausführungen in Abschnitt A, Kap. 3.11 und 3.12 verwiesen.

Man könnte durchaus etwas salopp formulieren: Nicht das Baustellen-Controlling ist schuld daran, dass man sich überfordert sieht, sondern das fehlende Grundwissen, zu dem die Konzeption eines umfassenden Baustellen-Controlling gehört. Wer verantwortlich im Baubetrieb tätig ist, muss eben sein Metier beherrschen. Wird evtl. Ursache und Wirkung verwechselt? Ein Ingenieur, welcher sich für den Beruf als Statiker entschieden hat, klagt doch auch nicht darüber, dass alles so kompliziert und fast nicht erlernbar sei. Er stellt nicht das Unverzichtbare in Frage, sondern stellt sich der Aufgabe.

Ist eine umfassende Konzeption des Baustellen-Controlling Bestandteil des Grundwissens von Personen und Unternehmen, so ist das Haupthindernis aus dem Weg geräumt. In der Vermittlung dieses Grundwissens besteht eine der Aufgaben dieses Fachbuches. Das Grundwissen ist die Arbeitsgrundlage für die Entwicklung des Unternehmenskonzeptes gemäß dessen Profil und für die Umsetzung dieses Konzeptes in Abhängigkeit von den unterschiedlichen Randbedingungen der Projekte. Hierbei Hilfestellung zu geben, ist die zweite wichtige Aufgabe des Buches.

Mit gutem baubetrieblichen Grundwissen wandelt sich die Sicht von "überzogen und nicht machbar" in "notwendig und machbar".

Abschnitt B: Strukturelle Grundlagen des Baustellen-Controlling

1 Definition "Projekt"

Ein Projekt im Sinne des Baustellen-Controlling ist eine Baustelle, die räumlich und zeitlich begrenzt ist. Der Baustelle sind Aufwand und Erlös zweifelsfrei zuordenbar. Die Baustelle ist identisch mit einer Kostenstelle der Betriebsbuchhaltung. Die Baustelle beginnt mit der Auftragserteilung; sie endet in der Regel mit dem Zeitpunkt der Genehmigung der Schlussabrechnung.

In einem Projekt kann es mehrere Auftraggeber geben. Mehrere räumlich abgrenzbare Baustelleneinheiten mit jeweils eigenen Auftraggebern bleiben in einem Projekt dennoch zusammengefasst, solange nicht jegliche Art von Aufwand bis hin zu den allgemeinen Kosten direkt den einzelnen Einheiten zugewiesen werden kann.

2 Die drei Hauptphasen des Projektes

2.1 Die drei Hauptphasen und deren Kalkulationen

Beim Bauunternehmen durchläuft ein Projekt, das aufgrund eines Auftrages zur Ausführung kommt, drei Hauptphasen:

- Phase 1: Angebot
- Phase 2: Auftragsverhandlung
- Phase 3: Ausführung

Die Phase 1 = "Angebot" umfasst die Analyse der ausgeschriebenen Leistungen sowie die Ermittlung der voraussichtlichen Kosten und der marktgerechten Angebotspreise. Die Phase 1 endet mit der Abgabe des Angebotes. Der Ermittlung der voraussichtlichen Kosten müssen häufig Untersuchungen zu Bauablauf und Bauzeit sowie zu erforderlichen und vorhandenen Ressourcen vorausgegangen sein. Es sei der Vollständigkeit halber erwähnt, dass ein Projekt in der Phase 1 auch beim Bauunternehmen größere Vorplanungen bedingen kann, z.B. im Falle der Ausschreibung eines Projektes mit Leistungsprogramm (sog. funktionale Ausschreibung).

Die Phase 2 = "Auftragsverhandlung" beginnt mit der Verfolgung der Chancen auf Auftragserteilung unmittelbar nach Angebotsabgabe und umfasst dann die Untersuchungen, ob und wie auf die Vorstellungen des Auftraggebers (AG) unter Berücksichtigung der aktuellen Belange und Möglichkeiten des Unternehmens eingegangen werden kann, u.U. unter Einbeziehung eines sich verändert darstellenden Leistungsumfanges. Die Phase der Auftragsverhandlung endet mit der Unterschrift unter den Vertrag durch Auftraggeber (AG) und Auftragnehmer (AN). Die Arbeiten in der Projektphase 2 sind bereits zur Thematik des Baustellen-Controlling zu zählen.

Die Phase 3 = "Ausführung" umfasst sämtliche Tätigkeiten ab dem Zeitpunkt der Vertragsunterschrift bis zu verschiedenen Schlussauswertungen nach Fertigstellung der Baumaßnahme. Im weitesten Sinne endet diese Phase erst nach Ablauf der Gewährleistungsfrist, wird in der Regel aber doch bereits zum Zeitpunkt der Genehmigung der Schlussrechnung für beendet erklärt. "Baustellen-Controlling" ist das Führungsinstrument dieser Projektphase.

In allen drei Phasen spielen die Untersuchungen zur Kostenseite des Projektes – sprich: die Kalkulationen – eine ausschlaggebende Rolle. Die Kalkulationen der einzelnen Phasen haben einen spezifischen Namen:

- Phase 1: Angebot — Kalkulation: Angebotskalkulation
- Phase 2: Auftragsverhandlung — Kalkulation: Auftragskalkulation
- Phase 3: Ausführung — Kalkulation: Arbeitskalkulation

Kosten und Erlöse werden intern immer auf der Grundlage einer möglichst realistischen Abschätzung des tatsächlich zu erwartenden Leistungsumfangs ermittelt.

Statt des Begriffs *Auftragskalkulation* taucht in der Literatur gelegentlich auch der Begriff *Vertragskalkulation* auf und statt des Begriffs *Arbeitskalkulation* der Begriff *Ausführungskalkulation.*

2.2 Fortschreibung der Projektinhalte

Es liegt in der Natur der Sache, dass in der jeweils nächsten Phase des Projektes die Informationen aus der vorherigen Phase als Arbeitsgrundlage aufzunehmen sind. In jeder Folgephase sind Leistungsbeschreibungen, Analyseergebnisse, Kostenkalkulationen und Preise der Vorphase maßgebende Grundlagen für weitere Bearbeitungen. In der Folgephase werden bestimmte Inhalte fortgeschrieben, andere Inhalte werden festgeschrieben und so weiterverwendet. Bis zum Ende der Phase 2 (Auftragsverhandlung) sind Grundlagen entstanden, die zwingend in der Projektphase 3 (Auftrag) aufgegriffen werden müssen.

DV-technisch bedeuten die drei Projektphasen, dass die Daten jeder Phase einen geschlossenen, vollständigen und unabhängigen Datenbestand darstellen. Die Daten einer Folgephase entstehen durch Kopie des Datenbestandes der vorherigen Phase und die anschließende Erweiterung oder Fortschreibung gemäß den spezifischen Aufgabenstellungen. Nur so ist gewährleistet, dass der Informationsstand jeder einzelnen Phase ohne jeden Zweifel bezüglich der Inhalte zu jeder Zeit jeweils für sich feststellbar bleibt. Diejenigen Informationen aus einer vorherigen Phase, die bei der Fortschreibung in der laufenden Phase unverändert als Basiswerte benötigt werden, sind festzuschreiben. Informationen, welche als Vergleichswerte benötigt werden, sind gesondert und parallel zu den Informationen zu verwalten, welche Veränderungen erfahren können. Hierzu sei auch auf Abschnitt D, Kap. 2 verwiesen.

Tritt ein Projekt in die nächste Phase, so sollte keine umfangreiche Neubearbeitung der Kalkulation erforderlich sein. Spezifische Belange der Folgephase müssen in Form einer Fortschreibung der bisherigen Kalkulation erfüllbar sein. Die Möglichkeit der Fortschreibung mit relativ geringem Aufwand setzt voraus, dass die Kalkulation in der vorherigen

Phase auch auf den Bedarf der Folgephase ausgerichtet wurde. Das Wesentliche der Qualitätsanforderung zur Unterstützung der Fortschreibung ist die Forderung nach bestimmten Strukturen der Kalkulation, die in allen Projektphasen sowohl die benötigten Einzelinformationen liefern als auch die Anpassungen der Kalkulation mit zunehmendem Wissensstand in rationeller Weise ermöglichen.

Die Arbeitskalkulation bedingt den höchsten Differenzierungsgrad in Einzelaussagen der Kostenkalkulation. Deren sämtliche Anforderungen der Feinstrukturierung müssen nicht unbedingt schon in den Kalkulationen der beiden vorherigen Projektphasen erfüllt sein, um den dortigen Anforderungen zu genügen. Andererseits ist es eine Tatsache, dass jegliche Kostenkalkulation um so zuverlässiger ist, je differenzierter sie die Kosten dargestellt. Eine hohe Qualität der Kostenkalkulation ist in allen drei Projektphasen von größter Bedeutung. Nur nebenbei: "sorgfältig" kalkulieren muss nicht zwangsläufig "teurer" bedeuten. Im Gegenteil: gezielte Untersuchungen eröffnen manche Chance, die bei oberflächlicher Bearbeitung verborgen geblieben wäre.

Es sei vorweggenommen, dass es mit Hilfe geeignet aufbereiteter Standardkalkulationen ohne Mehraufwand möglich ist, der Kostenkalkulation bereits in der Angebotsphase weitgehend die Qualität zu geben, die letztlich in der Arbeitskalkulation benötigt wird. Es können Strukturen und Arbeitsmittel geschaffen werden, die in gleicher Weise jeglicher Art von Kalkulation dienen. Dadurch entstehen Kalkulationen, die auch für folgende Aufgaben entweder bereits direkt geeignet sind oder die zumindest leicht an die weiteren Erfordernisse angepasst werden können. Siehe hierzu Abschnitt B, Kap. 3.5 und 8.

3 Einheitliche Strukturen und rationelle Arbeitsweisen durch Stammdaten

Dieses Kapitel ist lediglich als Einführung zu den dann folgenden Kapiteln 4 bis 8 zu verstehen. Hier wird zunächst die Notwendigkeit differenzierter und einheitlicher Strukturen begründet. Dann werden die grundsätzlich vorhandenen Strukturen der Kalkulation und dazu mögliche Vorbereitungen in Form von Stammdaten aufgezählt. Schließlich werden rationelle Arbeitsweisen aufgezeigt, die mit Hilfe von Stammstrukturen eröffnet werden. Diese Arbeitsweisen unterstützen das Ziel der einfachen Fortschreibung der Kalkulation gemäß vorstehendem Kapitel.

Es ist von allergrößter Bedeutung für Möglichkeiten und Erfolg des Baustellen-Controlling, dass es auf bestens durchdachten strukturellen Grundlagen aufbaut. Aus diesem Grund muss diesem Thema im vorliegenden Fachbuch ein größerer Raum eingeräumt werden, als es manch ungeduldigem Leser angebracht erscheint. Die Erfahrungen in der Praxis belegen ganz eindeutig, dass Erfolg oder Misserfolg im Baustellen-Controlling u.a. in ganz engem Zusammenhang stehen mit der Qualität der strukturellen Grundlagen und der darauf aufbauenden Arbeitsmittel und Arbeitsregeln.

In den Kapiteln 4 bis 9 des Abschnitts B werden sowohl die Bedeutungen und Zusammenhänge der strukturellen Grundlagen erläutert als auch praktische Beispiele als Anregungen oder Hinweise für die eigene Arbeit beim Aufbau dieser Grundlagen gegeben. Die für diese Arbeit verfügbare Software sollte demgegenüber keine wesentlichen Abstriche erzwingen. Es sei diesbezüglich aber auch hier nochmals festgestellt, dass nicht jede dargestellte Einzelheit zwingend ist, wenn auch andere Wege zum gewünschten Ziel führen.

3.1 Differenzierte und einheitliche Strukturen

Es gibt eine Reihe von Gründen, welche es unumgänglich machen, dass in Angebotskalkulation und Baustellen-Controlling mit differenzierten und einheitlichen Strukturen der Informationen gearbeitet wird.

Die folgende Auflistung nennt zunächst einige wichtige Gründe, warum bestimmte Arten von Informationen im einzelnen Projekt insbesondere aus Sicht des Baustellen-Controlling differenziert aufbereitet sein müssen:

- Für die Zwecke der Dispositionen der Bauleistungen und für die Arbeit des Einkaufs werden detaillierte Aussagen zu den Komponenten der Kostenkalkulation benötigt, z.B:
  - Mengen, Mittellohn und Kosten zu Arbeitsstunden in einzelnen Leistungsarten
  - Mengen, Einkaufspreise und Kosten zu den wichtigen Baustoffen und Bauhilfsstoffen
  - Budgets und Kosten in den einzelnen Nachunternehmergewerken
  - Anzahl, Einsatzdauer und Kosten einzelner Geräte
  - Anzahl und Einsatzdauer von Angestellten in einzelnen Leistungsarten
- Für einen aussagekräftigen Kosten-Soll-Ist-Vergleich müssen die Sollkosten mindestens in der Strukturtiefe der Kostenarten der Bebu aufbereitet sein.
- Für einen aussagekräftigen Stunden-Soll-Ist-Vergleich müssen die Leistungsarten ausreichend differenziert dargestellt sein.

Folgend wird nun aufgezählt, aus welchen wichtigen Gründen für die Arbeitskalkulation einheitliche Strukturen der Informationen verwendet werden müssen:

- Die vorstehend genannten Ziele sind nur erreichbar über eine aufwändige Vorbereitung der Strukturen und Elemente in den einzelnen Informationsarten. Diese Aufbereitung muss alleine schon aus Zeitgründen vorab verfügbar sein. Die Aufbereitung wäre aber auch aus Kostengründen für ein Projekt alleine nicht vertretbar. Die Strukturen und Inhalte müssen also allgemeingültig, d.h. in einheitlicher Form für alle Projekte vorbereitet sein.
- Die Fortschreibung der Kalkulationen über die drei Projektphasen (Abschnitt B, Kap. 1) ist nur möglich, wenn ihnen einheitliche Strukturen zu Grunde gelegt werden, die letztlich den Aufgabenstellungen der Arbeitskalkulation gerecht werden.
- Zur Unterstützung einer rationellen Arbeit der Kalkulation müssen vorbereitete Arbeitselemente in Form von Standardkalkulationen zur Verfügung stehen. Solche projektunabhängigen Elemente bedingen, dass einheitliche Strukturen für alle Projekte vorbereitet sind und die Strukturen in den einzelnen Projekten davon nicht abweichen.

- Der Rückgriff auf nützliche Arbeitselemente aus anderen Projekten ist nur möglich, wenn in Quell- und Zielprojekt einheitliche Strukturen verwendet sind.
- Die Kommunikation zwischen Baustellen-Controlling und Bebu bedingt Definitionen von Datenbeziehungen, welche projektunabhängig vorbereitet sein müssen. Damit müssen die Kostenarten der Kalkulation, soweit sie in diesen Beziehungen eine Rolle spielen, einheitlich in allen Projekten sein.
- Die Kommunikation zwischen Baustellen-Controlling und Einkauf bedingt ebenfalls Datenbeziehungen, welche projektunabhängig vorbereitet sein müssen.. Damit müssen sowohl den Artikeln als auch deren Zuordnung zu Kostenarten ein einheitliches System der Artikel und Kostenarten zu Grunde gelegt sein.
- Projektübergreifende Informationen für das Unternehmens-Controlling bedingen, dass die Strukturen, die für Auswertungen der einzelnen Projekte benutzt werden, einheitlich sind.
- Eine problemlose Kommunikation zwischen den Beteiligten bedingt, dass von Projekt zu Projekt mit einheitlichen Strukturen gearbeitet wird.
- Mit den einheitlichen Strukturen wird ein bedeutender Teil des baubetrieblichen Konzepts des Unternehmens zum Ausdruck gebracht (siehe Abschnitt A, Kap. 3) und zur direkten Verwendung zur Verfügung gestellt. Eine leichte Verständigung in baubetrieblichen Fragen und in den einzelnen Projekten ist im Unternehmen nur dann möglich, wenn in allen Bereichen in übereinstimmenden Strukturen gedacht, gesprochen und gearbeitet wird.

Zu beiden vorstehenden Aufzählungen gibt es noch weitere Begründungen; die angeführten Gründe genügen aber bei weitem, um die Notwendigkeit der Vorbereitung einheitlicher Strukturen und darauf aufbauender Arbeitselemente wie Standardkalkulation als unverzichtbar deutlich zu machen.

3.2 Übersicht über die Strukturen der Kalkulation

3.2.1 Strukturierung durch die Leistungsverzeichnisse

Die Kostenkalkulation eines Projektes ist grundsätzlich gemäß dem Aufbau des Leistungsverzeichnisses gegliedert. Es werden Positionen von Leistungsverzeichnissen kalkuliert. In der Projektphase 3 können mehrere projektbezogene Leistungsverzeichnisse bestehen; siehe hierzu Abschnitt D, Kap. 3.1. Trotz evtl. vieler Leistungsverzeichnisse gibt es nur eine Arbeitskalkulation; sie umfasst die Teilleistungen aller Leistungsverzeichnisse.

Da sich die Leistungsverzeichnisse von Projekt zu Projekt immer wieder unterscheiden, ist der davon abhängige Aufbau der Kostenkalkulation immer wieder anders. Lediglich in engen Bereichen kommen dahingehend gelegentlich Wiederholungen vor, z.B. wenn ein Auftraggeber (AG) immer nach demselben Standard-LV ausschreibt. Auch für die Kalkulation der umzulegenden BGK kann und soll ein einheitliches internes LV zu Grunde gelegt werden.

Trotz teilweise möglicher Ausnahmen muss aber festgehalten werden, dass sich insgesamt über die Strukturen der Leistungsverzeichnisse keine projektübergreifenden einheitlichen Strukturen für die Kalkulation definieren lassen.

Immerhin lassen sich für den Fall, dass das Projekt-LV selbst aufgestellt wurde, einheitliche Auswertungsstrukturen vorbereiten, z.B. in Form einer Standardgliederung der Gewerke. Dazu muss es Standard-Leistungsverzeichnisse irgendwelcher Art geben, über die man das aktuelle Projekt-LV aufbaut. In einem solchen Fall ist es sinnvoll, in den Positionen des Projekt-LV neben der aktuellen OZ des Projektes die interne OZ gemäß Stamm-LV beizubehalten. Dann ist eine Projektauswertung über diese "neutrale" OZ möglich, z.B. um eine Preisdatenbank zu den Standard-LV's aufzubauen. Über diese interne OZ erlangt ein selbst erstelltes Projekt-LV zumindest im Hinblick auf die Auswertbarkeit allgemeingültige Bedeutung.

3.2.2 Die Struktur der Kostenarten

Jeder Kostenansatz muss einer Kostenart zugeordnet sein. Dies war früher bei der Kalkulation mit Bleistift und Papier so; dies ist heute bei der Kalkulation per EDV so. Das Ordnungssystem der Kostenarten erstreckt sich auf sämtliche Kosten, ist aber unabhängig vom Ordnungssystem der Leistungsverzeichnisse. Insofern können und müssen die Kostenarten über eine Stammstruktur vorbereitet werden.

Vor der Einführung der EDV wurde die Kostenartengliederung durch feste Spalten des Kalkulationsformulars vorgegeben, z.B. für "Stunden", "Stoffe", "Geräte", Fremdl.", "Sonstiges". Zugegeben: dies war eine bescheidene Gliederung der Kosten. Sie lieferte aber immerhin mehr als nur die Summe der Gesamtkosten. Diese wiederum ermöglichten bei der Preisbildung die Anwendung unterschiedlicher Einzelkostenzuschläge pro Kostenanteil.

Für ein Controlling ist diese Kostengliederung allerdings zu grob. Die Aussage z.B. über die Höhe der kalkulierten Stoffkosten hilft nicht bei der Aufgabe zu erkennen, in welchem Materialbereich der Ist-Verbrauch nicht den Vorgaben entspricht. Die Summe der kalkulierten Fremdleistungen nutzt nichts, wenn die Kosten des einzelnen Gewerkes zu kontrollieren sind.

Erst durch leistungsfähige Programme wurde es möglich, die Kostenkalkulation mit vertretbarem Aufwand so aufzubereiten, dass jegliche Differenzierung der Kosten zum Zweck der Vorgabe und der Kontrolle nicht nur darstellbar, sondern auch in jeder Hinsicht auswertbar war. Unter "in jeder Hinsicht" ist zu verstehen:

a) auswertbar nach Kostenarten unabhängig von der Gliederung des LV

b) auswertbar nach Kostenarten in Kombination mit der Ordnung des LV oder in Kombination mit anderen Projektordnungen wie z.B. den Bauvorgängen der Bauablaufplanung.

Aus verschiedenen Gründen, die später noch dargelegt werden, ist es sinnvoll, die Kostenarten (Koa) hierarchisch zu strukturieren, beginnend auf der obersten Ebene mit den sog. Hauptkostenarten (H-Koa).

3.2.3 Die Teilstruktur der Artikel

Ein Teil der Kostenkalkulation beschreibt die Kosten von Materialien. Entsprechende Ansätze müssen - wie alle Kostenansätze – einer Kostenart zugeordnet sein. Ein bestimmtes Material mit Mengeneinheit (ME) und Einkaufspreis pro ME kann zwar immer direkt unter einer Kostenart in die Kalkulation eingeführt werden, in vielen Fällen ist es aber zweckmäßiger, einen entsprechenden Artikel definiert zu haben und diesen in den Ansatz der Kalkulation zu nehmen. Hat der Artikel eine Zuordnung zu einer Materialkostenart, so ist die erforderliche Kostenartenzuordnung des Kalkulationsansatzes indirekt gegeben.

Das Ordnungssystem der Artikel erstreckt sich auf einen Teil der Kosten und ist unabhängig vom Ordnungssystem der Leistungsverzeichnisse. Insofern können und müssen die Artikel über eine Stammstruktur vorbereitet werden.

Artikel werden alleine schon aufgrund der möglichen hohen Anzahl verschiedener Artikel in unterschiedlichen Materialbereichen hierarchisch strukturiert. Es gibt also Artikelgruppen (evtl. mehrere Ebenen) und Einzelartikel innerhalb der Gruppen. Artikelgruppen müssen einer Kostenart zugeordnet sein, die den entsprechenden Materialbereich umfasst. Damit sind die zugehörigen Einzelartikel indirekt dieser Kostenart zugeordnet.

3.2.4 Die Teilstruktur der Geräte

Ein Teil der Kostenkalkulation beschreibt die Kosten von Geräten. Entsprechende Ansätze müssen - wie alle Kostenansätze – direkt oder indirekt einer Kostenart zugeordnet sein.

Die Kosten eines bestimmten Gerätes lassen sich zwar immer direkt über Kostenarten in die Kalkulation einbringen, dies ist aber ein mühsames Verfahren, weil ein Gerät Kosten in mehreren Kostenarten verursacht, z.B. "A+V", "Rep.", "Lohn" (für Auf- und Abbau oder Bedienung), "Transport", "Energie" etc.. Außerdem verursachen unterschiedliche Geräte unterschiedliche Kosten in den einzelnen Kostenbereichen. Deshalb wird man die üblicherweise in der Kalkulation vorkommenden Geräte als gesonderte Einheiten vordefiniert haben. In diesen Geräteeinheiten sind die Kosten der einzelnen Aufwandsarten unter Kostenarten verwaltet. In der Kalkulation (oder in der Hilfskalkulation der Geräteliste) wird man die Geräte als komplette Einheiten ansprechen. Diese bringen dann im Hintergrund "ihre" Kosten pro Kostenart mit, d.h. die Zuordnung zu Kostenarten erfolgt hier wie bei den Artikeln in indirekter Weise.

Das Ordnungssystem der Geräte erstreckt sich auf einen Teil der Kosten und ist unabhängig vom Ordnungssystem der Leistungsverzeichnisse. Insofern können und müssen die Geräte über eine Stammstruktur vorbereitet werden.

3.3 Struktur für Ausschreibung und Vergabe

Jedes Projekt muss zumindest insoweit nach Gewerken geordnet werden, als Teilleistungen ausgeschrieben und vergeben werden sollen. Es kann sein, dass bereits die Struktur des Projekt-LV genau die benötigte Gewerkegliederung wiedergibt. Dies muss aber nicht so sein.

Die gewünschte Neuordnung nach Gewerken erfolgt über Vergabeeinheiten (VE). Positionen des LV oder Unterpositionen der Kalkulation werden den Vergabeeinheiten zugeordnet. Insofern stellen die Vergabeeinheiten Merkmale zur unabhängigen Neuordnung der Teilleistungen dar. Die Vergabeeinheit erhält eine Zuordnung zu einer NU-Kostenart, womit alle dieser VE zugeordneten Teilleistungen dieser NU-Kostenart zugeordnet sind. Insoweit ist die Struktur der Vergabeeinheiten ein Abbild der Struktur der Kostenarten für NU-Gewerke.

Das Ordnungssystem der Vergabeeinheiten (Gewerke) erstreckt sich auf einen Teil der Kosten und ist unabhängig vom Ordnungssystem der Leistungsverzeichnisse. Insofern können die Vergabeeinheiten über eine Stammstruktur vorbereitet werden, in der auch bereits die Kostenarten hinterlegt sind.

3.4 Sonstige Strukturen für Auswertungen

3.4.1 Die Ressourcen

Unter Ressourcen sind beliebige Mittel, die zur Durchführung des Auftrages einzusetzen sind bzw. mit der Durchführung in Verbindung stehen. Zu Einzelheiten sei auf Abschnitt B, Kap. 7.4 verwiesen. Abgesehen von den sog."freien" Ressourcen, stehen alle Ressourcen entweder in einer frei definierten Beziehung zu Elementen anderer Strukturen wie Kostenarten, Artikel, Gerät, oder sie repräsentieren feste Größen wie "Erlös", "Budget", "Herstellkosten" etc.. Alle diese Ressourcen werden also aus Werten anderer Ordnungssysteme versorgt.

Das Ordnungssystem der Ressourcen erstreckt sich auf einen beliebigen Teil der Kosten oder andere Werte des Projektes und ist unabhängig vom Ordnungssystem der Leistungsverzeichnisse. Insofern können die Ressourcen über eine Stammstruktur vorbereitet werden, in der auch bereits die Beziehungen zu den Elementen anderer Stammstrukturen hinterlegt sind.

3.4.2 Der Bauarbeitsschlüssel (BAS)

Mit den Elementen des Bauarbeitsschlüssels werden einzelne Leistungsarten beschrieben. Es sind Auswertungsmerkmale, die entweder den Positionen der LV's oder den Unterpositionen der Kalkulation zugeordnet werden. Über den BAS können ausgewertet werden

- nur die Arbeitsstunden mit der Zielstellung des Stunden-Soll-Ist-Vergleiches
- die Kosten mit der Zielstellung von Kennzahlen zu Leistungsbereichen

Das Ordnungssystem des BAS ist unabhängig vom Ordnungssystem der Leistungsverzeichnisse. Insofern kann das System des BAS über eine Stammstruktur vorbereitet werden.

3.4.3 Freie Auswertungsmerkmale

Freie Auswertungsmerkmale dienen der Auswertung der Kalkulation nach beliebigen Gesichtspunkten. Wenn Ergebnisse solcher Auswertungen projektübergreifend genutzt werden sollen, so müssen für die Merkmalarten entsprechende Stamm-Kataloge existieren. Solche Systeme sind – wie der BAS – unabhängig von der Struktur der Projekt-Leistungsverzeichnisse.

3.5 Rationelle Arbeitsweisen in der Kalkulation durch einheitliche Strukturen

Für die Kalkulation von Eigen- und Fremdleistungen gibt es jeweils sehr rationelle Verfahren. Um diese Verfahren einsetzen und möglichst weit nutzen zu können, müssen die vorstehend erwähnten strukturellen Grundlagen in Form der Stammkataloge (Stamm-Dateien) geschaffen sein.

Die Verfahren sind

- das Kopieren und anschließende Anpassen von Standard-Kalkulationselementen,
- das Kopieren und anschließende Anpassen von Kalkulationselementen aus anderen Projekten,
- das automatische Generieren der Kalkulation der Nachunternehmerleistungen auf der Basis des Preisspiegels bzw. des Vergabe-LV's,
- die rationelle Korrektur von Kostenansätzen.

3.5.1 Qualität und Rationalisierung durch Standard-Kalkulationselemente

Die Kalkulation eines sehr hohen Prozentsatzes der angefragten Teilleistungen, die in Eigenleistung ausgeführt werden, stellt für den erfahrenen Kalkulator weitestgehend reine Routinearbeit dar. Zumindest der strukturelle Aufbau solcher Kalkulationen wird immer wieder identisch gewählt, lediglich einzelne Kostenansätze werden in Abhängigkeit von Randbedingungen variiert. Die Kalkulation solcher routinemäßig kalkulierten Teilleistung enthält immer dieselben Ansatzzeilen, die in den Ansatzzeilen verwendeten Kostenarten bzw. Artikel oder Geräte sind immer dieselben, sogar die Werte bestimmter Ansätze sind meistens oder gar immer identisch, z.B. die Menge von Steinen und Mörtel bei einem bestimmten Mauerwerk.

Rationelle Kalkulationsarbeit mit leistungsfähiger Software besteht darin, Projektkalkulationen mit Hilfe von Kalkulationselementen aufzubauen, die in ihren Strukturen und Inhalten vorbereitet sind. Solche Standard-Kalkulationselemente sind geeignet strukturiert, und sie enthalten bereits die "richtigen" Kostenarten, Artikel, Geräte etc. Am Ort der Verwendung werden nur wenige Inhalte von besonderer Bedeutung überprüft und im Bedarfsfall angepasst. Die aktuellen Basispreise von Mittellöhnen, Materialien, Gerätekosten, Gehältern etc. werden von der Software eigenständig eingepflegt, sowie sie im Projekt in spezifischer Höhe hinterlegt sind (vergl. Abschnitt B, Kap. 4.3 und 8.1).

Weitere Anpassungen genereller Art mit Bezug auf ganze Kostenbereiche, z.B. prozentuale Änderungen von Leistungsansätzen, Nachunternehmer-Preisen, Materialpreisen, Gerätekosten etc. sind bei Verfügbarkeit leistungsfähiger Software eine Arbeit weniger Minuten, wenn geeignete Datenstrukturen in Form von Kostenarten, Artikeln oder Geräten verwendet sind (siehe Abschnitt B, Kap. 3.5.3).

Die Kalkulation der Baustellengemeinkosten wird umfassend über ein spezielles Standard-LV allgemeingültig vorbereitet, das ganz oder teilweise zusammen mit der Kostenkalkulation in das aktuelle Projekt kopiert wird. Im Projekt werden die vorbereiteten Inhalte an die aktuellen Randbedingungen angepasst.

Standard-Kalkulationselemente zur Unterstützung der Projektbearbeitungen werden in der Qualität gemäß den höchsten Anforderungen erstellt und in jeder Projektphase verwendet. Die höchsten Anforderungen stellt die Arbeitskalkulation; sie ist also der Maßstab für den Aufbau der Standard-Kalkulationselemente. Mit der Verwendung bereits in der Angebotsphase entsteht ohne Mehraufwand eine Qualität der Kostenkalkulation, die schon in der Angebotsphase von großem Nutzen ist und in den Folgephasen die Fortschreibungen wesentlich erleichtert und vereinfacht (vergl. Abschnitt B, Kap. 2.2).

Ein einzelnes Standard-Kalkulationselement kann entweder nur einen einzelnen Arbeitsprozess beschreiben, z.B. das Betonieren, oder aber auch mehrere Arbeitsprozesse, z.B. das Schalen einer Wand und das Betonieren. Einzelne Arbeitsprozesse innerhalb eines Standard-Kalkulationselementes stellen Unterpositionen dar. Komplexe Positionen werden aus mehreren Standard-Positionen mit nur jeweils einzelnen Arbeitsvorgängen zusammengesetzt.

Mit Standard-Kalkulationselementen wird die Kalkulationsarbeit rationalisiert. Gleichzeitig wird die geforderte Qualität in die Projektkalkulationen eingebracht (vergl. Abschnitt A, Kap. 3.1).

3.5.2 Rationelle Verarbeitung von Nachunternehmerangeboten

(siehe hierzu auch Abschnitt D, Kap. 10.5)

Die Kalkulation von Nachunternehmerleistungen besteht in der Übernahme der Angebotspreise bzw. Vergabepreise der NU für die Teilleistungen als Kostenansätze in die betreffenden Positionen. Die Ausschreibung der Teilleistungen der einzelnen Gewerke erfolgt per Software, indem die einzelnen Gewerke-LV's aus dem Gesamt-Projekt-LV generiert werden. Diese für eine Vergabe vorgesehenen Teilleistungen sind einer Vergabeeinheit zugeordnet, welcher wiederum die betreffende Fremdleistungskostenart zugeordnet ist. Zwischen den Positionen des Projekt-LV und des NU-LV in der VE besteht eine gespeicherte Beziehung, die einerseits ermöglicht, eigene Kostenkalkulationen zum Vergleich in den Preisspiegel zu setzen, andererseits die Preise eines ausgewählten Nachunternehmers unter der bei der VE hinterlegten Kostenart in die Kalkulation zu übernehmen. Im Falle der Vergabe und bei Nachtragsangeboten des NU wird die Arbeitskalkulation automatisch versorgt.

Dieses rationelle Verfahren unterstützt das Baustellen-Controlling im Fremdleistungsbereich in so starkem Maße, dass es unbedingt praktiziert werden muss. Wurden die Strukturen vorbereitet (vergl. auch Abschnitt B, Kap. 3.3), ist es sogar möglich, die Kostenkalkulation im Fremdleistungsbereich durchzuführen, ohne über die detaillierten Kenntnisse eines Kalkulators verfügen zu müssen. Dies ist besonders wichtig im sog. Schlüsselfertigbau, wo nicht jeder für Ausschreibungen und Vergaben zuständige Sachbearbeiter gleichzeitig auch ein versierter Kalkulator ist.

3.5.3 Rationelle Korrektur der Kostenansätze

In der Kalkulation gehört es zum Alltag, dass einmal eingebrachte Kostenansätze später noch korrigiert werden müssen. Spätestens abschließende Beratungen unter Hinzuziehung weiterer Projektzuständiger führen noch zu Erkenntnissen, die in die bisherige Kostenkalkulation einfließen müssen.

Soweit die Änderungen jeweils nur einzelne Ansätze betreffen, gibt es natürlich keine Möglichkeit der Rationalisierung der Korrekturarbeit; man muss die betreffenden Ansatzzeilen wohl oder übel individuell überarbeiten. Aber schon die Änderung von Basiswerten der Kosten wie Mittellöhne oder Einkaufspreise oder monatliche Gehaltskosten etc., welche dann ja an vielen Stellen relevant ist, erfolgt unter Nutzung der Elemente der Kataloge. Es sind lediglich die Verrechnungssätze pro Mengeneinheit von Kostenarten oder Artikeln zu ändern, womit die Kostenkalkulation an allen Stellen der Verwendung solcher Elemente automatisch aktualisiert ist.

Wenn sich die Änderungsvorschläge auf ganze Kostenbereiche erstrecken und in einer Aussage "ändern um .... %" bestehen, so gibt es rationelle Möglichkeiten der Korrektur, sofern der betroffene Kostenbereich definiert ist durch

- Kostenarten
- Artikel

Sofern die Ansätze unter einer bestimmten Kostenarten oder unter einem bestimmten Artikel generell prozentual verändert werden sollen, so geschieht dies unter Änderung von Faktoren bei dem betreffenden Element im entsprechenden Katalog. Die Änderung erfolgt also über

- den Kostenfaktor der Kostenart (siehe Abschnitt B, Kap. 5.4)
- den Mengenfaktor der Kostenart (siehe Abschnitt B, Kap. 5.4)
- den Rabattsatz des Artikels (siehe Abschnitt B, Kap. 7.1)

Die Änderung dieser Werte bei den Katalogelementen des Projektes wirkt sich automatisch an jeder Stelle der Verwendung des Elementes in der Kalkulation aus. Damit sind Änderungen aufgrund folgender beispielhaft aufgeführter Anforderungen sehr rationell durchführbar:

- ändere alle Stundenansätze zu Wandschalungen um – 5 % (Mengenfaktor der betreffenden Kostenart = 0,95)
- ändere die Materialkosten des Betons um + 3 % (Kostenfaktor der betreffenden Kostenart = 1,03)

- ändere den Rabatt auf Steinzeugrohre von 25 % auf 28 % (Rabattsatz der Artikelgruppe = 28 % anstatt 25 %)
- ändere die Nachunternehmerkosten im Gewerk "Erdarbeiten" um – 4 % (Kostenfaktor der betreffenden Kostenart = 0,96, sofern noch nicht vergeben, bzw. Erfassen des Nachlasses beim NU im Falle der Vergabe)

3.6 Projektspezifische Beweglichkeit

Um die in den vorstehenden Kapiteln 3.5.1 bis 3.5.3 beschriebenen Arbeitsweisen mit Erfolg praktizieren zu können, bedarf es der Einheitlichkeit von Strukturen, die in Kap. 3.2.2 bis 3.3 genannt sind, also in denjenigen Strukturen der Kostenkalkulation, die unabhängig von den Strukturen der LV's sind. Es sei aber bereits hier gesagt, dass diese Forderung nach Einheitlichkeit nur bis zu bestimmten Punkten der Strukturen gilt. Projektspezifische Ergänzungen durch neue Elemente sind dennoch möglich (Abschnitt B, Kap. 4.3.1). Änderungen in den kalkulatorisch relevanten Inhalten sind ohnehin erforderlich. Vorab seien einige Fälle genannt, in denen im Projekt Änderungen oder Ergänzungen gegenüber den Stammdaten erforderlich sind:

- Änderung von Mittellöhnen bei Stundenkostenarten
- Änderung von Einkaufspreisen bei Kostenarten oder Artikeln
- Änderung von Rabattsätzen auf Einkaufspreise
- Ergänzung von Einzelkostenarten auf der untersten Ebene
- Ergänzung von Artikeln zu vorhandenen Gruppen
- Einführen neuer Geräte
- Änderung der Abschreibungs- und Reparatursätze bei Geräten
- Änderung von Verrechnungssätzen der Transportkosten
- Änderung von Gehaltskosten
- Aufteilung von Gewerken auf mehrere NU
- u.a.m.

4 Basiswissen zu Katalogen

4.1 Einheitliche Projekt-Strukturierung durch Kataloge

Alle Ordnungssysteme, die unabhängig von spezifischen Eigenschaften von Projekten und Projekt-LV's eingebracht werden können, werden allgemeingültig vorbereitet und so zur einheitlichen Verwendung in den Projekten bereitgestellt. Diese Ordnungssysteme allgemeingültiger Art sind in sog. Stamm-Katalogen (Stamm-Dateien) abgebildet.

Über die Stamm-Kataloge (Stamm-Dateien) werden die in den vorstehenden Kapiteln beschriebenen einheitlichen Strukturierungen der Projekte erreicht. Mit der Verwendung eines Elementes aus einem Stamm-Katalog wird sowohl dessen Inhalt als auch das Ordnungssystem des betreffenden Elementbereiches in den entsprechenden Projektkatalog übertragen. Ein bestimmtes Element hat – abgesehen von notwendigerweise variablen Zusatzinformationen – immer dieselbe Bedeutung.

Jeder einzelne Katalog enthält Elemente jeweils einer bestimmten Art von Information, z.B. die Kostenarten. Es ist zum einen die Ordnung dieser Elemente abgebildet, zum anderen sind zu jedem Element bestimmte Informationen hinterlegt, die bei der Weiterverarbeitung des Elementes benötigt werden.

4.2 Kurzübersicht über die Kataloge

Die einzelnen Kataloge und ihre Elemente werden weiter unten noch ausführlich dargestellt. Hier wird zunächst nur eine kurze Gesamtübersicht gegeben. Es gibt:

- strukturierte Basiskataloge. Dies sind Kataloge mit strukturierten Elementen, die keinerlei Informationen aus anderer Quelle benötigen.
- abhängige strukturierte Kataloge. Dies sind Kataloge mit strukturierten Elementen, welche die Existenz des Kataloges der Kostenarten voraussetzen.

Abhängige strukturierte Kataloge enthalten Elemente, welche neben den Kostenarten ebenfalls direkt in Ansatzzeilen der Kalkulation verwendet werden können. Da aber jeder Kostenansatz einer Kostenart zugeordnet sein muss, müssen den Kostenbestandteilen der Elemente der abhängigen Kataloge Kostenarten zugeordnet sein. Folglich ist der Katalog der Kostenarten Voraussetzung dafür, dass abhängige Kataloge inhaltlich vollständig definiert werden können.

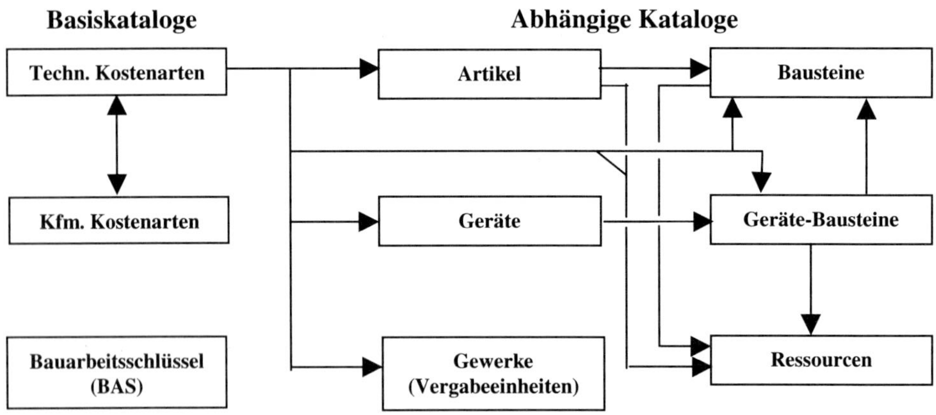

Abbildung 1: Übersicht über die wichtigsten Kataloge und deren Beziehungen

Erläuterungen zu Abbildung 1:

Katalog	Kurzerläuterung
Katalog der technischen Kostenarten:	Unter "technischen Kostenarten" sind die Kostenarten zu verstehen, wie sie in der Kostenkalkulation verwendet werden. Die technischen Kostenarten werden auch in weiteren Katalogen verwendet. Zwischen inhaltlich gleichen technischen und kaufmännischen Kostenarten besteht eine Beziehung, damit Soll- und Ist-Kosten eines Projektes gegenübergestellt werden können. Ist-Kosten sind wahlweise nach technischen oder kaufmännischen Kostenarten aufnehmbar.
Katalog der kaufmännischen Kostenarten:	Hier sind die Kostenarten der Betriebsbuchhaltung abgelegt, soweit sie für den Baustellenbetrieb in Frage kommen. Zwischen inhaltlich gleichen technischen und kaufmännischen Kostenarten besteht eine Beziehung, damit Soll- und Ist-Kosten eines Projektes gegenübergestellt werden können.
Katalog des Bauarbeitsschlüssels (BAS):	Der Bauarbeitsschlüssel ist ein Kenngrößensystem für Leistungsarten. Das Kenngrößensystem kann sich erstrecken a) nur auf die Stundenansätze zu deren freier Einteilung nach Leistungsarten, b) auf alle Kostenansätze. Im Fall a) ist die Zielrichtung der Stunden-Soll-Ist-Vergleich auf der Basis eines Berichtswesens der Ist-Stunden nach BAS. Im Fall b) ist die Zielrichtung eine Auswertung der Sollkosten nach freien Kriterien.
Katalog der Artikel:	Artikel sind Einzelelemente des Materialbereiches mit Mengeneinheit und Einkaufspreis. Artikel sind über Artikelgruppen geordnet, die wiederum einer Kostenart zugeordnet sind. Artikel sind sowohl in der Projektkalkulation als auch in folgenden Katalogen verwendbar: - Bausteine (=Standardkalkulationselemente bestimmter Art) - Gerätebausteine - Ressourcen Der Artikel-Katalog ist weiterhin Arbeitsgrundlage für die Materialversorgung der Baustelle.
Katalog der Geräte:	Ein Gerät verursacht Kosten in verschiedenen Kostenbereichen, z.B. A+V, Rep, Energie etc.. Pro Gerät sind diese Kosten je Kostenbereich definiert. Es muss eine Zuordnung zwischen Gerätekostenbereichen und Kostenarten bestehen. Die Angaben zu den Geräten sind Arbeitsgrundlage zur Berechnung von Gerätekosten pro Zeiteinheit, z.B. pro Std. bzw. zur Berechnung bestimmter einmaliger Gerätekosten, beides in Form der Gerätebausteine.

Katalog	**Kurzerläuterung**
Katalog der Geräte (Fortsetzung)	Sie sind weiterhin Arbeitsgrundlage zur Kalkulation der zeit- und einsatzabhängigen Kosten sowie der einmaligen Kosten aller Geräte in Form einer Geräteliste, die wiederum eine Verbindung zur Kostenkalkulation hat.
Katalog der Gerätebausteine:	Gerätebausteine sind Elemente zu einem bestimmten Gerät, die einen bestimmten Kostenbereich umfassen. a) zeitabhängige und einsatzabhängige Kosten pro Zeiteinheit (Std., Tag oder Monat) b) einmalige Kosten (pauschale Kosten) Gerätebausteine dienen der direkten Verwendung bestimmter Gerätekosten in der Kalkulation von Teilleistungen. Gerätebausteine werden auf der Basis der Informationen im Gerätekatalog generiert. Weitere individuelle Ergänzungen im Gerätebaustein sind möglich unter Verwendung von - Kostenarten - Artikeln
Katalog der Gewerke:	Hier sind die üblicherweise vorkommenden Gewerke strukturiert abgebildet. Jedem einzelnen Gewerk ist, soweit es als Fremdleistung vergeben werden kann, eine Fremdleistungskostenart des Kataloges der Kostenarten zugeordnet. Der Katalog der Gewerke ist die Grundlage zur entsprechenden Ordnung des Projektes nach Vergabeeinheiten. Unter den Vergabeeinheiten erfolgen Ausschreibungen und Vergaben von Fremdleistungen.
Katalog der Ressourcen:	Ressourcen sind frei definierbare Einheiten, die bestimmte Einsatzmittel zur Realisierung des Projektes darstellen, z.B. - Mannschaft - Arbeitsstunden - Geräte - Verbrauchsgüter im Materialbereich - Schalungssätze bestimmter Art Ressourcen können definiert werden a) ohne jegliche Zuordnung von Bestandteilen der Kostenkalkulation. b) mit Zuordnung von Kostenarten, Artikeln, Bausteinen oder G-Bausteinen Ressourcen kommen im Falle der Bauablaufplanung zum Tragen. Sie liefern dort die Aussagen, wann welche Ressource in welcher Menge benötigt wird. Im Fall a) muss die benötigte Ressourcenmenge beim einzelnen Vorgang individuell angegeben werden. Im Fall b) entstehen alle Zuordnungen automatisch, sobald dem Vorgang Teilleistungen mit Teilmengen zugeordnet sind.

Folgende Hilfskataloge können die Berechnung der Lohnkosten unterstützen:

- Katalog der Tarifgruppen und –löhne sowie der Lohnzuschläge als Grundlage zur Berechnung von Mittellöhnen.
- Katalog zur Berechnung und Verwaltung von Mittellöhnen, die wiederum als Verrechnungssätze an Stundenkostenarten übergeben werden.

Nur am Rande sei erwähnt, dass aus DV-technischer Sicht weitere Kataloge hilfreich sind, die Umrechnungen in den Projektbearbeitungen unterstützen:

- Der Katalog der Währungseinheiten für die Umrechnung von Kosten in "Fremdwährung" auf die einheitliche Projektwährung.
- Der Katalog der Mengeneinheiten für die Umrechnungen bei der Summierung von Mengen mit "verwandten" Mengeneinheiten, z.B. "kg" und "to".

Kalkulationsrelevante Inhalte der Elemente können in den Projektkatalogen an die spezifischen Bedingungen angepasst werden. Sie eröffnen außerdem die Möglichkeit der rationellen Änderung von Kostenansätzen. Siehe hierzu Abschnitt B, Kap. 3.5.3 und 3.6.

Die wichtigste Grundlage struktureller Art für Baubetrieb und Baustellen-Controlling sind die Kostenarten der Kalkulation. Diese Grundlage wird im Unternehmen über den

Stamm-Katalog der Kostenarten

geschaffen.

Im Vorgriff auf ein späteres Kapitel sei aber schon hier darauf hingewiesen, dass es nicht notwendig ist, die Kostenarten für die Kalkulation in absoluter Übereinstimmung mit den Kostenarten der Betriebsbuchhaltung zu definieren. Ein solcher Versuch würde zu Einschränkungen auf technischer Seite führen, die ganz eindeutig sehr negative Auswirkungen hätten. Der "saubere" und unbehinderte Vergleich von "Soll" und "Ist" ist auch bei unterschiedlichen Strukturen und Nummerierungen möglich.

4.3 Prinzip der Verarbeitung von Kataloginformationen

4.3.1 Stamm- und projektspezifische Inhalte von Katalogelementen

Ein erstes wichtiges Prinzip bei der Verwendung von Katalogelementen besteht darin, dass zwischen Stamm- und Projektkatalogen unterschieden wird.

- Stammkataloge haben Inhalte, die unabhängig von den einzelnen Projekten gelten. Bestimmte Inhalte sind projektübergreifende Vorschlagswerte, die von Zeit zu Zeit an durchschnittlich gültige Verhältnisse angepasst werden.
- Projektkataloge nehmen automatisch Elemente der Stammkataloge auf, sobald diese in der Kalkulation verwendet werden. Deren Inhalte können im Projektkatalog projektspezifisch angepasst werden. Diese Anpassungen in Projektkatalogen haben keine Auswirkung auf die Inhalte der entsprechenden Elemente in den Stammkatalogen.

Nehmen wird als Beispiel die Kostenart für den Transportbeton B25. Im Stammkatalog der Kostenarten wird ein Verrechnungssatz eingetragen sein, der in der Region im Mittel z.B. für das laufenden Kalenderjahr bei einer mittleren Entfernung der Baustelle von einem Transportbetonwerk von z.B. 10 km gilt.

Kostenart im Stammkatalog der Kostenarten:

Nr.	Kurzbezeichnung	ME	Preis pro ME	WE
2511252	Transportbeton B25, 290 kg	m³	75,00	€

Diese Kostenart des Stamm-Kataloges kann im Projekt direkt angesprochen werden. Mit der erstmaligen Verwendung in einer Position wird sie automatisch in den Projektkatalog kopiert, und zwar mit identischem Inhalt und identischer Einbindung in die Gesamtstruktur. Im Projekt steht der Einkaufspreis damit zunächst ebenfalls auf € 75,00. Hat die konkrete Anfrage des Einkaufs in der Angebotsphase des Projektes zu € 74,00 geführt, so wurde die Änderung des Einkaufspreises nicht im Stamm-, sondern im Projektkatalog der Kostenarten vorgenommen, weil der Einkaufspreis von € 74,00 ja nur im Projekt gilt:

Kostenart im Projektkatalog der Kostenarten:

Nr.	Kurzbezeichnung	ME	Preis pro ME	WE
2511252	Transportbeton B25, 290 kg	m³	**74,00**	€

Die weitere Aktualisierung des Einkaufspreises auf , z.B. € 73,60 im Zuge der Arbeitskalkulation wird dann ebenfalls im Projektkatalog durchgeführt.

Aus den in Abbildung 1 dargestellten Zusammenhängen ergibt sich außerdem:

Änderungen von Verrechnungssätzen der Kostenarten oder Artikel in den Projektkatalogen bewirken automatisch auch die Aktualisierung in Elementen der Projekt-Kataloge der Bausteine, Geräte, Geräte-Bausteine und Ressourcen. Änderungen im Projektkatalog der Geräte bewirken außerdem automatisch die Aktualisierung in den wiederum davon abhängigen Elementen im Projektkatalog der Gerätebausteine oder Ressourcen. Dasselbe gilt analog innerhalb der Stammkataloge.

Übrigens: Änderungen im Stamm-Katalog haben keine Auswirkungen auf Elemente, die bereits vor dem Zeitpunkt der Änderung Bestandteil eines Projektkataloges waren. Das Element im Projektkatalog ist eine vom Stamm-Katalog unabhängige Kopie.

4.3.2 Projektweit einheitlicher Inhalt eines Katalogelementes

Ein zweites wichtiges Prinzip von Katalogelementen besteht darin, dass ein bestimmtes Element innerhalb eines Projektes einen fest definierten Inhalt hat, gleich an welchen Stellen des Projektes dieses Element verwendet ist. Eine Änderung des Inhaltes kann nur im Katalog vorgenommen werden, nicht aber an den Stellen der Verwendung des Elementes. Die Änderung im Katalog gilt wiederum projektweit an allen Stellen der Verwendung.

Dieses Prinzip sei am Beispiel der Kostenart für das Material des Transportbetons B25 mit 290 kg Normalzement erläutert:

Nr.	Kurzbezeichnung	ME	Preis pro ME	WE
2511252	Transportbeton B25, 290 kg	m³	74,00	€

Dieses Material kommt in mehreren Positionen des Projekt-LV vor. Dort wird beim Kalkulationsansatz für den B25 die vorstehende Kostenart aus dem Katalog der Kostenarten angesprochen. Das Programm spielt Bezeichnung, Mengeneinheit, Einkaufspreis und Währungseinheit der Kostenart mit genau den Inhalten ein, wie sie im Katalog definiert sind. Der Kalkulator muss noch die benötigte Materialmenge pro Kalkulationseinheit angeben, z.B. 0,30 m^3 pro m^2 Wand.

Bei Verwendung dieser Kostenart ist es nun nicht möglich, den Einkaufspreis positionsspezifisch zu variieren, weil er im Katalog als feste Information zur Kostenart hinterlegt ist. In diesem Beispiel wäre ein Variieren des Einkaufspreises aber auch unlogisch und sogar unerwünscht, weil die Betonsorte ja zu einem fest definierten Einkaufspreis eingekauft wird. Sollte dieses Material in einer Position vorkommen, wo nur Kleinmengen abgenommen werden können, die der Lieferant mit einem Kleinmengenzuschlag verrechnet, so ist diese Differenz Sache eines ergänzenden Kostenansatzes: Das Grundmaterial hat immer noch den einheitlichen Verrechnungssatz, der Kleinmengenzuschlag wird über eine eigene Kostenart in einer ergänzenden Ansatzzeile eingebracht.

War der Einkaufspreis von € 74,00 eine vorläufige Annahme und wurde er nunmehr mit € 73,60 endgültig vereinbart, so wird der Verrechnungssatz der Kostenart im Katalog geändert:

Nr.	Kurzbezeichnung	ME	Preis pro ME	WE
2511252	Transportbeton B25, 290 kg	m³	**73,60**	€

Dieses Prinzip der Verarbeitung der Einzelinformationen eines Katalogelementes eröffnet also eine sehr rationelle und sichere Aktualisierung von Basisinformationen. Es unterstützt auch das in Kap. 3.5.1 beschriebene rationelle Verfahren des Rückgriffes auf Standard-Kalkulationselemente. Um bei obigem Beispiel zu bleiben: Enthält ein solches kopiertes Kalkulationselement die Kostenart 2511252 für den B25 mit € 72,00, so wird am Zielort der Kopie der Betonpreis automatisch mit € 73,60 eingesetzt, weil er so im Projektkatalog der Kostenarten angetroffen wird. Die Software prüft beim Kopieren ab, welche Einzelelemente im kopierten Kalkulationselement enthalten sind und tauscht deren Werte von der Quelle gegen die Werte gemäß Projektkatalog aus.

Es sei hier im Vorgriff auf Abschnitt B, Kap.5 erwähnt, dass es selbstverständlich auch Typen von Kostenarten geben muss, die eine freie und positionsspezifische Eingabe von Verrechnungssätzen ermöglichen.

4.3.3 Einheitliche Struktur in Stamm und Projekt

Ein drittes Prinzip bei der Verwendung von Katalogelementen wurde bereits angedeutet: Mit der erstmaligen Verwendung eines Elementes eines Stamm-Kataloges wird nicht nur dieses Element in den entsprechenden Projekt-Katalog kopiert, sondern - bei einer hierarchisch angelegten Struktur - auch dessen übergeordnete Elemente. Damit werden im Stamm festgelegte allgemeingültige Strukturen automatisch auf die Projekte übertragen.

Dieses Prinzip sei am schon bekannten Beispiel des Transportbeton B25 erläutert.

Der Stamm-Katalog der Kostenarten wird sinnvollerweise hierarchisch aufgebaut. Im Bereich der Materialart des Transportbetons kann diese Struktur z.B. wie folgt aussehen:

```
2  Stoffe
   ..............................................
   25   Betonfertigprodukte
        251   Transportbeton
              2511   Transportbeton (Basispreise)
                     .......................................
                     2511251    B25 mit 280 kg
                     2511252    B25 mit 290 kg
                     2511253    B25 mit 300 kg
                     2511351    B35 mit 320 kg
                     2511352    B35 mit 330 kg
                     usw.
              2512   Kostenzuschläge Transportbeton
                     251201     WU-Zuschlag B25
                     usw.
        252   Transportmörtel
```

Wird nun die Kostenart 2511252 erstmals in der Kalkulation eines Projektes angesprochen, so wird sie nach dem Prinzip des vorstehenden Kapitels automatisch in den Projekt-Katalog der Kostenarten kopiert. Gleichzeitig werden aber auch die übergeordneten Kostenarten der angesprochenen Kostenart kopiert, sofern diese noch nicht im Projekt-Katalog vorhanden sein sollten. Also enthält der Projekt-Katalog dann zumindest schon folgende Elemente der Gesamtstruktur des Stamm-Kataloges:

```
2  Stoffe
   25   Betonfertigprodukte
        251   Transportbeton
              2511   Transportbeton (Basispreise)
                     2511252    B25 mit 290 kg
```

Sollten vor Verwendung des Transportbeton B25 bereits andere Materialien aus dem Bereich der Stoffe angesprochen worden sein, z.B. Mauersteine über den Katalog der Artikel, kann im Projekt-Katalog der Kostenarten vorher z.B. schon folgende Struktur von Materialien bestanden haben:

2 Stoffe
21 Steine
211 Kalksandsteine
2112 KSL-Steine

Dann stellt das Programm mit der Verwendung des Transportbeton B25 fest, dass die Hauptkostenart " 2 – Stoffe" bereits existiert und dass lediglich noch die Struktur ab "25 – Betonfertigprodukte" unterhalb von "2" einzufügen ist.

2 Stoffe
21 Steine
211 Kalksandsteine
2112 KSL-Steine
25 Betonfertigprodukte
251 Transportbeton
2511 Transportbeton (Basispreise)
2511252 B25 mit 290 kg

4.3.4 Ergänzung von Katalogelementen im Projekt

Die gemäß vorstehendem Kapitel übernommenen Stamm-Strukturen sollen im Projekt nicht verändert werden, weil ja z.B. ein projektübergreifender Vergleich einzelner Informationen nur möglich ist, wenn sie gleich strukturiert und inhaltlich übereinstimmend definiert sind.

Nun können aber Stamm-Kataloge nicht sämtliche Elemente enthalten, die überhaupt je denkbar sind. Die Stammkataloge wären zu umfangreich; die Vorbereitung wäre viel zu aufwändig. Deshalb muss es möglich sein, noch nicht definierte, im Projekt aber erforderliche Elemente im Projekt-Katalog ergänzen zu können, ohne dass sie im Stamm-Katalog vorhanden sind. Bei hierarchisch geordneten Katalogen werden neue Einzelelemente unterhalb eines vorhandenen Gruppenelementes eingeordnet.

Projektspezifische Ergänzungen sind problemlos, wenn folgende Regeln beachtet werden:

a) Bei hierarchisch geordneten Katalogen sollten alle benötigten Gruppenelemente (= Elemente, denen andere Elemente untergeordnet sind) bereits im Stamm-Katalog vorhanden sein.

b) Die Stamm-Kataloge sollten alle Einzelelemente (= Elemente der untersten Ebene) enthalten, die voraussichtlich öfter benötigt werden.

c) Einzelelemente, die voraussichtlich nur im aktuellen Projekt relevant sind, werden nur im betreffenden Projekt-Katalog ergänzt, und zwar als Einzelelement unter einem im Stamm-Katalog vorhandenen Gruppenelement.

Zur Regel b) sei aber erläuternd gesagt, dass es keinen Sinn macht, jegliches Kleinmaterial in der Kostenkalkulation als solches ansprechen zu wollen. Zum Zeitpunkt der Kalkulation (auch der Arbeitskalkulation) liegt großteils gar nicht das erforderliche Einzelwissen vor. Aber selbst, wenn dieses Einzelwissen vorliegt, stünde der Aufwand der Bearbeitung in keinem Verhältnis zum Nutzen des Arbeitsergebnisses. Selbst in der Arbeitskalkulation werden viele Kostenansätze von untergeordneter Bedeutung "großzügig" gehandhabt und vereinfacht kalkuliert.

5 Die Kataloge der Kostenarten

5.1 Beziehungen zwischen kaufmännischen und technischen Kostenarten

In der Übersicht gemäß Kap. 4.2 sind zwei Kataloge der Kostenarten genannt:

- der Katalog der technischen Kostenarten (= Kostenarten der Kalkulation),
- der Katalog der kaufmännischen Kostenarten.

Nun stellt sich zunächst die Frage, ob es denn überhaupt zwei verschiedene Strukturen der Kostenarten geben muss. Um die Antwort vorwegzunehmen: Die optimale Lösung besteht tatsächlich in zwei getrennten Strukturen, weil nur so die jeweils spezifischen Belange des kaufmännischen und technischen Bereiches am besten berücksichtigt werden können. Dies wird in Abschnitt B, Kap. 5.5 noch ausführlich dargelegt werden.

Beide Strukturen müssen allerdings in einer Beziehung zueinander stehen. Andernfalls wären die Kostenaussagen zu einzelnen Kostenbereichen des jeweils einen Unternehmensbereiches im anderen Unternehmensbereich nicht verwendbar. Der Bedarf der gegenseitigen Verwendung von differenzierten Kostenaussagen besteht während der gesamten Dauer eines Projektes:

- Die Arbeitskalkulation liefert die geplanten Kosten zu Kostenbereichen, die in der Unternehmensplanung aufzunehmen sind.
- Die Arbeitskalkulation liefert die Sollkosten zu Leistungsstichtagen, die in der Betriebsbuchhaltung aufzunehmen sind, sei es für die Ermittlung von vorzunehmenden Abgrenzungen, sei es für den Kosten-Soll-Ist-Vergleich.
- Die Betriebsbuchhaltung liefert die Ist-Kosten zu Leistungsstichtagen, die im Baustellen-Controlling für den Kosten-Soll-Ist-Vergleich aufzunehmen sind.

Um vorstehende Aufgaben zu erfüllen, müssen beide Strukturen diejenigen Elemente enthalten, zu denen auf der anderen Seite Werte aufgenommen werden sollen. Zwischen diesen Elementen muss eine Beziehung hergestellt sein, damit zugehörige Zahlenwerte direkt im anderen System zugeordnet werden können. Diese direkt in Beziehung stehenden Elemente sind inhaltlich absolut identisch zu definieren und auch von beiden Seiten entsprechend zu handhaben, damit nicht der "berüchtigte" Vergleich zwischen Äpfeln und Birnen stattfindet.

Würde man fordern, dass der Datenaustausch je nach individuellem Bedarf zwischen jedem Element jeder Ebene der Strukturen möglich sein muss, d.h. einmal fein, einmal grob, so bliebe nichts anderes übrig, als identische Strukturen auf beiden Seiten zu wählen, mit erheblichen Nachteilen für beide Seiten. Definiert man hingegen einmalig die feinste Gliederung, welche für den Datenaustausch irgendwo für erforderlich gehalten wird, so wird der Datenaustausch grundsätzlich zwischen diesen Elementen durchgeführt. Auf dieser Grundlage kann die jeweils andere Seite beliebige Verdichtungen nach oben vornehmen. Die Ordnung oberhalb der Elemente für den Datenaustausch kann in beiden Strukturen unterschiedlich sein, untergeordnete Elemente zur weiteren Verfeinerung der eigenen Arbeit kann jede Seite ebenfalls nach Belieben definieren.

Folgende Beziehungen ermöglichen die Übergabe von Daten an Elemente eines anderen Ordnungssystems:

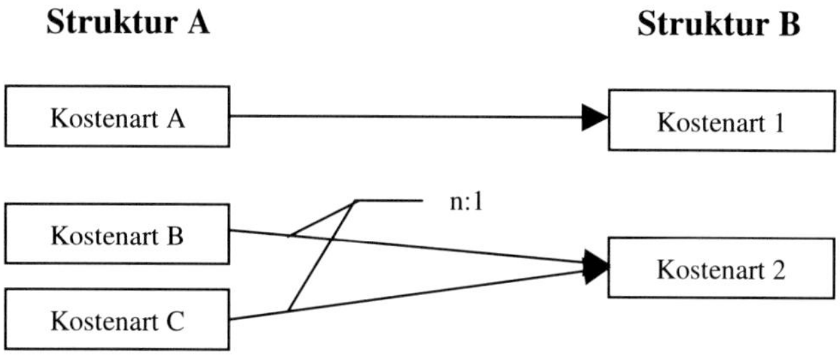

1:n- und n:m-Beziehungen sind zu vermeiden, weil sie keine eindeutige Zuordnung der Kosten gestatten. Sollte allerdings in obigem Beispiel auch eine Übergabe von rechts nach links gefordert sein, muss auf der linken Seite durch Zwischenschalten eines Summenelementes die Struktur ergänzt werden:

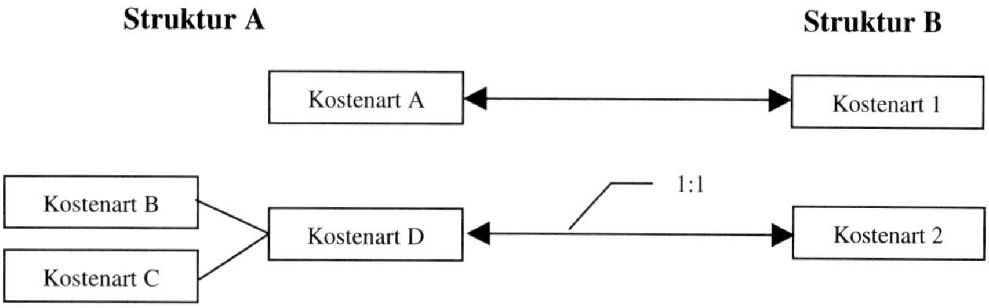

Sollte auf der linken Seite der verdichtete Wert der Kostenart D nicht genügen, so muss die rechte Seite die Kostenart 2 gemäß den Inhalten der Kostenarten B und C aufteilen und die Einzelwerte entsprechend zur Verfügung stellen. Dann ist die Datenübergabe in beide Richtungen möglich, weil nur noch 1:1-Beziehungen bestehen:

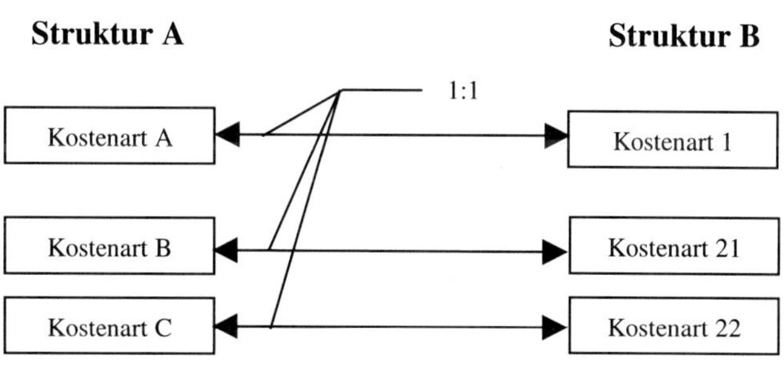

Letztlich ist die 1:1-Beziehung anzustreben, damit der Austausch von Werten in beide Richtungen möglich ist.

Über welche weiteren Detaillierungen die eine Seite ihre Übergabewerte erreicht, braucht die andere Seite nicht zu interessieren. Ebenso wenig ist bei der Strukturwahl auf der einen Seite von Interesse, welche Verdichtungen der Übergabewerte die andere Seite vornehmen will.

Um die inhaltlich gleichen Kostenarten für den Datenaustausch definieren zu können, müssen die Beteiligten beider Seiten vorarbeiten, wobei man sich zunächst auf wirklich nicht verzichtbare Mindestanforderungen beschränken sollte:

- Die kaufmännische Seite muss sagen, welche Differenzierung der Plan- und Sollkosten grundsätzlich von der technischen Seite vorgenommen werden muss, damit die ureigensten Belange des Unternehmens-Controlling erfüllt sind.
- Die technische Seite muss sagen, welche Differenzierung der Ist-Kosten von der kaufmännischen Seite verlangt werden muss, damit die ureigensten Belange des Baustellen-Controlling erfüllt sind.
- Jede Seite muss prüfen, ob die von der anderen Seite genannten Anforderungen der Differenzierung überhaupt und mit vertretbarem Aufwand machbar sind.
- Beide Seiten müssen gemeinsam definieren, welche Anforderungen aus Sicht des Unternehmens-Controllings bestehen.

Am Ende dieses Prozesses wird man zunächst feststellen, dass zumindest bereichsweise unterschiedliche Differenzierungsarten oder -grade genannt sind mit Elementen unterschiedlichen Inhalts. Nun muss ein weiterer Prozess von Untersuchungen und gemeinsamen Erörterungen stattfinden, an dessen Ende schließlich die Elemente definiert sind, die in einer direkten Beziehung zueinander stehen und die in Summe auf jeder Seite den kompletten Kostenbereich lückenlos und nicht überschneidend abdecken. Mit Sicht auf die kaufmännischen Kostenarten muss aber einschränkend gesagt werden, dass nur diejenigen Kostenbereiche zu untersuchen sind, die tatsächlich auch auf Baustellen vorkommen können.

Beide Strukturen werden im Idealfall unter Berücksichtigung der gegenseitigen Belange gemeinsam aufgebaut. Dies ist in Praxis aber nur selten möglich, meist weil die Kostenarten auf kaufmännischer Seite zumindest bis zu bestimmten Ebenen und Elementen festliegen, bevor der Aufbau der technischen Kostenarten angegangen wird. Andererseits muss aber ein Bestand an Kostenarten der Betriebsbuchhaltung nicht um jeden Preis in jedem Detail verteidigt werden, wenn die Beibehaltung zu dauerhaften Nachteilen im Baustellen-Controlling führen würde. Beide Seiten müssen zu Kompromissen fähig sein.

Die Lösung der anstehenden Aufgabe ist mitunter nicht einfach, aber doch grundsätzlich in befriedigender Weise möglich. Damit es diesbezüglich nicht bei einer allgemein gehaltenen Aussage bleibt, wird in Abschnitt B, Kap. 5.5 eine technische Kostenartenstruktur als Beispiel auszugsweise entwickelt. In Abschnitt B, Kap. 5.6 werden die darauf abgestimmten kaufmännischen Kostenarten gezeigt. Die Beziehung wird per Konfiguration (Abschnitt B, Kap. 9) zwischen den Kostenarten gleichen Inhalts hergestellt.

5.2 Ausschlaggebende Bedeutung des Kataloges der technischen Kostenarten

Die wichtigste Grundlage struktureller Art für Baubetrieb und Baustellen-Controlling sind die Kostenarten der Kalkulation. Diese Grundlage wird im Unternehmen über den

Stamm-Katalog der technischen Kostenarten

geschaffen. Die "technischen Kostenarten" sind die Kostenarten, wie sie in der Kalkulation angesprochen werden. Mit dem Stamm-Katalog der technischen Kostenarten werden ausschlaggebende Bestandteile der baubetrieblichen Konzeption des Unternehmens definiert und zur Verwendung vorgegeben.

Der Stamm-Katalog der technischen Kostenarten bestimmt über

- die Auswertbarkeit der kalkulierten Kosten der Projekte
- die rationelle individuelle Beeinflussbarkeit kalkulierter Kosten
- die Möglichkeiten der Beurteilung der kalkulierten Kosten
- die Möglichkeiten der differenzierten Vorgabe an die Baustelle
- die Möglichkeiten der Kostenkontrolle und der darauf aufbauenden Steuerung
- die Möglichkeiten der Durchführung einer Unternehmensplanung auf der Basis der Projektplanungen

Weil der technischen Kostenartenstruktur eine so extrem große Bedeutung für die Funktionsfähigkeit des Baustellen-Controlling und des Unternehmens-Controlling zukommt, sollte das Unternehmen hier keinen Aufwand scheuen. Die verwendete Software muss gerade in diesem Punkt besonders leistungsfähig sein. Das Hinzuziehen eines entsprechend erfahrenen externen Beraters kann sehr hilfreich sein. Man muss sich klar machen, dass spätere Korrekturen der Struktur zwar möglich sind, dass diese aber die Verwendbarkeit früherer Projektdaten ausschließen. Eine spätere Änderung ist außerdem mit erheblichen Problemen in der Phase der Umstellung verbunden.

5.3 Vorklärungen vor dem Aufbau des Kataloges der technischen Kostenarten

Bevor der Stamm-Katalog der Kostenarten aufgebaut wird, müssen im Unternehmen wichtige Fragen geklärt worden sein:

- In welcher Differenzierung sollen in welchen Kostenbereichen die Kosten sowohl als Soll- als auch als Ist-Kosten bereitgestellt werden, weil dort der Kosten-Soll-Ist-Vergleich gefordert ist (vergl. Abschnitt B, Kap. 5.1)?
- In welchen Kostenbereichen erwartet die Bebu von der Baustelle Kosten- oder Mengenabgrenzungen zu Leistungsstichtagen?
- Bei welchen Kostenarten für den Kosten-Soll-Ist-Vergleich kann es neben den Ist-Kosten auch Ist-Mengen geben, die als solche in der Bebu ergänzend zu den Ist-Kosten erfasst werden?
- Welche Differenzierung nach Leistungsarten wird bei den Vorgaben und Auswertungen der Lohnstunden gewünscht?
- Werden die Polierkosten als Kostenanteil an Mittellöhnen kalkuliert oder über die Einsatzdauer von Polieren mit monatlichen Kosten, oder kommen beide Arten vor?
- Werden Kranfahrer als Bestandteil der Leistungsansätze der Teilleistungen in die Kalkulation eingebracht oder über Anzahl von Stunden gemäß der Einsatzzeit der Krane?
- Gibt es Fremdarbeitskosten (nur Lohnkosten) neben den Nachunternehmerkosten?
- Wie sollen Positionen für Lohnstunden im Stundenlohn in der Angebotsphase kalkuliert werden?
- Welche Materialgruppen soll es im Katalog der Artikel geben?
- Über welche Grundlagen sollen diejenigen Materialkosten kalkuliert werden, die in der Kalkulation nicht über Artikel des Einkaufs eingeführt werden können wie z.B. Schalungskosten, Hilfsstoffe etc. aber z.B. auch der Transportbeton, dessen Detailrezepturen (Zusatzmittel etc.) in der vorausschauenden Kalkulation gar nicht bestimmt werden können.
- Über welche Grundlagen sollen Transportkosten sowie Vorhaltekosten von Mengengeräten (Schalungen, Rüstungen, Verbaugeräte etc.) kalkuliert werden?
- Welche Differenzierung der Gerätekosten ist gewünscht?
- Über welche Grundlagen sollen sonstige Baustellenausstattungen kalkuliert werden?
- Welche Differenzierung nach Gewerken ist im Bereich von Nachunternehmerleistungen vorzunehmen?

- Welche Bereiche des Unternehmens bilanzieren eigenständig und treten in Projekten wie Nachunternehmer mit Festpreisen für Teilleistungen auf (vergl. Abschnitt D, Kap. 6)?
- Welche Differenzierung nach Leistungsarten wird bei der Vorgabe und Auswertung der Gehaltskosten gewünscht?
- Für welche Kostenarten gibt die Unternehmensleitung individuelle Einzelkostenzuschläge der Kalkulation vor?
- Welche Differenzierungen in Kosten und Ressourcen sind aus den einzelnen Projekten heraus für das Unternehmens-Controlling gefordert?

Zur Beantwortung der Fragen wird das Unternehmen ein baubetriebliches Gesamtkonzept entwickelt haben müssen (siehe Abschnitt A, Kap. 3.3). Auch hier ist Mitwirkung eines entsprechend erfahrenen Beraters äußerst hilfreich und kostensparend.

5.4 Benötigte Eigenschaften der Kostenarten der Kalkulation

Weil die technischen Kostenarten von so ausschlaggebender Bedeutung für die Funktionsfähigkeit von Baustellen-Controlling und Unternehmens-Controlling sind, gibt es Mindestanforderungen an Eigenschaften der Kostenarten, die eine Software erfüllen muss. Diese Mindestanforderungen werden folgend aufgezählt, weil sie in den Beispielen gemäß Kap. 5.5 vorausgesetzt sind.

- Eigenschaften der Struktur
  - hierarchisch über mindestens 6 Ebenen möglich
  - Nummernsystem alphanumerisch möglich
- Inhaltliche Informationen zur Kostenart
  - Bezeichnung
  - Mengeneinheit
  - Verrechnungssatz pro Mengeneinheit
    (nützlich, wenn auch nicht zwingend für die Auswertung mit datumsbezogenen LE-Mengen: mehrere VS, jeweils gültig ab Datum ....)
  - Währungseinheit des Verrechnungssatzes
- Typen von Kostenarten
  - Kostenarten ohne Verrechnungssatz (Kalkulationsansatz = Kosten)
  - Kostenarten mit Verrechnungssatz (Kalkulationsansatz = Menge der Koa)
  - Stundenkostenarten (Kalkulationsansatz = Stundenmenge)
    (alternativ: Mengeneinheit "Minute")
- Zuordnung zwischen Mittellohnberechnung und Stundenkostenart

- Faktoren zur projektweiten Beeinflussung der Verarbeitung
    - Faktor auf Kostenansatz
    - Faktor auf Mengenansatz
- Spezielle Merkmale
    - Eigener Betrieb
    - Fremdleistung
    - Arbeitskosten im Sinne der Leistungseinheiten (siehe Abschnitt F, Kap. 5.3)

Außerdem kann folgende Eigenschaft von Kostenarten im Falle spezieller Kalkulationsaufgaben hilfreich sein:

- Sondereigenschaft für den Bezug des Kalkulationsansatzes aus den Quellen:
    - Menge oder Kosten einer anderen Kostenart (z.B. zur Kalkulation von voraussichtlichen Kostenänderungen bei Lohn, Material oder Nachunternehmern nach Ablauf der Festpreisbindung)
    - Herstellkosten
    - Umsatz (z.B. zur Kalkulation von Arge-Kosten)

5.5 Der Katalog der technischen Kostenarten

In diesem Kapitel wird eine technische Kostenartenstruktur auszugsweise entwickelt.

Natürlich gibt es viele Möglichkeiten der Gestaltungen der Strukturen. Insofern kann und soll das entwickelte Beispiel nur Anregungen geben. Es soll außerdem aufzeigen, in welchen Bereichen welche spezifischen Randbedingungen spezielle Lösungsansätze erforderlich machen, die zu der in Abschnitt B, Kap. 5.1 erwähnten Erkenntnis führen, dass kaufmännische und technische Seite mit jeweils eigenen Kostenartenstrukturen arbeiten sollten.

5.5.1 Kostenartengruppen und Einzelkostenarten

Bei einem hierarchischen Aufbau eines Kataloges der Kostenarten ist zu unterscheiden zwischen

- Gruppenkostenarten = Kostenarten, denen andere Kostenarten untergeordnet sind oder welche einen Kostenbereich beschreiben, zu dem mehrere Artikel gehören.
- Einzelkostenarten = Kostenarten, welche entweder einen konkreten Kostenbestandteil mit Verrechnungssatz beschreiben oder eine Sammelkostenart darstellen, unter der in der Kalkulation positionsspezifische Kostenansätze ohne nähere Qualifizierung gemacht werden. Einzelkostenarten sind immer Kostenarten der jeweils untersten Ebene eines Hierarchiebereiches.

Die einzelnen Bereiche der Struktur können über unterschiedliche Anzahlen von Ebenen verfügen.

Gruppenkostenarten der obersten Ebene werden **Hauptkostenarten** (H-Koa) genannt.

Eine Einzelkostenart kann als Kostenart mit Verrechnungssatz pro Mengeneinheit definiert sein, z.B. der bereits weiter oben beispielhaft verwendete B25:

Eine Einzelkostenart wird als Koa ohne festen Verrechnungssatz definiert, wenn sie einen Kostenbereich unterster Ebene beschreibt, in dem je nach Anforderung unterschiedliche Kalkulationsansätze einzusetzen sind, z.B.:

Nr.	Kurzbezeichnung	ME	Preis pro ME	WE
311	A + V Eigengerät			€

wobei dann unter "311" je nach Gerät die spezifischen Sätze lt. BGL für Abschreibung und Verzinsung eingesetzt werden.

Aber auch Kostenarten für Fremdleistungswerke sind Einzelkostenarten ohne VS, weil unter diesen Koa ein jeweils positionsspezifischer Preis des NU als Kosten zu verarbeiten ist.

Nr.	Kurzbezeichnung	ME	Preis pro ME	WE
5102	Erdarbeiten NU			€

Bei Elementen der sog. abhängigen Kataloge (siehe Kap. 4.2) wird Bezug genommen auf Einzelkostenarten, nicht auf Gruppenkostenarten.

In der Arbeitskalkulation werden in der Regel nur die Einzelkostenarten direkt angesprochen. Die Gruppenkostenarten sind Elemente zur automatischen Summierung von Kosten aus Einzelkostenarten. Einzelkostenarten können in der Kalkulation auch nur indirekt angesprochen sein und zwar bei Verwendung von Elementen aus den abhängigen Katalogen.

5.5.2 Die Wahl der Hauptkostenarten

Die Gruppenkostenarten auf der obersten Ebene der Struktur der technischen Kostenarten (Koa) werden **Hauptkostenarten (H-Koa)** genannt.

Steht man vor der Aufgabe, die H-Koa neu zu definieren, sollte man auf jeden Fall zunächst einmal aufnehmen, wie die Grobgliederung der Kostenarten im kaufmännischen Bereich aussieht. Bei den meisten Bauunternehmen findet man dort in der Kontenklasse 6 die Kostenarten, die Aufwendungen auf Baustellen beschreiben. Die dort vorhandenen 2-stelligen Kostenartengruppen (61, 62 etc.) sind die Elemente, die in ihrer Gewichtung in etwa den H-Koa der Kalkulation entsprechen.

Nun kann es durchaus sein, dass die dort vorgefundene Grobgliederung nicht in jeder Hinsicht als geeignet für die Kalkulation erscheint. Eine Abweichung bei der Wahl der H-Koa ist aber höchstens ein "Schönheitsfehler", weil weder die H-Koa noch die Koa der 2. Ebene der kaufm. Kostenarten die Elemente sein werden, zwischen denen der Datenaustausch stattfindet, vielleicht abgesehen von der 1. H-Koa für Lohnkosten, was weiter unten noch erläutert wird.

Die Ziffer "6" der ersten Stelle der Nummern der kaufm. Kostenarten wird man auf keinen Fall übernehmen, da andernfalls die Gliederungsmöglichkeit über die 1. Stelle der Nummern der techn. Koa "verschenkt" würde.

Bei der Entscheidung über die H-Koa spielen im Wesentlichen folgende Gesichtspunkte eine Rolle:

- Die H-Koa müssen zumindest die Kostenbereiche unterscheiden, für die das Unternehmen getrennte Einzelkostenzuschläge für AGK/WuG vorgibt.
- Die Zahl der H-Koa soll wegen der Übersichtlichkeit von Auswertungen mit Verdichtung auf die oberste Koa-Ebene möglichst klein sein. 4 bis 8 H-Koa können als "normaler" Rahmen angesehen werden.
- Die H-Koa sollen die Differenzierung der Kostenaussagen bewirken, die man auf den ersten Blick schnell aufzunehmen wünscht.
- Kostenbereiche mit in der Regel sehr geringem Anteil an den Gesamtkosten sind Sache von Kostenarten auf tiefer liegenden Ebenen.
- Jede H-Koa kann auf tiefer liegenden Ebenen nach Belieben unterteilt werden.
- Für Kosten der Fremdleistungen muss immer zumindest eine spezielle H-Koa definiert werden.
- Weitgehend artfremde Kostenbereiche sollten nicht unter einer H-Koa zusammengefasst werden.
- Mitbestimmend kann sein, ob Gehälter der Angestellten und sonstige Bürokosten der Baustelle direkt belastet werden oder ob sie in den Einzelkostenzuschlägen für AGK enthalten sind.
- Wenn es selbst bilanzierende eigene Betriebsstätten gibt, die im Projekt mit Festpreisen wie Nachunternehmer auftreten, kann eine spezielle H-Koa zweckmäßig sein.
- Eine H-Koa "Ohne Zuschläge" ist zumindest aus Sicht des Baustellen-Controlling grober Unfug.

Neben vielen anderen sind folgende Varianten für die Wahl der H-Koa denkbar:

Hochbauunternehmen		**Tiefbauunternehmen**		**Generalunternehmen**	
Nr.	**Bezeichnung**	**Nr.**	**Bezeichnung**	**Nr.**	**Bezeichnung**
1	Std./Lohn	1	Std./Lohn	1	Std./Lohn
2	Baustoffe	2	Baustoffe	2	Baustoffe, Fertigungsstoffe, Transporte
3	Geräte	3	Geräte	3	Geräte
4	Betriebs-,Hilfsstoffe, Ausstattungen, Transp.	4	Transportkosten	4	Allgemeine Kosten
5	Fremdleistungen	5	Betriebs-,Hilfsstoffe, Ausstattungen	5	Eigene Planungsleistungen
6	Allgemeine Kosten	6	Fremdleistungen	6	Fremdleistungen
7	Eigene Betriebe	7	Allgemeine Kosten	7	Eigene Betriebe
		8	Eigene Betriebe		

Abbildung 2: Beispiele für Hauptkostenarten nach Bausparten

Sollte das Unternehmen in mehreren Sparten tätig sein, ist eine einheitliche Struktur für alle Sparten zumindest bis zur Ebene der Elemente für den gegenseitigen Datenaustausch dringend zu empfehlen, damit es nicht zu Missverständnissen oder gar Fehlern im Unternehmens-Controlling kommt. Trotz einheitlicher Struktur auf den oberen Ebenen können die Detaillierungen auf den untersten Ebenen durchaus unterschiedlich auf den Bedarf der jeweiligen Sparte eingestellt werden, sofern sie nicht ohnehin Sache der Struktur der Artikel sind.

Bei einem Unternehmen, dass weitgehend nur in einem engen Leistungsbereich tätig ist und somit meist als Subunternehmer in einem Projekt auftritt, sollte gegenüber obigen Beispielen eine Einschränkung der H-Koa vorgenommen werden, z.B.:

Spezialisiertes Unternehmen	
Nr.	**Bezeichnung**
1	Std./Lohn
2	Baustoffe
3	Geräte, Hilfsstoffe, Transporte
4	Fremdleistungen
5	Allgemeine Kosten

Abbildung 3: Beispiele für H-Koa bei einem spezialisierten Unternehmen

Evtl. kann in vorstehendem Fall auch auf "Allgemeine Kosten" verzichtet werden, indem man diesen Kostenbereich der H-Koa 3 zuweist. Auf "Fremdleistungen" wird auch hier nicht verzichtet werden können, selbst wenn die Beschäftigung von Nachunternehmern ein seltener Fall sein sollte. Dieselbe Struktur dürfte auch für ein kleines Bauunternehmen ausreichend sein.

In dem weiter unten entwickelten Beispiel werden Hauptkostenarten gemäß der ersten Spalte in Abbildung 2 zugrunde gelegt, weil sie so für viele Bauunternehmen ausreichend sind. Die Struktur unterhalb jeder H-Koa wird jeweils in einem eigenen Kapitel auszugsweise entwickelt.

Hauptkostenarten sind Kostenarten ohne Verrechnungssatz. Sie sollen in der Arbeitskalkulation an sich nicht direkt angesprochen werden, weil eine derartig knappe Kostendifferenzierung nicht ausreichend wäre. Eine Ausnahme davon könnte die H-Koa 1 bilden, wenn in einem Projekt sehr wenige eigene Arbeitsstunden anfallen und eine Differenzierung nach Leistungsarten überflüssig ist. Für diesen Fall wird die H-Koa 1 vorsorglich mit einem Verrechnungssatz versehen und natürlich als Stundenkostenart definiert:

1 Std./Lohn
Typ: Stundenkostenart (der Kalkulationsansatz ist eine Anzahl von Std.)
Verrechnungssatz: = Mittellohn (ASL oder APSL)

In der Arbeitskalkulation wird in der Regel ein statistischer Mittellohn verwendet, der vom Lohnbüro unter Einbeziehung der spezifischen Randbedingungen für die Lohnnebenkosten angegeben werden kann. Der Mittellohn ist natürlich auch berechenbar unter Verwendung des aktuellen mittleren Zuschlages für Sozialkosten und eines Zuschlages für Lohnnebenkosten. Der Zuschlag für Lohnnebenkosten ist im

- Stamm-Katalog: ein durchschnittlicher Wert aller Projekte
- Projekt-Katalog: ein spezifischer Wert in Abhängigkeit von der Lage der Baustelle zum Unternehmenssitz und zum Wohnort der Arbeitnehmer.

Die Kosten der Poliere/Schachtmeister sind einzubeziehen, es sei denn, die Polierkosten werden gesondert über Monatsgehälter in den Baustellengemeinkosten (BGK) kalkuliert.

5.5.3 Struktur im Bereich Arbeitsstunden/Lohnkosten

Für den Fall, dass im Projekt Eigenleistung unter Einsatz einer nennenswerten Anzahl von Arbeitsstunden erbracht wird, ist dringend davon abzuraten, sich bei Leistungsansätzen in der Arbeitskalkulation auf die Verwendung der H-Koa 1 zu beschränken. Wie in speziellen Kapiteln noch dargelegt werden wird, werden im Baustellen-Controlling Aussagen über die Sollstunden in einzelnen Leistungsarten benötigt. Diese differenzierten Angaben für beliebige Projektbereiche werden über die Verwendung von jeweils spezifischen Stundenkostenarten erzeugt. Abbildung 4 zeigt ein Beispiel einer solchen Auswertung.

Bei den differenzierten Kostenarten für Lohnstunden geht es nur in Sonderfällen auch um eine Unterscheidung der Höhe verschiedener Mittellöhne. Vorrangiges Ziel ist die differenzierte Vorgabe und Auswertbarkeit von Lohnstunden nach Leistungsarten. Selbst in der Arbeitskalkulation können unterschiedliche Mittellöhne nur dann berücksichtigt werden, wenn innerhalb des Projektes eine eindeutige Zuordnung bestimmter Kolonnen zu bestimmten Teilleistungen möglich ist. Ein Beispiel dafür könnte eine Baumaßnahme sein, in der sowohl ein Tunnelabschnitt in bergmännischer Bauweise als auch ein Abschnitt in offener Bauweise vorkommen. In einem solchen Fall ist eindeutig, dass die "teureren" Tunnelbaukolonnen die Teilleistungen der bergmännischen Bauweise ausführen.

Sollkosten, nach Kostenarten

Schlüssel	Bezeichnung	Menge	ME	Kosten
S11	Std. BE einrichten	428,541	Std	11.570,61
S12	Std. BE unterhalten	332,250	Std	8.970,75
S13	Std. BE räumen	67,733	Std	1.828,80
S15	Std. Gerätemontage	311,800	Std	8.418,60
S16	Std. Gerätefahrer	3.241,900	Std	87.531,30
S1	Std. BE	4.382,225	Std	118.320,06
S22	Std. Erdarbeiten	254,225	Std	6.864,07
S25	Std. Kanalbauarbeiten	720,734	Std	19.459,83
S2	Std. Tiefbau	974,959	Std	26.323,90
S31	Std. Schalung Fundament	295,661	Std	7.982,84
S32	Std. Schalung Bodenplatten	239,500	Std	6.466,50
S33	Std. Schalung Wand	6.585,760	Std	177.815,52
S34	Std. Schalung Stützen	1.921,359	Std	51.876,68
S35	Std. Schalung Träger	4.131,140	Std	111.540,78
S36	Std. Schalung Decken	3.956,100	Std	106.814,70
S37	Std. Schalung Treppen	274,375	Std	7.408,13
S3	Std. Schalung, Rüstung	17.403,894	Std	469.905,15
S41	Std. Betonstahl	22,000	Std	594,00
S44	Std. Ankerschienen	880,000	Std	23.760,00
S4	Std. Bewehrung/Stahl	902,000	Std	24.354,00
S51	Std. Beton Fundamente	439,769	Std	11.873,76
S52	Std. Beton Bodenplatten	526,635	Std	14.219,15
S53	Std. Beton Wand	706,116	Std	19.065,13
S54	Std. Beton Stützen	282,976	Std	7.640,34
S55	Std. Beton Träger	235,680	Std	6.363,36
S56	Std. Beton Decken	1.152,800	Std	31.125,60
S57	Std. Beton Treppen	44,070	Std	1.189,89
S5	Std. Beton	3.388,045	Std	91.477,23

Abbildung 4: Projektauswertung von Stundenkostenarten

Beim Blick auf die Strukturierung der Lohnkosten in den kaufm. Kostenarten wird man feststellen, dass dort eine Gliederung ähnlich dem Aufbau der Mittellohnberechnung vorliegt, wobei der Bereich der gesetzlichen und tariflichen Sozialkosten sogar nochmals erheblich verfeinert ist. Art und Tiefe der Gliederung werden im kaufm. Bereich weitgehend durch externe Regelwerke vorgeschrieben.

Selbst, wenn eine solche Gliederung für die Mittellohnberechnung der Kalkulation verwendet wird, so ist sie dennoch keine geeignete Vorgabe für die Gliederung der Stundenkostenarten. In der jeweils einzelnen Teilleistung interessieren die Lohnkosten einschl. aller Lohnzusatzkosten, nicht aber die Kosten in den einzelnen Lohnkomponenten. Die

Mittellohnberechnung ist nur eine Nebenrechnung für die Lohnkosten pro Arbeitsstunde; in der Kalkulation wird nur das Ergebnis dieser Nebenrechnung weiterverwendet.

Im Bereich der Lohnkosten besteht also der Fall, dass kaufm. und techn. Kostenarten nach unterschiedlichen Kriterien strukturiert sein müssen:

- die kaufm. Kostenarten nach Komponenten der Lohn- und Lohnzusatzkosten
- die techn. Kostenarten nach Arten von Teilleistungen

Eine Vermischung der unterschiedlichen Belange in einer einheitlichen Struktur kommt nicht in Frage. Die Stundenkostenarten können also bereits ab der 2. Ebene der Struktur nach rein "technischen" Gesichtspunkten entwickelt werden. Bei der Wahl wird eine Rolle spielen, in welchen Sparten das Unternehmen tätig ist. Unabhängig davon wird man es aber zunächst zu tun haben mit

- Stunden des Baustellenpersonals (im Lohnbericht der Baustelle)
- Stunden von Betriebsstellen des Bauhofs (nicht im Lohnbericht der Baustelle, sondern in Lohnberichten des Bauhofs mit Zuordnung zur Baustelle)
- Stunden fremder Firmen, die über Stunden abgerechnet werden.

Unter obigen Voraussetzungen sieht die Struktur auf der 2. Ebene unterhalb der H-Koa 1 wie in c Abbildung 5 gezeigt aus.

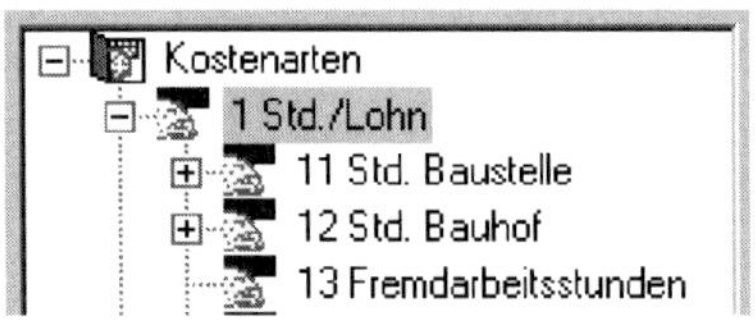

Abbildung 5: Zweite Ebene der Beispiel-Struktur im Bereich Std./Lohn

Die Stunden des Baustellenpersonals sollten unbedingt nach dem Kriterium von Leistungsarten weiter unterteilt werden. Andernfalls sind Vorgaben oder Auswertungen nach dem Prinzip in Abbildung 4 nicht möglich. Es sei unter Bezugnahme auf Abschnitt B, Kap. 3.5 und im Vorblick auf Abschnitt B, Kap. 8 ausdrücklich darauf hingewiesen, dass die Verwendung differenzierter Stundenkostenarten weder in der Angebots- noch in der Arbeitskalkulation zu Mehraufwand führt.

Welche weitere Differenzierung der Stundenkostenarten in Frage kommt, hängt vom Tätigkeitsspektrum des Unternehmens ab. Die folgenden Beispiele können da nur Anregung sein.

Eine weitere Grobstrukturierung auf der 3. Ebene wie in Abbildung 6 dürfte in allen Fällen angebracht sein. Bei einem reinen Generalunternehmen könnte diese Struktur der Stunden bereits genügen.

Abbildung 6: Grobstruktur der Baustellenstunden

Die weitere Strukturierung auf der 4. Ebene kann bei einem Hochbauunternehmen z.B. wie in Abbildung 7 aussehen.

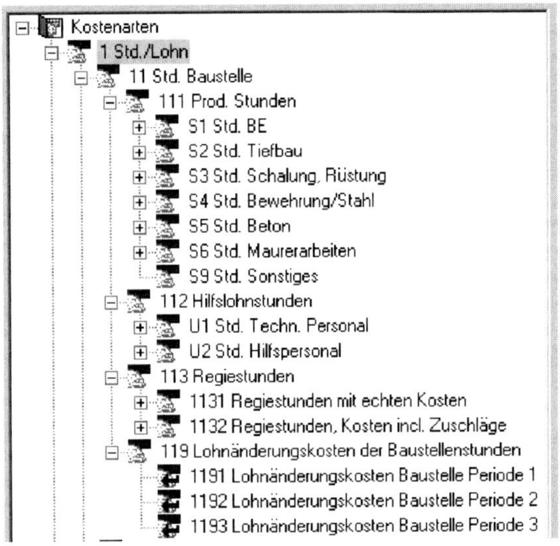

Abbildung 7: Beispiel für eine weitere Verfeinerung der Baustellenstunden

Bei Baustellen mit längerer Bauzeit sind Lohnänderungskosten zu berücksichtigen. Hierfür können nicht erneut Stundenansätze geschrieben werden, sondern es müssen Differenzkosten für bestimmte Anteile der Gesamt-Basislohnkosten kalkuliert werden. Dafür vorgesehene Kostenarten stehen in einer gesonderten Gruppenkostenart, die unter "11" eingeordnet sein muss, damit dort die Summe der Lohnkosten einschl. Lohnänderungskosten entsteht. Eine Kalkulation von Lohnänderungskosten zeigt Abbildung 107.

In Abbildung 7 wurde teilweise vom rein nummerischen Schlüssel abgewichen. Dies hat einen rein pragmatischen Hintergrund. Bei Fortsetzung des numerischen Schlüssels stünde dort

1111	Std. BE
1112	Std. Tiefbau
1113	Std. Schalung, Rüstung
usw.	

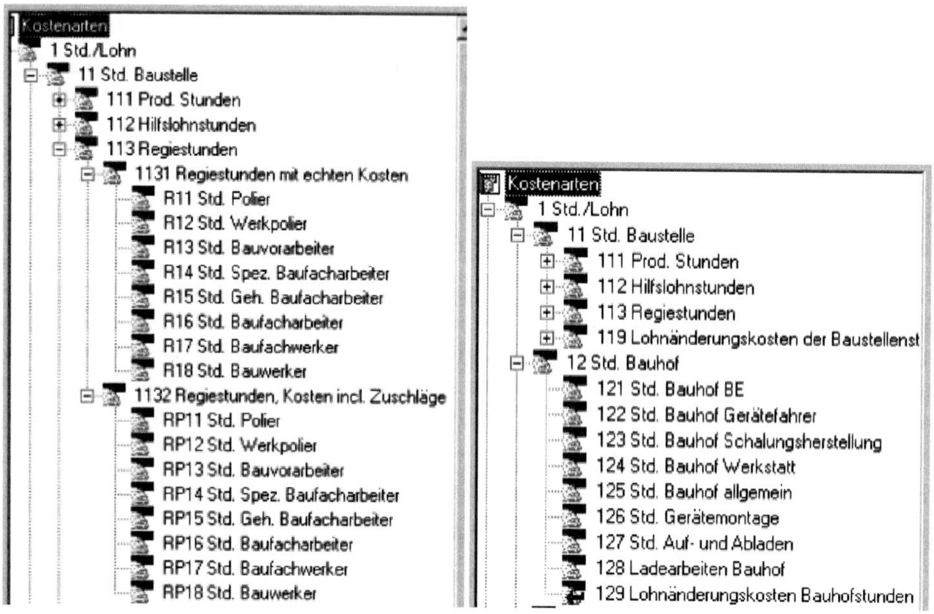

Abbildung 9: Feinstruktur von Stundenkostenarten für Regiearbeiten (links) und von Bauhofstunden (rechts)

Der Unterschied der Kostenarten beider Bereiche liegt im Verrechnungssatz, z.B. beim Bauvorarbeiter:

Nr.	Kurzbezeichnung	ME	Preis pro ME	WE
R13	Std. Bauvorarbeiter	Std	29,81	€
RP13	Std. Bauvorarbeiter	Std.	37,25	€

("RP" steht symbolisch für "Regiepreis" im Gegensatz zu "R" = "Regiekosten)

Ob eine Unterteilung der Stunden des Bauhofs notwendig ist, wird davon abhängen, ob das Leistungsvolumen dieses Personals im Vergleich zu demjenigen des Baustellenpersonals bedeutend ist und ob getrennte Bereiche des Bauhofs sehr unterschiedliche Verrechnungssätze pro Std. an die Baustelle haben. Eine Unterteilung könnte wie in Abbildung 9 (rechts) aussehen.

Zum Abschluss stellt sich die Frage, wie der Datenaustausch im Bereich der Lohnkosten zwischen techn. und kaufm. Bereich vorbereitet werden kann. Eingangs dieses Kapitels wurde festgestellt, dass die Strukturierung der Lohnkosten im kaufm. Bereich nicht in der Kostenkalkulation von Teilleistungen verwendet werden kann. Daraus folgt, dass zunächst nur die Gesamtlohnkosten gegenübergestellt werden können. Wie aber ebenfalls bereits angedeutet wurde, betrifft diese Einschränkung nur den Fall der direkten Gegenüberstellung. Indirekt ist die Gegenüberstellung in sämtlichen Einzelkomponenten möglich, die bei der Mittellohnberechnung verwendet wurden und die wiederum auf die Gliederung im kaufm. Bereich abgestimmt sind. Dies sei beispielhaft nur an den Grobkomponenten "Lohn", "Sozialzuschläge", "Lohnnebenkosten" gezeigt:

Kalkulierte Gesamtlohnkosten APSL:			EUR	914.339,71
Kalkulierter mittlerer Mittellohn: = 914.339,71/33.868,33 =			EUR	27,00
Kalkulierter Lohn AP	13,17/Std.:	914.339,71 x (13,17/27,00) =	EUR	445.994,59
Kalkulierte Sozialkosten S	12,52/Std.:	914.339,71 x (12,52/27,00) =	EUR	423.982,71
Kalkulierte Lohnnebenkosten L	1,31/Std.:	914.339,71 x (1,31/27,00) =	EUR	44.362,41
Gesamt:	27,00/Std.:		EUR	914.339,71

Die Gesamtlohnkosten werden im Verhältnis der Anteile AP, S und L zum Mittellohn aufgeteilt.

Dieselbe Methode wird auch bei weiteren Verfeinerungen und unterschiedlichen Mittellöhnen angewendet. Im Falle unterschiedlicher Mittellöhne wird obige Berechnung über Lohnkosten und Komponenten pro Mittellohn durchgeführt. Die Ergebnisse pro Komponente werden anschließend addiert.

Das Ziel der Gegenüberstellung von Soll- und Ist-Kosten in einzelnen Komponenten der Lohnkosten wird erreicht, ohne dass die Struktur der Kostenarten und die Kalkulation der Teilleistungen damit belastet wird.

5.5.4 Struktur im Bereich der Kosten für Baustoffe

Es gibt einige allgemeingültige Regeln, die bei der Wahl der Kostenartenstruktur im Bereich der Baustoffe beachtet werden sollten:

- Abgesehen von wenigen Ausnahmen werden nur Kostenarten für Baustoffgruppen definiert, d.h. keine Kostenarten für einzelne Baustoffe mit Preis pro Mengeneinheit. Der Grund ist, dass die einzelnen Baustoffe im Katalog der Artikel geführt werden.
- Eine Tiefenstrukturierung der Baustoffgruppen über mehrere Ebenen erleichtert die Übersicht.
- Die Gruppenkostenarten der Bebu unterster Ebene müssen als Baustoffgruppen auch in der techn. Kostenartenstruktur stehen. Der gesamte Baustoffbereich muss über diese Baustoffgruppen lückenlos abgedeckt sein. Die Datenübergabe von Soll- bzw. Istkosten findet auf Ebene dieser Baustoffgruppen statt.
- Oberhalb der Kostenarten für den Datenaustausch kann es übergeordnete Baustoffgruppen geben, die anders definiert sind als übergeordnete Summenkostenarten in der Bebu.
- Unterhalb der Kostenarten für den Datenaustausch kann es eine weitere Verfeinerung über Baustoffgruppen geben, die es in der Bebu nicht gibt.
- Für einzelne Baustoffe werden nur in folgenden Fällen Kostenarten definiert, und zwar mit Preis pro Mengeneinheit (vergl. auch Abschnitt D, Kap. 8.3.3):

- Für die Baustoffe soll ein Mengen-Soll-Ist-Vergleich durchgeführt werden, wozu in der Bebu neben den Kosten auch Liefermengen erfasst werden. Beispiel: Schüttgüter und bituminöse Baustoffe im Straßenbau.
- In der Kalkulation können die Baustoffe nicht mit absolut gültiger Präzisierung angegeben werden, d.h. die Kalkulation kann nicht in Bestellgenauigkeit durchgeführt werden.

  Beispiel: Der Transportbeton, dessen exakte Rezeptur erst beim täglichen Materialabruf bestimmt wird, evtl. unterschiedlich trotz einheitlicher Festigkeitsklasse. In der Kalkulation von Teilleistungen kann nur die Festigkeitsklasse berücksichtigt werden, nicht aber die Detailrezeptur gemäß einem Artikelverzeichnis des Transportbetonwerkes. Der Transportbeton wird also nicht über Artikel kalkuliert, sondern über Kostenarten mit einem mittleren Preis pro Festigkeitsklasse, welcher stellvertretend für alle Rezepturen gilt. Ein weiteres Beispiel ist der Einkauf des gebogenen Betonstahls. Auch hier kann in der Kalkulation nur ein Preis unter Einbeziehung von Dimensions- und Formaufschlägen gemäß geschätzten Mengenanteilen berücksichtigt werden, nicht aber gemäß stets variierenden Anteilen in den einzelnen Bewehrungsplänen.
- Nicht einmal in der Arbeitskalkulation können sämtliche Baustoffe explizit angesprochen werden. Es gibt Fälle, in denen zwar ein Kostenansatz für sehr untergeordnete Baustoffe gemacht wird, die einzelnen Artikel aber nicht benannt werden, entweder weil der Aufwand der Kalkulationsarbeit zu hoch wäre oder weil die Detailangabe pure Erfindung wäre. Für solche Fälle werden Kostenarten benötigt, welche lediglich die Gruppe solcher untergeordneter Bestandteile beschreiben, dies aber jeweils pro Baustoffgruppe und nicht allgemein in Form von "sonstige Baustoffe". Mit einer Berücksichtigung des "Sonstigen" pro Baustoffgruppe wird erreicht, dass die Kosten der jeweils "sonstigen Baustoffe" doch relativ genau benannt sind und einer Artikelgruppe zugeordnet werden können. Es gibt somit keinen Gesamt-Einheitsbrei "Sonstiges" mit einem relativ hohen Kostenanteil, sondern ein differenziertes "Sonstiges" pro Baustoffgruppe mit jeweils relativ geringen Kostenanteilen.

Die Art der Unterteilung der Baustoffe auf der 2.Ebene wird u.a. dadurch beeinflusst werden, in welcher Sparte des Unternehmen tätig ist. Die Strukturierung der 2. Ebene gemäß Abbildung 10 kann deshalb nur als Anregung für ein Unternehmen dienen, das im Rohbausektor oder im Tiefbau tätig ist. Abbildung 10 zeigt auch auszugsweise Möglichkeiten der Verfeinerung auf der 3. Ebene.

In dem Beispiel werden eher die Baustoffgruppen 26 und 27 die Elemente für den Datenaustausch sein, als deren untergeordnete Baustoffgruppen. Bei einer Verfeinerung der Struktur in der Bebu stellt sich immer die Frage, ob zu detaillierte Kostenarten bei der Buchung von Kosten nicht zu oft die Aufteilung der Summe eines Rechnungsbeleges auf mehrere Kostenarten erzwingen. Dies sollte nicht zur Regel werden, weil es Zusatzarbeit verursacht und auch sehr viel Sachkenntnis in der Zuordnung von Artikeln zu Kostenarten erfordert.

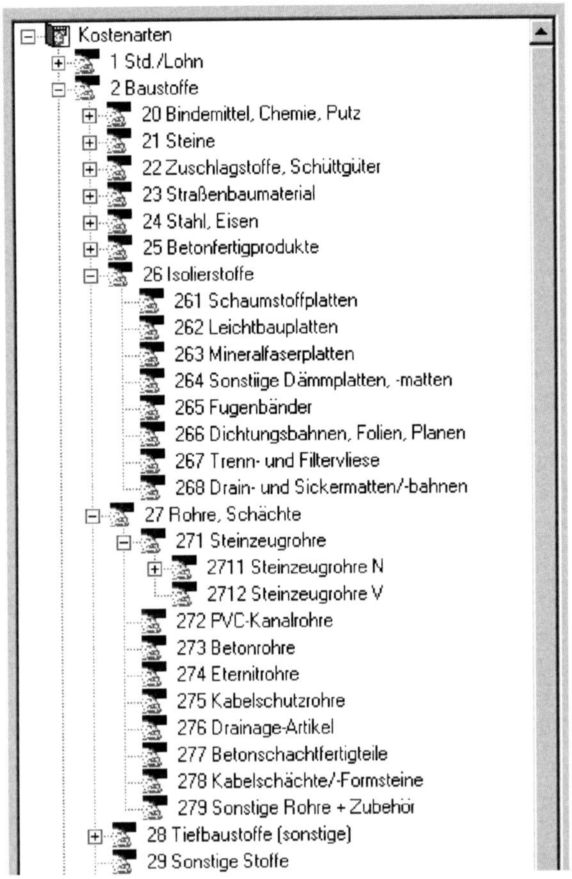

Abbildung 10: Beispiel für verfeinerte Baustoffgruppen

Als Beispiel für einen Bereich mit Kostenarten für bestimmte Baustoffe wird der Transportbeton in Abbildung 11 gezeigt. Die Kostenarten der untersten Ebene haben eine Mengeneinheit und einen Verrechnungssatz pro Mengeneinheit. Bei den Betonsorten ist der Verrechnungssatz ein Einkaufspreis für eine durchschnittlich gewählte Rezeptur. Die Kostenarten für die Kostenzuschläge werden nur in Ausnahmefällen oder zur Vorkalkulation von Betonpreisen mit durchschnittlicher Rezeptur angesprochen.

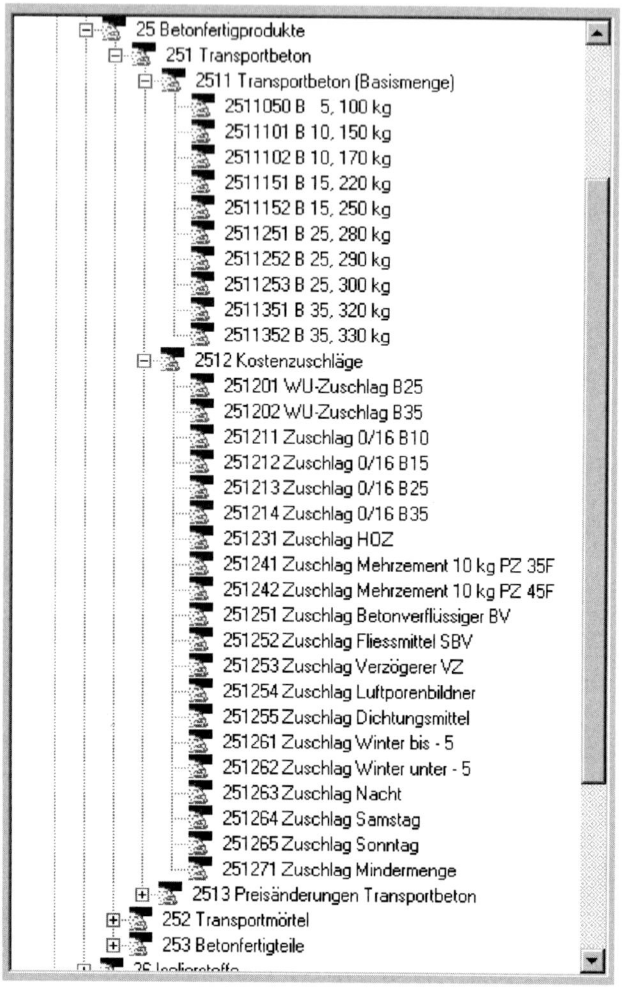

Abbildung 11: Beispiel für Feingliederung und Einzelkostenarten beim Beton

5.5.5 Struktur im Bereich der Gerätekosten

Auch das in diesem Bereich gezeigte Beispiel kann nur Anregung sein. Getrennte Kostenarten für die Kosten eigener Geräte und die Kosten von Fremdgeräten sollten immer bestehen. Weitere Kostenarten für Reparaturstoffe und Reifen erscheinen sinnvoll, selbst wenn solche Kosten in der Regel bereits durch die kalkulativen Gerätekosten für A+V und Rep. abgedeckt sind. Werden sog. Mengengeräte in der Kalkulation direkt angesprochen, so sollte dafür ein spezieller Kostenartenbereich bestehen. Damit ergibt sich folgende Mindestgliederung gemäß Abbildung 12, deren Elemente der untersten Ebene auch in den kfm. Kostenarten vorkommen müssen, damit der Datenaustausch stattfinden kann.

Abbildung 12: Beispiel für eine Mindestgliederung der Gerätekosten

Auf technischer Seite kann eine weitere Verfeinerung sinnvoll sein, sofern die Gerätekosten im Unternehmen eine große Rolle spielen. Verfeinerte Kostenarten ermöglichen eine entsprechend differenzierte Kostenauswertung. Eine Feingliederung könnte z.B. in Anlehnung an die Gruppierungen der BGL 2001 wie in Abbildung 13 aussehen (nur Ausschnitt):

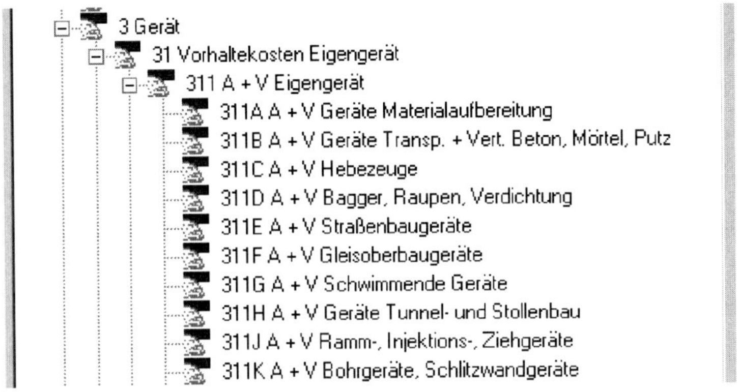

Abbildung 13: Ausschnitt einer Feingliederung von Kosten der Gerätevorhaltung

Die bei "311 – A + V Eigengerät" gewählte Gerätegruppierung wird analog auch unter "312 – Rep. Eigengerät" eingeführt.

Auch die anderen Gerätekosten können weiter differenziert dargestellt werden, z.B. wie in Abbildung 14.

Hinsichtlich der Anmietung von Fremdgeräten ist im Unternehmen zu klären, wann die Kostenart für Fremdmiete anzusprechen ist und wann eine Fremdleistung vorliegt. Wenn z.B. eine Betonpumpe mit Geräteführer angemietet wird, könnte es sich um eine Fremdleistung handeln. Wird ein Turmdrehkran gemietet, der durch einen eigenen Geräteführer bedient wird, wird es sich um Fremdmiete handeln. Letztlich liegt die Interpretation im Ermessen des Unternehmens. Wichtig ist, dass im technischen und kaufmännischen Bereich übereinstimmend "gebucht" wird.

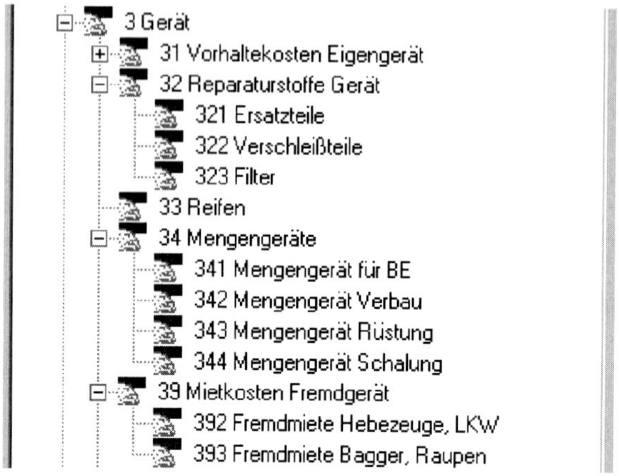

Abbildung 14: Beispiel für die Differenzierung weiterer Gerätekosten

5.5.6 Struktur im Bereich der Kosten für Hilfsstoffe und Transporte

Zum Bereich der Hilfsstoffe, Ausstattungen und Transporte gibt es je nach Tätigkeitsbereich des Unternehmens sehr unterschiedliche Anforderungen zur Differenzierung der Kosten. Ein erster Anhaltspunkt sind natürlich auch hier Kostenarten der Bebu. Die Belange der Kalkulation können demgegenüber eine weitere Unterteilung sinnvoll erscheinen lassen.

Eine Grobstruktur könnte wie in Abbildung 15 aussehen:

Abbildung 15: Beispiel für eine Grobstruktur der Hilfsstoffe und Transporte

Für die Zwecke der Kalkulation sind Einzelkostenarten im Bereich der Betriebsstoffe sinnvoll wie z.B. in Abbildung 16. So können sowohl Kalkulationsarten über Mengenverbrauch an Energie oder über Prozentsätze bezogen auf Herstellkosten berücksichtigt werden.

Abbildung 16: Beispiel für Einzelkostenarten der Betriebsstoffe

Ein Hochbauunternehmen kann für den Bereich der Stoff- und Vorhaltekosten Kostenarten für unterschiedliche Schalungsarten bereitstellen wie z.B. in Abbildung 17

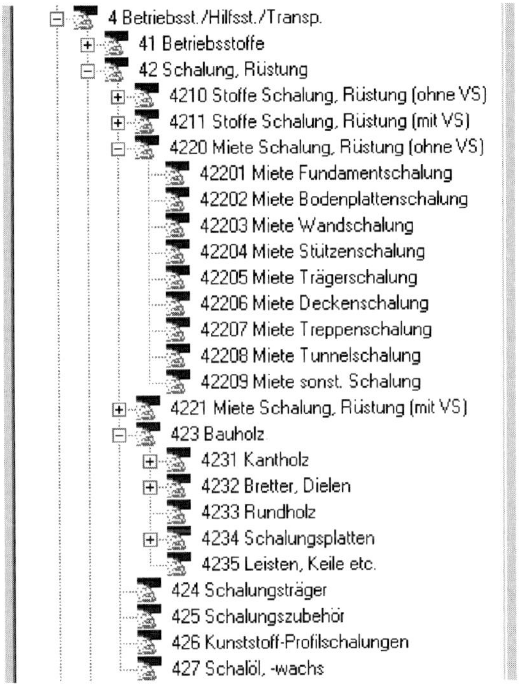

Abbildung 17: Beispiel für Kostenarten der Schalungen

Unter den Kostengruppen 4210, 4211 sowie 4220, 4221 können z.B. Kostenarten für die Schalungen/Rüstungen unterschiedlicher Leistungsarten definiert werden. Es kann dort Kostenarten geben

- ohne Verrechnungssatz pro m² für freie Kostenansätze in den Positionen
- mit Verrechnungssatz pro m² für die Vorgabe von Kosten in den Positionen

Unter den Gruppenkostenarten können die jeweiligen Gesamtflächen der Schalungsarten ausgewertet werden, wenn diesen Gruppenkostenarten eine Mengeneinheit gegeben wird.

In anderen Fällen ist evtl. direkt über Bauholz verschiedener Art zu kalkulieren, wofür ebenfalls Kostenarten vorgehalten werden (Koa 423 ff.).

Ein Tiefbauunternehmen mit geräteintensiven Arbeiten und hohen Anteilen an Transportkosten wird gesteigerten Wert auf die Kalkulationsweisen und Auswertbarkeiten in diesen Kostenbereichen legen. Die Gestaltungsmöglichkeiten über Kostenarten sind hier vielfältig und könne deshalb auch nur beispielhaft angedeutet werden (Abbildung 18).

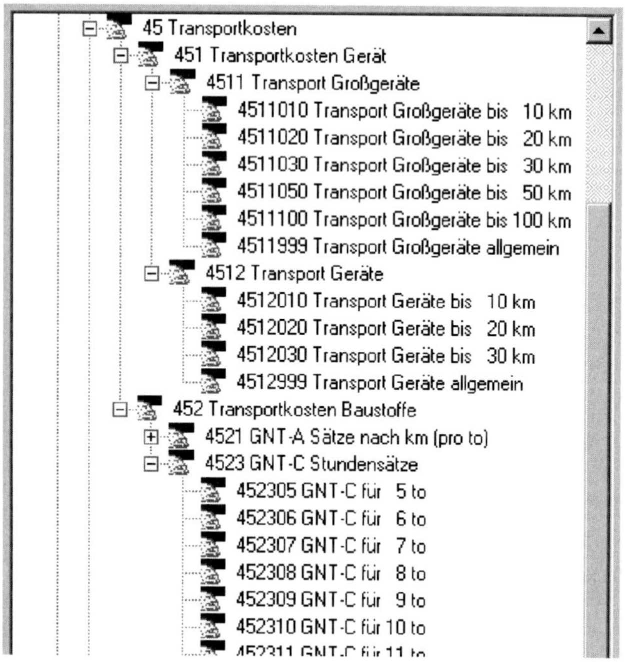

Abbildung 18: Beispiel für Kostenarten der Transportkosten

5.5.7 Struktur im Bereich der Kosten für Fremdleistungen

Für ein Unternehmen mit nennenswertem Anteil an Fremdleistungen ist eine gute Strukturierung der Gewerke von ausschlaggebender Bedeutung. Hier müssen technischer und kaufmännischer Bereich unbedingt gemeinsam eine verbindliche Gliederung in der Form der Kostenarten einführen. Auf Ebene der Kostenarten für die einzelnen Gewerke findet der Datenaustausch statt.

Eine Grobgliederung könnte wie in Abbildung 19 aussehen.

Abbildung 19: Beispiel für eine Grobgliederung der Fremdleistungen

Als Anhaltspunkt für eine weitere Untergliederung können zumindest teilweise die Leistungsbereiche des Standardleistungsbuches dienen. Im Bereich des Rohbaus ist allerdings beim Generalunternehmer zusätzlich "Rohbau komplett" erforderlich, wenn der Rohbau als ganzes einen NU-Vertrag darstellen kann.

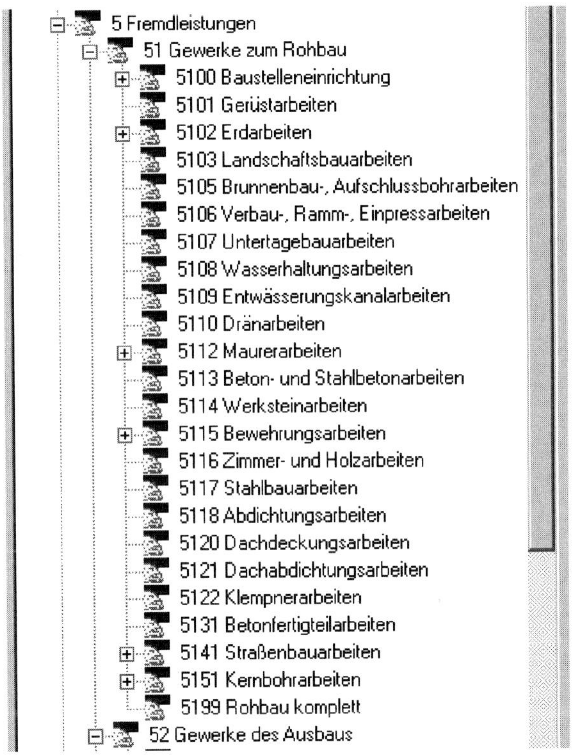

Abbildung 20: Beispiel für Rohbaugewerke nach Standardleistungsbuch

Die Abbildung 21 zeigt Beispiele für die Bereiche Ausbau, Haustechnik und Ausstattungen, Abbildung 22 für den Bereich der Planungsarbeiten.

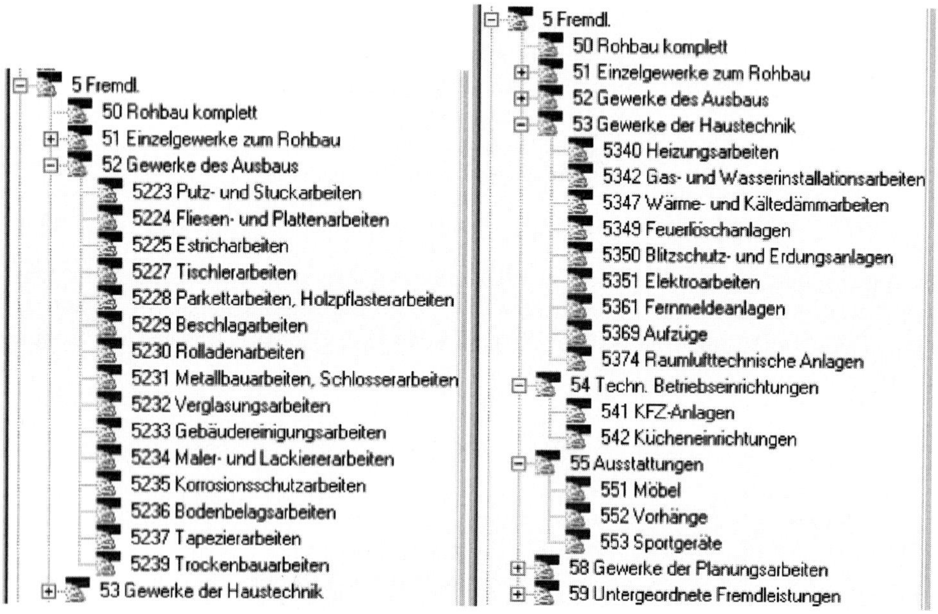

Abbildung 21: Beispiel für Gewerke des Ausbaus, der Haustechnik, der Ausstattungen nach Standardleistungsbuch

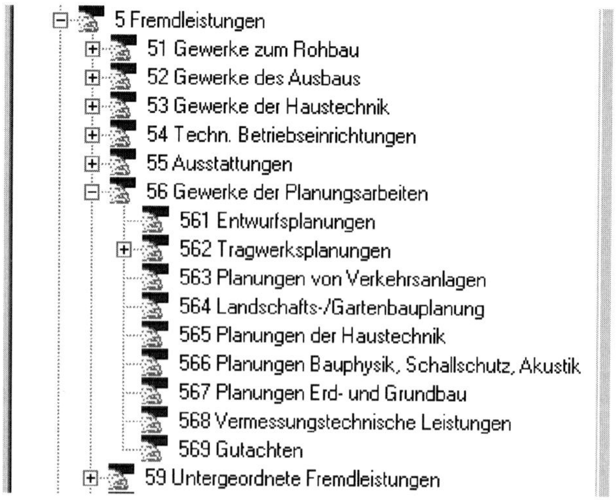

Abbildung 22: Beispiel für Gewerke der Planungsarbeiten

Auch die Nachunternehmerleistungen untergeordneter Bedeutung sind unter "Fremdleistungen" aufzunehmen wie z.B. in Abbildung 23.

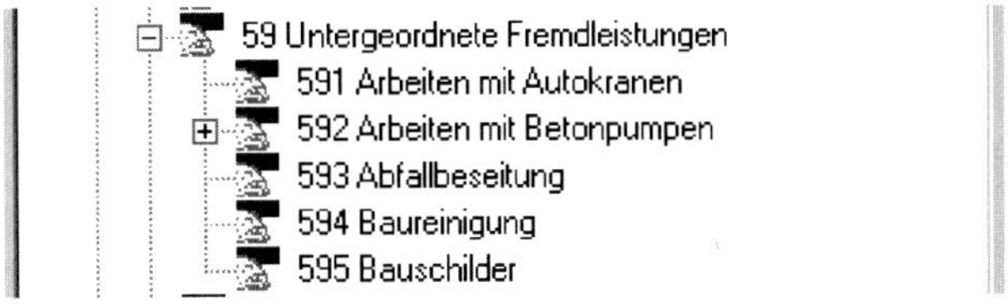

Abbildung 23: Beispiel für Gewerke geringerer Bedeutung

Da es in einem größeren Projekt vorkommen kann, dass ein bestimmtes Gewerk auf mehrere Nachunternehmer mit jeweils gesonderten Verträgen aufgeteilt wird (Losbildung), muss sogar ein Datenaustausch auch unterhalb der Gewerkeebene vorbereitet sein. Dazu wird wie folgt verfahren:

a) Im Projekt (nicht im Stamm) werden im Katalog der techn. Kostenarten unterhalb der Gewerkekostenart einzelne Kostenarten für die Unternehmer eingeführt, z.B.

   5102 – Erdarbeiten
      51021 – Erdarbeiten NU Maier
      51022 – Erdarbeiten NU Schmidt

   Die Preise der NU werden jeweils unter ihrer speziellen Kostenart (51021 bzw. 51022) in die Kalkulation eingeführt.

b) In der Bebu werden zwar die Rechnungen beider NU unter derselben Koa gebucht, jeweils aber ergänzt mit der individuellen Kreditoren-Nummer.

   Der Datenaustausch erfolgt dann zwischen

      (techn. Koa des NU) und (kfm. Gewerke-Koa + Kreditoren-Nr.).

   Damit ist die eindeutige Zuordnung gegeben, auch ohne dass in der Bebu neue Kostenarten eingeführt werden.

Eine solche Unterteilung einer Gewerkekostenart auf mehrere NU gibt es natürlich nicht im Stamm-Katalog, sondern nur im Katalog eines Projektes, weil ja erst dort über eine Aufteilung und über die in Frage kommenden NU entschieden wird.

5.5.8 Struktur im Bereich der Allgemeinen Kosten

Im Bereich der Allgemeinen Kosten befinden sich die Kostenarten für Aufwandsarten der Baustelle, die inhaltlich nicht durch die bisher genannten Kostenbereiche abgedeckt sind. Es handelt sich im Wesentlichen um Kostenarten für Verwaltungskosten der Baustelle. Abbildung 24 zeigt ein Beispiel für eine Gliederung dieses Bereiches.

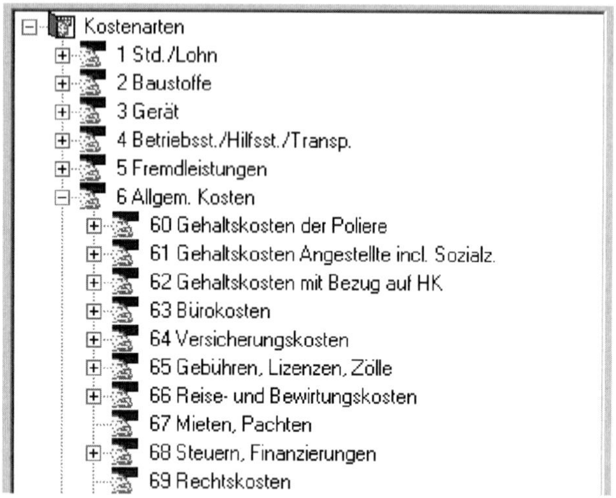

Abbildung 24: Beispiel für eine Grobgliederung der Allgemeinen Kosten

Der gesamte Bereich wird nur benötigt, wenn die entsprechenden Kosten explizit kalkuliert und auch im Ausführungsfall direkt der Baustelle belastet werden. Für diejenigen Kostenbestandteile, die Bestandteil eines Zuschlages für Allgemeine Geschäftskosten bzw. Technische Geschäftskosten sind und damit nicht direkt der Baustelle belastet werden, werden keine Kostenarten der Kalkulation benötigt. Inhalte und Strukturierung dieses Bereiches hängen also weitgehend von der Zuordnung von Kosten zu AGK oder BGK im kaufmännischen Rechnungswesen ab.

Die Strukturierung ist natürlich auch hier auf die Gliederung der kaufm. Kostenarten abzustimmen. Die Wahl der Elemente, zwischen denen die Zuordnung für den Datenaustausch hergestellt wird, will in diesem Bereich besonders gut abgewogen sein. Für den Fall, dass in den kaufm. Kostenarten z.B. eine sehr weit gehende Detaillierung der "Bürokosten" oder "Reise- und Bewirtungskosten" vorgefunden wird, muss beachtet werden, dass diese Kosten aufgrund fehlenden Wissens nur vereinfacht über Gruppenkostenarten kalkuliert werden können. Für eine Baustelle kann man zwar in etwa die Bürokosten pro Monat abschätzen, aber nicht weiter unterteilt nach Papier, Schreibzeug, Telefon, Kopierkosten etc..

Kostenarten für die Gehaltskosten der Poliere werden nur für den Fall benötigt, dass der Polier/Schachtmeister nicht als Kostenbestandteil im Mittellohn der Lohnstunden enthalten ist, sondern gesondert in den Baustellengemeinkosten über Monatsgehalt und Anzahl von Monaten kalkuliert wird.

Die Gehaltskosten der Angestellten können nach zwei verschiedenen Methoden kalkuliert werden, die über die oben stehenden Kostenarten 61 und 62 vorbereitet sind:

a) Über Monatsgehälter und Anzahl von Monaten

b) Über prozentuale Anteile an den Gesamtherstellkosten

Wenn die Gehaltskosten über Monatsgehälter kalkuliert werden, so sollten für die einzelnen Tätigkeitsarten getrennte Kostenarten mit jeweils individuellen Kostensätzen pro Monat eingeführt werden (Abbildung 25). Die Kostensätze selbst sind mittlere Kosten pro Monat für die entsprechende Berufsgruppe einschl. der Sozialkosten. In der Regel belastet das Unternehmen die Baustellen mit einem mittleren internen Tagesverrechnungssatz, der getrennt für einige Berufsgruppen ermittelt wurde. Der interne Verrechnungssatz ist also nicht namensbezogen, sondern nur abhängig von der Berufsgruppe. Die Tätigkeitsdauer in der jeweiligen Berufsgruppe zu Lasten einer Baustelle ergibt sich aus den persönlichen Arbeitsberichten der Mitarbeiter. Auf der Basis von 20 Arbeitstagen und dem mittleren internen Verrechnungssatz pro Tag wird das Monatsgehalt pro Berufsgruppe als Verrechnungssatz der Kostenart eingesetzt.

Abbildung 25: Beispiel für eine Strukturierung der Gehaltskosten

Der große Vorteil der Kostenarten je Berufsgruppe besteht darin, dass die kalkulierten Mannmonate und Kosten je Berufsgruppe ausgewertet werden können.

Die Untergliederung der weiteren Gruppenkostenarten richtet sich ebenfalls danach, inwieweit diese der Baustelle direkt belastet werden. Entsprechend sind sie dann auch zu kalkulieren. In Abbildung 26 werden einige Möglichkeiten angedeutet, wobei besonders auf Nr. 63 – Bürokosten hinzuweisen ist: Kosten einer Arbeitsgemeinschaft gehen immer zu Lasten der Baustelle, so dass dafür auch Kostenarten der Kalkulation benötigt werden.

Der Datenaustausch für Informationen unter Kostenarten ist dadurch vorbereitet, dass die inhaltlich gleichen Elemente beider Seiten definiert und Beziehungen zwischen diesen Elementen hergestellt sind. Jede Seite schafft die Informationen jeweils unter ihren eigenen Kostenarten. Für die Übergabe dieser Informationen an die andere Seite gibt es zwei Möglichkeiten:

a) Die Seite A übergibt die Informationen unter den Kostenarten der Seite A:
In diesem Fall muss die Seite B über eine Tabelle mit den Beziehungen zwischen den Kostenarten der Seite A und den Kostenarten der Seite B verfügen, damit die Informationen auf der Seite B unter den dort gültigen Kostenarten weiterverarbeitet werden können.

b) Die Seite A übergibt die Informationen unter den Kostenarten der Seite B:
In diesem Fall muss die Seite A über eine Tabelle mit den Beziehungen zwischen den Kostenarten der Seite A und den Kostenarten der Seite B verfügen, damit die Informationen unter den Kostenarten der Seite B bereitgestellt werden können.

Die Zusammenarbeit zwischen technischem und kaufmännischen Bereich wird am besten unterstützt, wenn beiden Seiten jeweils in ihrer Software über die Zuordnungstabelle der Kostenarten verfügen. In diesem Fall muss keine Seite an das Ordnungssystem der anderen Seite denken; die Software übernimmt die "Übersetzung" eigenständig.

Die Richtigkeit und Vollständigkeit der Zuordnungstabelle kann von den beiden Softwareprodukten nur überprüft werden, wenn der Katalog der Kostenarten der anderen Seite direkt im Zugriff steht. Deshalb wird auf Seiten der Software für das Baustellen-Controlling auch der Katalog der kaufmännischen Kostenarten vorgehalten. Darin kann man sich aber auf die Elemente beschränken, welche die sog. "Betrieblichen Aufwendungen" für Baustellen beschreiben. Außerdem genügt es, die Struktur bis zu den Elementen abzubilden, die als Elemente für den Datenaustausch benannt sind. Es müssen also keine Kostenarten unterhalb von Gruppenkostenarten aufgeführt werden, die so ausschließlich im kaufmännischen Bereich genutzt werden.

Einen solchen Katalog der kaufmännischen Kostenarten in Abgleich mit den technischen Kostenarten gemäß den vorstehenden Kapiteln zeigt auszugsweise Abbildung 28.

Im Vergleich mit den Beispielen für die technischen Kostenarten ist das zu empfehlende Prinzip zu erkennen. Abgesehen von der 1. Stelle der Nummern der kaufm. Koa ist auf beiden Seiten dieselbe Struktur mit denselben Schlüsseln verwendet, z.B.:

Technische Kostenart		**Kaufmännische Kostenart**	
Schlüssel	**Bezeichnung**	**Schlüssel**	**Bezeichnung**
20	Bindemittel	620	Kosten der Bindemittel
21	Steine	621	Kosten der Steine

Die Tabelle der Zuordnungen zwischen technischen und kaufmännischen Kostenarten steht im Hintergrund zur Verfügung. Sie ist nach dem vorstehenden Prinzip aufgebaut.

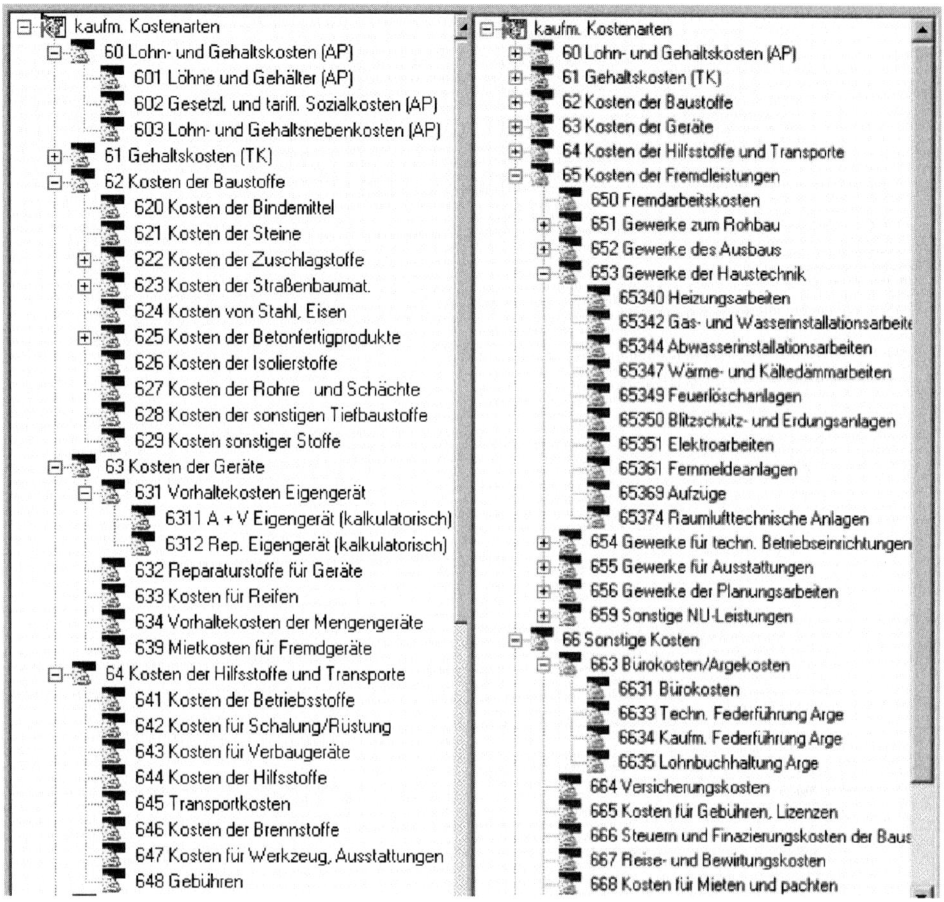

Abbildung 28: Beispiel für eine kaufmännische Kostenartenstruktur

6 Der Katalog des Bauarbeitsschlüssels (BAS)

Mit den Elementen des Bauarbeitsschlüssels (BAS) werden einzelne Leistungsarten beschrieben. Die Elemente sind Auswertungsmerkmale, die entweder den Positionen der LV's oder den Unterpositionen der Kalkulation zugeordnet werden. Über den BAS können ausgewertet werden

- die Arbeitsstunden mit der Zielstellung des Stunden-Soll-Ist-Vergleiches
- die Kosten mit der Zielstellung von Kennzahlen zu Leistungsbereichen

Sofern das Ziel des Stunden-Soll-Ist-Vergleiches nach BAS verfolgt wird, wird ein Berichtswesen für die Ist-Stunden nach BAS eingerichtet (siehe Abschnitt G, Kap. 5.4.3).

Im Stamm-Katalog des Bauarbeitsschlüssels werden über die einzelnen Elemente Leistungsarten beschrieben, mit denen die in jedem Projekt vorkommenden Teilleistungen qualifiziert werden können. Mit einem solchen System werden die Teilleistungen unabhängig von der Gliederung der Ausschreibungs-LV's und den Inhalten der einzelnen Positionen einem intern gültigen einheitlichen Katalog von Leistungsarten zugeordnet.

Die Auswertung einer Projektkalkulation nach BAS, liefert folgende Informationen pro Element des BAS:

- zugeordnete Positionen/Unterpositionen (Sortierung der Kalkulation nach BAS).
- Menge der Leistungsart, sofern der BAS eine Mengeneinheit hat.
- Kalkulierte Kosten
- Kalkulierte Kosten pro Mengeneinheit des BAS (sofern der BAS eine Mengeneinheit hat)
- Kalkulierte Lohnstunden
- Kalkulierte Lohnstunden pro Mengeneinheit des BAS (sofern der BAS eine Mengeneinheit hat)

BAS können eine **Mengeneinheit** haben. Man wird eine Mengeneinheit vergeben, wenn nicht nur eine Stunden- oder Kostensummierung unter dem BAS erfolgen soll, sondern auch eine Mengenauswertung von zugeordneten Teilleistungsmengen. Gibt es sowohl die Stundensumme als auch die Mengensumme, so können kalkulierte und tatsächlich benötigte Stunden pro Mengeneinheit berechnet werden. Die Mengeneinheit des BAS und der zugeordneten Teilleistungen müssen übereinstimmen, wenn eine Mengenaddition unter dem BAS stattfinden soll. Haben Teilleistungen, denen ein bestimmter BAS zugeordnet wird, in der Regel keine einheitliche Mengeneinheit, so erhält auch der BAS keine Mengeneinheit.

Beispiel 1: Wandschalungen kommen in der Mengeneinheit "m^2" in vielen Positionen und Unterpositionen vor. Dann ist es sinnvoll, dem BAS für Wandschalungen ebenfalls die Mengeneinheit "m^2" zu geben, weil dann alle Mengen der Wandschalungen unter dem BAS für Wandschalungen summiert werden.

Beispiel 2: Den vielen verschiedenen Teilleistungen der Kanalisationsarbeiten wird immer derselben BAS zugeordnet. Rohre, Schächte, Formstücke etc. haben verschiedene Mengeneinheiten; eine Summe all dieser Mengen wäre ein unsinniger Wert. In diesem Fall erhält der BAS für die Leistungsart "Kanalisationsarbeiten" keine Mengeneinheit. Dann werden die Mengen der Teilleistungen auch nicht addiert, wohl aber die Kosten und Stunden.

Wenn Ist-Stunden nach BAS berichtet werden sollen, bedarf es einiger spezieller Vorbereitungen im Katalog der BAS, damit derjenige, der die Ist-Stunden rapportieren soll, nicht vor Probleme gestellt wird. Der Polier oder Schachtmeister wird es bei dieser Arbeit immer wieder mal mit Ist-Stunden zu tun haben, die er aus seiner Sicht zwar eindeutig qualifizieren kann, wofür es aber in der Kalkulation keine Ansätze gibt. Beispiele für solche Ist-Stunden sind

- Stunden für Betonnacharbeiten
- Stunden der Kranfahrer (wenn der Kranfahrer anteilig in den Leistungsansätzen der Kalkulation enthalten ist)
- Stunden anlässlich eines Arzttermins

Solche Ist-Stunden müssen natürlich ebenso in den Stunden-Soll-Ist-Vergleich des Projektes eingehen wie die Ist-Stunden zu den BAS, welche Bauleistungsarten beschreiben.

Man sollte den Berichtenden auf keinen Fall zwingen, Ist-Stunden der beschriebenen Art auf die BAS für eigentliche Bauleistungsarten aufzuteilen. Er müsste dann entweder Ist-Werte erfinden oder er müsste während der Bauarbeiten ständig beobachten und vermerken, was ihn aber von seinen sonstigen Aufgaben abhalten würde. Außerdem ließen sich manche Ist-Stunden trotz Beobachtung nicht genügend genau zuordnen, z.B. Ist-Stunden des Kranfahrers, während der Kran nicht arbeitet.

Ein weiterer Problemfall wären

- Aufsichtsstunden des Poliers/Schachtmeisters, wenn diese anteilig als Kosten im Mittellohn enthalten sind.

Die Aufsichtsstunden sind dann in der Kalkulation nicht als Stunden, sondern als Kosten berücksichtigt. Die Ist-Stunden sind aber dennoch von Interesse, um den Anteil der verbrauchten Aufsichtsstunden in Vergleich setzen zu können mit dem im Mittellohn angenommenen Anteil der Aufsichtsstunden.

Aus den oben genannten Gründen muss es BAS geben, die alleine der Zuordnung von Ist-Stunden in Leistungsarten dienen, die aber in der Kalkulation nicht zu finden sind. Ist-Stunden unter solchen BAS sind dann – abgesehen von Aufsichtsstunden – umzulegen auf die Ist-Stunden derjenigen BAS, die Leistungsarten der Kalkulation beschreiben.

Wir sprechen deshalb von

- Leistungs-BAS
- Umlage-BAS
- BAS für Aufsichtsstunden

Bei Umlage-BAS ist zu unterschieden zwischen

- Umlage-BAS mit gezielter Umlage (z.B. für die Umlage der Ist-Stunden für Betonnacharbeiten nur auf Leistungs-BAS der Betonarbeiten für aufgehende Bauteile). In diesem Fall werden beim Umlage-BAS die Leistungs-BAS benannt, auf welche die Ist-Stunden des Umlage-BAS aufzuteilen sind.
- Umlage-BAS mit allgemeiner Umlage (z.B. für die Umlage der Ist-Stunden für Arztbesuche auf alle Leistungs-BAS)

Die Umlage der Ist-Stunden erfolgt nach folgenden Schlüsseln:

- bei Umlage-BAS mit gezielter Umlage im Verhältnis der Ist-Stunden der benannten Leistungs-BAS
- bei Umlage-BAS mit allgemeiner Umlage im Verhältnis der Ist-Stunden aller Leistungs-BAS nach Berücksichtigung der Umlage von Ist-Stunden aus Umlage-BAS mit gezielter Umlage.

Die Ist-Stunden der Leistungs-BAS werden also um Anteile aus den Umlage-BAS erhöht und mit dieser erhöhten Menge den Sollstunden der Leistungs-BAS gegenüber gestellt. Die proportionale Verteilung entspricht nicht immer den Tatsachen; der Umlage-BAS ist eben ein Kompromiss, damit Ist-Stunden leicht berichtet werden können und dennoch eine Zuordnung zu Soll-Stunden erfolgt. Mit der Verwendung von Umlage-BAS sollte restriktiv umgegangen werden. Wenn Ist-Stunden einer kalkulierten Teilleistung relativ einfach zugeordnet werden können, muss dies auch so geschehen.

Mit dem Stunden-Soll-Ist-Vergleich nach BAS können durchaus sehr gute Controlling-Ergebnisse erzielt werden. Voraussetzung ist aber, dass man in dieser Art der Gliederung von Leistungsarten nicht überzieht. Maßgebend für die Brauchbarkeit der Ergebnisse ist nämlich, dass man denjenigen Personen, die Ist-Stunden berichten sollen, nicht ein komplexes System zur Auswahl zur Verfügung stellt, wo es eher Zufall ist, dass der richtige BAS gewählt wird. Die Erfahrung zeigt, dass für den Zuständigkeitsbereich eines Poliers nicht mehr als 20 - 30 BAS zur Auswahl angeboten werden sollten. Der BAS für das einzelne Projekt sollte sich auf eine Auswahl solchen Umfangs beschränken und evtl. in den Bezeichnungen "maßgeschneidert" sein. Die Einhaltung einer bestimmten Gliederungs- und Nummernsystematik von Baustelle zu Baustelle ist dringend zu empfehlen, damit diese nicht immer wieder neu zu erlernen ist. Dies ist Sache der Vorgabe im Stamm-BAS.

Hier eine Reihe allgemeingültiger Empfehlungen für den Aufbau eines BAS:

- Der BAS muss für den jeweiligen Polier verständlich sein.
- Der BAS sollte eine möglichst geringe Anzahl von Leistungs-BAS der untersten Ebene haben.
- Von Baustelle zu Baustelle sollte eine bestimmte Gliederungs- und Nummernsystematik beibehalten werden, die der Stamm-BAS vorgibt.
- Aufbau und Umfang müssen so sein, dass der überwiegende Teil in kurzer Zeit auswendig beherrscht wird.
- Die Beschreibung der Leistungsarten muss eine klare Abgrenzung zu anderen Leistungsarten ergeben.
- Es müssen zwar besondere BAS für Ist-Stunden vorhanden sein, die bestimmten Bauleistungen der Kalkulation nur schwer zugeordnet werden können (Kranfahrer, Betonnacharbeiten etc.), andererseits dürfen keine BAS eingeführt werden, die eine mögliche direkte Zuordnung verhindern, wie z.B. "Ausnageln" oder "Aufräumen". Nur der Zwang zur möglichst direkten Zuordnung sorgt für brauchbare Ergebnisse.

- Die Leistungsarten in Baustellengemeinkosten und Baustelleneinrichtung müssen besonders gut beschrieben werden, damit keine Stunden "echter" Bauleistungen hierher rapportiert werden.
- Der Berichtende darf nicht gezwungen werden, Stundenverteilungen zu erfinden, indem man ihm Unterscheidungen abverlangt, die er mit vertretbarem Aufwand gar nicht vornehmen kann, z.B. getrenntes Rapportieren für Schalungen, Stirnabschalungen, Fugenband in der Stirnabschalung.
- Der BAS sollte hierarchisch strukturiert sein, weil dies die Übersichtlichkeit erleichtert, und Elemente oberer Ebenen automatisch zu entsprechenden Summierungen von Soll- und Ist-Werten führen.

Es wird nicht zu vermeiden sein, dass der Stamm-Katalog der BAS etwas umfangreicher wird, weil er ja alle im Unternehmen vorkommenden Leistungsarten enthalten und die einheitliche Nummernsystematik für die Projekte vorgeben soll. Dennoch gelten auch hier schon die Restriktionen hinsichtlich der Unterscheidbarkeit der Leistungsarten durch den Berichtenden.

Im Projektkatalog der BAS kommt es dann darauf an, unter Beibehaltung der Grobstruktur des Stamm-BAS nur diejenigen Elemente auszuwählen, die im Projekt tatsächlich relevant sind. Evtl. sollten dort die Bezeichnungen der BAS an projektspezifische Verhältnisse angepasst werden, damit die Auswahl beim Berichten der Ist-Stunden eindeutig und schnell möglich ist.

Abbildung 29 zeigt, wie ein Stamm-BAS bei einem Unternehmen aussehen könnte, das überwiegend im Hochbau tätig ist.

Folgende, im Beispiel zu sehende BAS sind Umlage-BAS mit gezielter Umlage:

- 09 – Kranfahrer: Umlage nur auf kranabhängige Leistungen, d.h. auf BAS 31 bis 63 und 81 bis 99 (Sind die Kranfahrer außerhalb der Leistungsansätze gesondert kalkuliert, ist dieser BAS natürlich kein Umlage-BAS, sondern ein Leistungs-BAS.)
- 50 – Betonnacharbeiten: Umlage nur auf BAS für Betonierarbeiten an aufgehenden Bauteilen, d.h. auf BAS 53 bis 59

Folgender, im Beispiel zu sehende BAS ist ein Umlage-BAS mit allgemeiner Umlage:

- 02 – Ausfallstunden: Umlage auf alle Leistungs-BAS

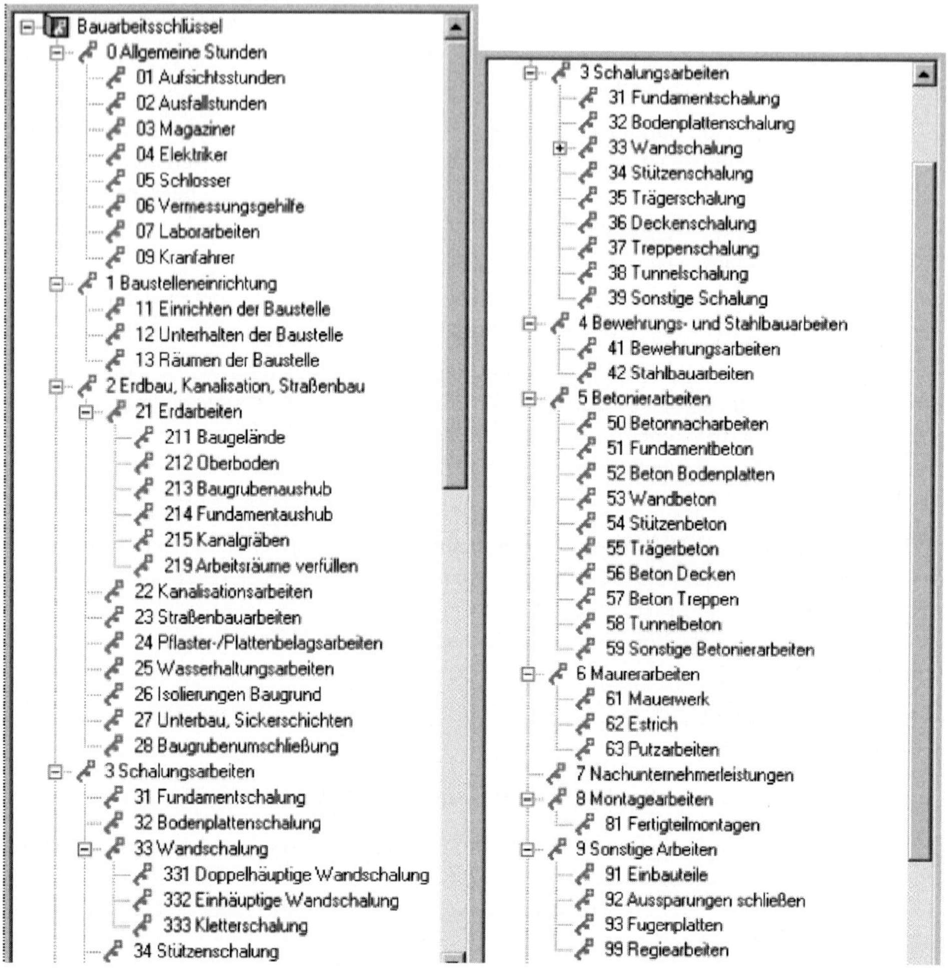

Abbildung 29: Beispiel eines BAS für ein Hochbauunternehmen

7 Abhängige Kataloge

In der Übersicht gemäß Abschnitt B, Kap. 4.2 wurde unterschieden zwischen folgenden Arten von Katalogen:

- Strukturierte Basiskataloge. Dies sind Kataloge mit strukturierten Elementen, die keinerlei Informationen aus anderer Quelle benötigen.
- Abhängige strukturierte Kataloge. Dies sind Kataloge mit strukturierten Elementen, welche die Existenz des Kataloges der Kostenarten voraussetzen.

Die folgenden abhängigen Kataloge setzen die Existenz des Kataloges der technischen Kostenarten voraus:

- Der Katalog der Artikel: Bei Gruppenelementen im Katalog der Artikel muss die Kostenart hinterlegt sein, unter welcher der Artikel in der Kalkulation verarbeitet werden soll.
- Der Katalog der Geräte und der Gerätebausteine: Ein Gerät verursacht Kosten in verschiedenen Aufwandsarten. Den Aufwandsarten der Geräte muss jeweils eine Kostenart hinterlegt sein, unter der die anteiligen Kosten in der Kalkulation verarbeitet werden sollen.
- Der Katalog der Gewerke/Vergabeeinheiten: Werden die Leistungen eines Gewerkes ausgeschrieben und vergeben, so bedingt die Übergabe der Preise des NU an die Kalkulation, dass das Gewerk/die Vergabeeinheit einer Fremdleistungs-Kostenart zugeordnet ist.
- Der Katalog der Ressourcen: Kalkulationsabhängige Ressourcen können nur dann mit Werten aus der Kalkulation versorgt werden, wenn bei der Ressource hinterlegt ist, aus welchen Kostenarten Mengen oder Kosten der Ressource berechnet werden sollen.

7.1 Der Katalog der Artikel

Artikel sind Einzelelemente des Materialbereiches mit Mengeneinheit und Einkaufspreis. Artikel sind über Artikelgruppen geordnet, die wiederum einer Kostenart zugeordnet sind.

Artikel sind in folgenden Schritten der Kalkulation direkt verwendbar:

- in der Kalkulation von Teilleistungen des Projektes
- in der Kalkulation von Bausteinen (=Standardkalkulationselemente bestimmter Art)
- in der Kalkulation von Gerätebausteinen (=Standardkalkulationselemente von Gerätekosten)
- in Standard-Kalkulationselementen für Teilleistungen

Die Artikel des Artikel-Kataloges sind außerdem Arbeitsgrundlage für die Materialversorgung der Baustelle, also für

- Aufbereitung des Gesamt-Materialbedarfs für Anfrage und Vergabe (Baustelle)
- Anfrage und Vergabe der Materiallieferungen (Einkauf)
- Materialauszug der Bauabschnitte (Baustelle)
- Bestellvorbereitung und Abruf der Materialien (Baustelle)
- Lieferkontrolle und Materialverwaltung (Baustelle)
- Rechnungsprüfung der Materiallieferungen (Einkauf)

An den oben angeführten Aufgaben des Artikel-Kataloges ist unschwer zu erkennen, dass dessen Aufbau ein gemeinschaftliche Aufgabe mehrerer Bereiche im Unternehmen ist. Die Artikel werden zunächst für Zwecke der Angebotskalkulation benötigt. Dafür muss der Einkauf ausreichend genau bestimmte Einkaufspreise zur Verfügung stellen. Dann soll die Arbeitskalkulation den Bedarf nach Art und Menge zumindest der wichtigen Artikel liefern, aufgrund dessen der Einkauf die Preise am Markt konkret anfragt und die Lieferungen vergibt. Diese vereinbarten Artikelpreise sind die endgültige Grundlage der Materialkosten in der Arbeitskalkulation. Die Baustelle ermittelt dann bauteilbezogen und zeitnah an der Bauausführung den endgültigen Materialbedarf und ruft die Artikel bei den beauftragten Lieferanten ab. Der Einkauf wiederum nimmt aus den Lieferscheinen die gelieferten Mengen auf und verfügt damit in Verbindung mit den vereinbarten Einkaufspreisen über die Grundlage für die Prüfung der Rechnungen der Lieferanten.

Beim Aufbau eines Artikel-Kataloges stellt sich als erstes die Frage nach Struktur und Nummernsystem. Bei Analyse der Kataloge des Baustoffhandels stößt man sofort auf die unangenehme Erkenntnis, dass fast jeder Händler ein individuelles Struktur- und Nummernsystem verwendet. Über diese individuellen Nummern sind keine direkten Preisvergleiche möglich. Die für den Datenaustausch in der Baustoffbranche vorgesehene zusätzliche "neutrale" Euro-Artikel-Nummer (EAN-Nummer) wird von vielen Händlern nicht angegeben, weil entweder der direkte Preisvergleich von Katalogpreisen auf Seiten des Handels unerwünscht oder weil die EAN-Nummer für einen bestimmten Artikel nicht existiert oder nicht bekannt ist. Gleich wie: Eine Gegenüberstellung der Kataloge verschiedener Händler bedingt eine äußerst aufwändige Zuordnung der individuellen Nummern entweder zu den EAN-Nummern oder zu einem eigenen Nummernsystem. Die laufenden Veränderungen in den externen Katalogen bedingen zudem eine ständige Pflege einer solchen Zuordnungstabelle.

Man hat die Wahl zwischen folgenden Lösungen beim Aufbau des eigenen Artikel-Kataloges:

- Verwendung der EAN-Nummern, soweit verfügbar.
- Verwendung des Nummernsystems eines ausgewählten Händlers
- Verwendung eines selbst überlegten Nummernsystems

Bei Zugrundelegung des Nummernsystems eines ausgewählten Händlers wird es Baustoffbereiche geben, die dieser Händler nicht abdeckt, so dass individuelle Ergänzungen erforderlich sind.

Soll der Preisvergleich zwischen den Angeboten mehrerer Händler auf dem Weg der Datenverarbeitung erfolgen, muss in allen drei Fällen eine Zuordnungstabelle geschaffen werden, welche die Beziehungen zwischen den Nummern der Händler und den eigenen Nummern enthält.

Über folgende Überlegungen kommt man zur Erkenntnis, dass die Definition eines eigenen Nummernsystems der Artikel die sinnvollste Lösung ist:

Der Artikel-Katalog sollte – ebenso wie der Kostenartenkatalog – hierarchisch aufgebaut werden, um die Übersichtlichkeit zu fördern. Bei der Wahl der Artikelgruppen muss darauf geachtet werden, dass zumindest dort, wo Kostenarten zugeordnet werden, die Artikelgruppe genau mit dem Inhalt der zugeordneten Gruppenkostenart übereinstimmt. Die Inhalte der Gruppenkostenarten der Materialien bestimmen also über die Inhalte der Artikelgruppen des Artikelkataloges. Somit ist es naheliegend, eine vollständige Analogie der Artikelgruppen und Kostenartengruppen herzustellen, weil dann die Kostenartenzuordnung keine Probleme bereitet. Eine solche Analogie wird aber weder über die EAN-Nummern noch über die Nummern irgendeines Händlerkataloges herzustellen sein, weil diese Fremdstrukturen kaum vollständig in Einklang mit der eigenen Kostenartenstruktur zu bringen sind.

Unter Beziehung auf die Struktur, wie sie in Kap. 5.5.4 beispielhaft für die Kostenarten gewählt wurde, sähe eine analoge Struktur der Artikel wie folgt aus:

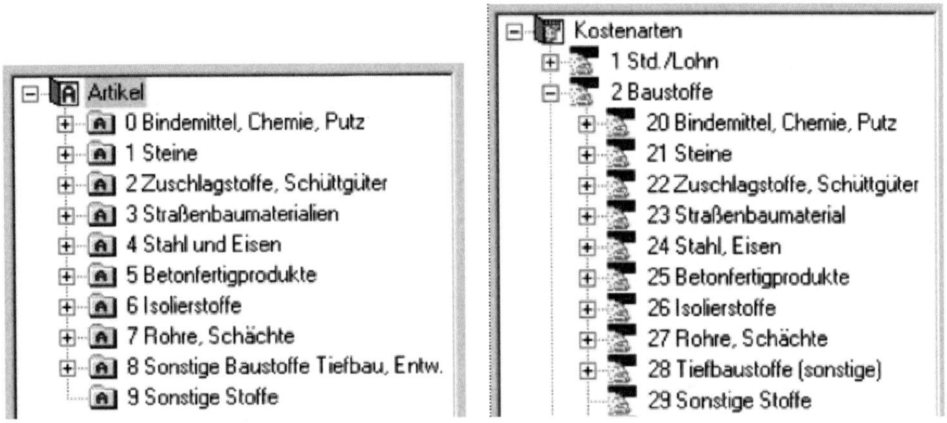

Abbildung 30: Beispiel analoger Grobstrukturen von Artikeln und Kostenarten

Im Beispiel gemäß Abbildung 30 wurden die Ziffern der 2. Stelle der Kostenartennummer zur Ziffer der 1. Stelle der Artikel-Nummer gemacht.

Ein Unternehmen, das in Ausbau- bzw. Haustechnikgewerken tätig ist, wird natürlich eine vollkommen andere Auswahl und Struktur der Baustoffe haben. Auf die vielfältigen Möglichkeiten je nach Tätigkeitsspektrum des Unternehmens kann hier nicht eingegangen werden.

Eine Tiefenstrukturierung der Artikelgruppen über mehrere Ebenen erleichtert die Zuordnung von individuellen Preisrabatten zu einzelnen Artikelgruppen. Auf eine ausführliche Darstellung möglicher Untergliederungen der vorstehend sichtbaren Artikelgruppen der obersten Ebene wird hier verzichtet. Wird das Gliederungskonzept aus den Kostenarten auch für weitere Ebenen der Artikel verwendet, so liefern die Abbildungen aus Kap. 5.5.4 entsprechende Anhaltspunkte.

Folgend wird lediglich noch auf einige Details zu den Artikeln eingegangen.

Die Grundinformation einer Artikelgruppe mit Kostenartenzuordnung besteht im Hinblick auf die Kalkulation aus nur wenigen Angaben, die in Abbildung 31 zu sehen sind.

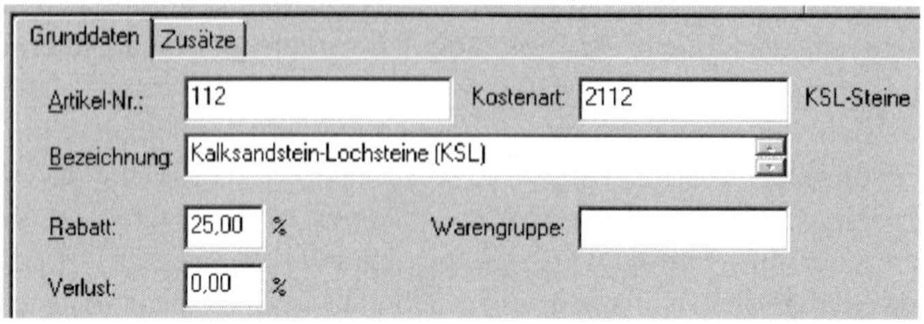

Abbildung 31: Grundinformation einer Artikelgruppe für die Kalkulation

Der Artikelgruppe "112" ist die Kostenart "2112" gleichen Inhalts zugeordnet. Diese Zuordnung gilt dann auch für alle Artikel, die in dieser Artikelgruppe vorkommen.

Wird auf die Preise aller Artikel einer Artikelgruppe ein einheitlicher Preisnachlass gewährt, so wird dieser zweckmäßigerweise bei der Artikelgruppe eingetragen, womit er auf die einzelnen Artikel übertragen wird. So wird zu verfahren sein, wenn die hinterlegten Einkaufspreise Listenpreise sind. Bauunternehmen erhalten in der Regel Rabatte auf diese Listenpreise; die Höhe der Rabatte ist unterschiedlich je nach Artikelgruppe.

Im Stamm-Katalog der Artikel wird man durchschnittlich gültige Rabattwerte eintragen. Im Projekt-Katalog werden die tatsächlich vereinbarten Rabatte erfasst.

Ist bei allen Artikeln zu einer Artikelgruppe mit Materialverlusten (Bruch, Verschnitt) zu rechnen, so wird hierfür ein Prozentsatz angegeben, womit dieser auf die Artikel übertragen wird.

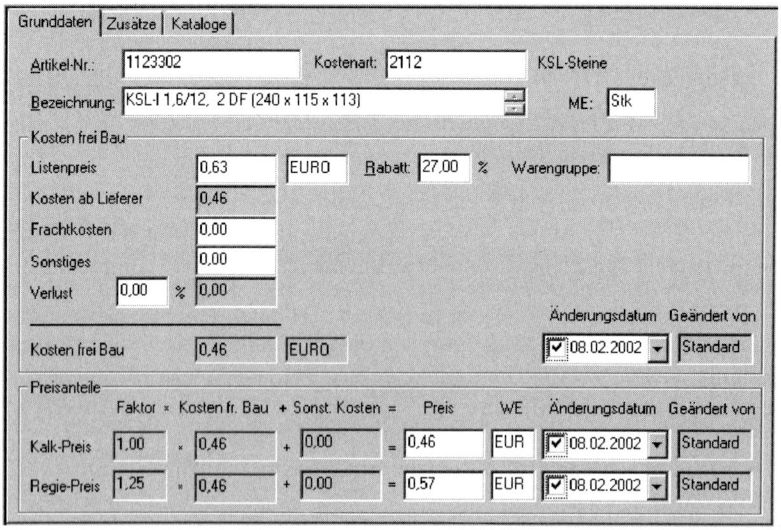

Abbildung 32: Beispiel der Daten eines Einzelartikels für die Kalkulation

Im Einzelartikel werden Rabatt- und Verlustsätze der Artikelgruppe als Vorschlagswerte sichtbar. Ebenso wird die Kostenart von dort vorgegeben. Sofern es Einzelkostenarten für Artikel gibt, erfolgt dieser individuelle Kostenarteneintrag beim Einzelartikel, nicht bei der Artikelgruppe. Die für die Kalkulation relevanten Informationen eines Einzelartikels sind in Abbildung 32 zu sehen. In diesem Beispiel für einen Mauerziegel wurde kein Materialverlust angegeben, weil dieser bei der Kalkulation des Mauerwerks über die Anzahl der benötigten Steine pro m³ oder pro m² berücksichtigt wird. In die Kalkulation geht der Stein mit einem Materialpreis von 0,47 € ein.

Sofern die Verarbeitung eines Artikels pro Mengeneinheit immer mit denselben Aufwänden anderer Art verbunden ist, können solche Aufwände bereits beim Artikel hinterlegt werden. Ein Beispiel hierfür zeigt Abbildung 33. In der unteren Tabelle des Bildes wurde eine Kalkulationszeile angefügt unter Verwendung der Kostenart "S44 – Std. Ankerschienen". Der Leistungsansatz beträgt 0,15 Std. pro Mengeneinheit des Artikels.

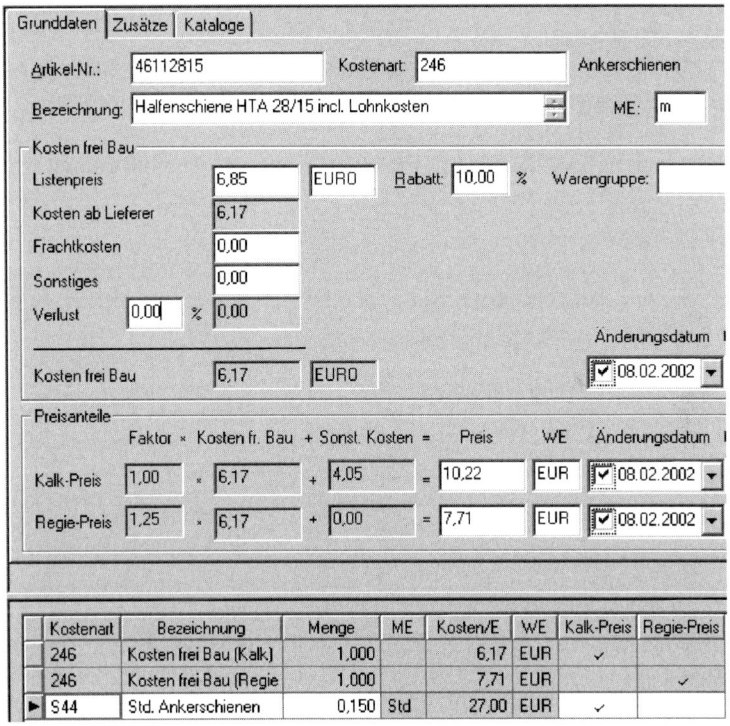

Abbildung 33: Artikel mit Lohnanteil für Einbau

Diese Arbeitsweise mit an den Artikel gebundenen Aufwänden für dessen Einbau wird man insbesondere im Baunebengewerbe, aber auch im Bauhauptgewerbe bei Leistungen untergeordneter Bedeutung anwenden. Wird der Artikel in der Kalkulation angesprochen, so bringt er neben dem Materialpreis auch die anderen Aufwände mit, alles automatisch und jeweils der richtigen individuellen Kostenart zugeordnet.

Übrigens ist der in den Abbildungen sichtbare "Regiepreis", welcher schon Einzelkostenzuschläge beinhaltet, nicht in der Arbeitskalkulation verwendbar. In der Arbeitskalkulation müssen auch Kostenansätze für Regiearbeiten (Stundenlohnarbeiten) über unbeaufschlagte Kosten abgebildet werden, weil andernfalls die Sollkosten verfälscht würden.

Neben den vorstehend gezeigten Informationen für Zwecke der Kalkulation enthält der Katalog weitere Informationen für die Zwecke der Materialversorgung der Baustelle. Folgende zusätzliche Informationen zu den einzelnen Artikeln dienen der Materialversorgung der Baustelle:

- Ausführliche Beschreibung des Artikels (Bestelltext)
- Lieferant
- Lieferbedingungen
- Auftrags-Nummer und –datum (Auftrag an Lieferant)
- Artikel-Nummer des Lieferanten

7.2 Die Kataloge der Geräte und Gerätebausteine

7.2.1 Übersicht über die Kalkulation der Gerätekosten

Kommt ein Gerät zum Einsatz, so verursacht es Kosten in verschiedenen Kostenbereichen:

- Von der Dauer des Einsatzes und des Betriebes abhängige Kosten:
    - Abschreibung und Verzinsung (A + V)
    - Reparatur und Wartung (Rep.)
    - Betrieb (Energie, Gerätebedienung)
    - zeitabhängige Versicherungskosten
- Pauschale Kosten
    - Laden und Transport
    - Auf-, Ab- und Umbau
    - Pauschale Versicherungskosten

Bei der Kalkulation sind für jedes eingesetzte Gerät die Kosten in den einzelnen Kostenbereichen zu ermitteln, jeweils unter ihren spezifischen Kostenarten. Im Hinblick auf die Struktur der Teilleistungen können Gerätekosten über zwei Wege in die Kalkulation einfließen:

- Die Kosten werden direkt in der Teilleistung berücksichtigt, welche durch ein Gerät ausgeführt wird. In diesem Fall sprechen wir vom sog. Leistungsgerät.

  Die von der Dauer des Einsatzes und Betriebes abhängigen Kosten werden pro Zeiteinheit bestimmt, z.B. pro Std.. Der eigentliche Kalkulationsansatz besteht dann aus der Angabe, welche Menge der Teilleistung das Gerät in der Zeiteinheit leistet, z.B. 50 m^3/Std.. Darüber ergeben sich die Gerätekosten pro Mengeneinheit der Teilleistung.

Die mit dem Gerät verbundenen pauschalen Kosten werden u.U. ebenfalls in die Teilleistung eingerechnet, indem sie auf die Gesamtmenge der Teilleistung umgelegt werden. Die pauschalen Kosten können aber auch in einer Pauschalposition für das Einrichten und Räumen der Baustelleneinrichtung berücksichtigt werden.

- Die Kosten werden in Pauschalpositionen berücksichtigt, weil das Gerät nur schwer oder gar nicht bestimmten Teilleistungen zugeordnet werden kann. In diesem Fall sprechen wir vom sog. Vorhaltegerät.

  Die von der Dauer des Einsatzes und Betriebes abhängigen Kosten werden für eine angenommene Gesamtdauer berechnet. Es sind dann ebenfalls Pauschalkosten im Projekt, unabhängig davon, welche Mengen von Teilleistungen ausgeführt werden.

Die Kosten, welche je Gerätetyp und Kostenbereich zu berücksichtigen sind, können zumindest für die Regelfälle allgemeingültig vordefiniert werden, soweit es um den Einsatz eigener Geräte geht. Damit wird die Kalkulation der Gerätekosten erheblich vereinfacht.

Die **Kosten für A+V und Rep.** werden in dem meisten Fällen nicht über effektive Kosten, sondern über sog. kalkulative Werte berücksichtigt. Solche Werte gibt die vom Hauptverband der Deutschen Bauindustrie e.V. herausgegebene Baugeräteliste (BGL) vor. Die BGL stuft die meisten am Markt vorkommenden Baugeräte in ein Gliederungssystem ein und gibt zu den Geräten einen Mittleren Neuwert sowie Prozentsätze für die Kosten von A+V und Rep. pro Monat bezogen auf diesen Neuwert an. Die Unternehmen stellen über ihre Hilfskostenstellen der Geräte fest, wie hoch die Kosten effektiv sind und in welchem Verhältnis diese zu den von der BGL angegebenen Sätzen stehen. Laufende Veränderungen bei Geräteneuwerten, effektiven Nutzungsdauern, Geldmarktzinsen und reparaturspezifischen Kosten gehen in diese Werte ein. Als Ergebnis der Untersuchung wird für Kalkulation und innerbetriebliche Verrechnung vorgegeben – meist gültig für das Geschäftsjahr:

- %-Satz für A+V bezogen auf die Sätze lt. BGL
- %-Satz für Rep. bezogen auf die Sätze lt. BGL

Die Sätze nach BGL sind die zu hinterlegenden Basiswerte, welche über lange Zeit konstant bleiben (in Vergangenheit jeweils für 10 Jahre). Variabel sind nur die internen Prozentsätze bezogen auf BGL, welche allerdings höchstens in Jahresabstand und meist gültig für alle Geräte zu ändern sind. Die kalkulativen Kosten eines Gerätes pro Monat oder pro Stunde sind der Wert nach BGL, multipliziert mit dem %-Satz bezogen auf BGL. Mit diesen Werten wird kalkuliert, mit diesen Werten wird die Baustelle belastet. (Auf die von der BGL unabhängige Bestimmung der Werte für A+V und Rep. wird weiter unten eingegangen.)

Auch für die Berechnung der **Kosten für Betriebsstoffe** gibt es allgemeingültige Basiswerte, nämlich die für jedes Gerät bekannte Motorenleistung in KW, ein mittlerer Verbrauch an Energie- und Schmierstoffen pro Kwh sowie mittlere Motorenauslastungen im Betrieb. Auch solche Basiswerte werden hinterlegt, so dass im Projekt lediglich noch der durchschnittliche Grad der Motorenauslastung zu überprüfen ist.

Auch für die **pauschalen Kosten** lassen sich Basiswerte für die Kalkulation hinterlegen. Sie können allerdings nur Standardfälle der Lade-, Montage- und Transportbedingungen berücksichtigen. Im Projekt wird darüber entschieden, ob diese Werte genauso oder mit Faktoren verändert oder gar nicht berücksichtigt werden. In letzterem Fall wird eine individuelle Kalkulation der pauschalen Kosten durchgeführt.

Die Geräte und ihre kalkulationsrelevanten Basiswerte sind Gegenstand des Stamm-Kataloges der Geräte. Im Projekt sind die benötigten Geräte auszuwählen. Aus einer zusammenhängenden Betrachtung von Bauablauf, zu leistenden Mengen und Leistungsfähigkeit der Geräte ergeben sich die für die Gesamt-Gerätekosten bestimmenden Werte:

- Anzahl
- Vorhaltezeit je einzelnem Gerät
- Betriebsdauer je einzelnem Gerät
- Bewertungsfaktor der hinterlegten pauschalen Kosten (= 0, wenn ungültig)

Diese Werte werden benötigt unabhängig davon, ob einzelne Geräte letztlich als Leistungs- oder als Vorhaltegerät in die Kalkulation eingehen.

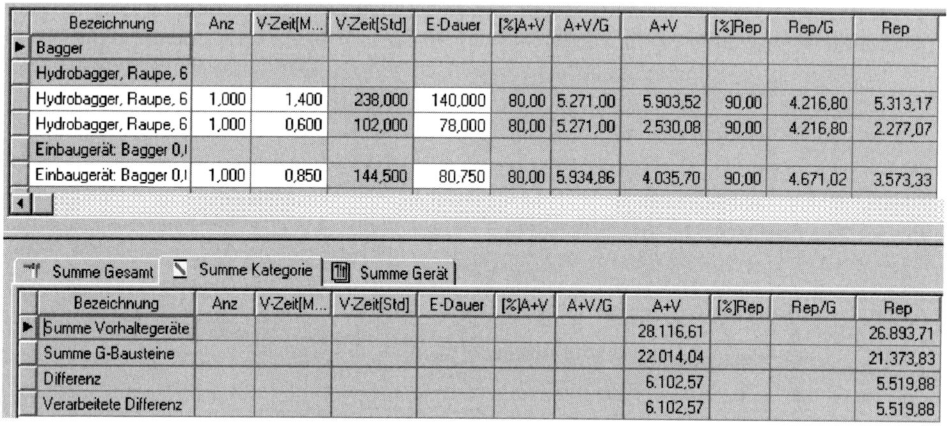

Bezeichnung	Anz	V-Zeit[M...	V-Zeit[Std]	E-Dauer	[%]A+V	A+V/G	A+V	[%]Rep	Rep/G	Rep
Bagger										
Hydrobagger, Raupe, 6										
Hydrobagger, Raupe, 6	1,000	1,400	238,000	140,000	80,00	5.271,00	5.903,52	90,00	4.216,80	5.313,17
Hydrobagger, Raupe, 6	1,000	0,600	102,000	78,000	80,00	5.271,00	2.530,08	90,00	4.216,80	2.277,07
Einbaugerät: Bagger 0,l										
Einbaugerät: Bagger 0,l	1,000	0,850	144,500	80,750	80,00	5.934,86	4.035,70	90,00	4.671,02	3.573,33

Bezeichnung	Anz	V-Zeit[M...	V-Zeit[Std]	E-Dauer	[%]A+V	A+V/G	A+V	[%]Rep	Rep/G	Rep
Summe Vorhaltegeräte							28.116,61			26.893,71
Summe G-Bausteine							22.014,04			21.373,83
Differenz							6.102,57			5.519,88
Verarbeitete Differenz							6.102,57			5.519,88

Abbildung 34: Geräteliste (Ausschnitt)

Es wird dringend empfohlen, alle im Projekt benötigten Geräte zunächst einmal vollständig in der sog. Geräteliste zusammenzustellen. Die Geräte werden aus dem Katalog der Geräte ausgewählt und mit den vorstehend genannten Angaben versehen. Auf dieser Grundlage werden die Gesamtkosten in jedem einzelnen Kostenbereich berechnet. Die Geräteliste ist bis hierhin zunächst nur eine Nebenrechnung, deren Kostenergebnis noch nicht in die Projektkalkulation Eingang gefunden hat. Abbildung 34 zeigt die Eingaben sowie die Kostenauswertung (in der Abbildung beschränkt auf die beiden Kostenbereiche A+V und Rep.).

Evtl. für die Geräteliste ausgeschlossene pauschale Kosten liefern in der Zusammenstellung keinen Beitrag; solche Kostenanteile werden dann individuell in den Positionen der BE o.ä. kalkuliert. Effektiv notwendige Vorhaltezeiten und Geräteanzahlen finden nur über eine solche Zusammenstellung Eingang in die Kalkulation, nicht aber über Leistungsansätze in Positionen, wo Arbeitszeit mit Vorhaltezeit gleich gesetzt wird und die benötigte Geräteanzahl zunächst unbekannt ist.

Werden Kosten von Geräten, welche in der Geräteliste aufgeführt sind, direkt in Teilleistungen eingerechnet, so sind entsprechende Werte der Geräteliste um diese Anteile zu mindern. Da in der Kalkulation von Teilleistungen zeitabhängige Gerätekosten anders einzubringen sind als pauschale Kosten (siehe oben), muss ein Gerät in einer Ansatzzeile mit ergänzender Information zum gewünschten Kostenbereich angesprochen werden. Dies geschieht darüber, dass nicht das Gerät, sondern ein Gerätebaustein zum Gerät ausgewählt wird. Zu einem Gerät gibt es mehrere Gerätebausteine, welche jeweils bestimmte Kostenbereiche des Gerätes beschreiben. z.B. für die zeitabhängigen Kosten. Die Geräteliste wiederum nimmt zu jedem Gerät auf, welche Kosten in welchem Kostenbereich bereits über die Verwendung der G-Bausteine berücksichtigt sind (siehe Abbildung 34) und bildet die Differenzen der noch nicht berücksichtigten Kosten. Lediglich diese Differenzen aus der Geräteliste werden noch in die Projektkalkulation übernommen, nach Bedarf gezielt je Gerätegruppe und Kostenbereich in bestimmte Positionen.

Dieses vorstehend beschriebene Prinzip der Verarbeitung von Gerätekosten in einem Projekt ist in Abbildung 35 grafisch dargestellt.

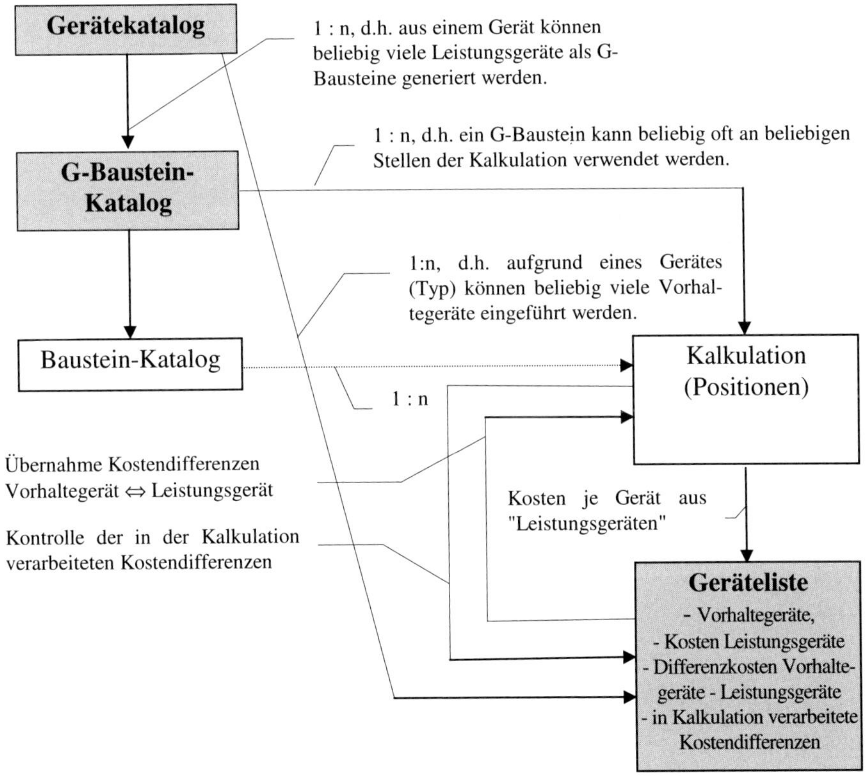

Abbildung 35: Prinzip der Verarbeitung von Gerätekosten im Projekt

7.2.2 Der Katalog der Geräte

Es wird dringend empfohlen, dem eigenen Gerätekatalog die Gerätetypisierung und die Sätze lt. BGL zugrunde zu legen. Auf diese Weise ist die Abstimmung zwischen Bauunternehmen, die bei Arbeitsgemeinschaften erforderlich wird, am problemlosesten möglich. Für bestimmte Bauunternehmen kann es erforderlich sein, dass der Gerätekatalog auch die Basiswerte für eine individuelle Kalkulation von Abschreibungs- und Reparaturkosten enthält.

Im Stamm-Katalog der Geräte werden vorgehalten:

- Die Geräte, die im Unternehmen für die Bauausführungen eingesetzt werden.
- Basiswerte zur Berechnung der Kosten, die mit dem Einsatz dieser Geräte verbunden sind.

Es ist sinnvoll, den Katalog der Geräte über Gerätegruppen hierarchisch zu gliedern. Als Anhaltspunkt hierfür kann z.B. die Gruppierung der Baugeräte nach Baugeräteliste (BGL) dienen. Ein Beispiel der Grobstruktur in Anlehnung an die BGL 2001 zeigt Abbildung 36. In Praxis genügt es natürlich, sich auf die Gerätegruppen zu beschränken, die im Unternehmen eine Rolle spielen.

Abbildung 36: Beispiel einer Grobstruktur in Anlehnung an BGL 2001

Eine Gruppe für "Fremdgeräte" wird sinnvoll sein, wenn öfters bestimmte Geräte temporär von anderen Unternehmen angemietet werden. Hier gelten dann u.U. andere Sätze bezogen auf BGL bzw. sogar davon unabhängig vereinbarte Verrechnungssätze pro Monat, Tag oder Stunde.

Auf der untersten Ebene der Struktur stehen die Einzelgeräte, die mit Basiswerten für die Kostenermittlung belegt sind. Einen Auszug von Einzelgeräten in einer Gerätegruppe zeigt Abbildung 37. Man wird hier nur Gerätetypen aufnehmen, über die das Unternehmen verfügt oder demnächst verfügen wird. Andere Geräte werden unter einer Gruppe "Fremdgeräte" geführt.

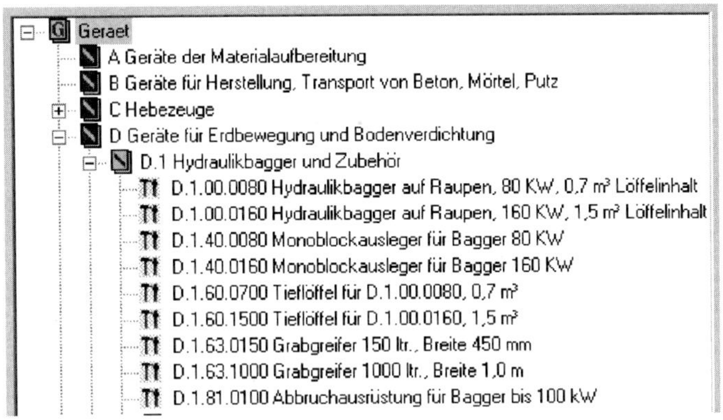

Abbildung 37: Einzelgeräte in einer Gerätegruppe

In einigen Gerätebereichen entsteht eine gebrauchsfähige Geräteeinheit erst aus der Zusammenstellung mehrerer Einzelgeräte der BGL. So setzen sich z.B. die meisten Turmdrehkrane aus mehreren Einzelgeräten zusammen wie Grundgerät, Turmstücke, Auslegerzwischenstücke, Fahrwerk. Aber auch Bagger sind zusammengesetzte Einheiten aus Grundgerät und ergänzenden Geräten wie Löffel oder Greifer. Weiterhin benennt die BGL mögliche Zusatzausrüstungen zu Geräten, die jeweils untrennbar mit dem Grundgerät verbunden sind. Grundgerät und Zusatzausrüstungen sind in der BGL zunächst einzelne Geräte.

Für die Kalkulation werden letztlich die Basiswerte gebrauchsfähiger Geräteeinheiten benötigt, weniger die Basiswerte der Einzelgeräte und möglicher Zusatzausrüstungen. Aufgabe des Geräte-Kataloges ist deshalb auch, die Basiswerte solcher gebrauchsfähiger Geräteeinheiten bereitzustellen. Im Gerätekatalog gibt es also

- **Einzelgeräte**, welche Grundgeräte, Zusatzgeräte und Zusatzausrüstungen gemäß BGL beschreiben
- **Gruppengeräte**, welche Zusammensetzungen bestimmter Einzelgeräte sind.

Gruppengeräte werden aus Einzelgeräten in benötigter Anzahl zusammengesetzt. Ein Gruppengerät kann letztlich frei definiert werden, so dass es darstellen kann

- eine fertige selbstständige Einheit aus Grundgerät, Zusatzgeräten und Zusatzausrüstungen wie z.B. ein Turmdrehkran bestimmter Ausführung
- eine Gruppe aus mehreren selbstständigen Geräteeinheiten wie z.B. ein kompletter Straßenbauzug aus Fertiger und Walzen

Abbildung 38 zeigt einen Turmdrehkran als Gruppengerät mit seinen Einzelgeräten, aus denen er sich zusammensetzt.

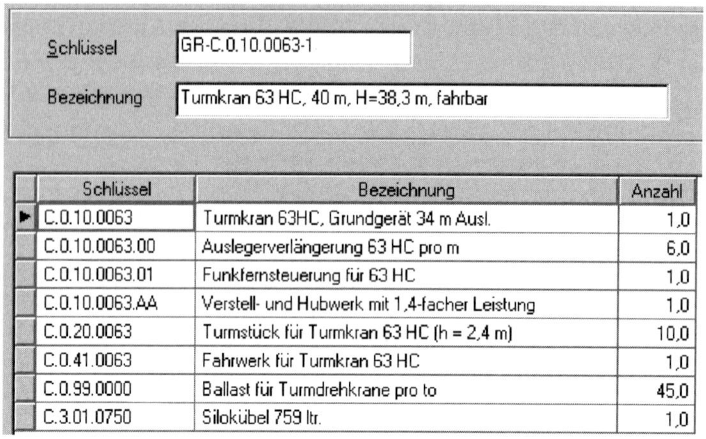
Schlüssel GR-C.0.10.0063-1

Bezeichnung Turmkran 63 HC, 40 m, H=38,3 m, fahrbar

Schlüssel	Bezeichnung	Anzahl
C.0.10.0063	Turmkran 63HC, Grundgerät 34 m Ausl.	1,0
C.0.10.0063.00	Auslegerverlängerung 63 HC pro m	6,0
C.0.10.0063.01	Funkfernsteuerung für 63 HC	1,0
C.0.10.0063.AA	Verstell- und Hubwerk mit 1,4-facher Leistung	1,0
C.0.20.0063	Turmstück für Turmkran 63 HC (h = 2,4 m)	10,0
C.0.41.0063	Fahrwerk für Turmkran 63 HC	1,0
C.0.99.0000	Ballast für Turmdrehkrane pro to	45,0
C.3.01.0750	Silokübel 759 ltr.	1,0

Abbildung 38: Turmdrehkran als Beispiel für ein Gruppengerät

Vordefinierte Gruppengeräte schaffen Sicherheit hinsichtlich der Richtigkeit der technischen Ausrüstung und entlasten den Kalkulator, weil er direkt mit fertigen gebrauchsfähigen Geräteeinheiten arbeiten kann.

Im Gerätekatalog werden nur Typen von Geräten vorgehalten, nicht die einzelnen Geräteinheiten gemäß ihrer Inventarnummer. Für die Kostenkalkulation interessieren nur die Kosten des erforderlichen Gerätetyps, gleich ob er nur einmal oder mehrfach benötigt wird.

Auch Gerätekosten müssen unter Kostenarten verarbeitet werden. Mit dem Einsatz eines Gerätes sind gleichzeitig Kosten in mehreren Kostenbereichen verbunden. Im Katalog der Geräte müssen also die einzelne Aufwandsbereiche "neutral" benannt sein, zu denen der Anwender dann "seine" Kostenarten angibt (Abbildung 39).

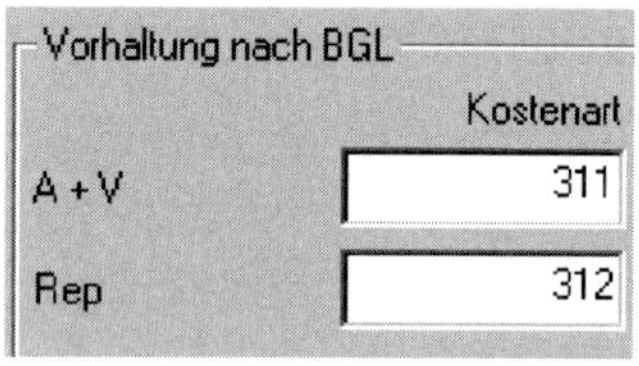

Abbildung 39: Zuordnung der eigenen Kostenarten zu Geräte-Aufwandsarten

Für die Berechnung der Kosten für Abschreibung und Verzinsung gibt es zwei unterschiedliche Methoden:

- über feste monatliche Sätze auf Basis der BGL (Abbildung 40)

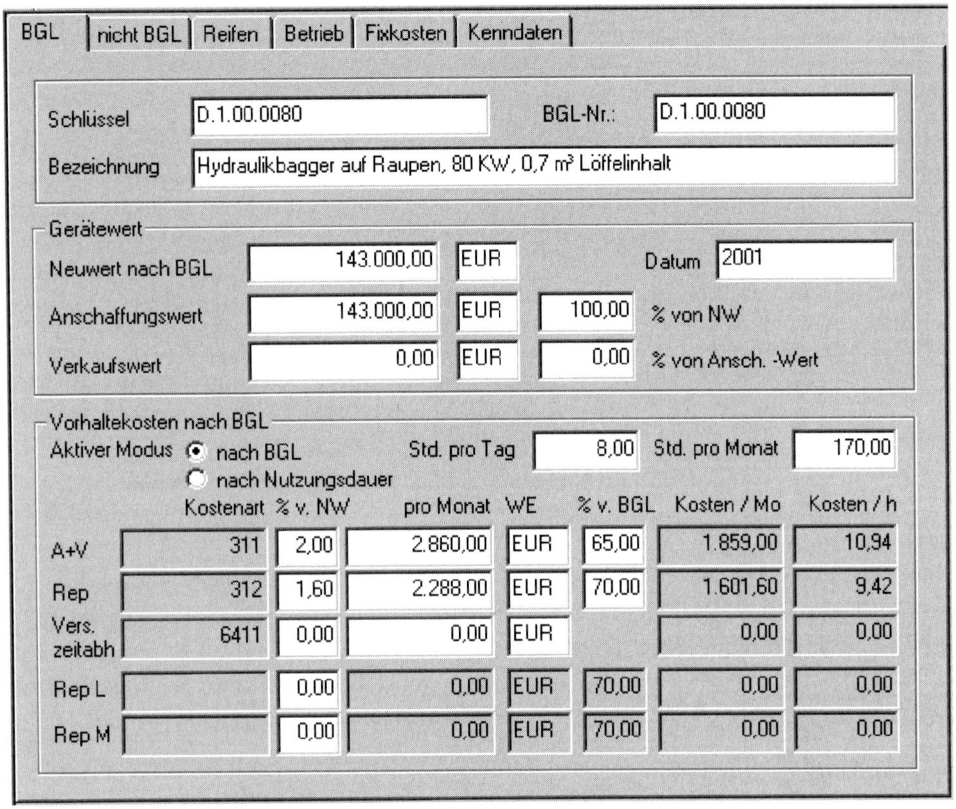

Abbildung 40: Vorhaltekosten eines Gerätes nach BGL

- über Stundensätze, die über Anschaffungs- und Verkaufspreis sowie über Abschreibung der Differenz über die Nutzungsdauer auf der Baustelle ermittelt sind (Abbildung 41)

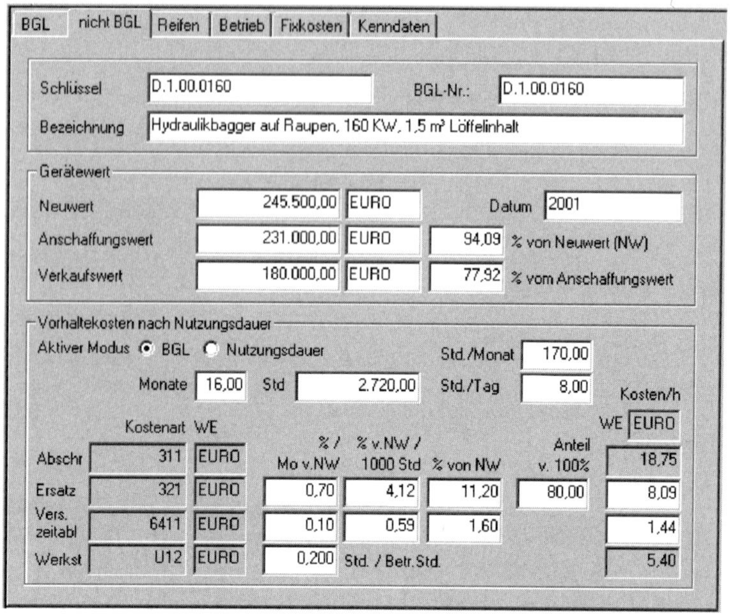

Abbildung 41: Vorhaltekosten eines Gerätes nach Eigenermittlung

Die oben angegebene Nutzungsdauer ist die Nutzungsdauer im Projekt. Während dieser Nutzungsdauer ist die Differenz zwischen Anschaffungswert und Verkaufswert abzuschreiben. Der Verkaufswert ist zunächst ein geschätzter Wert.

Beide Methoden führen zu Werten in derselben Aufwandsart "A+V". Der Kalkulationswert kommt aber über unterschiedliche Berechnungsmethoden zustande:

- nach BGL: (monatl. A + V) = Neuwert x (%-Satz für monatl. A+V)
- über effektive Nutzungsdauer:

  Abschr. pro Std. = (Anschaffungswert – Verkaufswert)/(Nutzungsdauer in Std.)

  (Die Verzinsung des eingesetzten Kapitals ist in diesem Fall gesondert zu kalkulieren.)

Auch bei Reparatur und Wartung gibt es unterschiedliche Methoden der Kostenkalkulation:

- über feste monatliche Sätze auf Basis der BGL (Abbildung 40)
- über effektive Kosten der Reparatur (Abbildung 41)

Die jeweils an 2. Stelle genannte Methode wird bei Großbaustellen in Sonderfällen praktiziert werden, bei denen das Gerät speziell für die Baustelle angeschafft und anschließend wieder verkauft wird. Auf Großbaustellen bestimmter Art kann eine Mischkalkulation in der Form in Frage kommen, dass "A + V" komplett und "Rep." nur teilweise über feste Monatssätze eingeht, während die laufenden Arbeiten zur Erhaltung der Betriebsbereitschaft über Kosten der Baustellenwerkstatt berücksichtigt werden. Bei Reparaturen über die Baustellenwerkstatt kommen mindestens folgende Aufwandsarten in Betracht (vergl. auch Abbildung 41):

- Werkstattstunden
- Ersatzteile

Bei den Kosten für den Betrieb (siehe Abbildung 42) geht es um

- Diesel, Benzin oder Strom
- Schmierstoffe
- Gerätebedienung

aber in bestimmten Fällen auch um

- Verschleißteile, Filter
- Reifen

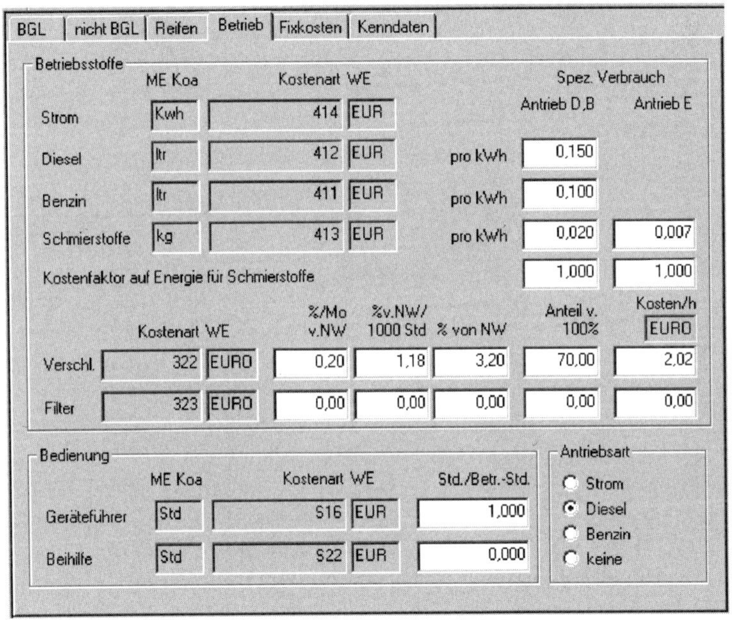

Abbildung 42: Kosten-Komponenten zu Betrieb und Bedienung

Kosten für Verschleißteile und Reifen werden aber nur relevant, wenn sie effektiv zu Lasten der Baustelle gehen. Soweit sie Bestandteil des Reparatursatzes sind, werden sie nicht gesondert kalkuliert.

Schwierig wird eine allgemeingültige Vordefinition von Aufwandsarten für die einmaligen Kosten bei Verladen, Transport, Aufbau, Abbau und Umbau. Je nach Randbedingungen kann es hier um vielerlei Arten von Aufwänden gehen, die von Baustelle zu Baustelle unterschiedlich sein werden. Allgemeingültige Basiswerte können im Bereich der einmaligen Kosten also nur sehr bedingt, d.h. beschränkt auf einfache Standardfälle vorgegeben werden. Im Übrigen wird die Kalkulation der einmaligen Kosten eine individuelle Arbeit im Projekt ohne Rückgriff auf Katalogwerte sein. Eine Möglichkeit für Vorschlagswerte bei den einmaligen Kosten für Standard-Einsatzfälle zeigt Abbildung 43.

Sofern Versicherungskosten der Geräte zu Lasten der Baustelle gehen, wird evtl. zu unterscheiden sein zwischen

- zeitabhängigen Versicherungskosten
- pauschalen Versicherungskosten

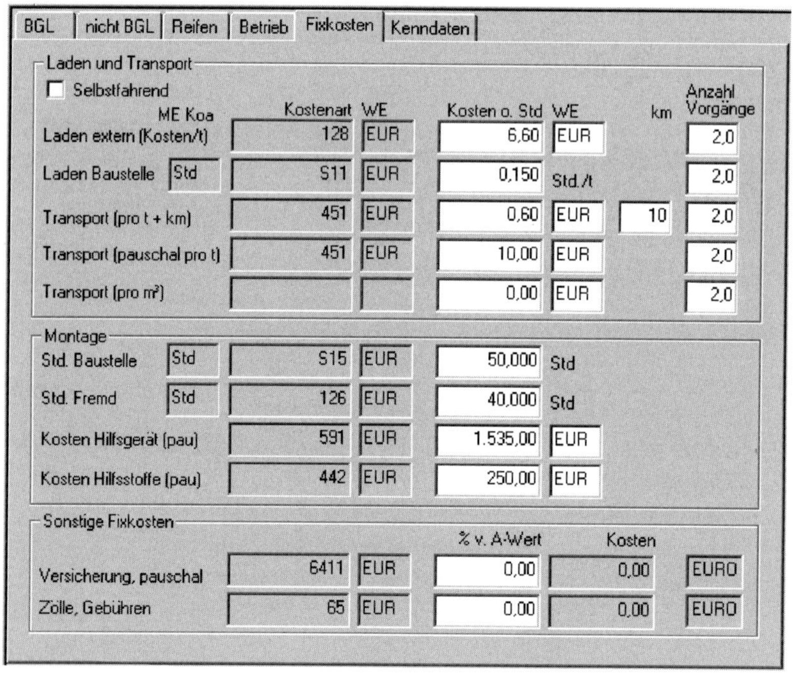

Abbildung 43: Mögliche Aufwandsarten der einmaligen Kosten

Unter den einzelnen Aufwands-/Kostenarten werden die jeweils spezifischen Aufwände/Kosten eingetragen, z.B. 0,15 Std/to unter "Laden Baustelle". Im Stamm-Katalog kann es sich nur um Werte handeln, die im Unternehmen allgemein, d.h. ohne Berücksichtigung spezifischer Projektbedingungen gelten sollen. In die Berechnung der Verlade- und Transportkosten geht das Gewicht des Gerätes, die Transportentfernung sowie die Zahl dieser Vorgänge ein.

Basiswerte zur Berechnung der Kosten für Betriebsstoffe sind die Motorenleistung sowie mittlere Verbrauchswerte pro Kwh. Die durchschnittliche Motorenbelastung wird über den

Lastfaktor berücksichtigt. Ein Beispiel der Vorgabe technischer Kenndaten für die Kalkulation von Betriebskosten sowie von Lade- und Transportkosten zeigt Abbildung 44.

Gruppengeräte bauen auf den Basisinformationen der enthaltenen Einzelgeräte auf (vergl. Abbildung 38). In jeder Aufwandsart ergibt sich der Wert beim Gruppengerät als Summe der Werte der Einzelgeräte unter Berücksichtigung deren Anzahl im Gruppengerät.

Man sollte übrigens den Gedanken, die Gerätedatei des kaufmännischen Bereiches als Katalog der Geräte zu verwenden, nicht verfolgen. Diese Dateien sind üblicherweise nicht auf die Belange der Kalkulation ausgerichtet. Man wird weder alle gewünschten Aufwandsarten finden noch die Möglichkeit, den Aufwandsarten die technischen Kostenarten zuzuordnen.

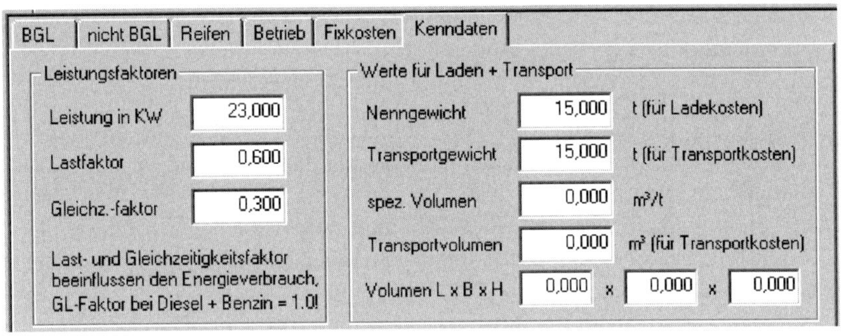

Abbildung 44: Geräte-Kenndaten technischer Art

Soweit in der kaufm. Gerätedatei Angaben zu Neuwerten sowie den kalkulativen Sätzen für A+V und Rep. zu finden sind, müssen diese mit den Werten des techn. Gerätekataloges verglichen werden. Bei Abweichungen sind die Ursachen festzustellen, und ggfs. auf der einen oder anderen Seite Korrekturen vorzunehmen. Bei einem bestimmten Gerät müssen letztlich die Sätze für Kalkulation und interne Kostenbelastung übereinstimmen.

7.2.3 Der Katalog der Gerätebausteine

Gerätebausteine sind Kalkulationselemente, die jeweils einen bestimmten Kostenbereich eines Gerätes beschreiben. Ein solcher Kostenbereich besteht aus einer oder mehreren Kostenarten. Der Gerätebaustein wird in der Kalkulation einer bestimmten Teilleistung verwendet, wenn dort die Kosten eines Gerätes direkt in Ansatz gebracht werden sollen, z.B. die Vorhalte- und Betriebskosten eines Baggers pro Std. mit Bezug auf eine zu leistende Aushubmenge pro Std. (siehe auch Abbildung 35).

Grundlage der Gerätebausteine ist der Katalog der Geräte (Abschnitt B, Kap. 7.2.2), in dem die Basisinformationen zu den einzelnen Kostenbereichen der Geräte stehen.

Bei der direkten Verarbeitung von Gerätekosten in der Kalkulation bestimmter Teilleistungen sind die Kosten, die ein Gerät verursacht, grundsätzlich zu unterscheiden nach

- Kosten, die in Abhängigkeit von Vorhalte- und Einsatzdauer anfallen: die entsprechenden Kosten müssen pro Zeiteinheit (Std., Tag oder Monat) zur Verfügung stehen.
- Kosten, die einmalig anfallen, die also in Zusammenhang mit Auf- und Abladen, Transport, Auf-, Ab- oder Umbau stehen: die entsprechenden Kosten müssen als pauschale Kosten zur Verfügung stehen.

Gerätebausteine mit Kosten für Vorhaltung und Betrieb eines Gerätes können verhältnismäßig problemlos in allgemeingültiger Form vorbereitet werden. Hinsichtlich des Energieverbrauches pro Zeiteinheit sind evtl. verschiedenen Randbedingungen zu berücksichtigen, z.B. für leichten, mittleren und schweren Einsatz.

Gerätebausteine mit Kosten für Laden und Transport können bei den meisten Geräten ebenfalls problemlos in allgemeingültiger Form vorbereitet werden, wenn es im Projekt möglich ist, die jeweilige Transportentfernung zu berücksichtigen.

Gerätebausteine mit Kosten für Auf- und Abbau sind zumindest für diejenigen Geräte sinnvoll, die einen weitgehend konstanten Aufwand für Auf- und Abbau verursachen. Anders sieht es bei Geräten aus, bei denen der Aufwand für Auf- und Abbau von projektspezifischen Bedingungen der Örtlichkeit abhängt, wie z.B. bei Turmdrehkranen. Hier können Angaben im Gerätekatalog und darauf aufbauende Gerätebausteine meist nur den einfachen Normalfall berücksichtigen. Falls die Bedingungen im Projekt stark abweichen sollten, werden die Standardwerte entweder gar nicht verwendet, d.h. es erfolgt eine individuelle Kostenkalkulation, oder auf die Standardwerte werden Faktoren angewendet.

Auf der Basis der Kosteninformationen im Gerätekatalog sind pro Gerät Geräte-Bausteine zu folgenden Kostenbereichen denkbar:

- Vorhalte-, Betriebs- und Bedienungskosten (zeitabhängige Kosten komplett)
  - nur Vorhaltekosten
  - nur Betriebskosten
  - nur Bedienungskosten
- Lade,- Transport-, Montage und sonstige Pauschalkosten (pauschale Kosten komplett)
  - nur Ladekosten
  - nur Transportkosten
  - nur Montagekosten
  - nur sonstige pauschale Kosten

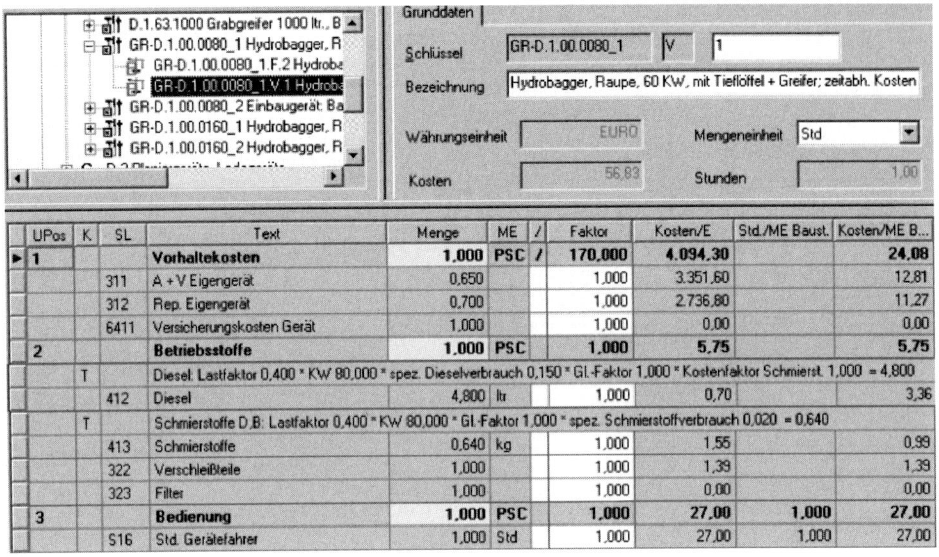

UPos	K	SL	Text	Menge	ME	/	Faktor	Kosten/E	Std./ME Baust.	Kosten/ME B...
1			**Vorhaltekosten**	**1,000**	**PSC**	**/**	**170,000**	**4.094,30**		**24,08**
		311	A + V Eigengerät	0,650			1,000	3.351,60		12,81
		312	Rep. Eigengerät	0,700			1,000	2.736,80		11,27
		6411	Versicherungskosten Gerät	1,000			1,000	0,00		0,00
2			**Betriebsstoffe**	**1,000**	**PSC**		**1,000**	**5,75**		**5,75**
	T		Diesel: Lastfaktor 0,400 * KW 80,000 * spez. Dieselverbrauch 0,150 * Gl.-Faktor 1,000 * Kostenfaktor Schmierst. 1,000 = 4,800							
		412	Diesel	4,800	ltr		1,000	0,70		3,36
	T		Schmierstoffe D.B: Lastfaktor 0,400 * KW 80,000 * Gl.-Faktor 1,000 * spez. Schmierstoffverbrauch 0,020 = 0,640							
		413	Schmierstoffe	0,640	kg		1,000	1,55		0,99
		322	Verschleißteile	1,000			1,000	1,39		1,39
		323	Filter	1,000			1,000	0,00		0,00
3			**Bedienung**	**1,000**	**PSC**		**1,000**	**27,00**	**1,000**	**27,00**
		S16	Std. Gerätefahrer	1,000	Std		1,000	27,00	1,000	27,00

Abbildung 45: Beispiel für zeit- und einsatzabhängigen Gerätekosten pro Std.

Eine komfortable Software generiert den gewünschten Typ eines Gerätebausteins automatisch auf der Grundlage der Basisinformationen im Gerätekatalog. Voraussetzung hierfür ist, dass Kostenbereiche gemäß vorstehender Übersicht definiert und die Aufwandsarten im Gerätekatalog diesen Kostenbereichen zugeordnet sind.

Ein Beispiel für einen Gerätebaustein der zeit- und einsatzabhängigen Kosten pro Std. zeigt Abbildung 45. Der Gerätebaustein stellt in der Kalkulation der Teilleistung nur noch eine Zeile dar. Der Verrechnungssatz pro. Std. ist der Kalkulationswert, der in der Teilleistung auf eine Leistungsmenge pro Std. bezogen wird, z.B. die Kosten des Baggers pro Std. bezogen auf eine Leistung von 50,0 m³ pro Std.. Ein Beispiel für einen Gerätebaustein der pauschalen Kosten zeigt Abbildung 46. Pauschale Gerätekosten wären in der Kalkulation einer Teilleistung auf die Gesamtmenge der Position umzulegen (vergl. Abbildung 99).

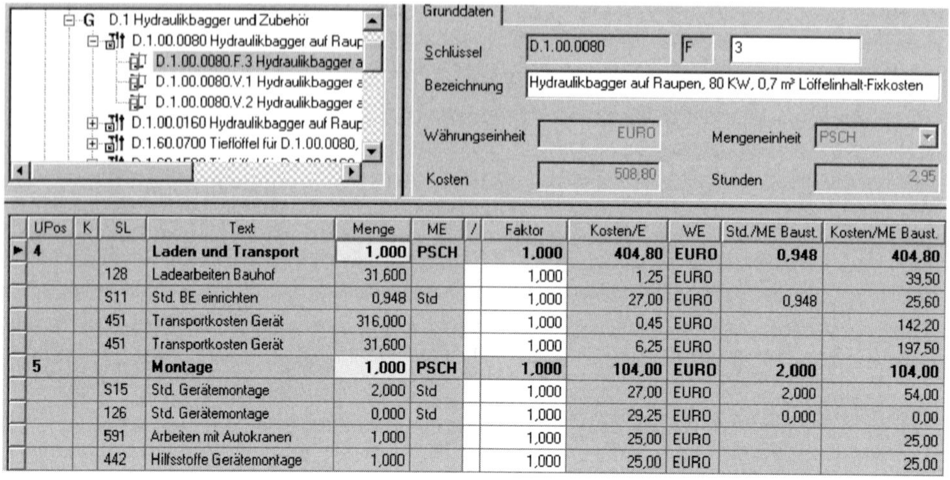

UPos	K	SL	Text	Menge	ME	/	Faktor	Kosten/E	WE	Std./ME Baust.	Kosten/ME Baust.
4			**Laden und Transport**	1,000	PSCH		1,000	404,80	EURO	0,948	404,80
		128	Ladearbeiten Bauhof	31,600			1,000	1,25	EURO		39,50
		S11	Std. BE einrichten	0,948	Std		1,000	27,00	EURO	0,948	25,60
		451	Transportkosten Gerät	316,000			1,000	0,45	EURO		142,20
		451	Transportkosten Gerät	31,600			1,000	6,25	EURO		197,50
5			**Montage**	1,000	PSCH		1,000	104,00	EURO	2,000	104,00
		S15	Std. Gerätemontage	2,000	Std		1,000	27,00	EURO	2,000	54,00
		126	Std. Gerätemontage	0,000	Std		1,000	29,25	EURO	0,000	0,00
		591	Arbeiten mit Autokranen	1,000			1,000	25,00	EURO		25,00
		442	Hilfsstoffe Gerätemontage	1,000			1,000	25,00	EURO		25,00

Abbildung 46: Beispiel für einen G-Baustein mit pauschalen Gerätekosten

7.3 Der Katalog der Gewerke

Der Katalog der Gewerke unterstützt die Unterteilung eines Projektes nach Gewerken, die erforderlich wird, wenn Leistungen an Nachunternehmer vergeben werden sollen.

Ein Teilbereich eines Projektes, der an einen bestimmten Nachunternehmer vergeben wird, ist eine Vergabeeinheit (VE) im Projekt (Abschnitt D, Kap. 10). Der Vergabeeinheit müssen die ausgewählten Teilleistungen zugeordnet sein. In den meisten Fällen wird eine Vergabeeinheit die Teilleistungen eines bestimmten Gewerkes umfassen. Natürlich können auch mehrere Gewerke unter einer Vergabeeinheit zusammengefasst werden, wenn das Leistungsprofil eines Nachunternehmers eine solche Zusammenfassung ermöglicht.

Mit einem Stamm-Katalog der Gewerke sollen die Definitionen der Vergabeeinheiten im Projekt erleichtert werden. Da die Informationen zu Gewerken im Stamm nicht umfangreich sind, steht nicht die Zeitersparnis in der Projektarbeit im Vordergrund, sondern die Vorbereitung einheitlicher Strukturen mit den richtigen Kostenarten. Wird im Projekt ein Gewerk aus dem Stamm-Gewerkekatalog benannt, so wird die Vergabeeinheit unter Beibehaltung von Struktur und Inhalt generiert.

Im Stamm-Katalog der Gewerke wird eine hierarchische Struktur angelegt, die sämtliche Gewerke umfasst, soweit sie im Unternehmen relevant sind. Damit die Zuordnung der Stamm-Kostenarten für Nachunternehmerleistungen ohne Probleme möglich ist, wird man die Strukturen von Kostenarten und Gewerken sinnvollerweise gemeinsam entwickeln.

Zu einem Gewerk der untersten Ebene werden folgende Informationen benötigt:

- Nummer und Bezeichnung
- Kostenart des Gewerkes im Katalog der Kostenarten
- Übergeordnete Gewerkegruppe

Eine übergeordnete Gewerkegruppe dient Summierungen im Projekt unter der entsprechenden übergeordneten Gruppen-Vergabeeinheit. Bei einer Gewerkegruppe gibt es nur folgende Informationen:

- Nummer und Bezeichnung
- Übergeordnete Gewerkegruppe (sofern vorhanden)

Unter Anlehnung an die Kostenartenstruktur gemäß Abbildung 19 könnte die Gewerkestruktur der oberen Ebenen wie in Abbildung 47 aussehen. Die Gewerkegruppe "1 – Eigenleistung" dient alleine dem Zweck, ein Projekt nicht nur in Bezug auf Fremdleistungen, sondern komplett in die Ordnung der Vergabeeinheiten zu bringen. Unter "Eigenleistung" wird natürlich keine Vergabe stattfinden; hier sind alle Teilleistungen gesammelt, die nicht der Gruppen-Vergabeeinheit "2 – Fremdleistungen" zugeordnet sind. Was dies im Einzelnen ist, kann erst im Projekt festgelegt werden.

1 – Eigenleistung
- 11 - Bauleistungen
- 12 - Nebenleistungen
- 13 - Bauleitung/Projektleitung
- 14 - Planungsarbeiten

2 - Fremdleistungen
- 21 - Gewerke zum Rohbau
- 22 - Gewerke des Ausbaus
- 23 - Gewerke der Haustechnik
- 24 - Gewerke für techn. Betriebseinrichtungen
- 25 - Gewerke der Ausstattungen
- 26 - Gewerke der Planungsarbeiten

Abbildung 47: Beispiel für eine Grobstruktur der Gewerke

Unterhalb dieser Gewerkegruppen stehen die Einzelgewerke.

Zusammenfassungen von 2 oder mehr Einzelgewerken, die in bestimmten Fällen insgesamt einer einzigen Vergabe zugeführt werden können, wird man den Bearbeitungen der Vergabeeinheiten im Projekt vorbehalten. Dasselbe gilt für die Unterteilung eines Gewerkes auf zwei Lose mit getrennten Vergaben.

7.4 Der Katalog der Ressourcen

Die Verwendung von einheitlich definierten Ressourcen in den einzelnen Projekten ist eine unverzichtbare Bedingung für projektübergreifende Planungen und Auswertungen von Ressourcen. Diese einheitlich zu verwendenden Ressourcen werden im Stamm-Katalog der Ressourcen definiert.

Sofern Kostenarten, Artikel, Bausteine oder Gerätebausteine, die in den Kalkulationsbestandteilen zu Bauvorgängen enthalten sind, in der verfügbaren Software direkt terminabhängig auswertbar sind, werden Ressourcen an sich nur noch für folgende Fälle benötigt:

- für freie Ressourcen, die nicht in der Arbeitskalkulation benannt sind, wie z.B. für bestimmte Schalungssätze, welche über die zeitlichen Abhängigkeiten bestimmter Vorgänge entscheiden.
- für beliebige Zusammenfassungen von Kostenarten, Artikeln, Bausteinen oder Gerätebausteinen, die inhaltlich so nicht in den jeweils übergeordneten Gruppenelementen der entsprechenden Kataloge zu finden sind.
- für Ressourcenarten, deren Anzahl aus Mengen von Kostenarten, Bausteinen oder Gerätebausteinen in anderer Mengeneinheit zu errechnen ist, z.B. "Mann" aus einer Stundenanzahl.
- für Ressourcenarten, deren Mengen aus Teilleistungsmengen zugeordneter Positionen berechnet werden.

In der derzeitigen Situation des Softwaremarktes ist es aber nun weitgehend so, dass die Software für Kalkulation und Bauablaufplanung aus verschiedenen Häusern kommt. Der Produzent für die Software der Kalkulation stellt ergänzend die Übergaben von Informationen zwischen beiden Softwarebereichen zur Verfügung. Die Softwareprodukte für die Bauablaufplanung können Werte aus der Kalkulation nur verarbeiten, wenn diese Werte in einem bestimmten Format aufbereitet und übergeben werden; ein direkter Durchgriff auf die Kalkulation wird nicht stattfinden können, solange die Produkte aus verschiedenen Quellen kommen.

Die "Verständigung" zwischen den Softwareprodukten hinsichtlich der Kalkulationsbestandteile erfolgt über die "Ressourcen". Jegliche Art von Kalkulationselement wird in der Kalkulationssoftware vor der Übergabe an die Bauablaufplanung zunächst in eine artneutrale "Ressource" umgewandelt. Die Kalkulationsbestandteile eines Bauvorgangs werden dann nur noch in Form von Ressourcen zum Ausdruck gebracht, jeweils versehen mit Mengen und Beträgen, die aus den ursprünglichen Quellinformationen errechnet sind.

Unter Einbeziehung dieses lästigen "Umstandes" aus dem Softwaremarkt heraus gibt es folgende Arten von Ressourcen:

- Freie Ressource: ohne Bezug zu Bestandteilen der Kalkulation
- Feste Ressource "Erlös": wird automatisch generiert.
- Feste Ressource "Budget": wird automatisch generiert.
- Feste Ressource "Soll-Herstellkosten": wird automatisch generiert.
- Feste Ressource "Rückstellungen": wird automatisch generiert.
- Feste Ressource "bewertete Sollkosten": wird automatisch generiert.
- Feste Ressource "Leistungswert": wird automatisch generiert.
- Ressourcen basierend auf Kostenarten: Zuordnung von Kostenarten erforderlich.

- Ressourcen basierend auf Artikeln: Zuordnung von Artikeln erforderlich.
- Ressourcen basierend auf Bausteinen: Zuordnung von Bausteinen erforderlich.
- Ressourcen basierend auf Gerätebausteinen: Zuordnung von Gerätebausteinen erforderlich.
- Ressourcen basierend auf Teilleistungsmengen: Zuordnung von Positionen/Unterpositionen im Projekt erforderlich.

Abgesehen von den festen Ressourcen, welche Beträge beschreiben, können alle Ressourcenarten mit einer Mengeneinheit versehen werden.

Bei der freien Ressource ist im Projekt pro Vorgang die benötigte Menge der Ressource anzugeben. Bei den anderen Ressourcen wird die Menge aus den Mengen der zugeordneten Elemente (z.B. Kostenarten) berechnet. Hat die Ressource eine Mengeneinheit, so werden im Projekt Mengen und Kosten ausgewertet, andernfalls nur Kosten.

Ressourcen mit kalkulationsbasierten Mengen oder Kosten werden mitunter auch als sog. **Verbrauchsressourcen** bezeichnet. Die Kalkulation liefert Menge bzw. Beträge im Bauvorgang, die mit Fertigstellung des Vorgangs verbraucht sein dürfen. Also z.B. eine kalkulierte Anzahl von Arbeitsstunden oder ein Umsatz eines NU. Auch die o.g. festen Ressourcen sind Verbrauchsressourcen.

Ein anderer Typ von Ressource ist die sog. **Arbeitsmittelressource**. Das Arbeitsmittel wird durch seinen Einsatz nicht verbraucht wie z.B. Mannschaft oder Geräte. Solche Arbeitsmittelressourcen können aus Verbrauchsressourcen entwickelt werden, indem über eine Formel aus Mengen oder Beträgen die Werte der Arbeitsmittelressource berechnet werden.

Beispiele:

- Berechnung der benötigten Anzahl "Mann" aus der Stundenzahl unter Zugrundelegung einer Stundenanzahl pro Mann und Tag.
- Berechnung der benötigten Anzahl eines Gerätes aus der Gesamtstundenzahl unter Zugrundelegung einer Stundenanzahl pro Gerät und Tag.
- Berechnung der benötigten Anzahl "Mann" eines Nachunternehmers unter Zugrundelegung eines geschätzten Umsatzes pro Mann und Tag.
- Berechnung der benötigten Anzahl LKW unter einer Ressource mit Teilleistungszuordnung unter Zugrundelegung einer Abfuhrmenge pro LKW und Tag.

Freie Ressourcen sind in der Regel ebenfalls Arbeitsmittelressourcen wie z.B. bestimmte Schalungssätze, bestimmte Mitarbeiter bei Planungsarbeiten etc.

Nach vorstehendem Prinzip können aber auch aus Verbrauchsressourcen wiederum andere Verbrauchsressourcen abgeleitet werden.

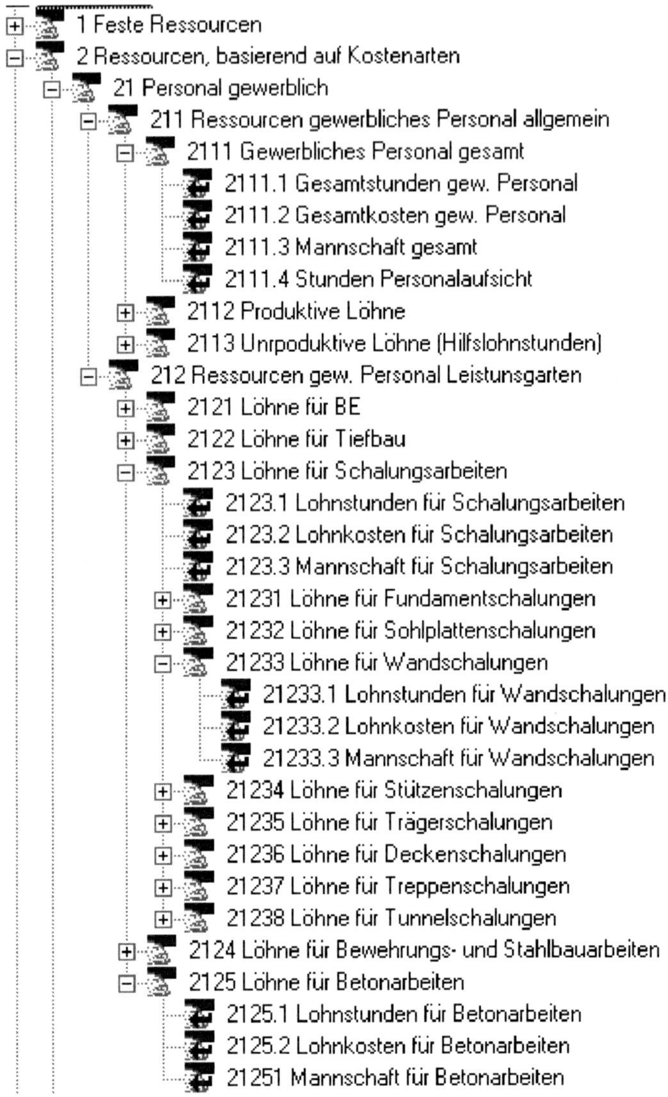

Abbildung 50: Beispiel für Ressourcen im Lohnbereich

Abbildung 51 zeigt als Beispiel für eine Basisressource mit zugeordneten Kostenarten die Ressource "2123 – Löhne für Schalungsarbeiten". Über die zugeordneten Stundenkostenarten für Schalungsarbeiten erfolgt im Projekt eine Auswertung sowohl nach der Menge der Stunden als auch nach den Lohnkosten, und zwar in jedem einzelnen Vorgang gemäß den zugeordneten Teilleistungen mit Teilmengen (siehe Abschnitt F, Kap. 3)

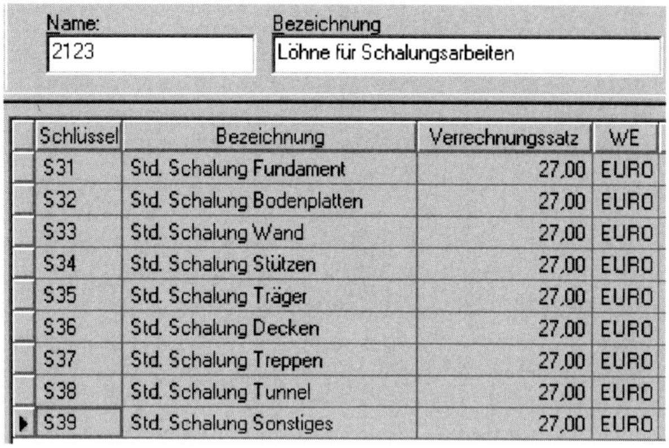
Name: 2123
Bezeichnung: Löhne für Schalungsarbeiten

Schlüssel	Bezeichnung	Verrechnungssatz	WE
S31	Std. Schalung Fundament	27,00	EURO
S32	Std. Schalung Bodenplatten	27,00	EURO
S33	Std. Schalung Wand	27,00	EURO
S34	Std. Schalung Stützen	27,00	EURO
S35	Std. Schalung Träger	27,00	EURO
S36	Std. Schalung Decken	27,00	EURO
S37	Std. Schalung Treppen	27,00	EURO
S38	Std. Schalung Tunnel	27,00	EURO
S39	Std. Schalung Sonstiges	27,00	EURO

Abbildung 51: Beispiel für eine Basisressource mit zugeordneten Kostenarten

Der Basisressource können verschiedene Auswertungsressourcen untergeordnet werden, bei denen jeweils individuell angegeben wird, wie sie ihre Werte im Projekt aus den berechneten Werten der Basisressource generieren sollen. Die folgende Tabelle zeigt die Angaben, die bei den Auswertungsressourcen zur Basisressource "2123" gemacht sind.

	Auswertungsressource		
Nummer	2123.1	2123.2	2123.3
Bezeichnung	Lohnstunden für Schalungsarbeiten	Lohnkosten für Schalungsarbeiten	Mannschaft für Schalungsarbeiten
Basisressource	2123	2123	2123
Typ	Verbrauchsressource	Verbrauchsressource	Arbeitsmittelressource
Mengeneinheit	Std		Mann
Währungseinheit		EUR	
Bezugsgröße aus Basisressource	Menge (M)	Betrag (B)	Menge (M)
Formel für Auswertung	= M	= B	= M/8

Zum Verständnis der Formeln für die Auswertung einer Ressource in den Bauvorgängen eines Projektes ist davon auszugehen, dass ein Wert zu einem Vorgang auf dessen Dauer in Arbeitstagen aufgeteilt wird, so dass auch Werte pro AT entstehen. Es gibt im Vorgang also schon unter der Basisressource Gesamtwerte und Werte pro AT. Die Formeln für die Werte zur Auswertungsressource gemäß Tabelle gelten für beide Größen. In der Auswertungsressource z.B. der letzten Spalte führt die Formel zu folgenden Berechnungen im Bauvorgang:

(Gesamtmenge Std.) / (8 Std. pro AT und Mann) = Anzahl Manntage
(Anzahl Manntage) / (Dauer in AT) = Mann

oder

(Gesamtmenge Std.) / (Dauer in AT) = Std./AT
(Std./AT) / (8 Std. pro AT und Mann) = Mann

8 Standardkalkulationselemente

Im Gegensatz zu den in den vorstehenden Kapiteln beschriebenen Elementen stellen Standard-Kalkulationselemente Kalkulationen von Teilleistungen dar. In diesen Standardkalkulationen werden Kostenarten, Artikel oder Gerätebausteine benutzt.

In Abschnitt B, Kap. 3.5 wurde die große Bedeutung der Standardkalkulationselemente herausgestellt. Sie bewirken eine hohe Qualität der Kostenkalkulation in den Projekten und sind die Voraussetzung für rationelle Kalkulationsarbeit.

8.1 Übersicht

Vorkalkulierte Teilleistungen können in folgenden Formen zur Verfügung stehen:

- Als projektexterne Kalkulationselemente:
    - als Bausteine im Stamm-Katalog der Bausteine
    - als Kalkulation einer Teilleistung in irgendeinem Projekt, das im Zugriff steht. Dazu zählen auch die sog. Standard-Projekte mit Standard-LV's und zugehörigen Kalkulationen. .Die dortigen Leistungsverzeichnisse mit hinterlegten Kalkulationen entsprechen entweder einem speziellen Standard-Ordnungssystem eines bestimmten AG, oder sie sind nach einem selbst geschaffenen Ordnungssystem aufgebaut.
- Als projektinterne Kalkulationselemente:
    - als Bausteine im Projekt-Katalog der Bausteine

Bausteine und Standardkalkulationen sind Kalkulationen von Teilleistungen, d.h. sie beschreiben eine im Projekt zu kalkulierende Teilleistung entweder komplett oder zumindest einen wesentlichen Teil davon. Der Unterschied zwischen Bausteinen und Standardkalkulationselementen besteht darin, dass ein Baustein im Zielprojekt einen projektweit gültigen, einheitlichen Inhalt an allen Stellen der Verwendung hat (vergl. Kap. 4.3.2), während ein abgerufenes Kalkulationselement am Zielort eine freie Kopie der enthaltenen Kalkulationszeilen ist, deren Ansätze am Zielort unabhängig verändert werden können. Komfortabel ist eine Software-Lösung, die es dem Kalkulator freistellt, einen abgerufenen Baustein in seiner Eigenschaft als Baustein beizubehalten oder seine Kalkulationszeilen am Zielort wie eine Standardkalkulation einzuspielen, d.h. die Bausteineigenschaft aufzuheben.

Standard-Kalkulationselemente werden unter Verwendung von Kostenarten oder Artikeln kalkuliert. Ansatzzeilen in Bausteinen und Teilleistungskalkulationen können aber auch unter Verwendung von anderen Bausteinen oder von G-Bausteinen gebildet werden. In Standard-Teilleistungskalkulationen kann zusätzlich auf jegliche andere Teilleistungskalkulation zurückgegriffen werden.

Eine erfolgreiche Arbeit im Aufbau von Standard-Kalkulationselementen setzt die Existenz ausgereifter Kataloge der Kostenarten und Artikel voraus. Unternehmen mit bedeutendem Anteil der Gerätekosten sollten außerdem über qualifizierte Kataloge der Geräte bzw. der davon abhängigen Gerätebausteine verfügen.

Standard-Kalkulationselemente müssen zwei Qualitätsmerkmale von ausschlaggebender Bedeutung erfüllen:

- Wesentliche Bestandteile der Kosten müssen explizit, d.h. über detaillierte Kostenarten bzw. über Artikel oder Geräte-Bausteine dargestellt sein.
- Die Kalkulation der Teilleistung muss über Unterpositionen in die wichtigsten Arbeitsprozesse zerlegt sein, soweit dies erforderlich ist
    - für die Entwicklung und Transparenz der Kostenkalkulation (Abschnitt D, Kap. 8),
    - für die Zwecke von Abgrenzungen bei Leistungsmeldungen (Abschnitt G, Kap. 1.4).

Wird in der Kalkulation von Teilleistungen des aktuellen Projektes auf Standard-Kalkulationselemente zurückgegriffen, so werden darin enthaltene Basisinformationen zu Kostenarten, Artikeln oder Geräten inhaltlich automatisch auf den Stand im aktuellen Projekt gebracht, soweit das betreffende Element bereits im betreffenden Projekt-Katalog mit projektspezifischem Wert existiert (vergl. Abschnitt B, Kap. 4.3). Falls das abgerufene Element Kostenarten, Artikel oder Geräte enthält, welche noch nicht im Katalog des aktuellen Projektes enthalten sind, so werden diese automatisch dort eingestellt. In den Projekt-Katalogen können weitere inhaltliche Anpassungen nach Belieben vorgenommen werden.

Am Zielort ist jegliche Änderung oder Ergänzung der so entstandenen Kalkulation möglich.

8.2 Bausteine

Bausteine sind Standard-Kalkulationslemente mit Katalogeigenschaft gemäß Kap. 4.3.2. Bausteine haben also an jeder Stelle der Verwendung in der Kalkulation von Teilleistungen genau den Inhalt, wie er im Projekt-Katalog der Bausteine hinterlegt ist. Wird der Inhalt im Projekt-Katalog geändert, so wirkt sich diese Änderung an jeder Stelle der Verwendung des Bausteins aus. In der Kalkulation einer Teilleistung kann der Inhalt des Bausteins also nicht positionsspezifisch verändert werden. Es können höchstens ergänzende Ansatzzeilen geschrieben werden, die dann aber nicht zum Inhalt des Bausteins gehören.

Eine Ausnahme von vorstehender Regel besteht nur dann, wenn ein Baustein verwendet wurde und die Katalogeigenschaft des Bausteins an der Stelle der Verwendung aufgehoben wurde. In einem solchen Fall sind die einzelnen Kalkulationszeilen des Bausteins freie Kopien ohne weitere Bindung an den Baustein im Katalog.

Die Art der Bausteine wird für Standard-Kalkulationselemente verwendet, bei denen der Inhalt der einzelnen Ansatzzeilen an der Stelle der Verwendung, d.h. in der jeweiligen Teilleistung in der Regel nicht in Frage gestellt bzw. nicht individuell angepasst werden muss.

Beispiel:
1,000 m³ Mauerwerk, d = 24 cm, aus Hochlochziegeln 1,2/12, 300 x 240 x 238 mm

Ohne Zweifel kann der Materialbedarf pro m³ Mauerwerk einem Baustein zugewiesen werden, z.B. wie folgt:

1,000 m³ HLZ 1,2/12, 300 x 240 x 238, nur Material

UPos	K	Schlüssel	Bezeichnung	Menge	ME	Kosten/E	WE	Std./ME Baust.	Kosten/ME B...
	A	A1211102	HLZ 1,0/12 10 DF (300 x 240 x 238)	55,000	Stk	1,62	EUR		88,88
		K252122	Kalkzementmörtel MGR II A	0,094	m³	82,00	EUR		7,71

Diese Zusammensetzung mit vorgegebener Menge pro m³ ist an keiner Stelle der Verwendung in Zweifel zu ziehen; sie wird einmal zuverlässig als Baustein definiert. In einer Teilleistung dieser Mauerwerksart wird der Baustein für den kompletten Materialanteil in Ansatz gebracht.

Es stellt sich aber die Frage, ob auch der Stundenansatz pro m³ Bestandteil des Bausteines sein soll oder nicht. Ist der Stundenansatz ebenfalls im Baustein enthalten, z.B

1,000 m³ HLZ 1,2/12, 300 x 240 x 238, komplett

UPos	K	Schlüssel	Bezeichnung	Menge	ME	Kosten/E	WE	Std./ME Baust.	Kosten/ME B...
	A	A1211102	HLZ 1,0/12 10 DF (300 x 240 x 238)	55,000	Stk	1,62	EUR		88,88
		K252122	Kalkzementmörtel MGR II A	0,094	m³	82,00	EUR		7,71
		S61	Std. Mauerwerk	3,800	Std	27,00	EUR	3,800	102,60

so kann dieser Wert "3,80 Std." innerhalb der Kalkulation einer Teilleistung nicht positionsspezifisch geändert werden, sondern nur projektweit im Katalog der Projektbausteine - zumindest, solange die Bausteineigenschaft am Zielort aufrecht erhalten wird. In der Ansatzzeile der Zielposition würde sich der verwendete Baustein mit Stundenansatz wie folgt darstellen:

UPos	K	Schlüssel	Bezeichnung	Menge	ME	Std./ME Pos.	Kosten/ME Pos.
	B	M121-30-10DF-1	Material HLZ-Mauerwerk, d = 30,0 cm, 10 DF, 1,0/12	1,000	m³	3,800	199,19

Der Stundenansatz ist zwar als Ergebnis sichtbar, er kann aber nicht direkt geändert werden, da die Zeile das Abbild der Ergebnisses des Bausteins ist. Man könnte natürlich, die Bausteineigenschaft aufheben, worauf sich die Kalkulationszeilen der Teilleistung dann wie folgt zeigen:

UPos	K	Schlüssel	Bezeichnung	Menge	ME	Std./ME Pos.	Kosten/ME Pos.
1			**M121-30-10DF-1 (Kopie)**	**1,000**	**m³**	**3,800**	**199,19**
	A	A1211102	HLZ 1,0/12 10 DF (300 x 240 x 238)	55,000	Stk		88,88
		K252122	Kalkzementmörtel MGR II A	0,094	m³		7,71
		S61	Std. Mauerwerk	3,800	Std	3,800	102,60

Jetzt kann der Stundenansatz individuell angepasst werden, weil es sich in der Teilleistungskalkulation nicht mehr um einen Baustein, sondern um Kopie der Kalkulation des Bausteins mit unabhängigen Ansatzzeilen am Zielort handelt.

Kommt im Projekt dieselbe Teilleistung unter unterschiedlichen Randbedingungen mit individuellem Einfluss auf den Leistungsansatz vor, so ist es sinnvoll, im Baustein nur das Material zusammenzustellen und die Kalkulation der Komplettleistung in Form einer Standard-Teilleistungskalkulation vorzuhalten, die unter Verwendung des Materialbausteins wie folgt aussieht und genauso in die Zielposition kopiert wird:

K	Schlüssel	Bezeichnung	Menge	ME	Kosten/E	Std./ME...	Kosten/ME ...
B	M121-30-10DF-1	Material HLZ-Mauerwerk, d = 30,0 cm, 10 DF, 1,0/12	1,000	m²	96,59		96,59
	S61	Std. Mauerwerk	3,800	Std	27,00	3,800	102,60

Beim Aufbau des Stamm-Kataloges der Bausteine ist also jeweils zu entscheiden, ob der einzelne Baustein eine komplette Kalkulation einer Teilleistung einschl. der Leistungsansätze enthalten soll oder nur die Ansätze ohne "kritische" Kalkulationsbestandteile. Die Lösung kann auch im Vorhalten beider Varianten liegen. Wenn aber ohnehin auch die Standard-Teilleistungskalkulation mit Leistungsansätzen benötigt wird, so kann auf den entsprechenden Baustein verzichtet werden.

Vorbereitete Zusammenstellungen von Materialanteilen in Bausteinen sind in vielen Fällen der Kalkulation hilfreich. Beispielhaft seien die Fälle der Ausschreibung von Formstücken der Kanalisationsrohre als Zulagen genannt. In diesen Fällen bestimmt sich der Materialwert der Zulageposition aus dem Formstück abzüglich der Kosten der Längenanteile der geraden Rohrstücke. Diese Verhältnisse werden in Praxis oft zu oberflächlich behandelt. Das folgende Beispiel zeigt, dass sich es sich lohnt, diese Fälle einmal gründlich in Form von Materialbausteinen aufzubereiten:

Schlüssel	Bezeichnung	Menge	ME	Kosten/E	WE	Kosten/ME...
A71141501	Steinzeug-Abzweig N, LL, DN 150/100	1,000	Stk	37,49	EUR	37,49
A71111502	Steinzeugrohr N, L, DN 150, L = 1,25 m	-0,400	m	16,93	EUR	-6,77
A71111001	Steinzeugrohr N, L, DN 100, L = 1,00 m	-0,250	m	13,51	EUR	-3,38

Aus einer solchen Kalkulation ergeben sich richtige Materialkosten und richtige Mengen bei geraden Rohren.

Beschreibt ein Baustein eine komplexere Teilleistung, so ist es sinnvoll, einzelne Arbeitsschritte innerhalb dieser Teilleistung in einzelnen Unterpositionen abzubilden. Damit erfüllt der Baustein die wichtige Anforderung der Arbeitskalkulation, wesentlich unterschiedliche Arbeitsschritte innerhalb einer Teilleistung jeweils getrennt darzustellen. Müssen aber diese Arbeitsschritte als solche in der Kalkulation von Teilleistungen direkt sichtbar sein, so ist die Aufgabe der Aufbereitung nicht den Bausteinen, sondern den Standard-Kalkulationen von Teilleistungen zuzuweisen.

Beispiel: Teilleistung "m³ B25 für Wände d = 20 cm einschl. Schalung"

Eine solche Teilleistung wird sinnvollerweise immer in 2 Unterpositionen mit unterschiedlichen Mengeneinheiten aufgeteilt:

UPos	K	Schlüssel	Bezeichnung	Menge	ME	Faktor	Kosten/E	WE	Std./ME Baust.	Kosten/ME Baust.
1			**Schalung**	**10,000**	**m²**	**1,000**	**23,12**	**EUR**	**8,000**	**231,20**
		S33	Std. Schalung Wand	0,800	Std	1,000	27,00	EUR	8,000	216,00
		42103	Stoffe Wandschalung	1,000	m²	1,000	0,40	EUR		4,00
		42203	Miete Wandschalung	1,000	m²Mo	0,400	2,80	EUR		11,20
2			**Beton B25**	**1,000**	**m³**	**1,000**	**104,92**	**EUR**	**1,200**	**104,92**
		S53	Std. Beton Wand	1,200	Std	1,000	27,00	EUR	1,200	32,40
		2511252	B 25, 290 kg	1,000	m³	1,000	74,00	EUR		72,52

Abbildung 52: Baustein mit 2 Unterpositionen für getrennte Arbeitsschritte

Soll diese strukturierte Darstellung der Kalkulation genauso nach dem Abruf in einer Zielposition sichtbar sein, so wird man die allgemeingültige Aufbereitung der Kalkulation aber nicht einem Baustein, sondern einer Standard-Kalkulation einer Teilleistung zuweisen. In letzterem Fall sind dann auch die Leistungsansätze am Zielort direkt sichtbar und änderbar.

Der Katalog der Bausteine sollte unbedingt über Baustein-Gruppen und –Untergruppen gut strukturiert sein. Diese Bausteingruppen spielen zwar bei der Projektauswertung keine Rolle, sie erleichtern aber das Auffinden eines bestimmten Elementes.

8.3 Standard-Kalkulationen von Teilleistungen

Standardkalkulationen von Teilleistungen sind Kalkulationen beliebiger Art zu beliebigen Teilleistungen. Die Kostenkalkulation der Teilleistungen muss die einzelnen Arbeitsprozesse innerhalb der Teilleistung wiedergeben sowie deren Kosten ausreichend detailliert darstellen. Maßstab für die Qualitätsanforderungen ist der Bedarf der Arbeitskalkulation.

Auf typische Beispiele für die Strukturierung von Kalkulationen im Sinne der Arbeitskalkulation wird in Kap. 1 des Abschnitts F eingegangen. Es kann also hier auf die Abbildung von Beispielen von Standard-Kalkulationen verzichtet werden. An dieser Stelle muss lediglich auf das Ordnungssystem eingegangen werden, unter dem die Teilleistungen mit Standard-Kalkulationen verwaltet werden.

Theoretisch kann bei der Kalkulation von Teilleistungen auf die Kalkulation einer identischen oder ähnlichen Teilleistung in irgendeinem früher bearbeiteten Projekt zurückgegriffen werden. Voraussetzung hierfür wäre, dass diese Projekte auf dem System vorgehalten werden. Die günstigen Preise von Festplatten würden die Bereitstellung entsprechend großer Speicherkapazitäten durchaus möglich machen. In Praxis wird man aber feststellen, dass das Erinnerungsvermögen zu begrenzt ist und auch die Suchmechanismen in der Software nicht ausreichen, um in ausreichender Schnelligkeit und Sicherheit das betreffende Projekt und die darin relevante Position aufzufinden und für den Abruf auszuwählen. Selbst, wenn die Erinnerung noch genau sein sollte, wird alleine die Arbeit auf der Tastatur bis zur Sichtbarmachung der gewünschten Quelle zu langwierig sein, vor allem, wenn es sich um wechselnde Quellprojekte handelt.

Um die Standard-Kalkulationselemente genügend schnell im Zugriff zu haben, werden Ordnungssysteme der Teilleistungen benötigt, die man entweder weitgehend auswendig beherrscht oder die identisch sind mit dem Ordnungssystem der vorliegenden Ausschreibung . Ordnungssysteme von Standard-Kalkulationselementen können also sein:

- Standard-Leistungsverzeichnisse bestimmter Auftraggeber, sofern die OZ der Teilleistungen in den einzelnen, darauf aufbauenden Projekten beibehalten werden. In einem solchen Fall kann die OZ der zu bearbeitenden Position als Quell-OZ benannt oder gar automatisch angesprochen werden.
- Eigene Standard-Leistungsverzeichnisse mit einem selbst definierten Ordnungssystem. In diesem Fall ist im Falle einer Fremd-Ausschreibung die OZ der zu bearbeitenden Position (Ziel-OZ) zwar anders, man weiß aber genau, wo die Quell-OZ steht.

Der Zugriff auf Kalkulationen wird am besten unterstützt, wenn immer auf dasselbe Quell-Projekt zurückgegriffen werden kann, wenn also nicht zwischen verschiedenen Quellprojekten gewechselt werden muss. Insofern sollte man die Standard-Kalkulationen höchstens insoweit auf mehrere eigene Standard-LV's verteilen, als diese jeweils einer Sparte der Ausschreibungen entsprechen. Das Standard-LV eines bestimmten AG wird als solches komplett vorgehalten, nicht aber die darauf aufgebauten früheren Ausschreibungs-LV's der verschiedenen Projekte.

Eigene Standard-Leistungsverzeichnisse sollten unter Nutzung der Ebenen der Gruppenstufen so fein strukturiert sein, dass innerhalb einer Gruppenstufe der untersten Ebene keine Teilleistungen sehr unterschiedlicher Art stehen müssen. Es ist immer von Vorteil, wenn bei der Suche am Bildschirm nicht zu viele einzelne Positionen gelesen werden müssen, bevor man die richtige Auswahl für die Kopie treffen kann.

Die einzelnen Positionen des eigenen Standard-LV sollten auf jeden Fall die kleinsten Teilleistungseinheiten beschreiben. Da z.B. Leistungen des Betonbaus in einem Projekt getrennt nach Beton und Schalung ausgeschrieben sein können, werden im Standard-LV getrennte Einzelpositionen für Beton und Schalung benötigt. Für Ausschreibungen von Beton und Schalung innerhalb einer Position können entweder im Standard-LV auch diese Zusammenfassungen in zusätzlichen Positionen vorgehalten werden, oder die zu kalkulierende Teilleistung wird über das aufeinander folgende Kopieren der Kalkulation mehrerer Standard-Positionen gefüllt. Die Kalkulation zusammengefasster Teilleistungen im Standard-LV wird ebenfalls per Rückgriff auf die Kalkulation der Einzel-Teilleistungen aufgebaut.

In einem Unternehmen des Schlüsselfertigbaus werden Standard-LV's für die Zwecke des Aufbaus eigener Projekt-Leistungsverzeichnisse vorgehalten. Die Kalkulation der Positionen solcher LV's, wird sich, soweit es sich um Teilleistungen handelt, die üblicherweise an Nachunternehmer vergeben werden, auf durchschnittliche NU-Preise als Kostenansatz beschränken. Solche Werte dienen im Projekt zunächst einer Kostenschätzung und dann der Beurteilung eingehender Nachunternehmerangebote. In der Kalkulation des Projektes werden sie ersetzt durch Preise der ausgewählten NU (vergl. Abschnitt B, Kap. 3.5.2 und Abschnitt D, Kap. 10.5).

8.4 Frühe Verfügbarkeit durch Organisation

In einem Unternehmen muss das Ziel verfolgt werden, möglichst schnell zu den Standard-Kalkulationselementen zu kommen, mit denen ein weit überwiegender Teil der Kalkulationsarbeit abgedeckt werden kann. Es wird zwar nicht gelingen, für jeglichen Fall einer konkreten Kalkulationsaufgabe entsprechende Standard-Kalkulationselemente zur Verfügung zu haben, eine Größenordnung der Verfügbarkeit von 85 bis 95 % - gemessen an der Zahl der zu kalkulierenden Positionen – ist aber durchaus realistisch.

Um das Ziel der Verfügbarkeit von Standard-Kalkulationselementen für einen hohen Prozentsatz der laufenden Arbeiten möglichst früh oder überhaupt zu erreichen, bedarf es einer gezielten Organisation der Arbeiten zum Aufbau dieser Daten.

Zunächst ist es eine "lästige" Tatsache, dass Kostenkalkulation in der geforderten Qualität Mehrarbeit im Vergleich zu oberflächlicher Arbeit bedeutet. Andererseits ist es aber eine "erfreuliche" Tatsache, dass Kostenkalkulation unter Rückgriff auf ein Standard-Kalkulationselement weniger Aufwand verursacht als individuelle Kalkulation einfacher Art. Man muss für den Aufbau der Standard-Kalkulation hinsichtlich des Einsatzes von Arbeitszeit leider in Vorleistung treten, bevor man in den laufenden Projektarbeiten zeitlich und qualitativ profitiert. Der Zeitaufwand, mit dem man insgesamt in Vorleistung treten muss, lässt sich allerdings sehr günstig beeinflussen, indem die Arbeit des Aufbaus der Standard-Kalkulationselemente nach folgenden Regeln organisiert wird.

- Man legt zunächst das Ordnungssystem der Gruppenstufen des eigenen Standard-LV an, aber noch keine Positionen. (Dass evtl. später noch Verbesserungsmöglichkeiten in diesem Ordnungssystem erkannt werden, ist kein Hindernis für erste Festlegungen, weil leistungsfähige Softwarelösungen problemlos nachträgliche Umstrukturierungen gestatten.)
- Man konzentriert sich zunächst auf diejenigen Teilleistungen, die in den Projekten am häufigsten vorkommen. Erst später ergänzt man schrittweise Bereiche, die seltener benötigt werden.
- Man nutzt die laufenden Aufgaben der Projektkalkulationen, indem man anzubietende Positionen, die mustergültig ausgeschrieben sind, in der geforderten Qualität kalkuliert. Nach Abschluss der Angebotsarbeit kopiert man diese Positionen in das Ordnungssystem des eigenen Standard-LV unter Vergabe eigener Positionsnummern.
- Man bildet zunächst vorrangig die Kalkulationen "kleiner" Teilleistungseinheiten (z.B. Schalung und Beton in getrennten Positionen), weil die Kalkulationen größerer Einheiten (z.B. Beton einschl. Schalung) bereits unter Rückgriff auf die kleinen Einheiten gebildet werden können.
- Auch beim Kalkulieren "ähnlicher" Positionen nutzt man die Möglichkeit des Kopierens von Kalkulationen, weil das individuelle Anpassen einzelner Ansatzzeilen meist schneller geht als der Neuaufbau einer Kalkulation mit allen Zeilen.

- Man nutzt die Möglichkeit des Rückgriffs auf vorhandene Kalkulationen so früh wie möglich; nicht nur bei identischen, sondern auch bei ähnlichen Teilleistungen.
- Man füllt "Lücken" in bestimmten Leistungsbereichen sukzessive auf, entweder wie es weitere Ausschreibungen gestatten oder in gezielter Ergänzungsarbeit direkt im Standard-LV.
- Wenn mehrere Kalkulatoren an der Aufgabe mitarbeiten, verteilt man die Zuständigkeiten für bestimmte Leistungsbereiche. Außerdem stimmt man die Grundregeln für die Strukturierungen der Kalkulationen aufeinander ab.

Bei konsequenter Handhabung wird man schon nach wenigen Wochen eine spürbare Entlastung in den laufenden Projektbearbeitungen feststellen, weil man schon recht oft auf vorhandene Kalkulationen zurückgreifen kann. Diese Entlastung wird für den weiteren Aufbau der Standard-Kalkulationen nach den beschriebenen Regeln genutzt bis ein Zustand erreicht ist, in dem der Bereich der Standard-Kalkulationen eher nur noch gelegentlich ergänzt werden muss. Man wird sehr bald eine deutliche Entlastung in den Bearbeitungen der Angebotskalkulation verzeichnen, die überwiegend Routinearbeit darstellen, bei gleichzeitiger deutlicher Steigerung der Qualität der Kostenkalkulation.

Natürlich muss Energie aufgewendet werden, natürlich muss manche zusätzliche Arbeitsstunde investiert werden. Dem Unternehmen, den Mitarbeitern muss eben bewusst sein, dass die Standard-Kalkulationselemente einen sehr wesentlichen Einfluss auf den Erfolg des Unternehmens haben:

- Die verbesserte Transparenz der Kostenaussagen eröffnet verbesserte Chancen in der Angebotsphase.
- Der Zeitgewinn in der Routinearbeit der Angebotskalkulation ermöglicht Untersuchungen in wichtigen Fragen, die ausschlaggebend dafür sind, dass das Projekt nicht nur ein Erfolg in der Submission, sondern auch in der Ausführung ist.
- Die Qualität der Angebotskalkulation entspricht bereits in vielen Bereichen den Anforderungen der Arbeitskalkulation, womit der Einstieg in das Baustellen-Controlling wesentlich erleichtert wird.
- Weitere spezifische Arbeiten im Zuge der Arbeitskalkulation werden unterstützt.
- Das Personal für die Angebotskalkulation kann in der Arbeitskalkulation zuarbeiten.
- Neulinge in der Angebotskalkulation finden in den Standard-Kalkulationselementen eine wesentliche Grundlage für ihren Lernprozess vor. (Natürlich müssen sich Anfänger und Experte immer bewusst sein, dass die EDV dem Anwender nicht das Denken abnehmen kann.)

9 Konfigurationen für Controlling-Auswertungen

Die strukturellen Grundlagen in Form der Katalogdaten geben bereits wichtige Möglichkeiten der Projektauswertungen vor. So bedarf es keiner weiteren Vorarbeiten, um das Projekt nach folgenden Informationsarten entweder komplett oder nur in ausgewählten Bereichen auszuwerten:

- Kostenarten der Kalkulation
- Kostenarten der Betriebsbuchhaltung
- Artikel
- Geräte
- Ressourcen
- Auswertungsmerkmale

Nun kommen bei verschiedenen Auswertungen bestimmte Auswahlen hinsichtlich abzubildender Strukturtiefe und Auswertungsdetails in Frage, die entweder von Projekt zu Projekt oder bei einem Projekt mit längerer Bauzeit von Periode zu Periode identisch sein sollen. Auswertungen mit festgelegter Strukturtiefe und Auswertungsdetails sind insbesondere wichtig für alle Informationen, die im Rahmen des Unternehmens-Controllings benötigt werden.

Da sowohl die strukturellen Grundlagen in Form der Kataloge als auch die Anforderungen nach dem Detaillierungsgrad der Informationen jeweils unternehmensspezifisch definiert sind, müssen auch bestimmte Auswertungen in ihrer Auswertungstiefe individuell vordefinierbar und als solche speicherbar sein.

Ein großer Teil eines solchen Bedarfs nach Speicherung und Abrufbarkeit von individuellen Auswertungseinstellungen wird in leistungsfähiger Software darüber erfüllbar sein, dass Inhalte von Drucklisten gezielt ausgewählt und solche Auswahlen unter selbst definierten Namen gespeichert werden können, und zwar so, dass die gespeicherten Einstellungen auch in anderen Projekten wieder verwendbar sind. Diese Möglichkeit soll hier nicht weiter erörtert werden.

Mit der vorstehend genannten Möglichkeit können in der Regel aber keine ganz individuellen Anforderungen erfüllt werden wie z.B.

- wechselnde Strukturtiefe je nach Datenbereich
- zusätzliche Zwischenergebnisse, welche außerhalb der Struktur der Gruppenelemente liegen, die aber mit einfachen mathematischen Regeln - z.B. als Summen - berechnet werden können
- Festlegungen der Datenelemente, zu denen Werte an eine andere Software übergeben werden sollen

Für solche Aufgaben sollte es möglich sein, sog. Konfigurationen zu definieren. Für eine bestimmte Liste oder für eine bestimmte Datenübergabe ist dann die Konfiguration zu benennen, aufgrund derer gedruckt oder Daten zusammengestellt werden sollen.

Eine typische Aufgabe für eine Konfiguration ist die Aufbereitung des Kosten-Soll-Ist-Vergleichs mit wechselnden Strukturtiefen je nach Datenbereich und verschiedenen Zwischensummen oder Teilsummierungen.

Je nach Art der Daten, auf die sich eine Konfiguration bezieht und je nach Anforderungen hinsichtlich der Datenauswertung sind die Anforderungen an die Software zur Definition der Konfiguration unterschiedlich. Da es nicht Aufgabe dieser Veröffentlichung ist, für alle denkbaren Anforderungen der Praxis einen Lösungsweg darzustellen, muss es hier bei dem allgemeingültigen Hinweis bleiben, dass Konfigurationen eine weitere strukturelle Grundlage für Auswertungen darstellen.

Abschnitt C
Vom Angebot zum Auftrag (Projektphase 2)

1 Baustellen-Controlling beginnt in der Projektphase der Auftragsverhandlung

Es wurde in Abschnitt A, Kap. 1.3 definiert, dass Baustellen-Controlling der Sammelbegriff für die Arbeitsschritte der Planung, Kontrolle und Steuerung der Bauausführung ist. Baustellen-Controlling ist also ohne Zweifel der Projektphase 3 (vergl. Abschnitt B, Kap. 2.1) zuzurechnen. Damit ist aber noch nicht bestimmt, zu welchem Zeitpunkt der Projektentwicklung die ersten Arbeiten des Baustellen-Controlling einsetzen. Bezieht man sich auf die Zielstellung des Baustellen-Controlling, Erlös und Kosten im Sinne des wirtschaftlichen Erfolges zu optimieren, kommt man nicht umhin festzustellen, dass Baustellen-Controlling eigentlich bereits mit der Angebotsphase beginnt und nicht erst zum Zeitpunkt der Auftragserteilung.

Es ist zwar erst mit der Vertragsunterschrift sicher, dass die Ausführung der angebotenen Leistung und damit ein ausführungsbezogenes Baustellen-Controlling nunmehr tatsächlich anstehen. Es muss aber andererseits zur Kenntnis genommen werden, dass mit den Arbeiten bis zu diesem Zeitpunkt sowohl die ausschlaggebenden Grundlagen für den Projekterlös als auch eine Reihe wichtiger Grundlagen für Planungen und Kontrollen im Baustellen-Controlling geschaffen wurden.

Dennoch ist es <u>nicht</u> sinnvoll, das Gesamtspektrum des Baustellen-Controlling so zu definieren, dass auch die Angebotskalkulation einbezogen ist. Die Angebotskalkulation ist ein eigenständiges Gebiet der baubetrieblichen Tätigkeiten, zumal der überwiegende Teil der Projektbearbeitungen niemals das Stadium einer möglichen oder tatsächlichen Beauftragung erreicht. Da die Angebotskalkulation Bestandteil der baubetrieblichen Gesamtkonzeption ist, ist sie dennoch konzeptionell mit dem Baustellen-Controlling verbunden. Baustellen-Controlling setzt nach der Angebotsphase ein und nimmt Arbeitsergebnisse der Angebotsphase auf. Weil beide Bereiche Bestandteile der baubetrieblichen Gesamtkonzeption sind (vergl. Abschnitt A, Kap. 3.3 und Abschnitt B, Kap. 3), können und müssen Strukturen und Arbeitsweisen der Angebotskalkulation auch unter Beachtung der Konzeption des Baustellen-Controlling entwickelt worden sein.

In der Projektphase 2, also zwischen Angebotsabgabe und Vertragsunterschrift, finden Untersuchungen und Bearbeitungen statt mit dem Ziel einer möglichst sicheren Aussage, welches wirtschaftliche Ergebnis sich zu den anvisierten Vertragsbedingungen ergeben könnte. Erst diese, gegenüber der Angebotsphase evtl. modifizierten Arbeitsergebnisse sind die eigentliche Ausgangssituation für das ausführungsbezogene Controlling im Falle der Auftragserteilung. Nun stellt sich die Frage, ob Baustellen-Controlling schon mit Beginn dieser Projektphase 2 oder erst nach Vertragsunterschrift, also mit Beginn der Projektphase 3 einsetzt.

Einen ersten Hinweis gibt die Art der Betrachtung von Kosten und Erlös. Diese ist in Projektphase 2 ganz anders als in Projektphase 1, aber identisch mit derjenigen der Projektphase 3.

Im Gegensatz zur "Vorwärtsberechnung" in der Angebotsphase

Kosten + Einzelkostenschläge = Preis

bzw.

kalkulierte (EKT + BGK) + AGK + WuG = Angebotssumme

findet in Phase 2 oder 3 eine "Rückwärtsberechnung" statt:

Ergebnis = Erlös - Kosten

Es wird also überprüft, in wie weit die voraussichtlichen Erlöse zur Deckung der voraussichtlichen Kosten ausreichen werden. Dabei wird eine möglichst realistische Einschätzung des Ausführungsvolumens zu Grunde gelegt.

Angebot bzw. Vertrag geben – abgesehen von Möglichkeiten für Nachtragsangebote – feste Rahmenbedingungen zur Berechnung des Gesamterlöses vor; die "Freiheit" der Preisberechnung besteht nicht mehr. Es kann nur noch geprüft werden, ob der Erlös zur Deckung aller Kosten ausreichen wird. Erfüllt diese "Rückwärtsberechnung" in der Projektphase 2 die Erwartungen hinsichtlich des voraussichtlichen Ergebnisses, so wird der Unternehmer den Auftrag annehmen (sofern er ihn denn überhaupt noch ablehnen kann).

Die Übereinstimmung der Betrachtungsweise von Erlös und Kosten in den Projektphasen 2 und 3 sowie der entsprechende Gegensatz zur Betrachtungsweise in Phase 1 ist eines der Argumente, bereits die Arbeiten der Projektphase 2 dem Baustellen-Controlling zuzuordnen.

Ebenfalls für diese Zuordnung spricht, dass die Kostenannahmen der **Auftragskalkulation**, also der Kalkulation in der Projektphase 2, eine wichtige Bedeutung für das Baustellen-Controlling haben. Zwar sind die Kostenannahmen weder der Angebots- noch der Auftragskalkulation bindend für die Annahmen der Sollkosten in der **Arbeitskalkulation**. Die ursprünglich in die Erlöse einkalkulierten Kosten bleiben aber dennoch ausschlaggebende Größen im Baustellen-Controlling, und zwar als Grundlage für die Berechnung der Budgets (Abschnitt C, Kap. 6). Die Budgets, die zur Deckung der Kosten der Baustelle zur Verfügung stehen, sind im Baustellen-Controlling Maßstäbe, die parallel zu den Sollkosten geplant und verwaltet werden. Die Berechnungsbasis der Budgets in Form der Auftragskalkulation stammt aus der Projektphase 2; genutzt werden die Budgets in der Projektphase 3. Auch über die Art des Vertrages (Einheitspreisvertrag oder Pauschalvertrag), welche einen Einfluss auf die Berechnung der Budgets hat, wird bereits in Projektphase 2 entschieden.

das Verschweigen eines offensichtlichen Mangels könnte später zu seinem Nachteil ausgelegt werden.

Aber auch die Interessenslage des Auftraggebers kann verhindern, dass ein vollständiger und zuverlässiger Vertrag zustande kommt. So ist es z.B. für den AG bei einem Einheitspreisvertrag nach VOB von Vorteil, wenn die tatsächlich auszuführenden Mengen der Teilleistungen nur knapp über 90 % der Mengen lt. Ausschreibung und Vertrag liegen, d.h. die Vertragsmengen entsprechend überhöht sind. In diesem Fall erspart sich der AG die Vergütung der vom AN in die Differenzmengen eingerechneten Baustellengemeinkosten.

Taktische Überlegungen während der Vertragsverhandlungen setzen zuverlässige Kenntnisse um die tatsächlich zu erbringende Bauleistung voraus. Taktische Überlegungen der einen Seite zeigen um so weniger Wirkung, je besser die andere Seite die tatsächlichen Verhältnisse einschätzt.

Ob das Taktieren überhaupt Vorteile mit sich bringt, darf ernsthaft bezweifelt werden, zumindest für den Fall, dass die andere Partei ihr Metier ebenso gut beherrscht wie man selbst – und davon sollte man zunächst einmal ausgehen. Taktieren bedeutet, dass die Parteien gegeneinander arbeiten. Wird das Taktieren bemerkt, schwindet Vertrauen, entsteht Misstrauen. Konnte man eine Schwäche der anderen Partei ausnutzen, so wird diese den Erfolg des "Gegners" als Niederlage empfinden und sich nach Möglichkeit revanchieren. "Siege" entpuppen sich nach und nach als Pyrrhussiege – für beide Seiten. Das Gegeneinander wirkt sich letztlich zum Schaden des Projektes und damit zum wirtschaftlichen Schaden für beide Seiten aus.

Es wäre für beide Seiten von Vorteil, wenn sie in der Vertragsgestaltung und – abwicklung offen miteinander umgingen und gemeinsam am Erkennen und an der Lösung von Problemen arbeiten würden. Der AG ist ebenso auf den AN angewiesen wie der AN auf den AG. Durch eine vertrauensvolle und enge Zusammenarbeit können Bauzeit und Kosten reduziert werden. Darauf sollten beide Seiten setzen. Dann wird jede Seite einen größeren wirtschaftlichen Erfolg verzeichnen, als wenn sich die Parteien gegenseitig belauern, schwächen, blockieren und ausnutzen. Das Zusammenwirken in der Projektplanung und – durchführung ermöglicht – Kompromissbereitschaft vorausgesetzt - Vertragspreise, die dem AG entgegenkommen und gleichzeitig dem AN höhere Deckungsbeiträge verschaffen, weil geringere Kosten anfallen.

Es soll ja schon vorgekommen sein, dass AG und AN - von dieser Einsicht geprägt - zu einer offenen Zusammenarbeit und einer "ehrlichen" Vertragsgestaltung und –abwicklung gekommen sind, die dann von großem Vorteil für das Projekt und für den wirtschaftlichen Erfolg beider Seiten war. In diesen Fällen waren wohl Menschen mit wahrer Größe am Werk – auf beiden Seiten.

Als Beispiel für eine Möglichkeit der gegenseitigen Unterstützung sei die Aufgabenstellung genannt, möglichst früh zu einem gesicherten Erkenntnisstand über Art und Umfang der zu erbringenden Bauleistungen zu kommen. Daran hat zunächst der AG gearbeitet, um zur Ausschreibung zu kommen. Der AN braucht aber nicht nur das Ergebnis dieser Arbeit in Form eines LV oder eines Leistungsprogramms; er braucht auch die Einzelermittlungen dazu, z.B. im Form des Raumbuches mit zugeordneten Teilleistungen und Mengen. Verfügt der AN über diese Informationen, so erspart er sich zunächst einmal einen erheblichen Aufwand in der Projektanalyse. Der AN könnte früher, z.B. noch vor der Vertragsunterschrift erkennen, wo Schwächen und Probleme liegen, um diese mit dem AG zu beraten und zu lösen. Die Stärke des AN in Form der Kenntnis um die Möglichkeiten der Ausführung würde für das Projekt genutzt. Das Zusammenwirken in der Projektplanung würde eine bessere Grundlage für die Ausführung schaffen und jeder Seite Planungs- und Bauleitungskosten ersparen. Frühzeitige Problemerkennung und Problemlösung erspart erhebliche Zusatzkosten in der Bauausführung – und Ärger.

So bedauerlich und schädlich es ist: Die Realität am Markt ist eher eine Gegnerschaft zwischen AG und AN als eine Partnerschaft. Dennoch muss Partnerschaft keine Utopie bleiben.

Utopie? Realität? Gleich wie: Am Ende der Verhandlungen wird eine Leistungsbeschreibung mit Leistungsverzeichnis oder mit Leistungsprogramm stehen, die inhaltlich mehr oder weniger nahe an den tatsächlichen Verhältnissen liegt. Der AN kann je nach Wissen um die tatsächlichen Verhältnisse mehr oder weniger gut einschätzen, ob die auf dieser Grundlage vereinbarte Vergütung eine realistische Größe ist oder inwieweit nicht.

Der Unternehmer sollte bereits in der Angebotsphase überprüft haben, wie sich Leistungsarten und – umfang tatsächlich einstellen werden. Er kann dies natürlich nur tun, soweit Informationen über das Projekt zugänglich sind. Zu diesen Informationen gehören auf jeden Fall die Ausschreibungspläne und die technischen Beschreibungen. Die Ortskenntnis wird weitere Aufschlüsse gegeben haben, vielleicht auch manche sonstige Erkundung. Diese verbesserte Kenntnis muss Grundlage der Kostenermittlung und der Preisbildung für das Angebot gewesen sein, nicht alleine die Leistungsbeschreibung der Ausschreibung.

Natürlich wurden nur die tatsächlich ausgeschriebenen Leistungen angeboten, also Leistungen, die zu Ausführung kommen werden oder auch nicht, sowie Leistungen, die mit größeren oder geringeren Mengen zur Ausführung kommen werden. Auf keinen Fall wurden weitere notwendige Leistungen angeboten, die vom Ausschreibenden übersehen wurden, befindet man sich doch im scharfen Wettstreit mit Mitbewerbern. Selbst, wenn ein gutes Verhältnis mit dem AG ein "offenes Wort" ermöglichen sollte, wird es nicht im "offiziellen" Angebot zu finden sein.

Abgesehen von Situationen, in denen das Verhältnis zwischen AN und AG ein anderes Verfahren ermöglicht, werden die Schwächen der Ausschreibung zu Gunsten einer niedrigeren Angebotssumme und zur Verbesserung der Bonität von Preisen im späteren Abrechnungsfall genutzt worden sein. Voraussetzung war natürlich, dass eine Projektanalyse die Schwächen der Ausschreibung aufgedeckt hat.

Sollten die Arbeitsergebnisse der Angebotsphase noch nicht unter Nutzung der verbesserten Projektkenntnis zustande gekommen sein, so wird es dem Unternehmer nicht mehr gelingen, den maximal möglichen Vorteil bei der Vertragsgestaltung herauszuholen. Um nun nicht aber auch noch in die denkbar schlechteste Situation zu geraten, muss die sorgfältige Projektanalyse unbedingt noch vor der Unterzeichnung des Vertrages nachgeholt werden. Nur auf dieser Grundlage kann die richtige Antwort auf die wichtigsten Fragen gefunden werden:

- Wie hoch wird voraussichtlich der Gesamterlös sein?
- Wie hoch werden voraussichtlich die zugehörigen Gesamtkosten sein?
- Inwieweit wird die Differenz als Deckungsbeitrag für die Allgemeinen Geschäftskosten ausreichen?

Die Beantwortung dieser Fragen ist die Aufgabe der sog. Auftragskalkulation.

4 Überführung des Datenbestandes in die Projektphase 2

In Abschnitt B, Kap. 2.2 wurde dargelegt, dass der Datenbestand eines Projektes aus der Angebotsphase (Projektphase 1) kopiert wird, und in der Kopie die Fortschreibungen der Projektphase 2 vorgenommen werden. Es genügt jedoch nicht, dass der Datenbestand nur kopiert wird. Mit der Kopie müssen die angebotenen Preise vor ungewollten Veränderungen geschützt werden. Eine Änderung eines angebotenen Preises kommt nämlich nur noch dann in Frage, wenn die Auftragsverhandlung zu einem solchen Ergebnis geführt hat. Überprüfungen der Kosten, welche Aufgabe der Auftragskalkulation sind, dürfen nicht zu Änderungen der angebotenen Einheitspreise führen.

Die Überführung des Datenbestandes in die Projektphase 2 muss bewirken:

- Sämtliche Daten des Projektes werden 1:1 kopiert.
- Projektname und Projektnummer werden beibehalten.
- In der Projektverwaltung ist die Kopie als Datenbestand der Phase 2 zu erkennen.
- Alle angebotenen Preise aus der Projektphase 1 werden als Festpreise gekennzeichnet, womit sie nur noch durch direkten Eingriff veränderbar sind, nicht aber durch Änderungen der Kostenkalkulation und der Einzelkostenzuschläge (siehe auch Abschnitt C, Kap. 5.3).

Die internen Abschätzungen von tatsächlich zu erwartenden Erlösen und Kosten basieren auf den voraussichtlichen Ausführungsmengen (VA-Mengen) der Teilleistungen (Abschnitt D, Kap. 3.5), nicht auf den LV-Mengen als Mengen lt. Ausschreibung. Dabei spielt auch die Beurteilung der Sonderpositionsarten (Alternativ-, Bedarfs-, Regiepositionen) eine Rolle. Sofern keine Informationen vorliegen, die sicher genug auf voraussichtliche Ausführungsmengen > 0,00 dieser Positionsarten schließen lassen, wird man deren VA-Mengen auf 0,00 setzen. Es ist hilfreich, wenn das Verfahren der Überführung des Datenbestandes in die Projektphase 2 die Möglichkeit gibt, diese Mengen automatisch auf 0,00 setzen zu lassen.

Die Beurteilung der Sonderpositionen ist wichtig für die Vorausschau auf Deckungsbeitrag und Ergebnis (vergl. das folgende Kapitel zur Auftragskalkulation). Wurden in der Angebotsphase kalkulierte BGK umgelegt, so werden in der Regel die Kosten der Sonderpositionen nicht zur Umlagebasis gezählt worden sein, weil deren Ausführung unsicher ist. Dennoch werden dann die berechneten EKZ auch auf die Kosten der Sonderpositionsarten angewendet worden sein. Werden diese dann ausgeführt, ergeben sich zusätzliche Deckungsbeiträge für BGK. Eine VA-Menge von 0,00 in Sonderpositionsarten entspricht einer vorsichtigen Projektbewertung, weil damit zunächst keine zusätzlichen Deckungsbeiträge berücksichtigt werden.

5 Die Auftragskalkulation

5.1 Aufgaben der Auftragskalkulation

Aufgabe der Kalkulation in der Phase 2 - also der Auftragskalkulation – ist es, Erlös und Kosten auf möglichst realistischer Grundlage zu ermitteln und auf dieser Grundlage eine Ergebnisprognose abzugeben. Das intern gültige Ergebnis der Auftragskalkulation beruht also – soweit die Kenntnislage reicht - auf

- den ausgeschriebenen und angebotenen Teilleistungen, aber mit den voraussichtlichen Ausführungsmengen (VA-Mengen) unter spezieller Beurteilung der Sonderpositionsarten,
- den zugehörigen kalkulierten Kosten auf möglichst realistischer Grundlage,
- den kalkulierten Baustellengemeinkosten, wobei deren erforderliches Gesamtvolumen auf die tatsächlich zu erbringende Bauleistung abzustimmen ist,
- Abschätzung von Kostenrisiken, die in dem Projekt selbst begründet sind,
- den angebotenen bzw. zur Diskussion stehenden Erlösen unter Einbeziehung von Nachlässen und Pauschalierungen,
- Abschätzungen zu möglichen Nachträgen mit zusätzlichen Kosten und realistisch eingeschätzten Erlösen,
- Abschätzung von Erlösrisiken bei Vertragsstrafen.

Diese Untersuchungen liefern letztlich die Aussagen über

- den voraussichtliche Gesamterlös
- die voraussichtlichen Gesamtkosten (Herstellkosten)

Die Gesamt-Herstellkosten sind die Kosten der Baustelle einschl. der Baustellengemeinkosten (BGK).

5.2 Neutralisierung von spekulativen Ansätzen

Damit obige Aussagen nicht von vornherein verfälscht sind, muss unbedingt darauf geachtet werden, dass evtl. Kostenverlagerungen zwischen Teilleistungen, die im Zuge der Optimierung der Angebotssumme vorgenommen wurden, nunmehr rechnerisch neutralisiert sind. Die internen Auswertungen zu den Kosten sind nur dann richtig, wenn die Kosten wieder in der richtigen Höhe in der richtigen Teilleistung stehen und mit den dortigen VA-Mengen ausgewertet werden.

Die Einheitspreise verschiedener Teilleistungen mögen im Angebot aus taktischen Erwägungen herauf- oder heruntergesetzt worden sein. Auf den Erlös aus der einzelnen Position kommt es aber letztlich gar nicht an, sondern nur auf den Gesamterlös aus der Summe aller Teilleistungen (incl. Nachträge) auf Basis der VA-Mengen.

Damit Kalkulationsansätze, die in der Angebotsphase aus spekulativen Gründen zustande gekommen sind, rechnerisch leicht neutralisiert werden können, gilt folgende dringende Empfehlung zur Handhabung in der Angebotsphase:

Veränderungen der Kostenkalkulation aus spekulativen Gründen werden in der Angebotskalkulation über eigene Unterpositionen eingebracht. Die dortigen Ansätze umfassen nur die Änderung, während die ursprünglichen Ansätze der Teilleistung unverfälscht stehen bleiben.

Wurde so verfahren, besteht das Verfahren der rechnerischen Neutralisierung lediglich darin, dass die speziellen Unterpositionen gesperrt werden. Sie werden nicht gelöscht, weil die Inhalte die Erklärung für den "ungewöhnlichen" Einheitspreis der Position sind.

5.3 Festpreise an Stelle berechneter Preise

Der wesentliche Unterschied zu den Bearbeitungen in der Angebotsphase ist, dass in der Phase der Auftragsverhandlung für bereits bekannte Bauleistungen keine neuen Angebotspreise gebildet werden können. Es wird nur überprüft, in wie weit die angebotenen oder nunmehr zur Diskussion stehenden Preise zur Deckung der Kosten ausreichen. Der Erlös wird nicht mehr aus den Kosten neu entwickelt, sondern aus vorhandenen Angebotspreisen und zusätzliche Vergütungsbedingungen errechnet.

In der Projektphase 2 sind die Preise keine auf der Grundlage der Auftragskalkulation und Einzelkostenzuschläge berechneten Preise, sondern es sind aus der Angebotsphase übernommene Festpreise. Die angebotenen Preise wurden mit dem Phasenwechsel als Festpreise eingesetzt. (siehe Abschnitt C, Kap. 4). Diese Festpreise dürfen nur noch auf Grund eines Verhandlungsergebnisses geändert werden.

Sollten die Kosten einer Position im Zuge der Auftragskalkulation verändert worden sein, z.B. weil Ansätze vor spekulativem Hintergrund neutralisiert wurden (siehe Abschnitt C, Kap. 5.2), so ist das Ergebnis aus Kosten und Einzelkostenzuschlag (EKZ) nicht mehr identisch mit dem aus der Angebotsphase kopierten Preis, der jetzt ein Festpreis ist. Es muss eine Differenz ausgewiesen werden.

Beispiel:

Festpreis:	130,00
Kosten lt. Aauftragskalkulation:	-100,00
EKZ (20 %)	-20,00
Einheitspreisdifferenz (EPD):	10,00

In der Auftragskalkulation kann eine Differenz zwischen dem angebotenen Preis bzw. Vertragspreis und den Kosten zuzügl. EKZ bestehen. Diese Einheitspreisdifferenz ist

$$\textbf{EPD = Festpreis – EKT} - \sum(\textbf{EKT}_i \textbf{ x EKZ}_i \textbf{in \%})$$

Neue Preise können nur noch für zusätzliche Bauleistungen oder bei wesentlich veränderten Randbedingungen bisher bekannter Teilleistungen angeboten werden; aber auch hier geben das bisher vorliegende Angebot und die Verhandlungsposition Grenzen vor. Bei neu angebotenen Positionen ist der berechnete EP wie in der Angebotskalkulation

$$EP = EKT + \sum(EKT_i \text{ x } EKZ_i \text{in } \%)$$

Statt des berechneten EP kann auch bei Nachtragsangeboten ein Festpreis eingesetzt werden. Soweit die Position beauftragt wurde, wird letztlich immer ein Festpreis in Höhe des vereinbarten Preises eingesetzt, so dass gilt:

Alle vertraglich vereinbarten Preise werden in der Auftragskalkulation als Festpreise eingetragen, so dass sie gegen ungewollte Veränderungen geschützt sind.

5.4 Deckungsbeitrag, Soll-AGK und Ergebnis

Die Differenz aus Erlös und Kosten ist der voraussichtliche Beitrag des Projektes zur Deckung der Allgemeinen Geschäftskosten des Unternehmens:

voraussichtlicher Projekt-Deckungsbeitrag =

= (voraussichtlicher Gesamterlös) – (voraussichtliche Gesamtkosten)

Der Vergleich dieses Wertes mit dem erforderlichen Wert zur Deckung der Allgemeinen Geschäftskosten liefert die Antwort, welches Ergebnis das Projekt zu den anvisierten Bedingungen der Vergütung liefern wird:

voraussichtliches Projekt-Ergebnis =

= (voraussichtlicher Projekt-Deckungsbeitrag) – (Soll-AGK)

Der Betrag der Soll-AGK wird in der Regel unter Anwendung eines Prozentsatzes für AGK - entweder bezogen auf den Umsatz (=Erlös) oder bezogen auf die Herstellkosten (HK) – ermittelt:

(Soll-AGK) = (voraussichtlicher Gesamterlös) x (Soll-AGK in % v. Umsatz)

oder

(Soll-AGK) = (voraussichtliche Gesamtkosten) x (Soll-AGK in % v. HK)

Es sei nochmals wiederholt: Diese internen Berechnungen müssen auf der Basis eines möglichst zuverlässig abgeschätzten Leistungsvolumens durchgeführt werden.

Der Vergleich des voraussichtlichen Deckungsbeitrages bzw. des voraussichtliche Projekt-Ergebnisses mit der vom Unternehmen aufgrund der aktuellen Markt- und Beschäftigungslage entwickelten Zielvorstellung liefert die Auskunft, ob den vorgesehenen Vergütungen für die im Vertrag benannten Leistungen zugestimmt werden kann.

Der eigentliche Bauvertrag benennt dann aber nur eine vorläufige Höhe der Vergütung, nämlich für die dort beschriebenen Leistungen. Bei einem Einheitspreisvertrag ist letztlich keinerlei Gesamtvergütung, bei einem Pauschalvertrag ist die Gesamtvergütung nur für die beschriebene Leistung endgültig geregelt.

5.5 Projektauswertung

Mit den folgend abgebildeten Schlussauswertungen eines Projektes soll eine der Hauptaufgaben der Auftragskalkulation nochmals verdeutlicht werden, die darin liegt, dem Unternehmer aufgrund einer sorgfältigen Projektanalyse aufzuzeigen, welchen Verhandlungsspielraum er hat.

Abbildung 53 zeigt eine Projektauswertung, wie sie sich im Falle eines Einheitspreisvertrages abzeichnen könnte. Die Untersuchungen werden auf der Grundlage der Mengen durchgeführt, wie sie zum einen vom AG ins Gespräch gebracht sind und wie zum anderen vom AN intern festgestellt wurden.

- Vom AG ins Gespräch gebrachte Mengen = LV-Mengen
  - mit Sonderpositionen
  - ohne Sonderpositionen
- Vom AN intern festgestellte Mengen = VA-Mengen,
  u.U. auch für Leistungen, welche erst später in Form von Nachtragsangeboten eingeführt werden.

	für LV-Menge				**für VA-Menge**	
	mit SoPo		ohne SoPo			
	Betrag	%	Betrag	%	Betrag	%
Angebotssumme vor Nachlässen	3.158.772	101,09%	3.134.057	101,09%	3.208.935	101,09%
Nachlässe	-33.993	-1,09%	-33.650	-1,09%	-34.448	-1,09%
voraussichtlicher Erlös (Umsatz)	**3.124.779**	**100,00%**	**3.100.407**	**100,00%**	**3.174.487**	**100,00%**
voraussichtliche Kosten	**2.823.036**	**90,34%**	**2.802.996**	**90,41%**	**2.849.022**	**89,75%**
voraussichtlicher Deckungsbeitrag	301.743	9,66%	297.411	9,59%	325.465	10,25%
Soll-AGK (8 % vom Umsatz)	249.982	8,00%	248.033	8,00%	253.959	8,00%
voraussichtliches Ergebnis	**51.761**	**1,66%**	**49.378**	**1,59%**	**71.506**	**2,25%**

Abbildung 53: Vorausschau auf Projektergebnis für verschiedene Mengen

Für den Unternehmer ist immer die Berechnung auf Basis der VA-Mengen maßgebend. Diese Werte sind in der Regel interne Zahlen, die dem AG nicht bekannt gegeben werden. In der Verhandlung mit dem AG kann offiziell nur mit den Zahlen auf der Grundlage der vom AG benannten LV-Mengen argumentiert werden.

Es kann sein, dass das Angebots-LV im Zuge der Auftragsverhandlungen bereits aufgrund von Angaben durch den AG zu modifizieren war:

- Es wurden Nachtragsangebote zu neuen Leistungen angefordert und angeboten.
- Die LV-Mengen von angebotenen Teilleistungen wurden anders angegeben.
- Die Einstufungen von Teilleistungen als Sonderpositionsarten wurden geändert.

In den Auswertungen nach LV-Mengen sind letztlich diese aktuellen Informationen zugrunde zu legen.

Auf der Seite des Erlöses müssen auf jeden Fall sämtliche eingeräumten bzw. geforderten Nachlässe berücksichtigt werden. Deshalb ist definiert:

Erlös = Summe(Mengen x EP) abzgl. Nachlässe

Falls die Vereinbarung von Vertragsstrafen für den Fall verschuldeter Terminverzögerungen zur Diskussion steht, muss der AN sein diesbezügliches Risiko selbstkritisch einschätzen.

Der ausgewiesene voraussichtliche Deckungsbeitrag ist der Beitrag des Projektes zur Deckung der Allgemeinen Geschäftskosten des Unternehmens. Nach Abzug eines Vorgabewertes für AGK verbleibt das voraussichtliche Ergebnis. Im Beispiel der Abbildung 53 wurde mit Soll-AGK in Höhe von 8,00 % bezogen auf den Umsatz gerechnet. Daraus ergibt sich für VA-Mengen ein voraussichtliches Ergebnis in Höhe von EUR 71.506,- oder 2,25 % bezogen auf Umsatz. In dem Beispiel gestaltet sich die Situation für VA-Mengen etwas günstiger als für LV-Mengen.

Die Werte für VA-Mengen in Abbildung 53 werden folgend unter Verwendung der weiter oben genannten Formeln nachgewiesen, wobei die Beträge für Erlös und Kosten als Summen aus irgendeiner Projektauswertung zu verstehen sind:

Voraussichtl. DB = (Voraussichtl. Erlös) – (voraussichtl. Kosten)	
Voraussichtl. DB = 3.174.487 – 2.849.022	= 325.465
Soll-AGK = 8,00 % vom Umsatz = 8,00 % x (3.174.487)	= 253.959
Voraussichtl. Ergebnis = (Voraussichtl. DB) – (Soll-AGK)	
Voraussichtl. Ergebnis = 325.465 – 253.959	= 71.506
Voraussichtl. Ergebnis in % vom Umsatz = 100 x 71.506/3.174.487	= 2,25 %

Will der AG den Auftrag pauschalieren, so muss der Unternehmer im oben gezeigten Beispiel darauf drängen, dass eine höhere Pauschalsumme als die momentan angebotene Summe vereinbart wird, weil die Kosten auf der Basis von VA-Mengen höher sein werden als die Kosten auf der Basis der LV-Mengen. Die Berechnung auf Basis der VA-Mengen signalisiert dem Unternehmer, dass er in diesem Fall einen Zuschlag für die Übernahme des Mengenrisikos braucht. Entweder argumentiert er in der Richtung, dass die Übernahme des Mengenrisikos allgemein nur mit Zuschlag auf die Angebotssumme möglich ist, oder er legt die VA-Mengen offen. Natürlich kann trotz eigener Mengenermittlung immer noch ein Mengenrisiko bestehen.

Erkennt der AN schon zu diesem Zeitpunkt, dass er trotz Pauschalierung Chancen auf Nachträge haben wird, so kann er dieses Volumen ergänzend in seine Betrachtungen einfließen lassen.

In dem gezeigten Beispiel wird davon ausgegangen, dass eine Pauschale in Höhe von EUR 3.170.000,- zur Diskussion steht. Diese Summe ist der Erlös für jegliche Mengengrundlage der Teilleistungen, womit sich das voraussichtliche Ergebnis wie in Abbildung 54 gezeigt darstellt.

	für LV-Menge				**für VA-Menge**	
	mit SoPo		ohne SoPo			
	Betrag	%	Betrag	%	Betrag	%
Angebotssumme vor Nachlässen	3.158.772	99,65%	3.134.057	98,87%	3.208.935	101,23%
Nachlässe	-33.993	-1,07%	-33.650	-1,06%	-34.448	-1,09%
Angebotssumme nach Nachlässen	3.124.779	98,57%	3.100.407	97,80%	3.174.487	100,14%
Pauschalerlös (Umsatz)	**3.170.000**	**100,00%**	**3.170.000**	**100,00%**	**3.170.000**	**100,00%**
voraussichtliche Kosten	**2.823.036**	**89,05%**	**2.802.996**	**88,42%**	**2.849.022**	**89,87%**
voraussichtlicher Deckungsbeitrag	346.964	10,95%	367.004	11,58%	320.978	10,13%
Soll-AGK (8 % vom Umsatz)	253.600	8,00%	253.600	8,00%	253.600	8,00%
voraussichtliches Ergebnis	**93.364**	**2,95%**	**113.404**	**3,58%**	**67.378**	**2,13%**

Abbildung 54: Vorausschau auf Projektergebnis (Pauschalvertrag)

Maßgebend für die Beurteilung ist wiederum das Ergebnis auf Basis der VA-Mengen. Wenn die VA-Mengen auszuführen sind, ist ein Ergebnis in Höhe von EUR 67.378,- oder 2,13 % zu erwarten und nicht in Höhe von 3,58 % z.B. bei Ausführung der LV-Mengen ohne Sonderpositionen.

Sind die Kosten aufgrund der VA-Mengen geringer als für LV-Mengen, so besteht für den Unternehmer ein größerer Verhandlungsspielraum im Falle der Forderung nach einer Pauschalierung. Er wird dann vielleicht von sich aus eine Pauschalierung anbieten, um sein Ergebnis zu verbessern. Voraussetzung ist natürlich auch jetzt, dass man der eigenen Mengenermittlung vertrauen kann. Eine solche Ausgangssituation zeigt Abbildung 55.

	für LV-Menge				**für VA-Menge**	
	mit SoPo		ohne SoPo			
	Betrag	%	Betrag	%	Betrag	%
Angebotssumme vor Nachlässen	3.158.772	101,09%	3.134.057	101,09%	3.107.085	101,08%
Nachlässe	-33.993	-1,09%	-33.650	-1,09%	-33.083	-1,08%
voraussichtlicher Erlös (Umsatz)	**3.124.779**	**100,00%**	**3.100.407**	**100,00%**	**3.074.002**	**100,00%**
voraussichtliche Kosten	**2.823.036**	**90,34%**	**2.802.996**	**90,41%**	**2.776.408**	**90,32%**
voraussichtlicher Deckungsbeitrag	301.743	9,66%	297.411	9,59%	297.594	9,68%
Soll-AGK (8 % vom Umsatz)	249.982	8,00%	248.033	8,00%	245.920	8,00%
voraussichtliches Ergebnis	**51.761**	**1,66%**	**49.378**	**1,59%**	**51.674**	**1,68%**

Abbildung 55: für den AN günstige Ausgangssituation vor Pauschalierung

Mit einer Pauschalsumme von z.B. EUR 3.110.000,- (siehe Abbildung 56) würde der AN dem AG vermeintlich entgegenkommen, könnte sein voraussichtliches Ergebnis aber gegenüber einem Einheitspreisvertrag verbessern (von 1,68 % auf 2,73 %).

	für LV-Menge				**für VA-Menge**	
	mit SoPo		ohne SoPo			
	Betrag	%	Betrag	%	Betrag	%
Angebotssumme vor Nachlässen	3.158.772	101,57%	3.134.057	100,77%	3.107.085	99,91%
Nachlässe	-33.993	-1,09%	-33.650	-1,08%	-33.083	-1,06%
Angebotssumme nach Nachlässen	3.124.779	100,48%	3.100.407	99,69%	3.074.002	98,84%
Pauschalerlös (Umsatz)	**3.110.000**	**100,00%**	**3.110.000**	**100,00%**	**3.110.000**	**100,00%**
voraussichtliche Kosten	**2.823.036**	**90,77%**	**2.802.996**	**90,13%**	**2.776.408**	**89,27%**
voraussichtlicher Deckungsbeitrag	286.964	9,23%	307.004	9,87%	333.592	10,73%
Soll-AGK (8 % vom Umsatz)	248.800	8,00%	248.800	8,00%	248.800	8,00%
voraussichtliches Ergebnis	**38.164**	**1,23%**	**58.204**	**1,87%**	**84.792**	**2,73%**

Abbildung 56: Vorausschau im Falle der Pauschalierung mit EUR 3.110.000,-

5.6 Vergleiche bei Sondervorschlägen

Für den Fall, dass mehrere Ausführungsvarianten (Bauseitige Ausschreibung und Sondervorschläge) angeboten wurden und noch nicht feststeht, welche der Varianten zur Ausführung kommen wird, müssen die vorstehend genannten Untersuchungen für alle noch in Frage kommenden Lösungen durchgeführt werden. Angebotene Sondervorschläge sollten an sich einen besseren Deckungsbeitrag ausweisen, weil sie ja nur dann für das Unternehmen von Vorteil sind. Eine solche Situation zeigt Abbildung 57.

	Bauseitiger Vorschlag **für VA-Menge**		Sondervorschlag 1 **für VA-Menge**		Sondervorschlag 2 **für VA-Menge**	
	Betrag	%	Betrag	%	Betrag	%
voraussichtlicher Erlös (Umsatz)	**3.174.487**	**100,00%**	**3.114.856**	**100,00%**	**3.089.701**	**100,00%**
voraussichtliche Kosten	**2.849.022**	**89,75%**	**2.724.253**	**87,46%**	**2.690.031**	**87,06%**
voraussichtlicher Deckungsbeitrag	325.465	10,25%	390.603	12,54%	399.670	12,94%
Soll-AGK (8 % vom Umsatz)	253.959	8,00%	249.188	8,00%	247.176	8,00%
voraussichtliches Ergebnis	**71.506**	**2,25%**	**141.415**	**4,54%**	**152.494**	**4,94%**

Abbildung 57: Ergebnisvorausschau bei mehreren Projektvarianten

Bei Sondervorschlägen des AN werden Positionen, die der AN neu eingeführt hat bzw. Positionen aus der bauseitigen Ausschreibung (= Ausschreibung des AG), zu denen der AN neue Mengen angegeben hat, in der Regel als Positionen mit Pauschalerlös zu betrachten sein. Bei pauschalierten Positionen besteht ein mengenunabhängiger Erlös; die VA-Mengen bestimmen nur über die Kosten. Diese Randbedingungen müssen bei der Berechnung des Erlöses der Sondervorschläge berücksichtigt sein.

Sollte die Auswertung bei Sondervorschlägen eine ungünstigere Ergebnisvorausschau ergeben als der bauseitige Vorschlag, so wurde bereits mit dem Angebot einer solchen Variante ein strategischer Fehler begangen. Dann hilft evtl. nur noch der Versuch, die vorgeschlagene Lösung hinsichtlich der technischen Qualität selbst in Frage zu stellen.

Ausdrücklich gewarnt werden muss vor der "Schönrechnerei" von Sondervorschlägen in der Angebotsphase, die gerne geschieht, weil man von dem eigenen technischen Vorschlag so begeistert ist. Oft werden erhöhte technische Risiken eingegangen, ohne dass die Kosten entsprechend eingeschätzt werden. So ist z.B. manche ausgeführte kühne Brückenkonstruktion zwar ein Denkmal der Ingenieurskunst, leider aber auch für ein betriebswirtschaftliches Fiasko.

Ebenfalls gewarnt werden muss vor so manchem Angebot zu einem pauschal angebotenen Projekt des Schlüsselfertigbaus, wenn die Angebotssumme nicht über ausreichend detaillierte Leistungsverzeichnisse oder gar nur über Schätzungen per Kennzahlen ermittelt wurde. Es gibt genügend Beispiele solcher Projekte, bei denen man sich zur Vertragsunterschrift gratuliert hat, die letztlich aber mit Verlusten in Höhe 2- oder 3-stelliger Prozentzahlen abgeschlossen haben. Die Hauptursachen waren dann in der Regel die fehlenden sorgfältigen Projektanalysen in den Projektphasen vor der Ausführung, also in der Angebotsphase und in der Phase der Auftragsverhandlung.

Deutliche Fehleinschätzung eines Projektes müssen natürlich schon im Angebot verhindert werden. Wenn ein solcher Fehler aber passiert sein sollte, muss er als solcher auf jeden Fall noch vor dem Zeitpunkt der Vertragsunterschrift aufgedeckt werden. Auch diese Aufgabe hat die Auftragskalkulation. Vielleicht kann das "Unglück" nicht mehr ganz verhindert werden; mit der frühzeitigen unangenehmen Erkenntnis wird man aber immerhin die Auswirkungen des Fehlers minimieren können.

5.7 Nochmalige Überarbeitung

Das prognostizierte Ergebnis ist mit den eigenen Erwartungen zu vergleichen, bevor die Vertragsunterschrift geleistet wird. Sollte es unter den Erwartungen liegen, wird nochmals eine Überprüfung der bisher angesetzten Kosten vorgenommen. Diese Überprüfung wird sich in der Regel aber auf Abschätzungen in wesentlichen Kostenbereichen beschränken und zwar dahingehend, um welchen Prozentsatz die bisherigen Annahmen reduziert werden können, ohne dass das Risiko zu groß wird.

Sollten prozentuale Preisnachlässe zur Diskussion stehen, und weicht das darauf basierende prognostizierte Ergebnis aus diesem Grund von den Erwartungen ab, so wird man zunächst versuchen abzuschätzen, ob die Kosten im Durchschnitt noch entsprechend reduziert werden könnten. Erst, wenn dazu doch bereichsweise Betrachtungen erforderlich werden, wird man mehr ins Detail gehen.

Die Ergebnisse der Überprüfung der Kosten sollten unbedingt in die Auftragskalkulation eingepflegt werden, damit sie ihre Aussagekraft behält. Bereichsweise prozentuale Änderungen der Kosten werden in rationeller Weise über die Kosten- bzw. Mengenfaktoren der Kostenarten im Katalog der Kostenarten (vergl. Abschnitt B, Kap. 5.4) oder über die Rabattsätze im Katalog der Artikel vorgenommen (vergl. Abschnitt B, Kap. 5.7).

Nach einer solchen Überarbeitung liefert die Auftragskalkulation die endgültige Aussage über das zu erwartende Ergebnis. Mit der Vertragsunterschrift auf dieser Grundlage hat das Unternehmen diese Aussage akzeptiert. Es ist die Erwartung, mit der an die Ausführung gegangen wird.

Sollte das prognostizierte Ergebnis ein Gewinn sein, so stehen zur Deckung der Kosten genau die Beträge in Höhe der jetzt noch ausgewiesenen kalkulierten Kosten zur Verfügung, gleich wie hoch der Gewinn auch sein mag. Für den Fall, dass das prognostizierte Ergebnis ein Verlust ist, gilt aber dieselbe Kostenaussage, d.h. man nimmt in Kauf, dass zur Deckung der Kosten ein höherer Betrag zur Verfügung gehalten werden muss, als es der Erlös erlaubt. Die Annahme des Auftrages war in diesem Fall eine unternehmerische Entscheidung unter Berücksichtigung von Gründen, die außerhalb des Projektes liegen. Das Festhalten an den ausgewiesenen Kosten unabhängig von Gewinn oder Verlust hat ausschlaggebende Bedeutung für die Bestimmung der Budgets (siehe folgendes Kapitel).

Sollten prozentuale oder pauschale Preisnachlässe ganz oder teilweise zwar den Kosten zugewiesen, aber doch nicht mehr in die Kosten eingearbeitet worden sein, so ist dieser Umstand vorzumerken, weil er einen Einfluss auf die Bestimmung der Budgets hat.

6 Vorschlagswerte für die Budgetplanung der Ausführung

Bei einer Kalkulation auf der Basis der Vollkosten geht man davon aus, dass die Erlöse folgende Kosten vollständig abdecken:

- die direkten Kosten der vertraglichen Teilleistungen } = Herstellkosten
- die Baustellengemeinkosten (BGK) }
- die anteiligen Allgemeinen Geschäftskosten (AGK) des Unternehmens

Darüber hinaus soll der Erlös zu einem Gewinn in der vorgegebenen Höhe führen.

So mag in der Angebotskalkulation verfahren worden sein. Die Auftragskalkulation zeigt nun auf, wie die Verhältnisse voraussichtlich sein werden (siehe vorstehendes Kap. 5.5), wobei mit der dortigen Kostenkalkulation eine verbindliche Zielvorstellung zu den Herstellkosten gegeben ist. Parallel wurde ein voraussichtliches Projektergebnis ermittelt und ebenso als Ziel akzeptiert, ob erfreulich oder unerfreulich (siehe vorstehendes Kap. 5.7).

Je nach dem, ob Preisnachlässe, die ganz oder teilweise den Kosten zugewiesen wurden, noch in die Kosten eingearbeitet wurden oder nicht, sind die Kosten lt. Auftragskalkulation entweder endgültige oder noch zu modifizierende Zielvorstellungen zu den Herstellkosten.

Damit sind die Kosten lt. Auftragskalkulation entweder direkt die Budgets, die zur Deckung der Herstellkosten zur Verfügung stehen, oder die Berechnungsgrundlage für die Budgets.

Da sich diejenigen Personen, welche die Gesamtverantwortung für das Projekt tragen, auf die Aussagen der Auftragskalkulation gestützt haben, gilt:

Der Erfolg derjenigen Personen, welche die Gesamtverantwortung für das Projekt tragen, wird daran gemessen, ob die tatsächlichen Herstellkosten des Projektes durch die Budgets gedeckt sind.

Die Kosten lt. Auftragskalkulation hängen von Mengen der Teilleistungen ab. Nun stellt sich die Frage, ob dies auch für die Budgets gilt. Die Antwort ergibt sich aus folgender Definition, die immer gültig ist, unabhängig davon, ob der Erlös zur Deckung aller Kosten ausreicht oder nicht:

Budgets sind <u>feste Anteile am Erlös</u> zur Deckung der Herstellkosten.

Folglich richtet sich das Budget nach der Art des Erlöses:

- Wird eine Leistung über Einheitspreise abgerechnet, so ist der Vertragspreis der Preis pro Mengeneinheit. Der Gesamterlös richtet sich nach der abgerechneten Menge der Teilleistung. Folglich gilt für das Budget: Basiswert ist das Budget pro Mengeneinheit, das Gesamtbudget richtet sich nach der abgerechneten Menge der Teilleistung. Gesamterlös und Gesamtbudget sind variabel und richten sich nach der abgerechneten Menge der Teilleistung.
- Wird eine Leistung über eine Vertragspauschale abgerechnet, so ist der Vertragspreis ein Pauschalbetrag. Der Erlös ist fest und mengenunabhängig. Folglich gilt

für das Budget: Das Budget ist ein Pauschalbudget. Das Budget ist fest und mengenunabhängig.

Daraus folgt, dass folgende Kostenaussagen der Auftragskalkulation maßgebend für die Budgets sind:

- Bei Leistungen, die mengenabhängig über Einheitspreise abgerechnet werden, sind die kalkulierten Kosten pro Mengeneinheit die Grundlage zur Bestimmung der Budgets.
- Bei Leistungen, die pauschal abgerechnet werden, sind die kalkulierten Gesamtkosten der zugehörigen Teilleistungen mit ihren VA-Mengen die Grundlage zur Bestimmung der Budgets. Berechnungsgrundlage für das Pauschalbudget ist die Kostensumme auf der Ebene des Pauschalerlöses.

Aus beiden Punkten kann gefolgert werden:

Die für die Berechnung der Budgets maßgebenden Kosten sind die Kosten auf der Ebene der Vertragspreise.

Ergänzend muss aber festgehalten werden, dass auch die kalkulierten und in der Angebotsphase umgelegten BGK ein Budget haben. Grundlage sind auch hier die Kosten lt. Auftragskalkulation. Das BGK-Budget ist immer ein Pauschalbudget.

Auf Einzelheiten der Berechnung und Planung von Budgets wird in einem gesonderten Kapitel zur Projektphase 3 eingegangen (Abschnitt F, Kap. 2).

7 Die beim AG zu hinterlegende Kalkulation

Regelt der Vertrag, dass die Kalkulation beim AG zu hinterlegen ist, so werden Kostenkalkulation und Einzelkostenzuschläge indirekt zum Bestandteil des Vertrages zumindest insoweit, als bei Nachtragsangeboten darauf Bezug zu nehmen ist. Es liegt beim Unternehmen, ob es die Angebots- oder die Auftragskalkulation dafür verwendet. Auf jeden Fall wird der Unternehmer zu prüfen haben, welche Informationen interner Art aus dieser Fassung zu entfernen sind und welche Informationen dem AG in anderer Form vorgelegt werden müssen. Bei dieser modifizierten Form der Kalkulation spricht man dann auch von der sog. Hinterlegkalkulation.

An dieser Stelle sei eine kritische Anmerkung erlaubt, die sich auf Versuche bezieht, beim AG eine manipulierte Kalkulation zu hinterlegen, deren Inhalte immer nur dem AN zum Vorteil gereichen sollen. Ein solcher Versuch setzt voraus, dass man bereits im Voraus Art und Umfang der Einflüsse kennt, die einmal Grund zur Verwendung der Hinterlegkalkulation sein werden. Eine entsprechend sichere Vorausschau wird aber nur in den wenigsten Fällen möglich sein. Es kann also durchaus sein, dass sich manche Darstellung in der Hinterlegkalkulation zum Nachteil des AN auswirkt oder ihn zumindest in große Erklärungsnöte bringt, weil eine nicht bedachte neue Randbedingung eingetreten ist.

Spätestens bei denjenigen Projekten, bei denen der AG in verschiedener Weise in den Bauablauf eingreift, so dass Kostenbereiche größeren Umfangs negativ berührt sind, wird die manipulierte Hinterlegkalkulation den Erfolgsaussichten bei Durchsetzung der berechtigten Forderungen eher schaden als nutzen. In Situationen, in denen letztlich die ursprünglichen Absichten zur Bauausführung glaubhaft belegt werden müssen, weil die aufgezwungene Ausführung damit zu vergleichen ist, wird man mit der vorbehaltlosen Offenlegung der Auftrags- und Arbeitskalkulation wesentlich mehr erreichen als mit jeder manipulierten Kalkulation, deren Glaubwürdigkeit bei umfassender Durchleuchtung in der Regel auf der Strecke bleibt. In Streitfällen um bedeutende Erlösanteile hilft letztlich nur diese Offenheit. Sie erspart nicht zuletzt auch noch hohe Kosten für Manipulationen und Erklärungsversuche, die sich schließlich als überflüssig und sogar schädlich herausstellen.

Aber selbst in "harmloseren" Projektfällen wird man in so manchem Fall feststellen, dass die Kosten für das Erstellen der manipulierten Hinterlegkalkulation höher waren als der Nutzen.

Der Autor plädiert deshalb dafür, dass in der Regel die Auftragskalkulation in unveränderter Form beim AG hinterlegt wird, sofern der Vertrag eine Hinterlegkalkulation fordert. Allerdings muss doch folgender Hinweis gegeben werden:

Sofern in der Angebotsphase Schwächen der Ausschreibung zur gezielten Veränderung von Einheitspreisen genutzt wurden, muss für den AG eine Version der Auftragskalkulation erstellt werden, aus der sowohl entsprechende textliche Hinweise als auch ergänzende Kalkulationsansätze entfernt wurden. In der intern gültigen Auftragskalkulation hingegen sollen solche Eintragungen nur rechnerisch neutralisiert werden, weil die Informationen eine Erklärung für die Höhe der Preise sind (vergl. Abschnitt C, Kap. 5.2).

Um beide Aufgabenstellungen zu unterstützen gilt die ganz eindeutige Empfehlung für die Arbeit in der Angebotskalkulation, sämtliche Änderungen aus spekulativen Gründen über gesonderte Unterpositionen in die Kalkulation einzubringen und die "echten" Kostenansätze grundsätzlich unverändert zu lassen. Damit werden die notwendigen Anpassungen in der Auftragskalkulation optimal unterstützt:

- In der intern gültigen Auftragskalkulation werden diese speziellen Unterpositionen gesperrt, aber nicht gelöscht. Damit sind sie rechnerisch inaktiv; die Erklärungen und Größenordnungen der ursprünglich vorgenommenen Kostenänderungen sind aber noch ersichtlich.
- Die Hinterlegkalkulation wird als Kopie der abgeschlossenen Auftragskalkulation angelegt. In der Kopie werden die speziellen Unterpositionen gelöscht.

8 Überführen des Projektes in die Phase 3 - Ausführung

Wurde der Auftrag erteilt, so wird das Projekt in die Projektphase "Ausführung" (Projektphase 3) überführt. Die Projektphase 2 wurde mit der Vertragsunterschrift beendet (siehe auch Abschnitt B, Kap. 2.1 und Abschnitt C, Kap. 1).

Auch in diesem Fall wird eine Kopie erstellt, in der die Fortschreibungen der Projektphase 3 stattfinden. Die Software muss also einen speziellen Kopiervorgang für den Wechsel von der Phase 2 nach Phase 3 anbieten. Die Überführung des Datenbestandes in die Projektphase 3 muss bewirken:

- Sämtliche Daten des Projektes werden 1:1 kopiert.
- Die Projektnummer muss auf die Kostenstellennummer änderbar sein.
- In der Projektverwaltung ist die Kopie als Datenbestand der Phase 3 zu erkennen.

Auch in der Phase 3 gilt die Bedingung, dass alle Vertragspreise als Festpreise eingetragen sein müssen. Diese Bedingung ist aber bereits im Datenbestand der Projektphase 2 erfüllt (Abschnitt B, Kap. 5.3), so dass diesbezüglich nichts mehr ergänzt werden muss.

Für den Fall, dass in der Projektphase 2 neben der bauseitigen Ausschreibung auch Sondervorschläge verhandelt wurden, muss natürlich die Projektvariante zur Überführung in die Projektphase 3 ausgewählt werden, die letztlich beauftragt wurde.

Es ist sinnvoll, wenn das Verfahren auch hier die Möglichkeit bietet, die VA-Mengen von Sonderpositionen auf 0,00 setzen zu können, sofern dies noch nicht in der Projektphase 2 geschehen sein sollte. Darüber hinaus ist es in allen Fällen sehr nützlich, wenn die Datenfelder der "Budgets", deren Inhalte in der Projektphase 3 parallel zur Kostenkalkulation verwaltet werden (siehe Abschnitt D, Kap. 2 und 5.1.1) bereits mit Vorschlagswerten gefüllt werden können. Die Kosten lt. Auftragskalkulation sind entweder direkt die Budgets oder es sind zumindest die ausschlaggebenden Basiswerte zur Berechnung der Budgets.

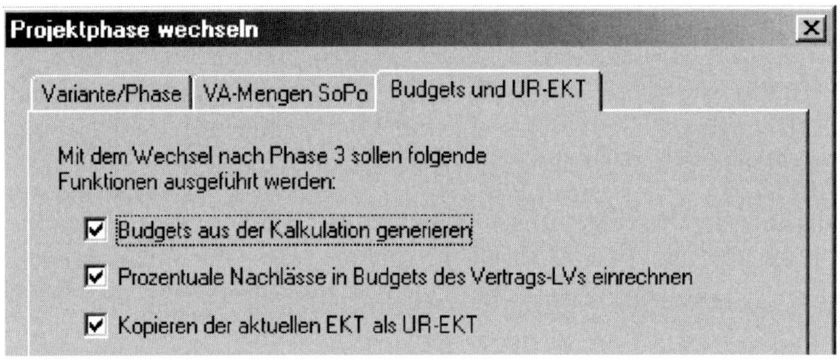

Abbildung 58: Funktionen zum Generieren von Budgetwerten mit dem Phasenwechsel

Eine Programmfunktion gemäß Abbildung 58, die mit Durchführung des Phasenwechsels die Budgetwerte in die speziellen Felder schreibt, erspart immer viel Handarbeit, selbst wenn anschließend noch Korrekturen im Zuge der Budgetplanung vorzunehmen sind. Mit der dort gezeigten Wahl führt der Phasenwechsel folgende Arbeiten durch:

- Zu allen Elementen der Kalkulation werden die Budgetwerte aus den Kosten lt. Auftragskalkulation generiert.
- Prozentuale Nachlässe auf die Preise werden noch in diese Budgetwerte eingerechnet, bevor die Ergebnisse in die Budgetfelder geschrieben werden.

- Die EKT der Positionen lt. Auftragskalkulation werden zusätzlich noch in gesonderte Felder "UR-EKT" geschrieben.

  Dies ist nützlich für den Fall, dass die Werte in den Budgetfeldern bereits nicht mehr genau den Kosten lt. Auftragskalkulation entsprechen, die Information über die Kosten lt. Auftragskalkulation aber noch direkt verfügbar sein soll. In der Arbeitskalkulation werden dann parallel vorgehalten:
  - Sollkosten
  - Budget
  - UR-EKT

Mit Beendigung des Phasenwechsels steht der Datenbestand zur Verfügung, der die Ausgangssituation für die Projektphase 3 darstellt (siehe Abschnitt E, Kap. 1.1).

Abschnitt D:
Baustellen-Controlling: Gesamtübersicht und theoretische Grundlagen

Bevor die einzelnen Schritte des Baustellen-Controlling in den Abschnitt E bis H detailliert behandelt werden, wird in diesem Abschnitt D eine Kurzübersicht über das gesamte Baustellen-Controlling in der Projektphase 3 – Ausführung - sowie über dessen Einbindung in das Informationssystem des Unternehmens gegeben.

Im Vorlauf zur Detailbeschreibung des Baustellen-Controlling in der Projektphase der Ausführung muss außerdem dargestellt werden, wie die unterschiedlichen Informationsstände des Projektes verwaltet werden müssen, damit das Baustellen-Controlling kontinuierlich über die Bauzeit betrieben werden kann.

Weiterhin sind einige Bestandteile der Gesamtkonzeption herauszustellen, die als theoretische Grundlagen in vielen Einzelschritten und auch für die Gesamtheit der Controlling-Informationen von besonderer Bedeutung sind.

1 Gesamtübersicht über das Baustellen-Controlling der Projektphase "Ausführung"

1.1 Übersicht über die Schritte des Baustellen-Controlling

Baustellen-Controlling in vollständigster Form ist so vielfältig in seinen Bestandteilen und Zusammenhängen, dass es in einer grafischen Übersicht, die ohne allzu umfangreiche Einarbeitung verständlich sein soll, nicht in allen Einzelschritten dargestellt werden kann. In der folgenden Grafik wurden nur die wichtigsten Komponenten des Baustellen-Controlling aufgegriffen, und es werden nur die wichtigsten Verbindungen zwischen diesen Bestandteilen angedeutet.

Es muss auch darauf hingewiesen werden, dass in dieser Abbildung der Informationsfluss zwischen Baustellen-Controlling und anderen Bereichen des Unternehmens aus Gründen der Übersichtlichkeit weggelassen wurde. Diese Übersicht ist im anschließenden Kapitel 1.3 zu finden.

Es sei auch darauf hingewiesen, dass die Gesamtkonzeption des Baustellen-Controlling zwar sehr umfassend ist, dass aber jeweils im Projekt zu entscheiden ist, welche Schritte in welcher Art und Intensität von Nutzen für den Erfolg der Baustelle sind. Baustellen-Controlling ist gemäß Abschnitt A, Kap. 3.8 ein flexibles Arbeitssystem. Um einer grundlegend falschen Einschätzung des Ganzen und der Details vorzubeugen, sei außerdem dringend empfohlen, die Kap. 3.11 bis 5 des Abschnitts A nachzulesen.

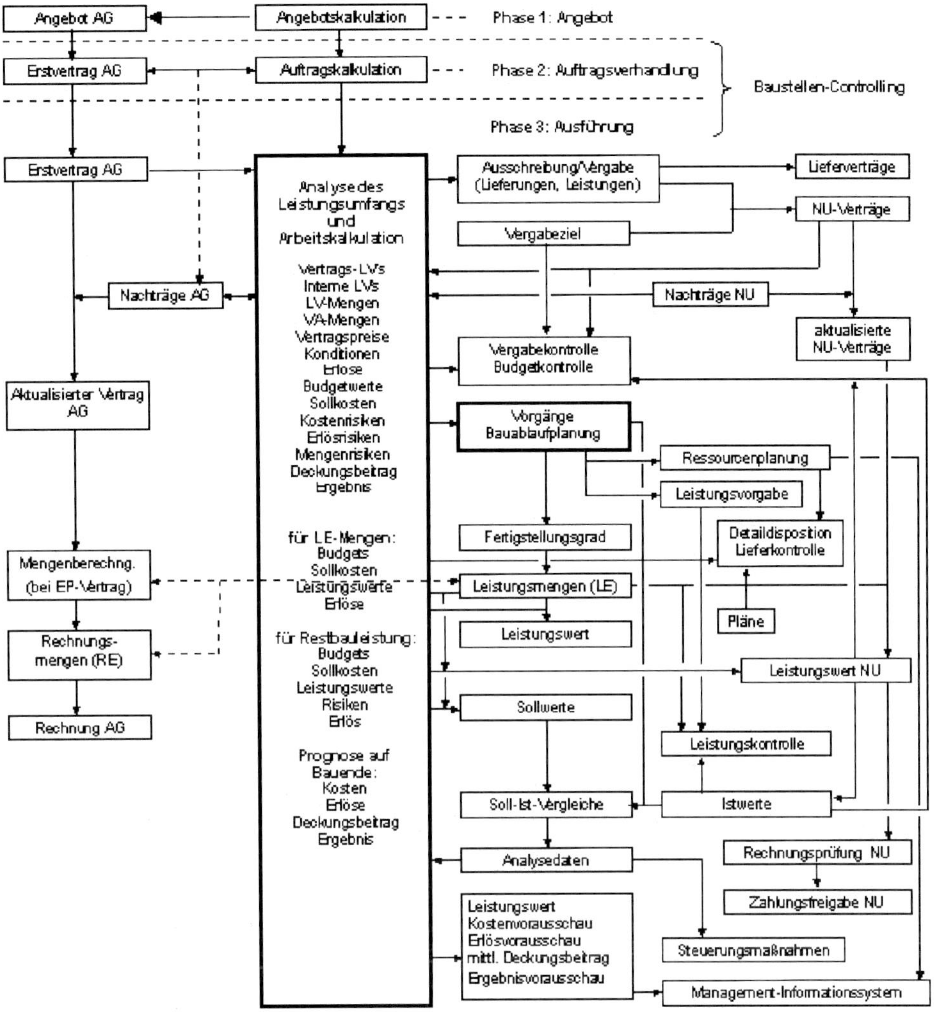

Abbildung 59: Die wichtigsten Komponenten und Zusammenhänge des Baustellen-Controlling

Erläuterungen zur grafischen Übersicht:

- In der Projektphase der Auftragsverhandlung (Projektphase 2) wurden Bauvertrag und **Vertragserlöse** endgültig definiert. In der **Auftragskalkulation** wurde überprüft, welches **Ergebnis** unter realistischer Einschätzung des Leistungsumfangs und der zugehörigen Erlöse und Kosten zu erwarten ist. Hierzu sei auf Abschnitt C verwiesen.

- Sowohl der Erstvertrag mit den vereinbarten Erlösen als auch die Auftragskalkulation sind Arbeitsgrundlagen für die Aufnahme der Controlling-Schritte in der Projektphase der Ausführung.
- Dass aus der Projektphase 2 auch eine Bauablaufplanung sowie Nachunternehmerangebote als Arbeitsgrundlage existieren können, wurde in der Grafik aus Platzgründen unterdrückt.
- Der mit dem AG abgeschlossene Vertrag (= **Erstvertrag**) mit den vereinbarten Erlösen ist die zwingende Grundlage im Baustellen-Controlling für die Berechnung der Höhe des Gesamterlöses. Diese Grundlage wird im Laufe der Bauzeit evtl. erweitert um **Nachtragsvereinbarungen**, die zum **aktualisierten Bauvertrag** und zur aktualisierten Grundlage für die Erlösberechnung führen.
- Der aktualisierte Bauvertrag ist die Grundlage für die **Abrechnung mit dem AG**. Die mit der Schlussrechnung festgestellte Gesamtsumme ist der Gesamt-Leistungswert des Projektes. Während der Bauausführung festgestellte Teilrechnungssummen sind lediglich Vergleichswerte gegenüber dem intern festgestellten effektiven **Leistungswert**.
- Die für die Zwecke der Abrechnung mit dem AG erstellte **Mengenberechnung** kann als Grundlage für interne Auswertungen aufgrund von Mengen herangezogen werden, wobei aber die tatsächlichen Leistungsmengen (**LE-Mengen**) über **Mengenabgrenzungen** gegenüber den in Rechnung (**RE-Mengen**) gestellten Mengen festzustellen sind.
- In der **Arbeitskalkulation** kommen alle auf dem Bauvertrag basierenden Informationen über Erlös und Kosten zusammen.
- In einem Projekt kann es mehrere Vertrags-Leistungsverzeichnisse sowie weitere interne LV's geben. **LV-Mengen** sind die im Vertrag benannten Mengen von Teilleistungen, die mit dem AG später über aufgemessene Mengen (RE-Menge) abgerechnet werden. **VA-Mengen** sind die intern festgestellten voraussichtlichen Ausführungsmengen der Teilleistungen.
- Die zur Deckung der Kosten verfügbaren Erlösanteile werden in der Arbeitskalkulation als **Budgets** verwaltet.
- In der Arbeitskalkulation werden die Vorgaben an die Baustelle in Form der **Sollkosten** gebildet.
- Für Unsicherheiten in den Kostenannahmen werden **Rückstellungen für Risiken** auf der Kostenseite eingebracht, die aber getrennt von den Sollkosten verwaltet werden.
- Sollkosten und Rückstellungen bilden zusammen die **bewerteten Sollkosten.**
- Auf der Grundlage verschiedener Kostengrundlagen (Budgets, Sollkosten, bewertete Sollkosten) werden **Prognosen** auf **Deckungsbeitrag** bzw. **Ergebnis** gemacht.

- Aus der Summe aller Teilleistungen werden diejenigen Teilleistungen herausgefiltert, die an **Nachunternehmer** (NU) ausgeschrieben werden. Für die einzelnen Gewerke gibt es die auf der Grundlage der Budgets entwickelten **Vergabeziele**.
- Die Nachunternehmerangebote werden in Vergleich mit den Vergabezielen verhandelt. Die Vergaben erfolgen unter Abgleich der Vergabesummen mit **Vergabeziel** und **Budgets**. Jede einzelne Vergabe ist Anlass zur **Budgetkontrolle** im einzelnen Gewerk und insgesamt. Das Ergebnis der Vergaben sind die **NU-Verträge**.
- Nachträglich zu vereinbarende NU-Leistungen ergänzen den NU-Vertrag und sind wiederum Anlass zur Kontrolle der Budgets.
- Auf der Grundlage der internen Kostenkalkulation werden Materialauszüge als Rahmen für die Anfrage von **Einkaufspreise**n erstellt. Diese Anfragen münden letztlich in **Lieferverträge**n. Die vereinbarten **Materialpreise** werden zur Grundlage der Ermittlung der Sollkosten in der Arbeitskalkulation.
- Über die **Bauablaufplanung** wird das Projekt in **Bauvorgänge** mit Terminaussagen aufgeteilt.
- Den Bauvorgängen werden Teilleistungen mit im Vorgang relevanten Teilmengen zugeordnet. Damit wiederum ist die Arbeitskalkulation pro Bauvorgang auswertbar, woraus sowohl eine **Kosten- und Leistungsvorgabe** als auch eine **Ressourcenvorgabe** folgt.
- Da den Bauvorgängen die Bestandteile der Kalkulation zugeordnet sind und die Bauvorgänge eine terminliche Lage im Bauablauf haben, können die benötigten Ressourcen (Mannschaft, Gerät, Material, Kosten, Umsätze etc.) vorgangsübergreifend zeitabhängig ausgewertet werden. Es gibt also sowohl eine vorgangsbezogene als auch eine vorgangsunabhängige **Ressourcenplanung (was, wann, womit?)**
- Die Planungsaussagen der Arbeitskalkulation und der Bauablaufplanung werden auf der Baustelle unter Einbeziehung der **Ausführungspläne** der Konstruktion sowie der Kenntnis der aktuellen Ausführungsbedingungen zu einer **Detaildisposition** von Leistungen, Terminen, Materialien, Personal, Geräten etc. verfeinert. Im Materialbereich erfolgt die **Kontrolle der Lieferungen** und der Vorräte.
- Zum Stichtag der Bauausführung (Leistungsstichtag) werden die effektiv geleisteten Mengen der Teilleistungen (**LE-Mengen**) festgestellt unter Einbeziehung des Leistungsbereiches der Baustellengemeinkosten. Die für die Zwecke der Abrechnung ermittelten Mengen (RE-Mengen) können dabei genutzt werden, indem gegenüber diesen Mengen noch **Abgrenzungen** gemäß dem effektiven Leistungsstand vorgenommen werden.
- Die LE-Mengen der Teilleistungen werden in rationeller Weise ermittelt, indem der **Fertigstellungsgrad der Vorgänge** zum Stichtag erfasst wird. Dieser Fertigstellungsgrad ergibt sich indirekt über die Feststellung der tatsächlichen Ausführungstermine. Da den Vorgängen Teilleistungen mit Teilmengen zugeordnet sind,

ergeben sich über die Fertigstellungsgrade aller Vorgänge die **LE-Mengen** der Teilleistungen.

- Über die **LE-Mengen** im Vergleich zu den **VA-Mengen** ergeben sich in der Arbeitskalkulation die Aussagen zu den **Restbauleistungen ab Stichtag** bis zum Bauende.
- Auf der Grundlage der **LE-Mengen** der Teilleistungen wird der **Leistungswert** der einzelnen Teilleistungen sowie sämtlicher gewünschter Leistungsbereiche, z.B. auch der **Leistungswert der einzelnen NU** berechnet.
- Auf der Grundlage der **LE-Mengen** wird die Arbeitskalkulation hinsichtlich **Sollkosten** und **Sollstunden** zum Stichtag ausgewertet.
- Auf der Grundlage der **LE-Mengen** werden die zum Stichtag verfügbaren Teilbudgets ermittelt. Der Vergleich dieser Budgets mit dem **Leistungswert der Nachunternehmer** sowie mit den **Ist-Kosten** im Bereich der **Eigenleistung** stellt die aktuelle **Budgetkontrolle** dar.
- **Ist-Kosten** und der **Ist-Stunden** sind die Voraussetzungen für den **Kosten-Soll-Ist-Vergleich** und den **Stunden-Soll-Ist-Vergleich**.
- Die Leistungsvorgabe zum Stichtag wird mit den Ständen gemäß LE-Mengen und Ist-Werten verglichen, womit eine **Leistungskontrolle** stattfindet.
- Die aktualisierten NU-Verträge sowie die Leistungswerte der NU sind die Grundlage zur **Prüfung der NU-Rechnungen** und zur **Zahlungsfreigabe**.
- **Soll-Ist-Vergleiche** und **Leistungskontrolle** führen zu Erkenntnissen und Ergebnissen (**Analysedaten**), die sowohl in den **Prognosen der Arbeitskalkulation auf das Bauende** ihren Niederschlag finden als auch in **Steuerungsmaßnahmen** in der Restbauleistung.
- Die **Arbeitskalkulation** sowie die **Ressourcenplanung** liefern die Kerninformationen zu **Leistungswert**, **Kosten, Erlös, Deckungsbeitrag, Ergebnis, Ressourcenanforderungen für das Managementinformationssystem bzw. das Unternehmens-Controlling** sowohl vor Beginn der Baumaßnahme als auch zu Leistungsstichtagen, bei letzteren aktualisiert für die Restbauleistung auf der Grundlage der Ist-Werte für die ausgeführte Bauleistung.

1.2 Besondere Hinweise zur Baustelle mit begrenztem Volumen und kurzer Bauzeit

Bautätigkeit findet u.a. auf einer Vielzahl von Baustellen statt, welche durch eines oder mehrere folgender Merkmale geprägt sind:

- Die Bauzeit beträgt nicht mehr als 3 bis 4 Monate.
- Das Leistungsvolumen wird weniger durch vorgegebene Pläne und abgesicherte Mengen eines Leistungsverzeichnisses bestimmt, sondern mehr durch kurzfristige

Entscheidungen im Einzelfall, evtl. abzurechnen auf Basis eines Jahresvertrages wie in vielen Fällen des kommunalen Tiefbaus.

- Es kommen Arbeitsmittel (Personal, Gerät) in relativ geringem Umfang zum Einsatz.

Je eher vorstehende Merkmale zutreffen, um so mehr bestehen Randbedingungen, welche den Nutzen verschiedener Controlling-Schritte ganz oder teilweise in Frage stellen und in anderen Schritten spezielle Arbeitsweisen erforderlich machen. Es wurde ja bereits mehrfach gesagt, dass im Baustellen-Controlling immer kritisch überprüft werden muss, welche Arbeiten tatsächlich von Nutzen im Sinne des wirtschaftlichen Erfolges sind. Vorstehende Merkmale sind auf jeden Fall Anlass, Arbeitsbreite und Arbeitstiefe des Baustellen-Controlling zu beschränken und teilweise spezielle Arbeitsweisen anzuwenden. Weder das Thema der Arbeitskalkulation hat hier die ganz große Bedeutung, noch Bauablaufplanung und immer wiederkehrende periodische Bearbeitungen.

Auch ein Nachunternehmer muss seinen Auftrag. welcher "sein" Projekt darstellt, oft so sehen. Er hat zwar in der Regel ein relativ genau vorgegebenes Leistungsvolumen; dennoch haben Arbeitskalkulation und periodische Bearbeitungen oft nicht die ganz große Bedeutung. Die Bedeutung der Bauablaufplanung hängt von der Komplexität seiner Arbeiten und deren Einbindung in das übrige Baugeschehen ab.

Ein Auftrag mit kurzer Bauzeit und hohem Einsatz pro Tag stellt ebenfalls besondere Anforderungen an das Baustellen-Controlling. Als Beispiel hierfür seien Bohr- und Verankerungsarbeiten für Baugrubenumschließungen genannt. Die Arbeitskalkulation hat wegen des hohen täglichen Aufwandes durchaus große Bedeutung, weniger aber die periodischen Bearbeitungen. In den Vordergrund treten Leistungsvorgabe und tägliche Leistungskontrolle.

In den folgenden Kapiteln wird das Baustellen-Controlling beschrieben, ohne zunächst auf die hier angedeuteten speziellen Randbedingungen einzugehen. Soweit die "normalen" Methoden in Frage kommen, wird man sie einsetzen, auch bei der Baustelle mit speziellen Randbedingungen. In Abschnitt H wird dann aber ergänzend darauf eingegangen, welche einschränkenden Aussagen unter den speziellen Randbedingungen zu machen sind und welche besonderen Arbeitsweisen ergänzend oder ersatzweise in Frage kommen.

1.3 Beziehungen zwischen dem Baustellen-Controlling und anderen Informationssystemen des Unternehmens

1.3.1 Grafische Übersicht und Erläuterungen

Das Baustellen-Controlling ist eingebunden in das Informationssystem des Unternehmens. Die wesentlichen Beziehungen zwischen dem Baustellen-Controlling und den anderen Informationsbereichen des Unternehmens zeigt die Abbildung 60.

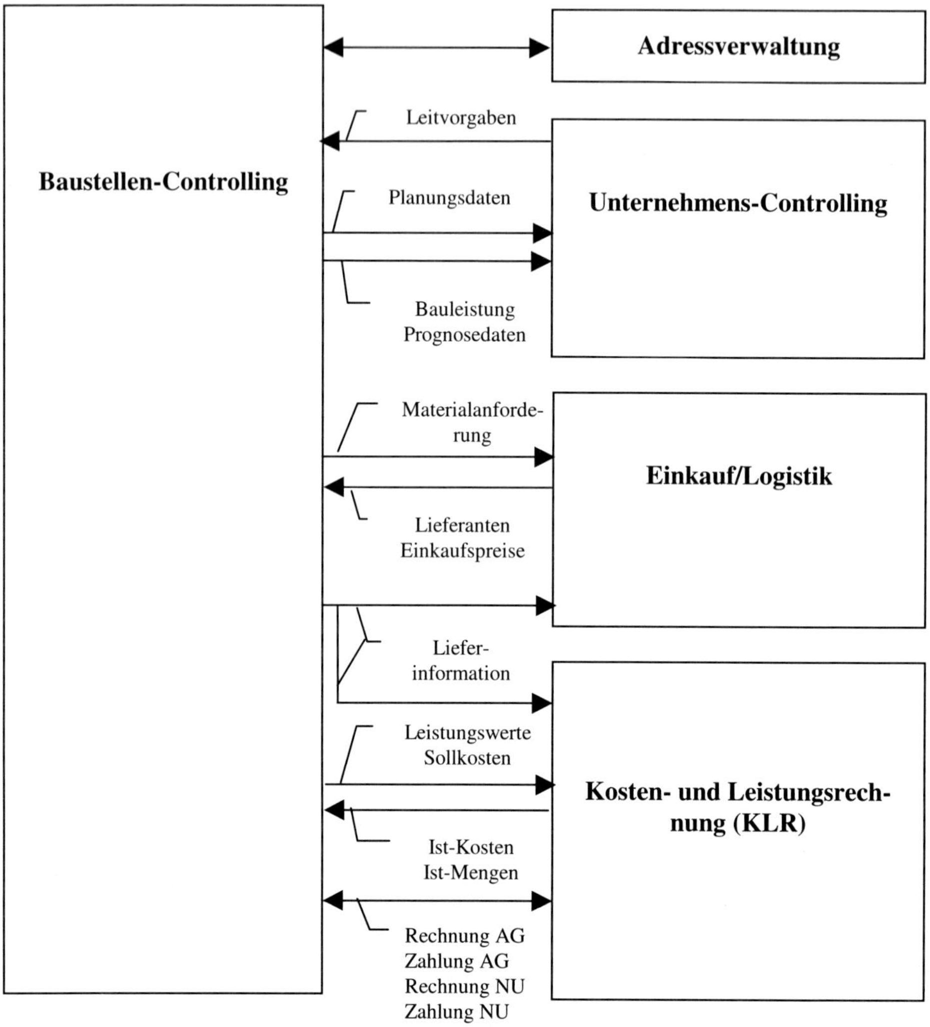

Abbildung 60: Beziehungen zwischen dem Baustellen-Controlling und anderen Informationssystemen

Erläuterungen zu Abbildung 60:

- Im Baustellen-Controlling sind im Wesentlichen Anschriften und Zusatzinformationen von Auftraggebern, Nachunternehmern und Lieferanten von Interesse; die größte Bedeutung haben die Informationen über Nachunternehmer. Es ist sinnvoll, wenn vom Unternehmen aus eine **Adress- und Informationsverwaltung** zur Verfügung steht, auf die auch vom Baustellen-Controlling aus zugegriffen werden kann. Aus dem Baustellen-Controlling heraus sollten dann auch Informationen dorthin eingestellt werden können. (In der Praxis zeigt sich immer wieder, dass es schwer ist, die durchgängige Verfügbarkeit eines solchen Informationssystems zu realisieren. Die Gründe hierfür sind vielfältiger Art. Deshalb muss hier festgehalten werden, dass eine evtl. fehlende Lösung auf keinen Fall ein ernsthaftes Hindernis für das Baustellen-Controlling darstellt.)

- Aus dem **Unternehmens-Controlling** heraus werden **Leitvorgaben** für die Planung der einzelnen Baustellen gemacht, z.B. welche Ressourcen zu welchem Zeitpunkt zur Verfügung stehen.
- Das **Baustellen-Controlling** liefert die wichtigen **Planungsdaten, Istdaten und Prognosedaten** aus den einzelnen Projekten an das Unternehmens-Controlling. Es sind die wichtigen Kerninformationen zu Leistungswert, Kosten, Erlös, Deckungsbeitrag, Ergebnis, Ressourcenanforderungen, die im Unternehmens-Controlling für dortige Planungen und Verfolgungen benötigt werden.
- Die Kostenplanung im Baustellen-Controlling liefert **Rahmenaussagen über Art und Mengen** der benötigten Baustoffe, die vom **Einkauf** für die **Anfragen am Markt** benutzt werden.
- Die vom Einkauf beauftragten **Lieferanten** und die vereinbarten **Einkaufspreise** gehen in das Baustellen-Controlling ein.
- Die **Feindisposition** im Baustellen-Controlling ist die Grundlage für **Bestellungen** durch den Einkauf und **Materialabrufe** durch die Baustelle.
- Die Informationen über die **Materiallieferungen** werden im Einkauf für die **Rechnungsprüfung** verwendet. Das Ergebnis der Rechnungsprüfung wird in Form der **Buchungen in der Kosten- und Leistungsrechnung** (**KLR**) verarbeitet.
- Der im Baustellen-Controlling festgestellte **Projektleistungswert** geht in die **KLR** ein. Auch die **Leistungswerte der NU** werden im Baustellen-Controlling festgestellt und der KLR zur Verfügung gestellt. Sofern der Kosten-Soll-Istvergleich in der KLR durchgeführt werden soll, liefert das Baustellen-Controlling die **Soll-Kosten**.
- Die **KLR** liefert die **Ist-Kosten** (und evtl. Ist-Liefermengen) für die Analysen der Ausführung im Baustellen-Controlling zu Buchungsstichtagen.
- Die Daten der **Rechnungen an den AG** werden an die **KLR** übergeben. Von dort wiederum erfolgt die Information über die **vom AG geleisteten Zahlungen**, welche bei der Ausstellung der folgenden Abschlagsrechnung benötigt wird.
- Die im Baustellen-Controlling festgestellten Leistungswerte der NU waren Grundlage der dortigen **Rechnungsprüfung der NU**. Das Ergebnis dieser Rechnungsprüfung mit einem Vorschlag zur Zahlungsfreigabe geht an die KLR. **An die NU geleistete Zahlungen** werden wiederum in der Rechnungsprüfung vermerkt.

1.3.2 Kritische Anmerkungen

Zum Informationsaustausch zwischen dem Baustellen-Controlling und anderen Bearbeitungsbereichen gemäß der Abbildung 60 seien einige wichtige und kritische Anmerkungen erlaubt:

Es wird viel von dem "durchgängigen" und "grenzenlosen" Informationsfluss gesprochen, in dem man sich entweder "per Knopfdruck" jegliche Informationen zu jedem gewünschten Zeitpunkt ganz aktuell holen kann oder in dem gar die eigene laufende Arbeit die Arbeitsergebnisse an vielen anderen Plätzen "online" (sofort, direkt) beeinflusst. Mit solch fortschrittlich klingenden Worten kann man sich vordergründig vielleicht ganz gut als angeblicher Experte in Szene setzen, sei es, dass man auf Seiten eines Bauunternehmens steht, sei es, dass man Vertreter der Softwareentwicklung ist. Bleibt man ohne weitere Differenzierung oder Einschränkung dabei, dass dies so erforderlich bzw. möglich sei, so dokumentiert man allerdings vor dem wahren Kenner der Materie, dass man den tatsächlichen Bedarf offensichtlich noch gar nicht näher analysiert hat. Diese Art Oberflächlichkeit ist gefährlich, weil sie zum einen das Bauunternehmen nach falschen oder unerfüllbaren Lösungsansätzen suchen lässt und zum anderen die Softwarehersteller zu überflüssigen teuren Entwicklungsarbeiten verleitet.

Um zu den richtigen Anforderungen und Lösungen zu kommen, muss sorgfältig analysiert werden, was aus Sicht der Bearbeitungsbereiche sein soll und was nicht sein darf. Diese Analyse muss sich auf jeden einzelnen Hauptarbeitsbereich (z.B. Baustellen-Controlling, Buchhaltung, Einkauf, Unternehmens-Controlling) erstrecken unter spezieller Betrachtung sowohl der Informationen, die man für andere Bereiche erzeugt, als auch der Informationen, die man aus anderen Bereichen benötigt.

Bei dieser Analyse kommt man zunächst zum Ergebnis, dass es zwei Arten von Informationen mit grundsätzlich unterschiedlichen Anforderungen an den Informationsfluss gibt:

- Informationen, die keine Aussage zu rechnerischen Ergebnissen aus der Projektbearbeitung darstellen. Dies sind z.B. Informationen über Adressen, Geräte, Kostenarten, Artikel, Einkaufspreise etc.
- Informationen, die ein rechnerisches Ergebnis aus einer Projektbearbeitung darstellen. Dies sind z.B. Aussagen über Kosten, Erlöse, Mengen, Ressourcenanforderungen, Ergebnis etc., aber auch Ergebnisse einer Bauablaufplanung.

In ersterem Fall, wo es um das Erstellen oder Nutzen von Basisinformationen geht, ist "direkt" und "online" sinnvoll und möglich, vorausgesetzt man hat klar organisiert, wer welche Informationen schaffen und ändern und wer solche Informationen nur nutzen darf. Entsprechend sind die Anwenderprogramme für den Zugriff zu gestalten und einzurichten.

Im zweiten Fall hingegen, in dem es um das "Zahlenwerk" eines Projektes geht, ist ein Informationsstand, der einem nur im Augenblick gültigen Bearbeitungsstand entspricht, durch einen anderen Bearbeitungsbereich überhaupt nicht interpretierbar und damit auch nicht nutzbar. So kann z.B. das Ergebnis aus einer Arbeitskalkulation, in der gerade sowohl neue Positionen geschaffen als auch Kalkulationen gelöscht, geändert und ergänzt werden, für das Unternehmens-Controlling überhaupt nicht genutzt werden. Ebenso ist der

Informationsstand aus der Buchhaltung zu einem x-beliebigen Zeitpunkt für das Baustellen-Controlling überhaupt nicht brauchbar, weil nicht bekannt ist, welche Buchungen noch nicht erfolgt sind. Ressourcenanforderungen, die einer gerade in Veränderung befindlichen Bauablaufplanung entnommen würden, wären vollkommen unbrauchbar. Eine Abfrage des Leistungswertes eines Projektes zu einem Stichtag wäre sinnlos, solange für denselben Zeitraum noch Leistungsmengen erfasst werden oder noch zu erfassen sind.

Es ist eine unumstößliche Tatsache, dass in all diesen Fällen der Sachbearbeiter die Projektbearbeitung, für die er zuständig ist, erst bis zu einem Zustand vorangebracht haben muss, der zu Ergebnissen führt, die für andere Bereiche interpretierbar und nutzbar sind. Die betreffenden Informationen müssen auf einem abgeschlossenen Bearbeitungsstand basieren. Dieser Bearbeitungsstand muss für andere Bereiche erkennbar definiert sein, also z.B. "Planungsstand vor Bauausführung", "Leistungsbewertung zum Stichtag .... ", "Buchungsstand zum Stichtag ..." etc.. Aus dem Bedarf, dass aber zu jedem Zeitpunkt ein in jeder Hinsicht für das Unternehmen nutzbarer Informationsstand zur Verfügung stehen muss, folgt, dass fertige Informationsstände getrennt von den Daten verwaltet werden müssen, in denen die Veränderung vorgenommen werden, die zu neuen Informationsständen führen sollen. Der Sachbearbeiter stellt also die Informationen gemäß definiertem Projektstand in einem speziellen Vorgang gesondert zur allgemeinen Verfügung, während er laufende Bearbeitungen in einem davon getrennten Datenbestand durchführt.

Mit Blick auf die Beziehungen zwischen den beiden Anwenderbereichen der technisch-baubetrieblichen und der kaufmännischer Software folgt, dass es in beiden Bereichen jeweils zwei Bereiche der Informationsverwaltung geben muss, soweit es um das "Zahlenwerk" von Projekten geht:

- Der geschlossene Bereich, in dem die laufenden Arbeiten stattfinden. Die Informationen dieses Bereiches stehen anderen Bereichen nicht direkt zur Verfügung.
- Der offene Bereich, in dem für andere Bereiche nutzbare Informationen stehen, die aus den geschlossenen Bereichen dorthin überstellt wurden.

Veränderungen der Informationen kommen nur über Bearbeitungen im geschlossenen Bereich zustande. Diese Arbeitsergebnisse sind gegen Veränderung durch andere Bereiche zu schützen.

Nur über die beschriebene Trennung in geschlossenen und offenen Datenbereichen kann sichergestellt werden, dass trotz der Notwendigkeit zu ständiger Veränderung der Informationen dem Unternehmen doch zu jedem Zeitpunkt nutzbare Informationen zur Verfügung stehen. Der Informationsfluss erfolgt also aus guten Gründen nicht online und automatisch, sondern in drei Schritten, die aus der jeweiligen Kenntnis der Anwendungen heraus durchgeführt werden:

1. Schaffung der Projektinformationen im geschlossenen Bereich.
2. Überstellung der Arbeitsergebnisse aufgrund eines definierten Informationsstandes aus dem geschlossenen an den offenen Bereich unter Mitteilung, dass neue Informationen vorhanden sind. Ausführung durch den Sachbearbeiter gemäß Punkt 1.
3. Abruf von Informationen aus dem offenen Bereich in andere Anwendungen.

Und genauso sind die Anforderungen an die Software, gleich ob es die Software "aus einer Hand" ist oder ob es um die Kommunikation zwischen Produkten aus verschiedenen Quellen geht. Da es die komplette Software aus einer Hand auf absehbare Zeit nicht geben wird, sind sich ergänzende Lösungsansätze in verschiedenen Softwareprodukten bereitzustellen. Grundsätzlich muss von jedem an der Gesamtlösung beteiligten Produkt die Möglichkeit des Exports (des Bereitstellens) und des Imports (der Übernahme) von definierten Informationen gefordert werden, und zwar in der Weise, dass die Handhabung auch ohne Kenntnisse der Systemsprachen und –verwaltung möglich ist.

Eine leistungsfähige Software zu einem Einzelbereich enthält grundsätzlich das Verfahren des Exports der wichtigen Projektinformationen zur Nutzung in anderen Bereichen. Der Import auf der anderen Seite bedingt dann allerdings eine Vorarbeit, damit die bereitgestellten Informationen richtig aufgenommen werden. Diese Vorarbeit ist aber nur einmalig und allgemeingültig für alle Projekte durchzuführen.

An einigen Stellen der folgenden Kapitel wird noch auf den Informationsaustausch einzugehen sein.

Es sei noch eine kritische Anmerkung dazu erlaubt, dass gar zu gerne das Fehlen der Möglichkeit eines direkten Datenaustausches zwischen dem baubetrieblichen und dem kaufmännischen Bereich als Argument dafür benutzt wird, dass die verfügbare Software den Einstieg in ein erfolgreiches Baustellen-Controlling verhindere. Eine solche Behauptung ist nicht haltbar, gleich um welche Art Information es auch gehen mag. Das Fehlen der einen oder anderen Möglichkeit verursacht höchstens einen Mehraufwand, der zumindest für das Baustellen-Controlling nicht ausschlaggebend ins Gewicht fällt. Wer z.B. behauptet, er könne keinen Kosten-Soll-Ist-Vergleich durchführen, weil die Ist-Kosten aus der Buchhaltung nicht direkt aufnehmbar sind, hat sich nicht bewusst gemacht, wie wenig Zeit für das Abtippen von 30 – 40 Zahlen aus einer Druckliste benötigt wird. Natürlich ist darauf zu drängen, dass die "elegante" Lösung zur Verfügung gestellt wird, zumal der Entwicklungsaufwand bei Software-Produkten moderner Prägung meist relativ gering ist. Das Baustellen-Controlling ist aber unabhängig davon umgehend zu praktizieren, weil das Unternehmen sonst evtl. gar nicht mehr dazu kommt, die irgendwann verfügbare "elegante" Lösung benutzen zu können.

Weitere Kritik ist dahingehend anzubringen, dass allzu oft der Bedarf zum Informationsaustausch lediglich im Hinblick auf die Bereitstellung von Soll- oder Ist-Kosten für den Kosten-Soll-Ist-Vergleich zu Stichtagen gesehen wird. In einem solchen Fall wird einiges übersehen:

- Die Bereitstellung der Informationen aus der Projektplanung (Budgets, Sollkosten, Ressourcen, Materialmengen, Leistungswert, Erlöse, Deckungsbeiträge, Ergebnis etc.) ist für das Unternehmen viel bedeutender, weil sie sich auf die Zukunft beziehen, in der noch Einflussnahmen möglich sind.

- Der auf den gebuchten Ist-Kosten aufbauende "klassische" Kosten-Soll-Ist-Vergleich stellt zwar einerseits eine notwendige Untersuchung dar, ist andererseits aber doch nur Vergangenheitsbewältigung, deren Wert noch dadurch gemindert wird, dass der Zeitpunkt der Aussage 2 (für Leistungen zum Monatsende) bis 6 Wochen (für Leistungen am Monatsanfang) nach der Bauausführung liegt.

2 Ein geschlossener Datenbestand in der Projektphase der Ausführung

Im Baustellen-Controlling geht es u.a. um vorausschauende Aussagen über Kosten und Erlös, die – in Zusammenhang gebracht – wiederum Aussagen über Deckungsbeitrag, Ergebnis ermöglichen. Befindet sich das Projekt in der Ausführung, kommen Feststellungen des Leistungswertes und der Ist-Kosten hinzu. Weiterhin kann es sein, dass im Laufe der Bauzeit geänderte Erkenntnisse zum Gesamtleistungsvolumen vorliegen und ursprüngliche Aussagen zu Kosten und Erlös revidiert werden müssen. Vom Zeitpunkt der Angebotsabgabe bis zum Zeitpunkt der Abnahme und Schlussabrechnung sind u.U. sämtliche Informationen von Veränderungen berührt. Die Aussagen basieren auf jeweils veränderten Erkenntnissen zum Projekt und dessen Ausführungsbedingungen und –ergebnissen.

Es stellt sich die Frage, wie die jeweiligen Grundlagen mit ihren zugehörigen Informationsständen im Baustellen-Controlling verwaltet werden sollen. Die richtige Lösung findet man, indem man sich zunächst einige einfache Grundsätze des Baustellen-Controlling vor Augen führt:

- Die Kostenkalkulation basiert auf Leistungsverzeichnis bzw. Leistungsprogramm gemäß Hauptvertrag und deren Fortschreibungen über Nachträge. Auch neue Erkenntnisse zu den Ausführungsmengen stellen eine Fortschreibung dieser Grundlage der Kostenkalkulation dar.
- Der jeweils fortgeschriebene und intern aktuell bewertete Vertrag ist die aktuelle Grundlage zur Bestimmung der Erlöse.
- Es gibt mehrere Arten von Kostenaussagen mit unterschiedlichen Grundlagen:
    - die ursprünglich kalkulierten Kosten,
    - die Budgets als verfügbare Kostenanteile an den vertraglich vereinbarten Erlösen,
    - die Sollkosten als Vorgabe für die Baustelle,
    - die bewerteten Sollkosten (Sollkosten unter Berücksichtigung von Rückstellungen)
    - die prognostizierten Kosten unter Berücksichtigung der Ist-Kosten für die ausgeführte Bauleistung und der bewerteten Sollkosten für die noch auszuführende Bauleistung.

- Diese verschiedenen Kostenaussagen werden durch die Fortschreibung der Leistungsverzeichnisse beeinflusst.
- Es müssen Vergleiche zwischen den Kostenaussagen verschiedener Grundlagen (z.B. Budgets, Sollkosten, Istkosten) durchgeführt werden können.
- Die Leistungsmengen zu den Stichtagen sind untrennbar an das jeweils fortgeschriebene Leistungsverzeichnis gebunden.
- Die zu den Stichtagen festgestellten Bauleistungen müssen hinsichtlich jeglicher Art von Kostenaussagen auswertbar sein, jeweils auf Grundlage der fortgeschriebenen Leistungsverzeichnisse. Auch die Vergleiche zwischen den Kostenaussagen verschiedener Grundlagen müssen auf dieser Basis möglich sein.
- Vorstehende Randbedingungen und Anforderungen gelten auch für die auf Kosten und Erlös aufbauenden Aussagen zu Deckungsbeitrag und Ergebnis.

In allen Fällen und Zusammenhängen ist die aktuell fortgeschriebene Leistungsbeschreibung die ausschlaggebende Arbeitsgrundlage, so dass auch zusammenfassend formuliert werden kann:

- Jegliche Art von Planungsaussage, jegliche Art von Ist-Feststellung, jegliche Art von weiteren Planungsaussagen unter Einbeziehung von Ist-Feststellungen, jegliche Art von Auswertung setzt zu jedem Zeitpunkt die jeweils aktuelle Beschreibung der Bauleistung voraus.

Daraus ergibt sich die einzig mögliche Schlussfolgerung:

Der Datenbestand des Baustellen-Controlling ist ein einziger geschlossener Datenbestand, der laufend fortgeschrieben wird. Damit ist die Beschreibung der Bauleistung sowie der zugehörigen Mengen nur einmal und gleichzeitig für alle Auswertungsarten gültig fortzuschreiben.

Damit ist gleichzeitig ausgesagt, dass das parallele Vorhalten von mehreren Datenbeständen für jeweils verschiedene Planungsgrundlagen nicht in Frage kommt. Der aus einer solchen Lösung resultierende Zwang zur mehrfachen parallelen Fortschreibung der Beschreibung der Bauleistung sowie der zugehörigen Mengen wäre in Praxis nicht bewältigbar.

Natürlich setzt die Lösung in Form des einen Datenbestandes voraus, dass unterschiedliche Auswertungsgrundlagen (verschiedenen Mengenarten, verschiedene Kostengrundlagen) so vorgehalten werden, dass sie jeweils getrennt für spezifische Auswertungen und für Vergleiche herangezogen werden können.

Der aufmerksame Leser wird daraus u.a. den Schluss ziehen, dass dann aber zu jeder Teilleistung sowohl die Kostenansätze der Auftragskalkulation (siehe Abschnitt C) als auch die Ansätze der Arbeitskalkulation vorgehalten werden müssten.

Dies wäre zwar theoretisch denkbar, aus Sicht der Praxis ist es letztlich aber dann doch nicht erforderlich. Wenn in der Arbeitskalkulation, also der Kalkulation mit u.U. vollständig geänderten Kostenansätzen, der Vergleich mit den ursprünglich kalkulierten Kosten gewünscht ist, so geht es meist nur um den Vergleich der Gesamtkosten auf Ebene der Position (pro Mengeneinheit oder gesamt). Der Vergleich in den einzelnen Ansatzzeilen wäre ohnehin spätestens dann hinfällig, wenn der Kalkulationsaufbau geändert ist, z.B. wenn früher eine Eigenleistung kalkuliert wurde und jetzt eine Fremdleistung in Ansatz gebracht wird.

Zudem sind es oft auch nicht die ursprünglich kalkulierten Kosten, die mit den aktuell kalkulierten Kosten auf Ebene der Position zu vergleichen sind, sondern die Budgets. Die Budgets können identisch mit den ursprünglich kalkulierten Kosten sein, wenn der angebotene Preis zum effektiven Erlös wird. Die Budgets können aber auch von den ursprünglich kalkulierten Kosten abweichen, wenn der Erlös durch Nachlässe beeinflusst wird oder wenn Leistungen pauschaliert wurden. Diese Zusammenhänge werden in einem späteren Kapitel noch detailliert behandelt; hier genügt es festzuhalten, dass in der Arbeitskalkulation der Vergleich zwischen den aktuell kalkulierten Kosten und den Budgets relevant ist.

Die Lösung liegt also darin, dass in der Arbeitskalkulation nicht die Ansatzzeilen der Auftragskalkulation parallel vorgehalten werden, sondern nur Ergebnisse oder modifizierte Ergebnisse in Form der Budgets. Diese Budgets können im Bedarfsfall von der Ebene der Position auf die aktuellen Ansatzzeilen verteilt werden.

Deshalb ist die weiter oben genannte Schlussfolgerung wie folgt zu modifizieren:

Der Datenbestand des Baustellen-Controlling ist ein einziger geschlossener Datenbestand, der laufend fortgeschrieben wird. Nicht eingeschlossen ist aber der Datenbestand der Projektphase 2 (siehe Abschnitt C). Dieser bleibt, nachdem er für die Projektphase 3 kopiert wurde, ein gesonderter Datenbestand. Das Kostenergebnis der Auftragskalkulation wird so oder modifiziert in der Phase 3 in Form der Budgets vorgehalten und fortgeschrieben.

Nun unterliegt allerdings auch die eigentliche Arbeitskalkulation im Laufe der Zeit einer Reihe von Veränderungen. In einigen Unternehmen wird von der 0., 1., 2., 3. etc. Arbeitskalkulation gesprochen. Mit der "nullten" Arbeitskalkulation ist die Fassung gemeint, die vor Beginn der Bauarbeiten auf der Basis der Erkenntnisse zu diesem frühen Zeitpunkt erstellt wird. Die späteren Aktualisierungen sind dann die 1., 2., 3. etc. Arbeitskalkulation. Ein solches Konzept widerspricht auf den ersten Blick der oben genannten Lösung des einen, geschlossenen Datenbestandes, in dem auch alle Fortschreibungen stattfinden.

Wenn es nur darum gehen sollte, einen bestimmten Projektstand vor Aufnahme der Arbeit an der Aktualisierung der Arbeitskalkulation zu konservieren, so ist dies natürlich jederzeit durch das Kopieren des aktuellen Projektstandes erreichbar. Eine solche Kopie wird aber nicht fortgeschrieben; fortgeschrieben wird im Original. In der Kopie bleibt die Beschreibung der Bauleistung auf "altem" Stand zum Zeitpunkt der Herstellung der Kopie. Wollte man zwischen Kopien und fortgeschriebenem Original direkte Vergleiche durchführen, so wäre dies dv-technisch meist nur mit großem Aufwand zu lösen, wobei trotz aller Bemühungen der Software die Ergebnisse aus den Vergleichen doch unbefriedigend wären, weil unterschiedliche Beschreibungen der Bauleistungen zugrunde lägen.

Realistisch betrachtet ist der Vergleich zwischen verschiedenen Fassungen der Arbeitskalkulation aber höchstens in wenigen Einzelheiten bzw. Schwerpunkten von Interesse. Art und Ausmaß einer Änderung kann aber auch in der einen fortgeschriebenen Arbeitskalkulation erkannt werden, wenn man bei Durchführung solcher Änderungen an diesen Bedarf denkt. Man belässt dann ganz einfach die ursprünglichen Ansätze oder man neutralisiert sie und berücksichtigt in weiteren Ansatzzeilen nur die Änderungen gegenüber dem schon vorhandenen aktiven Stand. Damit bleibt die Änderung sichtbar, ohne dass eine neue Fassung der Arbeitskalkulation eröffnet werden muss.

Damit wird die Richtigkeit der obigen Schlussfolgerung bekräftigt:

Auch um wesentliche Veränderungen der Arbeitskalkulation später noch erkennen zu können, bedarf es nicht des Vorhaltens verschiedener Stände der Arbeitskalkulation. Wesentliche Veränderungen, die auch später noch nachvollziehbar sein sollen, werden als solche ergänzend eingebracht, d.h. nicht durch Überschreiben bisheriger Informationen.

In den meisten Fällen wird während der Bauzeit keine Projektkopie zur Sicherung eines bestimmten Informationstandes erforderlich sein. Allerdings muss dringend zur einer Projektsicherung in Form einer Kopie geraten werden, wenn zu erkennen ist, dass Eingriffe von Seiten des Bauherrn zu Störungen in Bauablauf und Bauverfahren führen werden. Die Möglichkeit der zweifelsfreien Rekonstruktion des Projektstandes zu diesem Zeitpunkt ist dann von größter Wichtigkeit.

3 Leistungsverzeichnisse und Teilleistungsmengen

3.1 Leistungsverzeichnisse des Projektes

Grundlage der Arbeitskalkulation sind die Beschreibungen der Teilleistungen des Projektes nach Art und Menge. Die insgesamt zu erbringenden Leistungen können Bestandteil eines einzigen Leistungsverzeichnisses sein, sie können sich aber auch auf mehrere Leistungsverzeichnisse verteilen.

Die Arbeitskalkulation ist eine Einheit, die alle Leistungsverzeichnisse des Projektes umfasst.

Folgende typische Leistungsverzeichnisse seien genannt:

- Leistungsverzeichnis zum Einheitspreisvertrag mit dem Hauptauftraggeber
- Leistungsverzeichnisse zum Einheitspreisvertrag mit sonstigen Auftraggebern
- Internes LV der Baustellengemeinkosten (BGK)
- Internes LV zu einer Vertragspauschalen

Es muss hier darauf hingewiesen werden, dass die Leistungen der BGK, deren Kosten in der Angebotskalkulation auf die Kosten der ausgeschriebenen Positionen umgelegt wurden, im Baustellen-Controlling ebenso wichtige Teilleistungen sind wie die eigentlichen Bauleistungen. Die Leistungen der BGK, die nicht direkt in Vertragspositionen kalkuliert sind, sind als Grundlage für die Arbeitskalkulation ausführlich im BGK-LV zu beschreiben.

Die Arbeitskalkulation muss sämtliche Einheiten umfassen, unter denen Angaben zu Kosten und Erlös gemacht werden. Angaben zum Erlös sind je nach Vertragsart in folgenden Bestandteilen der Bauverträge zu finden (vergl. auch Abschnitt F, Kap. 1.1.2.1):

- in Vertragspositionen in Form von Einheitspreis und prozentualem Positionsnachlass/-aufschlag
- auf Ebene von LV oder Gruppenstufen des LV in Form von prozentualen oder pauschalen Nachlässen bzw. Aufschlägen
- in einzelnen Vertragspositionen in Form einer Pauschalvergütung
- bei Gruppenstufen des LV in Form einer Pauschalvergütung
- auf Ebene des LV in Form einer Pauschalvergütung

Bis hierher handelt es sich um Einheiten als Träger der Erlöse, die in der Struktur der Leistungsverzeichnisse vorkommen. Darüber hinaus wird der Projekterlös aber evtl. durch weitere Angaben beeinflusst:

- die Lohngleitklausel mit Angaben von Zeitpunkten, Lohnänderungsfaktoren und Selbstbehalt.
- die Stoffpreisgleitklausel mit Angaben der in Frage kommenden Baustoffe mit ihren Basis-Einkaufspreisen sowie zum Selbstbehalt
- Preislisten zur Abrechnung von Stundenlohnarbeiten (Synonyme: Taglohnarbeiten, Regiearbeiten)
- Vereinbarungen über Vertragstrafen bei Terminüberschreitungen

Dies sind zunächst Informationen, die nicht in das Gefüge der Leistungsverzeichnisse passen. Da sie aber den Erlös beeinflussen, sind sie in die Arbeitskalkulation einzubringen, so wie sie auch in die Abrechnung des Projektes eingehen.

Im speziellen Kapitel zur Darstellung der Arbeitskalkulation wird darauf einzugehen sein, wie diese zusätzlichen Einflüsse auf den Erlös über Ergänzungen in der Struktur der Leistungsverzeichnisse berücksichtigt werden können, selbst wenn die Form der Abrechnung eine ganz andere ist. Hier sei zunächst nur festgehalten:

Die Leistungsverzeichnisse, die der Arbeitskalkulation zugrunde liegen, sind über Positionen so zu erweitern, dass auch Einflüsse auf den Erlös berücksichtigt werden können, die nicht in Form von Preisen/Pauschalen bei Einheiten des Vertrags-LV hinterlegt sind.

Solche, zunächst hilfsweise eingeführten Positionen können auch für Abrechnungszwecke genutzt werden bzw. sind evtl. sogar grundsätzlich so zu nutzen, weil es keine andere sinnvolle Möglichkeit gibt.

Beispiele für hilfsweise eingeführte Positionen mit Erlös, die auch für Abrechnungszwecke genutzt werden können, sind:

- Positionen mit Preisdifferenzen aufgrund der Stoffpreisgleitklausel
- Positionen zur Abrechnung von Taglohnarbeiten
- Positionen für Vertragstrafen (EP mit negativem Vorzeichen)
- Positionen mit pauschalen Nachlässen (hilfsweise eingeführt wegen Bedarf der anteiligen Bewertung zu Leistungsstichtagen)
- Positionen, stellvertretend für Vertragspauschalen von LV oder Gruppenstufen (hilfsweise eingeführt, sofern das verfügbare Abrechnungsverfahren die Pauschalen nicht direkt verarbeitet.)

Ein Beispiel für eine hilfsweise eingeführte Position mit Erlös, die nicht für Abrechnungszwecke genutzt werden kann, ist:

- Position zur vorausschauenden Berücksichtigung des Erlöses aus der Lohngleitklausel (in der Abrechnung ist eine andere Form vorgeschrieben).

Positionen mit Angaben zum Erlös können, müssen aber keine Angaben zu Kosten enthalten. Falls sie nur Träger eines Erlöses sind, sind es **Erlöspositionen**.

Die Angaben zu den Kosten müssen in der Arbeitskalkulation ebenfalls vollständig sein. Die Summe der Positionen aller Leistungsverzeichnisse muss also eine vollständige Kalkulation aller Kosten ermöglichen. Oft werden die vertraglichen Positionen, die den Erlös regeln, nicht genügen, um die Kosten in der gewünschten Struktur abbilden zu können. Im Falle eines Einheitspreisvertrages fehlen Positionen zur Kalkulation von Baustellengemeinkosten, im Falle eines Pauschalvertrages fehlt u.U. jegliche Positionsstruktur zur Kalkulation der Kosten. Manche Zielstellung der Kostendarstellung der Arbeitskalkulation wird nicht durch Strukturen der Vertragspositionen unterstützt. Folglich sind die Leistungsverzeichnisse auch um Strukturen zu erweitern, die aus Sicht der Kostenkalkulation sinnvoll sind. Solche Ergänzungen können sein:

- ein LV zur Kalkulation von Baustellengemeinkosten (siehe oben)
- ein internes Teilleistungs-LV im Falle einer Vertragspauschalen
- Positionen, die nur für die Zwecke der Abbildung bestimmter Kosten eingeführt werden

Dies alles sind dann keine Vertragspositionen mit hinterlegtem, vertraglich vereinbarten Preis, sondern interne Positionen, die nur mit Kosten belegt sind. Es sind sog. **Kostenpositionen**.

Die Leistungsverzeichnisse, die der Arbeitskalkulation zugrunde liegen, werden über interne Kostenpositionen so erweitert, dass die Kostenkalkulation in der gewünschten Form möglich ist. Kostenpositionen sind dem AG unbekannt; sie können nicht zur Abrechnung herangezogen werden. Kostenpositionen haben keinen Preis.

Wir müssen also feststellen, dass die Vertragsart sowie die internen Belange dazu führen können, dass die Aufteilung von Erlös und Kosten auf verschiedene Elemente der Leistungsverzeichnisse in der Arbeitskalkulation besonders stark ausgeprägt sein kann.

Auf das spezielle Problem der Integration der Abrechnung von Stundenlohnarbeiten wird im folgenden Kapitel 3.3 eingegangen.

3.2 Fortschreibung der Leistungsverzeichnisse

In Kap. 2 dieses Abschnittes wurde dargestellt, dass die Beschreibungen der Bauleistungen – und dies sind ja die Leistungsverzeichnisse – im Laufe der Bauzeit fortzuschreiben sind. Es wurde auch erklärt, dass zur Fortschreibung kein neuer Projektdatenbestand eröffnet wird, sondern dass der eine geschlossene Datenbestand der Projektphase 3 jeweils ergänzt wird.

Zur Fortschreibung der Leistungsverzeichnisse zählt immer die Anpassung der VA-Mengen (Abschnitt D, Kap. 3.5) der Teilleistungen an die aktuellen Erkenntnisse zum Leistungsumfang. Die andere Art der Fortschreibung ist das Einführen neuer Elemente, z.B. der Nachtragspositionen.

Sollen neue Elemente in den Leistungsverzeichnissen, die im Zuge der Fortschreibung hinzugekommen sind, als Ergänzungen erkannt werden, so wird das Merkmal des Nachtrages verwendet. Dabei spielt es keine Rolle, ob es um einen internen Nachtrag oder um einen Nachtrag an den AG geht.

Bereits die erste Arbeitskalkulation, die vor Aufnahme der Bauarbeiten erstellt wird, kann Ergänzungen in den Leistungsverzeichnissen gegenüber dem Stand aus Projektphase 2 aufweisen. Soweit es sich dabei um Ergänzungen interner Art handelt, wird man aber jetzt noch nicht mit Nachtragsmerkmalen arbeiten, sondern erst bei späteren Ergänzungen während der Bauzeit.

Grundsätzlich ist zu unterscheiden zwischen

- dem Nachtrag, definiert durch Nummer und Bezeichnung

und

- den Nachtragspositionen, die dem Nachtrag zugeordnet sind.

Soweit es um Nachträge an den AG geht, ist ein einzelner Nachtrag durch seine Positionen definiert, die in einem Nachtragsangebot zusammengefasst sind. Ein folgendes Nachtragsangebot ist ein anderer Nachtrag. Bei internen Nachträgen ist man frei in der Definition, was ein Nachtrag 1, 2, 3 etc. sein soll.

3.3 Integration der Abrechnung von Stundenlohnarbeiten

Ein spezielles Problem stellen Abrechnungen von Stundenlohnarbeiten dar, wenn deren Grundlage nicht LV-Positionen sind, sondern Preislisten. Werden Stundenlohnarbeiten ausgeführt, so verursachen sie Aufwand. Die entsprechenden Ist-Kosten sind Bestandteil der Ist-Kosten des Projektes. Die Erlöse aus der Abrechnung dieser Stundenlohnarbeiten sind Bestandteil des Projekterlöses.

Vor Beginn der Bauarbeiten mögen die Stundenlohnarbeiten außer Betracht geblieben sein, weil deren Ausführungsvolumen unbekannt war. Dann waren sowohl Kosten als auch

Erlös mit 0,00 angesetzt. Dann musste man sich auch noch nicht mit dem Problem auseinandersetzen, dass Preislisten kein LV sind. Man hatte noch nicht das Problem, die Sollkosten zu diesen Stundenlohnarbeiten darzustellen. Spätestens mit den ersten Ausführungen von Stundenlohnarbeiten nach Preislisten entstehen aber neue Aufgaben:

- Die Erlöse gemäß dem ausgeführten Volumen der Stundenlohnarbeiten sind in das Gefüge aller Erlöse einzubinden, auch wenn sie in gesonderten Rechnungen stehen.
- Zum ausgeführten Volumen der Stundenlohnarbeiten sind entsprechende Sollkosten und Budgets darzustellen, auch wenn die Grundlage keine LV-Positionen sind und somit die übliche Grundlage für eine Arbeitskalkulation fehlt.

Sofern die verfügbare Software keine Möglichkeit bietet, die Erlöse aus gesonderten Taglohnrechnungen nach Preisliste beim Projekterlös zu berücksichtigen bzw. die Kosten zu Punkten der Preisliste zu definieren und mit der Arbeitskalkulation in Verbindung zu bringen, bleibt nichts anderes übrig, als die Preisliste in ein LV mit Positionen umzuwandeln und zu diesen Positionen Sollkosten in Ansatz zu bringen. Die Abrechnung kann dann trotzdem per gesonderten Rechnungen erfolgen, Grundlage ist aber ein LV. Zu den Positionen des LV werden Mengen als Rechungs- und Leistungsmengen erfasst. Mit dem AG wäre die Vereinbarung zu schließen, dass die Preisliste in ein LV umgewandelt wird. Die Preise der Preisliste werden zu Einheitspreisen der Positionen dieses LV. Wird ein gesondertes LV für Stundenlohnarbeiten angelegt, können Nummern der Preisliste problemlos zu Nummern der Positionen gemacht werden.

Aber selbst, wenn die Stundenlohnarbeiten über LV-Positionen abgerechnet werden können (womit das Problem einer zugehörigen Kostenkalkulation gelöst ist), besteht das weitere Problem, die geleisteten Mengen in das System nach Positionen zu integrieren, wenn diese Mengen in sog. Taglohnrapporten, d.h. nicht in der Mengenbearbeitung der sonstigen Teilleistungspositionen erfasst sind. Es entsteht ein weiteres Problem, wenn die Stundenlohnarbeiten in Form von vielen Einzelrechnungen, d.h. nicht integriert in die Abschlags-/Schlussrechnung des Gesamtprojektes, abgerechnet werden. Intern müssen die Mengen der Stundenlohnarbeiten dann trotzdem im Zusammenhang und bezogen auf die Auswertungszeiträume des Gesamtprojektes verwaltet werden, weil ja auch die Kosten auszuwerten sind.

Welches Verfahren praktiziert wird, wird davon abhängen, welche Arbeitsweise die verfügbare Software ermöglicht. Es ist nicht Aufgabe dieses Fachbuches, Detailkonzepte für solche Softwarelösungen zu beschreiben. Hier kann nur festgehalten werden, dass Lösungsansätze für dieses spezielle Problem zu folgendem Ergebnis führen müssen:

- Den Stundenlohnarbeiten können Budgets und kostenartengerecht kalkulierte Sollkosten hinterlegt werden.
- Die im Stundenlohn geleisteten Mengen gehen periodengerecht als LE-Mengen in die Gesamtmengenverwaltung des Projektes ein und werden zu VA-Mengen aufaddiert.

- Kosten und Erlös für VA-Mengen gehen in die Berechnung des Deckungsbeitrages des Projektes ein.
- Die Stundenlohnarbeiten werden bei der Berechnung aller Größen des Projektes auf Basis der LE-Mengen berücksichtigt.

Für den Fall, dass **Stundenlohnarbeiten über gesonderte Rechnungen** abgerechnet werden müssen, besteht immer folgende Lösungsmöglichkeit, wenn die verfügbare Software keine speziell auf Stundenlohnarbeiten ausgerichtete interne Verarbeitung vorsieht:

- Sofern bisher nur eine Preisliste für Stundenlohnarbeiten existiert: Erstellen des LV für Stundenlohnarbeiten gemäß Preisliste mit Eintrag der Vertragspreise als EP der Positionen
- Eintrag der Kosten pro Mengeneinheit der Position (=Arbeitskalkulation)
- Erfassen der einzelnen Positionsmengen datumsbezogen und pro Rapport in einem "Aufmaß" mit textlichem Querverweis auf die zugehörigen Rapporte. Damit steht die Messurkunde als Beleg der Rechnungsmengen zur Verfügung; sie stellt die Zusammenstellung der Rapporte dar. Die Rapporte sind eine Anlage zur Messurkunde. **Voraussetzung:** ausgewählte Aufmassblätter müssen einer bestimmten Rechnung zuordenbar und damit von der Verwendung in anderen Rechnungen ausgeschlossen sein.

  Über das "Aufmaß" werden die Mengen der Stundenlohnarbeiten periodengerecht der Mengenverwaltung des Gesamtprojektes als RE- und LE-Mengen zur Verfügung gestellt, womit sie bei den internen Berechnungen von Gesamterlös, Gesamtleistungswert und Gesamtkosten berücksichtigt sind.

  Die Summe der LE-Mengen pro Position seit Baubeginn muss gleichzeitig zur VA-Menge gemacht werden, damit der richtige Deckungsbeitrag zum Stichtag ermittelt wird, der wiederum über den Leistungswert zum Stichtag bestimmt (siehe Abschnitt D, Kap. 9). Wenn die Software dies nicht automatisch tut, muss die VA-Menge jeweils zu Auswertungsstichtagen manuell erfasst werden.
- Die gesonderte Rechnung wird über die LV-Positionen erstellt und erhält Messurkunde und zugehörige Rapporte als Anlage.

Keinerlei Problem besteht, wenn die Stundenlohnarbeiten über LV-Positionen im Zuge der üblichen Abschlags-/Schlussrechnungen abgerechnet werden. Dann liegen die Verhältnisse wie bei Teilleistungspositionen vor. Es gibt keine gesonderten Rechnungen; die Positionsmengen der Stundenlohnpositionen sind in die "normale" Mengenverwaltung des Projektes integriert. Einzelverweise auf Rapporte sind Sache eines Aufmaßes und der darauf basierenden Messurkunde.

3.4 Erlöspositionen, Kostenpositionen

Mit Blick darauf, ob Positionen der Leistungsverzeichnisse nur Erlös oder nur Kosten oder beides enthalten, wurden in Abschnitt D, Kap. 3.1 folgende Eigenschaften definiert:

- **Kostenposition:**
  die Position enthält nur Kostenansätze und hat keinen Vertragspreis. Sie ist nicht Bestandteil eines Vertrags-LV und sie ist für die Abrechnung mit dem AG gesperrt.
- **Erlösposition:**
  die Position enthält nur einen Vertragspreis, aber keine Kosten.
- **Erlös- und Kostenposition:**
  die Position ist eine Vertragsposition mit Vertragspreis und Kostenansätzen. Diese Positionseigenschaft muss nicht besonders hervorgehoben werden, weil sie auf alle Vertragspositionen eines Einheitspreisvertrages zutrifft.

Diese Positionseigenschaften sind in folgenden Fällen nach einer festen Regel zugeordnet:

- Alle Positionen eines Leistungsverzeichnisses, das die Eigenschaft eines internen BGK-LV hat, sind **Kostenpositionen.**
- Gruppenstufen oder LV sind **Erlöspositionen**, wenn ihnen eine Vertragspauschale zugeordnet ist. Auf diesen Ebenen gibt es keine Kostenkalkulation.
- Positionen für Vertragsstrafe oder Preisabzüge bei Qualitätsmängeln sind **Erlöspositionen**, weil es dazu keine Kostenansätze gibt. Sie haben einen Einheitspreis mit negativem Vorzeichen und wirken somit erlösmindernd.
- Positionen, die in einem pauschaliertem LV oder unterhalb von pauschalierten Gruppenstufen stehen, sind **Kostenpositionen**, weil sie keinen Vertragserlös haben. Der Erlös ist die übergeordnete Vertragspauschale; dort sind aber keine Kosten kalkuliert.

3.5 Die Mengenarten der Teilleistungen

Es gibt folgende Mengenarten zu den Teilleistungen:

- **LV-Menge:**
  zum Zeitpunkt der Vertragsunterschrift einvernehmlich zwischen AG und AN zugrunde gelegte Menge.

  Im Falle eines Einheitspreisvertrages wird es meist die vom Ausschreibenden angegebene Menge sein. Im Falle eines Pauschalvertrages müssten es die Mengen sein, die der AN vor Vertragsunterschrift ermittelt hat, sei es zu einem Teilleistungs-LV des AG, sei es zu einem selbst aufgestellten LV.
- Bei Nachträgen sind es die im Nachtragsangebot an den AG genannten Mengen bzw. evtl. danach einvernehmlich modifizierte Mengen.

  Die LV-Menge wird nach Vertragsabschluss nicht mehr geändert. Es ist die Menge, die offiziell dem Vertrag und dem darin genannten Erlös zugrunde lag. Es ist die "offizielle" Menge, die der Preisbildung zu Grunde lag und die aus diesem Grund in bestimmten Fällen von später festgestellten Mengenabweichungen für den Nachweis von Zusatzforderungen relevant wird.

- **VA-Menge (voraussichtliche Ausführungsmenge):**

  für die internen Betrachtungen maßgebende, realistisch eingeschätzte Gesamtmenge. Bei Positionen mit größerem Gewicht möglichst durch eine genügend genaue Mengenermittlung abgesichert.

  Die VA-Menge wird während der Bauzeit modifiziert, wenn neue Erkenntnisse vorliegen.

  Bei Stundenlohnarbeiten wird die VA-Menge meistens nicht vorab bestimmbar sein. Deshalb wird man sie zunächst mit der Menge 0,00 in Ansatz bringen. Werden später Stundenlohnarbeiten ausgeführt, so wird die LE-Menge seit Baubeginn als VA-Menge gewertet. Bei Projekten der Bauwerkssanierung wird man die VA-Menge in der Regel in Höhe der LV-Menge ansetzen, wenn die ausgeschriebenen Stundenlohnarbeiten als wahrscheinliche Abrechnungsmethode für Leistungen aus unvorhergesehenen Gründen anzusehen sind.

- Die VA-Menge kann nicht kleiner sein als die LE-Menge. Günstig ist es, wenn die Software per Definition "VA-Menge ≥ LE-Menge" die Anhebung der VA-Menge auf den Wert der LE-Menge automatisch übernimmt.

- **LE-Menge (Leistungsmenge):**

  in einem Zeitabschnitt der Bauzeit effektiv geleistete Menge

  Unterschieden werden:

  - **LE-Menge seit Baubeginn bis Stichtag**
  - **LE-Menge im Zeitraum (Periode)**

  Dabei gilt:

  (LE-Menge im Zeitraum n) = (LE-Menge seit Baubeginn bis Ende Zeitraum n) – (LE-Menge seit Baubeginn bis Ende Zeitraum n-1)

  Konvention: Wenn von der LE-Menge zu einem Stichtag die Rede ist, so ist immer die Gesamtmenge seit Baubeginn gemeint. Andernfalls wird von der "LE-Menge im Zeitraum" gesprochen.

Nach Fertigstellung einer Teilleistung gilt: LE-Menge = VA-Menge
Sofern diese Bedingung nicht erfüllt ist, ist die VA-Menge anzupassen.

Die verwendete Software sollte automatisch dafür sorgen, dass die VA-Menge der Bedingung "VA-Menge ≥ LE-Menge". entspricht, indem es die VA-Menge auf den Wert der LE-Menge setzt, wenn ein Zustand "VA-Menge < LE-Menge" auftreten sollte.

- **Rest-Leistungsmenge = VA-Menge – LE-Menge:**
  ab einem Stichtag bis zum Bauende noch zu leistende Menge
- **RE-Menge:**
  dem AG in der Abrechnung in Rechnung gestellte Menge bzw. vom Nachunternehmer (NU) in Rechnung gestellte Menge
- **Teilmenge:**

  Menge einer Teilleistung, die in einem bestimmten Bauteil/Bauvorgang vorkommt.

Dabei gilt:

Summe aller Teilmengen einer Teilleistung = VA-Menge der Teilleistung

Die Arbeitskalkulation ist auf Basis jeder Mengenart auswertbar. Je nach verwendeter Mengenart kann das Ergebnis einer solchen Auswertung wie folgt verbal beschrieben werden:

- Auswertung mit LV-Mengen: Vorausschau auf die gesamte Bauzeit, wenn die Teilleistungen wie im Vertrag beschrieben zur Ausführung kämen.
- Auswertung mit VA-Mengen: Vorausschau auf die gesamte Bauzeit unter Zugrundelegung des wahrscheinlich zur Ausführung kommenden Bauvolumens.
- Auswertung mit LE-Mengen: Zustand, der zum Stichtag aufgrund der Annahmen der Arbeitskalkulation hätte erreicht werden sollen.
- Auswertung mit Restmengen: Vorausschau auf die restliche Bauzeit ab Stichtag unter Zugrundelegung des wahrscheinlich zur Ausführung kommenden Bauvolumens.

3.6 Fortschreibung der Mengen

Zur Fortschreibung der Grundlagen der Arbeitskalkulation zählen nicht nur die Ergänzungen in den Leistungsverzeichnissen, sondern auch die Fortschreibung der Mengen der enthaltenen Teilleistungen.

Die **LV-Mengen** bleiben in der Regel über die gesamte Bauzeit unverändert, weil sie den Zustand des offiziellen Auftrages durch den AG beschreiben sollen. Nachtragspositionen haben natürlich ihre eigenen neuen LV-Mengen. Wenn eine Nachtragsposition ganz oder teilweise an die Stelle einer beauftragten Position tritt, so ist auch dies kein Anlass, die LV-Menge in der ursprünglichen Position zu ändern.

Die **VA-Mengen** basieren auf dem aktuellen Kenntnisstand des Projektes. Führt ein verbesserter Kenntnisstand zu anderen Mengen, so sind die VA-Mengen zu ändern. Auf höchste Genauigkeit kommt es nicht an; deshalb wird man geringfügige Änderungen meist nicht vollziehen.

Die **LE-Mengen** und die **RE-Mengen** werden mit der Bauzeit kontinuierlich fortgeschrieben. Diese Mengen sind datumsbezogen gespeichert, so dass sie zeitbezogen auswertbar sind. Die Feststellung der LE-Menge nach Fertigstellung einer Teilleistung kann Anlass zur Änderung der VA-Menge sein (Summe LE = VA).

Die **Rest-Leistungsmenge** ist eine aus VA- und LE-Menge berechnete Menge, so dass sie automatisch fortgeschrieben wird.

Teilmengen der Teilleistungen in Bauabschnitten/Bauvorgängen können in Zusammenhang mit Änderungen der VA-Mengen zu überarbeiten sein.

3.7 Die Sonderpositionen lt. Ausschreibung

Es ist üblich, dass eine Reihe von Teilleistungen ausgeschrieben werden, ohne dass deren Ausführung feststeht. Soweit der Ausschreibende dies tatsächlich bekannt gibt, haben wir es mit Sonderpositionsarten zu tun, die bereits in der Angebotsphase mehr oder weniger gravierende Fragen aufgeworfen hatten.

- Wahlpositionen (Alternativpositionen) zu bestimmten Grundpositionen
- Bedarfspositionen (Eventualpositionen) mit oder ohne GB
- Preisanfragepositionen
- Regiepositionen (Taglohnarbeiten, Stundenlohnarbeiten)

Bei strenger Auslegung der Kalkulationsregeln hätten auf die Kosten dieser Positionen keine kalkulierten Baustellengemeinkosten umgelegt werden dürfen. Andererseits waren aber die Kosten dieser Sonderpositionen meist doch mit den "normalen" Einzelkostenzuschlägen zu beaufschlagen, damit im Falle der Ausführung eine volle Kostendeckung gegeben ist. Vielleicht hat man zumindest bei Bedarfspositionen einen geringeren Zuschlag für BGK angesetzt, weil im Falle der Ausführung dieser zusätzlichen Leistungen der Aufwand in BGK nicht proportional ansteigt.

Gleich wie, das Problem der Beurteilung bestand auch noch zum Zeitpunkt der Vertragsunterschrift, sofern nicht der AG eine Klärung herbeigeführt hat, welche Leistungen in welchem Umfang zur Ausführung kommen werden. Oft bleibt der Zustand lt. Ausschreibung weiterhin ungeklärt. Lediglich bei Preisanfragepositionen war der AG in der Pflicht der endgültigen Bestimmung und der AN konnte die Ausführung zu den angebotenen Bedingungen ablehnen.

Wenn in der Projektphase 2 keine Klärung hinsichtlich der Sonderpositionen zustande kam, ist deren Ausführung nach wie vor offen. Meist wird auch dem AN keine ausreichend sichere Einschätzung möglich sein. Solange sich an diesem Status der Kenntnisse nichts ändert, wird in der Arbeitskalkulation nach der Regel verfahren, dass die VA-Mengen auf 0,00 gesetzt werden. Erst, wenn später andere Erkenntnisse vorliegen, wird die VA-Menge auf einen vorsichtig angenommenen Wert angehoben, evtl. auch nur auf den Wert der augenblicklichen LE-Menge.

Grundsätzlich aber gilt: Die ursprünglichen Sonderpositionsmerkmale – abgesehen von der *Preisanfrageposition* - werden in der Arbeitskalkulation auf jeden Fall beibehalten. Die spezielle Positionseigenschaft könnte später in besonderen Auswertungen von Bedeutung sein, in denen es um Nachweise von Unter- oder Überdeckungen der Kosten aufgrund von Änderungen des Ausführungsvolumens geht.

3.8 LV-Bereiche oder Kalkulationsbereiche ausklammern

Weiter oben wurde gesagt, dass die Arbeitskalkulation sämtliche Einheiten umfassen muss, unter denen Angaben zu Kosten oder Erlös gemacht werden. Die Arbeitskalkulation umfasst also sämtliche Leistungsverzeichnisse des Projektes mit sämtlichen Positionen, gleich für welchen Zweck diese eingerichtet wurden. In Abschnitt D, Kap. 3.4 wurde die wichtige Eigenschaft der Kostenposition beschrieben, mit der alle Positionen belegt werden, die keine Vertragspositionen, d.h. keine Positionen zur Abrechnung der Bauleistung mit dem AG, aber doch intern von Bedeutung sind. Kostenpositionen haben keinen Preis, und sie sind automatisch für die Abrechnung mit dem AG gesperrt.

Folgende Fälle der Praxis können aber nicht über das Merkmal *Kostenposition* gelöst werden:

- Nachtragspositionen an den AG sind intern bereits aufgestellt – vielleicht auch zunächst nur in vorläufiger Form, sie sind aber noch nicht angeboten.

  Anforderung: Die Positionen müssen mit einem Preis versehen werden können. Sie müssen mit bewertetem Erlös und Kosten in die internen Auswertungen einbezogen werden können. Es müssen Aufmaße möglich sein. Die Positionen dürfen noch nicht in der Abrechnung mit dem AG berücksichtigt werden.

- Nachtragspositionen, die dem AG bereits abgeboten wurden, dürfen nicht in die Abrechnung mit dem AG aufgenommen werden, solange sie nicht genehmigt sind.

  Anforderung: wie vor

- Es gibt Teilleistungen, die vorläufig von der Ausführung zurückgestellt sind.

  Anforderung: Neutralisieren in sämtlichen Auswertungen, aber nicht löschen.

- Innerhalb einer Position wurden zwei oder mehr alternative Herstellmethoden kalkuliert, von denen dann eine ausgewählt wurde.

  Anforderung: Neutralisieren der Kalkulation der nicht ausgewählten Methode, aber nicht löschen.

- Aus der Angebotsphase gibt es in Positionen Kalkulationsansätze, die aus spekulativen Gründen zustande gekommen sind. Diese Änderungen gegenüber "Normalansätzen" sollen gemäß dringender Empfehlung in gesonderten Unterpositionen stehen (siehe Abschnitt C, Kap. 4).

  Anforderung: Die speziellen Unterpositionen mit Änderungen aus spekulativen Gründen sind rechnerisch zu neutralisieren (bereits in der Auftragskalkulation). Sie dürfen aber nicht gelöscht werden.

- Es werden Projektauswertungen gewünscht, bei denen Kosten und Erlös bestimmter Bereiche aus bestimmten Gründen nicht einbezogen sein sollen.

  Anforderung: temporäres Sperren der auszuklammernden Bereiche, also LV's, Gruppenstufen oder Positionen.

Die vorstehend beschriebenen Anforderungen müssen von der Software des Baustellen-Controlling erfüllt werden. Nur so kann ausreichend flexibel auf die Veränderung der Randbedingungen reagiert werden. Die Anforderung sind erfüllt durch die Möglichkeit der Vergabe folgender Merkmale:

- Sperren einer Position für die Abrechnung mit dem AG.
- Sperren einer Unterposition der Kalkulation einer Teilleistung.
- Sperren von LV's oder Gruppenstufen oder Positionen

Sperren bedeutet, dass das gesperrte Element aus den Berechnungen ausgeklammert ist. Das Merkmal wird je nach Bedarfsfall gesetzt oder wieder aufgehoben. Es ist wichtig, dass per "Filter" feststellbar ist, wo ein solches Merkmal gesetzt ist.

4 Annahmen, Vorgaben, Ist-Werte

Zunächst einmal ist bei allen Werten des Baustellen-Controlling von Kosten bis Ergebnis aber auch hinsichtlich der Teilleistungsmengen zu unterscheiden zwischen

- Annahmen
- Vorgaben
- Ist-Werten

In den Projektphasen 1 und 2 gibt es nur Annahmen, also nur Aussagen in die Zukunft. Dies gilt auch noch für den Beginn der Projektphase 3 vor Aufnahme der Tätigkeiten. Erst im Laufe der Ausführung gibt es Annahmen, Vorgaben und Ist-Werte. Betrachtet man die Bauzeit von einem Stichtag aus, so gibt es *Vergangenheit* (= zurückliegende Bauzeit) und *Zukunft* (= noch bevorstehende Bauzeit). Die o.g. drei Größen sind diesbezüglich wie folgt zuordenbar:

- Annahmen betreffen nur die Zukunft, wenn man einmal davon absieht, dass Annahmen auch für die Vergangenheit auswertbar sind.
- Vorgaben gelten für die Zukunft und für die Vergangenheit.
- Ist-Werte gibt es nur für die Vergangenheit.

Annahmen bauen auf dem jeweiligen Kenntnisstand über die auszuführenden Arbeiten auf. Da sich dieser Kenntnisstand im Laufe der Bauzeit ändert, kann es sein, dass Annahmen zu ändern sind. Die Sicherheit in der Richtigkeit der Annahmen wächst mit zunehmendem Kenntnisstand. Größere Unsicherheiten bedingen, dass diese qualifiziert und mit Werten belegt werden, so dass die Kostenaussagen unterscheiden zwischen der Annahme unter günstigen Voraussetzungen und einem Risiko in den Annahmen.

Annahmen auf gesicherten Grundlagen werden zu Vorgaben für die Ausführung. Annahmen aus der Abschätzung von Risiken werden nach Überprüfung ganz oder teilweise oder gar nicht zum Bestandteil der Vorgaben.

Tatsächliche-Werte (Ist-Werte) gibt es nur für die Vergangenheit, d.h. für bereits ausgeführte Bauleistungen. Bei der Prognose in die Zukunft ersetzen die Ist-Werte die angenommenen Werte für die erbrachte Bauleistung, sie ersetzen aber nicht die Vorgaben für die Vergangenheit, wo sie als Messlatte im Vergleich mit den Ist-Werten dienen.

Sowohl Annahmen als auch Vorgaben der Kalkulation sind für die Ist-Werte der LE-Menge auswertbar. Die Auswertungen der Vorgabewerte auf der Basis der LE-Mengen sind die Erfolgsmaßstäbe in den Soll-Ist-Vergleichen.

- **Die Budgets sind der Maßstab für diejenigen Personen, welche die Gesamtverantwortung für das Projekt tragen.**
- **Die Sollkosten bzw. die Sollstunden sind der Maßstab für das Baustellenpersonal einschl. des Bauleiters.**

In der folgenden Tabelle sind einige typische Größen des Baustellen-Controlling diesem Schema zugeordnet:

Größe des Baustellen-Controlling	**Annahme**	**Vorgabe**	**Ist-Wert**
LV-Menge der Teilleistung	x		
VA-Menge der Teilleistung	x		
Mengenrisiko	x		
LE-Menge der Teilleistung			x
Restleistungsmenge der Teilleistung	x		
Leistungsziel (zu leistende Menge im Zeitraum)		x	
Kosten lt. Auftragskalkulation	x		
Budget		x	
Sollkosten		x	
Sollstunden		x	
Kostenrisiko	x		
Bewertete Sollkosten (=voraussichtliche Kosten)	x		
Ist-Kosten			x
Ist-Stunden			x
Voraussichtliche Kosten (unter Einbeziehung der Istkosten zum Stichtag)	x		
Erlös	x		x

Die Größen *Deckungsbeitrag* und *Ergebnis* gibt es auf der Grundlage der verschiedenen Kostenaussagen einschl. Budget. Entsprechend der Einordnung dieser Kostenaussagen sind auch *Deckungsbeitrag* und *Ergebnis* als Annahme oder Vorgabe oder Ist-Wert zu interpretieren.

Auch Vorgabewerte beruhen natürlich auf Annahmen. Soweit es um die Sollwerte geht, beruhen die Annahmen auf weitgehend gesicherten Erkenntnissen unter Zugrundelegung wirtschaftlicher Ausstattungen und Arbeitsweisen ("scharf, aber machbar"). Fehler in den Kostenannahmen der Angebotskalkulation haben ebenso wenig einen Einfluss auf die Sollwerte wie Fehler in der Einschätzung der Marktlage während der Angebotsphase.

Bei den Budgets als Vorgabewerte sieht es hingegen anders aus. Die Gesamtverantwortung für das Projekt schließt die Verantwortung für Kalkulationsfehler einschl. falscher Markteinschätzung ein.

Am Beginn der Bauzeit sind die für die Prognose maßgebenden Werte zu 100 % angenommene Werte, am Ende der Bauzeit sind es zu 100 % Ist-Werte (siehe Abbildung 61). Im Zeitraum dazwischen nimmt der Anteil der angenommenen Werte stetig ab, derjenige der Ist-Werte nimmt stetig zu.

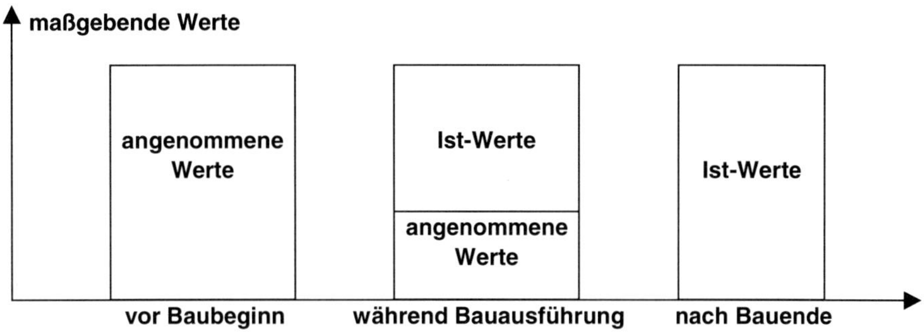

Abbildung 61: Zusammensetzung maßgebender Werte in Abhängigkeit vom Aussagezeitpunkt

Mit Fortschreibung von Leistungsverzeichnissen und deren VA-Mengen ändert sich die Berechnungsbasis für die absoluten Zahlen angenommener Werte. Annahmen zu Kosten sind immer berührt, Aussagen zu Erlös oder Budget bedingt in Abhängigkeit von der Vertragsart. Zu Einzelheiten der Berechnungen wird auf spätere Kapitel verwiesen.

5 Plan, Soll, Prognose

In den vorstehendenden Kapiteln wurde angedeutet, dass es im Projekt verschiedene Grundlagen zur Bestimmung von Kosten und Erlös und allen darauf aufbauenden Werten gibt. Mit Aussagen unterschiedlicher Grundlagen werden verschiedene Ziele verfolgt. Dieser Bestandteil der Gesamtkonzeption muss vorab erläutert werden, weil er sich wie ein roter Faden durch eine Vielzahl von Controlling-Schritten zieht.

5.1 Budgets, Sollkosten, bewertete Sollkosten, voraussichtliche Kosten

In Kap. 2 dieses Abschnitts wurde dargestellt, dass sämtliche für das Baustellen-Controlling benötigte Informationen in einem geschlossenen Datenbestand vorgehalten werden, der laufend fortgeschrieben wird. Soweit es um Kostenannahmen zu den Teilleistungen geht, gibt es Aussagen auf unterschiedlichen Grundlagen, die in diesem einen Datenbestand parallel zu verwalten sind:

- **die Budgets**
- **die Sollkosten**
- **die Rückstellungen gegenüber Sollkosten**
- **die bewerteten Sollkosten** (=Sollkosten + Rückstellungen)

Mit diesen verschiedenartigen Kostenaussagen werden z.T. unterschiedliche Ziele verfolgt. Gemeinsame Grundlage sind die Leistungsverzeichnisse mit ihren Mengen (siehe Abschnitt D, Kap. 3).

In den folgenden Unterkapiteln werden diese Größen erläutert, ohne aber schon dort auf alle Details einzugehen. Weitere Einzelheiten werden in speziellen Kapiteln der Abschnitte E bis G dargestellt.

5.1.1 Die Budgets

Zunächst muss hier auf Abschnitt C, Kap. 6 verwiesen werden. Das Ergebnis der dortigen Ausführungen kann wie folgt zusammengefasst werden:

Budgets sind feste Anteile am Erlös, die zur Deckung der Herstellkosten zur Verfügung stehen. Die Kostenannahmen der Auftragskalkulation sind eine der Grundlagen zur Bestimmung der Budgets. Die maßgebenden Budgets sind diejenigen, die auf der Ebene der Vertragserlöse stehen und zusätzlich das Pauschalbudget der BGK. Es sind entweder Budgets pro Mengeneinheit oder Pauschalbudgets. Der Erfolg derjenigen Personen, welche die Gesamtverantwortung für das Projekt tragen, wird daran gemessen, ob die tatsächlichen Herstellkosten des Projektes durch die Budgets gedeckt sind.

Alle Einzelheiten zur Budgetberechnung und –planung werden in Abschnitt F, Kapitel 2 behandelt. Hier genügt zunächst die Aussage:

Die Budgets sind die Aussagen zu den ursprünglich geplanten Kosten. Sie werden in der Arbeitskalkulation getrennt von den Kostenaussagen auf anderer Grundlage verwaltet. Die Budgets sind die Kostenvorgaben auf der Grundlage der Auftragskalkulation.

Budgets = Plankosten

**Budgets = Maßstab für diejenigen Personen,
welche die Gesamtverantwortung für das Projekt tragen.**

Auf der Grundlage der Auftragskalkulation werden in der Arbeitskalkulation Budgetwerte wie folgt bereitgestellt:

- in Positionen, die nach Einheitspreisvertrag abgerechnet werden: als Budgets pro Mengeneinheit.
- in Positionen, die einzeln pauschal abgerechnet werden: als Pauschalbudget.
- in Gruppenstufen, die pauschal abgerechnet werden: als Pauschalbudget
- auf Ebene des LV, das pauschal abgerechnet wird: als Pauschalbudget

Nur dies sind die relevanten Werte. Budgetwerte aller anderen Elemente werden auf der Grundlage dieser Budgets berechnet. Dies sind

- das Gesamtbudget einer Position des Einheitspreisvertrages
- das Teil-Budget einzelner Ansatzzeilen einer Position (pro ME und gesamt)
- das Gesamtbudget auf Ebene von Gruppenstufen oder LV eines Einheitspreisvertrages
- die Budgets untergeordneter Elemente unterhalb einer Vertragspauschalen (pro ME und gesamt)
- das Budget pro ME einer einzeln pauschalierten Position

Es sei schon hier erwähnt, dass Pauschalbudgets auch bei Elementen unterhalb einer Vertragspauschalen in Frage kommen, z.B. wenn ein Gesamtbudget gezielt auf einzelne Gewerke aufgeteilt werden soll.

Budgets pro Mengeneinheit bei Positionen werden auch im Falle von übergeordneten Vertragspauschalen gebraucht, damit eine Budgetauswertung auf der Basis der LE-Mengen (= Budgets zum Stichtag), also von teilfertigen Leistungen möglich ist.

Es sei auch vorab festgehalten:

- **Beim Einheitspreisvertrag** haben – abgesehen vom Budget für die umgelegten BGK - Erlös, Budget und Kosten dieselbe Berechnungsgrundlage in Form der Menge der Teilleistung der Positionen. Die Gesamtbudgets sind abhängig von abgerechneten Mengen der Teilleistungen.
- **Beim Pauschalvertrag** sind Erlös und Budget feste Werte, während die Kosten von den enthaltenen Teilleistungen und deren Mengen abhängen. Die Gesamtbudgets sind nicht abhängig von ausgeführten Mengen der Teilleistungen.

Wenn das Gesamt-Projektbudget nicht ausreichen sollte, so muss das Unternehmen zusätzliche Finanzmittel zur Deckung der Kosten bereitstellen. Am Projektbudget ändert sich dadurch aber nichts. Der Maßstab, an dem Erfolg oder Misserfolg gemessen werden, bleibt unverändert. Insofern muss also festgehalten werden:

Budgets sind nicht die letztlich zur Verfügung gestellten Finanzmittel zur Bezahlung der Kosten, sondern immer nur die Mittel, die aus dem Projekt heraus dafür verfügbar sind.

5.1.2 Die Sollkosten

Sollkosten sind die Kosten, die unter den bekannten äußeren Bedingungen des Projektes und unter den gegebenen Marktbedingungen bei Auswahl und Anwendung der wirtschaftlichsten Herstellmethode und entsprechender Ausstattung der Baustelle als unvermeidbar anzusehen sind. Es wird eine optimale Ausschöpfung der bestehenden Möglichkeiten in Arbeitsvorbereitung, Einkauf, Vergabe, Baustellen-Controlling und Ausführung vorausgesetzt.

Die Gesamt-Sollkosten des Projektes werden auf der Basis aller Leistungsverzeichnisse und der VA-Mengen der Teilleistungen ermittelt. Die Sollkosten zu Teileinheiten des Projektes (Bauteile, Bauvorgänge.) werden auf der Basis der darin enthaltenen Teilleistungen mit Teilmengen berechnet. Vorstehende und folgende Aussagen gelten analog für die Sollstunden als Grundlage der Soll-Lohnkosten.

Die Darstellung der Sollkosten ist eine der Aufgaben der Arbeitskalkulation. Die Kostenansätze zu den Sollkosten sollen "scharfe, aber noch machbare Ansätze" sein unter den spezifischen äußeren Randbedingungen des Projektes. Zu den äußeren Randbedingungen zählen alle Einflüsse, die nicht vom Personal der Baustelle zu verantworten sind. Einflüsse aus internen Problemen, soweit sie die Baustelle zu vertreten hat, haben keinen Einfluss auf die Höhe der Sollkosten.

Zum Personal der Baustelle sind alle Personen des beauftragten Unternehmens zu zählen, die zur Bauleitung/Projektleitung zählen oder in deren Zuständigkeit für das Projekt arbeiten, also z.B.

- Bauleiter/Projektleiter
- Arbeitsvorbereiter
- Abrechner
- Vermessungsingenieur
- Baukaufmann einer Arbeitsgemeinschaft
- Polier/Schachtmeister
- Gewerbliches Personal

aber auch temporär folgendes Personal, soweit es im Auftrag der Baustelle handelt:

- Maschineningenieur
- Bauhofpersonal

Der Erfolg derjenigen Personen, die für Vorbereitung, Leitung und Ausführung der Bauleistungen verantwortlich sind, wird daran gemessen, ob die tatsächlichen Herstellkosten des Projektes im Rahmen der Sollkosten geblieben sind.

Die Sollkosten sind die Vorgabe für die Baustelle.

Bei der Bestimmung der Sollkosten muss ein Kompromiss gefunden werden zwischen dem Bestreben der Bauleitung nach gut ausreichenden Kostenvorgaben und dem Bestreben der Unternehmensleitung, möglichst niedrige Kostenvorgaben als Maßstab zu setzen. Sollkosten sollen Kostenvorgaben sein, die nach möglichst objektiven Maßstäben zustande gekommen sind. Die Sollkosten müssen ein fairer Maßstab für die Baustelle sein.

Um einen Kompromiss zu ermöglichen, müssen sich beide Seiten bewusst sein, dass das Baustellen-Controlling ein Instrument zur Verbesserung des wirtschaftlichen Erfolges ist und nicht eine Methode zum Vernebeln des Möglichen oder der Realität. Bereits in Abschnitt A wurde ausgeführt, dass Baustellen-Controlling das Werkzeug aller am Projekt Beteiligten ist. Es ist gemeinsam zu nutzen unter gemeinsamer Zielstellung, nämlich der Zielstellung des wirtschaftlichen Erfolges. Die Bauleitung muss sich selbst unter Druck setzen und entsprechende Ziele setzen. Das Unternehmen darf von der Baustelle nichts Unmögliches verlangen, muss aber doch höchste Anstrengungen einfordern.

Das Planungsergebnis des Baustellen-Controlling in Form der Sollkosten ist die verbindliche Arbeitsgrundlage für alle am Projekt Beteiligten. Die Sollkosten müssen von allen Beteiligten als Grundlage der Steuerung akzeptiert sein. Alle Beteiligten müssen sich mit diesen Vorgaben identifizieren können. Nur dann erfolgen darauf aufbauende Dispositionen aus Überzeugung, nur dann wird die Durchführung mit entsprechendem Nachdruck betrieben werden, nur dann werden spätere Analysen anerkannt werden.

Die Sollkosten sind nicht "deine" oder "meine" Vorgaben, sondern "unsere" Vorgaben, mit denen wir "uns" identifizieren.

Beide Seiten sind zu einem Kompromiss verpflichtet, um nicht alles in Frage zu stellen. Der Kompromiss wird immer wieder u.a. dadurch erschwert, dass die Verantwortlichkeiten nicht geklärt sind oder überflüssigerweise über diese gestritten wird. So stellen sich z.B. folgende Fragen, wenn es um die einzelnen Ansätze für Sollkosten geht:

- Ist die Baustelle für die Höhe der Mittellöhne verantwortlich?

  Antwort: Sie ist nur bedingt dafür verantwortlich, z.B. wenn sie einen überdurchschnittlichen Anteil an hochqualifizierten Arbeitskräften oder Aufsichtskräften durchsetzt. Ein so erhöhter Mittellohn kann aber dennoch als Soll akzeptiert werden, wenn gleichzeitig niedrigere Leistungsansätze gewählt werden. Im Übrigen liegen Tariflöhne und Sozialzuschläge ebenso außerhalb der Einflussmöglichkeiten der Baustelle wie freiwillige Lohnleistungen des Unternehmens.

- Ist die Baustelle für die Höhe der Einkaufspreise der Materialien verantwortlich, die ja als Sollkosten in die Arbeitskalkulation eingehen?

  Antwort: Sie ist nicht dafür verantwortlich, sofern sie dem Einkauf die richtigen Randbedingungen für Anfrage und Lieferbedingungen nennt. Die darauf aufbauenden verhandelten Einkaufspreise werden zu Soll-Werten, nicht aber höhere Preise, weil z.B. der Materialabruf nicht gemäß den vereinbarten Bedingungen erfolgt. Die Baustelle ist auch nicht für Änderungen der Einkaufspreise bei langer Bauzeit verantwortlich, abgesehen für Lieferungen, die in selbst verschuldete Zeitverlängerungen fallen. Natürlich wird vorausgesetzt, dass der Einkauf alle Möglichkeiten bei der Vergabe der Lieferungen ausgeschöpft hat.

- Ist die Baustelle für die Höhe der Nachunternehmerpreise verantwortlich, die ja als Sollkosten in die Arbeitskalkulation eingehen?

  Antwort: Ja und nein. Soweit die Preise durch die allgemeine Marktsituation verursacht sind, liegen diese außerhalb der Verantwortung der Baustelle. Wenn die Bauleitung/Projektleitung aber maßgebenden Einfluss auf Ausschreibung und Vergabe hat, so kann sie durch unglückliches Operieren durchaus eine Verantwortung für höhere Kosten haben. Eine evtl. Differenz gegenüber optimalen Verhältnissen wird natürlich oft schwer feststellbar sein, andererseits kann mancher Nachtrag eines Nachunternehmers durchaus einer Schwäche in der Vergabe zugeordnet werden. Sofern die Bauleitung zumindest mitverantwortlich für die Vergabe war, wird man ihren Erfolg nicht nur an den Sollkosten messen, sondern auch an den Budgets (siehe Abschnitt D, Kap. 5.1.1). Bestimmte NU-Kosten können auch durchaus nicht den Sollkosten zugewiesen werden, sondern den sog. Vorgabeabweichungen (siehe hierzu das folgende Kapitel 5.1.4).

- Ist die Baustelle für die Gerätekosten verantwortlich?

  Antwort: Nein, sofern nur diejenigen Kosten in die Sollkosten aufgenommen werden, die nach objektiven Maßstäben tatsächlich erforderlich sind. Nicht verantwortlich ist die Baustelle für die Höhe der internen Verrechnungssätze der Gerätekosten. Sie wäre aber dafür verantwortlich, dass eine günstigere Fremdmiete nicht in Anspruch genommen wurde, das Unternehmen dies aber zugelassen hätte. In diesem Fall wären niedrigere Kosten der Fremdmiete die Sollkosten.

- Ist die Baustelle für die Höhe der Baustellengemeinkosten verantwortlich? Antwort: Ja, soweit nicht der folgende Punkt eine Rolle spielt.

- Ist die Baustelle für einen geänderten internen Verrechnungssatz von Gehaltskosten verantwortlich?

  Antwort: Nein.

- Ist die Baustelle für einen geänderten internen Verrechnungssatz für AGK verantwortlich:

  Antwort: Nein.

In allen Fällen wurde vorausgesetzt, dass nur die Kosten als Sollkosten aufgenommen werden, wie sie nach objektiven Maßstäben erforderlich erscheinen. Was nicht als Kosten unter dieser Maßgabe begründbar ist, geht auch nicht als Sollkosten in die Arbeitskalkulation ein. Werden aber der Baustelle durch das Unternehmen Maßnahmen aufgezwungen, die nicht den objektiven Maßstäben entsprechen, so werden die entsprechend höheren Kosten als Sollkosten angesetzt. Greift der Auftraggeber in die Baumaßnahme ein, so dass Mehrkosten verursacht werden, so werden die Sollkosten über Nachträge an den AG entsprechend erhöht. Diesen zusätzlichen Sollkosten stehen auch zusätzliche Erlöse gegenüber.

Unsicherheiten in den Annahmen zu den Sollwerten werden gesondert zum Ausdruck gebracht und noch nicht als Sollwerte deklariert. Hierauf wird in dem folgenden Kapitel eingegangen.

Nicht ausgeschlossen werden kann natürlich der Fall, dass bei einzelnen Annahmen zu Leistungsansätzen später ein Irrtum erkannt wird. Liegt objektiv gesehen ein Irrtum vor, so ist der Sollwert zu ändern. Dies gilt aber im positiven wie im negativen Sinn, d.h. die Baustelle muss u.U. in Kauf nehmen, dass ein Sollwert reduziert wird. Auch hier ist wieder Gewissenhaftigkeit und Kompromissfähigkeit gefragt.

Es muss aber vor der Gefahr gewarnt werden, jeden Ist-Wert zum Soll-Wert zu machen. Schlechte Leistung darf nicht zur Vorgabe gemacht werden, bessere Leistung als vorgegeben darf nicht nach Belieben zur Verschärfung der Maßstäbe missbraucht werden. Zudem ist es oft so, dass ein bestimmter Wert nur zunächst nicht zutreffend erscheint, im Durchschnitt bis zum Abschluss einer Teilleistung aber durchaus erreichbar ist (Einarbeitungseffekt). Dann wäre es u. U. sinnvoll, in der Arbeitskalkulation einige Differenzierungen in den Leistungsansätzen vorzunehmen, damit es zu "gerechten" Vorgaben im Einzelfall kommt. (Dies wird im speziellen Kapitel zur Kalkulation der Sollwerte beispielhaft gezeigt.)

Nicht zu vergessen ist eine weitere wesentliche Anforderung an die Sollkosten:

Die Sollkosten müssen unbedingt in den Kostenarten zum Ausdruck gebracht werden, in denen sie ausgeführt werden. Andernfalls sind sowohl Detailvorgaben als auch Aussagen der Soll-Ist-Vergleiche unbrauchbar.

Die vorstehende Forderung kann zu einem Konflikt führen, wenn eine bestimmte Herstellmethode ausgewählt war und die Baustelle eine andere Methode wählt, die Kosten in anderen Kostenarten verursacht. Eine Änderung der Herstellmethode besteht z.B., wenn die Ausführung in Eigenleistung vorgesehen war, aber als Fremdleistung vergeben wird (oder umgekehrt). Der Konflikt besteht dann, wenn die Höhe der Gesamt-Sollkosten der Teilleistung an sich beizubehalten wäre, die Einzelansätze in neuen Kostenarten aber zu anderen Ergebnissen führen.

Im Normalfall dürfte eine Entscheidung zum Wechsel der Herstellmethode nur fallen, wenn daraus ein wirtschaftlicher Vorteil entsteht. Ist dies der Fall, so wird der Bauleiter auf der Beibehaltung des ursprünglichen Gesamtsolls beharren, da er durch das Herabsetzen des Solls benachteiligt würde. Er müsste das Herabsetzen des Solls aber in Kauf nehmen, sofern er anderswo aus ähnlichem Grund das Soll erhöhen möchte.

Wie auch immer: Es kann nicht sein, dass jede neue Erkenntnis als Anlass zur Änderung der Sollwerte verwendet wird, denn dann nähert man sich gefährlich dem Zustand, dass das Ist zum Soll gemacht wird. Außerdem würde der Bauleitung nahezu jegliche Chance genommen, dass ihr die Verbesserungen in den Arbeitsweisen in der Erfolgsbeurteilung zugute kommen (siehe oben). Die Regeln der Aktualisierung der Sollwerte aufgrund von Änderungen der Herstellmethoden müssen deshalb präzisiert werden:

- Die tatsächlich ausgewählte Herstellmethode wird in den Sollwerten auf jeden Fall in soweit berücksichtigt, als dass sie in ihren wesentlichen Kostenbestandteilen kostenartengerecht dargestellt wird.

- Wenn sich eine ausgewählte Herstellmethode objektiv als nicht realisierbar herausstellt, so wird das Soll gemäß der nunmehr ausgewählten wirtschaftlichsten Herstellmethode neu festgesetzt.
- Die Gesamt-Sollkosten der Teilleistung sind in Höhe des ursprünglich vorgegebenen Wertes beizubehalten, sofern die Entscheidung über die Änderung der Herstellmethode alleine in der Befugnis der Bauleitung liegt. Dieser Fall liegt in der Regel aber nicht vor, wenn es um die Entscheidung über die Fremdvergabe eines ganzen Gewerkes geht.
- Im Übrigen gelten die weiter oben genannten Regeln zur Aktualisierung einzelner Sollwerte (Mittellöhne, Einkaufspreise etc.).
- Es muss immer im Auge behalten werden, dass die Sollwerte gleichzeitig Vorgabewerte zur Disposition der Ressourcen und zur Berechnung der Leistungswerte sind.

Wichtig ist der Vergleich

$$\text{Budget} \Leftrightarrow \text{Sollkosten},$$

Übersteigen die Sollkosten die Budgets nur in einzelnen Teilleistungen, so muss dies nicht von Bedeutung sein. Letztlich kommt es auf die Werte auf Ebene des Projektes an.

Wer trägt nun aber die Verantwortung für die Abweichung der Sollkosten von ursprünglich kalkulierten Kosten (Budgets)? Die Antwort wurde bereits in Kap. 5.1.1 gegeben: Diejenigen Personen, welche die Gesamtverantwortung für das Projekt tragen. Der Maßstab für diesen Personenkreis sind die Budgets. Es kann sein, dass ein Bauleiter/Projektleiter im Sinne dieses Verantwortungsbereiches mitgewirkt hat. In diesem Fall wird sein Erfolg eben an zwei Maßstäben gemessen: an den Budgets und an den Sollkosten.

Liegen die Gesamt-Sollkosten über dem Gesamtbudget, so sind Fehleinschätzungen des Projektes bis zum Zeitpunkt der Vertragsunterschrift die Ursache.

Bei der Bestimmung der Sollwerte kann man nur die Erkenntnisse einfließen lassen, die man zum jeweiligen Zeitpunkt hat. Die Kenntnisse zum Projekt mit allen seinen Randbedingungen ändern sich im Laufe der Bauzeit. Folglich kann es sein, dass auch Sollwerte zu ändern sind. Bei <u>wesentlichen</u> neuen Erkenntnissen sind die Sollwerte auf jeden Fall zu überprüfen und gegebenenfalls wiederum nach den Maßstäben, die für Sollwerte gelten, zu aktualisieren. Nur so bleibt die Voraussetzung für die Akzeptanz der Vorgaben erhalten. Geringe Auswirkungen auf die Sollwerte bleiben in der Regel unberücksichtigt, damit die Aussagen der Planungen nicht zu oft geändert werden.

Die Sollwerte unterliegen dem jeweiligen Kenntnisstand zum Projekt mit seinen Randbedingungen. Die Sollwerte sind im Falle neuer Erkenntnisse zu aktualisieren, sofern Art und Höhe der Werte wesentlich berührt sind.

Abschließende Aussagen:

Im Bereich der Nachunternehmerleistungen sind die Sollwerte in Höhe der Vergabepreise als Vorgabewerte des Baustellen-Controlling relativ belanglos, da deren Vergleich mit den Istwerten zu der nichtssagenden Feststellung führt, dass Soll gleich Ist ist. Im Bereich der Nachunternehmerleistungen kommt den Budgets die ausschlaggebende Bedeutung der Vorgabewerte zu.

5.1.3 Bewertete Sollkosten

5.1.3.1 Rückstellungen für Kostenrisiken

In vielen Fällen der Festlegung der Sollkosten bestehen Unsicherheiten. Damit ist nicht das allgemeine Problem gemeint, den über jeden Zweifel erhabenen Wert vorgeben zu können. Diese Restunsicherheiten, die trotz sorgfältigster Abwägung und vollständiger Kenntnis der Randbedingungen verbleiben, gehören zum Normalfall der Kalkulationsarbeit, der keine gesonderten Darstellungen bedingt. Solche "normalen" Unsicherheiten sind mit den Ansätzen der Sollkosten abgedeckt, die als Durchschnittswerte für wechselnde Randbedingungen mal etwas höher, mal etwas niedriger sein können, als im konkreten Fall gerechtfertigt wäre. Anders sieht es mit Randbedingungen von wesentlichem Einfluss auf die Kosten aus, die eintreten können, aber nicht eintreten müssen. Dann besteht ein Risiko in der Festlegung der Sollkosten.

Man kann bei der Festlegung der Sollkosten nur auf dem momentanen Wissen um das Projekt aufbauen, nicht auf Vermutungen und Befürchtungen. Noch als unsicher einzustufende Randbedingungen können bei den Sollkosten nicht berücksichtigt werden. Wird auf der Grundlage dieser Sollkosten eine Prognose auf das zu erwartende Ergebnis der Baustelle gemacht, so entspricht diese Aussage den momentan als sicher eingestuften Randbedingungen der Ausführung. Dieses "Soll-Ergebnis" ist eine wichtige Zielvorgabe. Die zu Grunde liegende "optimistische" Aussage der Sollkosten ist u.U. aber nicht zu rechtfertigen im Sinne einer vorsichtigen Einschätzung und Bewertung des Projektes für das Unternehmens-Controlling.

Bestehen Risiken, dass sich die Randbedingungen der Ausführung so verändern, dass dem Unternehmen Mehrkosten entstehen, ohne dass diese dem AG in Rechnung gestellt werden können, so ist in der Arbeitskalkulation eine Bewertung dieser Risiken vorzunehmen. Das Ergebnis der Bewertung der Risiken sind Rückstellungen für weitere Kosten. Über die Rückstellungen sind die momentan als gültig angesehenen Sollkosten unter betriebswirtschaftlichen Gesichtspunkten bewertet.

Bewertete Sollkosten = Sollkosten + Rückstellungen für Risiken

Rückstellungen sind keine Sollkosten. Sie werden deshalb in der Arbeitskalkulation getrennt von den Sollkosten verwaltet.

In der Vorausschau über die Gesamtbauleistung gibt es noch eine weitere Kostengröße – die *voraussichtlichen Kosten*. Vergleicht man deren Definition gemäß Abschnitt D, Kap. 5.1.4

Voraussichtliche Kosten =
= (Ist-Kosten bis Stichtag) + (bewertete Sollkosten für Restbauleistung) + Vorgabeabweichungen

mit der Definition der bewerteten Sollkosten, so ergibt sich vor Aufnahme der Bauarbeiten – also bevor Istkosten oder Vorgabeabweichungen festgestellt werden können:

bewertete Sollkosten zu Baubeginn = voraussichtliche Kosten

Es sei bereits hier darauf hingewiesen, dass diese *bewerteten Sollkosten* Maßstab zur Bestimmung des Leistungswertes teilfertiger Leistungen sind (siehe Abschnitt D, Kap. 9). Der *Leistungswert* der Teilleistungen ist ein *bewerteter Erlös* von Teilleistungen. Rückstellungen auf die Zukunft mindern den Leistungswert der Vergangenheit.

In der Darstellung von Kostenrisiken in der Arbeitskalkulation geht es ausschließlich um Risiken, die in dem Projekt selbst begründet sind und die im Falle des Eintretens direkt Kosten zu Lasten des Projektes verursachen würden, ohne dass dafür ein Ausgleich durch zusätzliche Erlöse gewährt wird. Es geht also nicht um das sog. unternehmerische Risiko, das mit einem Kalkulationsansatz unter dem Begriff "Wagnis" berücksichtigt wurde. Kosten, die aus einem unternehmerischen Risiko entstehen können, sind z.B. zu bezahlende Löhne bei unzureichender Auftragslage des Unternehmens. Solche Kosten gehen nicht zu Lasten eines bestimmten Projektes.

"Risiko" bedeutet immer: Es kann eintreten, es muss aber nicht eintreten. Das "Kunststück" liegt also in der Abschätzung der Wahrscheinlichkeit des Eintretens des einzelnen Risikos, in der Bewertung der Zusatzkosten im Falle des Eintretens und in der Findung eines "gerechten" Bewertungsfaktors aus Sicht des gesamten Projektes.

Würde man sämtliche denkbaren Risiken in ungünstigster Einschätzung berücksichtigen, würde man ein Projekt mit der Prognose so "in den Keller" rechnen, dass jedem die Haare zu Berge stehen würden. Würde die Finanzplanung des Unternehmens auf dieser ungünstigsten Annahme aufbauen, könnte das im schlimmsten Fall der Anlass sein, schon einmal vorsorglich den Insolvenzantrag zu formulieren. Zumindest könnte sich der kaufmännische Leiter veranlasst sehen, in Kreditverhandlungen mit den Banken einzutreten, damit die Gelder im Bedarfsfall zur Verfügung stehen. Und wehe, die Kredite werden dann gar nicht benötigt! Mit einer übertrieben ungünstigen Bewertung wird dem Unternehmen Schaden zugefügt.

In den seltensten Fällen wird man aber sagen können, dass es überhaupt kein Risiko gibt. Wie eingangs bereits erwähnt wurde, ist eine Vielzahl sehr kleiner Risiken durch die üblichen Annahmen zu den Sollkosten gedeckt. Außerdem steht manchem kleinen Risiko auch eine Chance auf geringere Kosten an anderer Stelle gegenüber. Die üblichen Unsicherheiten in den Annahmen zu den Sollkosten sind solche Risiken und Chancen untergeordneter Bedeutung. Wenn sich solche Risiken bewahrheiten, wird es in der Regel gar nicht zur Kenntnis genommen, weil es der Alltag am Bau ist. Bei gesonderten Angaben geht es also nur um Risiken, die größere Auswirkungen auf die Kosten haben könnten. Entsprechend große "Chancen" werden in den Sollkosten nicht enthalten sein, weil für diese ja gilt: "scharf, aber machbar".

Es ginge zu weit, hier alle denkbaren Risiken mit wesentlichem Einfluss auf die Kostenannahmen aufzuführen. Beispielhaft seien nur einige typische Möglichkeiten genannt:

- Die für die Höhe eines Leistungsansatzes maßgebenden Randbedingungen der Ausführung können extrem ungünstiger sein, so dass die Annahmen zu den Sollkosten unzureichend wären.
- Zu Leistungsarten liegt zu wenig eigene Erfahrung vor, um die Sollwerte ausreichend zuverlässig bestimmen zu können, so dass eine große Bandbreite im Kalkulationsansatz in Frage kommt.
- Die Bauzeit wird in spätere Zeiträume der Lohntarife reichen, und es gibt keine Lohngleitklausel.
- Die Festpreisbindung bei Baustoffen größeren Gewichts konnte nicht für die gesamte Bauzeit vereinbart werden, und es gibt keine diesbezügliche Stoffpreisgleitklausel mit dem AG.
- Die Festpreisbindung bei Nachunternehmerleistungen konnte nicht für die gesamte Leistungszeit vereinbart werden, und es gibt keine Preisgleitklausel mit dem AG.
- Bei einem bestimmten Nachunternehmer besteht eine besondere Gefahr der Insolvenz während der Bauzeit, und es konnten keine adäquaten Absicherungen vorgenommen werden.
- Im Falle eines Pauschalvertrages lassen die Detailplanungen noch keine sichere Aussage über Teilleistungen und deren Mengen zu.
- Es besteht das Risiko, dass in der Gewährleistungszeit Kosten entstehen, die selbst zu tragen sind.
- Es besteht das Risiko, dass der Auftraggeber insolvent wird.

Einige der genannten Risiken sollten natürlich bereits in der Angebotsphase durch Kostenansätze berücksichtigt worden sein, z.B. zu erwartende Lohnänderungskosten bei nicht bestehender Lohngleitklausel oder der vom AN zu tragende Selbstbehalt bei bestehender Lohngleitklausel. Dort sollten auch Risiken in den Einkaufspreisen oder NU-Preisen zumindest in Form mittlerer Verrechnungssätze berücksichtigt worden sein. Andere Risiken sind evtl. durch etwas höhere durchschnittliche Leistungsansätze berücksichtigt. All diese üblicherweise einkalkulierten Risiken könnte man bezeichnen als

- normale Risiken in den Basiskosten.

Diese "normalen Risiken in den Basiskosten" können in der Arbeitskalkulation nicht mehr mit mittleren Sollwerten unter Einschluss der Risiken berücksichtigt werden. Hier müssen die zu Beginn der Bauzeit gültigen Tariflöhne, Einkaufspreise, NU-Preise als Sollkosten in Ansatz gebracht werden, während Änderungen gesondert darzustellen sind. Würde anders verfahren, wären die Sollkosten bereits zu Baubeginn verfälscht. Änderungen der Basiskosten betreffen nur einen Teil der Bauleistung und werden erst zu einem späteren Zeitpunkt relevant. Die Höhe der Änderungen kann zunächst nur geschätzt werden. Grundlage der Ansätze der Sollkosten sind immer die Basiskosten, die zum Zeitpunkt der Aufnahme der Arbeiten gelten. Sie behalten so ihre Gültigkeit für die gesamten Bauzeit. Änderungen gegenüber dieser Grundlage gelten erst ab einem späteren Zeitpunkt für die betreffende Restbauleistung. Entsprechend wird die Rückstellung eingebracht (siehe Abbildung 62).

Wie dieses Prinzip in der Arbeitskalkulation abgebildet wird, so dass sowohl die Belange der Vorausschau und Vorgabe als auch der zeitbezogenen Auswertung für LE-Mengen erfüllt sind, wird in einem gesonderten Kapitel zur Arbeitskalkulation gezeigt. Hier sei aber bereits darauf verwiesen, dass in diesem Zusammenhang die in Abschnitt D, Kap. 3.4 genannte Kostenposition eine wichtige Bedeutung erlangt. Wenn in der Arbeitskalkulation z.B. ab einem Stichtag X Mehrkosten des Betons zu berücksichtigen sind, so kann dies nicht innerhalb der vielen Teilleistungspositionen kalkuliert werden, die den Baustoff "Beton" enthalten, sondern nur außerhalb dieser Positionen in einer gesonderten Kostenposition mit Bezug auf eine Teilmenge der Gesamtmenge des Betons aller Positionen.

Abbildung 62: Darstellung von Basiskosten und Risiko in der Arbeitskalkulation

Weiterhin dürfen in der Arbeitskalkulation - im Gegensatz zur Angebotskalkulation – auch Leistungsansätze der Sollkosten keine Reserven für Eventualitäten enthalten, weil sonst der Grundsatz im Sinne der Vorgabe "scharf, aber machbar" nicht befolgt wäre. Zusätze für Risiken sind gesondert einzubringen.

Die "normalen Risiken", die in der Angebotskalkulation zwar nicht direkt benannt und als solche kalkuliert, die aber doch in irgendeiner anderen Form berücksichtigt wurden, tragen wenig oder gar nicht zu dem Problem bei, dass das Projekt über Risikoannahmen "in den Keller gerechnet werden könnte". Hier muss in der Arbeitskalkulation lediglich eine andere Form der Darstellung gewählt werden (siehe Abbildung 62). Was an Risiken in der Angebotskalkulation über mittlere Werte abgebildet wurde, muss in der Arbeitskalkulation in Sollkosten und Rückstellungen zerlegt werden:

Angebotskalkulation	**Arbeitskalkulation**
mittlerer Kostenansatz	Sollkosten
	Rückstellung für Kostenrisiko

Auch in der Auftragskalkulation wird man es weitgehend bei den mittleren Ansätzen zur Abdeckung der "normalen" Risiken belassen haben, so dass man sogar sagen kann, dass zumindest die "normalen" Risiken durch die Budgets abgedeckt sein müssten. Es sind Risiken, die mit hoher Wahrscheinlichkeit bestehen.

In der Arbeitskalkulation wird das Risiko konkret benannt; entsprechende Kostenansätze tragen das Risikomerkmal, solange die Höhe der Kosten nur geschätzt ist. Stehen die

Kostenänderungen fest, wird korrigiert und das Risikomerkmal entfernt, womit sie zu den Sollkosten zählen.

Das eigentliche Problem liegt in denjenigen Risiken, die einzeln einen großen Einfluss auf die Kostenannahmen haben können, bei denen die Wahrscheinlichkeit des Eintretens irgendwo zwischen 0,00 % und 100,00 % liegen kann und bei denen die Größenordnung der Auswirkung auf die Kosten zunächst nur schwer oder gar nicht bestimmbar ist. Solche Risiken werden in der Angebots- und Auftragskalkulation nur ausnahmsweise konkret benannt und in der Angebotsphase höchstens "nach Gefühl" - wenn überhaupt – berücksichtigt worden sein. In der Arbeitskalkulation hat man nun die Wahl zwischen "unverbesserlich optimistisch", "katastrophal pessimistisch" oder irgendeinem Maß dazwischen. Wenn schon die Bestimmung der "richtigen" Sollkosten nicht einfach war, so steht man bei Beurteilung der

- "besonderen" Risiken

vor einer noch viel schwereren Aufgabe.

Hier hilft nur viel Erfahrung. Im Zweifelsfall sollte man also nicht zögern, andere erfahrene Personen hinzuzuziehen. Die Beratung mit der Leitung des Geschäftsbereiches wird ohnehin unumgänglich sein. Je mehr Erfahrung eingebracht wird, um so "brauchbarer" wird die Aussage zu den Rückstellungen sein nach dem Motto: "Die Kunst der Kalkulation besteht darin, die Fehler so zu machen, dass sie sich in Summe aufheben." Die Bandbreite der Bewertung erkannter Risiken wird reichen von "vernachlässigbar" bis "unverzichtbar", die Höhe der Einzelbewertungen wird unter dem Einfluss einer Vorstellung zum Gesamtwert in einem iterativen Prozess zustande kommen. Natürlich sind auch Rückstellungen für "Unvorhergesehenes" denkbar.

Das Ergebnis der Bewertung der Risiken ist vorläufiger Art und wird im Laufe der Bauzeit Schritt für Schritt verfeinert und sicherer. In bestimmten Leistungsbereichen entsteht früher Klarheit, in anderen später. Neue Erkenntnisse können auch neue Risiken aufzeigen.

Wichtig ist, dass in einem solchen Verfahren versucht wird, wesentliche Erkenntnisse möglichst früh zu gewinnen. Die frühzeitige und vollständige Projektanalyse ist ja eine der vorrangigen Aufgaben im Baustellen-Controlling. Hat man über mögliche Risiken nachgedacht, weiß man, wo und in welcher Art gezielt zu recherchieren, zu beobachten und gegenzusteuern ist. Je früher man dies tut, um so früher gewinnt man Sicherheit sowohl in Sollkosten als auch in Risikoabschätzungen. Um so früher ist zu erkennen, ob die Größenordnung der Gesamtrückstellung angemessen ist, und wo und in welcher Größenordnung im Einzelnen zu korrigieren ist. Die Einzelbewertungen der Risiken werden sich im Laufe der Bauzeit z.T. erheblich ändern. In Summe wird man aber schnell einen bestimmten Trend erkennen und zu einer stetig verlaufenden Linie mit Zielpunkt "0,00" für Rückstellungen kommen. Es kann allerdings sein, dass dieser Zielpunkt erst mit Ablauf der Gewährleistungsfrist erreicht wird (Abbildung 63).

Da der Umfang der Bauleistung der Restbauzeit stetig abnimmt und die Erkenntnisse zur Restbauleistung stetig wachsen, werden im Normalfall mit fortschreitender Bauzeit Art und Größenordnung der Risiken abnehmen. Dennoch kann nicht ganz ausgeschlossen werden, dass neue Erkenntnisse auch Anlass zu einer Erhöhung der Rückstellungen sein können. Aber nochmals zur Erinnerung: Neue Einflüsse, die der AG zu vertreten hat, führen zu entsprechenden zusätzlichen Erlösen, so dass diese nicht in die Betrachtungen zu den Rückstellungen einzubeziehen sind.

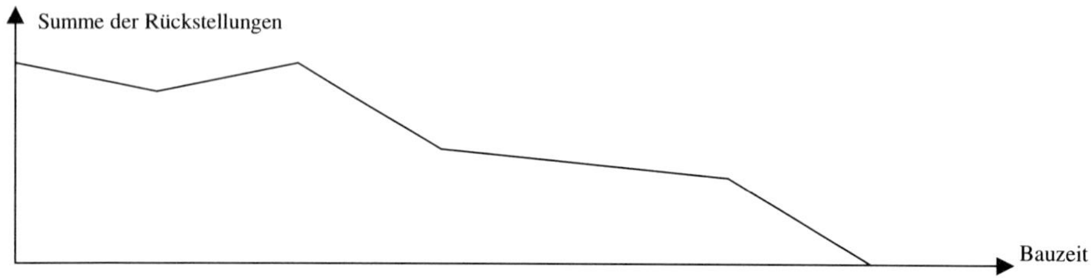

Abbildung 63: Abnahme der Rückstellungen im Laufe der Bauzeit

Spätestens der Vergleich der bewerteten Sollkosten mit den Budgets wird Anlass sein, die vorgenommenen Bewertungen der Kostenrisiken zu überprüfen. Wenn sich herausstellen sollte, dass tatsächlich

$$\text{Budget} < (\text{Sollkosten} + \text{Kostenrisiko})$$

ist, so würde dies ja bedeuten, dass die Risikoeinschätzung zum Zeitpunkt der Vertragsunterschrift unzureichend war. Dass ein Budget zu einer einzelnen Teilleistung einmal nicht ausreicht, ist nicht so außergewöhnlich und bedrohlich. Wichtig ist letztlich, dass das Budget des gesamten Projektes nicht überschritten wird. Falls aber selbst nach sorgfältiger Abwägung eine Budgetüberschreitung prognostiziert wird, so ist dies zwar nicht gut, aber doch ein wichtiger Hinweis.

Risiken in den Annahmen der Sollkosten betreffen in der Regel nur Bauleistungen der Zukunft. Zu den bereits ausgeführten Bauleistungen müssten alle Randbedingungen mit Einfluss auf die Sollkosten bekannt sein. Insofern müsste also folgendes Prinzip gelten:

Für Bauleistungen in der zurückliegenden Bauzeit gibt es keine Annahmen zu Risiken. Rückstellungen für Risiken gibt es nur für die noch bevorstehenden Bauleistungen. Die Auswertung entsprechender Kalkulationsansätze erfolgt also nur für Restmengen der Teilleistungen (= VA-Menge – LE-Menge).

Dies bedeutet indirekt:

$$\begin{gathered}\text{Bewertete Sollkosten zum Bauende} = \\ = \text{Sollkosten zum Stichtag} + \text{bewertete Sollkosten für Restbauleistung}\end{gathered}$$

Dennoch kann auch zur Vergangenheit eine Unsicherheit in den Sollkosten bestehen, z.B. wenn ein Nachtrag eines NU noch nicht zu Ende verhandelt ist, obwohl die Bauleistung schon erbracht ist. Eine solche Unsicherheit wäre per Definition ein Kostenrisiko. Bei Nachträgen der NU muss aber dennoch nicht das Verfahren der Rückstellungen bemüht werden. Hier ist es einfacher, den angebotenen Preis intern vorsichtig, d.h. hoch zu bewerten, im ungünstigsten Fall mit 100 %, also so, wie vom NU angeboten. Dann geht dieser Wert als vorläufige Sollkosten in die Kalkulation, später wird der Wert gemäß Verhandlungsergebnis geändert. Damit ändern sich zwar Sollkosten für die Vergangenheit, aber genauso die bewerteten Ist-Kosten des NU. Ähnlich verhält es sich auch bei anderen Unsicherheiten zu Kosten der Vergangenheit, so dass das oben genannte Prinzip als gültig betrachtet werden kann. Auf das Verfahren der Bewertung von Nachtragsangeboten wird in Abschnitt D, Kap. 5.2.2 eingegangen.

Zum Zeitpunkt, an dem Bauleistungen in Ausführung gehen, müsste bekannt sein, ob sich ein angenommenes Risiko ganz oder teilweise oder gar nicht bewahrheitet hat. Es müsste auch bekannt sein, ob ein bisher unvermuteter neuer Einfluss vorhanden ist. In der Arbeitskalkulation ist in den verschiedenen Fällen wie folgt zu verfahren:

- **Ein bisher angenommenes Risiko entfällt:** Die Rückstellung wird aufgelöst, zumindest für die zurückliegende Bauleistung, evtl. auch für die Restbauleistung.
- **Ein bisher angenommenes Risiko bestätigt sich, genauso oder teilweise:** Die Sollkosten werden korrigiert, wobei bei der Bestimmung wiederum nach möglichst objektiven Maßstäben vorgegangen wird. Es wird geprüft, ob demgegenüber für die Restbauleistung immer noch ein Restrisiko besteht.
- **Es gibt einen neuen, bisher unvermuteten Einfluss:** Es wird geprüft, inwieweit schon ein sicherer Einfluss auf die Sollkosten vorhanden ist und inwieweit dieser Einfluss zunächst nur ein Risiko darstellt. Entsprechend erfolgt eine Korrektur der Sollkosten bzw. die Aufnahme einer Rückstellung für Risiko.

Risiken werden während der Bauzeit aktuell bewertet, womit auch die Sollkosten neu bewertet werden.

5.1.3.2 Kennzeichnung der Risikoannahmen und Art der Kalkulation

Auch für die Kostenansätze zu Risiken gilt, was für die Ansätze der Sollkosten gilt:

Die angenommenen Kosten für Risiken (Rückstellungen) sind innerhalb der Struktur der Leistungsverzeichnisse zu kalkulieren. Alle Kostenansätze müssen eine Beziehung zu Kostenarten haben.

Im vorstehenden Kapitel war außerdem gesagt:

Rückstellungen sind keine Sollkosten. Sie werden deshalb getrennt von den Sollkosten verwaltet.

Es sollte selbstverständlich sein, dass für die Kalkulation von Rückstellungen das normale Kalkulationsverfahren verwendet wird. Damit sind alle Voraussetzungen zur Arbeit mit Kostenarten, Artikeln, Geräten etc. gegeben. Die einzige Voraussetzung, die für die gesonderte Verwaltung zu schaffen ist, ist die Möglichkeit, einzelne Kostenansätze oder ganze Positionen mit Risikomerkmal versehen zu können.

Ansätze für Rückstellungen sind gesonderte Kostenansätze der Kalkulation mit besonderem Merkmal. Solange das Merkmal besteht, werden diese Ansätze nicht zu

den Sollkosten gezählt. Kostenansätze für Rückstellungen werden entweder in bestehenden Positionen oder in gesonderten Kostenpositionen (siehe Abschnitt D, Kap. 3.4) **gemacht.**

Viele Risiken lassen sich leicht in konkreten Kostenarten abbilden:

- Risiken in einzelnen Teilleistungen können ergänzend direkt in den Positionen berücksichtigt werden, in der Regel auch in konkret bestimmbaren Kostenarten.
- Risiken in Lohnkosten oder Stoffkosten müssen zwar außerhalb der eigentlichen Bauleistungen in gesonderten Kostenpositionen, können aber doch in konkreten Kostenarten kalkuliert werden.
- Risiken in NU-Preisen und in der Sicherheit eines NU müssen zwar ebenfalls außerhalb der eigentlichen Bauleistungen, können aber doch mit Bezug auf ein Gewerk und eine NU-Kostenart kalkuliert werden.

Bei anderen Arten von Risiken sollte zumindest versucht werden, einen konkreten Kostenartenbezug herzustellen wie z.B. die Gewährleistungskosten pro Gewerk oder die Planungsrisiken pro Gewerk. Das Risiko der Insolvenz des AG ist natürlich nicht in konkreten Kostenarten fassbar; hier wird man eine Hilfskostenart verwenden müssen, sofern man sich denn überhaupt an dieses Problem herantraut.

Beispiele für die Art des Einfügens in die LV-Strukturen und die Art der Kalkulation sind in Abschnitt F, Kap. 1 zu finden.

Die Höhe der vorgenommenen Rückstellungen wird sowohl von der technischen als auch von der kaufmännischen Leitung stets sehr kritisch unter die Lupe genommen werden, wird durch das Maß der Rückstellung doch der Grad der Unsicherheiten in den Kostenannahmen signalisiert und das Unternehmens-Controlling beeinflusst. Wenn nicht bereits der Bauleiter mit hoher Gewissenhaftigkeit und Disziplin an diese Arbeit herangeht, wird er eher Misstrauen erzeugen, als dass er sich und dem Unternehmen nutzt. Auf jeden Fall muss man stets in der Lage sein, über die einzelnen Rückstellungen und ihre Begründungen Auskunft zu geben.

Die Arbeitskalkulation muss also jederzeit über das Risikomerkmal auswertbar sein. Ein solcher Auszug der Kalkulation beinhaltet dann nur diejenigen Positionen, die Ansätze mit Risikomerkmal enthalten. Neben den Ansätzen der Kostenkalkulation sollte unbedingt an textliche Erläuterungen gedacht werden, weil ohne solche Erläuterungen weder die Ansätze verständlich noch die notwendigen Hinweise zur Verfolgung der Risiken gegeben sind. Die üblichen Auswertungen in der Struktur der LV's liefert auch für Rückstellungen Ergebnisse auf Ebene der Positionen, Gruppenstufen oder LV's. Dort sind die Werte für Risiken getrennt von den Werten für Sollkosten ausgewiesen. In diesem Auszug sind also alle Detailinformationen zu finden; er wird auch der Anhaltspunkt für folgende Überarbeitungen sein (vergl. z.B. Abbildung 130 und Abbildung 134).

Um in einfacher Weise grobe Übersichten zu schaffen, sind verschiedene Merkmale für Risiken hilfreich. Dahingehend ist zu überlegen, welche Klassifizierung der Risiken für eine erste Beurteilung nützlich ist. Hier sind viele Möglichkeiten denkbar. Ideal wäre es, wenn die Software die freie Merkmalvergabe zulassen würde, damit unternehmensspezifische Betrachtungsweisen berücksichtigt werden können. Folgende Merkmale könnten die wesentlichen Anforderungen an eine grobe Klassifizierung der Risiken abdecken:

- Risiko in EKT: für Ansätze zu Risiken in den Leistungsansätzen bestehender Teilleistungspositionen
- Risiko in Basiskosten: für Ansätze zu Änderungen von Mittellöhnen, Einkaufspreisen, NU-Preisen etc. im Verlauf der Bauzeit.
- Risiko aus Pauschalierung: für Unsicherheiten in der Beurteilung der in Pauschalen enthaltenen Teilleistungen und Mengen
- Insolvenzrisiko NU
- Unvorhersehbares
- Gewährleistungsrisiko

Eine demgegenüber vereinfachende Strukturierung könnte sein:

- Risiko in EKT: für die ersten drei der obigen Merkmale
- Unvorhersehbares: für NU-Insolvenzen und Sonstige Risiken während der Bauzeit
- Gewährleistungsrisiko

Solche groben Strukturierungen der Rückstellungssumme könnten Anhaltspunkte dafür liefern, in welchen Bereichen im Falle größerer Werte oder Änderungen ins Detail zu gehen wäre.

5.1.4 Voraussichtliche Kosten (Prognosekosten)

Eine Aufgabe der Arbeitskalkulation besteht darin, zu jedem Zeitpunkt vor oder während der Bauausführung Prognosen auf das voraussichtliche Ergebnis zum Bauende zu geben. Bevor die Bauarbeiten aufgenommen werden liefert die Arbeitskalkulation eine solche Vorausschau aufgrund folgender unterschiedlicher Kostengrundlagen:

- Budgets (siehe Abschnitt D, Kap. 5.1.1)
- Sollkosten (siehe Abschnitt D, Kap 5.1.2)
- Bewertete Sollkosten (siehe Abschnitt D, Kap 5.1.3)

Auch während der Bauzeit können diese Kostengrundlagen für Auswertungen zugrunde gelegt werden. Dann stellen die Aussagen in die Zukunft die Zielvorgaben auf der Basis der Annahmen dar. Die Aussagen auf dieser Grundlage stellen aber keine Prognose unter Einbeziehung der tatsächlichen Verhältnisse bis zum aktuellen Tag dar. In eine realistische Prognose auf die Zukunft sind einzubeziehen:

- Die Ist-Kosten für die erbrachten Bauleistungen an Stelle der angenommenen Kosten für diese Leistungen.
- Als sicher erkennbare Abweichungen von den Sollkosten bei den noch zu erbringenden Bauleistungen.

Die Kosten, die für einen Zeitpunkt der Zukunft unter Einbeziehung jeglichen Wissens zur Vergangenheit prognostiziert werden, sind die *voraussichtlichen Kosten* oder *Prognosekosten*

Voraussichtliche Kosten
=
(Ist-Kosten bis Stichtag)
+
(bewertete Sollkosten für Restbauleistungen)
+
(Vorgabeabweichungen für Restbauleistungen)

Da für die Restbauleistung die *bewerteten Sollkosten* herangezogen werden, handelt es sich um eine vorsichtige Prognose unter Einbeziehung der Rückstellungen.

Die *Vorgabeabweichungen* bedürfen einiger Erläuterungen:

Wenn fest damit zu rechnen ist, dass bestimmte Ansätze zu den Sollkosten in Zukunft aus Gründen, welche die Baustelle zu vertreten hat, um ein bestimmtes Maß unter- oder überschritten werden, so muss dies in die Prognose eingehen, damit sie realistisch ist. Wichtig ist – wie angedeutet: die Ursache liegt – mit objektiven Maßstäben gemessen – auf Seiten des Baustellenpersonals. In diesem Fall gibt es keinen Anlass, die Sollkosten anzupassen. Werden Sollwerte aus einem solchen Grund auf Dauer unterschritten, so ist dies ein Verdienst der Baustelle, das unter Beibehaltung der Sollwerte auch in Zukunft nicht geschmälert werden soll. Werden Sollwerte auf Dauer überschritten, so ist darin ein Mangel in der Leistungsfähigkeit der Baustelle zu sehen, der nicht durch Anhebung der Sollwerte kaschiert werden kann. Die Sollkosten bleiben als Maßstab und Vorgabe unverändert; in die Prognose werden aber vorhersehbare Abweichungen von den Vorgaben einbezogen.

Anders wäre es, wenn die Ursache für die Abweichung Gründe hat, die nicht von der Baustelle zu vertreten sind. Dann wären die Sollkosten anzupassen.

Vorhersehbare Abweichungen von den Sollkosten, welche die Baustelle zu vertreten hat, werden unter dem Merkmal "Vorgabeabweichung" in die Arbeitskalkulation eingebracht.

Vorgabeabweichungen sind auch eine Art Risiko bzw. Chance. Das Risiko bzw. die Chance besteht mit größter Wahrscheinlichkeit in der angenommenen Höhe und wird deshalb so für die Prognose zugrunde gelegt.

Vorgabeabweichungen werden meist in bestehenden Teilleistungspositionen ergänzend hinzugefügt, weil ja die Abweichung von einem bestimmten Leistungsansatz festgestellt wurde. Es ist davon abzuraten, für Vorgabeabweichungen gesonderte Positionen einzuführen, weil diese dann die Vorgabe zusätzlicher VA-Mengen und die Meldung zusätzlicher LE-Mengen zum Stichtag bedingen würden.

Ansätze zu Vorgabeabweichungen werden ebenso wie Ansätze zu Kostenrisiken nur für die Restbauleistung ausgewertet, d.h. für die Restmenge = VA-Menge – LE-Menge der Teilleistungen.

Da mit Ansätzen zu Vorgabeabweichungen eine Feststellung zum Ist der Vergangenheit auf die Zukunft übertragen wird, dürfen sie ebenso wenig einen Einfluss auf die Bewertung der Bauleistungen haben wie die Ist-Kosten der Vergangenheit. Vorgabeabweichungen stehen deshalb immer gesondert neben den Rückstellungen.

voraussichtliche Kosten der Restbauleistung =

= Sollkosten + Rückstellungen + Vorgabeabweichungen

= bewertete Sollkosten + Vorgabeabweichungen

Auch die voraussichtlichen Kosten werden mit den Budgets verglichen, in der Hoffnung, dass sich bestätigt:

Budget > voraussichtliche Kosten

5.1.5 Zusammenfassung

Die Kostenansätze der Arbeitskalkulation werden nach Bedeutung differenziert gekennzeichnet:

- Sollkosten = Vorgabe für die Baustelle
- Rückstellungen für Kostenrisiken
- Vorgabeabweichungen

Kostenansätze für Risiken und Vorgabeabweichungen werden unter besonderen Merkmalen in die Kalkulation eingebracht. Kostenansätze ohne solche Merkmale sind Sollkosten.

Parallel dazu werden in der Arbeitskalkulation verwaltet:

- Budgets = Vorgabe für die Gesamt-Projektverantwortlichen

Aufgrund dieser Differenzierungen liefert die Arbeitskalkulation folgende Arten von Kostenaussagen:

- Budgets
- Sollkosten
- Bewertete Sollkosten (= Sollkosten + Rückstellungen)
- voraussichtliche Kosten (Prognosekosten)
  (= Ist-Kosten + bewertete Sollkosten Restbauleistung + Vorgabeabweichungen)

Risiken liegen nur in der Zukunft. Für Leistungen der Vergangenheit sind entsprechende Ansätze entweder ganz oder teilweise in Sollkosten umzuwandeln oder rechnerisch zu neutralisieren.

Vorgabeabweichungen sind für die Zukunft vorhersehbare Abweichungen von den Sollkosten. Sie bleiben mit diesem Merkmal auch für Leistungen der Vergangenheit bestehen, d.h. sie werden nicht in Sollkosten umgewandelt.

Ansätze zu Rückstellungen und Vorgabeabweichungen werden nur für Restmengen (=VA-Menge – LE-Menge) ausgewertet, womit sie ausschließlich der Zukunft zugewiesen sind. Die Vergangenheit ist bereits voll durch die Ist-Kosten berücksichtigt. Die gültigen Prognosen entstehen alleine auf der Basis der voraussichtlichen Kosten.

Bei der Feststellung des Leistungswertes von Teilleistungen werden die bewerteten Sollkosten als Berechnungsgrundlage zugrunde gelegt, nicht aber Ist-Kosten und Vorgabeabweichungen.

Wichtig sind folgende Vergleiche mit den Budgets:

Budget ⇔ Sollkosten

Budget ⇔ bewertete Soll-Kosten

Budget ⇔ voraussichtliche Kosten

5.2 Soll-Erlös und bewerteter Erlös

5.2.1 Verschuldete Erlösminderung

Zunächst muss folgende Definition vorausgeschickt werden:

***Erlös* ist die Vergütung des AG für die Bauleistungen nach Abzug aller Preisnachlässe vor Berücksichtigung der Umsatzsteuer.**

Gibt es denn überhaupt einen Unterschied zwischen dem Erlös, der erzielt werden soll, und dem Erlös, der voraussichtlich erlöst werden wird? Ja, es gibt ihn, wenn auch nicht in jedem Projekt.

Der Soll-Erlös ist der Erlös, der sich auf der Grundlage der Vertragspreise und der voraussichtlichen, und später abgerechneten Ausführungsmengen der Teilleistungen ergibt. Es ist der Erlös unter Ausnutzung aller Chancen zu Nachträgen und zur Abrechnung der geleisteten Mengen. Das Wissen um die optimalen Möglichkeiten der Abrechnung ist das zum Zeitpunkt der Schlussabrechnung vorliegende modifizierte Vertrags-LV mit seinen abgerechneten Mengen, **aber ohne Berücksichtigung von Anteilen, über die eine Minderung des eigentlich möglichen Erlöses zum Ausdruck kommt.**

Wenn der Erlös gegenüber dem eigentlich möglichen Erlös abgemindert wurde, so aus Gründen, welche die Baustelle zu vertreten hat. Es muss irgendein Verschulden auf Seiten der Baustelle vorliegen, das dem AG das Recht gegeben hat, einen Abzug von dem maximal möglichen und nachgewiesenen Vergütungsanspruch vorzunehmen. Solche Gründe können sein:

- Es ist eine Vertragsstrafe für Terminüberschreitungen vereinbart, und dem Unternehmen wurde eine bestimmte Anzahl von Tagen einer Terminüberschreitung nachgewiesen, die es selbst zu vertreten hat. Die Höhe der Vertragsstrafe ist eine selbst verschuldete Minderung des möglichen Erlöses. Gleich, in welcher Form nun die Vertragsstrafe abgerechnet wird: Zumindest intern ist es eine Position mit negativem EP in Höhe der Vertragsstrafe pro Tag, zu der die festgestellte Menge von Tagen zugrunde gelegt wird.

- Der Unternehmer hat Mängel in der Ausführung verursacht, bei denen man sich auf einen Schadensersatz in Form eines Abzuges vom Erlös geeinigt hat. Auch hier liegt eine selbst verschuldete Minderung des möglichen Erlöses vor. Vereinbart ist entweder ein Pauschalbetrag oder ein Einheitspreis, zu dem eine Menge einer betroffenen Teilleistung abgerechnet wird. In beiden Fällen sind es Nachtragspositionen mit negativem EP.

Wenn nun Aussagen zu "Soll-Deckungsbeitrag" oder "Soll-Ergebnis" (siehe Abschnitt D, Kap. 7) gemacht werden, die beide auf "Sollkosten" und "Soll-Erlös" aufbauen, so muss natürlich der Begriff "Soll" bei "Soll-Erlös" genauso ernst genommen werden, wie bei "Sollkosten", nämlich ein Wert unter optimalen und machbaren Voraussetzungen. Deshalb gilt:

verschuldete Erlösminderung =
= Abzüge vom Erlös für Vertragsstrafe und Qualitätsmängel

Soll-Erlös = Erlös vor Abzug verschuldeter Erlösminderungen

In der Prognose muss natürlich auch beim Erlös der als realistisch einzuschätzende Wert zugrunde gelegt werden. Deshalb gilt ergänzend:

Bewerteter Erlös = Soll-Erlös + Erlösminderung (negativ)

Mit genehmigter Schlussrechnung gilt außerdem:

Bewerteter Erlös = voraussichtlicher Erlös = Ist-Erlös

Nun kann man natürlich noch trefflich streiten, ob ein vereinbarter Endtermin, dessen Nichteinhaltung mit einer Vertragsstrafe geahndet wird, überhaupt machbar gewesen wäre. Dieser Streit kann zwischen Bauleitung und Unternehmensleitung aufbrechen, wenn es um die Bemessung einer Erfolgsprämie geht. Was wäre denn dann der Soll-Erlös? Diesem möglichen Anlass zum Streit muss man sicher nicht auch noch in Form einer "unverschuldeten Erlösminderung" begegnen, denn genau darüber wäre ja zu streiten. Außerdem wird zu einem Zeitpunkt gestritten, wo wir das Baustellen-Controlling des Projektes mit Orientierung in die Zukunft längst abgeschlossen haben. Sollen die sich streiten! Es wird keinen Einfluss mehr auf das schon abgeschlossene Bauvorhaben nehmen. Hoffentlich streiten die aber nicht so lange, dass die nächste Baumaßnahme darunter leidet!

Gibt es eine verschuldete Erlösminderung, so ist auch das Budget des Projektes entsprechend zu mindern:

verschuldete Erlösminderung = Abzug vom Projektbudget

Preisabzüge für Qualitätsmängel müssen in Form von Nachtragspositionen in das LV eingebracht werden. Die Nachtragsposition hat einen EP mit negativem Vorzeichen. Eine Minderung des ursprünglich vereinbarten Vertragspreises kommt in der Regel aus folgenden Gründen nicht in Frage:

- Der Preisabzug wird nicht für die gesamte Leistungsmenge der Teilleistung vorgenommen, sondern nur für die Menge, die von dem Qualitätsmangel betroffen ist. Nur die Nachtragsposition ermöglicht die Berücksichtigung einer individuellen Menge in der Abrechnung.
- Die Höhe des Preisabzuges wird oft über längere Zeit verhandelt. Entsprechend muss eine individuelle Bewertung vorgenommen werden können, was am einfachsten bei einer Nachtragsposition möglich ist.
- Bei einer Rechnungsprüfung muss leicht erkennbar sein, dass ein Preisabzug tatsächlich vorgenommen wurde. Dies ist bei einer Korrektur eines ursprünglichen Vertragspreises nicht auf Anhieb zu erkennen.

Eine vereinbarte und zur Wirkung kommende Vertragsstrafe muss auf jeden Fall in Form einer Position in das Baustellen-Controlling eingebracht werden, selbst wenn die Vertragsstrafe in anderer Form abgerechnet werden sollte. Nur so kann die Erlösminderung in den Projekt-Deckungsbeitrag eingehen, der wiederum maßgebend für die Bestimmung der Leistungswerte ist (siehe Abschnitt D, Kap. 9). Die Position erhält einen negativen EP in Höhe der Vertragsstrafe pro Tag. Wenn die Vertragsstrafe in anderer Form abgerechnet wird, wird die Position für die Abrechnung gesperrt.

Positionen für verschuldete Erlösminderungen werden nicht mit Kostenansätzen belegt, weil sie ja keine Kosten verursachen.

5.2.2 Bewertung des Preises bei offenen Nachträgen

Der Preis einer Nachtragsposition an den AG steht erst dann in endgültiger Höhe fest, wenn er zwischen den Parteien endgültig verhandelt ist. Am Ende des ganzen Verfahrens steht ein genehmigter Preis bzw. eine Stornierung der Position für den Fall, dass ein Recht auf Vergütung abschließend abgelehnt wurde. Der genehmigte Preis kann vom angebotenen Preis abweichen.

Solange keine abschließende Festlegung vorliegt, muss im Baustellen-Controlling eine interne Bewertung des angebotenen Preises vorgenommen werden. Mit der Bewertung wird zum Ausdruck gebracht, mit welchem Erlös man mit Abschluss der Verhandlungen tatsächlich rechnet. Diese Einschätzung kann sich im Laufe der Verhandlungen ändern. Ziel der internen Bewertung ist es, in der Prognose zum Projektergebnis von einer realistischen Größe des Erlöses aus noch offenen Nachträgen auszugehen. Die Bewertung kann von 0,00 % bis 100,00 % des angebotenen Preises reichen.

Nur in wenigen Fällen besteht Sicherheit in der Einschätzung, welcher Preis genehmigt werden wird. Aus Sicht von Baustellen-Controlling und Unternehmens-Controlling kommt es aber kaum auf die richtige Einschätzung in der einzelnen Position an, sondern darauf, dass sich die Einschätzung über die Summe der offenen Nachtragspositionen bestätigt. Fehler in der Bewertung einzelner Positionen dürfen also durchaus vorkommen, solange diese nicht zu einer Überbewertung des Gesamterlöses führen. Um letzteres zu vermeiden, wird man generell vorsichtig, d.h. im Zweifelsfall niedriger bewerten.

Es gibt Unternehmen, in denen die Vorschrift besteht, die Preise noch offener Nachtragspositionen grundsätzlich mit 0,00 % zu werten. Ein solcher Grundsatz mag dazu beitragen, dass die Höhe der Aktiva in der Unternehmensbilanz auf der sicheren Seite liegt. Er ist aber keineswegs dienlich für die Ziele des Unternehmens-Controlling, genauso wenig wie eine übertrieben optimistische Bewertung der offenen Forderungen. Die Informationen aus dem Controlling sind Grundlage für Steuerungsmaßnahmen der Baustellen- und Unternehmenstätigkeit. Wenn diese Maßnahmen richtig sein sollen, muss die Information der Realität entsprechen, nicht aber einer Richtlinie aus bilanziellen Gründen.

Die Bewertung sollte individuell pro Nachtragsposition vorgenommen werden. Dass man sämtliche Positionen eines Nachtrages identisch bewertet, wird eher die Ausnahme sein.

Die interne vorsichtige Bewertung hat natürlich keinen Einfluss auf die Anstrengungen, beim AG einen möglichst hohen Preis durchzusetzen. Der AG darf von der internen Bewertung auf keinen Fall erfahren.

Bei der offenen Nachtragsposition gibt es also mehrere Informationen zum Erlös, je nach Verwendungszweck:

- **angebotener Preis** für Zwecke der vorläufigen Abrechnung mit dem AG, evtl. mit einem Abminderungsfaktor in die vorläufige Abrechnung aufzunehmen. Im Extremfall können offene Nachträge überhaupt nicht in Rechnungen aufgenommen werden.
- **bewerteter Preis = (angebotener Preis) x Bewertungsfaktor** für die interne Berechnung des voraussichtlichen Erlöses des Projektes.

Da es sein kann, dass auch auf Nachtragspositionen ein vertraglich vereinbarter prozentualer Nachlass wirkt, gilt letztlich:

Erlös = (angebotener Preis) x Bewertungsfaktor x (100 % - Nachlass in %)

Bei der Bewertung ist eine Zusammensetzung aus zwei Einzelbewertungen des Preises denkbar:

- sachliche Bewertung, welche die Wahrscheinlichkeit zum Ausdruck bringt, dass die Position an sich anerkannt werden wird. Im Falle, dass die Position als solche bereits anerkannt, der Preis aber noch nicht verabschiedet ist, läge diese Teilbewertung bei 100 %.
- Bewertung allein der Höhe des angebotenen Preises unter der Annahme, dass die Position sachlich nicht in Frage stehen wird.

Die Bewertung des angebotenen Preises einer Nachtragsposition hat nichts mit der Unterscheidung nach "Soll-Erlös" und "bewertetem Erlös" gemäß dem vorstehenden Kapitel 5.2.1 zu tun. Wenn die Preise offener Nachtragspositionen nach möglichst objektiven Maßstäben bewertet wurden, so gilt diese Größe sowohl für den "Soll-Erlös" als auch für den "bewerteten Erlös".

Bei offenen Nachtragspositionen ist immer der bewertete Preis die Grundlage für Aussagen zu Deckungsbeitrag und Ergebnis, gleich welche Art der Kostenbetrachtung dabei zugrunde gelegt wird (Budget, Sollkosten oder bewertete Sollkosten).

Der Bewertungsfaktor wirkt natürlich nicht auf die kalkulierten Kosten. Wenn die Arbeitskalkulation zu einer Nachtragsposition Kosten ausweist, ist davon auszugehen, dass es sich um Kosten im Sinne "Sollkosten" handelt, d.h. dass diese Kosten auch anfallen werden. Für die Kalkulation des Angebotspreises können andere Kosten zu Grunde gelegt worden sein. Der Extremfall ist die Nachtragsposition mit einem Angebotspreis, aber mit Sollkosten von 0,00. In diesem Fall wird ein Schwachpunkt des Vertrages zur bisherigen Regelung der Erlöse ausgenutzt.

Im Vorgriff auf die noch zu beschreibenden Details der Budgetplanung muss hier festgehalten werden, dass die Bewertung des Erlöses offener Nachtragspositionen insofern einen Einfluss auf die Budgets hat, als die Regel zu beachten ist, dass das Budget einer offenen Nachtragsposition niemals größer sein kann als der Erlös abzgl. eingerechneter AGK. Dies folgt aus der Definition, dass das Budget der Anteil am Erlös ist, der zur Deckung der Kosten zur Verfügung steht. Wird der Erlös mit einem Faktor unter 100 % bewertet, so wird damit auch das verfügbare Budget bewertet.

$$\text{Budget} \leq (\text{bewerteter Erlös}) - \text{AGK}$$

6 Leistungen eigener Betriebe

Werden für ein Projekt Leistungen durch einen anderen Betriebsbereich des Unternehmens erbracht, der eigenständig bilanziert, so liegt ein Sonderfall insofern vor, als dass der Gesamtumsatz (=Gesamterlös) aus dem Projekt auf den Betriebsbereich, zu dem das Projekt zählt und auf den anderen Betriebsbereich aufgeteilt werden muss. Im Unternehmen als Ganzes darf ja kein Umsatzanteil doppelt gezählt werden. Im Falle einer eigenständigen Bilanzierung wird der andere Betriebsbereich, z.B. ein Fertigteilwerk, im Projekt wie ein Nachunternehmer auftreten und seine Leistungen zu fest vereinbarten Preisen abrechnen. Die Vergütung, die der andere Betriebsbereich (= eigener Betrieb) aus dem Projekt bezieht, ist sein Umsatz. In einem solchen Fall gilt folgende Betrachtung:

$$\begin{gathered}\text{Projektumsatz} = \text{Projekterlös} = \\ = (\text{Umsatz der Baustelle ohne eig. Betrieb}) + (\text{Umsatz eig. Betrieb})\end{gathered}$$

woraus folgt:

$$(\text{Umsatz der Baustelle ohne eig. Betrieb}) = \text{Projekterlös} - (\text{Umsatz eig. Betrieb})$$

bzw.

Umsatz der Baustelle ohne eig. Betrieb = bereinigter Umsatz der Baustelle

Die Vergütung an den eigenen Betrieb stellt für das Projekt Kosten dar. Die Kosten für das Projekt entstehen in Höhe der vereinbarten Leistungspreise und der abrechenbaren Mengen bzw. in Höhe einer vereinbarten Pauschalvergütung. Genauso werden sie auch in die Arbeitskalkulation eingebracht unter Verwendung einer spezifischen Kostenart für den eigenen Betrieb. In "unserem" Projekt interessiert nicht, welche Art Einzelaufwendungen der eigene Betrieb in welcher Höhe hat. Dies wird außerhalb "unseres" Projektes getrennt kalkuliert bzw. festgestellt. Aus Sicht "unseres" Projektes gilt deshalb

(Umsatz der Baustelle) =
= Projekterlös - (Kosten für die Leistungen eigener Betriebe)

Die Leistungen eigener Betriebe im Projekt haben auch Einfluss auf die zu belastenden AGK.

Das Gesamtunternehmen stellt jeweils rückwirkend fest, wie hoch die Allgemeinen Geschäftskosten (AGK) gewesen sind, und legt diese auf die Geschäftsbereiche um, entweder im Verhältnis der Umsatzanteile oder nach anderen Schlüsseln. Daraus wiederum resultierten die Maßgaben für die Angebotskalkulation in den einzelnen Geschäftsbereichen, mit welchen Prozentsätzen für AGK zu kalkulieren ist.

Wenn nun die andere Betriebsstätte dem Projekt Preise für Teilleistungen angeboten hat, so enthalten diese Preise bereits die Anteile der AGK, die diesem Geschäftsbereich zugewiesen wurden. Der diesem Umsatzanteil zugewiesene AGK-Betrag ist also bereits über die Verwendung dieser Preise als Kosten in das Projekt eingerechnet. Weitere AGK sind nur noch gemäß dem restlichen Umsatzanteil des Projektes einzurechnen. Die prozentualen Zuschläge für AGK werden also in der Angebotskalkulation nur auf die Kosten ohne Anteile aus Leistungspreisen eigener Betriebe angewendet, um zum noch fehlenden AGK-Betrag zu kommen. Wie dieser dann bei der Preisbildung tatsächlich umgelegt wurde, spielt im vorliegenden Zusammenhang keine Rolle.

Im Falle der Bauausführung rechnet die Betriebsbuchhaltung den Umsatzanteil des eigenen Betriebes nicht zum Umsatz der Baustelle. Entsprechend wird die Baustelle auch nur entsprechend der Höhe des verbleibenden Umsatzes mit AGK belastet.

Der Sonderfall "eigener Betrieb" wirkt sich an verschiedenen Stellen des Baustellen-Controlling auf zu berechnende Werte aus. In den folgenden Kapiteln wird jeweils hierher verwiesen, wenn dieser Einfluss eine Rolle spielt.

Auf "Zwischenlösungen" dahingehend, dass auch auf die Preise der anderen Betriebsstätte ein abgeminderter AGK-Zuschlag anzusetzen ist, wird nicht eingegangen, da solche Lösungen betriebswirtschaftlich gesehen ebenso fragwürdig sind wie unterschiedliche AGK-Zuschläge für einzelne Kostenbereiche. Letztere resultieren aus einer nichtproportionalen Zuweisung der im Geschäftsjahr festgestellten AGK zu einzelnen Kostenbereichen. Alle diese Verfahren setzen nämlich voraus, dass die Kostenverteilung in der Zukunft genauso sein wird wie in Vergangenheit. Ist sie nicht so, liegt entweder eine Überdeckung oder eine Unterdeckung der AGK vor. Wurde z.B. ein AGK-Zuschlag auf Lohnkosten in Höhe von 12 % und auf Nachunternehmerleistung in Höhe von 4 % vorgegeben, so setzt dies voraus, dass in Zukunft über die Summe aller Projekte kein höherer NU-Anteil und kein geringerer Lohnanteil als in Vergangenheit kalkuliert ausgeführt werden darf. Dies ist in Praxis unmöglich bzw. man würde den Spielraum des Unternehmens extrem einschränken. Ähnlich wäre es, wenn gesagt wird, dass für Leistungen eigener Betriebe z.B. 2 % AGK einzurechnen sind. Auch dies würde voraussetzen, dass der Umsatzanteil der eigenen Betriebe innerhalb eigener Baustellen so eintritt, wie er vorausgesetzt wurde.

In der Ausführung eines Projektes kann es im Vergleich zur Angebotssituation folgende Fälle geben, in denen zu klären ist, wie das Budget anzusetzen ist:

- Es wurden die Kosten von Teilleistungen aufgrund eines Angebotes eines eigenen Betriebes kalkuliert und hierfür kein AGK-Anteil ins Projekt eingerechnet; die Teilleistungen werden dann aber nicht an den eigenen Betrieb vergeben.
- Es wurden die Kosten von Teilleistungen als Eigen- oder Fremdleistung kalkuliert und hierfür AGK-Anteile ins Projekt eingerechnet, die Teilleistungen werden nun aber an einen eigenen Betrieb vergeben.

Die Antwort ergibt sich aus der Tatsache, dass die Kostenstelle "Baustelle" mit AGK belastet wird, wenn der Umsatz aus der Teilleistung zum Umsatz der Baustelle zählt, d.h. wenn er nicht durch den eigenen Betrieb erbracht wird. Daraus folgt:

- Wurden Kosten als Leistungen eigener Betriebe ohne AGK-Anteil kalkuliert, und werden die Leistungen nun nicht durch den eigenen Betrieb ausgeführt, so ist das Budget der Betrag der ursprünglich kalkulierten Kosten abzüglich des normalen AGK-Zuschlages. Für die gewählte Ausführungsart steht nur ein reduziertes Budget zur Verfügung; d.h. die getroffene Entscheidung ist nur richtig, wenn die Sollkosten entsprechend niedriger als ursprünglich kalkuliert angesetzt werden können. Ein "fremder" NU müsste entsprechend niedriger angeboten haben.
- Werden Leistungen an einen eigenen Betrieb vergeben, deren Kosten in der Angebotsphase nicht als solche kalkuliert wurden, so stehen als Budget die kalkulierten Kosten zuzüglich des AGK-Zuschlages zur Verfügung. Der eigene Betrieb hat gegenüber einem "fremden" NU einen Wettbewerbsvorteil, erspart sich doch die Baustelle die anteilige Belastung mit AGK.

Vorstehende Aussagen gelten nur aus Sicht des Projektes selbst. Das Unternehmen als Ganzes mag bei der Entscheidung, ob eine Leistung durch einen eigenen Betrieb übernommen werden soll, durchaus gute Gründe haben, Be- oder Entlastungen der Baustelle aus AGK zu ignorieren.

7 Deckungsbeitrag, AGK, Ergebnis

In Abschnitt C, Kap. 5.3 wurden die drei Begriffe *Deckungsbeitrag*, *Soll-AGK* und *Ergebnis* bereits in Zusammenhang mit den Betrachtungen in der Phase der Auftragsverhandlung (Projektphase 2) erläutert. In den vorstehenden Kapiteln des Abschnitts D wurde dargestellt, dass es in der Vorschau Aussagen über Gesamtkosten auf unterschiedlichen Grundlagen der Kostenbetrachtung gibt:

- Budgets
- Sollkosten
- bewertete Sollkosten

- voraussichtliche Kosten

Außerdem wurde dort behandelt, dass auch zum Erlös eine Unterscheidung nach

- Soll-Erlös
- bewerteter Erlös

relevant werden kann.

Diese Differenzierungen sowohl bei *Kosten* als auch bei *Erlös* bedingen Differenzierungen in den darauf aufbauenden Aussagen zu den Größen *Deckungsbeitrag*, *Soll-AGK* und *Ergebnis*. Hinzu kommt die Größe der *Ist-Kosten*, von denen *Ist-Deckungsbeitrag* und *Ist-Ergebnis* abhängen.

7.1 Deckungsbeitrag

7.1.1 Deckungsbeitrag und verbleibender Umlagebetrag

Zunächst einmal muss festgehalten werden, dass die in Abschnitt C, Kap. 5.3 verwendete Formel

Deckungsbeitrag = Erlös – Kosten

nur zutrifft, wenn es um den Gesamtdeckungsbeitrag des Projektes für das gesamte Bauvolumen zum Bauende geht. Allgemeingültig muss die Formel hingegen lauten

Deckungsbeitrag = Leistungswert – Kosten.

Nach Abschluss sämtlicher Arbeiten am Projekt einschl. der Gewährleistungsarbeiten ist der Leistungswert des Projektes identisch mit dem Erlös; insofern konnte *Erlös* in der Auswertung der Auftragskalkulation verwendet werden.

In allen Fällen, in denen die Aussage über den Deckungsbeitrag nur zu einem Teilvolumen des Projektes gemacht wird, ist der Erlös höchstens zufälligerweise die richtige Ausgangsgröße zur Berechnung des Deckungsbeitrages. *Erlös* ist auch dann nicht der richtige Wert, wenn die sorgfältig abgegrenzten LE-Mengen als Berechnungsbasis verwendet werden.

In die Berechnung des Deckungsbeitrages einer Teilleistung muss der bewertete Erlös der Teilleistungen eingehen, nicht der Erlös aufgrund der Vertragspreise. Der bewertete Erlös einer Teilleistung entsteht aus der gleichmäßigen Verteilung des Gesamt-Projekterlöses auf die Teilleistungen im Verhältnis der Kosten unter Einbeziehung der BGK. Damit sind sowohl alle "Zufälligkeiten" bei der Preisbildung ausgeglichen als auch der Zustand, dass Leistungen in den umgelegten BGK gar keinen Leistungswert hätten, wenn man nach dem Erlös ginge. In Abschnitt D, Kap. 7.5 wird der Nachweis geführt, dass der tatsächliche Leistungswert teilfertiger Leistungen nicht dem Erlös entspricht. Dort wird auch das Verfahren zur Bestimmung des Leistungswertes beschrieben. Hier genügt zunächst festzuhalten:

Bei der Berechnung von Deckungsbeitrag und Ergebnis ist der Leistungswert, nicht aber der Erlös zugrunde zu legen. Der Leistungswert stellt einen aus der Beurteilung des Gesamtprojektes heraus bewerteten Erlös dar. Der Leistungswert ist der effekti-

ve Umsatz, der die Abgrenzungen gegenüber dem Erlös enthält. Leistungswert (=Umsatz) und Erlös sind erst nach vollständigem Abschluss aller Arbeiten identisch.

Wenn zur Bestimmung des Leistungswertes der Gesamt-Projekterlös auf die Kosten verteilt wird, gilt weiterhin:

Der Gesamt-Projekterlös ist ein Basiswert zur Bestimmung einzelner Leistungswerte.

Jegliche Teilleistung, die in der Kalkulation mit Kosten belegt ist, hat auch einen Leistungswert. Folglich liefert jedes Element der Kalkulation einen Deckungsbeitrag unabhängig davon, ob es mit einem Vertragserlös belegt ist oder nicht.

Wird bei teilfertigen Projekten oder einzelnen Elementen des Vertrags-LV die **Differenz aus Erlös und Kosten** festgestellt, so ist das Ergebnis nicht der Deckungsbeitrag, sondern der aus dem Erlös verbleibende Umlagebetrag.

Erlös – Kosten = vom Erlös verbleibender Umlagebetrag

Solche Berechnungen sind mitunter durchaus von Interesse. Sie liefern zum Beispiel Auskunft über "bessere" und "schlechtere" Preise im Vergleich zu den Kosten. Insofern kann man u.U. ableiten, ob ihre Ausführung eher positiven oder eher negativen Einfluss auf den Projektdeckungsbeitrag haben wird. Sichere Auskünfte zum Projekt sind aber auch daraus nicht zu erhalten.

Die Werte der beiden Größen *Deckungsbeitrag* und *verbleibender Umlagebetrag* sind unterschiedlichen Bereichen der Allgemeinen Kosten zuzuordnen:

- **Der *Deckungsbeitrag* ist der Beitrag zur Deckung der anteiligen Allgemeinen Geschäftskosten (AGK). Dies gilt sowohl für den Wert jeder einzelnen Teilleistung als auch für den Wert aus der Summe aller Teilleistungen.**
- **Der *verbleibende Umlagebetrag* sagt aus, welcher Teilbetrag des Erlöses den Allgemeinen Geschäftskosten (AGK) <u>und</u> den Baustellengemeinkosten (BGK) zuzurechnen ist. Alleine den AGK kann nur die Summe der verbleibenden Umlagebeträge aller Positionen zugerechnet werden.**

Werden der Baustelle direkt keine BGK belastet, so sind sie Bestandteil der AGK; sie wurden dann auch als solche in die Preise eingerechnet.

In die Erlöse der einzelnen Vertragspositionen wurden sowohl umgelegte BGK als auch AGK eingerechnet. Folglich verbleiben nach Abzug der direkten Kosten Anteile für beide Komponenten der Allgemeinen Kosten. Ein *verbleibender Umlagebetrag* kann nach obiger Formel auch für Elemente ohne Erlös berechnet werden. Der Wert hat dann ein negatives Vorzeichen, d.h. er "zehrt" von der Summe der verbleibenden Umlagebeträge mit positivem Vorzeichen.

Das Prinzip der Berechnung von *Deckungsbeitrag* und *verbleibender Umlagebetrag* sowie die Gegenüberstellung von *Leistungswert* und *Erlös* in verschiedenen Fällen wird in den folgenden Beispielen verdeutlicht. Der Leistungswert ist in diesen Beispielen jeweils

111,11 % der Kosten und - im Vorgriff auf Abschnitt D, Kap. 7.1.2 und 7.5 – nach folgender Formel ermittelt:

$$\text{Leistungswert} = (\text{Kosten}) \times \frac{\text{Gesamterlös}}{\text{Gesamtkosten}} = (\text{Kosten}) \times \frac{3.000.000{,}00}{2.700.000{,}00} = (\text{Kosten}) \times 111{,}11\ \%$$

Vorstehender Wert als Zuschlag (= 11,11%) ist der Projekt-Deckungsbeitrag in %, wie in dem folgenden Kapitel 7.1.2 erläutert wird.

Bei Unternehmen, in denen ein eigenständig bilanzierender Betrieb im Projekt wie ein Nachunternehmer auftreten kann (Abschnitt D, Kap. 6), sind in vorstehender Formel grundsätzlich die Kosten lt. Preisen des eigenen Betriebes auszuklammern. Die Formel muss dann gemäß folgender Interpretation angewendet werden:

$$\text{Leistungswert} = (\text{Kosten außer eig. Betriebe}) \times \frac{\text{Gesamterlös} - \text{Kosten eig. Betr.}}{\text{Gesamtkosten} - \text{Kosten eig. Betr.}}$$

Die folgende Tabelle zeigt nun die Berechnungen von *Deckungsbeitrag* und *verbleibender Umlagebetrag* in Positionen mit unterschiedlichen Randbedingungen.

	Berechnung verbleibender Umlagebetrag	Berechnung Deckungsbeitrag
a) Gesamtprojekt Bauende		
Leistungswert:		3.000.000,00
Erlös: (= Basiswert zur Bestimmung einzelner Leistungswerte)	3.000.000,00	**3.000.000,00**
Direkte Kosten der Teilleistungen:	2.500.000,00	2.500.000,00
BGK:	200.000,00	200.000,00
Gesamtkosten: (= Basiswert zur Bestimmung einzelner Leistungswerte):	2.700.000,00	**2.700.000,00**
Deckungsbeitrag für AGK:		**300.000,00**
Verbleibender Umlagebetrag:	300.000,00	

	Berechnung verbleibender Umlagebetrag	Berechnung Deckungsbeitrag
b) Nur BGK-LV (ohne Erlös)		
Leistungswert:		222.222,22
Erlös:	0,00	
BGK:	200.000,00	200.000,00
Deckungsbeitrag für AGK:		22.222,22
Verbleibender Umlagebetrag:	- 200.000,00	
c) Einzelne Vertragsposition		
Leistungswert:		888,88
Erlös:	1.000,00	
Direkte Kosten der Teilleistungen:	800,00	800,00
Deckungsbeitrag für AGK:		88,88
Verbleibender Umlagebetrag:	200,00	
d) Einzelne BGK-Position		
Leistungswert:		2.222,22
Erlös:	0,00	
BGK:	2.000,00	2.000,00
Deckungsbeitrag für AGK:		222,22
Verbleibender Umlagebetrag:	- 2.000,00	
e) Kostenposition (ohne Erlös) (Abschnitt D, Kap. 3.4)		
Leistungswert:		555,55
Erlös:	0,00	
Direkte Kosten der Teilleistungen:	500,00	500,00
Deckungsbeitrag für AGK:		55,55
Verbleibender Umlagebetrag:	- 500,00	
f) Erlösposition (ohne Kosten)		
Leistungswert:		0,00
Erlös:	8.000,00	
Direkte Kosten der Teilleistungen:	0,00	0,00
Deckungsbeitrag für AGK:		0,00
Verbleibender Umlagebetrag:	8.000,00	

	Berechnung verbleibender Umlagebetrag	Berechnung Deckungsbeitrag
g) Vertragsstrafe (ohne Kosten) (Abschnitt D, Kap. 0)		
Leistungswert:		0,00
Erlös:	- 10.000,00	
Direkte Kosten der Teilleistungen:	0,00	0,00
Deckungsbeitrag für AGK:		0,00
Verbleibender Umlagebetrag:	- 10.000,00	

Steht eine Vertragspauschale auf Ebene von LV oder Gruppenstufe, so ist dieses Element selbst eine Erlösposition ohne direkte Kosten (analog Beispiel f), während die untergeordneten Positionen Kostenpositionen ohne direkten Erlös sind (analog Beispiel e). Addiert man die Kosten der untergeordneten Positionen auf die Ebene der Vertragspauschalen hoch, so ergibt sich, sofern die BGK an anderer Stelle kalkuliert sind:

	Berechnung verbleibender Umlagebetrag	Berechnung Deckungsbeitrag
h) LV oder Gruppenstufe mit Vertragspauschale		
Leistungswert:		366.666,66
Erlös:	400.000,00	
Direkte Kosten der untergeordneten Positionen	330.000,00	330.000,00
Deckungsbeitrag für AGK:		36.666,66
Verbleibender Umlagebetrag:	70.000,00	

Über die gesamte Kalkulation incl. der BGK ist die Summe aller *verbleibenden Umlagebeträge* identisch mit der Summe der *Deckungsbeiträge* (siehe Beispiel a). Innerhalb eines einzelnen Kalkulationselementes sind die Werte nur zufälligerweise identisch.

In obigen Beispielen wurde bewusst nicht auf die unterschiedlichen Grundlagen für Kosten (Bugdet, Sollkosten, bewertete Sollkosten, Istkosten etc.) und Erlös (Sollerlös, bewerteter Sollerlös) eingegangen, die zu verschiedenen Deckungsbeiträgen führen. Vorstehend ging es zunächst nur um das Prinzip der Berechnung von Deckungsbeitrag und verbleibendem Umlagebetrag, gleich auf welcher Grundlage für Kosten und Erlös. Die Folgerungen aus unterschiedlichen Kosten- und Erlösgrundlagen werden in Abschnitt D, Kap. 7.4 behandelt. In Abschnitt D, Kap. 7.5 wird erklärt, welche Basis zur Bestimmung des Leistungswertes herangezogen wird.

7.1.2 Der Projekt-Deckungsbeitrag in %

Der als Betrag errechnete Projekt-Deckungsbeitrag (Projekt-DB) kann in Form eines Prozentsatzes bezogen auf die Kosten dargestellt werden:

Projekt-DB in % = 100 x (Deckungsbeitrag)/(Kosten ohne eig. Betriebe)

Grundlage der Berechnung sind der Gesamt-Projekterlös und die Gesamt-Projektkosten.

Beispiel:	Gesamterlös für VA-Mengen:	3.000.000,00
	Direkte Kosten für VA-Mengen:	2.500.000,00
	Baustellengemeinkosten (BGK):	200.000,00
	Deckungsbeitrag für AGK:	300.000,00
	Deckungsbeitrag in % = = 100 x (300.000,00)/(2.700.000,00) =	11,11 %

Der Projekt-DB in % ist eine wichtige Größe zur Bestimmung des Leistungswertes von Teilleistungen. Die Berechnung des Leistungswertes wird in Abschnitt D, Kap. 7.5 ausführlich erläutert. Im Vorgriff auf dieses Kapitel sei aber die Formel zur Bestimmung des Leistungswertes bereits hier dargestellt, um die Bedeutung des DB in % herauszustellen:

Leistungswert = (angenommene Kosten) x (100 % + Projekt-DB in %)

Projektleistungswert = (2.500.000,00 + 200.000,00) x (100 % + 11,11 %) =3.000.000,00 = Gesamterlös

Über die vorstehende Formel wird der Leistungswert jeglicher Teilleistung bestimmt, soweit es sich nicht um Leistungen eigenständig bilanzierender Unternehmensbereiche handelt, die im Projekt wie ein Nachunternehmer auftreten (siehe Abschnitt D, Kap. 6).

Für die Berechnung des Leistungswertes wird immer der DB in % bezogen auf Kosten benötigt. Natürlich kann der DB auch in % bezogen auf den Umsatz berechnet werden:

Projekt-DB in % v. Ums. = 100 x (Deckungsbeitrag)/(Umsatz ohne Kosten eig. Betriebe)

7.2 AGK

Über den Deckungsbeitrag des Projektes sind die Allgemeinen Geschäftskosten (AGK) des Unternehmens anteilig zu finanzieren.

Das Unternehmen stellt über die Betriebsbuchhaltung für ein Geschäftsjahr fest, welche Gesamt-AGK angefallen sind. Dieser Betrag wird wiederum auf "Umsatz" oder "Kosten" aller Baustellen im selben Zeitraum bezogen, woraus sich ein Prozentsatz der effektiven AGK bezogen auf Umsatz oder Kosten ergibt. Dieser oder ein auf die Zukunft angepasster Wert wurde als Basiswert für die Preisbildung in der Angebotskalkulation vorgegeben. Im Falle der Ausführung wird die Baustelle mit AGK belastet, die gemäß dem kalkulativen Vorgabewert berechnet werden.

War die Vorgabe für alle Kostenarten ein einziger Wert in % bezogen auf Umsatz, so ist die laufende Berechnung der zu belastenden AGK sehr einfach:

Betrag AGK = (Umsatz) x (AGK in % v. Ums.)

Bei "Umsatz" darf allerdings nicht von Erlös zum Stichtag X lt. Rechung ausgegangen werden, sondern es muss der effektive Leistungswert als Umsatz gezählt werden:

Betrag AGK = (Leistungswert) x (AGK in % v. Ums.)

Werden im Projekt bestimmte Leistungen durch einen eigenständig bilanzierenden eigenen Betrieb ausgeführt, so zählen dessen Kosten nicht zum Umsatz der Baustelle (vergl. Abschnitt D, Kap. 6). Aus diesen Umsatzanteilen entstehen also auch keine AGK zu Lasten der Baustelle.

Gibt es unterschiedliche Prozentsätze der AGK in Abhängigkeit von Kostenarten, immerhin aber bezogen auf Umsatz, so ist der Leistungswert im Verhältnis der Kosten der Kostenarten aufzuteilen (in Abschnitt D, Kap. 7.5 wird nachgewiesen, dass die "bewerteten Sollkosten" die Grundlage sind). Die Formel lautet dann:

$$\textbf{Betrag AGK} = \sum[(\textbf{Leistungswert}_i) \times (\textbf{AGK}_i \textbf{ in \% v. Ums.})]$$

In Abschnitt D, Kap. 6 ist bereits darauf hingewiesen worden, dass unterschiedliche Prozentsätze für AGK in Abhängigkeit vom Kostenbereich des Umsatzanteiles äußerst problematisch sind, weil sie nur dann zur Deckung der Gesamt-AGK des Unternehmens führen, wenn die Umsatzanteile in der Zukunft denjenigen der Statistik zur Vergangenheit entsprechen.

Gibt das Unternehmen Prozentsätze für AGK vor, die sich auf Kostenarten beziehen, so gibt es zwei Möglichkeiten:

a) In der Formel steht an Stelle von "Umsatz" "Kosten", und der Wert wird auf die "bewerteten Sollkosten" angewendet.

b) Der %-Satz bezogen auf Kosten wird in einen Wert bezogen auf Umsatz umgerechnet:

%-AGK v. Ums. = (%-AGK v. Kosten) x [(Gesamt-Erlös)/(bewertete Gesamtkosten)]

jeweils ohne Berücksichtigung der Kosten eigener Betriebe in Erlös und Kosten.

Es wird dringend empfohlen, über die Betriebsbuchhaltung Prozentsätze für AGK bezogen auf Umsatz zu ermitteln und zwar einen einheitlichen Satz unabhängig von der Art des Umsatzes.

Je nach Planungsgrundlage der Kosten gibt es unterschiedliche Werte für einen Projekt-Deckungsbeitrag zu einem Stichtag X. Somit ergäben sich auch unterschiedliche Beträge für AGK. Im Vorgriff auf Abschnitt D, Kap. 7.5 sei gesagt, dass für die Belastung der Baustelle der Deckungsbeitrag auf der Grundlage der bewerteten Sollkosten maßgebend ist. Der auf dieser Grundlage ermittelte Leistungswert ist der effektive Umsatz der Baustelle.

7.3 Ergebnis

Das Ergebnis ist

Ergebnis = Deckungsbeitrag – AGK

und bezogen auf den Umsatz

Ergebnis in % v. Ums. = 100 % x (Ergebnis)/(Leistungswert)

7.4 Unterschiedliche Grundlagen für DB, Leistungswert, AGK und Ergebnis

Die Werte von Deckungsbeitrag, Leistungswert, AGK und Ergebnis sind über ihre Berechnungsformeln untereinander verkettet. Dies soll zunächst nochmals über eine Zusammenstellung der Formeln deutlich gemacht werden:

Gesamt-Projektdeckungsbeitrag = Gesamterlös – Gesamtkosten

Gesamt-Projekt-DB in % = 100 x (Projekt-DB)/(Gesamtkosten)

Leistungswert = bewerteter Umsatz = (Kosten) x (100% + Ges.-Projekt-DB in %)

AGK = (Leistungswert) x (AGK in % vom Umsatz)

Ergebnis = Deckungsbeitrag - AGK

Nun gibt es im Projekt Kostenaussagen auf unterschiedlichen Grundlagen:

- Budget (Abschnitt D, Kap. 5.1.1)
- Sollkosten (Abschnitt D, Kap.5.1.2)
- Bewertete Sollkosten (Abschnitt D, Kap. 5.1.3)
- Ist-Kosten zum Stichtag
- Voraussichtliche Kosten (Abschnitt D, Kap. 5.1.4)

Weiterhin gibt es Aussagen zu Gesamt-Erlös = Gesamtleistungswert = Gesamt-Umsatz für VA-Mengen auf unterschiedlichen Grundlagen:

- Soll-Erlös = Plan-Erlös (Abschnitt D, Kap. 5.2)
- Bewerteter Erlös = voraussichtl. Erlös (Abschnitt D, Kap. 5.2)

Für den Zeitraum seit Baubeginn bis zu einem Stichtag kommen Werte zu Kosten auf der Basis der LE-Mengen sowie die zugehörigen Leistungswerte hinzu.

Für die Berechnungsformeln gibt es also unterschiedliche Berechnungsgrundlagen. Entsprechend differenziert sind die Ausgangs- und Ergebnisgrößen in den Formeln zu beschreiben, z.B. "Budget" bzw. "Sollkosten" bzw. "bewertete Sollkosten" bzw. Ist-Kosten" oder "Plan-DB" bzw. "Soll-DB" bzw. "bewerteter Soll-DB" bzw. "Ist-DB". In den folgenden tabellarischen Übersichten (Abbildung 64 und Abbildung 65) sind die Formeln für die einzelnen Größen in Abhängigkeit von der Auswertungsgrundlage der Kosten und des Projektzeitraumes zusammengestellt.

Gesamtprojekt von Baubeginn bis Bauende			
Erlös = Leistungswert	Plan-Erlös = Soll-Erlös	Soll-Erlös	voraussichtl. Erlös = bew. Erlös
Kosten	Budget	Sollkosten	bew. Sollkosten
Deckungsbeitrag (DB)	Plan-DB = Plan-Erlös - Budget	Soll-DB = Soll-Erlös - Sollkosten	bew. Soll-DB = vorauss. Erlös - bew. Sollkosten
DB in % bez. a. Kosten	Plan-DB % = = 100 x (Plan-DB))/(Bugdet)	Soll-DB % = 100 x (Soll-DB)/(Sollkosten)	**bew. Soll-DB % = 100x(bew. Soll-DB)/(bew. Sollko)**
AGK	Plan-AGK = (AGK %) x Plan-Erlös	Soll-AGK = (AGK %) x Soll-Erlös	bew. Soll - AGK = (AGK %) x (vorauss. Erlös)
Ergebnis	Plan-Ergebnis = Plan-DB - Plan-AGK	Soll-Ergebnis = Soll-DB - Soll-AGK	bew. Soll-Ergebnis = (bew. Soll-DB) - (bew. Soll-AGK)
Projekt seit Baubeginn bis Stichtag X			
Erlös	Plan-Erlös = Soll-Erlös	Soll-Erlös	voraussichtl. Erlös = bew. Erlös
Kosten	Budget	Sollkosten	bew. Sollkosten
Leistungswert (bewerteter Umsatz)	Plan-LW = Bugdet x (100% + Plan-DB %)	Soll-LW = Sollkosten x (100% + Soll-DB %)	**bew. Soll-LW = bew.Sollkosten x (100% + bew. Soll-DB %)**
Deckungsbeitrag	Plan-DB = Plan-Erlös - Plan-LW	Soll-DB = Soll-LW - Sollkosten	bew. Soll-DB = bew. Soll-LW - bew. Sollkosten
AGK	Plan-AGK = (AGK %) x Plan-Erlös	Soll-AGK = (AGK %) x Soll-Erlös	bew. Soll - AGK = (AGK %) x (vorauss. Erlös)
Ergebnis	Plan-Ergebnis = Plan-DB - Plan-AGK	Soll-Ergebnis = Soll-DB - Soll-AGK	bew. Soll-Ergebnis = (bew. Soll-DB) - (bew. Soll-AGK)

Abbildung 64: Berechnungsformeln für verschiedene Planungsgrundlagen

	Projekt seit Baubeginn bis Stichtag X	**Projekt von Baubeginn bis Bauende**
	Ist-Werte	**voraussichtliche (Ist-)Werte = Prognose**
Erlös	voraussichtl. Erlös = bew. Erlös	voraussichtl. Erlös = bew. Erlös
Kosten	Istkosten	Voraussichtl. Kosten = Ist-Kosten + Rest bew. Sollkosten + Vorgabeabweichungen
Leistungswert (bewerteter Umsatz)	**Ist-LW = bew. Soll-LW = bew. Sollkosten x (100% + bew. Soll-DB%)**	voraussichtl. Erlös
Deckungsbeitrag	Ist-DB = Ist-LW - Istkosten	vorauss. DB = vorauss. Erlös - Ist-Kosten - bew. Sollkosten Restbauleistung - Vorgabeabweichungen
AGK	Ist-AGK = bew. Soll-AGK	voraussichtl. AGK = (AGK %) x (vorauss. Erlös)
Ergebnis	Ist-Ergebnis = Ist-DB - Ist-AGK	vorauss. Ergebnis= (vorauss. DB) - (vorauss. AGK)

Abbildung 65: Berechnungsformeln unter Einbeziehung der Ist-Werte

Der für die Betriebsbuchhaltung jeweils maßgebende Leistungswert des Projektes ist immer in der Spalte "bewertetes Soll" zu finden. Der maßgebende Leistungswert von teilfertigen Leistungen wird über die Formel

Leistungswert = (bewertete Sollkosten) x (100 % + bew. Soll-DB in %) mit

bew. Soll-DB in % = 100 x (bew. Soll-DB)/(bew. Gesamt-Sollkosten)

bewerteter Soll-DB = (Voraussichtl. Gesamterlös) – (bewertete Gesamt-Sollkosten)

Die folgenden tabellarischen Übersichten (Abbildung 66 und Abbildung 67) enthalten ein Zahlenbeispiel eines Projektes, dessen Werte auf der Grundlage der Formeln der vorstehenden Tabellen berechnet wurden.

	Planung mit Planungsgrundlage		
	Budget (=Plan)	Soll	bewertetes Soll
			= Prognose auf Bauende ohne Einbeziehung von Ist-Werten
Gesamtprojekt vor Baubeginn			
Gesamterlös = Leistungswert	3.000.000,00	3.000.000,00	3.000.000,00
Kosten	2.700.000,00	2.600.000,00	2.650.000,00
Deckungsbeitrag	300.000,00	400.000,00	350.000,00
DB in % bez. auf Kosten	11,11%	15,38%	13,21%
DB in % bez. auf Umsatz	10,00%	13,33%	11,67%
AGK (8 % vom Umsatz)	240.000,00	240.000,00	240.000,00
Ergebnis	60.000,00	160.000,00	110.000,00
Ergebnis in % vom Umsatz	2,00%	5,33%	3,67%
Gesamtprojekt incl. aktuelle Planungserkenntnisse zum Stichtag X, aber ohne Berücksichtigung der Ist-Kosten			
verschuldete Erlösminderung bis Stichtag			-10.000,00
weitere Erlösminderung ab Stichtag			-15.000,00
Korrektur Bewertung Kostenrisiko			-10.000,00
Korrektur Sollkosten		5.000,00	5.000,00
Gesamt-Erlös = Leistungswert	3.000.000,00	3.000.000,00	2.975.000,00
Kosten	2.700.000,00	2.605.000,00	2.645.000,00
Deckungsbeitrag	300.000,00	395.000,00	330.000,00
DB in % bez. auf Kosten	11,11%	15,16%	12,48%
DB in % bez. auf Umsatz	10,00%	13,17%	11,09%
AGK (8 % vom Umsatz)	240.000,00	240.000,00	238.000,00
Ergebnis	60.000,00	155.000,00	92.000,00
Ergebnis in % vom Umsatz	2,00%	5,17%	3,09%
Budgetminderung durch Erlösminderung	-25.000,00		
korrigiertes Budget	2.675.000,00		

Abbildung 66: Beispiel für die Werte des Gesamtprojektes für ursprüngliche und aktualisierte Planung

Zur Verdeutlichung des Einflusses aus der Veränderung der Planungszahlen aufgrund neuer Erkenntnisse wurden folgende Größen ergänzend eingebracht:

- verschuldete Erlösminderung bis Stichtag und weitere Erlösminderung ab Stichtag
- Korrektur der Bewertung des Kostenrisikos gegenüber Erstplanung
- Korrektur der Sollkosten aufgrund einer Bestätigung eines Teilrisikos in der Vergangenheit
- Reduzierung des verfügbaren Budgets aufgrund der verschuldeten Erlösminderung
- Vorgabeabweichung bei der Restbauleistung

Die Werte wurden berechnet für folgende Projekt-Auswertungsstände:

- Planung Gesamtprojekt vor Baubeginn
- Planung Gesamtprojekt zum Stichtag X unter Berücksichtigung aktueller Erkenntnisse, aber ohne Einbeziehung der Ist-Kosten zum Stichtag
- Planung und Istwerte für die zum Stichtag X ausgeführten Leistungen
- Planung und Prognosewerte für die ab Stichtag X noch auszuführenden Restbauleistungen
- Planungswerte für das Gesamtprojekt sowie Prognosewerte unter Einbeziehung der Ist-Kosten zum Stichtag X

Die verschuldete Erlösminderung reduziert den Erlös (= Leistungswert) des Gesamtprojektes gegenüber der Planung gemäß "Plan" und "Soll". Entsprechend ist das tatsächlich zur Verfügung stehende Budget gegenüber "Plan" zu mindern.

Die Neubewertung des Kostenrisikos zum Stichtag X hat zu folgenden Korrekturen geführt:

- Ein bisher angenommenes Risiko hat sich in Höhe von 5.000,- bestätigt, womit der Betrag den Sollkosten und den bewerteten Sollkosten zuzuschlagen ist.
- Das Kostenrisiko für die Restbauzeit wird um 10.000,- niedriger bewertet.

Für die Beträge in den drei Projektsituationen der Abbildung 67 gilt:

Gesamtprojekt = (Projekt bis Stichtag X) + (Projekt ab Stichtag X)

wobei die Werte in der Spalte "Prognose" die Summe aus den Werten der Spalte "Ist" und der Spalte "Prognose" der Projektsituation "Projekt ab Stichtag X" sind.

Die Werte zum Gesamtprojekt stimmen in den ersten drei Wertespalten mit denjenigen des Gesamtprojektes mit aktuellen Planungserkenntnissen der Abbildung 66 überein.

	Planung mit Planungsgrundlage				
	Budget (=Plan)	Soll	bewertetes Soll	Ist	Prognose
Projekt seit Baubeginn bis Stichtag X					
Erlös	1.100.000,00	1.100.000,00	1.090.000,00	1.090.000,00	
Kosten	1.000.000,00	960.000,00	960.000,00	980.000,00	
Leistungswert (bewerteter Umsatz)	1.111.111,11	1.105.566,22	1.079.773,16	1.079.773,16	
Deckungsbeitrag	111.111,11	145.566,22	119.773,16	99.773,16	
DB in % bez. auf Kosten	11,11%	15,16%	12,48%	10,18%	
DB in % bez. auf Umstz	10,00%	13,17%	11,09%	9,24%	
AGK (8 % vom Umsatz)	88.888,89	88.445,30	86.381,85	86.381,85	
Ergebnis	22.222,22	57.120,92	33.391,30	13.391,30	
Ergebnis in % vom Umsatz	2,00%	5,17%	3,09%	1,24%	
Budgetminderung durch Erlösminderung	-10.000,00				
korrigiertes Budget	990.000,00				
Restbauleistung ab Stichtag X incl. Vorgabeabweichung					
weitere Erlösminderung ab Stichtag			-15.000,00		
Vorgabeabweichung bei Restbauleistung					20.000,00
Erlös	1.900.000,00	1.900.000,00	1.885.000,00		1.885.000,00
Kosten	1.700.000,00	1.645.000,00	1.685.000,00		1.705.000,00
Leistungswert (bewerteter Umsatz)	1.888.888,89	1.894.433,78	1.895.226,84		1.895.226,84
Deckungsbeitrag	188.888,89	249.433,78	210.226,84		190.226,84
DB in % bez. auf Kosten	11,11%	15,16%	12,48%		11,16%
DB in % bez. auf Umstz	10,00%	13,17%	11,09%		10,04%
AGK (8 % vom Umsatz)	151.111,11	151.554,70	151.618,15		151.618,15
Ergebnis	37.777,78	97.879,08	58.608,70		38.608,70
Ergebnis in % vom Umsatz	2,00%	5,17%	3,09%		2,04%
Budgetminderung durch Erlösminderung	-15.000,00				
korrigiertes Budget	1.685.000,00				
Gesamtprojekt unter Einbeziehung der Ist-Kosten zum Stichtag X in die Prognose					
Gesamterlös = Leistungswert	3.000.000,00	3.000.000,00	2.975.000,00		2.975.000,00
Kosten	2.700.000,00	2.605.000,00	2.645.000,00		2.685.000,00
Leistungswert (bewerteter Umsatz)	3.000.000,00	3.000.000,00	2.975.000,00		2.975.000,00
Deckungsbeitrag	300.000,00	395.000,00	330.000,00		290.000,00

Abbildung 67: Beispiel für die Werte des Gesamtprojektes zum Stichtag X und darauf aufbauender Prognose

7.5 Grafische Übersichten

7.5.1 Werte der Planung

Die Beziehungen zwischen den Werten der Planung gemäß Abbildung 64 des vorstehenden Kapitels 7.4 lassen sich wie folgt grafisch darstellen:

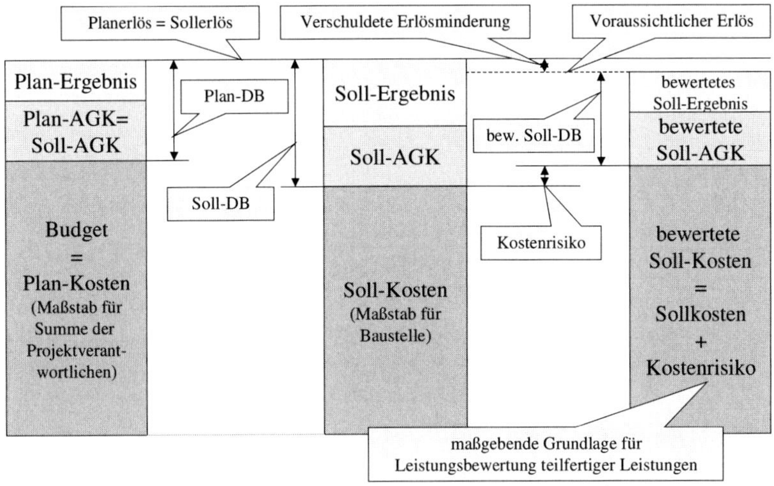

Abbildung 68: Beziehungen zwischen den Werten der Planung

Plan- und Soll-Ergebnis basieren auf demselben Wert für den Erlös. Der effektive Erlös wird evtl. um selbst verschuldete Abzüge gemindert, so dass dieser geminderte voraussichtliche Erlös auch nur ein gemindertes Ergebnis zulässt.

Die Plankosten (Budgets) und Sollkosten sind die beiden parallel nebeneinander stehenden Kostenmaßstäbe. Sie führen im Vergleich zum ungeminderten Erlös zu Plan- bzw. Soll-Deckungsbeitrag. Plan- und Soll-Ergebnis ergeben sich nach Abzug eines in beiden Fällen identischen Betrages der AGK.

Die zunächst prognostizierten Kosten sind die Sollkosten erhöht um Rückstellungen für Kostenrisiken. Im prognostizierten Ergebnis sind diese bewerteten Sollkosten sowie der voraussichtliche Erlös zu Grunde gelegt.

7.5.2 Ist-Werte und voraussichtliche Werte

Die Beziehungen zwischen den Werten der Planung gemäß Abbildung 65 des vorstehenden Kapitels 7.4 lassen sich wie folgt grafisch darstellen:

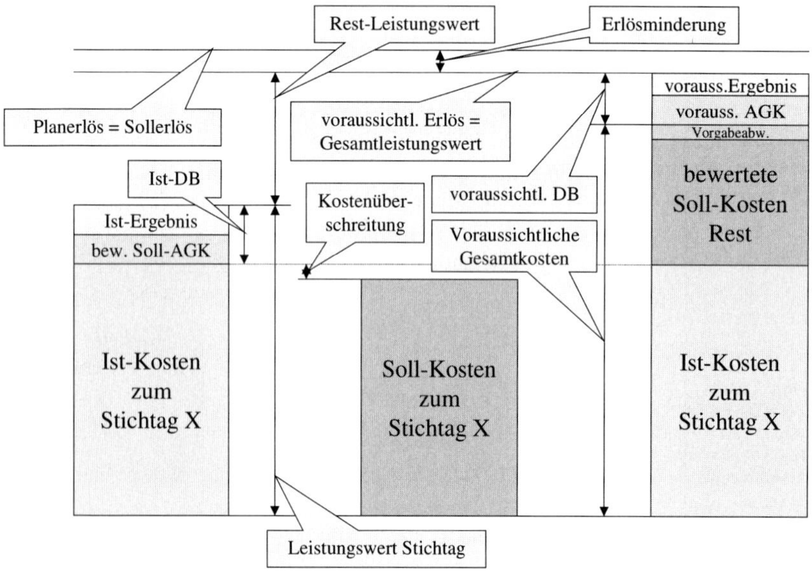

Abbildung 69: Ist-Werte und voraussichtliche Werte

Sind bereits Bauleistungen ausgeführt, so haben sie Ist-Kosten verursacht. In der Prognose auf das Bauende treten für die bereits ausgeführten Leistungen die Ist-Kosten an die Stelle der Soll-Kosten. In der Prognose werden die Soll-Kosten nur noch für die Restbauleistung, erhöht um Rückstellungen für Risiken in dieser Restbauleistung, berücksichtigt. Soweit für die Restbauleistung Abweichungen von den Soll-Kosten sicher vorhersehbar sind, werden diese in Form der Vorgabeabweichungen berücksichtigt.

Die Prognose auf das Ergebnis erfolgt wiederum auf der Basis des voraussichtlichen Erlöses, in den selbstverschuldete Erlösminderungen eingerechnet sind.

8 Strukturierte und sachgerechte Kostenkalkulation

8.1 Struktur über die Leistungsverzeichnisse und Positionen

Die Arbeitskalkulation umfasst alle Leistungsverzeichnisse des Projektes. Sie ist also die Einheit, unter der alle Teilleistungen zu finden sind, gleich wie sie auf einzelne LV's aufgeteilt sind. Die Ordnung der LV's und deren Positionen gibt die Leitstruktur der Teilleistungen und damit auch der Arbeitskalkulation vor. In Abschnitt D, Kap. 3 wurde dieses Ordnungssystem beschrieben.

Hier soll nur nochmals darauf hingewiesen werden, dass nicht alleine das Vertrags-LV, sofern es dieses überhaupt gibt, über die Struktur der Arbeitskalkulation bestimmt, sondern dass die Strukturierung der Teilleistungen für die eigentliche Kostenkalkulation auch mehr oder weniger unabhängig von einem solchen Vertrags-LV sein kann. Man wird zwar die Kosten von Teilleistungen möglichst in den Positionen kalkulieren, die auch den Vertrags-Preis zum Inhalt haben. Andererseits sollte man sich aber immer wieder klar machen, dass dies in der Arbeitskalkulation nicht so sein muss.

Es gibt viele Fälle, in denen es aus der Sicht des Baustellen-Controlling sinnvoll sein kann, die Kalkulation bestimmter Kostenbereiche nach einer freien Teilleistungsbeschreibung durchzuführen, womit dann Erlös und Kosten nicht unbedingt in denselben Elementen stehen. Bei einem LV umgelegter BGK ist dies ohnehin schon so; weil hier Leistungen kalkuliert wurden, die der Ordnung der eigentlichen Bauleistungen gar nicht zuordenbar waren. Bei einem Pauschalvertrag gilt ein Gesamterlös für viele Teilleistungen, deren Kosten zwangsläufig in einer feineren Struktur, d.h. in untergeordneten Elementen kalkuliert werden müssen.

Die Kostenposition (Abschnitt D, Kap. 3.4) eröffnet die Möglichkeit der Kalkulation der Kosten außerhalb der Elemente, die Träger des vertraglich vereinbarten Erlöses sind. Die Eigenschaft der Kostenposition haben automatisch alle Positionen eines LV zur Kalkulation von BGK sowie alle Positionen, die in der LV-Hierarchie unterhalb einer Vertragspauschalen angeordnet sind.

Im Falle eines Einheitspreisvertrages wird man die freie Kostenposition nur in begründeten Fällen einführen, weil sie zusätzliche Bestimmungen von VA- und LE-Mengen sowie von Budgets bedingt. Folgende Fälle im Falle eines Einheitspreisvertrages zwingen allerdings immer zur Einführung von Kostenpositionen:

- die Kalkulation von BGK (siehe oben)
- die Kalkulation von Kostenrisiken, die sich auf positionsübergreifende Kostenbereiche beziehen (Abschnitt D, Kap. 5.1.3.1)
- die Kalkulation eines Arbeitsprozesses, der zu mehreren Vertragspositionen gehört wie z.B. die Herstellung eines Schalwagens oder An- und Abtransport eines Baggers, der verschiedene Aushubpositionen ausführt.

8.2 Ergänzende Strukturierung über Unterpositionen

Eine Position beschreibt eine bestimmte Teilleistung und gibt die Mengeneinheit vor, die für Kosten, Preis und Leistungs- bzw. Abrechnungsmenge gilt. Es kann sein, dass diese Angaben so nicht direkt geeignet sind

- für die Entwicklung einer Kostenkalkulation
- für die Zuordnung zu Bauvorgängen
- für die Vergabe an Nachunternehmer
- für die Vorgaben von Leistungen und Stunden (BAS)
- für eine sorgfältig abgegrenzte Leistungsmeldung

Zu dem letztgenannten Punkt "abgegrenzte Leistungsmeldung" muss im Vorgriff auf Abschnitt G, Kap. 1 festgehalten werden, dass der Bedarf bestehen kann, Leistungsmengen (LE-Mengen) auf Ebene von Unterpositionen zu melden. Gibt es z.B. eine Position für Massivplatten einschl. Schalung, so ist es schwer, den Leistungsstand zum einem Stichtag X in der Mengeneinheit der Position zu beschreiben, wenn ein Teil nur eingeschalt, ein anderer Teil betoniert, aber nicht ausgeschalt ist. Es müsste eine fiktive Menge in der Mengeneinheit der Position geschätzt werden, die den Fertigstellungsgrad aller nicht ganz fertigen Leistungen korrekt berücksichtigt. Um den Fehlern aus Schätzungen zu entgehen, werden in einem solchen Fall die jeweils einzeln feststellbaren LE-Mengen über die Unterpositionen "qm Einschalen", "cbm Betonieren", "qm Ausschalen" gemeldet. In Abschnitt G, Kap. 1 wird dargestellt werden, welche Menge sich dann auf Ebene der Position ergibt, die als Anhaltspunkt für die RE-Menge benötigt wird, welche immer auf Positionsebene anzugeben ist.

Je komplexer der Leistungsinhalt einer einzelnen Position ist, um so mehr besteht der Bedarf, die Gesamtleistung über ein internes Unter-LV in eine für alle Zwecke geeignete Struktur zu bringen. Ein "klassischer" Fall, in dem ein solcher Bedarf besteht, ist die Pauschalposition für das Einrichten der Baustelle.

Eine komplexe Position wird über Unterpositionen strukturiert. Es wird u. U. sogar ein hierarchisches System von Unterpositionen über mehrere Ebenen gewählt. Das System der Unterpositionen beschreibt die Teilleistung der Position. Eine Unterposition hat – wie auch eine Position –

- Text
- Mengeneinheit
- Menge pro ME des übergeordneten Elementes

Eine Unterposition bezieht sich mit Menge und Mengeneinheit auf die Mengeneinheit des unmittelbar übergeordneten Elementes. Die Kalkulationsansätze in der Unterposition beziehen sich auf die Mengeneinheit der Unterposition.

Beispiel für eine einfache Struktur:

Position:	**240,000 cbm**	**B25 für Wände d = 25 cm, einschl. Schalung**
U-Pos. 1:	8,000 qm	Wandschalung
U-Pos. 2:	1,000 cbm	Beton B25

In U-Pos. 1 ist eine Menge von 8,000 qm Schalung pro Mengeneinheit der Position (cbm) berücksichtigt. Die Kalkulationsansätze beziehen sich auf 1,000 qm Schalung.

Beispiel für eine komplexe Struktur:

Position:	**120,000 lfm**	**Stützmauer aus B25,** h = 1,5 m, d = 20 cm, Fundament: 1,5 x 0,5 m, einschl. Schalungen
U-Pos. 1:	**1,000 lfm**	**Fundament**
U-Pos. 11:	**1,000 lfm**	**Fundamentschalung beidseitig**
U-Pos. 111:	1,000 qm	Fundamentschalung längs
U-Pos. 112:	0,125 qm	Stirnschalung
U-Pos. 12:	**0,750 cbm**	**Fundamentbeton B25**
U-Pos. 2:	**1,000 lfm**	**Stützwand**
U-Pos. 21:	**1,000 lfm**	**Wandschalung beidseitig**
U-Pos. 211:	3,000 qm	Wandschalung längs
U-Pos. 212:	0,050 qm	Stirnschalung
U-Pos. 22:	**0,300 cbm**	**Wandbeton B25**

In vorstehendem Beispiel könnte die Leistung an der teilfertigen Stützmauer gemeldet werden

- auf der 1. Ebene der U-Pos. getrennt pro lfm Fundament und Stützwand
- auf der 2. Ebene der U-Pos. getrennt pro lfm. Schalungen und pro cbm Beton
- auf der 3. Ebene der U-Pos. pro qm für die Schalungen

Abschnitt D, Kap. 10.4.3 zeigt Beispiele, in denen die Unterpositionsstruktur genutzt wird, um in Sonderfällen Teile von Teilleistungen für die Vergabe an Nachunternehmer aufzubereiten.

Struktur und Inhalte der Unterpositionen werden auf das Herstellverfahren abgestimmt, das für die Ausführung der Teilleistung tatsächlich ausgewählt ist.

Bei der Wahl der Mengeneinheiten der Unterpositionen wird man sich zum einen am Bedarf der eigentlichen Kostenkalkulation orientieren, d.h. man wird Einheiten wählen, wie man sie für die Kalkulationsansätze benötigt. Zum anderen muss man sich u.U. aber auch nach dem Bedarf einiger spezifischer Schritte im Baustellen-Controlling richten:

- Beschreibt eine Position eine bestimmte Leistungsart des BAS (vergl. Abschnitt B, Kap. 6 und Abschnitt G, Kap. 5.4.1), stimmt aber die Mengeneinheit der Position nicht mit der Mengeneinheit des BAS überein, so wird eine Unterposition in der Mengeneinheit des BAS erforderlich, wenn unter dem BAS nicht nur Stunden, sondern auch Mengen der Teilleistungen ausgewertet werden sollen.
- Wird der BAS auf Unterpositionsebene zugeordnet, und sollen unter dem BAS nicht nur Stunden, sondern auch Mengen der Teilleistungen ausgewertet werden, so müssen U-Pos. und BAS dieselbe Mengeneinheit haben (vergl. auch vorstehenden Punkt).
- Will man eine Teilleistung nicht in der Mengeneinheit der Position an einen NU vergeben, so führt man eine Unterposition in der gewünschten ME ein und berücksichtigt das Mengenverhältnis zur ME der Position über die Menge der U-Pos.
- Handelt es sich bei der Position um eine komplexe Teilleistung, die in der Leistungsmeldung zur Abgrenzung über LE-Mengen der Unterpositionen zwingt, so wählt man Mengeneinheiten, wie sie für die Ermittlung der LE-Mengen gewünscht sind.

Es dürfte selten vorkommen, dass mit der Orientierung am eigentlichen Bedarf der Kostenkalkulation nicht bereits auch die geeigneten ME für das Baustellen-Controlling vorhanden ist. Dennoch muss immer auch an die Zweckmäßigkeit der Mengeneinheit für die Meldung der LE-Mengen gedacht werden. Im obigen Beispiel "Stützmauer" sind die Unterpositionen mit der ME "lfm" nur wegen der vereinfachten Meldung von LE-Mengen getrennt für Fundament und Wand eingeführt, während die U-Pos. mit der ME "qm" und "cbm" für die Belange der Kalkulation gewählt sind.

Über die Struktur der Unterpositionen werden auch Fälle abgedeckt, in denen der Bedarf besteht, in eine Teilleistung einen pauschalen Kostenansatz einzurechnen, der sich auf die Gesamtmenge der Position bezieht. Ein Beispiel hierfür wäre, dass der An- und Abtransport eines Baggers ebenso in die Teilleistung der Aushubarbeiten einkalkuliert werden soll, wie die eigentliche Arbeit des Baggers. Für diesen Fall wird der besondere Typ der pauschalen Unterposition verwendet.

In Unterpositionen des Typs "pauschal" werden Gesamtkosten kalkuliert, die sich auf die VA-Menge der Position beziehen. Die Gesamtkosten dieser Unterposition unter Berücksichtigung deren Menge werden auf die VA-Menge der Position umgelegt, um zum Kostenanteil pro ME der Position zu kommen.

Die positionsinterne Umlage der Pauschalkosten erfolgt auf der Basis der VA-Menge als der realistischen Menge, nicht auf Basis der LV-Menge.

Beispiel für eine pauschale Unterposition:

Position:	**5.000,000 cbm**	**Baugrubenaushub Bodenklasse 5,** ausheben und abfahren
U-Pos. 1, **pauschal**:	2,000 Stk	Baggertransport
U-Pos. 2:	1,000 cbm	Aushub und Abfuhr
U-Pos. 21:	1,000 cbm	Ausheben und laden
U-Pos. 22:	1,000 cbm	Abfuhr

In vorstehendem Beispiel können in U-Pos. 1 die Kostenansätze für einen Transport kalkuliert werden. Über die Menge 2,000 sind dann An- und Abtransport berücksichtigt. Das Ergebnis der U-Pos. 1 für deren Menge 2,000 wird automatisch auf die 5.000,000 cbm der Position umgelegt; die Kalkulationsansätze müssen also nicht unter manueller Berücksichtigung eines Divisors "5.000" gebildet werden, um zum Wert pro Mengeneinheit der Position zu kommen.

Bei dieser Strukturierung kann nur der Antransport des Baggers mit einer LE-Menge von 1,000 gemeldet werden. Aushub und Abfuhr werden in U-Pos. 2 mit einer LE-Menge gemäß Aushubvolumen gemeldet. Nach Fertigstellung der Teilleistung wird der Baggertransport mit der LE-Menge 2,000 gemeldet.

Auch Unterpositionen vom Typ "pauschal" können über Unter-Unterpositionen untergliedert werden. Sie liefern zusammen das Ergebnis pro Mengeneinheit der U-Pos. vom Typ "pauschal".

8.3 Sachgerechte Kostenkalkulation

8.3.1 Überblick

Die Kostenkalkulation in der Arbeitskalkulation muss eine sachgerechte Kalkulation sein. Dies bedeutet:

- Sie muss die Herstellmethoden berücksichtigen, wie sie als wirtschaftlich befunden und zur Ausführung vorgesehen sind.
- Sie muss die wesentlichen Arbeitsprozesse beschreiben, wie sie die ausgewählten Herstellmethoden bedingen (siehe "Unterpositionsstruktur", Kap. 8.2).
- Sie muss die wesentlichen Kostenbereiche in den richtigen Kostenarten abbilden.
- Sie muss den Materialbereich ausreichend differenziert über Artikel oder Kostenarten abbilden.
- Sie muss die wesentlichen Geräte und Ausstattungen nach Art, Menge und Einsatzdauer abbilden.
- Sie muss die Nachunternehmerleistung eines bestimmten Gewerkes über eine spezifische NU-Kostenart berücksichtigen, unter der die zugehörigen NU-Vertragspreise verarbeitet sind.

Die Grundlagen für eine entsprechende Qualität der Arbeit werden über die strukturellen Grundlagen geschaffen, wie sie in Abschnitt B beschrieben sind. Diese Grundlagen verhelfen auch zur erforderlichen rationellen Bearbeitung der Arbeitskalkulation.

Bei den Differenzierungen in der Kostenkalkulation darf allerdings nicht mehr getan werden, als sinnvoll ist. Eine Arbeitskalkulation macht über die Arten des Aufwandes nur bis dahin konkrete Angaben, soweit sie für die Ausführung auch zuverlässig vorhergesagt werden können. Auf "Erfindungen", die sich nachher doch nicht bestätigen, kann und muss verzichtet werden.

So kann man z.B. durchaus von einer bestimmten Schalungsart für eine Decke ausgehen und dafür die Stoff- und Mietkosten pro qm vorgeben; man würde aber sinnlos "erfinden", wollte man die Arten der Einzelelemente oder gar noch die Anzahl von Nägeln vorgeben. Man kann und muss für eine Betonposition zwar eine durchschnittliche Rezeptur des Transportbetons B25 annehmen, man kann aber nicht vorgeben, in welchem Bauteil welches Zusatzmittel in welcher Menge oder welche Sondermischung zu verwenden ist. Man kann und muss für einen Gerätezug mit Mannschaft zum Einbau von Schwarzdecken eine durchschnittliche Leistungsmenge pro Stunde annehmen, es macht aber keinen Sinn, die Einzeltätigkeiten innerhalb dieser Kolonne vorzugeben. Man kann und muss viele wesentliche Baustoffe ganz konkret vorgeben, es wäre aber "Erfindung" und letztlich wertlos, viele Kleinteile und Hilfsstoffe ebenso konkret erfassen zu wollen, wenn deren Einsatz von Einzelentscheidungen des Baustellenpersonals abhängt.

Viele Detaildispositionen können erst auf der Grundlage der unmittelbaren Detailkenntnis vor Ort vorgenommen werden. Es ist überflüssig, hierzu Detailannahmen schon in der Arbeitskalkulation treffen zu wollen. Die Arbeitskalkulation beschränkt sich in diesen Fällen auf grobe Angaben, die später in der Einzeldisposition als Rahmen für Entscheidungen aufgegriffen werden.

Es sollte nicht übersehen werden, dass die Gesamtkonzeption des Baustellen-Controlling davon ausgeht, dass Arbeitskalkulation, Bauablaufplanung und Ressourcenplanung ein Netz von Planungsschritten darstellen, deren Ergebnisse Grundlage für die weiteren Planungsschritte des Baustellen-Controlling "Leistungsvorgabe" und "Detaildisposition" sind (siehe Grafik in Abschnitt D, Kap. 1.1). Die drei erstgenannten Planungsschritte müssen sich auf das Gesamtprojekt erstrecken und mit größerem zeitlichen Vorlauf zur Ausführung durchgeführt werden, damit sie die ihnen zugedachten Aufgaben überhaupt erfüllen können. Die beiden weiteren Planungsschritte sind eine notwendige Ergänzung. Sie erstrecken sich jeweils nur auf unmittelbar bevorstehende Bauphasen und liefern dazu bisher noch fehlende Details. Sie können sinnvoll nur "vor Ort" und nur sehr zeitnah zur Ausführung durchgeführt werden, weil die aktuellsten Kenntnisse aller Randbedingungen einfließen müssen. Damit die Zeitnähe zur Ausführung gewährleistet ist, können sich diese Planungen jeweils auch nur auf kurze Zeiträume erstrecken. Der Arbeitskalkulation dürfen auf keinen Fall Aufgaben zugewiesen werden, die Gegenstand dieser ergänzenden Planungsschritte sind.

Die Arbeitskalkulation ist einer der Planungsschritte im Baustellen-Controlling. Hinsichtlich ihrer Detaillierung liegen die Grenzen dort, wo die ergänzenden Pla-

nungsschritte "Leistungsvorgabe" und "Detaildisposition" zu besser verwertbaren Ergebnissen führen.

Es muss außerdem immer wieder in Erinnerung gebracht werden, dass es in den meisten Schritten des Baustellen-Controlling nicht um extreme, sondern immer nur um ausreichende Genauigkeit geht. Nur unter Beachtung dieses Grundsatzes wird man erreichen, dass der Nutzen des Baustellen-Controlling größer ist als dessen spezifischer Aufwand.

8.3.2 Kostenartengerechte Kalkulation

Es wurde gesagt, dass in der Arbeitskalkulation die Herstellmethoden berücksichtigt werden müssen, wie sie als wirtschaftlich befunden und zur Ausführung vorgesehen sind. Es wurde weiterhin gesagt, dass in komplexeren Teilleistungen auch die wesentlichen Arbeitsprozesse zu den ausgewählten Herstellmethoden in Form von Unterpositionsstrukturen abgebildet werden müssen. Herstellmethode und Unterpositionen geben vor, in welchen Kostenarten zu kalkulieren ist.

In den Kalkulationsansätzen müssen alle wichtigen Kostenkomponenten jeweils möglichst präzise über spezifische Kostenarten angesprochen werden. Die Detaillierung geht allerdings auch nur so weit, wie es der Aufgabenstellung der Arbeitskalkulation zukommt (siehe vorstehendes Kapitel). Nur unter der Voraussetzung, dass die Arbeitskalkulation die wichtigen Kostenkomponenten explizit anspricht, kann sie folgende Aufgaben erfüllen:

- Vorgabe eines Rahmens für die Anfragen und Vergaben des Materialeinkaufs
- Differenzierte Kostenvorgaben für die Ausführung
- Grundlage für eine differenzierte Ressourcenplanung aus der Verbindung von Arbeitskalkulation und Bauablaufplanung
- Präzisierung von Kostenrisiken
- Leistungswertbestimmungen der einzelnen Nachunternehmer
- Grundlage für die Sollkosten des Kosten-Soll-Ist-Vergleiches

Die kostenartengerechte Kalkulation baut auf dem Stamm-Katalog der Kostenarten auf. Dieser Katalog ist in Abschnitt B, Kap. 5.5 ausführlich beschrieben sowie erläutert mit zahlreichen Beispielen aus allen wichtigen Kostenbereichen. Auch, wenn in der Kostenkalkulation mit Artikeln (Abschnitt B, Kap. 7.1), Bausteinen (Abschnitt B, Kap. 8.2) oder Geräten (Abschnitt B, Kap. 7.2) gearbeitet wird, handelt es sich um Elemente, deren Kostenkomponenten bereits mit Kostenarten belegt sind. Wird die Kalkulation von Teilleistungen unter Rückgriff auf fertige Standardkalkulationselemente (Abschnitt B, Kap. 8.3) aufgebaut, so bringen diese Kalkulationen bereits eine fertige Aufbereitung nach Kostenarten mit.

Beispiele für die kostenartengerechte Kalkulation sind in Abschnitt F, Kap. 1 zu finden. Dort sind auch Auswertungen einer Kalkulation auf der Basis differenzierter Kostenarten abgebildet.

8.3.3 Unterstützung der Aufgabe des Materialeinkaufs

Die Aufgaben bei Anfragen und Vergaben des Materialeinkaufs werden wesentlich erleichtert, wenn die Mehrzahl der einzelnen Materialien nicht über Kostenarten, sondern über Artikel kalkuliert werden. Der Katalog der Artikel der Kalkulation (Abschnitt B, Kap. 7.1) kann in Verbindung mit dem Artikelkatalog des Einkaufs stehen, womit ein direkter Informationsaustausch möglich wird.

Jeder Artikel des Artikelkataloges ist einer bestimmten Materialkostenart (meist einer Kostenart, die eine Materialgruppe beschreibt) zugeordnet, so dass die Forderung nach einer kostenartengerechten Kalkulation gemäß dem vorstehenden Kapitel auch bei der Verwendung von Artikeln erfüllt wird.

In den meisten Teilleistungen wird der Materialbereich überwiegend durch einen einzigen Artikel bestimmt, der in der Regel bereits in der Beschreibung der Teilleistung eindeutig definiert ist. Dieser Artikel kann und muss in der Kalkulation als solcher präzise angesprochen werden. Wird so verfahren, liefert die Kalkulation eine Auswertung dieser Artikel mit Mengen und kalkuliertem Einkaufspreis, die der Einkauf als Grundlage für seine Anfragen beim Baustoffhandel verwenden kann. So kann vor allem mit der Hilfe von vorbereiteten Standardkalkulationselementen (Abschnitt B, Kap. 8) schon die Angebotskalkulation/Auftragskalkulation aufgebaut sein, so dass bereits deren Materialauszug die wichtigen Detailinformationen mit den bisher verwendeten Einkaufspreisen liefert. Diese zunächst noch vorläufigen Einkaufspreise werden später im Projekt-Katalog der Artikel durch die verhandelten Lieferpreise ersetzt, womit die Arbeitskalkulation diesbezüglich auf den aktuellen Stand der Sollkosten gebracht ist.

In einigen Teilleistungen kann der maßgebende Baustoff allerdings doch noch nicht in "Bestellgenauigkeit" kalkuliert werden. Ein typisches Beispiel hierfür ist der Baustoff Beton. In der Beschreibung der Teilleistung ist zwar der Baustoff in seiner für das Bauwerk geforderten Eigenschaft präzise angegeben, z.B. als "Beton B25". Dennoch muss in der Kalkulation eine Vereinfachung insofern vorgenommen werden, als dass ein mittlerer Einkaufspreis für den B25 eingesetzt wird stellvertretend für die vielen denkbaren Rezepturen eines B25 in Abhängigkeit von den Randbedingungen des Einbaus in den verschiedenen Bauteilen. Diesen in der Kalkulation verwendeten B25 gibt es eigentlich gar nicht im Sinne einer Bestellung. In der Kalkulation steht nur ein "Platzhalter", der erst beim Abruf des Betons für einen bestimmten Bauteil mit seiner Rezeptur und damit auch mit seinem definitiven Lieferpreis bestimmt wird. Dennoch liefert der Platzhalter in der Kalkulation dem Einkauf die wichtige Information über die benötigte Gesamtmenge des B25. Der Einkauf weiß, dass er mit dem Lieferanten einen Rahmenvertrag mit den Preisen für die verschiedenen Rezepturen des Betons vereinbaren muss, der dann die Grundlage für den Abruf der einzelnen Betonchargen durch die Baustelle ist.

Es wäre nicht sehr sinnvoll, wenn in der Arbeitskalkulation ein Artikel stellvertretend für viele in Frage kommende Artikel verwendet würde, nur um einen bestimmten mittleren Preis über einen Artikel statt über eine Kostenart einzubringen. Die Arbeitskalkulation würde dann in der Auswertung eine Genauigkeit suggerieren, die gar nicht vorhanden ist. Der Einkauf liefe Gefahr, auf falscher Grundlage zu verhandeln. Dies gilt in dem o.g.

Beispiel des Transportbetons, es gilt aber insbesondere in dem Bereich der vielen Hilfsstoffe, die in der Kalkulation gar nicht im Einzelnen bestimmbar sind. Würde man hier für einen nicht in Einzelheiten bestimmbaren Kostenansatz stellvertretend mit einem Artikel kalkulieren, würde die Arbeitskalkulation Informationen in Form der Artikel liefern, die nur bei größter Detailkenntnis richtig interpretierbar wären. Die Auswertung der Artikel darf nicht in die Irre führen. Deshalb sollte in der Kostenkalkulation der Materialien nach folgenden Regeln verfahren werden:

- Über Artikel werden nur diejenigen Materialien in die Kostenkalkulation eingebracht, die bereits hier von der Art her in der Genauigkeit bestimmbar sind, die für eine konkrete Materialbestellung erforderlich ist.
- Alle anderen Materialien werden über Kostenarten in die Kalkulation eingebracht. Soweit es sich um Materialien handelt, die relativ genau bestimmbar sind und mit einem mittleren Einkaufspreis stellvertretend für alle in Frage kommenden Varianten in die Kalkulation eingebracht werden sollen, werden spezifische Kostenarten mit Verrechnungssatz pro Mengeneinheit verwendet. In anderen Fällen werden Kostenarten ohne festen Verrechnungssatz verwendet. Unter Kostenarten ohne Verrechnungssatz werden die spezifischen Kosten individuell im Kalkulationsansatz der Teilleistung eingegeben.

Bei Beachtung der vorstehenden Regeln gibt es zwei Auswertungen der Arbeitskalkulation mit Relevanz für den Einkauf:

- Die Auswertung der Artikel mit Mengen und bisher angenommenen Einkaufspreisen. Die Angaben sind zu jedem einzelnen Artikel eine konkrete Verhandlungsgrundlage für den Einkauf (siehe Abbildung 132)
- Die Auswertung der Kostenarten für Materialien mit Mengeneinheit und Verrechnungssatz. Die Angaben stellen einen Rahmen für die Verhandlungen mit dem Baustoffhandel dar, innerhalb dessen der Einkauf die Vereinbarungen für dazu in Frage kommende Artikel treffen muss (siehe Abbildung 128).

In allen Fällen ist das Ergebnis in Form der verhandelten Einkaufspreise zunächst nur ein Liefervertrag, aber noch keine Bestellung von Materialien. Die Bestellung erfolgt später auf der Grundlage von Materialauszügen zu Ausführungsunterlagen.

Die verhandelten Einkaufspreise werden im Projektkatalog der Artikel eingetragen; sie gehen damit direkt in die Arbeitskalkulation ein. Bei Materialien, die in der Arbeitskalkulation stellvertretend über Kostenarten kalkuliert wurden, wird der verhandelte Einkaufspreis benutzt, um den mittleren Verrechnungssatz der Kostenart zu aktualisieren.

8.3.4 Richtige Geräte und Ausstattungen

Wenn es in Kostenansätzen um Geräte oder Ausstattungen geht, so müssen auch derartige Komponenten der Kostenkalkulation möglichst präzise erkennbar sein. Für Geräte der Baugeräteliste gilt diese Aussage grundsätzlich. Bei Ausstattungen (Schalungen, Rüstungen, Verbaumaterialien, Container-Ausstattungen etc.) wird man sich oft auf die Angabe von Ausstattungstypen beschränken und nur in Ausnahmefällen einzelne Elemente präzise angeben.

Auch in diesem Kostenbereich wird nach dem Grundsatz verfahren, Kostenkomponenten präzise anzugeben, soweit deren Einsatz sicher ist, und in anderen Bereichen nur einen Kostenrahmen abzustecken, innerhalb dessen die Baustelle kurzfristig und eigenständig disponieren kann.

Die Geräte werden gemäß Abschnitt B, Kap. 7.2.1 entweder über die Gerätebausteine (Abschnitt B, Kap. 7.2.3) direkt in die Kalkulation eingebracht oder zunächst in der Geräteliste zusammengestellt und dann gesammelt in der Kostenkalkulation weiterverarbeitet. Die Geräteliste gibt immer den Gesamtüberblick über sämtliche Geräte, gleich in welcher Art die Kosten in der Kalkulation weiterverarbeitet wurden (vergl. Abbildung 133).

8.3.5 Individuelle Kostenarten pro Gewerk/Nachunternehmer

Bereits in Abschnitt B, Kap. 5.5.7 wurde dargelegt, wie wichtig die Strukturierung des Leistungsbereiches der NU über Kostenarten ist. Dort sind ausführliche Beispiele für Strukturierungen im Stamm-Katalog zu finden. Die Strukturierung der Gewerkekostenarten muss bis in Einzelheiten mit den Kostenarten der Bebu abgestimmt sein.

Im Projekt kommen demgegenüber nur dann noch Erweiterungen in Frage, wenn ein Gewerk weiter unterteilt wird, z.B. über Untergewerke oder im Falle der Aufteilung eines Gewerkes nach Bauteilen auf mehrere Nachunternehmer. Wie dann mit der Struktur der Kostenarten im Projekt verfahren wird, wurde in Abschnitt B, Kap. 5.5.7 beschrieben.

Die Preise eines NU stehen in der Arbeitskalkulation unter der Kostenart des Gewerkes bzw. des NU. Es ist eine Kostenart, die einheitlich für sämtliche Teilleistungen gilt, die dem NU-Gewerk zugerechnet sind. Es ist also eine Kostenart ohne festen Verrechnungssatz; der Verrechnungssatz ist ein individueller Ansatz pro Teilleistung. Es ist der Vertragspreis des NU für die Teilleistung abzgl. evtl. Nachlässe.

Abgesehen von individuellen Ergänzungen im Projekt kann die Struktur der Vergabeeinheiten (Abschnitt D, Kap. 10) mit bereits zugeordneten Gewerkekostenarten über einen Stamm-Katalog der Gewerke/Vergabeeinheiten (Abschnitt B, Kap. 7.3) vorbereitet sein.

9 Leistungswert

9.1 Bedeutung der Größe "Leistungswert"

Der Leistungswert des Projektes zu einem Stichtag X ist eine der ausschlaggebenden Größen im Baustellen-Controlling und im Unternehmens-Controlling. Im Baustellen-Controlling - bedingt auch im Unternehmens-Controlling – sind weiterhin die Leistungswerte einzelner Teilleistungsbereiche von Interesse.

Der Leistungswert des Projektes zu einem Stichtag X geht außerdem ein in Bilanz bzw. Gewinn- und Verlustrechnung des Unternehmens zum betreffenden Stichtag:

- unter "Forderungen aus Lieferungen und Leistungen" in den Aktiva der Bilanz
- unter "Umsatzerlöse" in der Gewinn- und Verlustrechnung

Weiterhin geht die Differenz aus dem Gesamtauftragswert des Projektes und dem Leistungswert zum Stichtag X in den "Auftragsbestand" des Unternehmens ein.

An jeder Stelle, wo der "Leistungswert" verwendet wird, ist er neben den "Kosten" die zweite ausschlaggebende Größe zur Messung des Erfolges:

Ergebnis = Leistungswert – Kosten

Der Leistungswert ist der korrekt bewertete Anteil am Gesamt-Umsatz des Projektes.

Leistungswert = bewerteter Erlös = Umsatz

Ist das Projekt vollkommen fertiggestellt, gilt:

Gesamt-Projekterlös = Gesamt-Projektumsatz = Gesamt-Projektleistungswert

9.2 Bestimmung des Projektleistungswertes

Die Bestimmung des Gesamt-Projekterlöses nach Abschluss der Bauarbeiten ist die Aufgabenstellung der Schlussrechnung. Abgesehen davon, dass diese Bestimmung mit Arbeit verbunden ist und der Wert erst mit Genehmigung durch den AG in endgültiger Höhe feststeht, besteht kein ernsthaftes Problem, den

Gesamt-Projektumsatz = Gesamt-Projektleistungswert

richtig zu bestimmen. Es kommt dann nur noch darauf an, zusätzlich die Rückstellungen für Gewährleistungsarbeiten abzuschätzen, die in die Passiva der Bilanz eingehen.

Sowohl im Baustellen-Controlling als auch im Unternehmens-Controlling muss der Gesamt-Projektleistungswert auch im Voraus zuverlässig abgeschätzt werden. Je nach Art des Vertrages macht dies mehr oder weniger Mühe:

- Einheitspreisvertrag:

  Gesamt-Projekterlös = Gesamt-Leistungswert = Gesamt-Projektumsatz =
  = Summe [(VA-Mengen der Teilleistungen) x EP] – Nachlässe

- Pauschalvertrag:

  Gesamt-Projekterlös = Gesamt-Leistungswert = Gesamt-Projektumsatz =
  = Pauschalerlös

Bei diesen Bestimmungen geht man vom aktuellen Wissenstand über das Projekt aus. Je nach Veränderung der Randbedingungen und der im Laufe der Bauzeit gewonnenen Erkenntnisse können sich diese im Voraus bestimmten Werte ändern. Unter Berücksichtigung möglicher Erlösabzüge aus Qualitätsmängeln oder Vertragsstrafe gibt es folgende im Voraus bestimmte Erlöse (vergl. Abschnitt D, Kap. 5.2.1):

- Soll-Gesamt-Projekterlös (ohne selbst verschuldete Erlösminderung)

- voraussichtlicher Gesamt-Projekterlös (incl. selbst verschuldeter Erlösminderung)

Der Erlös noch nicht genehmigter Nachträge ist dabei vorsichtig bewertet (siehe Abschnitt D, Kap. 5.2.2).

Abgesehen von der Erfolgsbeurteilung des Baustellenpersonals, für die der "Sollerlös" maßgebend ist, stellt der "voraussichtliche Erlös" die maßgebende Größe dar.

Dieser "voraussichtliche Erlös" ist auch eine der maßgebenden Größen zur Bestimmung des Leistungswertes einzelner Teilleistungen oder teilfertiger Leistungen. Dies war bereits den tabellarischen Übersichten in Abschnitt D, Kap. 7.4 zu entnehmen.

9.3 Der Leistungswert von Teilleistungen bzw. teilfertiger Leistungen

9.3.1 Die falsche Art der Bestimmung des Leistungswertes

Der Gesamt-Projektleistungswert wurde wie folgt bestimmt:

Gesamt-Projektleistungswert = Gesamt-Projekterlös

Dies galt sowohl für die Berechnungen in der Vorausschau als auch für die endgültige Feststellung nach Abschluss der Bauarbeiten.

Nun könnte man evtl. allgemein folgern:

Leistungswert der Teilleistung = Erlös aus der Teilleistung (???)

Hier muss sofort festgehalten werden, dass vorstehende Formel allgemeingültig nicht verwendbar ist. Sie führt - abgesehen von ganz bestimmten Verhältnissen - zu falschen Leistungswerten von Teilleistungen und damit zu falschen Leistungswerten teilfertiger Projekte. Die Formel ist selbst dann falsch, wenn nicht der Erlös laut Abschlagsrechnung, sondern der Erlös laut intern festgestellter LE-Mengen der Teilleistungen (siehe Abschnitt D, Kap. 3.5) verwendet wird.

Warum kann die Formel nicht allgemeingültig verwendet werden? Warum führt sie in vielen Fällen zu einem falschen Leistungswert?

Am einfachsten ist dies an Hand von einigen Beispielen zu erklären:

Beispiel 1: In der Angebotsphase wurde der Preis der Pauschalposition für die Baustelleneinrichtung von EUR 100.000,- auf EUR 130.000,- "künstlich" erhöht zu Lasten der Preise einiger anderer Positionen, weil man den Finanzfluss in der frühen Projektphase günstiger gestalten wollte.

Wie hoch ist nun der anteilige Leistungswert der Pauschalposition im Projektstatus, zu dem die BE vollständig eingerichtet, der größte Teil der Teilleistungen mit "künstlich" reduzierten Preisen aber noch nicht in Angriff genommen ist? Er ist auf keinen Fall EUR 130.000,-, da ja EUR 30.000,- vom Erlös eigentlich anderen Positionen zuzurechnen sind. Zumindest wäre die BE-Position intern nur mit ca. 75 % bezogen auf den Erlös zu werten.

Dies könnte man ja tun. Wie bestimme ich aber diesen Bewertungsfaktor, wenn der "normale" Erlös nicht bekannt ist?

Beispiel 2: In der Angebotsphase wurden Teile der Kosten von Positionen mit voraussichtlichen Mindermengen in Positionen mit voraussichtlichen Mehrmengen "verschoben", um über die damit veränderten Preise Vorteile in der Angebotssumme bzw. in der späteren Abrechnung zu erzielen. Die Positionen mit voraussichtlichen Mindermengen haben im Vergleich zu effektiv benötigten Kosten einen unterdurchschnittlichen und Positionen mit voraussichtlichen Mehrmengen einen überdurchschnittlichen Preis.

Kann der Leistungswert der ausgeführten Teilleistungen mit manipuliertem EP gleich dem Erlös sein? Nein, denn frühere Manipulation kann nicht die Grundlage für einen "fairen" Leistungswert sein. Gibt es im Extremfall eines EP annähernd an Null gar keinen Leistungswert? Doch, es gibt einen Leistungswert!

Beispiel 3: Für ein größeres Bauvorhaben wurde eine Arbeitsvorbereitung (AV) in Höhe von EUR 30.000,- in die umgelegten BGK eingerechnet. Zum ersten Bewertungsstichtag wurde diese AV bereits weitgehend ausgeführt, aber nahezu noch keine Teilleistungen, auf welche die kalkulierten BGK umgelegt wurden.

Ist der Leistungswert der AV nun 0,00, weil es für diese BGK-Position direkt keinen Erlös gibt? Wohl kaum! Soll man zusätzliche fiktive Mengen von Vertragspositionen erfinden, damit ein dem Leistungswert adäquater Erlös herauskommt? Welcher Aufwand! Und wie komme ich schnell zu den Mengen die zu einem zusätzlichen Erlös von EUR 30.000,- führen?

Beispiel 4: Bei den Erdarbeiten waren Zuschläge zu den Aushubpositionen für leichten und schweren Fels anzubieten. Weil in den Zuschlagspositionen nur Einheitspreise anzubieten waren, wurden überhöhte Preise eingesetzt. Es trat nun tatsächlich Fels auf, so dass die Zuschlagspositionen mit erheblichen Mengen zur Anwendung kamen.

Ist der Leistungswert der Erdarbeiten nun besonders hoch, weil der Erlös überproportional gut ist? Eigentlich müsste dieser spekulative Einfluss doch bezogen auf das Gesamtprojekt, d.h. in allen Teilleistungen gewertet werden.

Beispiel 5: In einer Position der Betonarbeiten wurde vergessen, den Materialwert des Betons einzurechnen. Entsprechend niedrig ist der vertragliche EP.

Ist der Leistungswert dieser Position nun besonders niedrig, während die Leistungswerte aller anderen Positionen "normal" sind? Eigentlich müsste dieser Fehler doch bezogen auf das Gesamtprojekt, d.h. in allen Teilleistungen gewertet werden.

Beispiel 6: Für mehrere Teilleistungen der Betonarbeiten sind Schalungselemente vorzubereiten. In der Angebotskalkulation wurden die entsprechenden Kosten in Form der Schalungskosten pro qm geschalter Fläche berücksichtigt. In der Arbeitskalkulation wird für die Herstellung der Elemente eine gesonderte interne Kostenposition (siehe Abschnitt D, Kap. 3.4) eingeführt, während entsprechende Kostenanteile aus den Vertragspositionen entfernt werden. Zum Stichtag sind die Schalungselemente hergestellt, aber nur wenige Flächen damit geschalt.

Stellt die Herstellung der Elemente nun keinen Leistungswert dar, weil die interne Kostenposition keinen Preis hat? Mit Sicherheit besteht ein Leistungswert! Soll nun eine fiktive Menge der Vertragspositionen angesetzt werden, über die der Leistungswert der Schalungsvorbereitung indirekt berücksichtigt wird? Wie sollen diese fiktiven Leistungsmengen berechnet werden?

Beispiel 7: Es besteht ein Pauschalvertrag. Zum Stichtag ist ein Leistungswert festzustellen.

Was ist nun der Leistungswert, wenn es nur einen Pauschalerlös für das Gesamtprojekt gibt? Es muss ein Maßstab gefunden werden, über den der richtige Anteil am Gesamterlös gefunden wird; Einheitspreise gibt es aber nicht.

In allen sieben Beispielen liegen Fälle vor, in denen entweder der Preis der Vertragspositionen ein falscher Maßstab für den richtigen Leistungswert wäre oder der nicht existierende Vertragspreis eine Bewertung per Erlös gar nicht zulässt. "Künstliche" LE-Mengen zu Vertragspositionen, über welche die Leistung indirekt richtig bewertet werden soll, sind nur mit großer Mühe zu ermitteln und geben zudem einen falschen Eindruck vom tatsächlichen Stand der Baustelle. Es würden falsche Sollkosten für den Kosten-Soll-Ist-vergleich ermittelt.

Welche Teilleistungen direkt in Vertragspositionen kalkuliert sind und welche nicht, welcher Vertragspreis aus irgendwelchen Gründen in welcher Höhe zu Stande kam und welchen Teilleistungen direkt gar kein Vertragspreis zuordenbar ist, hängt von den "Zufällen" der Art der Ausschreibung, den Einflüssen auf die Preisbildung und den für die Arbeitskalkulation gewählten Strukturierungen ab. Mit Blick von der Kostenkalkulation der Arbeitskalkulation auf die Vertragspositionen mit ihren Preisen könnte man salopp formulieren:

Was kann die arme Position eigentlich für ihren Preis oder einen fehlenden Preis?

Die Antwort ist u.U: gar nichts!

Folglich kann es auch nicht richtig sein, den Leistungswert von Teilleistungen mit dem Erlös gleichzusetzen.

Nur unter ganz bestimmten Randbedingungen sind Leistungswert und Erlös tatsächlich identisch:

- Sämtliche Kosten wurden direkt innerhalb von Vertragspositionen kalkuliert, und das Verhältnis zwischen Kosten (lt. Arbeitskalkulation) und Vertragspreis ist in allen Positionen identisch.
- Das Projekt ist fertiggestellt, womit der volle Leistungswert erreicht ist, der dem Gesamt-Projekterlös entspricht.

9.3.2 Die richtige Art der Bestimmung des Leistungswertes

Wenn man sich von den "Zufälligkeiten" lösen will, die zur Darstellung der Kosten und der Zuordnung der Erlöse geführt haben, gibt es nur eine Möglichkeit zur korrekten Bestimmung des Leistungswertes einzelner Teilleistungen und damit des Leistungswertes teilfertiger Leistungen:

Der Gesamt-Projekterlös, der ja der Gesamt-Projektleistungswert ist, muss ins Verhältnis zu den Gesamt-Projektkosten gesetzt werden. Der sich daraus ergebende Faktor ist der Multiplikator zur Berechnung des Leistungswertes aus den Kosten.

$$\textbf{Leistungswert Teilleistung} = (\textbf{Kosten Teilleistung}) \times \frac{\textbf{Gesamt-Projekterlös}}{\textbf{Gesamt-Projektkosten}}$$

Diese Methode simuliert einen Vertragszustand, in dem es für sämtliche einzelnen Teilleistungen, die in der Arbeitskalkulation als einzelne Positionen abgebildet sind, einen fiktiven Erlös gibt, der per einheitlichem Zuschlag auf die Kosten lt. Arbeitskalkulation ermittelt ist. Ein solcher fiktiver EP ist der Leistungswert der Teilleistung pro Mengeneinheit.

Bei Einsatz der EDV stellt diese Art der internen Berechnung keinerlei Zusatzaufwand dar. Die internen Abläufe der Software liefern den Leistungswert sozusagen als Abfallprodukt.

Zum Leistungswert gemäß oben stehender Formel kommt man auch über die Verwendung des Deckungsbeitrages:

$$\text{Gesamt-Projekt-DB} = (\text{Gesamt-Projekterlös}) - (\text{Gesamt-Projektkosten})$$

Dabei sind Kosten eigener Betriebe (siehe Abschnitt D, Kap. 6) sowohl vom Erlös als auch von den Kosten abgezogen.

Der Projekt-Deckungsbeitrag lässt sich als Prozentsatz bezogen auf die Kosten ausdrücken:

$$\textbf{(Projekt-DB in \%)} = \textbf{100} \times \textbf{(Gesamt-Projekt-DB)/(Gesamt-Projektkosten)}$$

Von den Kosten einer Teilleistung kommt man dann wie folgt zum Leistungswert:

$$\textbf{Leistungswert} = \textbf{(Kosten)} \times \textbf{(100 \% + Projekt-DB in \%)}$$

Der Wert (100 % + Projekt-DB in %) entspricht dem eingangs genannten Verhältnis von Gesamt-Projekterlös zu den Gesamt-Projektkosten.

Jede Teilleistung, welche mit Kosten belegt ist, hat also einen Leistungswert, und zwar unabhängig davon, ob die Position einen Vertragspreis hat oder nicht. Jede Teilleistung wird im Vergleich zu anderen Teilleistungen nach einem einheitlichen Maßstab, nämlich dem Maßstab der Kosten, gewichtet und gewertet.

Nun wurde aber bereits früher festgestellt, dass es verschiedene Grundlagen der Kostenberechnung gibt, nämlich

- Budget
- Sollkosten
- bewertete Sollkosten

sowie zwei verschiedenen Werte zum Gesamt-Projekterlös

- Soll-Erlös und
- voraussichtlicher Erlös

Die unterschiedlichen Grundlagen führen zu jeweils spezifischen Werten des "Projekt-DB in %". Angewendet auf die jeweiligen Kosten ergeben sich unterschiedliche Leistungswerte für Teilleistungen. Dies war bereits den Formeln gemäß Abbildung 64 zu entnehmen.

Die unterschiedlichen Bewertungsgrundlagen und ihre Ergebnisse sind im Baustellen-Controlling durchaus von Interesse. Für den Leistungswert und dessen Weiterverarbeitung im kaufmännischen Bereich kann es aber nur eine ausschlaggebende Berechnungsgrundlage geben, welche als solche festzulegen ist. Welcher Erlös, welche Kosten sind Grundlagen der Berechnung des gültigen Leistungswertes?

Die Antwort zum Erlös ist leicht zu finden. Wenn das Projekt abgeschlossen ist, ist der Gesamt-Projekterlös identisch mit dem Gesamt-Leistungswert. Dieses Ergebnis muss sich auch über vorstehende Formel zum Leistungswert ergeben. Der maßgebende Erlös kann also nur der "voraussichtliche Erlös" sein, d.h. der effektive Erlös unter Einbeziehung verschuldeter Erlösminderungen.

Die Antwort zu den Kosten ergibt sich daraus, dass nur eine objektive und sorgfältigste Einschätzung der Kosten zur richtigen Bewertung der Teilleistungen führen kann. Dieser Maßstab sind die "bewerteten Sollkosten", d.h. der Sollkosten unter Ergänzung abgeschätzter Kostenrisiken. Die Sollkosten sind Kostenannahmen nach möglichst objektiven Maßstäben. Die Abschätzungen zu Kostenrisiken stellen eine sorgfältige Bewertung von Unsicherheiten auf Grund nicht auszuschließender Eventualitäten dar. Die "bewerteten Sollkosten" sind die zuverlässigste Kosteneinschätzung des Projektes und der fairste Maßstab der Bewertung der Teilleistungen untereinander und im Vergleich zu den Gesamtkosten.

Daraus folgt, dass im Baustellen-Controlling und für den kaufmännischen Bereich folgende Leistungswerte maßgebend sind:

In der Vorausschau auf das Gesamtprojekt:

voraussichtlicher Gesamt-Leistungswert = voraussichtlicher Gesamterlös

und zum Leistungsstichtag (mit Bezug auf Abbildung 64 und Abbildung 65):

Leistungswert zum Stichtag =
= bewerteter Soll-Leistungswert = Ist-Leistungswert =
= (bewertete Sollkosten) x (100 % + bew. Soll-DB in %)

Der bewertete Soll-DB in % bestimmt sich wie folgt:

bew. Soll-DB = (vorauss. Gesamt-Projekt-Erlös) – (bew. Gesamt-Projekt-Sollkosten)

bew. Soll-DB in % = 100 x (bew. Soll-DB)/(bew. Gesamt-Projekt-Sollkosten)

Bei Unternehmen, in denen ein eigenständig bilanzierender Betrieb im Projekt wie ein Nachunternehmer auftreten kann (Abschnitt D, Kap. 6), sind in vorstehender Formel für *Leistungswert* und *bewerteter Soll-DB in %* grundsätzlich die Kosten lt. Preisen des eigenen Betriebes auszuklammern.

Wenn der Leistungswert eines Nachunternehmers im Projekt gefragt ist, so ist obige Formel natürlich nicht anzuwenden. Für den Leistungswert des NU gilt:

Leistungswert NU = Kosten NU für LE-Mengen
= Summe (LE-Mengen x NU-Preise abzgl. Nachlass)

Aus der Verwendung der *bewerteten Sollkosten* folgt, dass Rückstellungen für Risiken, die über Kostenansätze in die Arbeitskalkulation einzubringen sind (siehe Abschnitt D, 5.1.3), einen Teil des Gesamt-Projektleistungswertes an sich ziehen. Durch Rückstellungen wird also der Leistungswert der anderen Positionen gemindert. Dies geschieht per obigen Formeln indirekt, weil der DB in % niedriger wird, wenn die bewerteten Sollkosten steigen. Mit den Rückstellungen wird ein entsprechender Anteil des Gesamtleistungswertes sozusagen in Reserve gehalten. Mit der Auflösung von Rückstellungen steigt der DB in % und damit der Leistungswert erbrachter Leistungen.

Der kaufmännische Bereich muss mit der Übergabe von "Leistungswerten" unbedingt erfahren, welche Art Rückstellungen in welcher Höhe auf das Projektende vorgenommen wurden. Der kaufmännische Bereich muss außerdem unbedingt wissen, dass solche Rückstellungen bereits anteilig in dem gemeldeten Leistungswert berücksichtigt sind!

Aus der Verwendung des *voraussichtlichen Erlöses* bei der Berechnung des DB in % folgt, dass verschuldete Erlösminderungen den Leistungswert aller Teilleistungen mindern. Positionen für die Erlösminderungen (z.B. für die Vertragsstrafe) haben selbst aber keinen Leistungswert, weil sie mit keinen Kosten belegt. Selbst wenn die Vertragsstrafe nicht über eine Zusatzposition mit dem AG abgerechnet wird, muss sie in der Form einer internen Position in das Baustellen-Controlling eingebracht werden (siehe Abschnitt D, Kap. 5.2.1).

9.4 Einfluss der Aktualisierung der Arbeitskalkulation

Mit den Aktualisierungen der Arbeitskalkulation ergeben sich neue Werte zu Erlös, Sollkosten und Rückstellungen. Da diese Änderungen auf jeden Fall auch den bewerteten Soll-DB in % verändern, werden sämtliche Leistungswerte geändert, gleich ob es um Werte zur Vergangenheit oder um Werte zur Zukunft geht.

Natürlich darf dies nicht die Leistungswerte zu Stichtagen berühren, die bereits an den kaufmännischen Bereich gemeldet wurden, da dort andernfalls Bilanzen rückwirkend geändert werden müssten. Änderungen des Leistungswertes zu Leistungen der Vergangenheit werden dem aktuellen Zeitraum und damit dem zum nächsten Stichtag zu meldenden Leistungswert zugeschlagen.

Da der "Leistungswert" von so großer Bedeutung ist, sei das Verfahren an einem Beispiel gezeigt:

A. Planungsstadium zum Stichtag X:

bewerteter Soll-DB in %:	10,00 %
bewertete Sollkosten zum Stichtag:	400.000,00
Leistungswert zum Stichtag:	440.000,00

B. Planungsstadium zum Stichtag X + 1:

bewerteter Soll-DB in % (geändert):	11,00 %
bewertete Sollkosten zum Stichtag :	500.000,00
Leistungswert zum Stichtag:	555.000,00
Zuwachs Leistungswert im Zeitraum:	115.000,00

Von diesem Leistungszuwachs entfallen eigentlich 4.000,00 auf den Zeitraum bis Stichtag X, nämlich 400.000 x (11 % - 10 %). Da Aktualisierungen der Planungen aber keinen Einfluss auf früher gemeldete und schon verarbeitete Werte haben dürfen, wird dieser Wert dem aktuellen Zeitraum zugeschlagen.

9.5 Beispiele zum Leistungswert für verschiedene Arten von Positionen

Je nach Art einer Position und den darin enthaltenen Werten für Kosten und Erlös bestehen sehr unterschiedliche Situationen im Vergleich zwischen Erlös und Leistungswert, wie die folgende Tabelle beispielhaft zeigt:

Voraussichtlicher Gesamt-Projekt-Erlös:	2.200.000,00
bewertete Gesamt-Sollkosten:	2.000.000,00
bewerteter Projekt-Soll-DB:	200.000,00
bewerteter Soll-DB in %:	**10,00%**

	= Sollkosten	Risiken	= **bew. Sollkosten**	Erlös	**Leistungswert**	Abweichung
	EKT	KOR	EKT + KOR	EP		Erlös - LW
Art Position	pro ME	pro ME	pro ME	pro ME	pro ME	pro ME
Vertragsposition	80,00		**80,00**	120,00	**88,00**	32,00
Vertragsposition	50,00	5,00	**55,00**	65,00	**60,50**	4,50
Vertragsposition	100,00		**100,00**	80,00	**110,00**	-30,00
BGK-Position	5.000,00	400,00	**5.400,00**		**5.940,00**	-5.940,00
Kostenposition	30,00		**30,00**		**33,00**	-33,00
Rückstellung		1.000,00	**1.000,00**		**1.100,00**	-1.100,00
Erlösminderung			**0,00**	-1.000,00	**0,00**	-1.000,00

Es wird auch hier nochmals deutlich:

- Eine Vertragsposition kann einen Leistungswert haben, der höher oder niedriger als der Erlös ist.
- Eine BGK-Position hat einen Leistungswert, obwohl sie keinen Erlös hat.
- Eine Kostenposition hat einen Leistungswert, obwohl sie keinen Erlös hat.
- Eine Rückstellung hat einen Leistungswert, obwohl sie keinen Erlös hat.
- Eine Position für eine verschuldete Erlösminderung hat keinen Leistungswert, weil sie keine Kosten hat.

10 Vergabeeinheiten und Beziehungen zwischen Projekt-LV und NU-LV

10.1 Projektordnung über die Vergabeeinheiten (VE)

Eine Vergabeeinheit (VE) ist ein Unterbereich des Projektes, in dem alle Leistungen zusammengefasst sind, die einem bestimmten Gewerk zuzurechnen sind. Die Vergabeeinheit ist ein freies Ordnungskriterium im Projekt zur Ordnung der Leistungen nach Gewerken. Ein Leistungsverzeichnis unter einer VE steht über seine Elemente in fester Beziehung zu Elementen des Projekt-LV/der Arbeitskalkulation. Diese Beziehungen sind so gestaltet, dass jedes Element eines VE-LV (NU-LV) direkt oder indirekt mit einem Element des Projekt-LV/der Arbeitskalkulation verknüpft ist. Ein LV der VE ist ein abhängiges LV.

Die Vergabeeinheit wird vorrangig benutzt, um diejenigen Leistungen zusammenzufassen, die einer einzelnen Vergabe an einen Nachunternehmer zugeführt werden sollen.

Werden im Projekt-LV/in der Arbeitskalkulation vorhandene Elemente einer Vergabeeinheit zugeordnet, so sind Budgets und Auftragssummen auch in der Ordnung der VE auswertbar. Eine solche Auswertung auf Ebene einer VE zeigt Abbildung 70.

Vergabeeinheit	
Nr. Bezeichnung	
2102 Erdarbeiten	
	Euro
Budget	176.291,35
Auftragssumme Erstvertrag	166.632,86
Genehmigte Nachträge	2.667,22
Auftragssumme aktuell	169.300,08
Budgetreserve	6.991,27
Angebotssumme offene Nachträge	1.837,43
Bewertete Summe offene Nachträge	1.507,81
Voraussichtliche Budgetreserve	5.483,46

Abbildung 70: Summeninformation zu einer Vergabeeinheit

Im erweiterten Sinn kann das gesamte Projekt, d.h. auch einschließlich der Leistungen, die nicht an einen NU vergeben werden, über Zuordnungen zu Vergabeeinheiten in dieser Ordnung auswertbar gemacht werden. Letzteres ist sinnvoll bei einem Projekt des Schlüsselfertigbaus, bei dem ein sehr hoher Anteil der Gesamtleistung an NU vergeben wird. Für die Eigenleistungen werden dann spezielle VE definiert, die allerdings keiner Vergabe zugeführt werden. Wird so verfahren, so kann das gesamte Projekt auch in den Übersichten in der Ordnung nach VE ausgewertet werden und nicht nur der NU-Bereich.

Bei einer großen Zahl von Vergabeeinheiten im Projekt ist ein hierarchisches System zweckmäßig, dessen obere Ebenen z.B. wie folgt aussehen können:

1 Eigenleistungen
- 11 Planungsleistungen
- 12 Bauleitung/Projektleitung
- 13 Eigene Bauleistungen

2 Fremdleistungen
- 20 Gewerke des Rohbaus
- 21 Gewerke des Ausbaus
- 22 Gewerke der Haustechnik
- 23 Technische Betriebseinrichtungen
- 24 Ausstattungen
- 25 Planungsleistungen

Unter diesen Gruppen-Vergabeeinheiten gibt es direkt keine Teilleistungen und somit auch keine Vergaben. Die Gruppen dienen ausschließlich der automatischen Bildung von Zwischensummen aller darunter angeordneten VE.

Demgegenüber zeigt Abbildung 71 eine "flache" Struktur bei einem Rohbau. Es sind hier nur für die Gewerke Vergabeeinheiten eingeführt, die an NU vergeben werden sollen. Der Rest des Projektes hat keine Zuordnung zu Vergabeeinheiten. Vier der insgesamt fünf Vergabeeinheiten sind bereits beauftragt, während sich die VE "2151 – Kernbohrarbeiten" noch im Status zur Vorbereitung der Vergabe befindet.

Abbildung 71: Vergabeeinheiten innerhalb eines Rohbauprojektes

Es ist sinnvoll, in allen Projekten eine einheitliche Struktur der Vergabeeinheiten zu verwenden. Grundlage einer solchen einheitlichen Strukturierung ist eine in den Stammdaten hinterlegte Gewerkestruktur in Form eines Kataloges der Gewerke. Im Projekt entstehen daraus Vergabeeinheiten. Hierzu wird auf Abschnitt B, Kap. 7.3 verwiesen.

Soll ein bestimmtes Gewerk auf zwei oder mehr NU mit getrennten Verträgen aufgeteilt werden, weil das Gesamtvolumen für einen NU alleine zu groß ist, so wird für jeden NU eine eigenen VE definiert. Ist z.B. die VE "2102 – Erdarbeiten" allgemeingültig definiert und soll der Auftrag im Projekt auf die NU "Meier" und "Schmidt" aufgeteilt werden, so wird die Standardstruktur im Projekt wie folgt nach unten erweitert:

2102 Erdarbeiten

21021 Erdarbeiten Meier

21022 Erdarbeiten Schmidt

Jeder dieser NU wird dann in der Arbeitskalkulation unter einer spezifischen Kostenart berücksichtigt (vergl. Abschnitt B, Kap. 5.5.7 und Abschnitt D, Kap. 8.3.5). Jedem NU wird pro Teilleistung eine Teilmenge gemäß seinem Bauabschnitt (Los) zugewiesen.

Im Falle der Ausschreibung der Leistungen werden unter der Vergabeeinheit neben dem abhängigen Ausschreibungs-LV folgende Informationen verwaltet:

- die angefragten Bieter
- die Angebote der Bieter
- der Preisspiegel
- die Verhandlungsergebnisse im Zuge der Vorbereitung zur Vergabe

Im Falle der Vergabe werden unter der VE verwaltet:

- der beauftragte NU
- das abhängige Vergabe-LV
- die sonstigen Vertragsbedingungen mit dem NU
- allgemeine Vergabeinformationen
- die Kostenart, unter der die NU-Preise als Kosten in der Arbeitskalkulation verwaltet werden.
- Bürgschaften
- die Nachträge des NU
- die Abrechnungen mit dem NU
- das Mängelmanagement

10.2 Abhängigkeit des VE-LV vom Projekt-LV

Die Leistungen des Gesamtprojektes werden zunächst immer unabhängig von den VE über die Projekt-LV's beschrieben (siehe Abschnitt D, Kap. 3). Auf dieser Gesamtgrundlage wird auch die Arbeitskalkulation erstellt, die sämtliche LV's des Projektes umfasst. Einzelne Teilleistungen dieser Gesamtgrundlage werden anschließend "ihrer" VE zugeordnet, worüber unter der VE ein Ausschreibungs-LV für einen Teilbereich des Projektes entsteht. Die Positionen dieses Ausschreibungs-LV's sind aber nicht eigenständig, sondern existieren in Verknüpfung mit einem Element des Gesamt-Projekt-LV bzw. einem Element der Arbeitskalkulation.

Die Notwendigkeit zu dieser Abhängigkeit resultiert daraus, dass im Baustellen-Controlling sowohl eine nahtlose Verfolgung der Kosten als auch eine sichere Feststellung des Leistungswertes der NU also auch eine eindeutige Budgetverfolgung gewährleistet sein muss. Zum einen ist also in den internen Abläufen zu berücksichtigen:

Erlös des NU = Kosten beim Unternehmen

Zum anderen muss sichergestellt sein, dass der zu einem Stichtag festgestellte Leistungswert eines NU auf den intern festgestellten LE-Mengen und nicht auf den vom NU in Rechnung gestellten Mengen basiert. Auch die Höhe der freigegebenen Zahlungen richtet sich nach diesen LE-Mengen. Es gilt also

LE-Menge der Teilleistung = LE-Menge des NU = genehmigte RE-Menge des NU

Weiterhin muss immer die Bedingung erfüllt sein:

Teilbudget lt. Projekt-LV = Budget des Gewerkes

Alle diese Anforderungen sind nur erfüllt, wenn folgende Bedingung erfüllt ist:

Jedes Element eines VE-LV muss entweder direkt mit einem Element des Projekt-LV/der Arbeitskalkulation verknüpft sein oder indirekt, indem eine Gruppenstufe des VE-LV oder gar das komplette VE-LV mit einer Pauschalposition des Projekt-LV verknüpft ist.

(Auf "Arbeitskalkulation" und "Verknüpfung auf Ebene Gruppenstufe oder LV" wird weiter unten eingegangen.)

Das Prinzip der Zuordnung der Teilleistungen wird zunächst an einem einfachen Beispiel nur mit Positionen verdeutlicht (Abbildung 72).

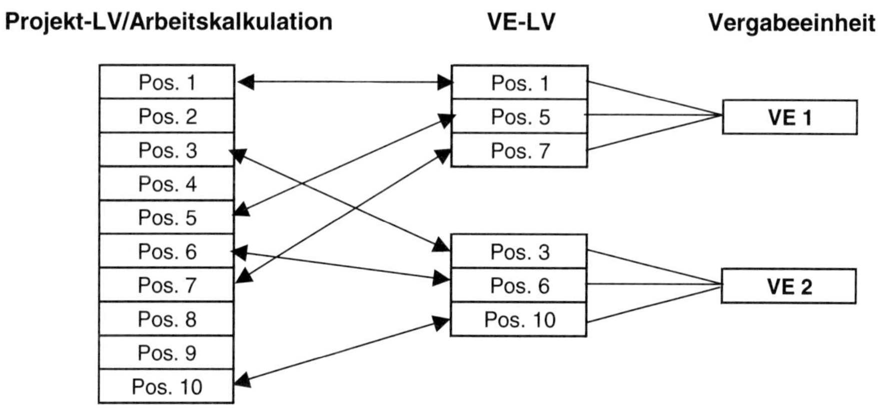

Abbildung 72: Verknüpfung zwischen Projekt-LV und VE-LV

In dem Beispiel sind die Positionen 1, 5 und 7 des Projekt-LV unter dem LV der VE 1 zusammengeführt, die Positionen 3, 6 und 10 unter dem LV der VE 2. Die anderen Positionen sind keiner VE zugeordnet.

Eine solche "Mischung" von Teilleistungen mehrerer Gewerke wird es im Projekt-LV höchstens dann geben, wenn es sich um ein Fremd-LV des AG handelt, das nicht gewerkegetreu aufgebaut ist. Der Generalunternehmer hingegen, der im Falle eines Pauschalauftrages das Projekt-LV selbst aufbauen muss, wird bereits über Gruppenstufen des LV dafür sorgen, dass jedes Gewerk weitgehend durch einen geschlossenen LV-Bereich beschrieben wird.

Wichtig ist der Hinweis, dass zu einer VE auch diejenigen Elemente eines Projekt-LV/der Arbeitskalkulation gehören können, die Rückstellungen beschreiben. Zu dieser Thematik wird zunächst auf Abschnitt D, Kap. 5.1.3.1 verwiesen. Rückstellungen für Kostenrisiken können natürlich niemals einer Vergabe an einen NU zugeführt werden. Gibt es eine solche Position unter der VE, so verhindert das Risikomerkmal (Abschnitt D, Kap. 5.1.3.2) die Aufnahme in den NU-Auftrag. Auch unter der VE ist die Rückstellung ausschließlich eine interne Information.

Der Bedarf zur Aufnahme von Rückstellungen auch unter einer VE ergibt sich aus der Forderung, dass unter einer VE alles mit Einfluss auf das "Zahlenwerk" eines Gewerkes stehen soll, was effektiv mit dem Gewerk zu tun hat. Wurde z.B. in der Arbeitskalkulation eine Rückstellung zum Gewerk "Lüftung" für Unvorhergesehenes gemacht, so gehört der Betrag zu diesem Gewerk. Er muss also auch aus Sicht der VE einbezogen sein.

Über die Verknüpfung zwischen den Elementen des Projekt-LV/der Arbeitskalkulation und den Elementen der VE-LV werden Informationen ausgetauscht:

- Die bisherigen Kostenannahmen aus der Kalkulation werden zum Vergleich mit den Preisen der NU-Angebote in den Preisspiegel übernommen.
- Die Vergabepreise incl. Nachlässe des beauftragten NU werden als Soll-Kosten in die Arbeitskalkulation übernommen.
- Die Budgets aus der Arbeitskalkulation werden zum Vergleich im Preisspiegel benutzt bzw. für das NU-Controlling an die VE übergeben.
- Die VA-Mengen der Teilleistungen werden wechselseitig automatisch aktualisiert.
- Die LE-Mengen der Teilleistungen werden an die jeweilige andere Seite übergeben.

10.3 Die 1:n-Beziehung bei der Ausschreibung

Für den Fall, dass eine Teilleistung zunächst nur ausgeschrieben, d.h. noch nicht vergeben wird, kann es sein, dass sie mehreren VE zugeordnet werden kann. So könnte z.B. ein Zementestrich entweder von Rohbauunternehmern oder von spezialisierten Unternehmen für Estricharbeiten ausgeführt werden. Die endgültige Entscheidung wird man von den jeweils angebotenen Preisen abhängig machen; man wird also bestimmte Teilleistungen zunächst "parallel" ausschreiben.

Solange noch kein Auftrag erteilt wird, kommt also in Ergänzung zu Abbildung 72 auch die 1:n-Beziehung gemäß Abbildung 73 in Frage.

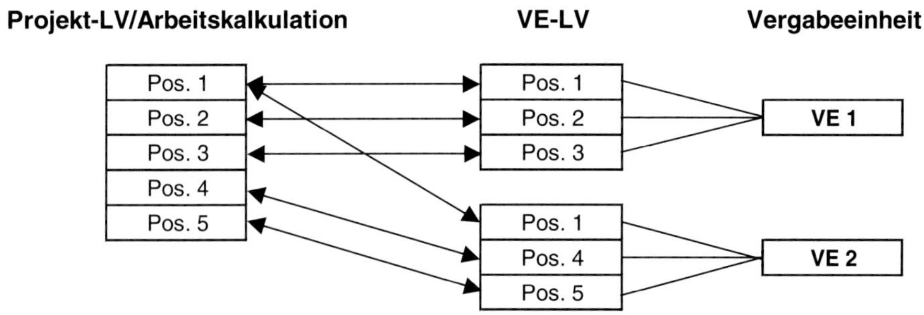

Abbildung 73: 1:n-Beziehung zwischen Projekt-LV und VE-LV vor Auftragserteilung

Diese 1:n-Beziehung der Pos. 1 muss allerdings spätestens bei Beauftragung aufgehoben werden, indem die Position entweder nur der VE 1 oder nur der VE 2 zugeordnet wird. Eine Software muss eine Doppelvergabe verhindern, d.h. sie muss den Anwender bei dem Versuch, eine Vergabe durchzuführen, auf den bestehenden Konflikt hinweisen und zunächst die Aufhebung der 1:n-Beziehung verlangen.

10.4 Zuordnung der Teilleistungen zu Vergabeeinheiten

10.4.1 Das Verfahren allgemein

Vor Erstellen des Ausschreibungs-LV unter der Vergabeeinheit muss der entsprechende Leistungsbereich im Projekt-LV existieren. Das anschließende Verfahren richtet sich nach den Möglichkeiten der verfügbaren Software.

Das rationellste Verfahren besteht darin, in der Übersicht über alle Positionen des Projekt-LV die in Frage kommenden Positionen markieren und auf das LV der Vergabeeinheit ziehen zu können (Drag and Drop). Mit diesem Schritt wird sowohl der komplette Positionsinhalt kopiert als auch die Beziehung zwischen der Position des Projekt-LV und der Position des VE-LV hergestellt. Soll eine komplette Gruppenstufe übernommen werden, wird mit der ganzen Gruppenstufe analog verfahren, worauf diese mit ihren Positionen kopiert wird.

Im VE-LV sind höchstens dann noch manuelle Anpassungen in den kopierten Positionen vorzunehmen, wenn Text oder LV-Menge einer Position für den NU anders dargestellt werden sollen. Die VA-Menge hingegen bleibt auf beiden Seiten identisch. (Auf Sonderverhältnisse in der Position des Projekt-LV, z.B. wenn nur ein Teil des Leistungsumfangs einer Position vergeben werden soll, wird weiter unten eingegangen.)

Reicht der NU später Nachträge ein, so werden diese zunächst in das LV der VE aufgenommen. Anschließend werden nach der Methode wie vor die Nachtragspositionen im VE-LV markiert und in das Projekt-LV gezogen, womit dort eine Kopie sowie die Verknüpfung entsteht.

Vorarbeiten werden im VE-LV für den Fall erforderlich, dass die Hierarchieebenen beider LV's nicht übereinstimmen. Die andere Struktur mit ihren Gruppenstufen muss dann vorher manuell angelegt worden sein. Damit sind neue Zielorte für die Positionen bestimmt.

Es will natürlich gut überlegt sein, ob die OZ bestimmter Teilleistungen im VE-LV tatsächlich anders nummeriert sein sollten als im Projekt-LV. Die Software selbst hat damit kein Problem, weil sie die Beziehungen zwischen den Elementen auch bei einer Umnummerierung beibehält. Die Projektverantwortlichen werden aber erhebliche Probleme haben, wenn es um Abstimmungen in der Partnerschaft zwischen Generalunternehmer und NU geht. Missverständnisse werden dann zum Alltag gehören. Es gibt eigentlich keinen triftigen Grund, für eine Teilleistung im VE-LV eine andere OZ zu wählen als im Projekt-LV. Die LV's können und sollten aus praktischen Gründen dieselbe Struktur und dieselben OZ für die Teilleistungen haben. (vergl. hierzu auch Abschnitt F, Kap. 2.4.2)

Übersichten sowohl im Dialog als auch in Form von Drucklisten informieren über das Ergebnis der vorgenommenen Zuordnungen. Verschiedene Wahlmöglichkeiten zu solchen Übersichten, wie sie Abbildung 74 zeigt, erleichtern die Kontrolle, ob die Zuordnungen richtig und vollständig sind.

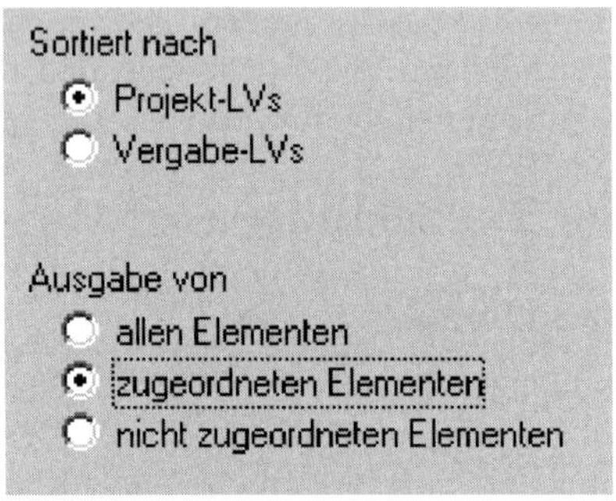

Abbildung 74: Wahlmöglichkeiten bei der Kontrollausgabe der Zuordnungen

Im Falle komplexer Projekt-Leistungsverzeichnisse ist es wichtig zu kontrollieren, welche Elemente nicht zugeordnet sind. Sofern wirklich alle Teilleistungen des Projekt-LV, die von NU ausgeführt werden sollen, den VE zugeordnet sind, dürfte eine solche Übersicht nur Teilleistungen enthalten, die in Eigenleistung ausgeführt werden sollen.

Weiterhin ist es wichtig zu kontrollieren, dass sämtliche Elemente der VE-LV's eine Beziehung zu einem Element des Projekt-LV haben. Hat ein Element eines VE-LV's, zu dem ein NU Leistungen erbringt und somit Kosten für den AN verursacht, keine Beziehung zum Projekt-LV/zur Arbeitskalkulation, so ist im Baustellen-Controlling die Information über die Kosten und Budgets nicht korrekt.

Abbildung 75 zeigt ein Beispiel einer Kontrollausgabe der vorgenommenen Zuordnungen, sortiert nach den LV's in den Vergabeneinheiten. Auf der linken Seite stehen die Positionen des VE-LV mit ihren LV-Mengen, auf der rechten Seite die zugeordneten Positionen des Projekt-LV mit ihren LV-Mengen.

Liste der Vergabezuordnungen

Projekt: **Muster_Contr.** **Musterprojekt zur Wissensvermittlung**
Projektvariante: Muster_Contr Auftrag
Kalkulation: Arbeitskalkulation

Vergabe-LV's		Vergabeeinheit	
2102	Erdarbeiten	2102 (Auftr)	Erdarbeiten
2115	Bewehrungsarbeiten	2115 (Auftr)	Bewehrungsarbeiten
2141	Straßenbauarbeiten	2141 (Auftr)	Straßenbauarbeiten
2151	Kernbohrarbeiten	2151 (Auftr)	Kernbohrarbeiten
2595	Bauschilder	2595 (Verg)	Bauschilder

Vergabe-LV's OZ	Kurztext	LV-Menge ME	Projektkalkulation OZ	U-Pos.	Kurztext	VA-Menge ME
	LV: 2102 Erdarbeiten					
1.	**Rohbau**					
1.2	**Erdarbeiten**					
1.2. 1.	Baugelände freimachen	9.500,00 m²	1.2. 1.		Baugelände freimachen	9.500,00 m²
1.2. 2.	Oberboden d = 30 cm abtragen und seitl. Lagern	1.073,00 m³	1.2. 2.		Oberboden d = 30 cm abtragen und seitl. Lagern	1.073,00 m³
1.2. 3.	Oberboden d = 30 cm abtragen und laden	1.093,00 m³	1.2. 3.		Oberboden d = 30 cm abtragen und laden	1.093,00 m³
1.2. 4.	Oberboden abfahren einschl. Deponiegebühren	1.093,00 m³	1.2. 4.		Oberboden abfahren einschl. Deponiegebühren	1.093,00 m³
1.2. 5.	Baugrubenaushub Bodenklasse 4 + laden	2.084,00 m³	1.2. 5.		Baugrubenaushub Bodenklasse 4 + laden	2.084,00 m³
1.2. 6.	Baugrubenaushub Bodenklasse 5 + lagern	1.180,00 m³	1.2. 6.		Baugrubenaushub Bodenklasse 5 + lagern	1.180,00 m³
1.2. 7.	Baugrubenaushub Bodenklasse 5 + laden	5.463,00 m³	1.2. 7.		Baugrubenaushub Bodenklasse 5 + laden	5.463,00 m³
1.2. 8.	Baugrubenaushub abfahren + Deponiegeb.	7.547,00 m³	1.2. 8.		Baugrubenaushub abfahren + Deponiegeb.	7.547,00 m³
1.2. 9.	Fundamentaushub Streifenfund. Bodenklasse 5 + laden	75,00 m³	1.2. 9.	1	NU-Leistung	75,00 m³
1.2. 10.	Fundamentaushub Einzelfund. Bodenklasse 5 + laden	460,00 m³	1.2. 10.	1	NU-Leistung	460,00 m³
1.2. 12.	Fundamentaushub abfahren einschl. Deponiegeb.	535,00 m³	1.2. 12.	1	NU-Leistung	535,00 m³
1.2. 14.	Planum für Unterbau Bodenplatten herstellen	2.870,00 m³	1.2. 14.	1	NU-Leistung	2.870,00 m³
1.2. 15.	Kiessandschicht d = 20 cm 0/32 als Unterbau der Bodenplatten	2.870,00 m³	1.2. 15.		Kiessandschicht d = 20 cm 0/32 als Unterbau der Bodenplatten	2.870,00 m³
1.2. 16.	Zwischengelagerten Aushub laden, einbauen und verdichten	1.180,00 m³	1.2. 16.		Zwischengelagerten Aushub laden, einbauen und verdichten	1.180,00 m³
1.2 17.	Zwischengelagerten Oberboden einbauen	1.073,00 m³	1.2 17.		Zwischengelagerten Oberboden einbauen	1.073,00 m³
1.2. 18.	Kanalgrabenaushub bis 1,25 m Tiefe und Verfüllen	150,00 m³	1.2. 18.	1	NU-Leistung	150,00 m³
1.2. 19.	Kanalgrabenaushub bis 2,5 m Tiefe und Verfüllen	1.195,00 m³	1.2. 19.	1	NU-Leistung	1.195,00 m³
1.2. 21.	Zulage für Abfuhr überschüssigen Boden Kanalgraben	122,00 m³	1.2. 21.		Zulage für Abfuhr überschüssigen Boden Kanalgraben	122,00 m³

Abbildung 75: VE-LV und zugeordnete OZ des Projekt-LV/der Arbeitskalkulation

Das Projekt-LV war in diesem Fall ein LV des AG, zu dem eine Mengenüberprüfung vorgenommen wurde. Diese Mengenüberprüfung hat im Projekt-LV zu VA-Mengen geführt, die von den LV-Mengen des AG abweichen. Im LV der VE "2102 – Erdarbeiten" wurden die VA-Mengen im Projekt-LV zu den LV-Mengen des VE-LV gemacht, weil Wert darauf gelegt wurde, dass Ausschreibung und Vergabe auf der Basis realistischer Mengen erfolgen.

Auch diese Möglichkeit, nämlich die VA-Mengen im Projekt-LV zu den LV-Mengen im Ausschreibungs-LV machen zu können, ist eine wichtige Funktion im Baustellen-Controlling. Wenn erkannt wurde, dass im LV des AG Schwächen vorliegen, die einem selbst Chancen auf Nachtragsforderungen eröffnen, so sollen dieselben Chancen doch auf keinen Fall dem NU eingeräumt werden.

Auf den Sonderfall, dass einige VE-Positionen mit Unterpositionen der Arbeitskalkulation verknüpft sind, wird weiter unten eingegangen.

10.4.2 Die normale 1:1-Beziehung

Der Normalfall dürfte sein, dass der NU eine Position des Projekt-LV komplett ausführt und diese Teilleistung auch nach derselben Mengeneinheit abrechnet, wie sie im Projekt-LV steht. In diesem Fall besteht eine eindeutige Beziehung zwischen den verknüpften Positionen beider Seiten, welche weitere Aufbereitungen überflüssig macht. Auf beiden Seiten sind identisch:

- Beschreibung
- Mengeneinheit
- VA-Menge
- LE-Menge

Dieser "Normalfall" wird immer dann vorliegen, wenn der Ersteller des Projekt-LV die Inhalte der einzelnen Teilleistungspositionen von vorn herein auf den Bedarf der Ausschreibung an NU ausgerichtet hat. Hat der Unternehmer einen Pauschalvertrag auf der Basis eines Leistungsprogrammes, so musste er das Projekt-LV selbst aufbauen. Aus dieser Aufgabenstellung des GU (Generalunternehmer) ergibt sich also, dass der beschriebene "Normalfall" dann auch tatsächlich der Normalfall im Projekt ist. Auch im Falle eines Einheitspreisvertrages auf der Basis eines LV des AG werden die meisten Positionen des Projekt-LV diesem "Normalfall" entsprechen.

10.4.3 Sonderfälle und deren Aufbereitung

Basiert der Vertrag des Unternehmers auf einem LV des AG, so hatte man keinen Einfluss darauf, ob die Inhalte der einzelnen Teilleistungspositionen "ausschreibungsgerecht" für den NU-Markt sind. Es kann dann vorkommen, dass bestimmte Teilleistungen nicht genau so von NU angeboten und ausgeführt werden können. Aber auch für den Fall, dass das Projekt-LV selbst aufgestellt wurde, können solche Fälle vorkommen. Die Ursachen sind vielfältiger Art. Manchmal zeigen sogar erst die Angebote der Bieter auf, dass nicht so vergeben werden kann, wie ausgeschrieben wurde.

In den folgenden Unterkapiteln werden solche Sonderfälle beispielhaft benannt sowie die Lösungsansätze aufgezeigt. Voraussetzung für eine einwandfreie Lösung ist allerdings, dass der verfügbare Verfahren der Arbeitskalkulation folgende Arbeitsweisen kennt:

- Die Strukturierung einer Position über Unterpositionen mit frei wählbaren Mengeneinheiten sowie Unterpositionsmengen pro Mengeneinheit der Position (vergl. Abschnitt D, Kap. 8.2)
- Die pauschale Unterposition, deren Gesamtmenge sich auf die VA-Menge der Position bezieht.
- Die Kalkulation pro Unterposition.

10.4.3.1 Der NU führt nur einen Teil der Leistung aus

Beispiel: Der NU hat den Fundamentaushub unter der Einschränkung angeboten, dass der Preis nur die Maschinenarbeit beinhaltet. Es ist aber Beihilfe von Hand zur Herstellung des Planums für die Betonarbeiten erforderlich. Das Angebot wurde so akzeptiert, d.h. die Handarbeit wird vom eigenen Personal erbracht.

In diesem Fall muss die Gesamtleistung in zwei Unterpositionen für NU-Leistung und Beihilfe zerlegt werden (siehe Abbildung 76).

UPos	K	SL	Text	Menge	ME	/	Faktor	Kosten/E
1			**NU-Leistung**	**1,000**	**m³**		**1,000**	**3,88**
11			**Fischer KG**	**1,000**	**m³**		**1,000**	**3,88**
		51021	Erdarbeiten	1,000			0,970	4,00
2			**Beihilfe**	**1,000**	**m³**		**1,000**	**1,35**
		S22	Std. Erdarbeiten	1,000	Std	/	20,000	27,00

Abbildung 76: Unterpositionen für NU-Leistung und Eigenleistung

Die Verknüpfung zur Position des VE-LV wird dann nicht auf Ebene der Position des Projekt-LV vorgenommen, sondern von der Unterposition 1 aus.

Die LE-Mengen können gemeldet werden

a) über die Position des Projekt-LV (womit sie auch auf die Beihilfe wirkt) oder

b) über die Position des VE-LV, was aber dann die zusätzliche Meldung der LE-Menge zur U-Pos. 2 im Projekt-LV bedingt.

Im gezeigten Beispiel der Arbeitskalkulation wurde der Preis der Fischer KG in Höhe von EUR 4,00/m³ mit einem Nachlass von 3 % (=Faktor 0,970) aus dem Vergabe-LV in die Kalkulation überstellt. Der Name des NU sowie die Kostenart des Gewerkes wurden automatisch eingespielt.

Unter "Beihilfe" wurde 1 Mann der Baustelle mit 1,000 Arbeitsstunden pro 20 m³ angenommen.

10.4.3.2 Teilleistungen werden auf 2 NU aufgeteilt (Losbildung)

Beispiel: Die Erdarbeiten erstrecken sich auf 2 Bauteile, sind im Projekt-LV aber zusammengefasst. Wegen des großen Gesamtvolumens werden die Erdarbeiten auf die NU "Meier" und "Schmidt" aufgeteilt, jeder NU mit spezifischen Preisen. In der Position des Fundamentaushubs mit einer Gesamtmenge von 400,00 m³ entfallen 240,00 m³ auf Bauteil 1 (Los 1 mit NU Meier) und 160,00 m³ auf Bauteil 2 (Los 2 mit NU Schmidt). Die Handarbeit muss wiederum von Personal der Baustelle ausgeführt werden.

In diesem Fall muss die Gesamtleistung in drei Unterpositionen für NU-Leistung und Beihilfe zerlegt werden (siehe Abbildung 77). Die beiden NU wurden über Unterpositionen zur Unterposition 1 abgebildet, weil auch die gemittelten Kosten aus beiden NU ersichtlich sein sollten. Wenn auf diesen gemittelten Wert verzichtet wird, würde die Kalkulation wie in Abbildung 78 aussehen.

UPos	K	SL	Text	Menge	ME	/	Faktor	Kosten/E
1			**NU-Leistung**	**1,000**	**m³**		**1,000**	**3,89**
11			**Meier**	**0,600**	**m³**		**1,000**	**3,88**
		510201	Erdarbeiten - Meier	1,000			0,970	4,00
12			**Schmidt**	**0,400**	**m³**		**1,000**	**3,90**
		510202	Erdarbeiten - Schmidt	1,000			1,000	3,90
2			**Beihilfe**	**1,000**	**m³**		**1,000**	**1,35**
		S22	Std. Erdarbeiten	1,000	Std	/	20,000	27,00

Abbildung 77: Unterpositionen zweiter Ebene für 2 NU und Eigenleistung

Im Fall der Lösung nach Abbildung 77 wird die U-Pos. 11 mit der Pos. des VE-LV für NU Meier verknüpft, die U-Pos. 12 mit der Pos. des anderen VE-LV für NU Schmidt.

UPos	K	SL	Text	Menge	ME	/	Faktor	Kosten/E
1			**NU Meier**	**0,600**	**m³**		**1,000**	**3,88**
		510201	Erdarbeiten - Meier	1,000			0,970	4,00
2			**NU-Schmidt**	**0,400**	**m³**		**1,000**	**3,90**
		510202	Erdarbeiten - Schmidt	1,000			1,000	3,90
3			**Beihilfe**	**1,000**	**m³**		**1,000**	**1,35**
		S22	Std. Erdarbeiten	1,000	Std	/	20,000	27,00

Abbildung 78: Unterpositionen erster Ebene für 2 NU und Eigenleistung

Im Fall der Lösung nach Abbildung 78 wird die U-Pos. 1 mit der Pos. des VE-LV für NU Meier verknüpft, die U-Pos. 2 mit der Pos. des anderen VE-LV für NU Schmidt.

Die Anteile der NU an der Gesamtleistung wurden in Form der "inneren" Mengen der Unterpositionen bezogen auf die Mengeneinheit der Position berücksichtigt:

Meier: 240,00 m³/400,00 m³ = 0,600 m³/m³

Schmidt: 160,00 m³/400,00 m³ = 0,400 m³/m³

Die LE-Mengen können dann NU-spezifisch gemeldet werden

a) über die Unterpositionen 11 und 12 (NU-spezifisch) und 2 bzw. über die Unterpositionen 1 und 2 (NU-spezifisch) und 3

oder

b) über die Positionen der jeweiligen VE-LV's, was aber dann die zusätzliche Meldung der LE-Menge zur U-Pos. 2 bzw. 3 bedingt.

Analog wird verfahren, wenn ein Teil der Gesamtmenge in Fremdleistung und ein anderer Teil in Eigenleistung erbracht wird.

10.4.3.3 Mit dem NU wird nach anderen Abrechnungsregeln abgerechnet

Andere Abrechnungsregeln können sein:

- andere Mengeneinheit, z.B. m³ im VE-LV anstatt m² im Projekt-LV
- anderes Aufmaß, z.B. Fundamentaushub mit Arbeitsraum nach tatsächlichem Volumen im VE-LV anstatt Volumen ohne Arbeitsraum im Projekt-LV.

In beiden Fällen bezieht sich der EP des NU auf eine andere Menge als im Projekt-LV. Für die NU-Leistung muss eine Unterposition eingeführt werden. Die innere Menge dieser U-Pos. entspricht dem Mengenverhältnis zwischen der Menge lt. VE-LV zur Menge lt. Projekt-LV.

Beispiel: Das Abtragen des Oberbodens d = 30 cm ist im Projekt-LV in der Mengeneinheit m² ausgeschrieben, die NU bieten aber üblicherweise nach m³ an.

Es wird eine U-Pos. für die NU-Leistung mit der Mengeneinheit m³ eingeführt (Abbildung 79). Die innere Menge dieser U-Pos. ist 0,300 m³/m².

	UPos	K	SL	Text	Menge	ME	/	Faktor	Kosten/E
►	**1**			**Fischer KG**	**0,300**	m³		**1,000**	**2,28**
			51021	Erdarbeiten	1,000			0,970	2,35

Abbildung 79: Unterposition für NU-Leistung wegen Vergabe in anderer ME

Die U-Pos. 1 wird mit der Pos. des VE-LV verknüpft. Die LE-Menge kann erfasst werden

a) über die Position des Projekt-LV in m²
Wenn hier z.B. die LE-Menge 1.000,00 m² erfasst wird, wird daraus im VE-LV die Menge 1.000,00 x 0,300 = 300,00 m³

b) über die U-Pos. in m³

c) über die Position des VE-LV in m³
Wenn hier z.B. die Menge 300,00 m³ erfasst wird, besteht dieselbe Menge auf Ebene der U-Pos. Daraus wiederum wird die Positionsmenge 300,00/0,300 = 1.000,00 m²

10.4.3.4 Mehrere Positionen des Projekt-LV werden zusammengefasst

Beispiel: Das Projekt-LV ist aufgeteilt nach Bauteilen, so dass gleiche Teilleistungen mehrfach vorkommen. Gegenüber den NU sollen gleiche Teilleistungen aber zusammengefasst werden, so dass jede Teilleistung nur einmal vorkommt. Deren Menge soll dann die Gesamtmenge aus allen Bauteilen sein.

Dies ist keine Aufgabenstellung für die Struktur der Arbeitskalkulation, sondern Sache der Zuordnung der Positionen. In diesem Fall werden alle gleichartigen Positionen des Projekt-LV mit einer Position des VE-LV verknüpft. In der Struktur des VE-LV wird auf die Abbildung der Bauteile verzichtet, d.h. es wird eine Strukturebene weniger haben (siehe Abbildung 80).

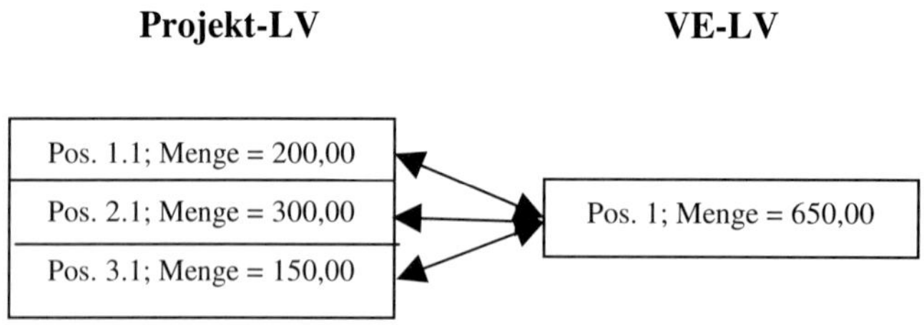

Abbildung 80: n:1-Beziehung zwischen Projekt-LV und VE-LV

Sofern die Positionen mit dem AG abzurechnen sind, kann die LE-Menge nur bei den Positionen des Projekt-LV erfasst werden, weil sie dann bauteilspezifisch sein muss. Würde die LE-Menge als Gesamtmenge über alle Bauteile in der Pos. des VE-LV erfasst, könnte diese Menge mangels Eindeutigkeit nicht an das VE-LV übergeben werden

10.4.3.5 Eine einzelne Position des NU wird pauschaliert

Ist eine einzelne Position gegenüber dem NU pauschaliert, so entstehen Kosten in Höhe des Pauschalbetrages unabhängig von der tatsächlich vom NU ausgeführten Menge. Die Pauschalierung kann im VE-LV unterschiedlich abgebildet werden:

- über eine pauschalierte LV-Menge und EP, wobei der EP so angepasst wird, dass sich ergibt

  LV-Menge x EP = Pauschale

- über Umwandlung der Position im VE-LV in eine Position mit der Menge 1,000 und der Mengeneinheit "psch"

In beiden Fällen muss die Position im VE-LV als pauschaliert gekennzeichnet sein, damit nicht versehentlich eine andere Menge als die LV-Menge mit dem NU abgerechnet wird.

Der entsprechende Ansatz in der Arbeitskalkulation muss ein pauschaler Kostenansatz sein, wobei sich die Art des Kostenansatzes nach der Abbildung der Pauschalierung im VE-LV richtet (siehe oben) und danach, ob die Position im Projekt-LV mit der Pauschalmenge 1,000 oder mit einer freien VA-Menge versehen ist. Es ist sinnvoll, im Projekt-LV eine Position mit VA-Menge zu belassen, damit der Leistungsstand der Position vor Gesamtfertigstellung über eine LE-Menge gemeldet werden kann. Wenn es in der Position des Projekt-LV eine VA-Menge > 1,000 gibt, muss dafür gesorgt, dass das Produkt aus VA-Menge und Kosten pro ME immer dem Pauschalbetrag des NU entspricht. Dies wird dadurch erreicht, dass die Kosten im Typ der pauschalen Unterposition kalkuliert werden, deren innere Menge die LV-Menge im VE-LV ist. Die Gesamtkosten der pauschalen Unterposition werden immer auf die VA-Menge der Position umgelegt, so dass das Produkt VA-Menge x Kosten/ME immer konstant ist:

VA-Menge x Kosten/ME = VA-Menge x (Kosten pro ME U-Pos.) x (Menge U-Pos.)/(VA-Menge Pos.)

Wenn eine LE-Menge für die Pos. des Projekt-LV gemeldet wird, ist der

Leistungswert NU = (LE-Menge Pos.)x (Kosten NU/ME) x (Menge U-Pos.)/(VA-Menge Pos.)

Auf jeden Fall muss die pauschalierte Position des VE-LV mit der pauschalen U-Pos. der Arbeitskalkulation verknüpft werden.

Fall a): Im VE-LV ist die LV-Menge mit 400,00 pauschaliert, der EP des NU ist 4,00 abzgl. 3 % Nachlass = 3,88. Dann sieht die Arbeitskalkulation in der pauschalen U-Pos. wie folgt aus:

	UPos	K	SL	Text	Menge	ME	/	Faktor	Kosten/E
►	**1**		**PAUSCHAL**	**Fischer KG**	**400,000**	**m³**		**1,000**	**3,88**
			51021	Erdarbeiten	1,000			0,970	4,00

Ist die VA-Menge der Position nun mit z.B. 420,00 m³ festgestellt, so sind die

Kosten pro ME der Position im Projekt-LV = 3,88 x 400,00/420,00 = 3,70 (3,695)

und die

Gesamtkosten = 3,70 x 420,00 = 1.552,00 = 3,88 x 400,00 = NU-Pauschale

Bei einer effektiven LE-Menge von 100,00 m³ ist der

Leistungswert des NU = 100,00 x 3,88 x 400,00/420,00 = 369,52 = 23,8 % der NU-Pauschale

Fall b): Im VE-LV ist statt der Pauschalmenge 400,00 eine Pauschalposition mit der Menge 1,000 eingeführt, die Pauschale des NU ist 4,00 x 400,00 abzgl. 3 % Nachlass = 1.552,00. Dann sieht die Arbeitskalkulation in der pauschalen U-Pos.wie folgt aus:

	UPos	K	SL	Text	Menge	ME	/	Faktor	Kosten/E
►	**1**		**PAUSCHAL**	**Fischer KG**	**1,000**	**psch**		**1,000**	**1.552,00**
			51021	Erdarbeiten	1,000			0,970	1.600,00

Ist die VA-Menge der Position nun mit z.B. 420,00 m³ festgestellt, so sind die

Kosten pro ME der Position im Projekt-LV = 1.552,00 x 1,00/420,00 = 3,70 (3,695)

und die

Gesamtkosten = 3,70 x 420,00 = 1.552,00 = NU-Pauschale

Bei einer effektiven LE-Menge von 100,00 m³ ist der

Leistungswert des NU = 100,00 x 1.552,00 x 1,000/420,00 = 369,52 = 23,8 % der NU-Pauschale

10.4.3.6 Die Gesamtleistung des NU wird pauschaliert

Ist die Gesamtleistung des NU pauschaliert, so sind in der Arbeitskalkulation Festkosten in Höhe der NU-Pauschalen zu berücksichtigen. Dafür wird im Projekt-LV eine Pauschalposition (Menge 1,000) eingeführt. Der Kostenansatz dieser Position ist die NU-Pauschale.

Die Verknüpfung erfolgt in diesem Fall zwischen dem VE-LV als Ganzes und der hierfür eingeführten Pauschalposition des Projekt-LV.

Im Falle der Pauschalierung mit dem NU muss man sich allerdings auch mit der Aufgabenstellung der Bewertung teilfertiger Leistungen beschäftigen. In der Regel dürfte es schwer sein, ohne Detailbetrachtungen zu einem Fertigstellungsgrad der Gesamtleistung zu kommen, z.B. 35 %. Wäre dies ohne weiteres möglich, so würde bei der Pauschalposition des Projekt-LV eine LE-Menge von 0,35 eingetragen.

Bei einem umfangreicheren Leistungsvolumen des NU wird man zur Leistungsfeststellung eine Detaillierung der Pauschalen mit zugeordneten Teilbeträgen der Pauschalen brauchen.

Sofern der NU auf der Basis eines Teilleistungs-LV angeboten hatte, liegt eine solche Detaillierung in Form des VE-LV vor. Die schließlich vereinbarte Pauschalsumme wird allerdings nicht mehr mit der Summe der GB der Positionen übereinstimmen. Dennoch können diese Positionen zur Leistungsbewertung benutzt werden. Jede einzelne Position kann nämlich über ihren GB in Bezug auf die Pauschale gewichtet werden:

Teilpauschale VE-Pos. = NU-Pauschale x (GB Pos.)/(Summe GB)

Wird nun der Fertigstellungsgrad einzelner Positionen im VE-LV festgestellt, so ist auch deren Leistungswert berechenbar:

Leistungswert Pos. = (Fertigstellungsgrad Pos.) x (Teilpauschale VE-Pos.)

Die Summe über alle Positionen ist dann der Gesamtleistungswert des NU zum Stichtag. Dieser Gesamtleistungswert kann wiederum in einen Gesamtfertigstellungsgrad umgewandelt werden:

Fertigstellungsgrad NU in % = 100 x (Σ Leistungswert Pos.)/(NU-Pauschale)

Die LE-Menge der verknüpften Pauschalposition ist dann

LE-Menge Pauschalposition Projekt-LV = (Fertigstellungsgrad NU in %)/100

Sofern zur NU-Pauschalen keine Detaillierung aus dem Vorfeld der Ausschreibung vorliegt, muss diese geschaffen werden. Es wird dann so verfahren, dass nachträglich ein VE-LV mit Positionen entsteht, womit derselbe Fall wie schon beschrieben vorliegt. Allerdings muss man selbst einen Teilwert der eingeführten Positionen bestimmen. Dies ist am einfachsten, wenn man nur Pauschalpositionen wählt und den Teilwert in Form eines fiktiven EP/GB einträgt.

10.4.3.7 Mit dem NU ist eine Vertragsstrafe vereinbart

Ist mit einem NU eine Vertragsstrafe vereinbart, und kommt diese irgendwann tatsächlich zum Tragen, so stellt der entsprechende Betrag eine Kostenminderung dar. Damit die Vertragsstrafe des NU in den internen Strukturen des Baustellen-Controlling berücksichtigt werden kann, sind folgende Maßnahmen erforderlich:

- Im VE-LV wird eine Position für die Vertragsstrafe des NU eingeführt. Der EP dieser Position ist die Vertragsstrafe pro KT oder AT; der Wert hat ein negatives Vorzeichen. Die LV- und VA-Menge der Position ist zunächst 0,00.

  Die Position wird mit der LE-Menge in Höhe der zur Anrechnung kommenden Anzahl von Tagen belegt. Damit reduziert sie die Vergütung an den NU in dessen geprüfter Abrechnung.

- Diese Position des VE-LV wird in das Projekt-LV kopiert bei gleichzeitiger Verknüpfung zwischen den Positionen. Die Position ist im Projekt-LV auf jeden Fall eine interne Kostenposition (Abschnitt D, Kap. 3.4), d.h. sie hat keinen Preis. Sie ist dem AG nicht bekannt. Sie bewirkt beim AN eine Kostenminderung. Mit der Verknüpfung entsteht ein Kostenansatz mit negativem Vorzeichen in Höhe der Vertragsstrafe des NU.

  Die LE-Menge in der Position bewirkt eine Kostenreduzierung beim AN.

10.4.3.8 Mit dem NU ist eine Lohngleitklausel vereinbart

Ist mit dem NU eine Lohngleitklausel vereinbart, so ist intern insofern ein Problem zu lösen, als es dafür keine Position mit Betrag gibt, sondern nur Faktoren bezogen auf eine Abrechnungssumme nach Positionen, die wiederum in der Abrechnung über eine Sonderform außerhalb der eigentlichen Vertragspositionen berücksichtigt werden. Ein zunächst abgeschätzter und später abgerechneter Betrag muss aber als Kostenansatz in die Arbeitskalkulation eingehen, da er ja Sollkosten darstellt, genauso wie die Abrechnungssumme des NU zu den Istkosten zählt.

Sofern eine Software dafür keine spezielle Lösung anbietet, muss eine pauschale Hilfsposition im VE-LV eingeführt werden, die nur interne Bedeutung hat. Die voraussichtlich insgesamt zur Abrechnung kommende Summe der Lohnänderungskosten des NU wird in dieser Position als GB eingetragen. Im Projekt-LV gibt es eine entsprechende und verknüpfte Kostenposition mit dem GB als Kostenansatz.

Die Position wird später intern mit einer LE-Menge gemäß dem gerade relevanten Anteil an den Gesamt-Lohnänderungskosten belegt, z.B. 0,30, wenn vom NU 30 % der geschätzten Gesamtlohnänderungskosten berechnet werden.

10.5 Arbeitskalkulation von NU-Leistungen

Wie die NU-Leistungen in die Struktur der Arbeitskalkulation eingefügt werden, wurde bereits in den vorstehenden Kapiteln beschrieben. Dort wurde auch bereits angedeutet, dass die Vergabepreise über die Beziehungen zwischen den Elementen der VE-LV's und des Projekt-LV's an die Arbeitskalkulation übergeben werden. Da es sehr wichtig ist, dass ein rationelles Verfahren zur Verarbeitung der NU-Preise in der Arbeitskalkulation praktiziert wird, sei dieses Verfahren hier in Kurzform dargestellt.

NU-Preise sind in der Kalkulation als Kostenansätze unter der betreffenden Gewerkekostenart zu verarbeiten. In Abhängigkeit vom Stand des Ausschreibungs- bzw. Vergabeverfahrens gibt es verschiedene Situationen:

- In der eigenen Angebotsphase sind die Angebotspreise eines ausgewählten Bieters aus dem Preisspiegel als Kostenansätze in die Angebotskalkulation zu übergeben.
- In der Projektphase 2 sind evtl. geänderte Angebotspreise, evtl. von einem anderen Bieter, aus dem Preisspiegel als Kostenansätze in die Auftragskalkulation zu übergeben.
- Vor der Vergabe sind die bisherigen Kostenansätze als Vergleichswerte in den Preisspiegel aufzunehmen.
- Die Vergabepreise des ausgewählten Bieters sind an die Arbeitskalkulation zu übergeben. Dasselbe gilt für spätere Nachträge des NU.

Voraussetzung für eine rationelle und sichere Verarbeitung der NU-Preise als Kostenansätze in der Kalkulation ist die Beziehung zwischen den Elementen des NU-LV unter der Vergabeeinheit zu den Elementen der Arbeitskalkulation (siehe Abschnitt D, Kap. 10.2 und 10.4). Bei der Vergabeeinheit ist bereits die richtige Gewerkekostenart hinterlegt (Abschnitt B, Kap. 5.5.7), die in der Ansatzzeile der Kalkulation benötigt wird.

Das Verfahren selbst ist dann sehr einfach – und es muss so einfach ablaufen, damit die Budgetkontrolle praktikabel und sicher ist, die Versorgung der Arbeitskalkulation mit den NU-Preisen keinen gesonderten Arbeitsgang erfordert sowie die Leistungsbewertung auf beiden Seiten über einen einzigen Arbeitsgang und in korrekter Abstimmung aufeinander erfolgt :

Solange die Vergabe noch nicht durchgeführt wird und somit noch jeder Bieter für die Verarbeitung in der Kalkulation in Frage kommt, werden die Preise eines ausgewählten Bieters aus dem Preisspiegel an die Kalkulation per Funktion übergeben. Die Funktion bedingt lediglich die Auswahl des Bieters. Wenn später der Bieter ausgewählt ist, an den die Leistungen vergeben werden sollen, wird die Vergabe per Erzeugen des Vergabe-LV's durchgeführt. Gleichzeitig und automatisch werden die kalkulationsrelevanten Vergabeinformationen an die verknüpften Elemente der Arbeitskalkulation übergeben. Dort vorhandene bisherige Kostenansätze werden – ebenfalls automatisch - ersetzt.

Per Funktion bzw. per Vergabe-LV werden an die Kalkulation pro Position des NU-LV übergeben:

- der Name des NU als Text der Unterposition
- die Kostenart, die der Vergabeeinheit zugeordnet ist, als Kostenart für die Ansatzzeilen der Kalkulation
- der Einheitspreis des NU als Kostenansatz
- ein prozentualer Preisnachlass als Kostenfaktor der Ansatzzeile

Das Ergebnis eines solchen Vorgangs sieht dann in der Arbeitskalkulation z.B. wie folgt aus:

	UPos	K	SL	Text	Menge	ME	/	Faktor	Kosten/E	Std./ME Pos.	Kosten/ME Pos.
►	1			**Fischer KG**	**1,000**	**m³**		**1,000**	**1,36**		**1,36**
			51021	Erdarbeiten	1,000			0,970	1,40		1,36

Das Verfahren läuft auch mit jedem NU-Nachtrag automatisch ab. Auch jede Preisänderung im NU-LV führt in der Arbeitskalkulation automatisch zu einer Aktualisierung des Kostenansatzes für die NU-Leistung.

Für die Projekte des Schlüsselfertigbaus ist das beschriebene Verfahren von allergrößter Bedeutung. Den Mitarbeitern des Generalunternehmers ist die Thematik der Arbeitskalkulation u.U. nicht so vertraut oder gar vollkommen fremd, mit der Folge, dass man der Aufgabe aus dem Weg geht. Das beschriebene Verfahren macht es aber möglich, die Arbeitskalkulation auch ohne vertiefte Kenntnisse der eigentlichen Kalkulationsarbeit und ohne jeglichen spezifischen Zusatzaufwand korrekt mit Kostenansätzen zu versorgen. Das Verfahren setzt lediglich die Kenntnis von Ausschreibung und Vergabe von NU-Leistungen voraus, also von Arbeitsschritten, die zum Alltag der Projektbearbeiter im SF-Bau gehören.

Abschnitt E: Baustellen-Controlling in der Projektphase der Ausführung: Ausgangssituation, Leistungsumfang, Vertragsmanagement

Wenn der Bauvertrag von beiden Parteien unterschrieben ist, beginnt die Projektphase der Bauausführung (Projektphase 3). Bis zu diesem Zeitpunkt haben sich die Arbeitsschritte auf Projektanalyse und Planungen zur Bauausführung beschränkt, alles aber immer nur unter der Annahme, dass der Auftrag erteilt wird. Nunmehr folgen auf die Planungen konkrete Dispositionen, es werden Bauleistungen ausgeführt, das Baugeschehen wird analysiert, aktuelle Erkenntnisse werden in den weiteren Schritten genutzt.

In der Projektphase der Bauausführung werden sämtliche Schritte des Baustellen-Controlling relevant – von der Projektanalyse über die Planung zur Disposition und über Analysen der Ausführung zu aktualisierten Planungen und Dispositionen. Erst in dieser Projektphase ist die Definition des Baustellen-Controlling in vollem Umfang gültig:

Baustellen-Controlling = Planung + Kontrolle + Steuerung

In den Abschnitten E bis H werden die einzelnen Schritte im Baustellen-Controlling detailliert dargestellt – weitestgehend belegt mit Beispielen. Der vorliegende Abschnitt E befasst sich alleine mit der Ausgangssituation bei Aufnahme der Arbeiten bzw. mit der Analyse und Beschreibung des Leistungsumfangs, welche im Laufe der Bauzeit zu aktualisieren ist. Üblicherweise wird diesen Themen in Beschreibungen des Baustellen-Controlling gar keine besondere Bedeutung zugemessen, d.h. man "springt" sofort in das Thema der Arbeitskalkulation. Dabei übersieht man, dass der Wert der Aussagen der Arbeitskalkulation ausschlaggebend davon abhängt, ob ihr der richtige Leistungsumfang zu Grunde gelegt wurde. Man mag die Kosten der einzelnen Teilleistungen so sorgfältig wie irgend möglich kalkulieren und kommt dennoch zu weitgehend unbrauchbaren Planungsaussagen, wenn ein falscher oder unvollständiger Leistungsumfang die Basis der Kalkulation war.

Und noch eine Bemerkung zu den Inhalten der folgenden Abschnitte:

Es ist Aufgabe eines allgemeingültigen Fachbuches, alle Schritte in möglichst umfassender Form zu beschreiben. Aus der umfassenden Beschreibung sollte aber nicht gefolgert werden, dass jeder Schritt im Falle jedes Projektes genau so durchzuführen wäre. Dem Leser sollte stets bewusst sein, dass im Baustellen-Controlling immer wieder neu darüber entschieden werden muss, welche Arbeitsweise im konkreten Fall von Nutzen ist. Dem Baustellen-Controlling muss allgemein zwar ein umfassendes Gesamtkonzept zu Grunde liegen, über den Erfolg der Arbeit im konkreten Fall entscheidet aber auch der richtige Umgang mit den Möglichkeiten der Konzeption in Abstimmung mit den Randbedingungen des Projektes. Konzeption und Werkzeuge sind auf eine flexible Handhabung eingestellt. Es liegt bei den am Projekt Beteiligten, Anwendungsbreite und Anwendungstiefe des

Baustellen-Controlling so zu wählen, dass der größtmögliche Nutzen verzeichnet werden kann. In diesem Zusammenhang wird auf Abschnitt A, Kap. 3.8 verwiesen. Um einer grundlegend falschen Einschätzung des Ganzen und der Details vorzubeugen, sei außerdem dringend empfohlen, die Kap. 3.11 bis 5 des Abschnitts A nachzulesen.

1 Die Ausgangssituation

1.1 Der Datenbestand des Projektes

Mit der Überführung des Datenbestandes in die Projektphase 3 gemäß Abschnitt C, Kap. 8 stehen sämtliche Informationen aus der Projektphase 2 in Form einer Kopie zur Verfügung, die nach Belieben fortgeschrieben werden kann. Der Datenbestand der Projektphase 2 bleibt von dieser Fortschreibung unberührt.

Ein beauftragtes Projekt erhält im Unternehmen eine Kostenstellennummer. Da diese Kostenstellennummer in den Abstimmungen zwischen den Projektbeteiligten immer wieder verwendet werden wird, ist dringend zu empfehlen, auch den Datenbestand zum Baustellen-Controlling unter dieser Kostenstellennummer zu führen. Während das Projekt in den Phasen 1 und 2 noch unter einer Nummer des Nummerierungssystems des Angebotsbereiches geführt wurde, erhält es mit dem Wechsel nach Phase 3 die Kostenstellennummer als Projektnummer in der baubetrieblichen Software.

Für den Fall, dass in der Projektphase 2 neben der bauseitigen Ausschreibung auch Sondervorschläge verhandelt wurden, muss natürlich die Projektvariante zur Überführung in die Projektphase 3 ausgewählt worden sein, die letztlich beauftragt wurde.

Der Datenbestand der Projektphase 3 enthält folgende Inhalte, die in der Fortschreibung im Zuge des Baustellen-Controlling aufgegriffen werden:

- Vertrags-LV mit Vertragspreisen und LV-Mengen bzw. Leistungsprogramm mit Pauschalvergütung bei Pauschalvertrag
- Sonstige Vereinbarungen zum Erlös wie Nachlässe, Zahlungsbedingungen, Gleitklauseln, Vertragsstrafen
- Einzelkostenzuschläge (EKZ) der Angebotskalkulation
- Kostenkalkulation mit VA-Mengen und sämtlichen Grundlagen der Kostenkalkulation in Form der Projektkataloge sowie mit BGK-LV
  (alles zunächst noch identisch mit Auftragskalkulation)
- Evtl. Mengenermittlungen zu VA-Mengen
- Nachunternehmerangebote zur Auftragskalkulation
- Budgetwerte (zur Fortschreibung in der Budgetplanung)
- UR-EKT (Kosten lt. Auftragskalkulation pro Mengeneinheit der Position)
- Evtl. Hinweise auf mögliche Nachträge
- Evtl. Hinweise auf Risiken

- Evtl. Bauablaufplanung mit Zuordnung von Teilleistungen zu den Vorgängen
- Bauvertrag mit allen Anlagen
- Sonstige Darstellungen oder Beschreibungen zur Bauleistung und zu gewählten Bauverfahren
- Im Bedarfsfall: Hinterlegkalkulation einschl. Einzelkostenzuschläge (EKZ) für BGK sowie AGK/WuG
- Evtl: Regelungen für Projektfinanzierung (nicht Gegenstand des Baustellen-Controlling)

1.2 Kenntnis der Bauleistungen und deren Ausführungsbedingungen

Die Planungsschritte des Baustellen-Controlling sollen eine zuverlässige und ergebnisorientierte Arbeitsgrundlage für die Ausführung liefern. Die vorgesehenen Arbeitsweisen und Abläufe sollen das kostengünstigste Verfahren der Ausführung sein, es sollen die Möglichkeiten zur Optimierung der Erlöse aufgezeigt sein, die Planungen sollen eine sichere und optimale Disposition der Bauleistungen und der benötigten Ressourcen ermöglichen, es sollen alle wichtigen Hinweise gegeben sein, die für die Steuerung von Bautätigkeit und für die betriebswirtschaftlich orientierten Anstrengungen erforderlich sind.

Eine der Voraussetzungen dafür, dass die Planungen alle diese Anforderungen erfüllen, ist die Kenntnis über die auszuführenden Bauleistungen und Hilfsmaßnahmen mit ihren jeweiligen Randbedingungen der Ausführung. Diese Kenntnis erhält man über

- Ausführungspläne
- Leistungsbeschreibungen
- Baugrundaufschlüsse, Gutachten etc.
- Kenntnis der Örtlichkeit

Die Bauleitung, die sich die umfassenden Kenntnisse zur Örtlichkeit der Baustelle mit all ihren Einflussgrößen (Topografie, Umgebung, Verkehrsverhältnisse, Hindernisse etc.) nicht bereits vor der Auftragserteilung verschafft hat, hat leichtfertig gehandelt. Es muss vorausgesetzt werden, dass vollständige Kenntnis zum Zeitpunkt der Auftragserteilung vorliegt, soweit diese vor Aufnahme der Bauarbeiten erreichbar ist. Sollten größere Unsicherheiten in der Beurteilung von Einflüssen aus der Örtlichkeit bestanden haben, müssten diese eigentlich im Zuge der Vertragsverhandlung mit dem AG besprochen und geregelt worden sein.

Es gibt kein Projekt, bei dem zum Zeitpunkt der Auftragserteilung sämtliche Kenntnisse ohne jegliche Unsicherheit vorliegen. Es gibt immer zumindest folgende "Unbekannte", welche möglicherweise Einfluss auf die zu erbringenden Leistungen nehmen:

- Handlungen bzw. Unterlassungen durch den Auftraggeber
- Baugrund und Grundwasserverhältnisse
- Naturgewalten

In der Ausführungssparte der Bauwerkssanierung bzw. Bauwerksrestaurierung gibt es eine spezielle Einflussgröße, die es mitunter nahezu unmöglich macht, den Leistungsumfang sicher vorherzubestimmen:

- Eigenschaften und Zustand des Altbaubestandes

Die zuerst genannten zwei "Unbekannten" sind hinsichtlich ihrer Folgen auf die Teilleistungen nicht qualifizierbar für eine Planung, selbst wenn man etwas ahnt, weil man AG und Baugrund besser kennt. Da der Baugrund dem AG "gehört" und der AN nicht für Abweichungen von den beschriebenen Verhältnissen verantwortlich gemacht werden kann, bestimmen die Verträge in der Regel, dass das Risiko für Einflüsse aus dem Baugrund vom AG zu übernehmen ist. Aber trotz vertraglicher Regelung ist der Baugrund natürlich eine Unbekannte in der Planung, der auch mit Baugrundaufschlüssen nicht nach Belieben beizukommen ist. Erst zum Zeitpunkt der Ausführung von Aushub und Bauwerksgründung gibt es abgesicherte Informationen.

Ob Naturgewalten auf den Leistungsumfang Einfluss haben werden und in welcher Art, weiß niemand. Bei einer Baustelle am oder im Wasser oder unter Abhängen wird man zwar Vorsorgemaßnahmen mit vorbestimmbarem Leistungsvolumen treffen; ob aber dennoch Schaden mit Auswirkung auf das Leistungsvolumen zu verzeichnen sein wird, ist unbekannt.

Bei Sanierungs-/Restaurierungsarbeiten muss der AG den Ausschreibungen sorgfältige Untersuchungen des Baubestandes vorausgehen lassen. Dennoch kann nicht ausgeschlossen werden, dass im Zuge der Ausführung der dann endgültig festgestellte Zustand des Bauwerks von den ursprünglichen Annahmen abweicht.

Man kann sich zunächst nur damit trösten, dass Zusatzkosten, die derlei Einflüsse verursachen könnten, ganz oder teilweise im Risiko des AG oder von Versicherungen liegen.

Wir müssen weiterhin die Tatsache zur Kenntnis nehmen, dass bei fast allen Projekten zum Zeitpunkt der Auftragserteilung die Detailplanungen des Bauwerks und evtl. Hilfsmaßnahmen (Baugrube, Verbau, Rüstungen etc.) mehr oder weniger unvollständig sind oder auch gar nicht vorliegen. Folglich sind auch die Leistungsbeschreibungen bzw. Leistungsprogramme unvollständig oder unrichtig und auch nur bedingt überprüfbar. Die Kenntnislage ist also mehr oder weniger unzureichend für die Planungsschritte des Baustellen-Controlling. Ein solcher Mangel wirkt sich immer negativ auf die Kosten aus; er muss folglich so schnell wie möglich beseitigt werden.

Die fehlende Detailplanung ist der Standardfall bei den Pauschalaufträgen des Schlüsselfertigbaus. Daraus sind schon in der Angebotsphase erhebliche Unsicherheiten entstanden. Da mit der Pauschalierung zudem das Risiko aus der Detailplanung weitgehend dem AN zugewiesen wird, ist diese Art von Aufträgen mit erhebliche Risiken für den AN verbunden. Diesen Risiken kann er in der Angebotsphase nur mit sehr großer Erfahrung und in der Ausführungsphase nur mit größtem Nachdruck auf frühestmögliche Durchführung der Detailplanung begegnen.

1.3 Kenntnis der angenommenen und der verfügbaren Ressourcen

Aus der für die Projektphase 3 bereitgestellten Auftragskalkulation, die nunmehr als Arbeitskalkulation fortzuschreiben ist, kann entnommen werden, welche Ressourcen gemäß den bisherigen Annahmen zum Einsatz kommen sollten. Entweder aufgrund einer integrierten Bauablaufplanung oder aufgrund der Bauerfahrung liegt zu den wichtigsten Ressourcen auch die Information über Zeitpunkt und Umfang des Einsatzes vor.

Information über Ressourcen lt. Annahmen der Auftragskalkulation:

- Personal: Art, Zeitraum, Anzahl
- Gerät: Typ, Zeitraum, Anzahl
- Material: Art, Zeitraum, Menge
- Nachunternehmer: Gewerk, Zeitraum, Umsatz

Da es Aufgabe der Arbeitskalkulation ist, die Herstellmethoden und dafür einzusetzenden Mittel gemäß tatsächlich gewählter Ausführungsart abzubilden, muss voruntersucht werden, welche Ressourcen zur Verfügung stehen könnten. Es können letztlich nur die Ausführungsarten gewählt werden, für welche die geeigneten Ressourcen in ausreichender Menge zur Verfügung stehen oder beschafft werden können.

Bei Baustoffen und Nachunternehmerleistungen, die "fremde" Ressourcen sind, kann man in der Regel und abgesehen von Entwicklungsländern davon ausgehen, dass sie zum geforderten Zeitpunkt in ausreichendem Umfang zur Verfügung stehen. Allerdings muss hier zumindest beachtet werden, dass die Beauftragung um so früher erfolgen muss, je spezieller oder seltener die Anforderungen an Material oder Leistung sind.

Immer aber ist eine Analyse hinsichtlich der Verfügbarkeit der sonstigen Ressourcen wie Personal, Gerät und Ausstattungen erforderlich, soweit die Bereitstellung aus eigenen Beständen grundsätzlich in Frage kommt.

Zunächst muss eine Vorstellung darüber bestehen, welche Herstellmethoden eine wirtschaftliche Durchführung der Bauleistungen ermöglichen würden. Nur so kann die Situation in verfügbaren Ressourcen zielgerichtet analysiert werden. Ein Anhaltspunkt dafür ist immer die vorhandene Auftragskalkulation. Je mehr Bauerfahrung und aktuelles Wissen in diese Kostenkalkulation eingeflossen ist, um so eher werden die dort beschriebenen Herstellmethoden nunmehr tatsächlich für die Ausführung in Frage kommen. Eine technische Arbeitsvorbereitung (Geräte, Schalung, Rüstung, etc.) kann zur weiteren Klärung beitragen.

Die Entscheidung über die wirtschaftlichste Herstellmethode ist eine Entscheidung auf der Grundlage von technisch orientierten Vorschlägen und der darauf basierenden Kostenkalkulation. Meistens sind dabei auch noch Überlegungen zum Bauablauf einzubeziehen. Das ganze ist ein iterativer Prozess aus Untersuchung der technischen Möglichkeiten und deren Kosten. Mit guter Praxiserfahrung lässt sich dieser Prozess abkürzen, weil dann oft kein Zweifel an der wirtschaftlichsten Methode besteht. Dennoch sei vor vorschnellen Schlüssen gewarnt: Mit der Einstellung "Das haben wir schon immer so gemacht" wird nicht zwangsläufig auch das optimale Ergebnis erzielt.

Die Kenntnis der verfügbaren Ressourcen spielt bei der Entscheidung eine Rolle, sie ist aber andererseits nicht zwangsläufig entscheidend für die Wahl der Herstellmethode. Stehen die Ressourcen, welche die "Wunschmethode" voraussetzt, zur Verfügung, so wird dies die Entscheidung erleichtern bzw. eindeutig machen. Stehen sie nicht oder nur teilweise zur Verfügung, setzt die Entscheidung meist Überlegungen unter Einbeziehung der Unternehmensinteressen und der derzeitigen und zukünftigen Marktlage voraus, z.B. wenn es um Investitionen in Geräte und Ausrüstungen geht oder deren Anmietung. Hier wird die Notwendigkeit des Zusammenwirkens zwischen Baustellen-Controlling und Unternehmens-Controlling deutlich. Fehlende Ressourcen können u.U. weder selbst bereitgestellt, noch gekauft, noch angemietet werden, z.B. Personal mit bestimmten Qualifikationen. Dann muss u.U. die Herstellmethode in der Weise geändert werden, dass die Ausführung ein Nachunternehmer übernimmt, der über die fehlenden Ressourcen verfügt.

Die Untersuchung, ob die Ausführung durch Nachunternehmer die wirtschaftlichste Methode sein könnte, sollte niemals außer Acht gelassen werden. Wenn Gefahr besteht, dass die Mitwirkung eines NU störend in der Organisation und Durchführung der gesamten Bauleistung sein könnte, so müssen solche Einflüsse bei der Wirtschaftlichkeitsuntersuchung einbezogen werden. Je bedeutender der von einer Entscheidung abhängige Kostenbereich ist, um so mehr wird die Kenntnis der verfügbaren Ressourcen, aber auch die Interessenslage des gesamten Unternehmens eine Rolle spielen. Ein Extremfall ist z.B. die Entscheidung, ob ein Rohbau weitgehend in Eigenleistung oder komplett in Fremdleistung ausgeführt werden soll. Eine solche Entscheidung kann nicht alleine aus Projektsicht heraus gefällt werden.

Nun muss man natürlich bedenken, dass die Kenntnis der <u>momentan</u> verfügbaren Ressourcen alleine nicht genügt. Es ist die Kenntnis darüber erforderlich, <u>wann</u> welche Ressource in welcher Menge zur Verfügung stehen wird, weil ja die Ressourcen nicht heute, sondern zu bestimmten Zeitpunkten des Projektes benötigt werden. Solche Informationen werden geschaffen aus dem Vergleich der vorhandenen Ressourcen mit den zeitabhängig dargestellten Anforderungen aus <u>allen</u> bestehenden Aufträgen. Auch hieraus wird die Notwendigkeit des Zusammenwirkens zwischen Baustellen-Controlling und Unternehmens-Controlling deutlich, insbesondere aber auch die Notwendigkeit, dass aus der Planung des Baustellen-Controlling jedes einzelnen Projektes die Informationen hervorgehen, wann welche Ressource in welcher Menge benötigt wird. Die Verfügbarkeit der derzeit vorhanden Ressourcen auf Grund der bestehenden Auftragslage ist also auch zeitabhängig bekannt. Lediglich die Anforderungen aus noch nicht bekannten Aufträgen sind unbekannt. Eine gewisse Unsicherheit besteht darin, dass in der Vorausschau Veränderungen im Ressourcenbestand nur bedingt vorhersehbar sind. Sogar das aktuell zu planende Projekt kann darauf einen Einfluss haben, wenn es zu Investitionen führt.

Die Erkenntnisse zur Verfügbarkeit der Ressourcen bestimmen nicht zwangsläufig über die Art der Entscheidung. Manche Erkenntnisse können eine Entscheidung bestimmter Art erzwingen, andere Erkenntnisse sind nur Anhaltspunkte dafür, in welche Richtungen Entscheidungen möglich und sinnvoll sind. Je weiter der Zeitpunkt des Bedarfs einer Res-

lungen Regelungen durchzusetzen, die den Zeitpunkt der Bereitstellung der Pläne bestimmen, und zwar für drei Fälle:

a) in ausreichender Genauigkeit für die Zwecke des Baustellen-Controlling

b) in ausreichender Genauigkeit für die technische Arbeitsvorbereitung

c) in genehmigter Form zur Durchführung der Arbeiten

Man kann dem AG in der Vertragsverhandlung durchaus deutlich machen, dass eine frühe Bereitstellung der Pläne dabei hilft, die Kosten zu senken und den Termin zu halten. Einen entsprechenden Vorteil könnten sich beide Seiten teilen.

Ist der AN selbst für die Detail-Bauwerksplanung verantwortlich, so muss diese Aufgabe intern mit der größten Energie angegangen werden. Es ist unbestreitbar, dass die Ursachen für die größten Verluste bei Projekten vor allem des Schlüsselfertigbaus in der zu späten Bereitstellung der Ausführungspläne liegen. Schon das Problem, dass z.B. die Aussparungen eines Betonunterzuges durch die Detailplanung der Lüftungskanäle bestimmt werden, ist eben nur dadurch zu lösen, dass die Planung der Lüftung sofort angegangen wird. Die vielfältigen und oft äußerst kostentreibenden Probleme daraus, dass Leistungsverzeichnisse der Ausschreibungen von Nachunternehmerleistungen und damit deren Verträge und Dispositionen unvollständig oder gar falsch sind, können nur durch frühzeitige Planungen beseitigt werden. Viel zu oft orientiert man sich bei der Bestimmung der Planungstermine nur an den Ausführungsterminen des betreffenden Gewerkes. Baustellen-Controlling muss aufzeigen, wann diese Planungen tatsächlich beendet sein müssen, auch unter Einbeziehung der ureigensten Belange des Baustellen-Controlling.

Auf den Mangel aus fehlenden oder nicht endgültigen Planunterlagen kann und muss man reagieren. Die frühzeitige Analyse der Grundlagen zur Bestimmung des Leistungsumfangs muss diesen Mangel aufzeigen. Dann muss mit allen Kräften darauf hingewirkt werden, dass der Mangel so schnell wir möglich beseitigt wird. Schon dies ist eine der wichtigen Aufgaben des Baustellen-Controlling. Vergl. hierzu auch Abschnitt E, Kap. 3.1.3.

Der Leistungsumfang muss als Grundlage für die Planungsschritte des Baustellen-Controlling vorab bestimmt werden. Er wird trotz möglicher Unsicherheiten definiert, soweit es die Kenntnislage erlaubt, gleich ob in endgültiger Größe oder in wahrscheinlich anzunehmender Größe. Analysen des Leistungsumfangs vor Ausführung führen immer zu vorläufigen Ergebnissen. Jeweils vor und während der Ausführung müssen der tatsächliche Leistungsumfang sowie die Abweichungen von den ursprünglichen Vorgaben festgestellt werden. Je größer und vielfältiger die Unsicherheiten zu Beginn des Projektes sind, um so mehr kommt es darauf an, der laufenden Analyse des tatsächlichen Leistungsumfangs größte Aufmerksamkeit zu widmen, und zwar jeweils auch so früh wie möglich. Trotz der Unsicherheiten zu einem frühen Zeitpunkt ist die – wenn auch vorläufige – Bestimmung des Leistungsumfanges so wichtig, weil dieser angenommene Leistungsumfang die Grundlage ist für jeglichen Vergleich aufgrund später veränderter Randbedingungen.

Nur, wer seine ursprüngliche Planung belegen kann, kann nachweisen, was sich geändert hat und welchen Einfluss die geänderten Randbedingungen auf die Wirtschaftlichkeit der Arbeiten haben werden oder hatten.

Der Leistungsumfang wird beschrieben über

- **Teilleistungspositionen in Leistungsverzeichnissen**
- **VA-Mengen dieser Teilleistungspositionen**

Zum Thema der Leistungsverzeichnisse in allgemeingültiger Sicht wird auf Abschnitt D, Kap. 3 verwiesen, dessen Kenntnis hier vorausgesetzt wird. Dort sind beschrieben:

- Die verschiedenen Arten von Verzeichnissen, in den Teilleistungen beschrieben und geordnet sein können.
- Die Besonderheiten auf Grund der Verzeichnisse von Stundenlohnarbeiten
- Die spezielle Eigenschaft der Erlöspositionen und Kostenpositionen
- Die Mengenarten der Teilleistungen
- Die Fortschreibung der Leistungsverzeichnisse und der Mengen
- Die Sonderpositionsarten
- Die Möglichkeiten des Ausklammerns von Teilleistungen

Wichtig ist die Aussage in dem dortigen Kapitel, dass die Arbeitskalkulation sämtliche Leistungsverzeichnisse umfasst und diese dort zu einer Einheit mit Komplettaussagen zum Gesamtprojekt zusammenführt.

2.2 Leistungsverzeichnisse bei Einheitspreisvertrag

Ist ein Einheitspreisvertrag geschlossen, so liegt ein Vertrags-Leistungsverzeichnis vor, das einen Leistungsumfang des Projektes beschreibt und die Vergütung dafür regelt. Diese Beschreibung muss aber nicht zwangsläufig vollständig und richtig sein. Schwächen in dieser Beschreibung haben Gründe, die auf Seiten des AG und dessen Vertretern liegen.

Wenn der AG unmittelbar nach Auftragserteilung für das Gesamtbauwerk kaum mehr als Entwurfspläne zur Verfügung stellen kann, so sind große Unsicherheiten im Vertrags-LV offensichtlich. Noch bedenklicher wird es, wenn die ersten Bauarbeiten nach vorläufigen Plänen ausgeführt werden müssen.

Unsicherheiten im Vertrags-LV sind auch daran zu erkennen, wenn ein Ausschreibungs-LV eine Vielzahl von Alternativ-, Bedarfs- oder Eventualpositionen enthält. Auch eine große Auswahl von Leistungsarten im Stundenlohn mit großen LV-Mengen zeugt von Unsicherheit. Meist wollte man darüber zunächst nur eine finanzielle Reserve für "vergessene" Teilleistungen in den Vertrag einbringen. Bei einem Sanierungsprojekt können allerdings Stundenlohnarbeiten größeren Umfangs begründete Absicht sein, wenn Leistungen aufgrund sehr variabler oder unbekannter Randbedingungen aus dem Baubestand am sinnvollsten in dieser Art abgerechnet werden.

Das Vertrags-LV muss überprüft werden, soweit es die verfügbaren Planunterlagen erlauben. Zu überprüfen sind

- die Beschreibung der Teilleistungen auf Vollständigkeit und Richtigkeit

- die Mengen der Teilleistungen

Solche Überprüfungen müssten bereits in der Phase vor der Auftragserteilung durchgeführt worden sein (vergl. Abschnitt C). Es kann allerdings sein, dass die Planunterlagen, die jetzt nach der Auftragserteilung zur Verfügung gestellt werden, eine bessere Beurteilung erlauben, so dass zumindest eine punktuelle Überarbeitung sinnvoll ist. Sollten die Plan- und sonstigen Unterlagen keine ausreichende Beurteilung des Leistungsumfangs zulassen, so muss dies "offiziell" festgestellt und eine Änderungen dieses Zustandes angemahnt werden. Es kann nicht oft genug betont werden, wie wichtig diese Feststellungen und die darauf aufbauenden Handlungen sind.

Die Überprüfung der einzelnen Positionen ist um so wichtiger, je größer der Kostenanteil dieser Positionen an den Gesamt-Projektkosten ist. Stellvertretend kann man sich auch an der Gewichtung des Erlöses orientieren, obwohl die Relationen zwischen Kosten und Erlös bei den Positionen nicht identisch sein müssen.

Zumindest die Projektauswertungen nach der Gewichtung des Erlöses der Positionen werden üblicherweise von den Softwareprodukten angeboten. Ideal ist, wenn entweder "Kosten" oder "Erlös" sowie weitere Kriterien zur Ausgabe der "Schwerpunktpositionen" angegeben werden können, z.B. wie in Abbildung 81 gezeigt, dort bezogen auf "Kosten".

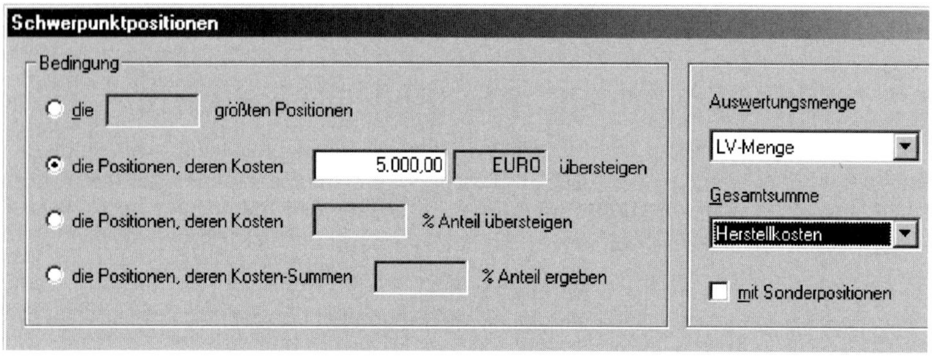

Abbildung 81: Kriterienwahl für Schwerpunktpositionen

Die gemäß den angegebenen Kriterien in Frage kommenden Positionen werden dann in absteigender Reihenfolge gemäß ihrer Gewichtung ausgegeben. Diese Ausgabe, z.B wie in Abbildung 82 zu sehen, ist eine Hilfe für die Auswahl der Positionen, auf die man sich bei der Überprüfung zunächst konzentrieren will. Natürlich wird man meistens mehrere Positionen in einem Zusammenhang bearbeiten, d.h. man wird nicht grundsätzlich nach der Reihenfolge der Positionen im Ausdruck vorgehen.

Das Ergebnis der Überprüfung wird festgehalten:

- In Form von Notizen zur textlichen Beschreibung, soweit diese für interne Zwecke zu komplettieren ist.
- In Form von internen Hinweisen zu möglichen Nachträgen

- sofern die Analyse anhand der Pläne aufdeckt, dass ein Einfluss auf die Kosten vorhanden ist, der aufgrund der Beschreibung nicht im Angebotspreis berücksichtigt werden musste.
- sofern im Vertrags-LV Teilleistungen vergessen wurden, die wahrscheinlich aber vom AN auszuführen sein werden.

- In Form der VA-Mengen ergänzend zu den LV-Mengen des Vertrags-LV (Zum Verfahren der Ermittlung der VA-Mengen wird auf das folgende Kap. 2.4 verwiesen.)

Natürlich wäre es sinnvoll, wenn der AG bzw. dessen Vertreter die Berechnung der Teilleistungsmengen übergeben würde, die zu den LV-Mengen geführt haben. Dann hätte der AN nicht nur die Information über die Gesamtmengen, sondern auch über Teilmengen in einzelnen Bauteilen. Diese Information braucht er nämlich, wenn er die Teilleistungen den Bauvorgängen der Ablaufplanung zuordnen will, um zu einer Ressourcenplanung zu kommen. Noch besser wäre es, wenn sogar das Raumbuch zur Verfügung gestellt würde, aus dem die Zuordnung der Teilleistungen zu den räumlichen Einheiten mit entsprechenden Teilmengen zu entnehmen ist. Dieses Raumbuch müsste als Arbeitsgrundlage zum Generieren der Ausschreibungs-LV's zur Verfügung stehen, wenn der Ausschreibende seinen Sorgfaltspflichten zur Vorbereitung des Projektes nachgekommen ist.

Liste der Schwerpunktpositionen

Projekt: Muster_Contr Musterprojekt zur Wissensvermittlung

Suchergebnis auf Grund folgender Einstellungen:
Gesamtsumme: Herstellkosten 2.833,736,49 Euro
Auswertungsmenge: LV-Menge
Suche nach Positionen über 5.000,00 Euro
Sonderpositionen nicht enthalten

Bauseitiges LV

1	1.1.4. 31.	Beton B25 für Massivplatten d = 20 cm einschl. Schalung		
		2.050,000 m³	412.603,50 Euro	
		14,560 % von HK		
2	1.1.4. 10	Beton B25 für Wände d = 19 - 20 cm einschl. Schalung		
		700,000 m³	290.192,00 Euro	
		10,240 % von HK		
3	1.1.1. 2.	Vorhaltekosten der Baustelleneinrichtung		
		1,000 psch	234.783,03 Euro	
		8,290 % von HK		
4	1.1.4. 38	Betonstahlmatten liefern, biegen und verlegen		
		190,000 t	213.214,20 Euro	
		7,520 % von HK		

Abbildung 82: Ausgabe von Schwerpunktpositionen

Leider treffen wir am Markt zu oft die Verhältnisse an, dass diese Informationsübergabe nicht stattfindet, zum Schaden des Projektes, zum Schaden aller Beteiligten. Der beklagenswerte Zustand setzt sich fort, wenn der AN dann seinerseits Informationen zurückhält, die hilfreich im Sinne aller sein könnten, wenn denn nur alle darüber verfügen würden. Es wird auf Abschnitt C, Kap. 3 verwiesen, wo diese Problematik behandelt ist.

Die Mengen der Sonderpositionsarten (Wahl-, Bedarfs, Regiepositionen etc.) müssen immer analysiert werden. Wenn keine Informationen vorliegen, werden die VA-Mengen zunächst auf 0,00 gesetzt, d.h. man bezieht diese Positionen vorläufig nicht in die Planungen ein. Diese Maßnahme könnte bereits mit dem Wechsel des Projektes von der Phase 2 (Auftragsverhandlung) in die Phase 3 (Ausführung) durchgeführt worden sein. Diesbezüglich wird auf Abschnitt C, Kap. 8 verwiesen.

Soweit die Leistungsbeschreibungen der einzelnen Positionen der LV's für die Zwecke der Arbeitskalkulation nicht ausreichen, werden die Beschreibungen intern ergänzt. Da ein solcher Bedarf oft erst im Zuge der Durchführung der Arbeitskalkulation erkannt wird, werden solche Ergänzungen der Beschreibungen weitgehend zusammen mit der Kalkulationsarbeit durchgeführt. Zu Einzelheiten wird auf das Kapitel zur Arbeitskalkulation verwiesen.

Das Vertrags-LV des Einheitspreisvertrages ist immer in der Hinsicht unvollständig, dass es dem AN nicht explizit sagt, welche Leistungen er unter den Oberbegriffen "Nebenleistungen" oder "Allgemeine Kosten" oder "Baustelleneinrichtung" zu erbringen hat. Es ist richtig, dass die Ausschreibung diese Einzelheiten nicht vorgibt, weil sie in der Entscheidungsfreiheit des AN liegen müssen. Dies gilt auch für umfangreiche Hilfsleistungen zur eigentlichen Leistung am Bauwerk wie z.B. das Lehrgerüst einer Brücke oder einen Baugrubenverbau oder – wie bereits erwähnt – die Baustelleneinrichtung. Für alle diese Bereiche muss sich der AN seine eigenen Leistungsbeschreibungen gemäß seiner Wahl der Herstellmethode und der Ausrüstungen schaffen.

Es kann sein, dass es in einem Projekt mehrere Auftraggeber mit getrennten Vertrags-LV's gibt. Ein solcher Fall könnte von vornherein geplant sein, z.B. wenn von einer Kommune ein Auftrag für eine Tiefbaumaßnahme erteilt wird und ein Energieversorger im Zuge dieser Baumaßnahme Arbeiten nach eigenem LV ausführen lässt. Die Situation mit weiteren AG und getrennten Vertrags-LV's kann sich auch erst später einstellen, z.B. wenn Anlieger einer Straßenbaumaßnahme dem AN kleinere Zusatzaufträge für Arbeiten auf ihrem Privatgelände geben. Der AN wird dortige Leistungen in der Regel nur zu höheren Preisen als im Hauptauftrag ausführen können, weil sie unter ungünstigeren Randbedingungen ausgeführt werden müssen. Die "Nebenaufträge" sind über gesonderte, also weitere Leistungsverzeichnisse abzubilden. Diese Leistungen werden vollkommen getrennt vom Hauptauftrag abgerechnet.

Übrigens sollte die vorstehend geschilderte Projektsituation mit Hauptauftraggeber und "Nebenauftraggebern" mit getrennten Vertrags-LV's nicht verwechselt werden mit der Situation, dass die Bauleistungen aus <u>einem</u> Vertrags-LV verschiedenen Kostenträgern zugewiesen und mit dieser Zuordnung abgerechnet werden müssen. Die Aufteilung der Leistungen auf Kostenträger für Zwecke der Abrechnung stellt im Hinblick auf das Baustellen-Controlling keine Sonderverhältnisse dar, solange für alle Kostenträger dasselbe Vertrags.-LV gilt.

Alle diese Überarbeitungen und Ergänzungen führen zu Erweiterungen der Beschreibungen des Gesamt-Leistungsvolumens. Es kann also im Projekt mehrere LV's geben:

- Vertrags-LV des Hauptauftrages
- BGK-LV (internes LV der umgelegten BGK)
- Vertrags-LV's zu Nebenaufträgen
- In ein LV umgewandelte Preisliste zu Stundenlohnarbeiten (siehe Abschnitt D, Kap. 3.1.

In den einzelnen Vertragspositionen gibt es folgende Mengen (siehe Abschnitt C, Kap. 3.5):

- LV-Mengen
- VA-Mengen

In den einzelnen Vertragspositionen kann es geben

- Interne Leistungsbeschreibungen oder Hinweise in Form von
  - Texten auf Positionsebene
  - Unterpositionen und dortige Beschreibungen (siehe "Arbeitskalkulation")

Leistungen, die zu zusätzlichen Erlösen führen sollen, können beschrieben sein in

- Nachträgen innerhalb bestehender Vertrags-LV's
- Nachträgen von speziellen Nachtrags-LV's

Sofern eine Regelung besteht, dass Nachtragspositionen nicht in Abschlagsrechnungen eingehen dürfen, solange sie nicht genehmigt sind, werden die nicht genehmigten Positionen mit der Eigenschaft "zur Abrechnung gesperrt" versehen. Aufmaße sind dann trotzdem möglich.

Neben dem (internen) BGK-LV (=Kostenposition, zur Abrechnung gesperrt) können auch Leistungen beschrieben sein in

- (internen) Kostenpositionen innerhalb bestehender Vertrags-LV's (ohne Erlös, für die Abrechnung gesperrt),

wenn es auf Grund der Belange des Baustellen-Controlling sinnvoll ist, bestimmte Leistungspakete oder Kostenbereiche aus Vertragspositionen herauszulösen (siehe Abschnitt D, Kap. 3.4 und Kap. 5.1.3.1).

Auch bestimmte Regelungen mit Einfluss auf den Erlös können schon früh oder auch erst später zu Ergänzungen in der Leistungsbeschreibung führen (vergl. auch Abschnitt D, Kap. 3.4 bzw. das spätere Kap. zur Arbeitskalkulation):

- Hilfspositionen zur Berücksichtigung von Pauschalnachlässen, die in Abschlagsrechnungen nur teilbewertet eingehen dürfen (= Erlösposition mit negativem EP).

- Hilfspositionen zur späteren Berücksichtigung einer Vertragsstrafe (= Erlösposition mit negativem EP)
- Nachtragspositionen für Abzüge wegen Qualitätsmängeln (= Erlösposition mit negativem EP)
- Interne Hilfsposition zur vorausschauenden Berücksichtigung des Erlöses aus einer Lohngleitklausel sowie zur Berücksichtigung der voraussichtlichen Mehrkosten (für die Abrechnung gesperrt)
- Nachtragspositionen zur Abrechnung einer Stoffpreisgleitklausel

Auf die verschiedenen Eigenschaften der Positionen und deren Auswirkungen wird in folgenden Kapiteln noch an Hand von Beispielen eingegangen. Hier genügt es festzuhalten.

Der Leistungsumfang kann über beliebige Positionen beschrieben werden, ganz oder teilweise unabhängig davon, welche Teilleistung in welcher Vertragsposition beschrieben ist. Zwingend ist nur, dass der Erlös über Vertragspositionen geregelt ist. Spezielle Eigenschaften der Positionen bewirken, in welchen Dokumenten welche Positionen erscheinen und wie Kosten und Erlös gewertet werden.

Mit dieser Art Flexibilität ist es möglich, das Leistungsvolumen in der Strukturierung zu beschreiben, wie sie aus internen Gründen günstig erscheint. Die Struktur eines Vertrags-LV muss zwar in der Gesamtstruktur enthalten sein, diese ist aber nur zwingend für die Abbildung der vertraglich vereinbarten Erlöse.

2.3 Leistungsverzeichnisse bei Pauschalvertrag

Sollte das Projekt per Leistungsprogramm ("funktionale Beschreibung") ausgeschrieben und angeboten worden sein, und ist der Auftrag auf dieser oder modifizierter Grundlage als Pauschalauftrag erteilt worden, so liegt seitens des AG keine Beschreibung des Leistungsumfanges in der Art vor, wie sie für die Zwecke des Baustellen-Controlling benötigt wird. Es sind von daher weder Teilleistungspositionen noch Mengen vorgegeben. Letzteres läge immerhin dann vor, wenn zunächst auf der Grundlage eines Teilleistungs-LV's angeboten und erst später die Vereinbarung zur Pauschalierung getroffen wurde.

Gibt es das Teilleistungs-LV des AG nicht, so muss der AN nicht nur eine Überprüfung vorhandener Beschreibungen durchführen, sondern er muss die Leistungsverzeichnisse selbst erstellen. Dies müsste er eigentlich schon zur Absicherung seines Angebotes getan haben. Fehlende Detailplanung und Zeitmangel in der Angebotsphase werden aber in der Regel nur grobe Beschreibungen zugelassen haben, aufgrund derer mehr eine Kostenschätzung als eine Kostenkalkulation durchgeführt wurde. In der Phase der Auftragsverhandlung sollte versucht worden sein, eine qualifiziertere Beschreibung des Leistungsumfangs zu Stande zu bringen. Der Umstand, dass die Detailplanung aber erst noch Gegenstand des Auftrages werden soll, setzt aber auch hier Grenzen.

Dennoch muss so schnell wie möglich nach Auftragserteilung eine zuverlässige Beschreibung des Leistungsumfangs zu Stande kommen, damit die Planungsschritte des Baustellen-Controlling auf solider Grundlage aufbauen. Handelt es sich um einen Auftrag im

Schlüsselfertigbau, so sind Ausschreibung und Vergabe von Nachunternehmerleistungen ein besonderer Schwerpunkt mit dem Zwang zur frühestmöglichen Erstellung der Leistungsverzeichnisse. Bereits in Abschnitt E, Kap. 1.2 wurde ausgeführt, dass die Durchführung der Detailplanung als Grundlage für die Leistungsverzeichnisse mit allergrößtem Nachdruck zu betreiben ist.

Die vertraglichen Regelungen zum Erlös beschränken sich auf einen Pauschalbetrag oder auf einige Teilpauschalbeträge. Ergänzend wird ein Zahlungsplan mit oder ohne Abhängigkeit von Bauzuständen bestehen. Die Pauschalvergütung für die Gesamtleistung ist in Beziehung zu bringen mit dem Ordnungssystem der Leistungsverzeichnisse, in denen die zugehörigen Teilleistungen beschrieben werden, da im Baustellen-Controlling eine Betrachtung von Erlös und Kosten stattfindet.

Alle Teilleistungspositionen zu Vertragspauschalen sind reine Kostenpositionen, d.h. sie enthalten nur die Kostenansätze, aber keinen Vertragserlös. Kostenpositionen haben ausschließlich interne Bedeutung. In der verwendeten Software muss es die Eigenschaft der Kostenposition geben. Sie sollte automatisch vergeben werden, wenn Teilleistungspositionen in der Hierarchie der Leistungsverzeichnisse unterhalb einer Vertragspauschalen angeordnet sind. Obwohl die Kostenpositionen keinen Preis haben, haben sie im Ausführungsfall einen Leistungswert, weil der Leistungswert gemäß Abschnitt D, Kap. 9.3 nicht über den Positionserlös, sondern über die Kosten und den mittleren Projekt-Deckungsbeitrag in % ermittelt wird.

Wurde ein Leistungsverzeichnis selbst aufgestellt, gibt es eigentlich keine LV-Mengen, wenn man LV-Mengen als die Mengen lt. Ausschreibung bzw. als die Vertragsmenge ansieht. Es gibt aber immer die VA-Mengen. Die LV-Menge ist dann entweder identisch mit der VA-Menge, oder es gibt eine andere LV-Menge, z.B. weil das Teilleistungs-LV bereits in der Angebotsphase aufgestellt und mit Mengen versehen wurde.

Wenn man davon absieht, dass es zu den Teilleistungspositionen keinen Vertragserlös und keine Abrechnungsmengen gibt, sind die Verhältnisse identisch mit der Situation bei Einheitspreisvertrag: Das Leistungsvolumen ist über Leistungsverzeichnisse sowie VA-Mengen der Positionen zu beschreiben. Auch Nachträge an den AG kann es geben, sofern Teilleistungen verlangt werden, die so nicht dem Leistungsprogramm zu entnehmen waren. Vertragsstrafen oder Abzüge von Erlös für Qualitätsmängel sind ebenfalls möglich.

Eher nicht vorkommen werden

- Lohngleitklausel
- Stoffpreisgleitklausel
- Prozentuale oder pauschale Preisnachlässe.

2.4 Die Ermittlung der VA-Mengen

Es sei zunächst die Definition der VA-Menge aus Abschnitt D, Kap. 3.5 wiederholt:

- **VA-Menge (voraussichtliche Ausführungsmenge):**
  für die internen Betrachtungen maßgebende, realistisch eingeschätzte Gesamtmenge. Bei Positionen mit größerem Gewicht möglichst durch eine genügend genaue Mengenermittlung abgesichert.

  Die VA-Menge wird während der Bauzeit modifiziert, wenn neue Erkenntnisse vorliegen.

  Die VA-Menge kann nicht kleiner sein als die LE-Menge. Günstig ist es, wenn die Software per Definition "VA-Menge ≥ LE-Menge" die Anhebung der VA-Menge mindestens auf den Wert der LE-Menge automatisch übernimmt.

Jede Mengenermittlung ist Arbeit; sie kostet Geld. Wenn diese Arbeit alleine für die Zwecke des Baustellen-Controlling getan werden muss, d.h. wenn sie nicht gleichzeitig der Ermittlung der Abrechnungsmengen im Falle eines Einheitspreisvertrages dient, so muss sie nicht weiter ausgestaltet werden, als es die internen Belange erfordern. Das heißt: genügend genau für die Grobdispositionen der Baustelle und für die vorausschauenden Kosten-, Erlös- und Ergebnisbetrachtungen.

In der Regel liegen für die Ermittlungen der VA-Mengen noch nicht die endgültigen Ausführungspläne der Baumaßnahme vor. Manche Teilleistung wird u.U. noch gar nicht direkt aus den Plänen ersichtlich sein. Daraus folgt ohnehin, dass Ungenauigkeiten in Kauf zu nehmen sind. Daraus folgt im Falle eines Einheitspreisvertrages auch, dass die Mengenermittlung auf dieser Grundlage nur sehr begrenzt den Zwecken der Bauabrechnung mit dem AG dienen kann, so dass die Ermittlung der VA-Mengen unabhängig von dem Detailaufmaß betrieben werden sollte. Aber selbst, wenn die endgültigen Ausführungspläne vorliegen würden, wäre der Zeitbedarf für ein Aufmaß in Abrechnungsgenauigkeit zu groß, d.h. die Ergebnisse der Mengenberechnung würden nicht frühzeitig genug vorliegen.

Im Falle eines Einheitspreisvertrages mit LV des AG wird man in Leistungen untergeordneter Bedeutung zunächst unterstellen

VA-Menge = LV-Menge,

es sei denn, dass ein Fehler in der LV-Menge offensichtlich ist. Vielleicht besteht später noch die Möglichkeit zu einer Überprüfung. Geben die Planunterlagen keinerlei Auskunft zu einer Teilleistung, so kann höchstens Bauerfahrung zu einer besseren Erkenntnis gegenüber der LV-Menge verhelfen, z.B. bei der Überprüfung der Menge des Betonstahls in Abhängigkeit von der Betonmenge.

Bei Leistungen des Vertrags-LV mit größerem Gewicht sollte eine Mengenüberprüfung stattfinden. Um den Aufwand in vertretbaren Grenzen zu halten, sollte in wichtigen Einflussgrößen auf die Gesamtmenge möglichst sorgfältig ermittelt werden; in nebensächlichen Einflussgrößen kann großzügig verfahren werden.

Auf die VA-Mengen in Sonderpositionsarten (Alternativ-, Bedarfspositionen etc.) wurde bereits in Abschnitt C, Kap. 8 und Abschnitt D, Kap. 3.7 eingegangen. Deren VA-Mengen werden im Zweifelsfall zunächst mit 0,00 angesetzt.

Muss ein LV im Falle eines Pauschalvertrages selbst aufgestellt werden, so ist jede ermittelte Menge gleichzeitig die LV- und die VA-Menge.

Die Ermittlung der VA-Mengen muss so strukturiert werden, dass sie auch zu den unbedingt benötigten Teilmengen führt. Zur Erinnerung (Abschnitt D, Kap. 3.5):

- **Teilmenge:**
  Menge einer Teilleistung, die in einem bestimmten Bauteil/Bauvorgang vorkommt.

  Dabei gilt:
  Summe aller Teilmengen einer Teilleistung = VA-Menge der Teilleistung

Vor der eigentlichen Mengenermittlung muss eine Strukturierung der Baumaßnahme und ihrer Hilfsmaßnahmen vorgenommen werden, die letztlich der Planung der Bauvorgänge und zugehörigen Vorgaben dient. Dafür werden zu den Bauvorgängen die jeweils zugehörigen Teilleistungen mit ihren Teilmengen benötigt. Dies bedeutet:

Vor der eigentlichen Ermittlung der VA-Mengen der Teilleistungen müssen die Bauvorgänge definiert werden, mit denen in der Bauablaufplanung die Baumaßnahme strukturiert dargestellt werden soll. Die Mengenermittlung erfolgt dann bezogen auf die einzelnen Bauvorgänge, d.h. es werden Teilmengen der Teilleistungen in den Bauvorgängen ermittelt. Die Summe der Teilmengen einer Teilleistung aus allen Bauvorgängen ist die VA-Menge der Teilleistung.

Für die Fälle, in denen fehlende Planununterlagen eine Mengenermittlung untergeordneter Teilleistungen verhindern - und insbesondere pro Bauvorgang – , muss das Verfahren, das die Software anbietet, die Möglichkeit bieten, Gesamtmengen (z.B. die LV-Menge) prozentual auf Bauvorgänge zu verteilen. Dieses Verfahren wird in Abschnitt F, Kap. 3 beschrieben.

Das "klassische" Verfahren in der erwähnten Art ist die Aufbereitung des Projektes über das "Raumbuch". Dieses Verfahren wird vorrangig im Hochbau verwendet, um die Ausschreibungs-LV's vorzubereiten. Es ist zwar nicht Aufgabe dieser Veröffentlichung, die Arbeitsmöglichkeiten über das Raumbuch ausführlich zu beschreiben; da aber der Kern des Verfahrens identisch ist mit der oben beschriebenen Arbeitsweise, sei hier doch kurz darauf eingegangen.

Die Elemente eines Raumbuches sind räumlich begrenzte Einheiten des Projektes. Die Summe aller Einheiten stellt das Gesamtprojekt dar. Jede dieser Einheiten wird mit sämtlichen Arten von Teilleistungen belegt, die zu dieser Einheit gehören. Grundlage für diese Arbeit sind verfügbare Standard-LV's irgendwelcher Art, in denen die Leistungsarten beschrieben sind. Zu jeder Teilleistungsposition des Raumes wird die Teilleistungsmenge im Raum ermittelt. Nach Abschluss dieser Detailarbeit wird die Summe aller "Räume" nach Teilleistungen in der Ordnung der Teilleistungen ausgewertet, woraus die einzelnen

Gewerke-LV's entstehen. Die Gesamtmengen der einzelnen Teilleistungen sind deren LV-Mengen. Zu jedem "Raum" ist aber auch das Teil-LV mit Teilmengen bekannt.

Setzt man "Raum" = "Bauvorgang", so entspricht dieses Verfahren genau dem Verfahren der Definition von Bauvorgängen mit der Zuordnung von Teilleistungen mit Teilmengen. Löst man sich nun bei dem Begriff "Raum" von der strengen Definition wie z.B. "Raum Nr. 203" oder "Küche", "Wohnraum" etc. und versteht unter "Raum" jede Art von Projekteinheit wie z.B. auch "Baustelleneinrichtung", "Decke über EG", "Brückenpfeiler D", "Baugrube" etc. so können bereits über das Raumbuch alle Belange des Baustellen-Controlling berücksichtigt werden, gleich ob es sich um einen Hochbau, Tiefbau oder eine sonstige Art von Baumaßnahme handelt.

Im Raumbuch muss man aber eine gewisse Beweglichkeit in der Definition der Einheiten walten lassen, damit die Ermittlung der Teilmengen nicht überflüssige Arbeit macht. Verschiedene Arten von Teilleistungen bedingen unterschiedliche räumliche Strukturen. So macht es z.B. in der Regel keinen Sinn, Konstruktionsteile eines Hochbaus auf einzelne Büroräume zu beziehen. Die Einheit "Massivplatte d = 20 über EG" wird durch ihre Außenabmessungen beschrieben; eine Zuordnung zu Zimmern wäre vollkommen überflüssig. Hingegen müssen viele Teilleistungen der Ausbaugewerke pro Raum betrachtet und berechnet werden. Im Raumbuch werden also räumliche Strukturen in Abstimmung mit dem Bedarf pro Gewerk festgelegt und benutzt. Im vorstehenden Beispiel gibt es dann bei den Einheiten gemäß der Struktur des Rohbaus keine Teilleistungen aus Ausbaugewerken und bei den Einheiten gemäß der Struktur der Räume keine Teilleistungen der Stahlbetonarbeiten.

Außerdem muss man sich im Raumbuch von der strengen Auslegung trennen, dass es nur um räumlich begrenzte Einheiten gehen könnte. Auch Planungsarbeiten und Teilleistungen der BGK können Einheiten im Raumbuch sein, womit über die Einheiten des Raumbuches tatsächlich jede Art von Projekt vollständig beschrieben werden kann.

Wird das Raumbuch wirklich umfassend und vorausschauend eingesetzt, so ist es das Verfahren auch zur Versorgung des Baustellen-Controlling. Es liefert

- Bauvorgänge
- Teilleistungen in den Bauvorgängen
- Teilmengen der Teilleistungen in den Bauvorgängen
- VA-Mengen der Teilleistungen als Summe der Teilmengen der Teilleistungen

Es muss auch hier wiederholt werden, formuliert mit Bezug auf das Raumbuch: Verfügt der AG über das Raumbuch des Projektes, so sollte er es dem AN zur Verfügung stellen, soweit es den Leistungsumfang des AN beschreibt. Dies wäre von Nutzen für das Projekt und damit auch von Nutzen für den AG.

Die beschriebene Art der Mengenermittlung zusammen mit der Zuordnung der Teilleistungen mit Teilmengen zu den Bauvorgängen ist einer der wichtigsten Ansatzpunkte für Erfolg durch das Baustellen-Controlling. Näheres kann in Abschnitt F, Kap. 3 nachgelesen werden.

2.5 Erste Gegenüberstellung von LV- und VA-Mengen

Wenn auch die zum frühen Zeitpunkt ermittelten VA-Mengen noch mit Unsicherheiten behaftet sind, lohnt sich eine Gegenüberstellung der LV- und VA-Mengen bei bestehendem Einheitspreisvertrag. Aber auch für den Fall, dass das Angebot auf der Basis eines Teilleistungs-LV erfolgte und erst später pauschaliert wurde, lohnt sich eine solche Gegenüberstellung (siehe Abbildung 83). Sie gibt eine erste Auskunft darüber, in welchen Teilleistungen mit kleineren oder größeren Mengenabweichungen zu rechnen ist.

Wenn ein VOB-Vertrag besteht, werden die Positionen, in denen Mengenunterschreitungen von mehr als 10 % signalisiert werden, von Bedeutung werden für Nachforderungen aufgrund von Unterdeckungen in den Gemeinkosten. Zu diesem frühen Zeitpunkt kann man zwar die Forderung noch nicht stellen. Der frühe Hinweis ist aber Anlass, die Mengenabweichungen im Blick zu behalten. Nach der Fertigstellung wird der Vergleich der LV-Mengen mit den schlussabgerechneten RE-Mengen die endgültig verwertbare Auskunft liefern.

OZ	Kurztext	ME	LV-Menge	VA-Menge	Differenz	Diff. In %
1.	**Rohbau**					
1.2	**Erdarbeiten**					
1.2. 1.	Baugelände freimachen	m²	11.000,00	9.500,00	-1.500,00	-13,64
1.2. 2.	Oberboden d = 30 cm abtragen und seitl. Lagern	m³	1.200,00	1.073,00	-127,00	-10,58
1.2. 3.	Oberboden d = 30 cm abtragen und laden	m³	1.200,00	1.093,00	-107,00	-8,92
1.2. 4.	Oberboden abfahren einschl. Deponiegebühren	m³	1.200,00	1.093,00	-107,00	-8,92
1.2. 5.	Baugrubenaushub Bodenklasse 4 + laden	m³	2.400,00	2.084,00	-316,00	-13,17
1.2. 6.	Baugrubenaushub Bodenklasse 5 + lagern	m³	1.400,00	1.180,00	-220,00	-15,71
1.2. 7.	Baugrubenaushub Bodenklasse 5 + laden	m³	6.200,00	5.463,00	-737,00	-11,89
1.2. 8.	Baugrubenaushub abfahren + Deponiegeb.	m³	8.600,00	7.547,00	-1.053,00	-12,24
1.2. 9.	Fundamentaushub Streifenfund. Bodenklasse 5 + laden	m³	75,00	75,00	0,00	0,00
1.2. 10.	Fundamentaushub Einzelfund. Bodenklasse 5 + laden	m³	800,00	800,00	0,00	0,00
1.2. 11.	Zulage zu Pos. 9 + 10 für Handaushub	m³	30,00	30,00	0,00	0,00
1.2. 12.	Fundamentaushub abfahren einschl. Deponiegeb.	m³	950,00	800,00	-150,00	-15,79
1.2. 13.	Planum für Fundamente herstellen	m³	700,00	690,00	-10,00	-1,43
1.2. 14.	Planum für Unterbau Bodenplatten herstellen	m³	2.800,00	2.870,00	70,00	2,50
1.2. 15.	Kiessandschicht d = 20 cm 0/32 als Unterbau der Bodenplatten	m³	2.800,00	2.870,00	70,00	2,50
1.2. 16.	Zwischengelagerten Aushub laden, einbauen und verdichten	m³	1.400,00	1.180,00	-220,00	-15,71
1.2 17.	Zwischengelagerten Oberboden einbauen	m³	1.200,00	1.073,00	-127,00	-10,58
1.2. 18.	Kanalgrabenaushub bis 1,25 m Tiefe und Verfüllen	m³	150,00	150,00	0,00	0,00
1.2. 19.	Kanalgrabenaushub bis 2,5 m Tiefe und Verfüllen	m³	1.000,00	1.195,00	195,00	19,50
1.2. 20	Zulage zu Pos. 18 + 19 für Handaushub	m³	18,00	18,00	0,00	0,00
1.2. 21.	Zulage für Abfuhr überschüssigen Boden Kanalgraben	m³	120,00	122,00	2,00	1,67

Abbildung 83: Gegenüberstellung LV- und VA-Mengen

2.6 Fortschreibung der Leistungsverzeichnisse

Leistungsverzeichnisse und VA-Mengen der Teilleistungspositionen werden während der Bauausführung laufend fortgeschrieben.

Die Leistungsverzeichnisse werden sofort ergänzt, sobald neue Erkenntnisse vorliegen, insbesondere, wenn es um Nachträge oder mögliche Nachträge an den AG geht (siehe folgendes Kapitel). Im Schlüsselfertigbau mit eigener Detailplanung der Baumaßnahme werden Leistungsverzeichnisse einzelner Gewerke erst sukzessive mit dem Planungsfortschritt entstehen oder komplettiert werden.

VA-Mengen wird man nur bei wesentlichen Veränderungen des Leistungsvolumens tatsächlich ändern. Man muss sich ja immer bewusst machen, dass Neuberechnungen der Mengen Aufwand bedeuten. Sofern die Mengenermittlung für Abrechnungszwecke solche Ergebnisse liefert, kann man sie natürlich jederzeit einbeziehen. Andererseits muss man wiederum bedenken, dass die Änderung der VA-Menge eigentlich eine Neuzuweisung von Teilmengen zu Bauvorgängen nach sich zieht. Auch dies wird man nur tun, wenn es für die Ergebnisse im Baustellen-Controlling wirklich von Bedeutung ist.

3 Vertragsmanagement

Im ersten Kapitel dieses Fachbuches wurde gesagt, dass Controlling auf das Ziel ausgerichtet ist

- Optimierung des finanziellen Ergebnisses

Und es wurde einleitend festgestellt: Da sich ein finanzielles Ergebnis aufgrund von Erlös und Kosten ergibt, lassen sich zwei Einzelziele des Controlling definieren:

- Optimierung der Erlöse
- Minimierung der Kosten

Beide Ziele bedingen ein sorgfältiges Vertragsmanagement:

- Das Vertragsmanagement gegenüber dem AG zur Optimierung der Erlöse
- Das Vertragsmanagement gegenüber den Nachunternehmern zur Minimierung der Kosten in diesem Kostenbereich.

3.1 Vertragsmanagement gegenüber dem(den) AG (Erlösplanung)

Das Vertragsmanagement gegenüber dem oder den AG dient der Optimierung der Erlöse.

3.1.1 Dokumentation der Ausgangssituation (Erstvertrag)

Am Beginn des Vertragsmanagements steht die Dokumentation sämtlicher vertragsrelevanten Bestandteile des Erstvertrages zum Zeitpunkt der Auftragserteilung, wie sie in Abschnitt E, Kap. 1.1 beschrieben sind.

Es mögen alle genannten Punkte als eine Selbstverständlichkeit erscheinen. Dennoch muss darauf hingewiesen werden, weil es immer wieder vorkommt, dass die Ausgangssituation des Auftrages später nicht ausreichend rekonstruiert werden kann, z.B. weil ursprüngliche Planunterlagen verschwunden sind oder weil die Unterlagen als Arbeitsmaterial verändert wurden. Sämtliche Unterlagen, die von Seiten des AG zum Zeitpunkt der Auftragserteilung zur Verfügung gestellt waren, sind in einer Übersicht zu registrieren und im Original unbedingt sicher zur verwahren. In diese Originale dürfen im Zuge der Projektbearbeitungen keine manuellen Eintragungen vorgenommen werden; für die laufenden Arbeiten sind Kopien anzufertigen. Sofern Planunterlagen schlecht kopiert werden können, müssen sie vom AG bereits mit Auftragserteilung in mindestens 2-facher Fertigung angefordert werden.

Besonderes Augenmerk muss auf die Dokumentation des Ausgangszustandes von Baufeld und dessen Umgebung zum Zeitpunkt der Auftragserteilung verwendet werden. Hierzu gibt es in der Regel keine Dokumente von Seiten des AG. Deshalb ist es unabdingbar, dass der AN sich diese Dokumente selbst verschafft, und zwar bevor er selbst vor Ort nur irgendeine Veränderung vornimmt. Am besten geeignet sind Fotos aus allen relevanten Blickrichtungen, natürlich beschriftet und erläutert. Die Baumaßnahme mag zu Beginn noch so problemlos erscheinen: es kann nie ausgeschlossen werden, dass nicht doch im Streit um Zusatzforderungen der Nachweis des Ausgangszustandes Bedeutung erlangen wird. Vergl. hierzu auch Abschnitt G, Kap. 7.

Der Erstvertrag regelt das Leistungsvolumen, wie es vom AG zum Zeitpunkt der Auftragserteilung vorgesehen war, sowie die zugehörigen Vergütungen. Die Vergütung wird geregelt

a) beim Einheitspreisvertrag durch

- Leistungsverzeichnis und Einheitspreise der Positionen
- prozentuale oder pauschale Nachlässe
- Bedingungen zu Preisgleitklauseln
- Vertragsstrafe

b) beim Pauschalvertrag durch

- Vertragspauschale mit zugehörigem Leistungsprogramm
- evtl. Nachlässe
- Vertragsstrafe

Mit Blick auf die späteren Fortschreibungen des Vertrages über Nachtragspositionen zählen alle diejenigen Elemente mit Regelungen der Vergütung zum Erstvertrag, die nicht einem Nachtrag zugeordnet sind.

3.1.2 Management der Nachträge

Während der gesamten Projektdauer muss der AN verfolgen, ob Art und Mengen der Teilleistungen, wie er sie ausführt, im Erstvertrag genauso vorgesehen waren und ob die Randbedingungen der Ausführung mit den im Vertrag beschriebenen Bedingungen oder mit den aus den Beschreibungen ableitbaren Bedingungen übereinstimmen. Abweichungen vom Vertrag geben dem AN unter bestimmten Bedingungen das Recht, Forderungen zur Vergütung von Mehr- oder Zusatzkosten zu stellen.

In der vorliegenden Veröffentlichung kann nicht auf mögliche Gründe für Nachträge und deren vertragsrechtliche Seite eingegangen werden; diesbezüglich wird auf die einschlägige Literatur verwiesen. Unter der Thematik des Baustellen-Controlling geht es um die Verwaltung der Ergebnisse aus der Überprüfung und der entsprechenden Nachtragsforderungen.

Eine erste Überprüfung in dieser Hinsicht - noch vor der Ausführung - stellt die Analyse des Leistungsumfangs dar, wie sie in Abschnitt E, Kap. 2 beschrieben wurde. Selbst, wenn diese Analyse noch nicht die Ausarbeitung von Nachtragsangeboten an den AG zulassen sollte, weil die bisher verfügbaren Planunterlagen nur vorläufiger Art waren, so gibt sie zumindest erste Hinweise, wo "nachtragsverdächtige" Leistungsbereiche liegen.

3.1.2.1 Einordnung in die Struktur der Leistungsverzeichnisse

Nachträge stellen Fortschreibungen der Projekt-Leistungsverzeichnisse dar (siehe hierzu auch Abschnitt D, Kap. 3.2).

Grundsätzlich ist zu unterscheiden zwischen

- dem Nachtrag, definiert durch Nummer und Bezeichnung

und

- den Nachtragspositionen, die dem Nachtrag zugeordnet sind.

Ab dem Zeitpunkt, zu dem ein konkretes Nachtragsangebot an den AG erstellt wird, ist das Nachtragsangebot als Ganzes der "Nachtrag". Das Angebot enthält Nachtragspositionen mit beliebiger Ordnungszahl. Z.B. ist das 2. Nachtragsangebot an den AG der Nachtrag Nr. 2. Eine bestimmte Nachtragsnummer ist sozusagen ein Merkmal für beliebig in die LV-Strukturen eingeordnete Nachtragspositionen, nach dem diese Positionen extrahiert und in einem Nachtragsangebot zusammenstellt werden. In Abbildung 84 ist die OZ 3.3.2 neben anderen OZ dem Nachtrag Nr. 2 zugeordnet.

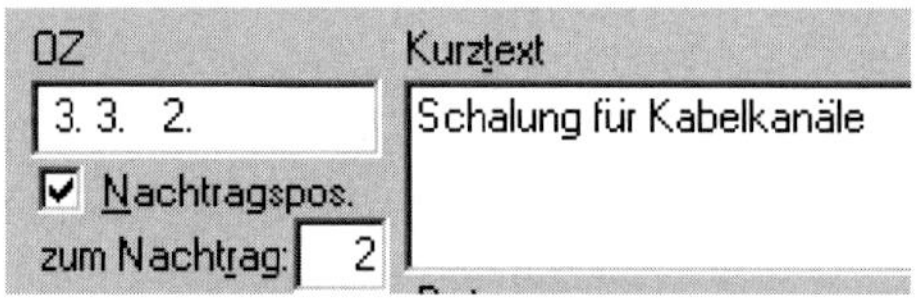

Abbildung 84: Zuordnung einer Nachtragsposition zu einem Nachtrag

In der Einstellung gemäß Abbildung 85 wurde die Druckliste des Nachtragsangebotes Nr. 2 angefordert, dessen Positionen im Gesamt-LV beliebig verteilt sein können.

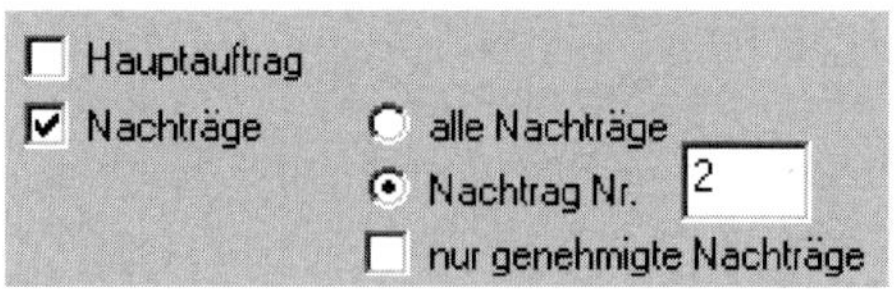

Abbildung 85: Anforderung einer Druckliste für ein Nachtragsangebot

Welche Nachtragspositionen unter einem bestimmten Nachtrag zusammengefasst werden, wird weitgehend davon abhängen, ob nur wenige einzelne Teilleistungen in größeren Zeitabständen oder ob in kurzen Zeiträumen viele Teilleistungen bestimmter Art auftreten. Die Bezeichnung eines Nachtrages muss den Gesamtinhalt sinnvoll beschreiben. Je nach Inhalt des Nachtrages kann diese Bezeichnung dann einen Bauabschnitt (z.B. "Gründung") oder ein Gewerk (z.B. "Erdarbeiten") oder eine Kombination aus Bauabschnitt und Gewerk sein (z.B. "Heizung, UG").

Nachtragspositionen müssen über eine Ordnungszahl in die Struktur der Projektleistungsverzeichnisse eingeordnet werden. Dabei gibt es verschiedene Möglichkeiten:

- Die Nachtragspositionen werden gemäß ihrer Gewerkezuordnung in bestehende Gruppenstufen eines bestehenden LV eingeordnet.
- Für jeden Nachtrag wird eine neue Gruppenstufe in einem bestehenden LV eröffnet.
- Alle Nachträge werden in einem speziellen Nachtrags-LV angeordnet, wobei jeder Nachtrag eine einzelne Gruppenstufe darstellt.
- Für jeden Nachtrag wird ein eigenes Nachtrags-LV erstellt.

Die Methode ist letztlich mit dem AG abzustimmen. Sofern die Wahlmöglichkeit besteht, sollte man aus Gründen der Übersichtlichkeit eine Methode wählen, in der im LV die Positionen eines bestimmten Nachtrages als ein geschlossener Block hintereinander stehen. Sollte es sich um Positionen mit NU-Leistungen handeln, sollten nicht Positionen unterschiedlicher Gewerke in einem Nachtrag "gemischt" werden.

Gleich wie: Wichtig ist, dass die Software die Möglichkeit bietet, alle Positionen eines bestimmten Nachtrages sowohl im Dialog als auch in den Drucklisten im Zusammenhang zu sehen bzw. auszugeben.

Nachträge, die zunächst rein interne Bedeutung haben und in ihrer Positionsstruktur noch nicht endgültig bestimmt werden können, sollten zunächst unter einer "inoffiziellen" Nachtragsnummer und vorläufigen OZ geführt werden. Später werden die endgültigen OZ eingeführt und der anderen "offiziellen" Nachtragsnummer zugeordnet. Die zunächst provisorischen OZ werden gesperrt (siehe Abschnitt D, Kap. 3.8).

3.1.2.2 Der Status einer Nachtragsforderung

Ob, wann und in welcher Höhe eine Nachtragsforderung gestellt werden kann, richtet sich nach dem Einzelfall. Oft wird schon frühzeitig vor der Ausführung erkannt, dass ein Grund für eine Nachtragsforderungen gegeben sein könnte. Ob zum selben Zeitpunkt schon die Höhe der Nachtragsforderung endgültig bestimmt werden kann, hängt davon ab, ob schon alle Details der Ausführung bekannt sind. In Fällen der Abhängigkeit von Baugrund oder Altbaubestand kann es sein, dass ein Grund für eine Nachtragsforderung erst in unmittelbarem Zusammenhang mit der Ausführung festgestellt wird. Sollte es gar um Forderungen aus Unterdeckung der Gemeinkosten wegen Mindermengen gehen, kann es sein, dass die Feststellung der Mengen aller Teilleistungen zum Ende der Baumaße abgewartet werden muss. Sehr komplex sind die Verhältnisse aus Behinderungen der Ausführung, weil dann meist eine Vielzahl von Einflüssen unter einer Gesamtbetrachtung zu analysieren ist.

Bei einem Vertrag nach VOB gibt die VOB, Teil B, § 2 dem AN vor, welche Regeln er hinsichtlich des Zeitpunktes der Ankündigung und des Zeitpunktes der Benennung der Höhe der Forderung zu beachten hat. Nach dem konkreten Angebot, das vor, während oder nach der Ausführung eingereicht wurde, durchläuft eine Nachtragsforderung die Verhandlungsphase mit unterschiedlichen Möglichkeiten im Ergebnis.

Aus Sicht der Verwaltung befindet sich eine Nachtragsforderung zu einem bestimmten Zeitpunkt in einem bestimmten Status. Zu jeder einzelnen Forderung muss nicht nur bekannt sein, dass und in welcher Höhe sie existiert, sondern auch, in welchem Status sie sich mit Blick auf den AG befindet. Jede einzelne Forderung befindet sich zu einem bestimmten Zeitpunkt in einem der folgenden Stati:

- **erkannt :** Der AN hat eine Möglichkeit einer Forderung erkannt, aber zunächst nur intern vermerkt, d.h. weder dem AG angekündigt, noch angeboten.
- **angekündigt:** Der AN hat dem AG die Forderung der Sache nach angekündigt, die Höhe der Forderung aber noch nicht benannt.
- **angeboten:** Der AN hat die Forderung der Sache nach beschrieben und begründet und die Höhe der Forderung benannt.
- **zurückgezogen:** Der AN hat das Angebot zurückgezogen. Die Forderung genau in dieser Art und Höhe besteht nicht mehr. Der AN kann ersatzweise eine andere Forderung eingeführt haben.
- **abgelehnt:** Der AG hat die Forderung als unberechtigt abgelehnt; der AN hat dies akzeptiert. Die Forderung besteht nicht mehr.
- **abgelehnt mit Widerspruch:** Der AG hat die Forderung als unberechtigt abgelehnt; der AN hat dies nicht akzeptiert und Widerspruch eingelegt. Die Forderung besteht noch.
- **sachlich anerkannt:** Der AG hat die Forderung von der Sache her anerkannt; die Höhe des Preises ist aber noch nicht endgültig verhandelt.
- **genehmigt:** Die Forderung ist anerkannt; die Höhe des Preises ist endgültig verhandelt.

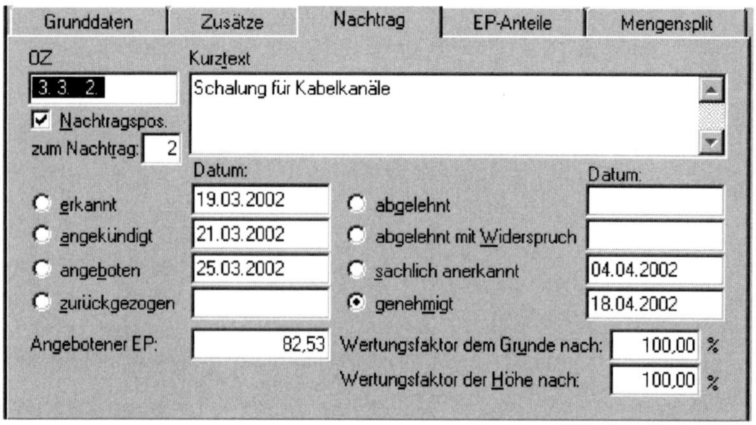

Abbildung 86: "Historie" und Erlösbewertung einer Nachtragsposition

Der Status ist eine Eigenschaft der einzelnen Nachtragsposition. Eine bestimmte Position kann bis zum Abschluss der Verhandlungen mehrere Stati durchlaufen haben. Wird bei Erreichen eines bestimmten Status jeweils das Datum gesetzt, ist die "Historie der Nachtragsposition ersichtlich wie z.B. in Abbildung 86.

Die abgebildete Nachtragsposition hat insgesamt 4 Stati durchlaufen, bevor sie schließlich genehmigt wurde. Wann welcher Status erreicht wurde, ist am Datum zu erkennen.

Es ist wichtig, dass der AN seine Chancen auf Nachtragsforderungen so früh wie möglich erkennt und sie zumindest intern unter dem Status "erkannt" im Leistungsverzeichnis vermerkt. Solange er die Forderung noch nicht in ein konkretes Angebot fassen kann, also noch vor dem Status "angeboten", kann sich die Forderung in Leistungsverzeichnis bzw. Arbeitskalkulation in unterschiedlichen Zuständen befinden:

- Es gibt eine vorläufige Position nur mit textlichem Hinweis.
- Es gibt bereits Positionen mit vorläufiger Kostenkalkulation und vorläufigem Preis, der aber noch nicht angeboten ist.
- Es gibt bereits Positionen mit Kostenkalkulation und Angebotspreis, das Angebot ist aber noch nicht herausgegangen.

Es sollte aus internen Gründen versucht werden, Kosten und Erlös so früh wie möglich abzuschätzen, und sei es auch nur in vorläufiger Struktur und Höhe.

3.1.2.3 Die interne Erlösbewertung einer Nachtragsforderung

Ist ein Preis einer Nachtragsposition intern geschätzt oder bereits angeboten, aber noch nicht genehmigt, so ist dieser Preis intern zu bewerten. Mit der Bewertung wird zum Ausdruck gebracht, mit welchem Erlös man mit Abschluss der Verhandlungen tatsächlich rechnet. Diese Einschätzung kann sich im Laufe der Verhandlungen ändern. Ziel der internen Bewertung ist es, in der Prognose zum Projektergebnis von einer realistischen Größe des Erlöses aus noch offenen Nachträgen auszugehen. Die Bewertung kann von 0,00 % bis 100,00 % des angebotenen Preises reichen. Ausführliche Erläuterungen zu dieser Thematik finden Sie in Abschnitt D, Kap. 5.2.2.

Der bewertete Erlös einer Nachtragsposition ist

Erlös = (angebotener Preis) x Bewertungsfaktor x (100 % - Nachlass in %)

Am Ende der Verhandlung steht die Ablehnung der Nachtragsposition oder ein genehmigter Preis.

Im Falle der Genehmigung erhält die Position den neuen, von Hand einzutragenden Preis gemäß dem Verhandlungsergebnis. Dieser Preis ist dann mit 100 % zu bewerten, weil der Erlös in dieser Höhe sicher ist. Eine solche Situation zeigt die obige Abbildung 86.

Im Falle der Ablehnung würde man die Position mit einer Bewertung von 0,00 % versehen und sie zusätzlich für die Abrechnung sperren. Sie darf auf keinen Fall gelöscht werden, wenn sie in der Arbeitskalkulation mit tatsächlich benötigten Kostenansätzen belegt sein sollte.

3.1.2.4 Nachtragsübersicht auf Projektebene

Eine Übersicht auf Projektebene über alle Nachträge erleichtert den Überblick über den Stand der Nachträge und deren Status. Abbildung 87 zeigt eine solche Übersicht. Sie gibt zum einen den Überblick über alle Nachträge, zum anderen gibt sie eine Kurzinformation zu einem markierten Nachtrag (im Beispiel Nachtrag Nr. 2) in Form der Nachtragssummen für genehmigte und noch nicht genehmigte Positionen. In der zugehörigen Statusübersicht sind mehrere Stati markiert, sobald der Status der einzelnen Positionen des Nachtrages unterschiedlich ist. Um Details zu erkennen, wird von der Übersicht direkt in die zugehörigen Positionen gewechselt (siehe Abbildung 86).

Im Beispiel lt. Abbildung 87 ist der Status auf Ebene des Gesamtnachtrages nur bis "angeboten" einheitlich aus allen Positionen. Danach wird auf Ebene des Nachtrages angezeigt, dass Positionen sowohl mit Status "genehmigt" als auch mit Status "abgelehnt mit Widerspruch" enthalten sind, d.h. dass der Stand der Verhandlungen bei den einzelnen Positionen unterschiedlich ist. Die entsprechend unterschiedliche Bewertung der Erlöse der Nachtragspositionen führt zu der angezeigten mittleren Bewertung über alle Positionen des Nachtrages, im Beispiel 90,16 %.

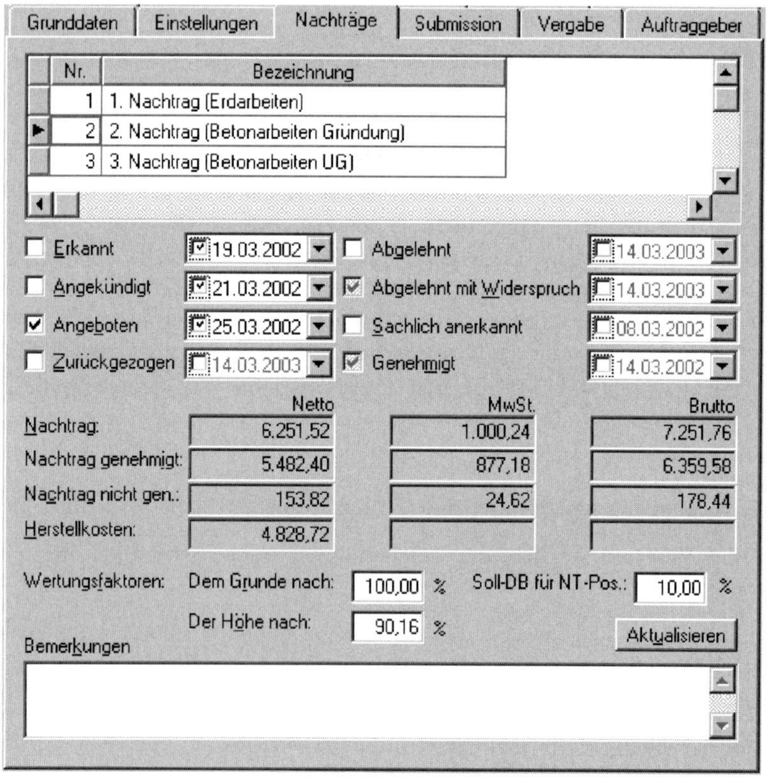

Abbildung 87: Nachtragsübersicht des Projektes (Dialog)

Bei zahlreichen Nachträgen mit unterschiedlichen Verhandlungsständen werden Übersichten über alle nicht genehmigten Positionen aus allen Nachträge erforderlich. Hierfür werden Filter definiert, z.B. "Ausgabe aller Nachtragspositionen mit dem Status *angeboten*, aber nicht im Status *genehmigt*", die dann der Ausgabe im Dialog oder in einer Druckliste vorgeschaltet werden. Solche Übersichten, sei es in der Form des LV, sei es in der Form der Arbeitskalkulation, helfen bei der Beurteilung der Wertigkeit der nicht genehmigten Nachträge im Projekt. Sie sind außerdem eine wichtige Hilfe in der Verfolgung dieser offenen Posten.

Eine Projektauswertung über den Stand der Verträge mit dem AG bzw. der Nachträge an den AG zeigt Abbildung 88. Soweit die Nachträge an den AG auf Nachträgen von Nachunternehmern beruhen, sind diese Zusammenhänge ersichtlich. Der Status der Nachträge ist jeweils sowohl im Hinblick auf den AG als auch auf den NU ersichtlich.

Verträge/Nachträge mit AG (sortiert nach Projekt-LV's)

Stand der Bearbeitung: 30.11.2003

Projekt: Wohnanlage Karlshöhe, Stuttgart

LV	OZ		VE	Nachträge							Aktueller Vertrag mit AG					
	GRS	Pos.		Status	an AG	Datum	Status	von NU	Datum		Angebot	Bewertung sachlich	Bewertung Höhe	Erlös Nachträge offen	Erlös Nachträge genehmigt	Erlös gesamt
														5	6	7
										Gesamtprojekt	7.614.460,00			-1.015,00	7.612.360,00	7.612.110,00
1						23.08.02				**Pauschalvertrag mit AG**	7.580.000,00	100,00%	100,00%		7.580.000,00	7.580.000,00
2										**Nachträge an AG**	34.460,00			-1.015,00	32.360,00	32.110,00
2	1									**Nachträge zu Gewerk 1**	32.360,00			0,00	32.360,00	32.360,00
2	1	1	1	G	1	14.10.02	G	1	09.10.02	Beseitigung kontaminierter Boden	24.760,00	100,00%	100,00%		24.760,00	24.760,00
2	1	2	1	G	2	14.10.02	G	3	11.11.02	Zuschlag leichter Fels	7.600,00	100,00%	100,00%		7.600,00	7.600,00
2	1	3	1	AW	3	04.02.03	A	4	14.01.03	Änderung Eingangsbereich	11.600,00	0,00%	0,00%	0,00		0,00
2	16		16							**Nachträge zu Gewerk 16**	-11.000,00			-12.350,00		-12.350,00
2	16	1	16	A	4	10.11.03	A	1	03.11.03	Rückforderung Entfall Auswechslungen	-11.000,00	100,00%	112,27%	-12.350,00		-12.350,00
2	22		22							**Nachträge zu Gewerk 22**	-18.000,00			-19.000,00		-19.000,00
2	22	1	22	A	4	10.11.03	A	1	05.11.03	Rückforderung Entfall Verwahrungen	-18.000,00	100,00%	105,56%	-19.000,00		-19.000,00
2	32		32							**Nachträge zu Gewerk 32**	26.000,00			26.000,00		26.000,00
2	32	1	32	A	6	04.11.03	A	1	28.10.03	Änderung Fenster EG	26.000,00	100,00%	100,00%	26.000,00		26.000,00
2	40		40							**Nachträge zu Gewerk 40**	5.100,00			4.335,00		5.100,00
2	40	1	40	A	5	07.11.03	A	3	05.11.03	Änderung Heizkörper 1. OG	5.100,00	100,00%	100,00%	4.335,00		5.100,00

Abbildung 88: Übersicht über Verträge mit dem AG bzw. Nachträge an den AG

3.1.3 Dokumentation der Einflussnahmen des AG

Die Chancen auf Nachtragsforderungen werden durch Einflüsse eröffnet, die in der Verantwortung des Auftraggebers liegen. Diese Einflussnahmen müssen dokumentiert werden (vergl. Abschnitt E, Kap. 1.2 und 2.1).

Eine mögliche Art der Einflussnahme ist die Änderung der Leistungen gegenüber Vertrag. Eine weitere Art der Einflussnahme kann darin liegen, dass der AG zu spät die Unterlagen zur Verfügung stellt, die eindeutige Auskunft darüber geben, welche Leistung dem Willen des AG entspricht. Um dies feststellen zu können, muss der AN natürlich wissen, welche Voraussetzungen der AG zu welchem Zeitpunkt im Hinblick auf Vorbereitung, Disposition und Ausführung erfüllen müsste, damit die Arbeiten unter den Randbedingungen ausgeführt werden können, wie sie bei Vertragsabschluss zu Grunde gelegt werden konnten. Der AN muss deshalb eine Planung durchgeführt haben, die u.a. Auskunft gibt über Art und Zeitpunkt der vom AG zu erbringenden Vorleistungen (Planunterlagen, Beschreibungen etc.). Diese Planung ist Grundlage für die rechtzeitigen Anforderungen dieser Vorleistungen und deren Verfolgung.

Der AG beschreibt die zu erbringenden Bauleistungen über Dokumente verschiedener Art. Der Inhalt jedes Dokumentes und/oder der Zeitpunkt dessen Übergabe kann Anlass zu Nachtragsforderungen sein. Ob ein solcher Anlass gegeben ist, kann oft erst nach umfangreicheren Analysen festgestellt werden, wobei das einzelne Dokument oft nicht alleine ausschlaggebend ist. Deshalb wird vorsorglich der Eingang jedes Dokumentes des AG festgehalten, das eine zu erbringende Bauleistung beschreibt.

Die Dokumentation umfasst:

- Art des Dokumentes (Entwurfsplan, Ausführungsplan, Leistungsbeschreibung, etc.)
- Status des Dokumentes (z.B. Vorabzug, zur Ausführung freigegeben, etc.)
- Soll-Liefertermin (pro Status, soweit pro Status relevant)
- Ist-Liefertermin pro Status
- Terminabweichung Soll-Ist
- Hinweise mit Relevanz für Nachtragsforderungen einschl. Hinweis auf betroffene vertragliche Regelungen, soweit zunächst möglich.

Sinnvoll ist eine Sortierung nach bestimmten Arten der Unterlagen.

In dieser Dokumentation sollte nicht vergessen werden, dass auch mündliche oder schriftliche Anordnungen seitens des AG vertragsrelevant sein können. Anordnungen sind ebenfalls eine bestimmte Art von Dokument, wenn auch meistens ohne Solltermin. Die Dokumentation über Ausführungsunterlagen und –anordnungen ist in Zusammenhang mit der Dokumentation der Bauausführung (Abschnitt G, Kap. 7) zu sehen.

Das Verfahren zur Verwaltung der Planunterlagen des Projektes sollte EDV-gestützt sein. In einem solchen Verfahren werden zunächst einige allgemeingültige Festlegungen getroffen, auf die immer wieder zurückzugreifen ist:

- die verschiedenen Arten von Planunterlagen, die im Projekt benötigt werden, z.B. "Entwurfspläne", "Aushubpläne", "Schalpläne", "Bewehrungspläne" bei einem Rohbau.
- Lieferant der jeweiligen Planart
- Zeitlicher Vorlauf der Planlieferung je Planart gegenüber der Ausführung in Arbeitstagen, evtl. noch differenziert nach "Vorpause" und "freigegeben"
- Zeitlicher Vorlauf der schriftlichen Anforderung je Planart gegenüber der Ausführung in Arbeitstagen.

Über den zeitlichen Vorlauf je Planart kann das Programm Termine generieren, sobald ein Bauvorgang mit einem Anfangstermin versehen ist. Es darf aber nicht übersehen werden, dass manche Angaben mit sehr großem Zeitvorlauf gegenüber der Ausführung gemacht werden müssen, z.B. die bereits erwähnten Größen der Lüftungskanäle zur Bestimmung der Aussparungen in Betonunterzügen.

Grundlage der weiteren Arbeit sind dann die Bauvorgänge der Bauablaufplanung mit ihren frühesten Anfangsterminen. Bezogen auf die Ausführungstermine werden mit den hinterlegten Zeitvorläufen die Soll-Termine je Planart für schriftliche Anforderung und Lieferung pro Bauvorgang generiert werden. An einzelnen Stellen muss evtl. noch individuell in diese generierten Solltermine eingegriffen werden.

Abbildung 89 zeigt einen Auszug aus einer solchen Übersicht. Neben den Soll-Terminen für Plananforderung und Planlieferung sind dort auch die Ist-Termine der Anforderung und Lieferung vermerkt.

Gewerk	Vorgänge		Ausführungsdokumente				Erledigungsvermerke			
					späteste Termine für		Anforderung		Lieferung	
		A-Datum	Art	Anzahl	Anforderung	Lieferung	Datum	Dokument	Status	Datum
BE	BE	04.03.2002	BE-Pläne	2	04.02.2002	18.02.2002	04.02.2002	AV/1	freigegeben	18.02.2002
			Entwurfspläne	3	28.01.2002	11.02.2002	04.02.2002	Plananfo1	freigegeben	11.02.2002
Verbau	Verbau Nordseite	18.03.2002	Verbau-Pläne	5	18.02.2002	04.03.2002	04.02.2002	AV/1	Vorpause	28.02.2002
									freigegeben	07.03.2002
Verbau	Verbau Ostseite	02.04.2002	Verbau-Pläne	5	05.03.2002	19.03.2002	04.02.2002	AV/1	freigegeben	15.03.2002
Erdarbeiten	Baugrubenaushub	25.03.2002	Aushubpläne	5	04.03.2002	18.03.2002	01.03.2002	AV/2	Vorpause	15.03.2002
									freigegeben	20.03.2002
Erdarbeiten	Fundamentaushub	22.04.2002	Schalpläne	5	11.03.2002	31.03.2002	07.03.2002	Plananfo2	Vorpause	26.03.2002
									freigegeben	04.04.2002
									freigegeben	11.04.2002
			Aushubpläne	5	01.04.2002	15.04.2002	25.03.2002	AV/3	freigegeben	10.04.2002
									freigegeben	22.04.2002
Kanalarbeiten	Kanalaushub	22.04.2002	Entwässserungspläne	3	25.03.2002	08.04.2002	07.03.2002	Plananfo2	freigegeben	04.04.2002
Kanalarbeiten	Kanal-Leitungen	24.04.2002	Entwässserungspläne	3	27.03.2002	10.04.2002	07.03.2002	Plananfo2	freigegeben	04.04.2002
Stahlbetonarbeiten	Fund. Achse A - D	29.04.2002	Schalpläne	5	11.03.2002	31.03.2002	07.03.2002	Plananfo2	freigegeben	04.04.2002
			Bewehrungspläne + Stahllisten	5	01.04.2002	15.04.2002	25.03.2002	Plananfo3	freigegeben	11.04.2002
Stahlbetonarbeiten	Fund. Achse D - G	06.05.2002	Schalpläne	5	11.03.2002	31.03.2002	07.03.2002	Plananfo2	freigegeben	04.04.2002
			Bewehrungspläne + Stahllisten	5	08.04.2002	22.04.2002	25.03.2002	Plananfo3	freigegeben	18.04.2002
Stahlbetonarbeiten	Fund. Achse G -J	21.05.2002	Schalpläne	5	11.03.2002	31.03.2002	07.03.2002	Plananfo2	freigegeben	11.04.2002
			Bewehrungspläne + Stahllisten	5	23.04.2002	07.05.2002	25.03.2002	Plananfo3		
Stahlbetonarbeiten	Fund. Achse J - M	27.05.2002	Schalpläne	5	11.03.2002	31.03.2002	07.03.2002	Plananfo2	freigegeben	11.04.2002
			Bewehrungspläne + Stahllisten	5	29.04.2002	13.05.2002	25.03.2002	Plananfo3		

Abbildung 89: Bauvorgänge mit ihren Soll- und Ist-Terminen der Planlieferung

Im weiteren Verfahren wird nun eine Planeingangsliste nach Planarten und Plannummern geführt. Dem einzelnen konkreten Plan werden Bauvorgänge zugeordnet, die er beschreibt. Über den Bauvorgang wird der Soll-Liefertermin zum Plan eingespielt, der automatisch mit dem eingetragenen Ist-Termin verglichen wird. Abbildung 90 zeigt ein Beispiel einer solchen Planeingangsliste mit Lieferkontrolle. Ob dem Vorgang alle benötigten Pläne zugeordnet sind, muss vom Anwender vermerkt werden. Nun kann von den Vorgängen (Abbildung 89) aus festgestellt werden, ob die Planversorgung vollständig und termingerecht ist. Fehlende Ist-Termine signalisieren fehlende Pläne.

Gewerk	Rohbauarbeiten
Dokumentenart	Schalpläne
Lieferant	Architezky
Unterlieferant	Weberplan

Ausführungsdokumente								**Lieferkontrolle**		
Plan-Nr.	**Bezeichnung**	**Index**	**Indexdatum**	**Status**	**Anzahl**	**Eingangs-datum**	**betrifft Vorgang**	**Soll-Termin**	**Liefer-verzug in KT**	**Kommentar zur Lieferung**
1-001	Fundamente Achse A - D		05.03.02	Vorpause	4	26.03.02	Fundamentaushub	31.03.02		
							Fund. Achse A - D	31.03.02		
		A	28.03.02	freigegeben	5	04.04.02	Fundamentaushub	31.03.02	-4	
							Fund. Achse A - D	31.03.02	-4	Verzug nicht relevant für Betonarbeiten
1-002	Fundamente Achse A - D Schnitte		05.03.02	Vorpause	4	26.03.02	Fundamentaushub	31.03.02		
							Fund. Achse A - D	31.03.02		
		A	28.03.02	freigegeben	5	04.04.02	Fundamentaushub	31.03.02	-4	
							Fund. Achse A - D	31.03.02	-4	Verzug nicht relevant für Betonarbeiten
1-003	Fundamente Achse D - G		11.03.02	Vorpause	4	26.03.02	Fundamentaushub	31.03.02		
							Fund. Achse D - G	31.03.02		
		B	28.03.02	freigegeben	5	04.04.02	Fundamentaushub	31.03.02	-4	
							Fund. Achse D - G	31.03.02	-4	Verzug nicht relevant für Betonarbeiten
1-004	Fundamente Achse D - G Schnitte		11.03.02	Vorpause	4	26.03.02	Fundamentaushub	31.03.02		
							Fund. Achse D - G	31.03.02		
		B	28.03.02	freigegeben	5	04.04.02	Fundamentaushub	31.03.02	-4	
							Fund. Achse D - G	31.03.02	-4	Verzug nicht relevant für Betonarbeiten
1-005	Fundamente Achse G - J		14.03.02	Vorpause	4	26.03.02	Fundamentaushub	31.03.02		
							Fund. Achse G - J	31.03.02		
		A	09.04.02	freigegeben	5	11.04.02	Fundamentaushub	31.03.02	-11	dadurch Aushubplan verspätet; Ausführung aber nicht behindert
							Fund. Achse G - J	31.03.02	-11	Verzug nicht relevant für Betonarbeiten
1-006	Fundamente Achse G - J Schnitte		14.03.02	Vorpause	4	26.03.02	Fundamentaushub	31.03.02		
							Fund. Achse G - J	31.03.02		
		A	09.04.02	freigegeben	5	11.04.02	Fundamentaushub	31.03.02	-11	dadurch Aushubplan verspätet; Ausführung aber nicht behindert
							Fund. Achse G - J	31.03.02	-11	Verzug nicht relevant für Betonarbeiten

Abbildung 90: Planeingangsliste mit Lieferkontrolle

3.1.4 Dokumentation der Bautätigkeit

Welche Auswirkung eine Angabe zu Leistungsänderungen oder eine verspätete Übergabe eines Dokumentes oder eine Anordnung des AG hat, hängt auch davon ab, auf welchen Stand der Disposition und der Bauausführung des Projektes sie trifft. Da Art und Größenordnung der Auswirkung auf die Kosten meistens nicht auf Anhieb feststellbar sind, muss vorsorglich auch der Ist-Zustand sämtlicher Tätigkeiten und zugehöriger Ressourcen-Ausstattungen laufend festgehalten werden. Die Art dieser Dokumentation muss an dem internen Bedarf ausgerichtet sein, die Auswirkungen bestimmter Einflüsse besser belegen zu können. Eine gute Dokumentation der Bautätigkeit verbessert die Chancen deutlich, berechtigte Mehrforderungen auf Grund von äußeren Einflüssen tatsächlich durchsetzen zu können.

Es muss aus der Dokumentation hervorgehen, wann welche Planungsergebnisse des AN zur Bauausführung an den AG übergeben wurden, z.B. die Bauablaufplanung und die Dispositionen von Ressourcen. Die allergrößte Bedeutung hat der erste Planungsstand, der in der Regel noch auf den Kenntnissen zum Zeitpunkt der Auftragserteilung aufbaut. Spätere Einflussnahmen seitens des AG mit größerer Auswirkung führen jeweils zu neuen Planungsergebnissen, die dem AG ebenfalls bekannt gemacht werden müssen, da bei den späteren Nachweisen von Mehrkosten aktuelle Planungsstände mit der Erstplanung zu vergleichen sind. Es muss also dokumentiert sein, dass die einzelnen Planungsstände dem AG jeweils nach Erstellung übergeben worden sind. Selbstverständlich müssen dem AG mit der Übergabe einer neuen Planung auch die Gründe für die Neuplanung mitgeteilt werden, soweit seine Einflussnahme Anlass der Überarbeitung war. Nicht zuletzt soll der AG auch noch die Kosten für die Überarbeitungen tragen.

Im Übrigen wird auf Abschnitt G, Kap. 7 verwiesen.

3.2 Vertragsmanagement gegenüber den NU

In diesem Kapitel wird die Kenntnis von Abschnitt D, Kap. 10 vorausgesetzt.

3.2.1 Verwaltung der NU-Verträge unter Vergabeeinheiten

Der Vertrag mit einem Nachunternehmer wird unter einer Vergabeeinheit (VE) verwaltet. Für jeden einzelnen NU-Vertrag gibt es eine spezifische VE. Siehe hierzu Abschnitt D, Kap. 10.1.

Unter einer VE wird zunächst die Vergabe an einen NU vorbereitet. Mit Hilfe des Projekt-LV, das die gesamten Bauleistungen des Projektes beschreibt, wird unter einer VE das Ausschreibungs-LV für ein Gewerk erstellt (Abschnitt D, Kap. 10.4.1). Dieses VE-LV ist ein abhängiges LV, d.h. jede Position dieses LV steht in einer Beziehung zu einem Element des Projekt-LV (Abschnitt D, Kap. 10.2 bis 10.4).

Es ist nicht Aufgabe dieses Fachbuches, das Verfahren der Ausschreibung und des Vergleiches der Nachunternehmerangebote ausführlich darzustellen. Deshalb werden die Arbeiten bis zum Abschluss des Preisvergleiches folgend nur stichwortartig aufgeführt:

Zu dem VE-LV werden die Angebote der einzelnen Bieter erfasst und im Preisspiegel miteinander verglichen. Falls bereits eine Kostenkalkulation existierte (evtl. aus NU-Angeboten der eigenen Angebotsphase) wird auch das Ergebnis dieser Kostenkalkulation in den Preisspiegel eingestellt. Ergebnisse aus den Verhandlungen mit den Bietern werden ergänzend eingebracht. Diese vorbereitende Phase endet mit dem Vorschlag des günstigsten Bieters für die Vergabe.

Bevor die Vergabe durchgeführt wird, müssen einige spezifischen Schritte des Baustellen-Controlling

- Budgetplanung

- Risikoabschätzung
- Entwicklung des Vergabezieles

durchgeführt werden. Dann erfolgt die Vergabe unter Durchführung der

- Vergabekontrolle

Diese Schritte werden in einem späteren Kapitel behandelt. Im Zusammenhang mit der Verwaltung des NU-Vertrages genügt es zunächst festzuhalten, dass mit der Vergabe die Vergabeeinheit in den Status des Auftrages überführt wird.

In diesem Status werden unter der VE verwaltet:

- der beauftragte NU
- das abhängige Vergabe-LV mit den Vergabepreisen
- die sonstigen Vertragsbedingungen mit dem NU
- allgemeine Vergabeinformationen
- die Kostenart, unter der die NU-Preise als Kosten in der Arbeitskalkulation verwaltet werden.
- Bürgschaften
- die Nachträge des NU
- die Abrechnungen mit dem NU
- die Zahlungen an den NU
- das Mängelmanagement

Abbildung 91 zeigt eine Übersicht über die Vergabeeinheiten eines Rohbauprojektes sowie die Informationen zu einer Vergabeeinheit.

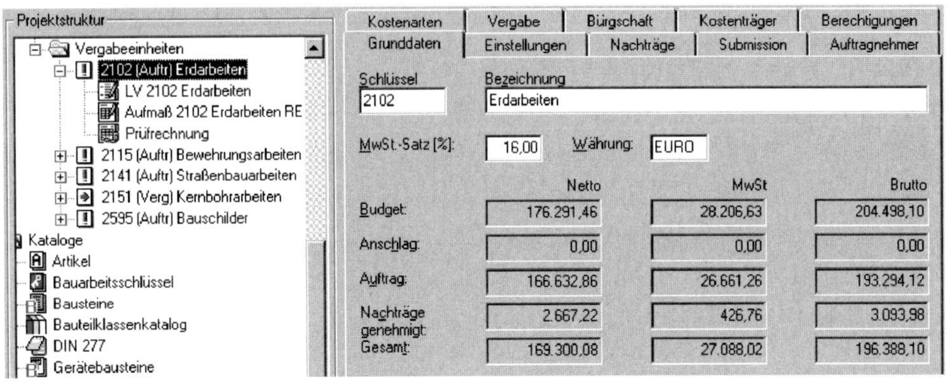

Abbildung 91: Übersicht über die Vergabeeinheit sowie Informationen zur einer VE

3.2.2 Der Erstvertrag des NU

Zum Zeitpunkt der Durchführung der Vergabe an den NU ist das Leistungsverzeichnis der VE einschl. der Regelungen zur Vergütung auf den Stand gemäß der abgeschlossenen Vertragsverhandlungen gebracht. Sofern mit dem NU eine Vertragstrafe oder eine Lohngleitklausel vereinbart ist, so gibt es auch hierfür Positionen, die mit der Arbeitskalkulation verknüpft sind (Abschnitt D, Kap. 10.4.3.7 und Kap. 10.4.3.8). Jedes Element dieses VE-LV, das "Träger" einer vertraglich vereinbarten Vergütung an den NU ist, steht in einer Beziehung zu einem Element des Projekt-LV bzw. der Arbeitskalkulation (Abschnitt D, Kap. 10.4).

Folgende Elemente des VE-LV zählen zum Erstvertrag:

- Positionen ohne Zuordnung zu einem Nachtrag
- Positionen ohne Merkmal für Rückstellungen

3.2.3 Management der NU-Nachträge

Die Nachträge des NU werden in der betreffenden Vergabeeinheit verwaltet. Jede VE hat ihre eigene Nachtragsverwaltung, d.h. die Nummerierung der Nachträge in einer VE sind unabhängig von den Nummerierungen in den anderen VE. Die Nachtragsverwaltungen unter den VE sind wiederum vollkommen unabhängig von der Nachtragsverwaltung des AN gegenüber dem AG. Ob eine Nachtragsposition eines NU auch zu einem Nachtrag des AN an den AG führt, ist eine unabhängige Entscheidung. Falls dies der Fall sein sollte, ist die Nachtragsposition auch in die Verwaltung der Nachträge gegenüber dem AG aufzunehmen.

Die Nachtragspositionen zu einem Nachtrag des NU werden in die Struktur des VE-LV oder in ein gesondertes LV der VE aufgenommen. Jede dieser Nachtragspositionen in der VE wird in das Projekt-LV kopiert bei gleichzeitiger Herstellung eine Verknüpfung zwischen den Elementen (siehe Abschnitt D, Kap. 10.4.1). Wie bei jeder VE-Position wird der EP im VE-LV zum Kostenansatz in der Arbeitskalkulation. Wird die Nachtragsposition des NU nicht an den AG "weitergereicht", bleibt sie im Projekt-LV eine interne Kostenposition ohne Erlös (Abschnitt D, Kap. 3.4).

Im Übrigen gelten die Ausführungen in Abschnitt E, 3.1.2. Zu den dortigen Ausführungen sind allerdings folgende Ergänzungen erforderlich:

a) Status der Nachtragsforderung

   Eine Nachtragsforderung des NU wird im Normalfall erst dann aufgenommen, wenn sie vom NU entweder angekündigt oder angeboten ist. Sollte der Unternehmer aber bereits im Vorfeld erkennen, dass dem NU aus einer bestimmten Situation heraus ein Recht auf eine Nachtragsforderung zusteht, so ist die Forderung provisorisch im Status "erkannt" mit einer Kostenschätzung aufzunehmen. Sie wird so auch Bestandteil der Arbeitskalkulation. Es ist sinnvoll, das Merkmal für ein Kostenrisiko zu vergeben (Abschnitt D, 5.1.3), weil zwar vorsichtshalber mit den Kosten gerechnet wird, aber noch nicht sicher ist, ob der NU seine Chance überhaupt erkennen wird. Sollte der NU keine Forderung stellen, so wird die Rückstellung neutralisiert. Stellt der NU die Forderung, so wird die bisher provisorisch eingeführte Position durch die Nachtragsposition(en) des NU ersetzt; das Merkmal der Rückstellung wird entfernt.

b) Bewertung der noch nicht genehmigten Forderung des NU

Während es bei eigenen Forderungen an den AG darum ging, im Zweifelsfall intern eine eher vorsichtige Bewertung des angebotenen Preises vorzunehmen, ist die Betrachtungsweise bei der Forderung durch den NU anders. Ein vom NU angebotener Preis ist in zwei verschiedenen Richtungen zu bewerten:

- Bewertung mit Blick auf die Kosten in der Arbeitskalkulation. Hier ist die vorsichtigste Bewertung 100 %.
- Bewertung mit Blick auf Freigaben von Zahlungen an den NU. Hier ist die vorsichtigste Bewertung 0 %.

c) Nachtragsübersicht auf Projektebene

Die Übersichten über die NU-Nachträge in Abhängigkeit vom Status der Nachtragspositionen sind von Interesse

- pro Vergabeeinheit
- über alle oder über ausgewählte Vergabeeinheiten

Die Nachträge der NU werden im Zuge der Budget- und Vergabekontrolle des Projektes genau verfolgt. Einen Auszug aus einer solchen Projektauswertung zeigt Abbildung 168 in Abschnitt F, Kap. 2.4.10.

3.3 Verwaltung der Abrechnung

3.3.1 Abrechnung mit dem AG

Die Abrechnung der Bauleistungen mit dem AG besteht aus den Tätigkeiten "Mengenermittlung" (Aufmaß) und Rechnungsschreibung. Die Ausübung dieser Tätigkeiten zählt zwar nicht unmittelbar zu den spezifischen Arbeitsschritten des Baustellen-Controlling, da es sich aber im wichtige Leistungen im Rahmen der Bauausführung handelt, unterliegen diese genauso dem Baustellen-Controlling wie jede andere Leistung auch. Die Tätigkeiten der Abrechnung mit dem AG werden mit Kosten, Ressourcen und Terminen wie jede andere Leistung eingeplant, die Durchführung wird laufend verfolgt.

Ergänzend muss aber auch das Ergebnis der Abrechnungsarbeit verfolgt werden:

- Die einzelnen Rechnungen
    - Art der Rechnung, Nummer, Datum
    - Leistungssumme netto, Mwst., brutto
    - Zahlungsanforderung netto, Mwst., brutto
    - Zahlungsziel

- In Rechnung gestellte Beträge im Vergleich zu den intern bewerteten Erlösen auf Grund des tatsächlichen Leistungsstandes
- In Rechnung gestellte Beträge im Vergleich zum Leistungswert.
- Der Verlauf der Zahlungen durch den AG
  - Höhe der Zahlung netto, Mwst, brutto
  - Datum der Zahlung

Eine Dialogübersicht mit mehreren Rechnungen, den Einzelwerten zur aktuellen Abschlagsrechnung sowie den Registerkarten der verschiedenen Informationsarten zeigt Abbildung 92.

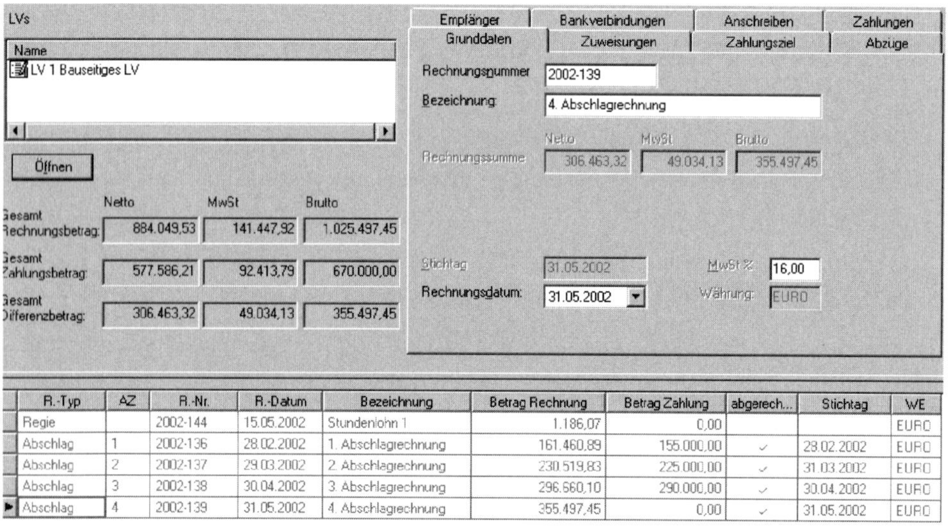

Abbildung 92: Übersicht über Rechnungen und Zahlungen AG

3.3.2 Abrechnungen mit den NU

Die Abrechnungen der Nachunternehmer werden unter der jeweiligen Vergabeeinheit verwaltet (siehe Abbildung 91). Zu verwalten sind

- Aufmaße, soweit diese unabhängig von den Aufmaßen im Gesamtprojekt bestehen
- Rechnungen des NU an den AN
- freigegebene Zahlungsbeträge
- Zahlungen an den NU

Die Prüfung der Abrechnungen der Nachunternehmer sowie die Freigabe der Zahlungen zählen direkt zu den Aufgaben im Rahmen des Baustellen-Controlling. Diese Thematik, die mit der Feststellung des Leistungswertes des NU beginnt, sowie die Verwaltung der Abrechnung werden in einem späteren Kapitel ausführlich behandelt.

Abschnitt F: Baustellen-Controlling in der Projektphase der Ausführung: Die Planungsschritte

Um einer grundlegend falschen Einschätzung des Ganzen und der Details vorzubeugen, sei dringend empfohlen, die Kap. 3.8, 3.11 sowie 4 und 5 des Abschnitts A nachzulesen.

1 Die Arbeitskalkulation (Kostenplanung)

1.1 Überblick

Im Überblick, den dieses Kapitel vermittelt, sind theoretische Grundlagen, welche in Abschnitt D vermittelt wurden, in verkürzter Form aufgegriffen. An den einzelnen Stellen wird jeweils auf die entsprechenden Kapitel aus Abschnitt D verwiesen.

1.1.1 Die Stellung der Arbeitskalkulation im Baustellen-Controlling

Die Arbeitskalkulation ist die Fortschreibung der Auftragskalkulation ab dem Zeitpunkt der Auftragserteilung. Unmittelbar nach der Auftragserteilung wurde der Datenbestand des Projektes und damit auch die Auftragskalkulation in die Projektphase 3 überführt, womit eine Kopie des Datenbestandes aus der Projektphase 2 entstanden ist. Dieser Vorgang wurde in Abschnitt C, Kap. 8 beschrieben.

Die Arbeitskalkulation umfasst sämtliche Leistungsverzeichnisse des Projektes, also das gesamte Leistungsvolumen, gleich von wem es direkt oder indirekt in Auftrag gegeben ist. Die Thematik der Leistungsverzeichnisse und der Feststellung des Leistungsumfangs wurde in Abschnitt D, Kap. 3 und Abschnitt E, Kap. 2 behandelt. Während der Gesamt-Leistungsumfang auf mehrere LV's aufgeteilt sein kann, stellt die Arbeitskalkulation letztlich die Einheit dar, die alle LV's umfasst.

Die Arbeitskalkulation umfasst folgende Bestandteile mit Relevanz für Erlös oder Kosten:

- die Informationen sämtlicher LV's einschl. deren Fortschreibungen in Form der Nachträge an den AG und der internen Fortschreibungen
- die VA-Mengen der Teilleistungen neben den LV-Mengen (Abschnitt E, Kap. 2)
- die vertraglich vereinbarten Vergütungen in Form der Vertragspreise und der ergänzenden Regelungen wie Nachlässe, Preisgleitklauseln, Vertragsstrafe
- die angebotenen Preise der noch nicht genehmigten Nachtragspositionen
- die Kostenkalkulation der Teilleistungen einschl. der BGK, basierend auf den für die Ausführung gewählten Methoden der Herstellung
- die Budgets (Abschnitt D, Kap. 5.1.1)
- die ursprünglich kalkulierten Kosten in Form der UR-EKT pro Mengeneinheit der Positionen (Abschnitt C, Kap. 8)

Die Arbeitskalkulation ist das alles umfassende Dokument des Projektes in der Ordnung der Leistungsverzeichnisse.

Die herausragende Stellung der Arbeitskalkulation ist der Grafik in Abschnitt D, Kap. 1.1 zu entnehmen. Bezieht man die Beschreibung des Leistungsumfangs bewusst als Teil der Arbeitskalkulation ein, so ist die Arbeitskalkulation:

- Analyse des Leistungsumfangs (Abschnitt E, Kap. 2)
- Darstellung der Erlöse (Abschnitt E, Kap. 3.1)
- Darstellung der Arbeitsprozesse und Herstellmethoden (Abschnitt D, Kap. 8.2 und Abschnitt F, Kap. 1.1.4
- Kalkulation der Sollkosten (Abschnitt D, Kap. 5.1.2)
- Darstellung und Bewertung der Kostenrisiken (Abschnitt D, Kap. 5.1.3)
- Vorausschau auf Erlös, Kosten, Deckungsbeitrag und Ergebnis (Abschnitt D, Kap. 7)
- Grundlage zur Bestimmung der Leistungswerte (Abschnitt D, Kap. 9 und Abschnitt G, Kap. 2)
- Angebotskalkulation der Nachträge
- Vorgabe von Leistungen (Abschnitt F, Kap. 5.2) und Aufwand (Abschnitt F, Kap. 1.4 und 3.7)
- Grundlage zur Disposition der Ressourcen (Abschnitt F, Kap. 4)
- Absicherung der Machbarkeit der Bauablaufplanung (Abschnitt F, Kap. 4.3)
- Grundlage für die Budgetplanung (Abschnitt D, Kap. 5.1.1 und Abschnitt F, Kap. 2)
- Grundlage für Vergaben und Vergabekontrolle der NU-Leistungen (Abschnitt D, Kap. 10.4 und Abschnitt F, Kap. 2.4.9)
- Grundlage für die Leistungsmeldung (Abschnitt G, Kap. 1)
- Grundlage für die Soll-Stunden im Stunden-Soll-Ist-Vergleich (Abschnitt G, Kap. 5.4.2
- Grundlage für die Soll-Kosten im Kosten-Soll-Ist-Vergleich (Abschnitt G, Kap. 5.2)
- Grundlage für die Prognosen auf das Bauende unter Einbeziehung der Ist-Werte (Abschnitt D, Kap. 5.1.4 und Abschnitt G, Kap. 5.2.2)
- Lieferant von Informationen für das Unternehmens-Controlling
    - Ressourcenanforderung
    - Kosten
    - Erlös
    - Deckungsbeitrag
    - Budget
    - Ergebnis

1.1.2 Elemente als Träger von Erlös, Budgets und Kosten

Die hierarchische Struktur der Arbeitskalkulation enthält folgende Elemente und Unterelemente:

- die LV's
- die Gruppenstufen der LV's (mehrere Ebenen)
- die Positionen der Gruppenstufen
- die Unterpositionen der Positionen (mehrere Ebenen)
- die Ansatzzeilen der Kostenkalkulation der Positionen bzw. Unterpositionen

Bei jedem dieser Elemente kann es Informationen über Erlöse, Budgets oder Kosten geben. Man muss allerdings unterscheiden zwischen

- Elementen, bei denen Werte gespeichert sind,

und

- Elementen, deren Werte nur temporäre Rechenergebnisse aus Elementen mit gespeicherten Werten sind.

Die gespeicherten Werte sind die Ausgangsgrößen jeglicher Berechnung. **Diejenigen Elemente, bei denen Werte gespeichert sind, bezeichnen wir als "Träger" der Information.**

Der Hinweis auf eine solche Eigenschaft eines Elementes mag vordergründig trivial oder nur aus dv-technischer Sicht erforderlich erscheinen. Für das Verständnis der Konzeption der Arbeitskalkulation ist der Hinweis aber wichtig. Nur bestimmte Elemente sind Träger der Informationen. Bei Elementen, welche keine Träger von Informationen sind, werden die entsprechenden Werte temporär berechnet. So kann z.B. für Positionen unterhalb einer Vertragspauschalen ein Erlösanteil berechnet werden, indem der Pauschalerlös im Verhältnis der Kosten aufgeteilt wird. Bei Änderung des Verhältnisses der Kosten bleibt zwar der Pauschalerlös unverändert, nicht aber der Erlösanteil der Positionen. Das Ergebnis der Position ist nur temporärer Art.

1.1.2.1 Elemente als Träger der Erlöse

Zunächst muss folgende Definition vorausgeschickt werden:

***Erlös* ist die Vergütung des AG für die Bauleistungen nach Abzug aller Preisnachlässe vor Berücksichtigung der Umsatzsteuer.**

Ist z.B. ein prozentualer Nachlass auf die Preise aller oder bestimmter Teilleistungen vereinbart, so gilt in den einzelnen Positionen

Erlös pro ME = EP x (100 % - Nachlass in %)

Folgende Elemente der Arbeitskalkulation können Träger von Erlösen sein, d.h. bei folgenden Elementen kann ein vertraglich vereinbarter Erlös stehen bzw. ein Hilfswert für eine ergänzende Vereinbarung zum Erlös:

- Vertragspositionen im Falle eines Einheitspreisvertrages
- Gruppenstufen eines LV im Falle von Teilpauschalierungen
- Das LV im Falle eines Pauschalvertrages mit einer Gesamtpauschalen
- Positionen aus Nachträgen an den AG
- Positionen eines hilfsweise eingeführten LV an Stelle einer Preisliste für Stundenlohnarbeiten (Abschnitt D, Kap. 3.3)
- Hilfspositionen zur Berücksichtigung von Pauschalnachlässen (Abschnitt E, Kap. 2.2)
- Hilfspositionen zur provisorischen Berücksichtigung des Erlöses aus einer Lohngleitklausel (Abschnitt E, Kap. 2.2)
- Hilfsposition zur Berücksichtigung einer Vertragsstrafe (Abschnitt E, Kap. 2.2)
- Nachtragspositionen zur Berücksichtigung von Preisabzügen wegen Qualitätsmängeln (Abschnitt E, Kap. 2.2)
- Nachtragspositionen zur Abrechnung von Stoffpreisgleitklauseln (Abschnitt E, Kap. 2.2)

Von diesen Elementen aus lassen sich zwar Erlöse in der Hierarchie nach oben aufaddieren bzw. nach unten rechnerisch aufteilen. Dies sind dann aber nur temporär berechnete Erlöse. Träger der Erlöse sind ausschließlich diejenigen Elemente, bei denen ein Preis gespeichert ist. Dieser Preis bleibt – abgesehen von noch nicht verhandelten Nachtragspositionen – unverändert. Bei nicht pauschalierten Positionen ist der Preis pro Mengeneinheit der gespeicherte Wert.

Elemente, die Träger eines Erlöses sind, die aber direkt keine Kostenkalkulation enthalten, sind **Erlöspositionen** (Abschnitt D, Kap. 3.4). Auf jeden Fall sind folgende Elemente Erlöspositionen:

- Gruppenstufen eines LV, welche einzeln pauschaliert wurden. (Es gibt keine Kalkulation auf Ebene einer Gruppenstufe; eine Gruppenstufe kann nur indirekt über deren Positionen kalkuliert werden.)
- Das LV im Falle eines Pauschalvertrages mit einer Gesamtpauschalen (Es gibt keine Kalkulation auf Ebene des LV; das LV kann nur indirekt über die Positionen kalkuliert werden.)
- Hilfsposition zur Berücksichtigung einer Vertragsstrafe (negativer EP, keine Kostenkalkulation)
- Nachtragspositionen zur Berücksichtigung von Preisabzügen wegen Qualitätsmängeln (negativer EP, keine Kostenkalkulation)

Abzüge vom Erlös für Vertragstrafe oder Qualitätsmängel stellen eine verschuldete Erlösminderung dar; die Elemente erhalten ein entsprechendes Merkmal. Damit wird gemäß Abschnitt D, Kap. 5.2.1 die Unterscheidung zwischen "Soll-Erlös" und "bewertetem Erlös" ermöglicht.

Soll-Erlös = Erlös vor Abzug verschuldeter Erlösminderungen

Bewerteter Erlös = Soll-Erlös + Erlösminderung (negativ)

1.1.2.2 Elemente als Träger der Budgets

Budgets sind Anteile vom Erlös zur Deckung der Kosten (Abschnitt D, Kap. 5.1.1). Ausgehend von dieser Definition sind auf jeden Fall diejenigen Elemente, die Träger der Erlöse sind, gleichzeitig auch Träger von Budgets. Es können aber Elemente, welche keine Träger von Erlösen sind, Träger von Budgets sein, z.B. das LV für umgelegte BGK (Abschnitt F, Kap. 2.3.1.1.

Wie bei den Erlösen lassen sich von diesen Elementen aus Budgets in der Hierarchie nach oben aufaddieren bzw. nach unten rechnerisch aufteilen. Dies sind dann aber nur temporär berechnete Budgets. Allerdings können Elemente, welche unterhalb eines Budgetträgers angeordnet sind, ebenfalls zu Trägern von Budgets werden. Dieser Sachverhalt wird in Abschnitt F, Kap. 2 erläutert werden.

1.1.2.3 Elemente als Träger der Kosten

Träger der Kostenansätze der Kalkulation können nur die Ansatzzeilen von Positionen oder von deren Unterpositionen sein. Die Kosten von Unterpositionen, Positionen, Gruppenstufen oder eines ganzen LV sind die aufaddierten Kosten der darin enthaltenen Ansatzzeilen.

Ist eine Position nicht Träger eines Erlöses (siehe vorstehendes Kap. 1.1.2.1), so handelt es sich um eine **Kostenposition** (Abschnitt D, Kap. 3.4). Eine Kostenposition ist grundsätzlich eine Position mit ausschließlich interner Bedeutung; sie ist automatisch für die Abrechnung mit dem AG gesperrt. Den Kosten der Kostenposition steht direkt kein Erlös gegenüber. Die Vergütung erfolgt indirekt über

- die Vertragspositionen eines Einheitspreisvertrages
- die Pauschalvergütung eines Pauschalvertrages

Folgende Positionen sind grundsätzlich Kostenpositionen:

- Positionen eines LV mit umgelegten BGK
- Positionen unterhalb einer Vertragspauschalen
- Positionen, in denen ausschließlich Kostenrisiken kalkuliert sind (Abschnitt D, Kap. 5.1.3.1 und 5.1.3.2)

Die Eigenschaft der Kostenposition wird immer dann benutzt, wenn Kosten außerhalb von Elementen kalkuliert werden sollen oder müssen, die Träger von Erlösen sind. Während die Art der Kostenposition in der Angebotsphase nur für die Kalkulation umzulegender Baustellengemeinkosten in Frage kam, gibt es in der Arbeitskalkulation vielfältige Gründe oder Zwänge, die Kostenposition zu verwenden. In Abschnitt F, Kap. 1.2 werden Fälle gezeigt, für welche die Kostenposition verwendet wird.

1.1.3 Die Beziehung zwischen Erlös und Kosten

Fragt man den Bauingenieur, welcher Zusammenhang zwischen Kosten und Preis in der Kalkulation besteht, so wird er wahrscheinlich eine Antwort geben, die sich sinngemäß in folgende Formel fassen lässt:

Preis = Kosten + Einzelkostenzuschlag (EKZ)

Mit dieser Antwort wird der Normalfall der Angebotskalkulation beschrieben. In der Angebotskalkulation werden zunächst die Kosten ermittelt. Auf die Kosten werden die Einzelkostenzuschläge (EKZ) für BGK, AGK und WuG als prozentuale Zuschläge angewendet, womit sich der kalkulierte Preis ergibt. Aber auch schon in der Angebotskalkulation konnte der Fall vorkommen, dass ein Preis unabhängig von obiger Formel festgelegt wurde.

In der Arbeitskalkulation gibt es die Aufgabe der Berechnung eines Preises nur, wenn Nachtragspositionen anzubieten sind. Bei allen bereits vereinbarten Teilleistungen steht der Vertragspreis bereits fest; er ist nicht mehr zu berechnen. Dies galt auch bereits in der Auftragskalkulation, wo die angebotenen Preise als Festpreise unabhängig von Kosten und EKZ zu betrachten waren (siehe Abschnitt C, Kap. 5.3).

In der Arbeitskalkulation besteht eine Abhängigkeit zwischen Kosten und Preis gemäß obiger Formel nur im Falle der Kalkulation von Nachtragspositionen, aber dies auch nur dann, solange der Angebotspreis nicht frei festgesetzt wird. Bei allen Elementen, die Träger eines vertraglich definierten oder frei eingesetzten Preises sind, gibt es keine Abhängigkeit des Erlöses von den Kosten. Der Preis ist in diesen Fällen ein gespeicherter Festpreis und kein aus Kosten berechneter Preis.

Daraus folgt ein wichtiger Grundsatz der Arbeitskalkulation:

In der Arbeitskalkulation werden die Betrachtungen von Kosten und Erlös unabhängig voneinander durchgeführt. Erlös und Kosten werden vergleichend gegenübergestellt.

Erst dieser Grundsatz eröffnet die wichtige Möglichkeit, die Kosten teilweise oder ganz außerhalb der Erlösträger abzubilden (siehe Abschnitt F, Kap. 1.1.2.1 und 1.1.2.3).

Es sei auch hier nochmals auf die Unterscheidung von Preis und Erlös verwiesen:

Erlös = Preis abzgl. Nachlässe = effektive Vergütung

Bei noch nicht vom AG genehmigten Nachträgen geht gemäß Abschnitt D, Kap. 5.2.2 zusätzlich die interne Bewertung des angebotenen Preises ein, so dass hier gilt

Erlös = (angebotener Preis) x Bewertungsfaktor x (100 % - Nachlass in %)

Die vergleichende Betrachtung von Kosten und Erlös führt zu folgenden Aussagen:

- **In einzelnen Elementen der Arbeitskalkulation:**

  Erlös – Kosten =
  = verbleibender Umlagebetrag zur Deckung der Allgemeinen Kosten (BGK + AGK)

- **Für die gesamte Arbeitskalkulation:**

  Erlös – Kosten =
  = Deckungsbeitrag = verbleibender Betrag zur Deckung der AGK

Diese Betrachtungsweise wurde ausführlich, auch mit Zahlenbeispielen belegt, in Abschnitt D, Kap. 7.1.1 und 9.5 dargestellt. In den dortigen Beispielen war auch zu erkennen, dass der verbleibende Umlagebetrag in den einzelnen Elementen der Arbeitskalkulation in Abhängigkeit davon, wo Kosten und Erlös stehen, sehr unterschiedlich ausfällt bis hin zu den Extremfällen:

- Eine Erlösposition (ohne Kosten) hat einen verbleibenden Umlagebetrag in Höhe des Erlöses.
- Eine Kostenposition (ohne Erlös) hat einen verbleibenden Umlagebetrag mit negativem Vorzeichen in Höhe der Kosten.

In den Beispielen war auch zu erkennen, dass eine ungleiche Verteilung von Erlös und Kosten auf die Elemente der Arbeitskalkulation keine Rolle spielt: Über das Gesamtprojekt kommen alle Erlöse und alle Kosten wieder zusammen. Der dortige Vergleichswert in Form des Deckungsbeitrages führt zu einem mittleren Deckungsbeitrag in % bezogen auf Kosten. Mit Hilfe dieses Wertes wird der Leistungswert jeder einzelnen Teilleistung nach der Formel

Leistungswert = (Kosten) x (100 % + mittl. DB in %)

berechnet. Dieser Leistungswert des einzelnen Elementes stellt einen gewichteten und bewerteten Anteil am Gesamterlös des Projektes dar. Jedes Element hat in Form des Leistungswertes einen bewerteten Erlös. Geht man von diesem Wert des Elementes aus, besteht doch wieder eine Beziehung zwischen Kosten und Erlös:

Leistungswert = bewerteter Erlös = (Kosten) x (100 % + mittl. DB in %)

In diesem Zusammenhang wird auf den Sonderfall der Tätigkeit "eigener Betriebe" im Projekt hingewiesen, der in Abschnitt D, Kap. 6 und 7.1.1 behandelt ist.

Da die Arbeitskalkulation unterschiedliche Kosten- und Erlösgrundlagen

- Budgets
- Sollkosten
- bewertete Sollkosten
- Soll-Erlös
- bewerteter Erlös = voraussichtlicher Erlös

kennt und sich je nach Grundlage unterschiedliche Werte für den **mittleren DB in %** ergeben, muss hier nochmals festgehalten werden, dass sich der maßgebende Wert auf der Grundlage von

- **bewerteten Sollkosten und**
- **bewertetem Erlös = voraussichtlicher Erlös**

ergibt. Dies wurde ausführlich dargelegt in Abschnitt D, Kap. 7.4. Demnach gilt:

Leistungswert = (bewertete Sollkosten) x (100 % + bew. Soll-DB in %)

bewerteter Soll-DB = (Voraussichtl. Gesamt-Erlös) – (bewertete Gesamt-Sollkosten)

bew. Soll-DB in % = 100 x (bew. Soll-DB)/(bew. Gesamt-Sollkosten)

1.1.4 Strukturierte und sachgerechte Kalkulation

1.1.4.1 Strukturierung von Positionen über Unterpositionen

Die Struktur der Kostenkalkulation wird im Wesentlichen durch die Struktur der LV's und deren Elemente vorgegeben. Diese Struktur kann über Kostenpositionen bereits wesentlich ergänzt worden sein im Vergleich zu der Struktur der Vertrags-Elemente. Ein weiteres wesentliches Element zur Strukturierung sind die Unterpositionen in Positionen.

Die einzelnen Positionen der Arbeitskalkulation können im Bedarfsfall über Unterpositionen für die Zwecke des Baustellen-Controlling aufbereitet werden (siehe hierzu Abschnitt D, Kap. 8.2).

Das System der Unterpositionen ist ein internes Leistungsverzeichnis zur Mengeneinheit der Position. Eine Unterposition hat – wie auch die Position

- Text
- Mengeneinheit
- Menge pro ME des übergeordneten Elementes

Die Struktur der Unterpositionen kann ein hierarchisches System über mehrere Ebenen sein. Die Inhalte der Unterpositionen werden auf das Herstellverfahren abgestimmt, das für die Ausführung der Teilleistung tatsächlich ausgewählt ist, und auf die speziellen Zielstellungen im Rahmen des Baustellen-Controlling.

Sofern die Leistungsmerkmale des Bauarbeitsschlüssels (BAS) zugeordnet werden sollen, müssen Inhalte und Mengeneinheiten der Unterpositionen auch auf dieses System abgestimmt werden (siehe Abschnitt B, Kap. 6 und Abschnitt G, Kap. 5.4.1).

Unterpositionen des Typs "pauschal" werden benutzt, um Gesamtkosten zu kalkulieren, die sich auf die VA-Menge der Position beziehen. Die Gesamtkosten dieser Unterposition unter Berücksichtigung deren Menge werden auf die VA-Menge der Position umgelegt, um zum Kostenanteil pro ME der Position zu kommen.

1.1.4.2 Sachgerechte Kostenansätze

Die Kostenkalkulation in der Arbeitskalkulation muss eine sachgerechte Kalkulation sein. Dies bedeutet:

- Sie muss die Herstellmethoden berücksichtigen, wie sie als wirtschaftlich befunden und zur Ausführung vorgesehen sind.
- Sie muss die wesentlichen Arbeitsprozesse beschreiben, wie sie die ausgewählten Herstellmethoden bedingen (siehe Abschnitt D, Kap. 8.2).
- Sie muss die wesentlichen Kostenbereiche in den richtigen Kostenarten abbilden (Abschnitt D, Kap. 8.3.2).
- Sie muss den Materialbereich ausreichend differenziert über Artikel oder Kostenarten abbilden (Abschnitt D, Kap. 8.3.3).
- Sie muss die wesentlichen Geräte und Ausstattungen nach Art, Menge und Einsatzdauer abbilden (Abschnitt D, Kap. 8.3.4).
- Sie muss jede Nachunternehmerleistung über spezifische Kostenarten und NU-Vertragspreise zu erkennen geben (Abschnitt D, Kap. 8.3.5).

Die Grundlagen für eine entsprechende Qualität der Arbeit werden über die strukturellen Grundlagen geschaffen, wie sie in Abschnitt B beschrieben sind. Diese Grundlagen verhelfen auch zur erforderlichen rationellen Bearbeitung der Arbeitskalkulation.

1.1.4.3 Transparenz durch textliche Erläuterungen

Eine Kostenkalkulation muss inhaltlich von allen Projektbeteiligten verstanden werden, also nicht nur vom Autor der Kalkulation. Bei einfachen Teilleistungen genügt es zum Verständnis in der Regel, die Kostenkalkulation auf die eigentlichen Ansatzzeilen zu beschränken, weil bei den Beteiligten die Kenntnis der Grundlagen einer Kalkulation vorausgesetzt werden kann. Bei komplexeren Teilleistungen können aber durchaus textliche Erläuterungen erforderlich werden, damit der Inhalt korrekt als Grundlage der Dispositionen aufgenommen wird.

Zu erläutern sind u.U.:

- gewählte Herstellmethode
- gewählte Ressourcen für die Ausführung
- angenommene Randbedingungen zur Ausführung
- Zusammenhänge mit anderen Teilleistungen und deren Kalkulationen
- Leistungsansätze
- Kostenansätze
- Unklarheiten zum Zeitpunkt der Kalkulation
- Lücken im Vertrag
- Risiken

Zusätzlich können erforderlich werden

- Hinweise zu offenen Punkten, die während der Bauzeit zu verfolgen sind.

1.1.5 Die "Maßstäbe" Budgets und Sollkosten

Die Arbeitskalkulation macht zwei Aussagen zu den Kosten, die als Maßstäbe für den Erfolg dienen, jeweils für unterschiedliche Personengruppen:

Budgets (Abschnitt D, Kap. 5.1.1) sind feste Anteile am Erlös, die zur Deckung der Herstellkosten zur Verfügung stehen. **Der Erfolg derjenigen Personen, welche die Gesamtverantwortung für das Projekt tragen, wird daran gemessen, ob die tatsächlichen Herstellkosten des Projektes durch die Budgets gedeckt sind.**

Grundlage der Budgetbestimmung sind die in der Auftragskalkulation kalkulierten Kosten, also die ursprünglich angenommen Kosten. Änderungen an den Erlösen können noch zu Änderungen der Budgetwerte geführt haben.

Auf die Einzelheiten der Budgetplanung wird in Abschnitt F, Kap. 2 eingegangen.

Sollkosten (Abschnitt D, Kap. 5.1.2) sind die Kosten, die unter den bekannten äußeren Bedingungen des Projektes und unter den gegebenen Marktbedingungen bei Auswahl und Anwendung der wirtschaftlichsten Herstellmethode und entsprechender Ausstattung der Baustelle als unvermeidbar anzusehen sind. Es wird eine optimale Ausschöpfung der bestehenden Möglichkeiten in Arbeitsvorbereitung, Einkauf, Vergabe, Baustellen-Controlling und Ausführung vorausgesetzt. **Der Erfolg derjenigen Personen, die für Vorbereitung, Leitung und Ausführung der Bauleistungen verantwortlich sind, wird daran gemessen, ob die tatsächlichen Herstellkosten des Projektes die Sollkosten nicht überschritten haben.**

Budgets und Sollkosten werden parallel verwaltet. Je nach Vertragsart haben Budget und Sollkosten gleiche oder unterschiedliche Berechnungsgrundlage:

- **Beim Einheitspreisvertrag** haben Erlös, Budget und Kosten dieselbe Berechnungsgrundlage in Form der Menge der Teilleistung der Positionen. Die Gesamtwerte sind übereinstimmend abhängig von ausgeführten Mengen der Teilleistungen.
- **Beim Pauschalvertrag** sind Erlös und Budget feste Werte, während die Kosten von den enthaltenen Teilleistungen und deren Mengen abhängen. Die Gesamtbudgets sind nicht abhängig von ausgeführten Mengen der Teilleistungen, wohl aber die Sollkosten.

1.1.6 Die Sollkosten

Das Thema der Sollkosten ist allgemeingültig in Abschnitt D, Kap. 5.1.2 behandelt. Aus den dortigen Ausführungen seien hier nur nochmals einige wenige Sätze herausgestellt:

Die Kostenansätze zu den Sollkosten sollen "scharfe, aber noch machbare Ansätze" sein unter den spezifischen äußeren Randbedingungen des Projektes. Zu den äußeren Randbedingungen zählen alle Einflüsse, die nicht vom Personal der Baustelle zu verantworten sind. Einflüsse aus internen Problemen, soweit sie die Baustelle zu vertreten hat, haben keinen Einfluss auf die Höhe der Sollkosten.

Das Planungsergebnis des Baustellen-Controlling in Form der Sollkosten ist die verbindliche Arbeitsgrundlage für alle am Projekt Beteiligten. Die Sollkosten sind nicht "Deine" oder "meine" Vorgaben, sondern "unsere" Vorgaben, mit denen wir "uns" identifizieren.

Die Sollwerte unterliegen dem jeweiligen Kenntnisstand zum Projekt mit seinen Randbedingungen. Die Sollwerte sind im Falle neuer Erkenntnisse zu aktualisieren, sofern Art und Höhe der Werte wesentlich berührt sind.

1.1.7 Rückstellungen für Kostenrisiken

In Abschnitt D, Kap. 5.1.3 wurde das Thema der Risiken in den Kostenannahmen ausführlich behandelt. Der dort beschriebene Bestandteil der Konzeption des Baustellen-Controlling ist von großer Bedeutung, birgt aber auch die große Gefahr von Missverständnissen oder gar des Missbrauchs. Deshalb sollten die dortigen Inhalte unbedingt vollständig aufgenommen sein, bevor die Arbeit mit Rückstellungen in der Arbeitskalkulation praktiziert wird. Im vorliegenden Kapitel werden im Sinne eines Überblicks nur nochmals einige Kernaussagen aufgegriffen, soweit sie die praktische Arbeit der Kostenkalkulation unmittelbar berühren.

Aus der Definition der Sollkosten "auf der Basis bekannter Randbedingungen scharf, aber machbar" folgt, dass ein Risiko in den Kostenannahmen bestehen kann, wenn sich Randbedingungen gegenüber den Annahmen ändern. Soweit dieses Risiko als Kostenrisiko beim Unternehmer bleibt, muss es in der Arbeitskalkulation ergänzend zu den Sollkosten in Form von Rückstellungen für weitere Kosten berücksichtigt werden.

bewertete Sollkosten = Sollkosten + Rückstellungen für Risiken

Die Vorausschau auf das Projektergebnis auf der Basis der Sollkosten ist die optimistische Prognose, die Vorausschau auf der Basis der bewerteten Sollkosten ist die vorsichtige Prognose.

Rückstellungen sind keine Sollkosten. Sie werden deshalb in der Arbeitskalkulation über spezielle Merkmale getrennt von den Sollkosten verwaltet. Rückstellungen werden möglichst in konkreten Kostenarten kalkuliert. Sofern ein technisches Risiko in einer bestimmten Teilleistung besteht, wird das Kostenrisiko innerhalb dieser Position dargestellt. Ein Kostenrisiko, das sich auf positionsübergreifende Kostenbereiche bezieht, wird in gesonderten Kostenpositionen kalkuliert.

Annahmen zu Risiken betreffen nur die noch bevorstehende Bauleistung. Für die in Vergangenheit liegende Bauleistung ist bekannt, ob sich eine Risiko ganz oder teilweise oder gar nicht bewahrheitet hat. Hat es sich ganz oder teilweise bewahrheitet, werden entsprechende Kostenansätze ganz oder teilweise den Sollkosten zugeschlagen. Rückstellungen auf Grund nicht bestätigter Befürchtungen werden neutralisiert.

Manche Risiken sind relativ leicht erfassbar und abschätzbar. Hierzu gehören die Risiken, die in Schwankungen der Basiskosten (Tariflöhne, Einkaufspreise, NU-Preise, Gerätekosten etc.) während der Bauzeit begründet sind. Während diese Risiken in der Angebotskalkulation in der Regel vereinfachend in Form von mittleren Kostenansätzen berücksichtigt wurden, ist ein solches Verfahren in der Arbeitskalkulation nicht möglich. In der Arbeitskalkulation müssen in den "normalen" Kostenansätzen die Basiskosten verwendet werden, wie sie zum Beginn der Arbeiten gelten. An diesen Ansätzen kann während der Bauzeit auch nichts geändert werden, weil Änderungen der Basiskosten, die erst später eintreten, nicht die gesamte Leistung, sondern nur einen Teil betreffen. Änderungen gegenüber den Ausgangswerten müssen also als Differenzen gesondert in die Kalkulation eingebracht werden. Diese Art Änderung erstreckt sich dann meistens auch nicht auf eine bestimmte Teilleistung, sondern auf einen positionsübergreifenden Kostenbereich, und zwar für einen Teil der Gesamtleistung ab einem Stichtag. Entsprechend wird in gesonderten Kostenpositionen mit Risikomerkmal kalkuliert. Später tritt die tatsächlich festgestellte Änderung an die Stelle des geschätzten Wertes; das Risikomerkmal wird entfernt, womit die koorigierten Änderungskosten den Sollkosten zugeschlagen werden. Diese Art des Kostenrisikos kann auch leicht kostenartengerecht kalkuliert werden.

Viel schwerer ist die Definition und Abschätzung von besonderen Risiken. Noch schwerer ist die richtige Bewertung der einzelnen Risiken unter Abwägung der Gesamtheit der Risiken. Besondere Risiken können in einer einzelnen Position begründet sein. Dann wird das Risiko auch dort in gesonderten Unterpositionen mit Risikomerkmal kalkuliert. Meistens ist auch eine kostenartengerechte Kalkulation möglich. Viele der besonderen Risiken erstrecken sich allerdings auf positionsübergreifende Kostenbereiche, so dass sie in gesonderten Kostenpositionen kalkuliert werden müssen. Meistens ist aber auch hier ein konkreter Kostenartenbezug möglich; die Schwierigkeit liegt in der Bestimmung der Höhe des Ansatzes unter Würdigung der Einschätzung aus der Summe aller Risiken.

Neben dem Merkmal für Kostenrisiken gibt es das Merkmal der "Vorgabeabweichung". Vorgabeabweichungen sind für die Zukunft vorhersehbare Abweichungen von den Sollkosten. Sie bleiben mit diesem Merkmal auch für Leistungen der Vergangenheit bestehen, d.h. sie werden nicht in Sollkosten umgewandelt. Vorgabeabweichungen werden eingebracht, um die Kosten für die Restbauleistung gemäß den aktuellen Erkenntnissen zu prognostizieren:

voraussichtliche Kosten (Prognosekosten) =
= Ist-Kosten zum Stichtag + bewertete Sollkosten Restbauleistung + Vorgabeabweichungen Restbauleistung

1.1.8 Deckungsbeitrag, Ergebnis, Leistungswert

Die Auswertung des Gesamtprojektes auf der Basis der VA-Mengen liefert zunächst folgende Informationen:

- Budget
- Sollkosten
- Rückstellungen für Kostenrisiken
- Bewertete Sollkosten = Sollkosten + Rückstellungen
- Soll-Erlös
- bewerteter Gesamterlös = voraussichtlicher Gesamterlös

Aus diesen Werten zu Kosten und Erlös sind folgende Werte die maßgebenden Größen zur Bestimmung der Leistungswerte von Teilleistungen oder teilfertiger Leistungen (siehe Abschnitt D, Kap. 7.4):

- **bewertete Gesamt-Sollkosten**
- **bewerteter Gesamterlös**

Gemäß Abschnitt D, Kap. 7 ergeben sich:

bewerteter Soll-Deckungsbeitrag =
= (bewerteter Gesamterlös) – (bewertete Gesamt-Sollkosten)

bew. Soll-DB in % = 100 x (bew. Soll-DB)/(bew. Gesamt-Sollkosten)

Der bewertete Soll-DB in % ist eine Hilfsgröße zur Bestimmung des Leistungswertes jeder einzelnen Teilleistung nach der Formel:

Leistungswert = (bewertete Sollkosten) x (100 % + bew. Soll-DB in %)

(siehe auch Abschnitt F, Kap. 1.1.3)

Für das **Gesamtprojekt** sind Leistungswert und bewerteter Erlös identisch:

Gesamt-Leistungswert = bewerteter Gesamterlös (nur für Gesamtprojekt)

Sollten im Projekt Leistungen eigenständig bilanzierender Bereiche des Unternehmens vorkommen (Abschnitt D, Kap. 6), so sind vorstehende Formeln wie folgt zu ändern:

bewerteter Soll-Deckungsbeitrag =
= (bewerteter Gesamterlös abzgl. Kosten eig. Betr.) – (bewertete Gesamt-Sollkosten abzgl. Kosten eig. Betr.)

bew. Soll-DB in % = 100 x (bew. Soll-DB)/(bew. Gesamt-Sollkosten abzgl. Kosten eig. Betr.)

Leistungswert ohne eig. Betr. = (bewertete Sollkosten ohne eig. Betr.) x (100 % + bew. Soll-DB in %)

Für jeden Leistungsstand können weiterhin berechnet werden:

bew. Soll-AGK = $\sum$[(Leistungswert$_i$) x (AGK$_i$ in % v. Ums.)]

wobei "i" für die Anteile steht, denen jeweils ein gesonderter Zuschlag für AGK zugewiesen ist.

bew. Soll-Ergebnis = (bew. Soll-DB) – (bew. Soll-AGK)

bew. Soll-Ergebnis in % v. Ums. = 100 x (bew. Soll-Ergebnis)/(Leistungswert)

oder für das fertige Gesamtprojekt

bew. Soll-Ergebnis in % v. Ums. = 100 x (bew. Soll-Ergebnis)/(bew. Soll-Erlös)

Folgende anderen Größen zu Kosten und Erlös führen zu anderen Werten von Deckungsbeitrag und Ergebnis (vergl. Abschnitt D, Kap. 7.4)

- Budget
- Sollkosten

- Sollerlös

Die Werte auf diesen Grundlagen sind

- Planwerte (Grundlage: Budget und Sollerlös)
- Sollwerte (Grundlage: Sollkosten und Sollerlös)

1.2 Beispiele der Kostenkalkulation in der Arbeitskalkulation

In diesem Kapitel wird nur die eigentliche Kostenkalkulation dargestellt, die weitgehend unabhängig von speziellen Eigenschaften der Position wie "Vertragsposition" oder "Kostenposition" ist. Weil sich demgegenüber aber die Auswertungen auf Ebene der Position nach Positionseigenschaften richten, werden diese Auswertung im gesonderten Kapitel 1.3 gezeigt.

1.2.1 Einfache Teilleistung ohne Unterpositionen

Eine einfache Teilleistung,

- die nur aus einem Arbeitsgang besteht,
- deren Mengeneinheit geeignet für die Kalkulationsansätze ist,
- deren Kostenansätze einfach sind,

wird direkt, d.h. ohne Unterpositionen und mit direktem Bezug der Ansätze auf die Mengeneinheit der Position kalkuliert. Die Ansätze werden sachgerecht aufgebaut, d.h. die Kostenkomponenten werden, soweit es sinnvoll ist, konkret benannt über Kostenarten, Artikel etc.. Im abgebildeten Beispiel für einen Ausgleichsring eines Abwasserschachtes ist der Betonring konkret über einen Artikel eingebracht, der Zementmörtel über eine Kostenart (weil unbekannt ist, welche Mörtelrezeptur letztlich gewählt wird), für die Lohnstunden wurde die spezielle Stundenkostenart für Kanalbauarbeiten verwendet.

	UPos	K	SL	Text	Menge	ME	/	Faktor	Kosten/E	K-Fakto...	Std./ME Pos.	Kosten/ME Pos.
►		A	7751080	Betonauflagering 625 x 80	1,000	Stk		1,000	8,44			8,44
			252131	Zementmörtel MGR III	0,010	m³		1,000	84,00	1,000		0,84
			S25	Std. Kanalbauarbeiten	0,200	Std		1,000	27,00	1,000	0,200	5,40

Abbildung 93: Kostenkalkulation einer einfachen Teilleistung

In welchen Fällen die Materialien über Artikel und in welchen Fällen über Kostenarten eingebracht werden, wurde in Abschnitt D, Kap. 8.3.3 behandelt.

1.2.2 Strukturierung über Unterpositionen

Besteht eine Teilleistung aus deutlich unterscheidbaren Arbeitsprozessen, so werden diese getrennt über Unterpositionen abgebildet. Dieses Prinzip ist ausführlich in Abschnitt D, Kap. 8.2 dargestellt.

1.2.2.1 Einfache Struktur und Erläuterungen

Positionsbeispiel: .... m³ Beton B25 für Einzelfundamente einschl. Schalung

UPos	K	SL	Text	Mengenansatz	Menge	ME	/	Faktor	Kosten/E	Std./ME Pos.	Kosten/ME Pos.
	T		Gemäß Ausschreibung ist Arbeitsraum und Schalung vorgesehen.								
	T		So erfolgt auf jeden Fall die Vergütung des Aushubs. Es kann aber davon ausgegangen werden,								
	T		dass ca. 50 % ohne Arbeitsraum und Schalung ausgeführt werden.								
	T		Dort muss allerdings mit einem Betonmehrverbrauch von ca. 20 % gerechnet werden.								
1			**Fundamentschalung**	**150/420**	**0,357**	**m²**		**1,000**	**37,30**	**0,464**	**13,32**
	T		Schalung: ca. 150 m² für 420 m³								
		S31	Std. Schalung Fundamen		1,300	Std		1,000	27,00	0,464	12,54
		42111	Stoffe Fundamentschalur		1,000	m²		1,200	1,00		0,43
	T		4 Einsätze der Schalung pro Monat								
		42211	Miete Fundamentschalun		1,000	m²Mc	/	4,000	4,00		0,36
2			**Beton**	**1,00 * (1+0,20*0,50)**	**1,100**	**m³**		**1,000**	**89,40**	**0,688**	**98,33**
		2511252	B 25, 290 kg		1,000	m³		1,000	74,00		79,77
	T		5 Mann; Leistung 8 m³/h								
		S51	Std. Beton Fundamente		5,000	Std	/	8,000	27,00	0,688	18,56

Abbildung 94: Einfach strukturierte Teilleistung mit textlichen Erläuterungen

Die Teilleistung besteht aus zwei unterschiedlichen Arbeitsprozessen, nämlich den Schalarbeiten und den Betonierarbeiten. Hierfür werden getrennte Unterpositionen eingeführt. Jede Unterposition hat ihre spezifische Mengeneinheit. Sofern diese nicht mit der Mengeneinheit der Position übereinstimmt (wie in U-Pos. 1), wird das Mengenverhältnis der Unterposition zur Position als "innere" Menge der Unterposition eingeführt.

Die Aufteilung in zwei Unterpositionen ermöglicht es im Bedarfsfall, die Meldung von LE-Mengen getrennt für Schalung und Beton vorzunehmen, womit eine Leistungsabgrenzung bei teilfertigen Fundamenten stattfindet (siehe Abschnitt G, Kap. 1.4). Auf eine weitere Unterteilung der U-Pos. 1 für Ein- und Ausschalen wurde verzichtet, weil eine so differenzierte Leistungsabgrenzung nicht für relevant gehalten wurde.

In einem "Vorspann" sind Erläuterungen zur Herstellung gegeben, die in diesem Fall zum Verständnis der Unterpositionen und Ansatzzeilen erforderlich sind. In den Unterpositionen sind einige weitere Erläuterung zum Verständnis einzelner Ansatzzeilen gegeben. Am Kostenfaktor des Betons von 0,980 ist zu erkennen, dass bei der Kostenart ein Rabatt des Lieferanten von 2 % auf die Einkaufspreise hinterlegt ist.

Im Zusammenhang mit der Meldung von LE-Mengen auf Ebene der Unterpositionen könnte der Einwand gebracht werden, dass dann aber zusätzlich noch die RE-Menge auf Ebene der Position zu ermitteln sei. Im Vorgriff auf Abschnitt G, Kap. 1.4 sei hier schon gesagt, dass die LE-Mengen der Unterpositionen automatisch zu einem Vorschlagswert der RE-Menge auf Ebene der Position führen nach der Formel

$$\text{RE-Menge der Pos.} = \sum [(\text{EKT/ME der U-Pos.}) \times (\text{LE-Menge U-Pos.})]/(\text{EKT/ME der Pos.})$$

Es muss aber auch gesagt werden, dass ein Aufmaß zu LE-Mengen der Unterpositionen natürlich nicht für die RE-Mengen gelten kann. In der Regel wird man aber für LE-Mengen kein eigenständiges Aufmaß erstellen, sondern das Aufmaß für RE-Mengen benutzen, um daraus die Abgrenzungen in LE-Mengen abzuleiten, die wiederum als fertige Mengen zum Stichtag erfasst werden.

1.2.2.2 Einfache Struktur für NU-Leistung

Es sei auch hier nochmals der wichtige Hinweis gegeben, dass die Verarbeitung der Preise aus Nachunternehmerangeboten bzw. Vergaben an NU in der Kalkulation keinen gesonderten Aufwand bedingt, sobald ein NU-Angebot aufgenommen bzw. eine Vergabe durchgeführt ist (vergl. hierzu Abschnitt D, Kap. 10.5). Dieser Hinweis wird besonders im Hinblick auf die Projekte des Schlüsselfertigbaus gegeben. Den Mitarbeitern des Generalunternehmers ist die Thematik der Arbeitskalkulation u.U. nicht so vertraut oder gar vollkommen fremd, mit der Folge, dass man der Aufgabe aus dem Weg geht. Das beschriebene Verfahren macht es aber möglich, die Arbeitskalkulation auch ohne vertiefte Kenntnisse der eigentlichen Kalkulationsarbeit korrekt mit Kostenansätzen zu versorgen. Das Verfahren setzt lediglich die Kenntnis von Ausschreibung und Vergabe von NU-Leistungen voraus, also von Arbeitsschritten, die zum Alltag der Projektbearbeiter im SF-Bau gehört.

Positionsbeispiel: ..... m³ Oberboden abtragen und laden (Abbildung 95)

Die Leistung wurde komplett an einen NU vergeben, d.h. es besteht kein Notwendigkeit, eine Beihilfe mit eigenem Personal einzurechnen. Die Unterposition wird automatisch mit der Vergabe an den NU generiert. Sie besteht in diesem Fall nur, um den Namen des NU auch in der Arbeitskalkulation wiederzugeben.

	UPos	K	SL	Text	Menge	ME	/	Faktor	Kosten/E	Std./ME Pos.	Kosten/ME Pos.
▸	0			**Fischer KG**	**1,000**	**m³**		**1,000**	**1,36**		**1,36**
			51021	Erdarbeiten	1,000			0,970	1,40		1,36

Abbildung 95: Kostenkalkulation ausschließlich mit NU-Leistung

Der Vergabepreis mit 1,40 wurde als Kostenansatz eingespielt. Der eingeräumte Preisnachlass von 3 % kommt über den Faktor 0,970 zum Ausdruck. Die Kostenart der Ansatzzeile ist über die Vergabeeinheit vorbestimmt.

1.2.2.3 Komplexe Struktur

Positionsbeispiel: 1,000 psch Einrichten der Baustelle (Abbildung 96)

Die Abbildung zeigt nur den Anfang der Kalkulation der komplexen Teilleistung.

In einem textlichen Vorspann wird erläutert, dass das in der Angebotsphase gewählte Verfahren, zunächst die Gesamtkosten für Einrichten und Räumen zu kalkulieren und dann 80 % der Position für das Einrichten und 20 % der Position für das Räumen zuzuweisen, in der Arbeitskalkulation nicht praktiziert werden kann, weil diese Art der Differenzierung für eine korrekte Leistungsbewertung nicht ausreichen würde. In der Arbeitskalkulation ist der Aufwand für das Einrichten und das Räumen pro Komponente eigenständig zu kalkulieren.

UPos	K	SL	Text	Menge	ME	/	Faktor	Kosten/E	Std./ME Pos.	Kosten/ME Pos.
	T		Die Leistungsmeldung für Einrichten und Räumen erfolgt über die Unterpositionen.							
	T		Die Aufteilung im Angebot von 80%/20 % war willkürlich.							
	T		In der Arbeitskalkulation wird getrennt kalkuliert.							
1			**Einrichten der Bauste**	**1,000**	**Psch**		**1,000**	**35.025,00**	**612,117**	**35.025,00**
11			**Schurgerüst**	**1,000**	**Psch**		**1,000**	**1.110,00**	**30,000**	**1.110,00**
		S11	Std. BE einrichten	30,000	Std		1,000	27,00	30,000	810,00
		441	Hilfsstoffe allgemein	1,000			1,000	300,00		300,00
12			**Energie, Abwasser, T**	**1,000**	**Psch**		**1,000**	**5.272,95**	**98,000**	**5.272,95**
121			**Elektrische Einrichtu**	**1,000**	**Psch**		**1,000**	**2.595,95**	**47,000**	**2.595,95**
		S11	Std. BE einrichten	35,000	Std		1,000	27,00	35,000	945,00
		121	Std. Bauhof BE	12,000	Std		1,000	29,25	12,000	350,95
		441	Hilfsstoffe allgemein	1,000			1,000	300,00		300,00
		4731	Elektromaterial	1,000			1,000	1.000,00		1.000,00
122			**Wasser**	**1,000**	**Psch**		**1,000**	**986,00**	**18,000**	**986,00**
	G	GR-D.1.0(	Hydrobagger, Raupe, 60	2,000	Std		0,000	56,83		0,00
		S11	Std. BE einrichten	18,000	Std		1,000	27,00	18,000	486,00
		441	Hilfsstoffe allgemein	1,000			1,000	500,00		500,00
123			**Abwasser**	**1,000**	**Psch**		**1,000**	**1.410,00**	**30,000**	**1.410,00**
	G	GR-D.1.0(	Hydrobagger, Raupe, 60	5,000	Std		0,000	56,83		0,00
		S11	Std. BE einrichten	30,000	Std		1,000	27,00	30,000	810,00
		271	Steinzeugrohre	1,000			1,000	300,00		300,00
		272	PVC-Kanalrohre	1,000			1,000	300,00		300,00
124			**Telefon**	**1,000**	**Psch**		**1,000**	**281,00**	**3,000**	**281,00**
		U13	Std. Elektriker	3,000	Std		1,000	27,00	3,000	81,00
		441	Hilfsstoffe allgemein	1,000			1,000	200,00		200,00
13			**Baracken/Container**	**1,000**	**Psch**		**1,000**	**3.781,00**	**55,000**	**3.781,00**
	T		Nur Leistungen, soweit sie nicht bereits über die Geräteliste abgedeckt sind.							
131			**Büro-Container**	**1,000**	**Psch**		**1,000**	**536,00**	**10,000**	**536,00**
		S11	Std. BE einrichten	10,000	Std		1,000	27,00	10,000	270,00
		441	Hilfsstoffe allgemein	1,000			1,000	200,00		200,00

Abbildung 96: Komplexe Struktur der Kalkulation der Baustelleneinrichtung

Es wurde eine Unterpositionsstruktur über mehrere Ebenen gewählt, um

- die Kosten für einzelne Kostenbereiche in unterschiedlichen Differenzierungen transparent zu machen,
- eine Leistungsabgrenzung nach Bedarf zu ermöglichen.

Die Kosten verschiedener Materialien sind nicht über Artikel, sondern nur über Gruppenkostenarten eingebracht, weil in diesen Fällen nicht im Voraus bestimmbar ist, welche einzelnen Artikel tatsächlich benötigt werden (vergl. Abschnitt D, Kap. 8.3.3)

1.2.2.4 Einfache Struktur mit NU-Leistung und Eigenleistung

Positionsbeispiel: .... m³ Fundamentaushub (Abbildung 97)

Der NU führt die Handbeihilfe zur Herstellung des Planums nicht aus, so dass eigenes Personal für diese Arbeiten beigestellt werden muss. Für die NU-Leistung und Eigenleistung werden manuell getrennte U-Pos. eingeführt. Die U-Pos. 1 für die NU-Leistung wird mit der entsprechenden Pos. des NU-LV verknüpft; die Beziehung besteht also nicht auf Ebene der Position (siehe hierzu Abschnitt D, Kap. 10.4.3.1).

UPos	K	SL	Text	Menge	ME	/	Faktor	Kosten/E	Std./ME Pos.	Kosten/ME Pos.
1			**NU-Leistung**	**1,000**	**m³**		**1,000**	**3,88**		**3,88**
11			**Fischer KG**	**1,000**	**m³**		**1,000**	**3,88**		**3,88**
		51021	Erdarbeiten	1,000			0,970	4,00		3,88
2			**Beihilfe**	**1,000**	**m³**		**1,000**	**1,35**	**0,050**	**1,35**
		S22	Std. Erdarbeiten	1,000	Std	/	20,000	27,00	0,050	1,35

Abbildung 97: Einfache Struktur mit NU-Leistung und Eigenleistung

Das automatische Verfahren zur Verarbeitung der Vergabepreise (siehe Abschnitt D, Kap. 10.5) generiert in diesem Fall die Kalkulation der NU-Leistung unterhalb der verknüpften Unterposition, ansonsten aber analog dem Beispiel gemäß dem vorstehenden Kapitel 1.2.2.2.

Die Eigenleistung wird unabhängig in U-Pos. 2 kalkuliert. Der dortige Ansatz bedeutet, dass eine Arbeitsstunde pro 20,00 m³ Aushub aufzuwenden ist.

1.2.2.5 Struktur zur differenzierten Bewertung der Gerätevorhaltekosten

Positionsbeispiel: 1,000 psch Vorhaltekosten der Geräte (Abbildung 98)

UPos	K	SL	Text	Menge	ME	/	Faktor	Kosten/E	Kosten/ME Pos.
1		PAUSCH	**VH-Kosten Kat. C**	**1,000**	**Psch**		**1,000**	**109.596,31**	**109.596,31**
	D	C.V	Hebezeuge-Variable Kost	1,000	PSCH		1,000	109.596,31	109.596,31
2		PAUSCH	**VH-Kosten Kat. D**	**1,000**	**Psch**		**1,000**	**0,00**	**0,00**
	D	D.V	Geräte für Erdbewegung	1,000	PSCH		1,000	0,00	0,00
3		PAUSCH	**VH-Kosten Kat. P**	**1,000**	**Psch**		**1,000**	**22.141,48**	**22.141,48**
	D	P.V	Transportfahrzeuge-Varia	1,000	PSCH		1,000	22.141,48	22.141,48
5		PAUSCH	**VH-Kosten Kat. Q**	**1,000**	**Psch**		**1,000**	**7.460,01**	**7.460,01**
	D	Q.V	Druckluftgeräte, Druckluf	1,000	PSCH		1,000	7.460,01	7.460,01
6			**VH-Kosten Kat. R**	**1,000**	**Psch**		**1,000**	**8.401,60**	**8.401,60**
	D	R.V	Geräte zur Energieerzeug	1,000	PSCH		1,000	8.401,60	8.401,60
7		PAUSCH	**VH-Kosten Kat W**	**1,000**	**PSCH**		**1,000**	**5.132,72**	**5.132,72**
	D	W.V	Geräte für Werkstattbetrie	1,000	PSCH		1,000	5.132,72	5.132,72
8		PAUSCH	**VH-Kosten Kat. X**	**1,000**	**Psch**		**1,000**	**21.598,72**	**21.598,72**
	D	X.V	Baustellenunterkünfte, Cc	1,000	PSCH		1,000	21.598,72	21.598,72
9		PAUSCH	**VH-Kosten Kat. Y**	**1,000**	**PSCH**		**1,000**	**4.490,55**	**4.490,55**
	D	Y.V	Geräte für Vermessung, L	1,000	PSCH		1,000	4.490,55	4.490,55

Abbildung 98: Unterpositionen für Vorhaltekosten einzelner Gerätekategorien

In einem solchen Fall wird es nur schwer möglich sein, zu den Stichtagen eine korrekte Leistungsbewertung auf Ebene der Position durchzuführen, da die verschiedenen Gerätearten zu unterschiedlichen Zeiträumen auf der Baustelle sind und folglich zum Stichtag mit unterschiedlichen Anteilen bezogen auf den Gesamtwert zu werten sind.

Sofern eine Bewertung auf Ebene einzelner Gerätekategorien ausreichend genau möglich sein sollte, werden für die Kategorien Unterpositionen eingeführt. Die LE-Mengen zum Stichtag werden dann in den Unterpositionen als Anteile vom jeweiligen Gesamtwert gemeldet. Ist z.B. die Bauleistung, zu der die Krane benötigt werden, zu ca. 30 % erbracht, so wird man in der entsprechenden Unterposition für die Vorhaltekosten der Krane eine LE-Menge von 0,300 melden. Sollte noch differenzierter vorgegangen werden müssen, also z.B. pro Kran, so wäre die Kategorie der Hebezeuge über Unter-Unterpositionen entsprechend weiter aufzuteilen, und die LE-Mengen wären dort pro Kran zu melden.

In dem vorstehenden Beispiel wurden übrigens Strukturen des Gerätekataloges verwendet, wie sie in Abschnitt B, Kap. 7.2.2 abgebildet sind. Die dortige Gliederung orientiert sich an der Struktur lt. BGL 2001.

1.2.3 Die pauschale Unterposition

1.2.3.1 Umlage von Pauschalkosten auf die Gesamtkosten der Position

Positionsbeispiel: 1.000 m³ Baugrubenaushub ausheben und laden (Abbildung 99)

Die Kosten des An- und Abtransportes des Baggers sollen in die Teilleistung eingerechnet werden. Diese Kosten sind Pauschalkosten. Wenn sie als solche eingerechnet werden sollen, so müssen sie auf Ebene der Position auf die VA-Menge der Position umgelegt werden, damit sie dort nur anteilig in die EKT pro Mengeneinheit eingehen. Diese "interne" Umlage führt die pauschale Unterposition automatisch durch (Abschnitt D, Kap. 8.2.

UPos	K	Schlüssel	Bezeichnung	Menge	ME	/	Faktor	Kosten/E	Std./ME Pos.	Kosten/ME Pos.
1		**PAUSCHAL**	**An- und Abtransport Bagger**	**2,000**	**mal**		**1,000**	**189,43**	**0,006**	**0,38**
	G	GR-2954-0240.V.1	Sattelzugmaschine mit Tieflader-Vari	1,500	Std		1,000	73,25	0,003	0,22
	G	GR-3150-0060-01.V.1	Hydrobagger, Raupe, 60 KW, mit Ti	1,500	Std		1,000	53,04	0,003	0,16
2			**Ausheben und Laden**	**1,000**	**m³**		**1,000**	**2,00**	**0,050**	**2,00**
	G	GR-3150-0060-01.V.1	Hydrobagger, Raupe, 60 KW, mit Ti	1,000	Std	/	40,000	53,04	0,025	1,33
		S22	Std. Erdarbeiten	1,000	Std	/	40,000	27,00	0,025	0,68

Abbildung 99: Umlage von Pauschalkosten innerhalb einer Position

In der pauschalen U-Pos. 1 sind die Gesamtkosten für An- und Abtransport des Baggers kalkuliert und automatisch auf die VA-Menge der Position umgelegt:

$$2{,}000 \times 189{,}43 / 1.000 \text{ m}^3 = 0{,}38 \text{ pro m}^3$$

In der "normalen" U-Pos. 2 ist die eigentliche Bauleistung mit Ansätzen direkt pro m³ Aushub kalkuliert.

In dem Beispiel wäre es möglich, die LE-Mengen getrennt für Antransport, Abtransport und Aushub in den U-Pos. zu melden, sofern eine solche Abgrenzung erforderlich sein sollte.

1.2.3.2 Berücksichtigung eines Einarbeitungseffektes

Wenn damit zu rechnen ist, dass das Baustellenpersonal in einem bestimmten Leistungsbereich zunächst mit wesentlich höherem Aufwand arbeiten wird, weil man sich erst einarbeiten muss, um die optimale Leistung erreichen zu können, so wird man mit durchschnittlichen Leistungsansätzen dem Grundsatz einer objektiv gültigen Vorgabe nicht gerecht werden. Der durchschnittliche Leistungsansatz wäre zunächst zu niedrig und später zu hoch. Sofern der Einarbeitungseffekt eine deutliche Verbesserung der Leistungsansätze gegenüber den entsprechenden Arbeiten in den ersten Wochen bewirken wird, muss einigermaßen adäquat kalkuliert werden. Dabei muss man nicht übertreiben. Oft genügt es, die Leistungsansätze in zwei Bauphasen zu unterscheiden.

Die Aufgabenstellung besteht darin, die Bauphasen mit jeweiligen Teilmengen der Gesamtmenge abzubilden und jede Bauphase individuell zu kalkulieren. Dies geschieht in gesonderten Unterpositionen mit den jeweils zugehörigen Teilmengen. Die Gesamtkosten jeder U-Pos. sind an Anteil an den Gesamtkosten der Pos. für deren VA-Menge. Um zu den anteiligen EKT/ME der Pos. zu kommen, müssen die Gesamtkosten der U-Pos. auf die VA-Menge der Pos. umgelegt werden. Damit dies automatisch geschieht, wird für die Bauphasen der Typ der pauschalen Unterposition verwendet (Abschnitt D, Kap. 8.2).

Die Leistungsmeldung erfolgt dann später über die Unterpositionen.

Positionsbeispiel: 705,00 m³ B25 für Wände d = 19 – 20 cm, einschl. Schalung

Eine Mengenermittlung der Wandschalung hat zu den Teilmengen der beiden Bauphasen geführt. Die Summe beider Teilmengen ist die VA-Menge der Wandschalung in der Position (6.910 m²). Die Position selbst hat aber die Mengeneinheit m³ und lautet über 705,00 m³ Beton, eine VA-Menge, die ebenfalls ermittelt wurde.

UPos	K	SL	Text	Menge	ME	/	Faktor	Kosten/E	Kosten/ME Pos.
1		**PAUSCHAL**	**Schalung UG BT1 einschl. Einarbeitung**	**1.070,000**	**m²**		**1,000**	**27,82**	**42,22**
	T		Der Leistungsansatz wird für das UG des BT1 höher angesetzt,						
	T		weil sich die Baustelle erst auf das Schalsystem einarbeiten muss.						
	T		Der Leistungsansatz für alle anderen Bauteile wird dann aber reduziert (siehe U-Pos. 2)						
		S33	Std. Schalung Wand	0,950	Std		1,000	27,00	38,93
		42113	Stoffe Wandschalung	1,000	m²		1,000	0,50	0,76
		42213	Miete Wandschalung	1,000	m²Mo	/	3,000	5,00	2,53
2		**PAUSCHAL**	**Schalung UG BT2 + ab EG**	**5.840,000**	**m²**		**1,000**	**20,65**	**171,06**
		S33	Std. Schalung Wand	0,700	Std		1,000	27,00	156,56
		42113	Stoffe Wandschalung	1,000	m²		1,000	0,50	4,14
		42213	Miete Wandschalung	1,000	m²Mo	/	4,000	5,00	10,35
3			**Beton**	**1,000**	**m³**		**1,000**	**96,82**	**96,82**
		S53	Std. Beton Wand	0,900	Std		1,000	27,00	24,30
		2511252	B 25, 290 kg	1,000	m³		1,000	74,00	72,52

Abbildung 100: Unterpositionen für unterschiedlichen Vorgaben pro Bauphase

In den U-Pos. 1 und 2 wird jeweils pro m² Schalung kalkuliert. Die Gesamtkosten der U-Pos. ergeben sich durch Multiplikation der Ansätze mit deren Mengen. Der Unterpositionstyp "pauschal" sorgt dafür, dass die Gesamtkosten der U-Pos. auf die VA-Menge der Pos., d.h. auf 705,00 m³ umgelegt werden. Z.B. sind bei der U-Pos. 1 die

$$\text{Gesamtkosten} = 1.070 \times 27{,}82 = 29.767{,}40$$

Diese werden umgelegt auf 705,00 m³, womit sich aus U-Pos. 1 auf Ebene der Pos. ein

$$\text{EKT-Anteil} = 29.767{,}40/705{,}00 = 42{,}22/\text{m}^3$$

ergibt.

Für den Bauteil 1, UG erhält die Baustelle eine Vorgabe von 0,95 Std./m² Schalung, für die anderen Bauteile von 0,70 Std./m², was einem Durchschnittswert von 0,74 Std./m² entspricht.

Die Einbauleistung des Betons ist ohne Einarbeitungseffekte in U-Pos. 3 direkt pro m^3 mit einem einheitlichen Durchschnittswert für alle Bauteile kalkuliert.

LE-Mengen der Wandschalung im UG, BT1 werden unter U-Pos. 1 gemeldet, die LE-Mengen der Wandschalung anderer Bauteile werden unter U-Pos. 2 gemeldet.

1.2.4 Die richtige Mengeneinheit für die Leistungsbewertung bei Baustellengemeinkosten

Kalkulierte BGK sind Pauschalkosten, die in vielen Einzelbereichen unter Annahme einer bestimmten Einsatzzeit einer Ressource kalkuliert wurden. Diese pauschalen BGK wurden in der Angebotsphase auf die anzubietenden Positionen umgelegt; sie haben dort zu festen Anteilen am Einheitspreis geführt. Die Kosten der kalkulierten BGK werden also vom AG indirekt über die Abrechnungsmengen der Vertragspositionen vergütet. Soweit nicht wesentlich andere Mengen abgerechnet werden, als bei der Umlage der BGK zugrunde gelegt wurden, erfolgt die Vergütung der BGK in Höhe der kalkulierten Pauschalkosten. Bei einem Pauschalangebot/Pauschalvertrag verhält es sich grundsätzlich so.

Der Gesamt-Leistungswert der BGK zum Bauende entspricht, sofern die Abrechnungsmengen des Projektes in etwa mit den Mengen lt. Umlagebasis übereinstimmen, den kalkulierten Pauschalkosten der BGK, erhöht um den voraussichtlichen Deckungsbeitrag:

$$\text{Leistungswert BGK} = (\text{BGK}) \times (100\ \% + \text{DB in}\ \%)$$

Die Bewertung der BGK muss sich während der Bauausführung daran orientieren, welcher Fertigstellungsgrad der jeweiligen BGK-Leistung zum Leistungsstichtag erreicht ist. Sie darf sich nicht daran orientieren, welcher Aufwand seit erstem Einsatz der Ressource zu verzeichnen ist.

Wurde der Bauleiter z.B. bei einer Bauzeit von 12 Monaten mit einer Einsatzdauer von 12 Mo kalkuliert, und sind zu einem Leistungsstichtag 5 Monate seit dem ersten Einsatz des Bauleiters vergangen, so sind die 5 Mo nicht zwangsläufig die LE-Menge zum Stichtag. Wurde z.B. die geplante Teilbauzeit bereits jetzt aufgrund eigenen Verschuldens überschritten, und war der Bauleiter dennoch ständig anwesend, so ist die LE-Menge tatsächlich niedriger! Es muss bewertet werden, welcher Anteil an der Gesamtleistung des Bauleiters zum Stichtag erbracht ist. Sind dies z.B. erst 30 % (und nicht 5/12), so muss dieser Wert von 30 % als LE-Menge erfasst werden, nicht die 5 Monate.

Auch bei den Teilleistungen der BGK gilt - wie bei jeder Leistung mit pauschal kalkulierten Kosten, dass nicht der Aufwand über den Leistungswert zum Stichtag entscheidet, sondern der tatsächliche Fertigstellungsgrad gemessen an den insgesamt zu leistenden Arbeiten.

Die Gefahr einer falschen Bewertung der BGK während der Bauzeit ist groß. Dies wird leider oft erst erkannt, wenn die eigentlichen Bauleistungen zwar fertiggestellt, aber immer noch Leistungen in den BGK zu erbringen sind, z.B. große Teile der Abrechnungsarbeit. Fehlbewertungen in "dramatischer" Größenordnung sind leider häufig bei erheblichen Bauzeitüberschreitungen festzustellen.

Um die Gefahr einer falschen Leistungsbewertung der BGK zu verringern und die Möglichkeit der Bewertung über Fertigstellungsgrade zu eröffnen, ist es erforderlich, dass in Teilleistungen der BGK, die zeitabhängig kalkuliert wurden, die Einheit der Position auf jeden Fall "psch" ist. Die angenommene Einsatzzeit der Ressource wird erst in Unterpositionen (oder in der Ansatzzeile) zum Ausdruck gebracht, z.B.

U-Pos. 1 - Bauleiter - 12 Mo

Sofern die Position für obiges Beispiel nur den Bauleiter enthält, kann dann auf Positionsebene bei einem Fertigstellungsgrad der Bauleiterarbeiten von 30 % LE = 0,300 eingegeben werden.

Positionen des BGK-LV erhalten grundsätzlich die Mengeneinheit "pauschal".

Enthält die BGK-Position mehrere Ressourcen, deren Leistungsstand individuell zu bewerten ist, so sind diese Ressourcen jeweils in eigenen Unterpositionen zu kalkulieren, die alle ebenfalls die Mengeneinheit "psch" haben. Die angenommene Einsatzzeit der einzelnen Ressourcen wird dann erst in Unterpositionen der 2. Ebene (oder in der Ansatzzeile) zum Ausdruck gebracht, z.B.

UPos	K	SL	Text	Menge	ME	/	Faktor	Kosten/E	Kosten/ME Pos.
1			**Oberbauleiter**	**1,000**	**PSCH**		**1,000**	**9.240,00**	**9.240,00**
11			**Oberbauleiter pro Mo**	**12,000**	**Mo**		**1,000**	**770,00**	**9.240,00**
	T		10 % der Kosten des Obl gehen zu Lasten dieser Baustelle:						
		6101	Oberbauleiter	1,000	Mo		0,100	7.700,00	9.240,00
	I		Der Faktor "0,100" wurde nicht bei der U-Pos. gesetzt, sondern in der Ansatzzeile,						
	I		weil die Aussage, dass er mit 10 % seiner Kosten auf dieser Kostenstelle zu Buche schlägt,						
	I		eine Kostenaussage und keine Mengenaussage ist.						
2			**Bauleiter**	**1,000**	**PSCH**		**1,000**	**85.800,00**	**85.800,00**
21			**Bauleiter pro Mo**	**12,000**	**Mo**		**1,000**	**7.150,00**	**85.800,00**
		6111	Bauleiter	1,000	Mo		1,000	6.400,00	76.800,00
		6182	Gehaltsnebenkosten mittel	1,000	Mo		1,000	750,00	9.000,00
4			**Vermessungsingenieur**	**1,000**	**PSCH**		**1,000**	**6.200,00**	**6.200,00**
41			**Vermessungsingenieur pro Mo**	**1,000**	**Mo**		**1,000**	**6.200,00**	**6.200,00**
		6113	Vermessungsingenieur	1,000	Mo		1,000	5.200,00	5.200,00
		6183	Gehaltsnebenkosten hoch	1,000	Mo		1,000	1.000,00	1.000,00

Abbildung 101: Unterpositionen der 1. Ebene mit ME "psch"

Die LE-Mengen werden dann jeweils auf der 1. U-Pos.-Ebene gemäß dem tatsächlichen Fertigstellungsgrad, gemessen an der Gesamtleistung, erfasst, z.B.

Oberbauleiter: LE = 0,35 (für 35 % Fertigstellungsgrad in diesem Leistungsbereich)
Bauleiter: LE = 0,30 (für 30 % Fertigstellungsgrad in diesem Leistungsbereich)
Vermessungsing: LE = 0,90 (für 90 % Fertigstellungsgrad in diesem Leistungsbereich)

Sofern in einer Position verschiedene Ressourcen enthalten sind, die jeweils individuell zu bewerten sind, so werden für jede dieser Ressourcen einzelne Unterpositionen mit der Mengeneinheit "pauschal" eingeführt. Die Leistungsmeldung erfolgt grundsätzlich nur auf Ebene der Position oder auf Ebene von Unterpositionen mit

der ME "psch" in Form von Fertigstellungsgraden. Die Leistungsmeldung erfolgt auf keinen Fall über Ist-Zeitdauern, z.B. "5 Monate Bauleiter".

Vorstehende Regel ist von größter Bedeutung für die Abwicklung von Pauschalaufträgen. Sie erstreckt sich dort auch auf alle Planungsleistungen, die letztlich ebenfalls BGK darstellen.

Die vorstehende Regel wurde auch in Abbildung 98 beachtet, wo die Leistungsbewertung der Vorhaltezeit von Geräten indirekt in Form von Fertigstellungsgraden der von den Geräten zu erbringenden Leistungen vorzunehmen ist.

Anderes Positionsbeispiel: 1,000 psch Kranfahrerstunden für Kran 1 und Kran 2 (Abbildung 102)

Kran 1 ist mit einer Vorhaltedauer von 10 Monaten, Kran 2 mit einer Vorhaltedauer von 9 Monaten vorgesehen. Die Kranfahrer führen keine sonstigen Arbeiten durch, d.h. sie werden mit 170 Std./Mo. als Kranfahrer kalkuliert.

UPos	K	SL	Text	Menge	ME	/	Faktor	Kosten/E	Kosten/ME Pos.
	T		Die Arbeitszeit der Kranfahrer wird gemäß der Vorhaltedauer der Krane kalkuliert.						
	T		Achtung: Mit Rücksicht auf die Eignung für die Leistungsmeldung in den U-Pos.						
	T		der 1. Ebene wird die Vorhaltedauer der Krane erst in der 2. Ebene verwendet.						
	T		Die LE-Menge der U-Pos. darf nämlich nicht die tatsächliche Vorhaltedauer (Ist) sein,						
	T		sondern muss als Anteil an der Gesamtvorhaltedauer gemäß dem tatsächlichen						
	T		Bauwerkszustand eingegeben werden. Ist der Bauwerkszustand so, dass er 30 %						
	T		der angenommenen Kranfahrerstunden beansprucht haben dürfte, so ist LE = 0,300.						
	T		Bauzeitverzögerungen, die eine längere Kranstandzeit verursacht haben						
	T		dürfen keinen Einfluss auf den Leistungswert haben.						
1			**Kran 1 (Ebene der LE-Menge)**	**1,000**	**psch**		**1,000**	**45.900,00**	**45.900,00**
11			**Kran 1 in Monaten**	**10,000**	**Mo**		**1,000**	**4.590,00**	**45.900,00**
		S16	Std. Gerätefahrer	170,000	Std		1,000	27,00	45.900,00
2			**Kran 2 (Ebene der LE-Menge)**	**1,000**	**psch**		**1,000**	**41.310,00**	**41.310,00**
21			**Kran 2 in Monaten**	**9,000**	**Mo**		**1,000**	**4.590,00**	**41.310,00**
		S16	Std. Gerätefahrer	170,000	Std		1,000	27,00	41.310,00

Abbildung 102: BGK-Position der Kranfahrerstunden

Da die Leistung der Krane einzeln bewertet werden muss, wird für jeden Kran eine U-Pos. eingeführt. Diese hat die ME "pauschal", da dort ein Leistungsgrad gemessen an der Gesamtleistung als LE-Menge erfasst werden muss, z.B. 0,30 für einen Leistungsgrad von 30 %. Die Vorhaltedauer der Krane, die der Einsatzdauer der Kranführer entspricht, wird erst bei den Unterpositionen der 2. Ebene verwendet.

Übrigens ist dringend dafür zu plädieren, dass die Stunden der Bedienung von Geräten, die außerhalb der Teilleistungen als sog. Vorhaltegeräte kalkuliert werden, schon in der Angebotskalkulation nicht mehr als Bestandteil der "üblichen" Stundenansätze für die Teilleistungen berücksichtigt werden, sondern - wie oben - außerhalb der Teilleistungen gesondert in Abhängigkeit von der Vorhaltezeit des Gerätes kalkuliert werden. Dies bedingt allerdings, sich an niedrigere "übliche" Stundenansätze für Teilleistungen zu gewöhnen, die nicht mehr die Anteile der Gerätebedienung enthalten. Die gesonderte Kalkulation der Gerätebedienung hat folgende Vorteile:

- Der oft erhebliche Anteil dieser Stunden an den Gesamtstunden ist als solcher erkennbar.
- Die Vorhaltedauer der Geräte ist eine relativ sichere Basis zur Kalkulation der Gerätebedienung. Wird das Personal als nicht ausschließlich mit der Gerätebedienung beschäftigt vorausgesetzt, so wird eine solche Annahme über die gesonderte Kalkulation überhaupt erst sichtbar und transparent. Wird z.B. angenommen, dass ein Kranfahrer nur zu 40 % seiner Zeit den Kran bedient und zu 60 % seiner Zeit direkt bei Teilleistungen mitwirkt, so lautet der Kalkulationsansatz

UPos	K	SL	Text	Menge	ME	/	Faktor	Kosten/E	Kosten/ME Pos.
2			**Kran 2 (Ebene der LE-Menge)**	**1,000**	**psch**		**1,000**	**16.524,00**	**16.524,00**
21			**Kran 2 in Monaten**	**9,000**	**Mo**		**1,000**	**1.836,00**	**16.524,00**
		S16	Std. Gerätefahrer	170,000	Std		0,400	27,00	16.524,00

- In der Aufbereitung der Sollstunden für den Stunden-Soll-Ist-Vergleich stehen die Stunden der Gerätebedienung gesondert zur Verfügung, womit sie den Ist-Stunden gegenübergestellt werden können, die ohnehin nur gesondert, d.h. getrennt von den Stunden bestimmter anderer Leistungsarten rapportiert werden können. Siehe hierzu Abschnitt B, Kap. 6 und Abschnitt G, Kap. 5.4.

1.2.5 Neutralisierung von spekulativen Ansätzen

Kalkulationsansätze aus der Angebotsphase mit spekulativem Hintergrund müssten bereits in der Projektphase 2 neutralisiert worden sein (siehe Abschnitt C, Kap. 5.2). Sofern dies aber noch nicht geschehen sein sollte, muss diese Arbeit unbedingt vor der ersten Auswertung der Arbeitskalkulation durchgeführt werden.

UPos	K	SL	Text	Menge	ME	/	Faktor	Kosten/E	Kosten/ME Pos.	Gesperrt
1			**Fischer KG**	**1,000**	**m³**		**1,000**	**10,04**	**10,04**	
		51021	Erdarbeiten	1,000			0,970	10,35	10,04	
2		**PAUSCH.**	**Spekulation**	**-8.600,000**	**m³**		**1,000**	**2,59**	**0,00**	✔
	T		Da die LV-Menge deutlich überzogen ist, werden 25 % der Kosten für LV-Menge herausgerechnet							
	T		und für VA-Menge in die BE eingerechnet.							
		5S	Spekulationskostenart unter H-Koa 5	1,000			0,250	10,35	0,00	

Abbildung 103: Kalkulation mit gesperrter Unterposition

Die Unterposition, die Kostenansätze mit spekulativem Hintergrund enthält, wird gesperrt, womit ihr Ergebnis mit Wirkung auf die Kosten der Position auf 0,00 gestellt wird. Die Unterposition wird auf keinen Fall gelöscht, weil die Inhalte noch als Erklärung für die Größenordnung des Preises und als Hinweise zur Verfolgung der Annahmen benötigt werden.

1.2.6 Herauslösen von Teilleistungen in gesonderte Kostenpositionen

Es ist eine der Aufgaben der Arbeitskalkulation, die wesentlichen Arbeitsprozesse abzubilden. Nun gibt es Arbeitsprozesse, die mehrere Teilleistungspositionen gleichzeitig betreffen, z.B, die Vorbereitung bestimmter Wandschalungselemente, die für Teilleistungen in verschiedenen Positionen benötigt werden.

In der Angebotskalkulation werden solche Vorgänge in der Regel nicht gesondert kalkuliert und statt dessen über die durchschnittlichen Kalkulationsansätze in den einzelnen Positionen berücksichtigt. Sofern ein bestimmter Arbeitsprozess für sich alleine eine wesentliche Bedeutung hat, sollte er aber in der Arbeitskalkulation als solcher abgebildet werden. Betrifft er mehrere Teilleistungen, so können zwar theoretisch jeweils Anteile des Arbeitsprozesses innerhalb der Teilleistungen kalkuliert werden. Dies macht aber relativ viel Arbeit und wirft große Probleme auf, wenn die Leistung für den Vorgang gesondert gemeldet werden soll.

Die bessere Lösung ist, einen solchen Arbeitsprozess in einer gesonderten Position außerhalb der eigentlich Vertragspositionen/Teilleistungen zu kalkulieren. Allerdings müssen dann die entsprechenden Kostenanteile aus den Ansätzen der eigentlichen Teilleistungen herausgelöst werden. Die gesonderte Position muss eine Kostenposition sein, weil es für sie direkt keinen Vertragserlös gibt.

Es ist zweckmäßig, die Mengeneinheit der Kostenposition entsprechend der ME zu wählen, in denen die Kostenansätze lt. Angebotskalkulation kalkuliert sind. Die Menge der Kostenposition ist dann die Mengensumme aus den Teilleistungen. Die Ergebnisse der Kostenposition pro ME sind die Werte, die bei den Teilleistungen pro ME von den dortigen Gesamtansätzen abgezogen werden.

Positionsbeispiel: Kostenposition 9.240 qm Vorbereitung Schalung Massivplatten (Abbildung 104)

Die Menge von 9.240 qm ist die Gesamtmenge der Teilleistungen (zu schalende Fläche der Massivplatten), für welche die Schalungsvorbereitung stattfindet. Insgesamt werden 760 qm Schalung vorbereitet. Die Kosten für diese Vorbereitung werden in Unterpositionen des Typs "pauschal" kalkuliert und somit innerhalb der Kostenposition auf die Menge von 9.240 qm zu schalende Fläche umgelegt. Daraus ergibt sich der Wert pro qm zu schalender Fläche, welcher in den Positionen für die Massivplatten von den "normalen" Ansätzen abzuziehen ist.

UPos	K	SL	Text	Menge	ME	/	Faktor	Kosten/E	Std./ME Pos.	Kosten/ME Pos.
	T		Da Unterzüge und Decken in den Abmessungen regelmäßig wiederkehren, können die Holzelemente aus 3-Schichtpl							
	T		weitgehend vorbereitet und immer wieder eingesetzt werden. Bei der Massivplatte beschränkt sich die Vorbereitung							
	T		auf das Zuschneiden und Nummerieren der 3-Schichten-Platten. Diese Leistungen werden hier vorab in einer Kostenp							
	T		kalkuliert. Die "normalen" Einzelansätze in den ausgeschriebenen Positionen werden entsprechend reduziert.							
	T		Die Menge der vorliegenden Kostenposition ist die Gesamtschalungsmenge der Vertragspositionen. Die Vorbereitungs							
	T		werden auf die Menge der Teilleistungen "zu schalende Fläche" umgelegt, womit auf Ebene der Kostenposition die V							
	T		für die erforderliche Reduzierung der "normalen" Kostenansätze pro ME der Vertragspositionen vorhanden sind.							
	T		Die Leistungsmeldung der Schalungsvorbereitung erfolgt über die U-Pos. 1 - 3 gemäß hergestellter Menge.							
	T		In den Teilleistungen der Vertrags-OZ wird die Leistung gemäß geschalter Fläche gemeldet.							
	T		Diese interne Kostenposition erhält ein Budget in Höhe der EKT. Dieser Betrag wird beim Budget							
	T		der Teilleistungen abgezogen.							
1		**PAUSCH**	**Deckenschalung Zwischenbau**	**220,000**	**m²**		**1,000**	**20,10**	**0,012**	**0,48**
	T		Anzufertigen: 220 m²							
	T		Einsatz nur im UG: 6 x							
	T		Materialabschreibung 3-Schichten-Platten: 40 %							
		S36	Std. Schalung Decken	0,500	Std		1,000	27,00	0,012	0,32
		423411	3-Schichten-Platten 22 mm	1,100	m²		0,400	15,00		0,16
2		**PAUSCH**	**Deckenschalung Geschossbau**	**540,000**	**m²**		**1,000**	**30,00**	**0,029**	**1,75**
	T		Anzufertigen: 2 x 270 m²							
	T		Einsatz: 15 x							
	T		Materialabschreibung 3-Schichten-Platten: 100 %							
		S36	Std. Schalung Decken	0,500	Std		1,000	27,00	0,029	0,79
		423411	3-Schichten-Platten 22 mm	1,100	m²		1,000	15,00		0,96
3		**PAUSCH**	**Vorbereitung Unterstützungen**	**760,000**	**m²**		**1,000**	**2,70**	**0,008**	**0,22**
		S36	Std. Schalung Decken	0,100	Std		1,000	27,00	0,008	0,22

Abbildung 104: Kostenposition für gemeinsamen Arbeitsprozess mehrerer Teilleistungen

Die Kostenposition führt zu folgenden Ergebnissen pro qm zu schalender Fläche:

Stunden: 0,012 + 0,029 + 0,008 = 0,050 Std./qm (gerundet)

Stoffe: 0,16 + 0,96 = 1,12/qm

Diese Werte werden – mit negativem Vorzeichen – in der Teilleistungsposition in Abzug gebracht, nachdem dort zunächst "normale" Kostenansätze incl. Vorbereitungen verwendet wurden, wie z.B. in der Angebotskalkulation (siehe Abbildung 105). In dieser Position wurde wiederum der Einarbeitungseffekt mit unterschiedlichen Leistungsansätzen für zwei Bauphasen berücksichtigt (vergl. Abschnitt F, Kap. 1.2.3.2). Deshalb werden obige Werte in beiden Unterpositionen abgezogen.

Die Abzüge werden unter den Kostenarten eingebracht, unter denen die entsprechenden "normalen" Ansätze kalkuliert sind. So sind in der Vertragsposition z.B. unter der Kostenart "4210 – Stoffe Deckenschalung" nunmehr

1,50 – 1,12 = 0,38 pro qm zu schalender Fläche

berücksichtigt, während 1,12 pro qm in der gesonderten Kostenposition stehen.

UPos	K	SL	Text	Menge	ME	/	Faktor	Kosten/E	Std./ME Pos.	Kosten/ME Pos.
1		PAUSCH.	**Schalung BA1, UG**	**1.445,000**	**m²**		**1,000**	**15,88**	**0,345**	**10,95**
	T		Höherer Stundenaufwand wegen Einarbeitung							
11			**Einschalen BA1, UG**	**1,000**	**m²**		**1,000**	**11,83**	**0,241**	**8,16**
		S36	Std. Schalung Decken	0,400	Std		1,000	27,00	0,276	7,45
		42106	Stoffe Deckenschalung	1,000	m²		1,000	1,50		1,03
		42216	Miete Deckenschalung	1,000	m²Mc	/	2,000	4,00		1,38
	T		Abzug für Schalungsvorbereitung gemäß Pos. 31.1							
		S36	Std. Schalung Decken	-0,050	Std		1,000	27,00	-0,034	-0,93
		42106	Stoffe Deckenschalung	-1,000	m²		1,000	1,12		-0,77
	T		Das Budget der OZ 31.1 von 2,45/m² wird hier abgezogen							
	R		1445*2,45/2106 = 1,681							
	R		9,72-1,68 = 8,040							
12			**Ausschalen BA1, UG**	**1,000**	**m²**		**1,000**	**4,05**	**0,103**	**2,79**
		S36	Std. Schalung Decken	0,150	Std		1,000	27,00	0,103	2,79
2		PAUSCH.	**Schalung sonstige Abschnitte**	**7.795,000**	**m²**		**1,000**	**11,02**	**1,190**	**40,98**
21			**Einschalen**	**1,000**	**m²**		**1,000**	**7,78**	**0,744**	**28,93**
		S36	Std. Schalung Decken	0,250	Std		1,000	27,00	0,930	25,10
		42106	Stoffe Deckenschalung	1,000	m²		1,000	1,50		5,58
		42216	Miete Deckenschalung	1,000	m²Mc	/	2,000	4,00		7,44
	T		Abzug für Schalungsvorbereitung gemäß Pos. 31.1							
		S36	Std. Schalung Decken	-0,050	Std		1,000	27,00	-0,186	-5,02
		42106	Stoffe Deckenschalung	-1,000	m²		1,000	1,12		-4,17
	T		Das Budget der OZ 31.1 von 2,45/m² wird hier abgezogen							
	R		7795*2,45/2106 = 9,068							
	R		49,43-9,07 = 40,360							
22			**Ausschalen**	**1,000**	**m²**		**1,000**	**3,24**	**0,446**	**12,05**
		S36	Std. Schalung Decken	0,120	Std		1,000	27,00	0,446	12,05

Abbildung 105: Abzug der Anteile der Kostenposition von den "normalen" Ansätzen unter deren Kostenarten

1.2.7 Kostenrisiken innerhalb einer Teilleistung

Liegt das Kostenrisiko in einer einzelnen Teilleistung begründet, so wird der betreffende Kalkulationsansatz direkt in diese Teilleistung eingebracht.

Positionsbeispiel: 2.096,00 m³ B25 für Massivplatten d = 20 cm einschl. Schalung

Es wird das Beispiel aus der vorstehenden Abbildung 105 aufgegriffen. Dort sind zunächst sehr "scharfe" Ansätze für die Schalarbeiten (0,400 bzw. 0,250 Std./m²) als Sollkosten vorgegeben unter der Annahme, dass die Grundrissabmessungen in den einzelnen Stockwerken absolut identisch sind, so dass die vorbereiteten Schalungen ohne örtliche Anpassungen eingesetzt werden können. Da diese Annahme zum Zeitpunkt der Kalkulation aber noch nicht für alle Stockwerke über Schalpläne bestätigt ist, kann das Risiko nicht ausgeschlossen werden, dass doch noch zusätzliche Aufwände für örtliche Schalungsanpassungen entstehen werden. Wenn sich dies bestätigen sollte, müssen die Sollkosten angehoben werden. Zunächst (zu Baubeginn) wurde eine Rückstellung gegenüber den Sollkosten von 0,10 Std./m² eingebracht. Dieser Wert wurde zu einem späteren Zeitpunkt auf Grund einer Neueinschätzung auf die Hälfte korrigiert (Abbildung 106).

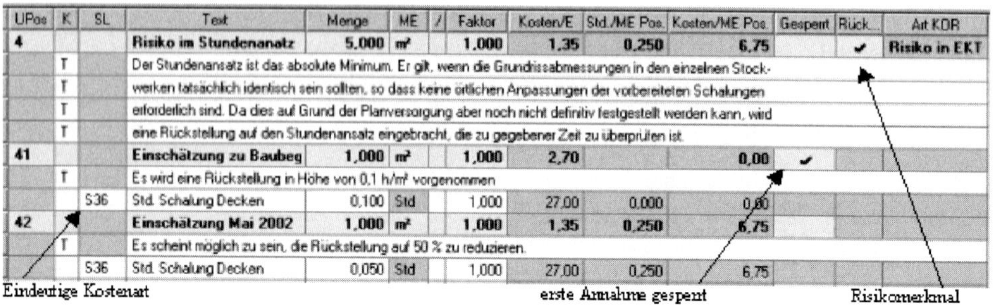

UPos	K	SL	Text	Menge	ME	/	Faktor	Kosten/E	Std./ME Pos.	Kosten/ME Pos.	Gesperrt	Rück...	Art KOR
4			**Risiko im Stundenansatz**	**5,000**	**m²**		**1,000**	**1,35**	**0,250**	**6,75**		✓	**Risiko in EKT**
	T		Der Stundenansatz ist das absolute Minimum. Er gilt, wenn die Grundrissabmessungen in den einzelnen Stock-										
	T		werken tatsächlich identisch sein sollten, so dass keine örtlichen Anpassungen der vorbereiteten Schalungen										
	T		erforderlich sind. Da dies auf Grund der Planversorgung aber noch nicht definitiv festgestellt werden kann, wird										
	T		eine Rückstellung auf den Stundenansatz eingebracht, die zu gegebener Zeit zu überprüfen ist.										
41			**Einschätzung zu Baubeg**	**1,000**	**m²**		**1,000**	**2,70**		**0,00**	✓		
	T		Es wird eine Rückstellung in Höhe von 0,1 h/m² vorgenommen										
		S36	Std. Schalung Decken	0,100	Std		1,000	27,00	0,000	0,00			
42			**Einschätzung Mai 2002**	**1,000**	**m²**		**1,000**	**1,35**	**0,250**	**6,75**			
	T		Es scheint möglich zu sein, die Rückstellung auf 50 % zu reduzieren.										
		S36	Std. Schalung Decken	0,050	Std		1,000	27,00	0,250	6,75			

Abbildung 106: Position mit Kostenrisiko und Historie der Einschätzung

Eine Rückstellung wegen eines Kostenrisikos innerhalb einer Teilleistung wird über eine gesonderte Unterposition (U-Pos. 4) in die Kalkulation der Teilleistung eingebracht. Die Art des Risikos und die Begründung wird textlich erläutert. Die Unterposition erhält ein Risikomerkmal, womit die darin kalkulierten Kosten nicht zu den Sollkosten zählen. Da das Risiko im Stundenansatz liegt, kann für den Kalkulationsansatz die Kostenart ganz konkret benannt werden.

Es ist sinnvoll, die Entwicklung der Bewertung der Risiken deutlich zu machen. Deshalb wurde die Ersteinschätzung in einer Unter-U-Pos. 41 mit 0,10 std./m² vorgenommen. Zum Zeitpunkt der Neueinschätzung (Mai 2002) wurde diese U-Pos. gesperrt und die neue Bewertung mit 0,05 Std./m² in U-Pos. 42 vorgenommen. Diese Methode ist besser, als die ursprünglichen Werte zu überschreiben, weil so die Entwicklung der Beurteilung ersichtlich bleibt. Wird in der weiteren Fortschreibung der Arbeitskalkulation das Restrisiko von 0,05 Std./m² bestätigt, wird auch die U-Pos. 42 gesperrt und der Sollwert für die Schalung um 0,05 Std./m² erhöht. Bestätigt sich das Risiko nicht, so wird nur U-Pos. 42 gesperrt, womit die gesamte U-Pos. 4 neutralisiert ist. Auch die Begründung für die endgültige Bewertung sollte in die Arbeitskalkulation eingetragen werden.

1.2.8 Rückstellungen für Kostenrisiken in positionsübergreifenden Kostenbereichen

Liegt das Kostenrisiko in Kostenbereichen, die mehrere oder alle Teilleistungen berühren, so werden entsprechende Kostenansätze nicht innerhalb der Positionen der Teilleistungen, sondern in gesonderten Kostenpositionen (Abschnitt D, Kap. 3.4) eingebracht. Der Kalkulationsansatz für ein solches Risiko ist entweder ein freier Ansatz oder ein Ansatz mit Bezug auf die Basiskosten eines Kostenbereiches. In der Regel lässt sich das Kostenrisiko über konkrete Kostenarten bestimmen.

1.2.8.1 Änderung der Lohn- und Gehaltskosten während der Bauzeit

Da die Ist-Lohnkosten Änderungen der Lohnkosten während der Bauzeit enthalten, müssen die Änderungen der Lohnkosten auch in den Sollkosten berücksichtigt werden, wenn der Kosten-Soll-Ist-Vergleich nicht "hinken" soll. Außerdem müssen voraussichtliche Änderungen der Lohnkosten berücksichtigt werden, damit die vorausschauenden Kostenaussagen der Arbeitskalkulation und die darauf aufbauenden Werte wie Deckungsbeitrag und Ergebnis richtig sind.

Der Verrechnungssatz von Stundenkostenarten wird immer auf der Basis der Tariflöhne bestimmt, die zu Beginn der Bauarbeiten gelten. Er gilt so für die Gesamte Bauzeit, d.h. die Verrechnungssätze der Stundenkostenarten werden während der Bauzeit nicht verändert. Der Verrechnungssatz zum Beginn der Bauarbeiten stellt die Basiskosten zur Berechnung der Lohnkosten während der gesamten Bauzeit dar.

Ändern sich die Lohnkosten im Laufe der Bauzeit auf Grund neuer tariflicher oder gesetzlicher Bestimmungen, so sind von dieser Änderung nur diejenigen Lohnstunden betroffen, die ab einem betreffenden Stichtag anfallen sollen. Dieser Einfluss kann nicht über eine Änderung des Verrechnungssatzes der Stundenkostenart eingebracht werden, weil sich dadurch die Lohnkosten seit Baubeginn ändern würden, und bei späteren Änderungen erneut. Allgemeingültig formuliert kann der Kalkulationsansatz für die Änderung nur wie folgt aufgebaut sein:

Änderung der Lohnkosten = (Anteil der Basislohnkosten ab Stichtag) x Faktor

Dieses Kalkulationsprinzip wird unterstützt durch die Verwendung von sog. abgeleiteten Kostenarten, die sich auf die Basiskosten einer bestimmten Kostenart beziehen. Eine solche Kostenart für die Änderung der Lohnkosten bezieht dann die stets aktuellen Basislohnkosten aus der Gruppenkostenart, zu der alle Stundenkostenarten gehören. Analog wird bei der Kalkulation der Änderung der Gehaltskosten verfahren.

Die abgeleiteten Kostenarten für diese Art Aufgabenstellung müssen in der Struktur des Kataloges der Kostenarten (Abschnitt B, Kap. 5.5) unterhalb der Gruppenkostenart eingefügt sein (Abschnitt B,

Abbildung 7), unter der auch die Stundenkostenarten mit den Basis-Lohnkosten stehen. Nur dann kommt in den Sollkosten die Gesamtlohnsumme zu Stande, die im Kosten-Soll-Ist-Vergleich den Ist-Lohnkosten gegenüberzustellen ist.

Positionsbeispiel: 1,000 psch Änderung der Lohn- und Gehaltskosten ab 01.04.2002

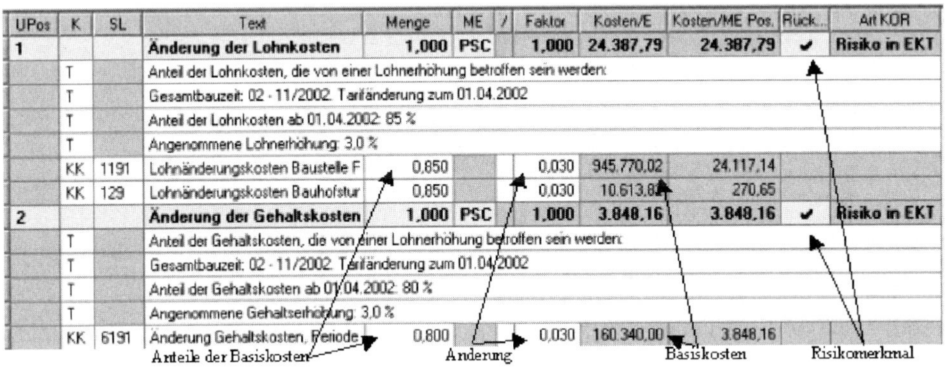

UPos	K	SL	Text	Menge	ME	/	Faktor	Kosten/E	Kosten/ME Pos.	Rück..	Art KOR
1			**Änderung der Lohnkosten**	**1,000**	**PSC**		**1,000**	**24.387,79**	**24.387,79**	✔	**Risiko in EKT**
	T		Anteil der Lohnkosten, die von einer Lohnerhöhung betroffen sein werden:								
	T		Gesamtbauzeit: 02 - 11/2002. Tarifänderung zum 01.04.2002								
	T		Anteil der Lohnkosten ab 01.04.2002: 85 %								
	T		Angenommene Lohnerhöhung: 3,0 %								
	KK	1191	Lohnänderungskosten Baustelle F	0,850			0,030	945.770,02	24.117,14		
	KK	129	Lohnänderungskosten Bauhofstur	0,850			0,030	10.613,8	270,65		
2			**Änderung der Gehaltskosten**	**1,000**	**PSC**		**1,000**	**3.848,16**	**3.848,16**	✔	**Risiko in EKT**
	T		Anteil der Gehaltskosten, die von einer Lohnerhöhung betroffen sein werden:								
	T		Gesamtbauzeit: 02 - 11/2002. Tarifänderung zum 01.04.2002								
	T		Anteil der Gehaltskosten ab 01.04.2002: 80 %								
	T		Angenommene Gehaltserhöhung: 3,0 %								
	KK	6191	Änderung Gehaltskosten, Periode	0,800			0,030	160.340,00	3.848,16		

Abbildung 107: Kalkulation der angenommenen Änderung von Lohn- und Gehaltskosten

In dieser internen Position sind die Änderungen der Lohn- und Gehaltskosten in getrennten Unterpositionen kalkuliert. Zu Beginn können zur Höhe der Änderung nur Annahmen getroffen werden. Solange die Ansätze noch auf Annahmen beruhen, erhält die Kalkulation das Risikomerkmal, womit die Änderungskosten noch nicht zu den Sollkosten zählen. Die Sollkosten beruhen zu diesem Zeitpunkt noch alleine auf den Basiskosten zu Baubeginn.

Die Kostenarten für die Änderungskosten sind sog. abgeleitete Kostenarten mit einem hinterlegten Bezug zu den Kostenarten, unter welchen die Basiskosten auflaufen. Diese Basiskosten sind aktuell in der Spalte "Kosten/Einheit" eingespielt. Der Änderungssatz (im Beispiel 3 %) wird als Kalkulationsansatz eingebracht. Der Anteil der Lohn- und Gehaltskosten, die voraussichtlich von der Änderung betroffen sein werden, kann der Ressourcenplanung (Abschnitt F, Kap. 3.8.1) entnommen werden, in der die Basiskosten gemäß der Bauablaufplanung auf die Bauzeit verteilt sind. Die Anteile werden als Menge der Ansatzzeile eingeführt.

Übrigens kann die abgeleitete Kostenart für die Lohnänderungskosten keine Mengeneinheit "Std." haben, weil sie nur zu Lohnkosten, nicht aber zu zusätzlichen Lohnstunden führen darf.

Steht später die Änderung der Kosten genau fest, z.B. mit 3,2 %, so wird die Kalkulation der internen Position wie folgt geändert (Abbildung 108):

- das Risikomerkmal wird entfernt, weil der Änderungssatz definitiv feststeht und die entsprechenden Kostenanteile den Sollkosten zuzuschlagen sind.
- es wird der endgültige Änderungssatz eingetragen.

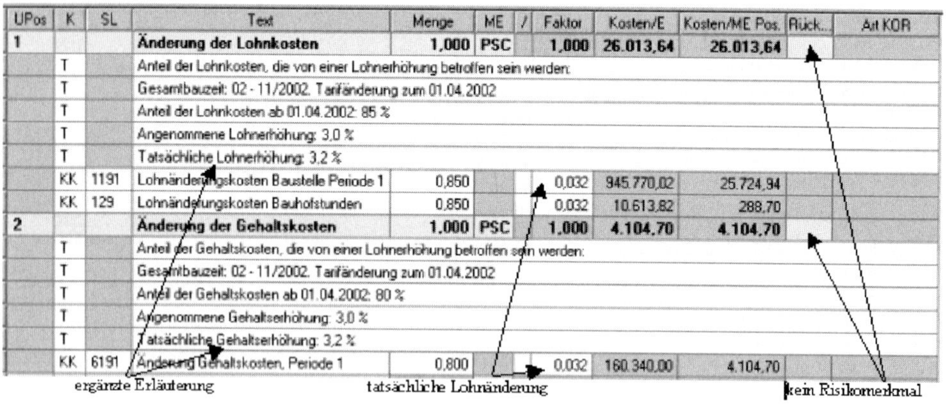

UPos	K	SL	Text	Menge	ME	/	Faktor	Kosten/E	Kosten/ME Pos.	Rück..	Art KOR
1			**Änderung der Lohnkosten**	**1,000**	**PSC**		**1,000**	**26.013,64**	**26.013,64**		
	T		Anteil der Lohnkosten, die von einer Lohnerhöhung betroffen sein werden:								
	T		Gesamtbauzeit: 02 - 11/2002. Tarifänderung zum 01.04.2002								
	T		Anteil der Lohnkosten ab 01.04.2002: 85 %								
	T		Angenommene Lohnerhöhung: 3,0 %								
	T		Tatsächliche Lohnerhöhung: 3,2 %								
	KK	1191	Lohnänderungskosten Baustelle Periode 1	0,850			0,032	945.770,02	25.724,94		
	KK	129	Lohnänderungskosten Bauhofstunden	0,850			0,032	10.613,82	288,70		
2			**Änderung der Gehaltskosten**	**1,000**	**PSC**		**1,000**	**4.104,70**	**4.104,70**		
	T		Anteil der Gehaltskosten, die von einer Lohnerhöhung betroffen sein werden:								
	T		Gesamtbauzeit: 02 - 11/2002. Tarifänderung zum 01.04.2002								
	T		Anteil der Gehaltskosten ab 01.04.2002: 80 %								
	T		Angenommene Gehaltserhöhung: 3,0 %								
	T		Tatsächliche Gehaltserhöhung: 3,2 %								
	KK	6191	Änderung Gehaltskosten, Periode 1	0,800			0,032	160.340,00	4.104,70		

Abbildung 108: Kalkulation der definitiv feststehenden Änderung von Lohn- und Gehaltskosten

In dem vorstehenden Beispiel wurde auf die ausführliche Form der Fortschreibung der Historie in Form neuer Unterpositionen und des Sperrens "alter" U-Pos. (wie in Abbildung 106) verzichtet. Es wurde lediglich eine Ergänzung in Form einer weiteren Erläuterungszeile vorgenommen.

Sollte im Projekt keine Lohngleitklausel vereinbart sein, so ist die interne Position eine Kostenposition, d.h. sie hat keinen Erlös.

Sollte aber im Projekt eine Lohngleitklausel vereinbart sein, so besteht insofern eine andere Situation, als den Lohnänderungskosten dann auch Erlöse gegenüberstehen. Hierzu wird auf Abschnitt F, Kap. 1.2.10.1 verwiesen.

1.2.8.2 Änderung von Materialkosten während der Bauzeit

Da die Ist-Materialkosten Änderungen der Materialkosten während der Bauzeit enthalten, müssen die Änderungen der Materialkosten auch in den Sollkosten berücksichtigt werden, wenn der Kosten-Soll-Ist-Vergleich nicht "hinken" soll. Außerdem müssen voraussichtliche Änderungen der Materialkosten berücksichtigt werden, damit die vorausschauenden Kostenaussagen der Arbeitskalkulation und die darauf aufbauenden Werte wie Deckungsbeitrag und Ergebnis richtig sind.

Der Verrechnungssatz von Materialkostenarten oder Artikeln wird immer auf der Basis der Einkaufspreise bestimmt, die zu Beginn der Bauarbeiten gelten. Er gilt so für die Gesamte Bauzeit, d.h. die Verrechnungssätze werden während der Bauzeit nicht verändert. Der Verrechnungssatz zum Beginn der Bauarbeiten stellt die Basiskosten zur Berechnung der Materialkosten während der gesamten Bauzeit dar.

Ändern sich die Materialkosten im Laufe der Bauzeit, weil die Einkaufspreise nicht als Festpreise für die gesamte Bauzeit vereinbart werden konnten, so sind von dieser Änderung nur diejenigen Materialkosten betroffen, die ab einem betreffenden Stichtag anfallen sollen. Dieser Einfluss kann nicht über eine Änderung des Verrechnungssatzes eingebracht werden, weil sich dadurch die Materialkosten seit Baubeginn ändern würden, und bei späteren Änderungen erneut. Allgemeingültig formuliert kann der Kalkulationsansatz für die Änderung nur wie folgt aufgebaut sein:

Änderung der Materialkosten = (Anteil der Basismaterialkosten ab Stichtag) x Faktor

Dieses Kalkulationsprinzip wird unterstützt durch die Verwendung von sog. abgeleiteten Kostenarten, die sich auf die Basiskosten einer bestimmten Kostenart beziehen. Eine solche Kostenart für die Änderung eines Einkaufspreises bezieht dann die stets aktuellen Basismaterialkosten aus einer entsprechenden Materialkostenart.

Die abgeleiteten Kostenarten für diese Art Aufgabenstellung müssen in der Struktur des Kataloges der Kostenarten (Abschnitt B, Kap. 5.5.4 und Abbildung 11) jeweils unterhalb der Gruppenkostenart eingefügt sein, unter der auch die Materialkostenarten mit den Basis-Materialkosten stehen. Nur dann kommt in den Sollkosten die Gesamtsumme zu Stande, die im Kosten-Soll-Ist-Vergleich den Ist-Kosten gegenüberzustellen ist.

Änderungskosten von Materialien können kalkuliert werden über

- Kostenarten mit Verrechnungssatz in Höhe der Änderung des Einkaufspreises. Bezugsbasis der abgeleiteten Kostenart muss dann eine Menge einer Kostenart sein.

- Kostenarten ohne Verrechnungssatz. Bezugsbasis der abgeleiteten Kostenart müssen dann die Kosten einer Kostenart sein.

Positionsbeispiel:

1,000 psch Änderung der Einkaufspreise des Transportbetons ab 01.09.2002

Die Position ist eine interne Kostenposition, weil sie keinen Erlös hat.

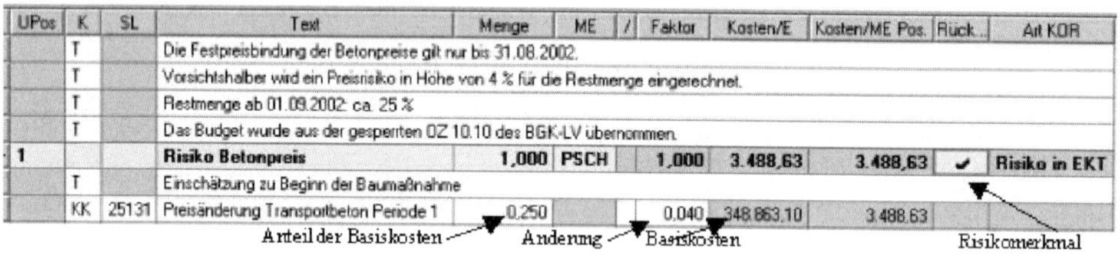

UPos	K	SL	Text	Menge	ME	/	Faktor	Kosten/E	Kosten/ME Pos.	Rück...	Art KOR
	T		Die Festpreisbindung der Betonpreise gilt nur bis 31.08.2002.								
	T		Vorsichtshalber wird ein Preisrisiko in Höhe von 4 % für die Restmenge eingerechnet.								
	T		Restmenge ab 01.09.2002: ca. 25 %								
	T		Das Budget wurde aus der gesperrten OZ 10.10 des BGK-LV übernommen.								
1			**Risiko Betonpreis**	**1,000**	**PSCH**		**1,000**	**3.488,63**	**3.488,63**	✔	**Risiko in EKT**
	T		Einschätzung zu Beginn der Baumaßnahme								
	KK	25131	Preisänderung Transportbeton Periode 1	0,250			0,040	348.863,10	3.488,63		

Abbildung 109: Kostenposition mit Rückstellung für Risiko im Materialpreis

Für die Annahme des Risikos zum Beginn der Baumaßnahme wurde eine U-Pos. 1 eingeführt. Die Kostenart des Ansatzes ist eine abgeleitete Kostenart, die sich auf die Kostenart für die Basiskosten des Transportbetons bezieht. Diese Basiskosten werden aktuell eingespielt. Darauf beziehen sich die Kalkulationsansätze von 0,25 für die Annahme, dass ab 01.09. noch 25 % der Gesamt-Betonkosten von der Preisänderung betroffen sein werden, und von 0,040 für die Annahme, dass die Einkaufspreise um 4 % höher liegen werden.

Wenn später die Änderung der Einkaufspreise definitiv feststeht, z.B. mit + 3 %, so wird die U-Pos. 1 gesperrt und eine U-Pos. 2 eingeführt, aber ohne Risikomerkmal, weil die Änderungskosten jetzt feststehen und den Sollkosten zuzuschlagen sind.

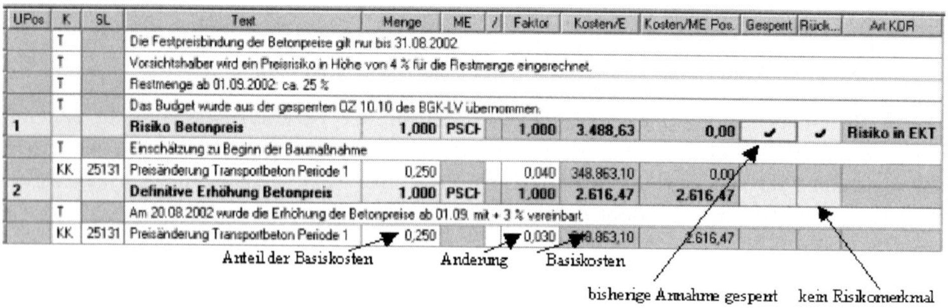

UPos	K	SL	Text	Menge	ME	/	Faktor	Kosten/E	Kosten/ME Pos.	Gesperrt	Rück...	Art KOR
	T		Die Festpreisbindung der Betonpreise gilt nur bis 31.08.2002									
	T		Vorsichtshalber wird ein Preisrisiko in Höhe von 4 % für die Restmenge eingerechnet.									
	T		Restmenge ab 01.09.2002: ca. 25 %									
	T		Das Budget wurde aus der gesperrten OZ 10.10 des BGK-LV übernommen.									
1			**Risiko Betonpreis**	**1,000**	**PSCH**		**1,000**	**3.488,63**	**0,00**	✔	✔	**Risiko in EKT**
	T		Einschätzung zu Beginn der Baumaßnahme									
	KK	25131	Preisänderung Transportbeton Periode 1	0,250			0,040	348.863,10	0,00			
2			**Definitive Erhöhung Betonpreis**	**1,000**	**PSCH**		**1,000**	**2.616,47**	**2.616,47**			
	T		Am 20.08.2002 wurde die Erhöhung der Betonpreise ab 01.09. mit + 3 % vereinbart.									
	KK	25131	Preisänderung Transportbeton Periode 1	0,250			0,030	[illegible]48.863,10	2.616,47			

Abbildung 110: Kostenposition für die definitive Änderung von Materialpreisen

Sollte eine Stoffpreisgleitklausel für bestimmte Materialien vereinbart sein, so ist die Situation vollkommen anders. Den Änderungskosten stehen dann Erlöse in Höhe der nachgewiesenen Änderung der Einkaufspreise gegenüber. Hierzu wird auf Abschnitt F, Kap. 1.2.10.2 verwiesen.

1.2.8.3 Änderung von NU-Preisen während der Bauzeit

Da die Ist-NU-Kosten Änderungen der NU-Preise während der Bauzeit enthalten, müssen die Änderungen der NU-Kosten auch in den Sollkosten berücksichtigt werden, wenn der Kosten-Soll-Ist-Vergleich nicht "hinken" soll. Außerdem müssen voraussichtliche Änderungen der NU-Kosten berücksichtigt werden, damit die vorausschauenden Kostenaussagen der Arbeitskalkulation und die darauf aufbauenden Werte wie Deckungsbeitrag und Ergebnis richtig sind.

Die Kostenansätze der Arbeitskalkulation entsprechen immer den ursprünglichen Vergabepreisen. Sie gelten so für die Gesamte Bauzeit, d.h. die Kostenansätze werden während der Bauzeit ebenso wenig verändert wie die ursprünglichen Vergabepreise. Der ursprünglichen Vergabepreise sind die Basiskosten während der gesamten Bauzeit.

Ändern sich die NU-Preise im Laufe der Bauzeit, weil sie nicht als Festpreise für die gesamte Bauzeit vereinbart werden konnten, so sind von dieser Änderung nur diejenigen Leistungen betroffen, die ab einem bestimmten Stichtag anfallen werden. Dieser Einfluss kann nicht über eine Änderung der Vergabepreise eingebracht werden, weil sich dadurch die Kosten seit Baubeginn ändern würden, und bei späteren Änderungen erneut.

Allgemeingültig formuliert kann der Kalkulationsansatz für die Änderung nur wie folgt aufgebaut sein:

Änderung der NU-Kosten = (Anteil der Basis-NU-Kosten ab Stichtag) x Faktor

Für die Anpassung der NU-Preise muss im Vertrag mit dem NU eine Preisgleitklausel vereinbart sein, z.B. die sog. "Pfennigklausel" für Einflüsse der Lohnänderungskosten. Über die Gleitklausel ist bereits ein Änderungsfaktor festgelegt, der in Abhängigkeit von der definitiven Änderung der Lohnkosten zu einem Faktor in obigem Sinn führt.

Dieses Kalkulationsprinzip wird unterstützt durch die Verwendung von sog. abgeleiteten Kostenarten, die sich auf die Basiskosten einer bestimmten Kostenart beziehen. Eine solche Kostenart für die Änderung eines Einkaufspreises bezieht dann die stets aktuellen Basis-NU-Kostetn aus der entsprechenden NU-Kostenart.

Die abgeleiteten Kostenarten für diese Art Aufgabenstellung müssen in der Struktur des Kataloges der Kostenarten (Abschnitt B, Kap. 5.5.7) jeweils unterhalb der jeweiligen Gewerkekostenart eingefügt sein. Nur dann kommt in den Sollkosten die Gesamtsumme zu Stande, die den Budgets bzw. im Kosten-Soll-Ist-Vergleich den Ist-Kosten gegenüberzustellen ist.

Positionsbeispiel: 1,000 psch Änderung der NU-Preise bei Straßenbauarbeiten

(siehe Abbildung 111 und Abbildung 112)

Die Position ist eine interne Kostenposition, weil sie keinen Erlös hat. Mit dem NU besteht eine Lohngleitklausel, welche die Berechnung der Änderungskosten regelt (siehe Text im Beispiel). Es wird angenommen, dass 85 % der Gesamtleistung betroffen sein werden. Weiterhin wird zunächst eine Lohnerhöhung in Höhe von 35 Cent/Std. angenommen.

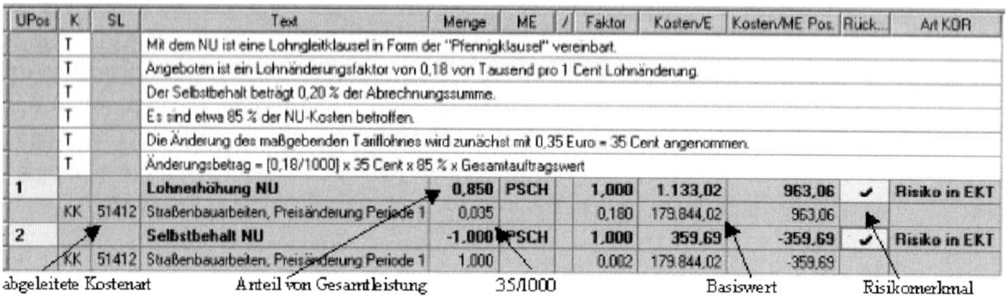

UPos	K	SL	Text	Menge	ME	/	Faktor	Kosten/E	Kosten/ME Pos.	Rück..	Art KOR
	T		Mit dem NU ist eine Lohngleitklausel in Form der "Pfennigklausel" vereinbart.								
	T		Angeboten ist ein Lohnänderungsfaktor von 0,18 von Tausend pro 1 Cent Lohnänderung.								
	T		Der Selbstbehalt beträgt 0,20 % der Abrechnungssumme.								
	T		Es sind etwa 85 % der NU-Kosten betroffen.								
	T		Die Änderung des maßgebenden Tariflohnes wird zunächst mit 0,35 Euro = 35 Cent angenommen.								
	T		Änderungsbetrag = [0,18/1000] x 35 Cent x 85 % x Gesamtauftragswert								
1			**Lohnerhöhung NU**	**0,850**	**PSCH**		**1,000**	**1.133,02**	**963,06**	✓	**Risiko in EKT**
	KK	51412	Straßenbauarbeiten, Preisänderung Periode 1	0,035			0,180	179.844,02	963,06		
2			**Selbstbehalt NU**	**-1,000**	**PSCH**		**1,000**	**359,69**	**-359,69**	✓	**Risiko in EKT**
	KK	51412	Straßenbauarbeiten, Preisänderung Periode 1	1,000			0,002	179.844,02	-359,69		

Abbildung 111: Kostenposition für die Änderung der NU-Kosten bei angenommener Lohnänderung

In U-Pos. 1 sind die Änderungskosten kalkuliert. Der betroffene Leistungsanteil steht im Mengenfeld der U-Pos.. Die Werte der Formel zur Berechnung des Lohnänderungsbetrages (siehe letzte Textzeile des Beispiels) sind auf die Felder "Menge" und "Faktor" der Ansatzzeile verteilt. Den Basiswert der Gesamtleistung liefert die abgeleitete Kostenart automatisch; sie bezieht sich auf die Gewerkekostenart, unter der alle Vergabepreise des NU in der Kalkulation stehen.

In U-Pos. 2 ist der Selbstbehalt kalkuliert, den der NU zu tragen hat. Da dieser Selbstbehalt die Kosten mindert, ist das negative Vorzeichen eingeführt. Es ist wiederum dieselbe abgeleitete Kostenart verwendet, welche automatisch die Basiskosten des Gewerkes liefert. Der Kalkulationsansatz von 0,20 % der Abrechnungssumme steht als Faktor 0,002 in der Ansatzzeile.

Steht später die Lohnerhöhung fest, z.B. mit 37 Cent/Std., so wird die Kalkulation der internen Position wie folgt geändert:

- das Risikomerkmal wird entfernt, weil der Änderungssatz definitiv feststeht und die entsprechenden Kostenanteile den Sollkosten zuzuschlagen sind.
- es wird der endgültige Änderungssatz eingetragen.

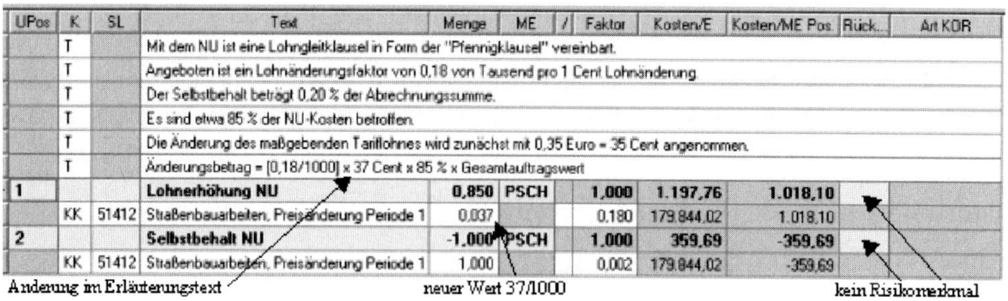

UPos	K	SL	Text	Menge	ME	/	Faktor	Kosten/E	Kosten/ME Pos.	Rück..	Art KOR
	T		Mit dem NU ist eine Lohngleitklausel in Form der "Pfennigklausel" vereinbart.								
	T		Angeboten ist ein Lohnänderungsfaktor von 0,18 von Tausend pro 1 Cent Lohnänderung.								
	T		Der Selbstbehalt beträgt 0,20 % der Abrechnungssumme.								
	T		Es sind etwa 85 % der NU-Kosten betroffen.								
	T		Die Änderung des maßgebenden Tariflohnes wird zunächst mit 0,35 Euro = 35 Cent angenommen.								
	T		Änderungsbetrag = [0,18/1000] x 37 Cent x 85 % x Gesamtauftragswert								
1			**Lohnerhöhung NU**	**0,850**	**PSCH**		**1,000**	**1.197,76**	**1.018,10**		
	KK	51412	Straßenbauarbeiten, Preisänderung Periode 1	0,037			0,180	179.844,02	1.018,10		
2			**Selbstbehalt NU**	**-1,000**	**PSCH**		**1,000**	**359,69**	**-359,69**		
	KK	51412	Straßenbauarbeiten, Preisänderung Periode 1	1,000			0,002	179.844,02	-359,69		

Abbildung 112: Kostenposition für die Änderung der NU-Kosten bei definitiv bekannter Lohnänderung

In dem vorstehenden Beispiel wurde auf die ausführliche Form der Fortschreibung der Historie in Form neuer Unterpositionen und des Sperrens "alter" U-Pos. (wie in Abbildung 106) verzichtet. Es wurde lediglich eine Ergänzung in Form einer weiteren Erläuterungszeile vorgenommen.

Übrigens werden Kostenpositionen für Risiken in einem NU-Gewerk ebenfalls der betreffenden Vergabeeinheit zugeordnet, d.h. sie stehen auch im LV der Vergabeeinheit (vergl. Abschnitt D, Kap. 10.2). Allerdings bewirkt das Risikomerkmal bzw. das Merkmal der internen Kostenposition, dass eine solche Position nicht an einen NU vergeben werden kann, d.h. sie steht nicht im Vergabe-LV des NU. Der Sinn dieser Zuordnung liegt darin, dass auch aus Sicht von der Vergabeeinheit her die Risiken bzw. Gesamtkosten sichtbar sein müssen. Außerdem spielen die Gewerkerisiken eine Rolle bei der Budgetzuordnung und bei der Entwicklung der Vergabeziele (siehe Abschnitt F, Kap. 2).

1.2.8.4 Risiken in NU-Gewerken

Mit der Vergabe eines Gewerkes an einen NU können trotz Festpreisen über die gesamte Bauzeit Risiken bestehen, z.B.

- Der Planungsstand war noch nicht ausreichend, um ausschließen zu können, dass nicht doch noch einige Teilleistungen "vergessen" worden sein könnten. In diesem Fall "drohen" Nachträge seitens des NU. Sollten diese wegen Pauschalvertrag mit dem AG nicht an diesen durchgereicht werden können, trägt das Kostenrisiko der AN.
- Die Bonität des NU wird nicht so hoch eingeschätzt, als dass eine frühzeitiges Aussteigen des NU aus dem Vertrag oder Insolvenz ausgeschlossen werden könnte. Selbst, wenn die zu einem solchen Zeitpunkt an den NU geleisteten Zahlungen nicht zu hoch gewesen sein sollten, werden Mehrkosten entstehen, weil ein Ersatzunternehmer in der Regel nur zu höheren Preisen zu gewinnen sein wird. Dieses Kostenrisiko trägt der AN bei jeglicher Vertragsart mit dem AG.

Positionsbeispiel: 1,000 psch Risiko beim NU für Straßenbauarbeiten wegen extrem niedriger Vertragspreise

Die Position ist eine interne Kostenposition, weil sie keinen Erlös hat.

Weil eine gewisse Gefahr besteht, dass der NU die beauftragten Arbeiten nicht zu Ende führen wird, wird eine Rückstellung in Höhe von 5 % der Vergabesumme vorgenommen.

UPos	K	SL	Text	Menge	ME	/	Faktor	Kosten/E	Kosten/ME Pos.	Rück...	Art KOR
1			**Risiko NU**	**1,000**	**PSCH**		**1,000**	**8.992,20**	**8.992,20**	✔	**Risiko in EKT**
	T		Einschätzung unmittelbar nach Vergabe:								
	T		Der NU hat sehr niedrig angeboten. Da deshalb die Gefahr des vorzeitigen								
	T		Aufgebens größer als durchschnittlich ist, wird eine Rückstellung für								
	T		Unvorhergesehenes in Höhe von 5 % vorgenommen.								
	KK	51414	Risiko NU Straßenbauarbeiten	1,000			0,050	179.844,02	8.992,20		

abgeleitete Kostenart — Annahme: 5 % der Vergabesumme — Risikomerkmal

Abbildung 113: Kostenposition für ein Risiko in der Bonität des beauftragten NU

Es wurde auch hier eine abgeleitete Kostenart verwendet, die ihren Basiswert automatisch aus der Gewerkekostenart bezieht.

1.2.9 Vorgabeabweichungen

Wird bei der Ausführung erkannt, dass Leistungsvorgaben der Sollkosten auf Dauer unter- oder überschritten werden, und wird festgestellt dass die Ursache für die Abweichung in besonderen Anstrengungen bzw. in fehlerhaften Dispositionen der Baustelle zu sehen ist, so besteht kein Anlass, die Sollwerte in der Arbeitskalkulation zu ändern. Die Erkenntnis muss aber dennoch in die Kostenaussagen einfließen, damit die Prognose auf das Bauende richtig ist (siehe auch Abschnitt D, Kap. 5.1.4 und Abschnitt F, Kap. 1.1.7):

voraussichtliche Kosten (Prognosekosten) =
= Ist-Kosten zum Stichtag + bewertete Sollkosten Restbauleistung + Vorgabeabweichungen Restbauleistung

Abweichungen von den Sollkosten, die für die Restbauleistung als sicher vorhergesehen werden, werden in gesonderten Unterpositionen mit Kostenansätzen eingebracht. die Unterposition erhält das Merkmal "Vorgabeabweichung", womit diese Kostenansätze getrennt von den Sollkosten verwaltet werden.

Positionsbeispiel: Bei der Herstellung der Betonstützen wird erkannt, dass die Annahmen der Sollkosten im Durchschnitt um ca. 10 % unterschritten werden.

UPos	K	SL	Text	Menge	ME	/	Faktor	Kosten/E	Std./ME Pos.	Kosten/ME Pos.	Rück..	Art KOR
	#	B1	Breite 1	0,400	m							
	#	B2	Breite 2	0,400	m							
	#	MANN	Anzahl Mann	2,000	Mann							
	#	NSTÜ	Anzahl Stützen pro Std.	2,000	Stk							
	#	H	Höhe	3,000	m							
1			**Schalung**	**10,000**	**m²**		**1,000**	**32,87**	**11,000**	**328,67**		
		S34	Std. Schalung Stützen	1,100	Std		1,000	27,00	11,000	297,00		
		42114	Stoffe Stützenschalung	1,000	m²		1,000	1,50		15,00		
		42214	Miete Stützenschalung	1,000	m²Mo	/	6,000	10,00		16,67		
2			**Beton**	**1,000**	**m³**		**1,000**	**128,77**	**2,083**	**128,77**		
		S54	Std. Beton Stützen	2,083	Std		1,000	27,00	2,083	56,25		
		251125	B 25, 290 kg	1,000	m³		1,000	74,00		72,52		
3			**Vorgabeabweichung**	**1,000**	**m³**		**1,000**	**-35,32**	**-1,308**	**-35,32**	✔	**Vorgabeabweichung**
	T		Die von der Baustelle gewählte Herstellmethode ist so optimal,									
	T		dass mit einer Unterschreitung der Vorgabewerte um 10 % zu rechnen ist.									
		S34	Std. Schalung Stützen	-11,000	Std		0,100	27,00	-1,100	-29,70		
		S54	Std. Beton Stützen	-2,083	Std		0,100	27,00	-0,208	-5,62		

10 % der Sollstunden

Merkmal

Abbildung 114: Position mit Ansätzen für Vorgabeabweichung

In U-Pos. 3 sind die Arbeitsstunden pro ME der Pos. aus den U-Pos. 1 und 2 unter ihren jeweiligen Kostenarten aufgegriffen worden. Das negative Vorzeichen sowie der Faktor von 0,100 führen zu gewünschten Vorgabeabweichung von – 10 % der Sollstunden. Die Unterposition 3 hat das Merkmal "Vorgabeabweichung".

Die Sollstunden bleiben in Höhe der ursprünglichen Annahmen erhalten, so dass das Verdienst der Baustelle in Form niedrigerer Ist-Stunden tatsächlich auch ersichtlich bleibt. In der Prognose der voraussichtlichen Kosten auf das Bauende werden berücksichtigt

voraussichtliche Stunden = Sollstunden + Vorgabeabweichung

1.2.10 Sonderfälle der Kostenkalkulation

1.2.10.1 Änderung der Lohnkosten bei bestehender Lohngleitklausel

Sollte im Projekt eine Lohngleitklausel vereinbart sein, so stehen den zunächst angenommenen und später definitiv festgestellten Lohnänderungskosten (Abschnitt F, Kap 1.2.8.1) auch Erlöse gegenüber. Allerdings bestimmen sich die Erlöse nicht über obige Kostenkalkulation zzgl. EKZ, sondern über andere Formeln gemäß der Art der vereinbarten Lohngleitklausel. In der Regel geht es dabei um die Form der Anwendung von Faktoren bezogen auf die Umsatzanteile ab dem Stichtag der Lohnänderung. Diese Form wird auf jeden Fall in der Abrechnung mit dem AG verwendet; dort gibt es dann einen gesonderten Teil am Schluss der Rechung, der sich auf die Summe aus den Positionen bezieht, z.B. wie in Abbildung 115 bei der sog. "Pfennigklausel".

Zusammenstellung der Lohngleitung

Rechnung:	4. Abschlagrechnung	AZ:	4. AZ
Rechnungsnr:	2002-139	Kostenträger:	
Projekt:	MUSTER_CONTR Musterprojekt zur Wissensvermittlung		
Auftrag:	Bauseitige Anfrage	Stichtag:	31.05.2002
Rechnungsart:	Abschlag	Abrechnungsart:	kumuliert
Rechnungsdatum:	31.05.2002		

1	**Bauseitiges LV**		
1.	**Rohbau**		
1. Lohnperiode: 01.04.2002 bis 31.05.2002	548.570,38 EURO * 0,45 EURO * 0,25000 v.T.		6.171,42 EURO
Summe	**1.**	**Rohbau**	**6.171,42 EURO**
Summe	**1**	**Bauseitiges LV**	**6.171,42 EURO**
Selbstbeteiligung: 0,50% aus 883.667,88			-4.418,34 EURO
Erstattungsbetrag für Lohnänderung			**1.753,08 EURO**

Abbildung 115: Erlös aus Lohngleitklausel in der Abrechnung

In der Arbeitskalkulation ist der Erlös aufgrund der Lohngleitklausel in provisorischer Form einzuführen. Die Berechnung des Erlöses geht dort von Annahmen zu den Umsatzteilen aus, die in einen Lohnänderungszeitraum fallen werden. Diese wiederum können aus der Ressourcenplanung (Abschnitt F, Kap. 4.4) entnommen werden, in der die Erlöse gemäß Bauablaufplanung auf die Bauzeit verteilt sind. Im übrigen wird auch in der provisorischen Berechnung die Form gemäß Gleitklausel verwendet.

a) "Pfennigklausel" (jetzt "Cent-Klausel"?): es wurde ein Lohnänderungsfaktor "von Tausend je 1 Cent Änderung des maßgebenden Lohnes" angeboten, z.B. 0,20 v.T.

Lohnänderungsbetrag = [angebotener Lohnänderungsfaktor/1.000] x [Lohnänderung in Cent] x [anteiliger Umsatz im Lohnänderungszeitraum]

Beispiel: angebotener Lohnänderungsfaktor = 0,20
anteiliger Umsatz = 2.000.000,00
Lohnänderung: 45 Cent

Lohnänderungsbetrag = [0,20/1000] x 45 x 2.000.000,00 = 18.000,00

b) "Lohnanteilklausel": es wurde der Prozentsatz der Lohn- und Gehaltskosten an den Gesamtkosten angeboten, z.B. 30 %.

Lohnänderungsbetrag = [angebotener Lohnanteil] x [Änderung Tariflohn in %] x [anteiliger Umsatz im Lohnänderungszeitraum]

Beispiel: angebotener Lohnanteil = 30 %
anteiliger Umsatz = 2.000.000,00
Lohnänderung: 3 %

Lohnänderungsbetrag = 30 % x 3 % x 2.000.000,00 = 18.000,00

Sofern die Software der Arbeitskalkulation diese Form der Erlösberechnung einer Position nicht anbietet, wird sie als freie Nebenrechnung durchgeführt, und das Ergebnis wird als Festpreis der internen Position eingeführt. In diesem Fall ist die interne Position keine Kostenposition, weil sie neben den Kosten auch einen Erlös enthält. Sie wird allerdings für die Abrechnung gesperrt, weil mit dem AG ja in anderer Form abgerechnet wird (siehe Abbildung 115).

Sollte ein Selbstbehalt vereinbart sein (in der Regel ein Prozentsatz bezogen auf die Gesamtabrechnungssumme des Projektes), so ist auch dieser Betrag provisorisch zu ermitteln und vom Lohnänderungsbetrag abzuziehen.

Beispiel: Gesamtabrechnungssumme: 3.000.000,00
Selbstbehalt: 0,50 % = 15.000,00

Bei einem Lohnänderungsbetrag von 18.000,00 ist dann der

Erstattungsbetrag = Erlös = 18.000,00 – 15.000,00 = 3.000,00

Dieses Ergebnis der Nebenrechnung wird als Erlös bei der Position der Arbeitskalkulation eingetragen. Der Betrag kann aber niemals ein negatives Vorzeichen haben, d.h. er ist im ungünstigsten Fall = 0,00.

Bei bestehendem Selbstbehalt müsste eigentlich ein entsprechender Betrag bereits in die BGK der Angebotskalkulation eingerechnet worden sein, weil ja der AN keinen Anlass hat, sich an den Kosten des Bauwerks zu beteiligen. Allerdings musste der Betrag dort als Kosten eingeführt werden; er wurde in dieser Form auf die Teilleistungen umgelegt, womit er Bestandteil der Erlöse der Vertragspositionen wurde. Der AG vergütet also in diesem Fall den Selbstbehalt indirekt über die Vertragspreise. In der Arbeitskalkulation wird der entsprechende Kostenansatz in den BGK neutralisiert, weil ja jetzt ein vollkommen neuer Ansatz mit Kosten und Erlös eingebracht ist, der den früheren Ansatz ersetzt.

1.2.10.2 Änderung der Materialkosten bei bestehender Stoffpreisgleitklausel

Ist eine Stoffpreisgleitklausel vereinbart, so stehen den angenommenen und später definitiv festgestellten Änderungskosten entsprechende Erlöse gegenüber. Allerdings erstreckt sich die Stoffpreisgleitklausel oft nur auf die wichtigsten Baustoffe. Diese sind dann in einer Tabelle benannt; der AN musste dazu die in der Kalkulation verwendeten Einkaufspreise angeben.

Bei der Anwendung der Stoffpreisgleitklausel muss der AN die tatsächlichen Einkaufspreise der in Frage kommenden Baustoffe von Baubeginn an nachweisen. Die Differenzen zu den ursprünglich angenommenen Einkaufspreisen werden gegenseitig vergütet, d.h. sowohl der AN als auch der AG können Vorteile aus der Gleitklausel ziehen. In der Regel ist es natürlich der AN, weil die Einkaufspreise im Durchschnitt eher steigen als fallen.

Die Abwicklung der Abrechnung erfolgt zweckmäßigerweise über einzelne Nachtragspositionen, die je Baustoff für bestimmte Zeiträume gelten, z.B. "Änderung Einkaufspreis Betonstahl IV S im Zeitraum Sept. – Dez. 2002" und "Änderung Einkaufspreis Betonstahl IV S im Zeitraum Jan. 2003 – Bauende". Die Menge der Position ist die Menge der Vertragsposition im Zeitraum der Nachtragsposition, zunächst in angenommener, später in festgestellter Höhe. Der Kostenansatz ist die Differenz des Einkaufspreises, wobei immer der aktuelle Einkaufspreis mit dem ursprünglichen Einkaufspreis verglichen wird.. Der Einheitspreis der Nachtragsposition entspricht den Kosten, es sei denn, dass die Gleitklausel einen Zuschlag auf die Kosten zulässt.

Positionsbeispiel: 65,00 to Änderung Einkaufspreis BST 500S, Sept. – Dez. 2002

	UPos	K	SL	Text	Menge	ME	/	Faktor	Kosten/E	Kosten/ME Pos.
		T		Der Einkaufspreis des Betonstahls IV S erhöht sich ab 1.9.2002 um Euro 20,- pro to						
		T		gegenüber ursprünglichem Einkaufspreis.						
		T		Nachweis: Ergänzungsvertrag mit Fa. Stahl + Eisen vom 12.08.2002						
►		I	2411902	Preisänderung BST 500S	1,000	to		1,000	20,00	20,00

Abbildung 116: Nachtragsposition für Stoffpreisgleitklausel

Da den Kosten die entsprechenden Erlöse gegenüber stehen, verhalten sich diese Nachtragspositionen weitgehend ergebnisneutral, von dem evtl. fehlenden Deckungsbeitrag abgesehen. Deshalb genügt es in der Regel, die Änderungskosten dieser Baustoffe erst dann einzubringen, wenn die Änderung der Einkaufspreise definitiv feststeht. Sie werden dann als Nachtragspositionen zur Abrechnung mit dem AG eingeführt. Die Kosten erhalten kein Risikomerkmal, weil sie zu den Sollkosten zählen. Die Nachtragspositionen müssen aber vor Durchführung von Kosten-Soll-Ist-Vergleichen eingeführt werden, damit die Sollkosten aktuell sind. Die Nachtragspositionen tragen sowohl zu den Kosten als auch zum Erlös bei.

Materialien, die nicht von der Stoffpreisgleitklausel erfasst werden, sind im Projekt in der Regel von geringerer Bedeutung. Dennoch sollte überprüft werden, ob hier ein größeres Kostenrisiko besteht. Wenn ja, ist gemäß Abschnitt F, Kap. 1.2.8.2 zu verfahren, weil diesbezüglich keine zusätzlichen Erlöse generiert werden können.

Sollte zur Stoffpreisgleitklausel ein Selbstbehalt des AN vereinbart sein, so reduziert der entsprechende Betrag den Erlös aus den Nachtragspositionen zur Abrechnung der Änderungen der Materialpreise. Kosten und Erlös aus Materialpreisänderung sind damit nicht mehr ergebnisneutral. Daraus folgt, dass Änderungen der Einkaufspreise im Falle eines vereinbarten Selbstbehaltes vorab in die Arbeitskalkulation eingebracht werden müssen, und zwar mit Risikomerkmal gemäß Abschnitt F, Kap. 1.2.8.2, solange die Höhe der Kostenänderung noch nicht feststeht. Diese vorläufigen Positionen (keine Kostenpositionen, da mit Erlös) wird man erst dann zu konkreten Nachtragspositionen machen, wenn die Änderung definitiv bekannt ist.

Der Selbstbehalt, z.B. 0,50 % der Gesamtabrechnungssumme, ist ein Gesamtbetrag bezogen auf alle Nachtragspositionen zur Stoffpreisgleitklausel. Er wäre, sofern die verfügbare Software keine spezielle Funktion für die Berücksichtigung der Stoffpreisgleitklausel bietet, über eine Hilfsposition als Erlös mit negativem Vorzeichen einzuführen. Er kommt aber höchstens in Höhe der Änderungskosten zum Tragen, sofern er niedriger ist, als die Erlöse auf Grund der Änderungskosten. Bevor also ein Betrag bei der Hilfsposition eingesetzt wird, muss die Höhe der Änderungskosten bekannt sein. Um diese Übersicht zu wahren, verfährt der Anwender am besten wie folgt:

- Anlegen einer Gruppenstufe alleine für Positionen in Zusammenhang mit der Stoffpreisgleitklausel.
- Einführen der provisorischen oder endgültigen Nachtragspositionen mit Änderungskosten und (positiven) Erlösen unter dieser Gruppenstufe.
- Einführen der Hilfsposition für den Selbstbehalt (Erlösposition ohne Kosten) und Einsetzen des Erlöses mit negativem Vorzeichen maximal in Höhe der vertraglichen Selbstbehaltes bzw. so, dass der Gesamterlös der Gruppenstufe nicht negativ wird. (Abbildung 117)
- Überwachung des Erlöses in der Hilfsposition bei späteren Bearbeitungen in der Gruppenstufe, so dass Gesamtsumme der Gruppenstufe $\geq 0{,}00$ ist.

OZ	Bezeichnung			
9. 2. 99	Selbstbehalt aus Stoffpreisgleitklausel (0,50 % der Abr.-Summe)			
			pro ME	gesamt für VA-Menge
ME	psch	Stunden	0,000	0,000
LV-Menge	1,000	Budget	-15.000,00	-15.000,00 Euro
VA-Menge	1,000	EKT	0,00	0,00
RE-Menge	0,000	KOR	0,00	0,00
LE-Menge	0,000	UML	-15.000,00	-15.000,00
		EP/GB	-15.000,00	-15.000,00
		Preisänd.		
		Erlös		
		Leistungswert	0,00	0,00

Abbildung 117: Hilfsposition zur Berücksichtigung des Selbstbehaltes bei Stoffpreisgleitklausel

1.2.10.3 Baunebenkosten im SF-Bau

Der Generalunternehmer muss bei schlüsselfertigen Projekten verschiedene Baunebenkosten einkalkulieren wie

- Bauwesenversicherung
- Sanitäreinrichtung
- Bauschild
- Baustrom
- Wasser-, Abwassergebühren
- Bauschuttabfuhr
- Baureinigung

Es ist am wirtschaftlichsten, wenn der Generalunternehmer die Verantwortlichkeit in diesen Kostenbereichen auch für sämtliche Nachunternehmer übernimmt. Er veranlasst alle entsprechenden Maßnahmen und übernimmt die Kosten. Mit Blick auf die Nachunternehmer hat er zwei Möglichkeiten:

- Er verlangt von den NU eine Beteiligung an den Kosten z.B. in Form eines Prozentsatzes bezogen auf den NU-Umsatz.
- Er übernimmt die Kosten, ohne die NU daran zu beteiligen.

Wie er zu verfahren gedenkt, muss den Ausschreibungen an die NU zu entnehmen sein. Im ersten Fall rechnen die NU die Baunebenkosten in ihre Preise ein, im zweiten Fall nicht. Beide Verfahren führen in etwa zu denselben Gesamtkosten.

Die Arbeitskalkulation muss diese Baunebenkosten genauso darstellen, wie lt. Vertrag mit den NU verfahren wird.

In beiden Fällen sind zunächst die Kosten gemäß den einzelnen Leistungen in ihren jeweiligen Kostenarten darzustellen. Diesen Sollkosten werden Ist-Kosten gegenüberstehen, z.B. die Stromkosten lt. Rechnung des Energieunternehmens. Im Fall, dass die NU nicht an den Kosten beteiligt werden, ist die Arbeitskalkulation damit schon abgeschlossen.

Werden die NU aber an den Kosten beteiligt, so sind in der Arbeitskalkulation Kostenminderungen zu berücksichtigen. Damit hier und bei der Verarbeitung der NU-Preise kein Fehler gemacht wird, muss das durch kaufmännische Regeln bestimmte Verfahren der Abwicklung bekannt sein. In den Angebots- bzw. Vertragspreisen des NU ist der Anteil für Baunebenkosten enthalten, der lt. Ausschreibung für die Beteiligung des NU angegeben war, z.B. 2 % vom Umsatz. Da genau diese NU-Preise in die Arbeitskalkulation eingehen, sind die von den NU zu tragenden Baunebenkosten bereits in der Arbeitskalkulation als Bestandteil der Kosten der Teilleistungen berücksichtigt. Im kaufmännischen Bereich wird so verfahren, dass die vollen NU-Kosten unter der Gewerkekostenart gebucht werden und dann der Anteil der Baunebenkosten unter einer gesonderten Verrechnungskostenart als Aufwandsminderung bei den Baunebenkosten abgezogen wird. Ergibt sich z.B. auf der Grundlage der ungeminderten Vertragspreise des NU ein Leistungswert von 100.000,00, so wird das Projekt insgesamt nur mit 98.000,00 belastet, wenn der Anteil des NU an den Baunebenkosten 2 % = 2.000,00 beträgt:

	Konto NU	Konto Baunebenkosten
Baunebenkosten direkt		80.000,00
Leistungswert NU	100.000,00	
Anteil Baunebenkosten NU		- 2.000,00

In der Arbeitskalkulation ist in der Kalkulation der Baunebenkosten der Anteil, der von der Summe der NU getragen wird, über eine spezielle Kostenart abzuziehen. Dort wird also analog der Handhabung im kaufmännischen Bereich verfahren. Wenn man sicher ist, dass der Anteil der NU die jeweiligen Einzelkosten deckt, kann man unter der speziellen Verrechnungskostenarten den Betrag der direkten Kosten mit negativem Vorzeichen einsetzen, so dass die Gesamtkosten gleich 0,00 sind (Abbildung 118).

UPos	K	SL	Text	Menge	ME	Kosten/E	Kosten/ME Pos.
1			**Bauwesenversicherung**	**1,000**	**PSCH**	**28.875,00**	**28.875,00**
		74	Versicherungskosten	1,000		28.875,00	28.875,00
2			**Verrechnung an NU**	**1,000**	**PSCH**	**-28.875,00**	**-28.875,00**
		599	Verrechnungskostenart für Nebenleistungen	-1,000		28.875,00	-28.875,00

Abbildung 118: Kalkulation von Baunebenkosten und Verrechnung mit NU

Wichtig ist die Wahl der speziellen Verrechnungskostenart, damit der Soll-Ist-Vergleich in den einzelnen Kostenarten stimmt. Den Soll-Versicherungskosten werden die tatsächlichen Kosten gegenübergestellt, der Verrechnungskostenart die Verrechnungen im kaufmännischen Bereich.

Die vorstehend beschriebene Handhabung führt automatisch auch zur richtigen Handhabung bei den Budgets. Das Budget für die NU-Leistungen ist der Wert einschl. deren Anteil für Baunebenkosten. Das Budget der Baunebenkosten ist insgesamt u.U. = 0,00.

1.3 Auswertung der Arbeitskalkulation auf Ebene der Position

Die Arbeitskalkulation zeigt auf Ebene der Position sowohl die Ergebnisse aus der Kostenkalkulation als auch die Information zu Vertragspreis bzw. Erlös. Kosten und Erlös werden miteinander verglichen.

- Aussagen aus der Kostenkalkulation
  - Budget = Plankosten
    (siehe Abschnitt D, Kap. 5.1.1 und Abschnitt F, Kap. 1.1.2.2)
  - Bewertete Sollkosten, aufgeteilt in
    - Sollkosten (EKT, ohne Anteile von Kostenrisiken)
    - Kostenrisiko (KOR)
- Information zu Vertragspreis und Erlös
  - EP/GB (Vertragspreis)
  - Preisänderung
    - bei Vertragsposition:
      = EP x (wirksame prozentuale Nachlässe/Zuschläge)
    - bei noch nicht genehmigter Nachtragsposition:
      = EP - EP x (100 % - Nachlass) x (Bewertung in %)
      (siehe Abschnitt D, Kap. 5.2.2)
  - Erlös = EP/GB + Preisänderung = effektiver Erlös
- Verbleibender Umlagebetrag (UML) = Erlös – EKT – KOR
  (siehe Abschnitt D, Kap. 7.1.1)

Zusätzlich ist auswertbar, nachdem alle Positionen bearbeitet sind:

- Leistungswert = bewerteter Umsatz
  = (EKT + KOR) x (100 % + bewerteter Soll-DB in %)
  (siehe Abschnitt D, Kap. 9.3.2)
- Deckungsbeitrag = Leistungswert – EKT - KOR

Die VA-Mengen der Positionen sind die intern maßgebenden Mengen zur Berechnung der Gesamtwerte.

In den folgenden Unterkapiteln werden Positionsauswertungen für Positionen verschiedener Eigenschaften gezeigt, um deutlich zu machen, welchen Einfluss diese Eigenschaften haben. Die Abbildungen zeigen etwas verkürzte Informationen, in dem die bewerteten Sollkosten als Summe von EKT und KOR sowie der Deckungsbeitrag fehlen. Der Leistungswert, der die Auswertung des gesamten Projektes voraussetzt, wird in allen Beispielen auf der Grundlage eines bewerteten Soll-DB = 11,97 % angegeben. In diesem Zusammenhang wird auch auf die Beispiele in Abschnitt D, Kap. 9.5 verwiesen.

Es werden Auswertungen von Positionen gezeigt, deren Kostenkalkulation in Abschnitt F, Kap. 1.2 abgebildet ist. **Allgemeingültig muss darauf hingewiesen werden, dass bei der Berechnung der Gesamtwerte der Kosten für VA-Mengen eine höhere Genauigkeit der Werte pro ME zu Grunde gelegt ist, als sie durch die angezeigten 2 Nachkommastellen zum Ausdruck kommt.**

1.3.1 Positionsauswertung von Vertragspositionen

Bei Vertragspositionen gibt es einen EP/GB. Es wurde in allen Beispielen ein prozentualer Nachlass auf die Einheitspreise in Höhe von 1,00 % zu Grunde gelegt, welcher zu der ausgewiesen *Preisänderung* führt.

1.3.1.1 Vertragsposition ohne Kostenrisiko

Es wird die Auswertung der Position gemäß Abbildung 94 gezeigt.

OZ	Bezeichnung				
1. 4. 5	Beton B25 für Einzelfundamente einschl. Schalung				
			pro ME	gesamt für VA-Menge	
ME	m³	Stunden	1,152	490,752	
LV-Menge	420,000	Budget	113,24	48.240,28	Euro
VA-Menge	426,000	EKT	111,66	47.565,43	
RE-Menge	426,000	KOR	0,00	0,00	
LE-Menge	426,000	UML	28,81	12.275,26	
		EP/GB	141,89	60.445,14	
		Preisänd.	-1,42	-604,45	
		Erlös	140,47	59.840,69	
		Leistungswert	125,02	53.259,01	

Abbildung 119: Vertragsposition ohne Kostenrisiko

Preisänderung pro ME = EP (Nachlass in %) = 141,89 x (-1 %) = -1,42

Preisänderung gesamt = EP x VA x (Nachlass in %) = 60.445,14 x (-1 %) = 604,45

Erlös pro ME = EP + Preisänderung pro ME = 141,89 – 1,42 = 140,47

Erlös gesamt = GB + Preisänderung gesamt = 60.445,14 – 604,45 = 59.840,69

UML pro ME = (Erlös pro ME) – EKT – KOR = 140,47 – 111,66 – 0,00 = 28,81

Der Betrag UML (verbleibender Umlagebetrag) ist der Beitrag der Position zur Deckung der BGK und AGK.

Leistungswert pro ME = (EKT + KOR) x (100 % + bew. Soll-DB in %)

Leistungswert pro ME = (111,66 + 0,00) x (100 % + 11,97 %) = 125,03

Leistungswert gesamt = (47.565,43 + 0,00) x (100 % + 11,97 %) = 53.259,01

Der Leistungswert ist geringer als der Erlös. Siehe hierzu Abschnitt D, Kap. 9.3.

Es ist zum Stichtag eine LE-Menge von 426,00 m³ gemeldet, welche der VA-Menge entspricht. Die Teilleistung ist also fertiggestellt.

1.3.1.2 Vertragsposition mit Kostenrisiko

Es wird die Auswertung der Position gemäß Abbildung 105 und Abbildung 106 gezeigt.

OZ	Bezeichnung				
1. 4. 31	Beton B25 für Massivplatten d = 20 cm einschl. Schalung				
			pro ME	gesamt für VA-Menge	
ME	m³	Stunden	2,085	4.370,160	
LV-Menge	2.050,000	Budget	148,72	311.717,12	Euro
VA-Menge	2.096,000	EKT	148,00	310.210,22	
RE-Menge	330,000	KOR	6,75	14.148,00	
LE-Menge	(381,151)	UML	44,51	93.285,08	
		EP/GB	201,27	421.861,92	
		Preisänd.	-2,01	-4.218,62	
		Erlös	199,26	417.643,30	
		Leistungswert	173,27	363.183,90	

Abbildung 120: Vertragsposition mit Kostenrisiko

Preisänderung = 201,27 x (- 1 %) = - 2,01

Erlös = 201,27 – 2,01 = 199,26

UML = 199,26 – 148,00 – 6,75 = 44,51

Leistungswert pro ME = (148,00 + 6,75) x (100 % + 11,97 %) = 173,27

Es ist zum Stichtag eine LE-Menge von 381,151 m³ gemeldet. Dass diese Menge in Klammern gesetzt ist, symbolisiert, dass die LE-Menge nicht auf Ebene der Position gemeldet ist, sondern dass LE-Mengen über Unterpositionen erfasst sind. Die LE-Menge auf Ebene der Position ist dann lediglich eine gewichtete Menge unter Zugrundelegung der Gesamtkosten der Unterpositionen im Verhältnis zu den Kosten pro ME der Position. Zu diesem Verfahren wird auf Abschnitt G, Kap. 1 und 1.5 verwiesen.

1.3.1.3 Nicht genehmigte Nachtragsposition

Während die Auswertung der genehmigten Nachtragsposition mit derjenigen der Vertragsposition übereinstimmt, fällt bei der noch nicht genehmigten Nachtragsposition die interne Bewertung des Erlöses auf.

OZ	Bezeichnung			
3. 3. 3	Zulage für Mehraufwand Bewehrung Kabelkanäle			
				gesamt
			pro ME	für VA-Menge
ME	m	Stunden	0,500	22,000
LV-Menge	44,000	Budget	3,11	137,06 Euro
VA-Menge	44,000	EKT	13,50	594,00
RE-Menge	22,650	KOR	0,00	0,00
LE-Menge	22,650	UML	-10,04	-441,71
		EP/GB	17,48	769,12
		Preisänd.	-14,02	-616,83
		Erlös	3,46	152,29
		Leistungswert	15,12	665,10

Abbildung 121: Noch nicht genehmigte Nachtragsposition mit vorsichtiger Bewertung des Erlöses

Der Erlös wurde intern nur mit 20 % des angebotenen Preises bewertet, weil die Chancen auf Anerkennung der Nachtrages relativ gering sind (vergl. Abschnitt D, Kap. 5.2.2).

Preisänderung = 17,48 - 17,48 x (100 % - 1 %) x (20 %) = 14,02

Erlös = 17,48 – 14,02 = 3,46 oder

Erlös = EP x (100 % - Nachlass in %) x (Bewertung in %)
Erlös = 17,48 x (100 % - 1 %) x 20 % = 3,46

UML = 3,46 – 13,50 = - 10,04

Leistungswert pro ME = (13,50 + 0,00) x (100 % + 11,97 %) = 15,12

1.3.2 Auswertung interner Kostenpositionen

1.3.2.1 Position der Baustellengemeinkosten

Es wird die Auswertung der Position gemäß Abbildung 101 gezeigt.

Eine Position des BGK-LV ist keine Vertragsposition; sie hat folglich keinen EP/GB, keine Preisänderung und keinen Erlös. Sie hat auch keine RE-Menge.

UML = 0,00 – 101.240,00 – 0,00 = - 101.240,00

Leistungswert = (101.240,00 + 0,00) x (100 % + 11,97 %) = 113.358,43

Die Position hat also einen Leistungswert, obwohl sie keinen Erlös hat. Siehe hierzu Abschnitt D, Kap. 9.3.

OZ	Bezeichnung			
1. 2. 30	Technische Angestellte			
				gesamt
			pro ME	für VA-Menge
ME	psch	Stunden	0,000	0,000
LV-Menge	1,000	Budget	101.240,00	101.240,00 Euro
VA-Menge	1,000	EKT	101.240,00	101.240,00
RE-Menge		KOR	0,00	0,00
LE-Menge	(0,362)	UML	-101.240,00	-101.240,00
		Leistungswert	113.358,43	113.358,43

Abbildung 122: Position der Baustellengemeinkosten

Es ist zum Stichtag eine LE-Menge von 0,362, d.h. ein Fertigstellungsgrad von 36,2 % gemeldet (vergl. auch Abschnitt F, Kap. 1.2.4). Dass diese Menge in Klammern gesetzt ist, symbolisiert, dass die LE-Menge nicht auf Ebene der Position gemeldet ist, sondern dass LE-Mengen über Unterpositionen erfasst sind. Die LE-Menge auf Ebene der Position ist dann lediglich eine gewichtete Menge unter Zugrundelegung der Gesamtkosten der Unterpositionen im Verhältnis zu den Kosten pro ME der Position. Zu diesem Verfahren wird auf Abschnitt G, Kap. 1 und 1.5 verwiesen.

1.3.2.2 Kostenpositionen

Bei internen Kostenpositionen, welche Elemente eines LV mit vertraglichen Erlösen sind, muss unterschieden werden zwischen

- Kostenpositionen unterhalb einer Vertragspauschalen: Eine solche Position kann in der Angebotsphase eine Position des Ausschreibungs-LV gewesen und mit einem Einheitspreis angeboten worden sein. Der ursprünglich angebotene EP ist zwar jetzt nicht mehr relevant im Sinne der Vertrages und der Abrechnung, es besteht aber intern noch ein Interesse an der Information über den ursprünglich angebotenen EP.
- Kostenpositionen innerhalb eines LV eines Einheitspreisvertrages: Eine solche Position kann nur im Zuge der Arbeitskalkulation eingeführt worden sein, d.h. es gibt keinen ursprünglich angebotenen EP.

Da also im ersten Fall der ursprünglich angebotene Preis noch sichtbar sein soll, ist es sinnvoll, bei der Kostenposition die Darstellungsweise zu wählen, welche die Werte *EP/GB*, *Preisänderung* und *Erlös* in Klammer setzt. Die Klammer symbolisiert, dass ein ausgewiesener Wert kein vertraglich relevanter Wert ist. Bei einer Kostenposition in einem LV zu einem EP-Vertrag sind die Werte (0,00).

Eine Kostenposition ist automatisch für die Abrechnung gesperrt. Sie hat keine RE-Menge.

Kostenposition in einem LV zu einem Einheitspreisvertrag:

Es wird die Auswertung der Position gemäß Abbildung 104 gezeigt.

OZ	Bezeichnung				
1. 4. 31.1	Vorbereitung Deckenschalung				
				gesamt	
			pro ME	für VA-Menge	
ME	m²	Stunden	0,049	452,760	
LV-Menge	9.240,000	Budget	2,45	22.674,00	Euro
VA-Menge	9.240,000	EKT	2,45	22.674,00	
RE-Menge		KOR	0,00	0,00	
LE-Menge	7.392,000	UML	-2,45	-22.674,00	
		EP/GB	(0,00)	(0,00)	
		Preisänd.	(0,00)	(0,00)	
		Erlös	(0,00)	(0,00)	
		Leistungswert	2,75	25.388,08	

Abbildung 123: Auswertung einer freien Kostenposition im EP-Vertrag

Eine freie Kostenposition innerhalb eines LV zu einem EP-Vertrag ist eine Position der Arbeitskalkulation, die es in der Angebotsphase nicht gab. Der EP (0,00) in Klammern symbolisiert diesen Sachverhalt.

UML = 0,00 – (2,45 – 0,00) = -2,45

Leistungswert pro ME = (2,45 + 0,00) x (100 % + 11,97 %) = 2,75

OZ	Bezeichnung				
2. 2. 4	Oberboden abfahren einschl. Deponiegebühren				
				gesamt	
			pro ME	für VA-Menge	
ME	psch	Stunden	0,000	0,000	
LV-Menge	600,000	Budget	8,86	5.421,29	Euro
VA-Menge	620,000	EKT	8,47	5.253,88	
RE-Menge		KOR	0,00	0,00	
LE-Menge	0,000	UML	-8,47	-5.253,88	
		EP/GB	(11,07)	(6.642,00)	
		Preisänd.	(-0,02)	(-12,58)	
		Erlös	(11,05)	(6.629,42)	
		Leistungswert	9,48	5.882,77	

Abbildung 124: Auswertung einer Kostenposition unterhalb einer Vertragspauschalen

Kostenposition unterhalb einer Vertragspauschalen, zu der ursprünglich ein EP angeboten wurde:

Jede Position unterhalb einer Vertragspauschalen ist eine Kostenposition. Sofern die Position ursprünglich mit einem EP angeboten wurde, wird dieser Wert in Klammern ausgewiesen. Die Klammer symbolisiert, dass der EP/GB und Erlös nicht mehr vertragsrelevant sind; die Werte haben nur informative Bedeutung.

UML = 0,00 – (8,47 – 0,00) = -8,47

Leistungswert pro ME = (8,47 + 0,00) x (100 % + 11,97 %) = 9,48

1.3.2.3 Position nur für Rückstellung (Kostenposition)

Eine Position, die ausschließlich Ansätze für Kostenrisiken enthält, erhält als Ganzes ein entsprechendes Merkmal. Dieses Merkmal bewirkt:

- sie ist eine Kostenposition
- sie ist zur Abrechnung gesperrt
- sie kann nicht ausgeschrieben werden

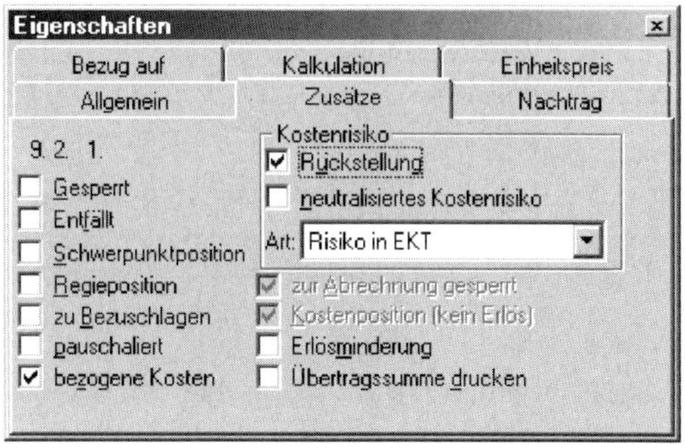

Es wird die Auswertung der Position gemäß Abbildung 109 gezeigt.

OZ	**Bezeichnung**				
9. 2. 1	Änderung Betonpreise ab 01.09.2002				
				gesamt	
			pro ME	**für VA-Menge**	
ME	**psch**	**Stunden**	0,000	0,000	
LV-Menge	1,000	**Budget**	4.320,00	4.320,00	Euro
VA-Menge	1,000	**EKT**	0,00	0,00	
RE-Menge		**KOR**	3.488,63	3.488,63	
LE-Menge	0,000	**UML**	-3.488,63	-3.488,63	
		EP/GB	(0,00)	(0,00)	
		Preisänd.	(0,00)	(0,00)	
		Erlös	(0,00)	(0,00)	
		Leistungswert	3.906,22	3.906,22	

Abbildung 125: Position nur für Rückstellungen

Das Ergebnis der Kostenauswertung steht alleine unter KOR.

UML = 0,00 – (0,00 + 3.488,63) = - 3.488,63

Leistungswert = (0,00 + 3.488,63) x (100 % + 11,97 %) = 3.906,22

Das vorstehend kalkulierte Materialpreisrisiko wird in Sollkosten umgewandelt, wenn die Änderung der Einkaufspreise definitiv feststeht. Das Risikomerkmal der Position wird dann entfernt, womit die Kosten den Sollkosten zugeschlagen werden. Dieser Schritt wurde bereits in Abbildung 110 gezeigt. Die entsprechende Auswertung der Position sieht in gewandelter Form wie folgt aus:

OZ	Bezeichnung			
9. 2. 1	Änderung Betonpreise ab 01.09.2002			
				gesamt
			pro ME	für VA-Menge
ME	psch	Stunden	0,000	0,000
LV-Menge	1,000	Budget	4.320,00	4.320,00 Euro
VA-Menge	1,000	EKT	2.616,47	2.616,47
RE-Menge		KOR	0,00	0,00
LE-Menge	0,000	UML	-2.616,47	-2.616,47
		EP/GB	(0,00)	(0,00)
		Preisänd.	(0,00)	(0,00)
		Erlös	(0,00)	(0,00)
		Leistungswert	2.929,66	2.929,66

Abbildung 126: Position nach Umwandlung in Sollkosten

Da die (geänderten) Kostenansätze den Sollkosten zugeschlagen wurden, steht das Ergebnis jetzt unter EKT.

UML = 0,00 – (2.616,47 + 0,00) = - 2.616,47

Leistungswert = (0,00 + 2.616,47) x (100 % + 11,97 %) = 2.929,66

1.4 Projektauswertungen auf der Grundlage der Arbeitskalkulation

1.4.1 Auswertung der Kostenarten für VA-Mengen

Jede in der Kalkulation verwendete Kostenart ist auswertbar. In der Auswertung wird je nach gewünschter Differenzierung die entsprechende Kostengrundlage ausgewählt

- Sollkosten
- Kostenrisiken
- bewertete Sollkosten = Sollkosten + Kostenrisiken

In bestimmten Fällen sind diese Auswertungen auch begrenzt auf bestimmte Bereiche eines LV erforderlich.

Kostenarten mit Mengeneinheit (ME) und Verrechnungssatz pro ME werden ausgewertet mit

- Mengen
- VS pro Mengeneinheit
- Gesamtkosten für VA-Mengen

Soweit eine Gruppenkostenart dieselbe ME hat wie deren untergeordnete Einzelkostenarten, so werden dort ebenfalls Mengen und Kosten ausgewertet. Dann ist dort auch ein mittlerer VS pro ME auswertbar wie z.B. bei der Koa 11 in Abbildung 127 oder bei der Koa 2511 in Abbildung 128.

Kostenarten ohne ME und VS werden nur nach Kosten ausgewertet.

Die hierarchische Struktur der Kostenarten führt automatisch zu den Summierungen auf Ebene der Gruppenkostenarten bis hin zu den Hauptkostenarten.

Kostenartenauswertung der Sollkosten für VA-Mengen

(Stichtag der Arbeitskalkulation: 31.05.2002)

Koa-Nummer	Koa-Bezeichnung	ME	VS	Menge	K-Fakt.	Kosten	% von H-Koa	% von HK
S11	Std. BE einrichten	Std	27,00	428,632		11.573,06	1,21%	0,41%
S12	Std. BE unterhalten	Std	27,00	332,250		8.970,75	0,94%	0,32%
....								
S16	Std. Gerätefahrer	Std	27,00	3.241,900		87.531,30	9,17%	3,11%
S1	Std. für BE	Std	(27,00)	4.382,316		118.322,52	12,39%	4,20%
S2	Std. Tiefbau	Std	(27,00)	974,959		26.323,90	2,76%	0,93%
S31	Std. Schalung Fundament	Std	27,00	295,661		7.982,85	0,84%	0,28%
S32	Std. Schalung Bodenplatten	Std	27,00	239,500		6.466,50	0,68%	0,23%
S33	Std. Schalung Wand	Std	27,00	6.585,760		177.815,52	18,63%	6,31%
....								
S3	Std. Schalung, Rüstung	Std	(27,00)	17.471,513		471.730,86	49,41%	16,74%
S4	Std. Bewehrung, Stahl	Std	(27,00)	902,000		24.354,00	2,55%	0,86%
S51	Std. Beton Fundament	Std	27,00	439,769		11.873,76	1,24%	0,42%
S52	Std. Beton Bodenplatten	Std	27,00	526,635		14.219,15	1,49%	0,50%
S53	Std. Beton Wand	Std	27,00	706,116		19.065,13	2,00%	0,68%
....								
S5	Std. Beton	Std	(27,00)	3.485,789		93.387,31	9,78%	3,31%
S6	Std. Maurerarbeiten	Std	27,00	5.900,350		159.309,45	16,69%	5,65%
111	Prod. Stunden	Std	(27,00)	33.359,888		900.716,96	94,35%	31,97%
U1	Std. techn. Personal	Std	27,00	3,000		81,00	0,01%	0,00%
U21	Std. Magaziner	Std	27,00	480,000		12.960,00	1,36%	0,46%
U22	Std. Vermessungsgehilfe	Std	27,00	60,000		1.620,00	0,17%	0,06%
U23	Std. Laborgehilfe	Std	27,00	100,000		2.700,00	0,28%	0,10%
U2	Std. Hilfspersonal	Std	(27,00)	640,000		17.280,000	1,81%	0,61%
112	Hilfslohnstunden	Std	(27,00)	643,000		17.361,000	1,82%	0,62%
1191	Lohnänderungskosten Per. 1					25.724,94	2,69%	0,91%
119	Lohnänderungskosten					25.724,94	2,69%	0,91%
11	Std. Baustelle	Std	(27,76)	34.002,888		943.802,91	98,86%	33,49%
121	Std. Bauhof BE	Std	29,25	117,500		3.436,88	0,36%	0,12%
126	Std. Gerätemontage	Std	29,25	102,200		2.989,35	0,31%	0,11%
....								
12	Std. Bauhof	Std	(29,25)	297,180		10.902,52	1,14%	0,39%
1	**Std./Lohn**	**Std**	**(27,83)**	**34.300,068**		**954.705,43**	**100,00%**	**33,88%**

Abbildung 127: Auswertung der Stundenkostenarten für VA-Mengen (Auszug)

Soweit Materialien über Kostenarten und nicht über Artikel kalkuliert sind, ist diese Auswertung – zunächst auf der Basis der Auftragskalkulation - eine wichtige Grundlage für die Anfrage des Einkaufs im Baustoffhandel. Auf der Grundlage der Auswertung der Auftragskalkulation kann der Einkauf die Preisanfrage beim Baustoffhandel durchführen. Der erfahrene Einkäufer wird wissen, dass weitere Materialkostenarten von geringerer Bedeutung hinzukommen werden. Die schließlich vereinbarten Einkaufspreise wurden als Verrechnungssätze der Kostenarten in den Kostenartenkatalog des Projektes (Abschnitt B, Kap. 5.5.4) eingearbeitet, womit sie automatisch Bestandteil der Arbeitskalkulation wurden.

Kostenartenauswertung der Sollkosten für VA-Mengen
(Stichtag der Arbeitskalkulation: 31.05.2002)

Koa-Nummer	Koa-Bezeichnung	ME	VS	Menge	K-Fakt.	Kosten	% von H-Koa	% von HK
205	Chemische Baustoffe					1.362,00	0,24%	0,05%
20	Bindemittel, Chemie, Putz					1.362,00	0,24%	0,05%
2112	KSL-Steine					128.803,48	22,23%	4,57%
2113	KS-Stürze					15.709,89	2,71%	0,56%
211	Kalksandsteine					144.513,37	24,95%	5,13%
21	Steine					144.513,37	24,95%	5,13%
....								
22	Zuschlagstoffe, Schüttgüter					4.355,86	0,75%	0,15%
246	Ankerschienen					30.789,99	5,32%	1,09%
24	Stahl, Eisen					30.789,99	5,32%	1,09%
2511101	B10, 150 kg	m³	61,60	0,840	0,980	50,71	0,01%	0,00%
2511151	B15, 220 kg	m³	67,20	70,936	0,980	4.671,56	0,81%	0,17%
2511252	B25, 290 kg	m³	74,00	4.705,770	0,980	341.262,44	58,91%	12,11%
2511352	B35, 330 kg	m³	79,00	30,000	0,980	2.322,60	0,40%	0,08%
2511	Transportbeton (Basismenge)	m³	(72,45)	4.807,546	0,980	348.307,31	60,13%	12,36%
251255	Zuschlag Dichtungsmittel	m³	3,60	134,000		482,40	0,08%	0,02%
251271	Zuschlag Mindermenge	m³	10,25	7,160		73,39	0,01%	0,00%
2512	Kostenzuschläge					555,79	0,10%	0,02%
251	Transportbeton					348.863,10	60,22%	12,38%
252122	Kalkzementmörtel MGR II A	m³	81,00	174,477		14.132,64	2,44%	0,50%
252131	Zementmörtel MGR III	m³	84,00	11,800		991,20	0,17%	0,04%
252	Transportmörtel					15.123,84	2,61%	0,54%
....								
25	Betonfertigprodukte					364.490,94	62,92%	12,94%
....								
26	Isolierstoffe					7.033,51	1,21%	0,25%
271	Steinzeugrohre					13.985,77	2,41%	0,50%
272	PVC-Kanalrohre					300,00	0,05%	0,01%
276	Drainage-Artikel					651,36	0,11%	0,02%
277	Betonschachtfertigteile					6.545,77	1,13%	0,23%
27	Rohre, Schächte					21.482,90	3,71%	0,76%
281	Schachtabdeckungen					1.148,00	0,20%	0,04%
283	Haus- und Hofentwässerung					4.124,40	0,71%	0,15%
28	Tiefbaustoffe (sonstige)					5.272,40	0,91%	0,19%
2	**Baustoffe**					**579.300,97**	**100,00%**	**20,56%**

mittlerer VS für alle Betonsorten

Abbildung 128: Auswertung der Materialkostenarten für VA-Mengen (Auszug)

Die Auswertung der Kostenarten für Fremdleistungen (Abbildung 129) zeigt in der Auswertung für "Sollkosten" die Auftragssummen pro Gewerk, soweit die Vergaben erfolgt sind, bzw. die bisher kalkulierten Gewerkesummen vor der Vergabe. Im Falle der Vergabe sind die Vertragspreise der NU abzgl. Nachlässe zu Kostenansätzen der Kalkulation geworden (vergl. Abbildung 95).

Kostenartenauswertung der Sollkosten für VA-Mengen
(Stichtag der Arbeitskalkulation: 31.05.2002)

Koa-Nummer	Koa-Bezeichnung	ME	VS	Menge	K-Fakt.	Kosten	% von H-Koa	% von HK
5102	Erdarbeiten NU					169.531,07	23,40%	6,02%
5115	Bewehrungsarbeiten NU					339.790,00	46,90%	12,06%
5141	Straßenbauarbeiten					179.844,02	24,82%	6,38%
5151	Kernbohrarbeiten					603,32	0,08%	0,02%
51	Gewerke zum Rohbau					689.768,41	95,21%	24,48%
591	Arbelten mit Autokranen					5.335,00	0,74%	0,19%
592050	Betonpumpe bei 50 m³/h	m³	8,70	3.229,500		28.096,65	3,88%	1,00%
592	Arbeiten mit Betonpumpen					28.096,65	3,88%	1,00%
595	Bauschilder					1.260,00	0,17%	0,04%
59	Untergeordnete Fremdl.					34.691,65	4,79%	1,23%
5	**Fremdleistungen**					**724.460,06**	**100,00%**	**25,71%**
6101	Oberbauleiter	Mo	7.700,000	1,20		9.240,00	5,17%	0,33%
6111	Bauleiter	Mo	6.400,000	12,00		76.800,00	42,99%	2,73%
6113	Vermessungsingenieur	Mo	5.200,000	1,00		5.200,00	2,91%	0,18%
6121	Arbeitsvorbereiter	Mo	5.200,000	3,00		15.600,00	8,73%	0,55%
6161	Baukaufmann	Mo	4.500,000	6,00		27.000,00	15,11%	0,96%
6162	Sekretärin	Mo	3.300,000	5,00		16.500,00	9,24%	0,59%
6182	Gehaltsnebenkosten mittel	Mo	750,000	12,00		9.000,00	5,04%	0,32%
6183	Gehaltsnebenkosten hoch	Mo	1.000,000	1,00		1.000,00	0,56%	0,04%
6191	Änderung Gehaltskosten Per. 1					4.104,70	2,30%	0,15%
61	Gehaltskosten Angestellte					164.444,70	92,06%	5,84%
63	Bürokosten					3.000,00	1,68%	0,11%
66	Reise- und Bewirtungskosten					4.800,00	2,69%	0,17%
68	Steuern und Finanzierung					6.389,61	3,58%	0,23%
6	**Allgemeine Kosten**					**178.634,31**	**100,00%**	**6,34%**
71	Fertigteilwerk Neustadt					14.114,90	100,00%	0,50%
7	**Eigene Betriebe**					**14.114,90**	**100,00%**	**0,50%**
Summe der Soll-Herstellkosten:						**2.817.742,82**		**100,00%**

Abbildung 129: Auswertung der Fremdleistungen und Allgemeinen Kosten für VA-Mengen

Die Kostenartenauswertung für Risiken sollten gesondert erfolgen, weil diese Kosten immer einer gesonderten Betrachtung bedürfen und nicht zu den Sollkosten zählen (Abbildung 130).

Kostenartenauswertung der Rückstellungen für VA-Mengen
(Stichtag der Arbeitskalkulation: 31.05.2002)

Koa-Nummer	Koa-Bezeichnung	ME	VS	Menge	K-Fakt.	Kosten	% von H-Koa	% von HK
S33	Std. Schalung Wand	Std	27,00	705,000		19.035,00	57,36%	41,93%
S36	Std. Schalung Decken	Std	27,00	524,000		14.148,00	42,64%	31,17%
S3	Std. Schalung, Rüstung	Std	(27,00)	1.229,000		33.183,00	100,00%	73,10%
1			**(27,00)**	**1.229,000**		**33.183,00**	**100,00%**	**73,10%**
25131	Preisänderung Transportbet.					2.616,47	100,00%	5,76%
25	Betonfertigprodukte					2.616,47	100,00%	5,76%
2	**Baustoffe**					**2.616,47**	**100,00%**	**5,76%**
51412	Preisänderung Straßenbau					603,38	6,29%	1,33%
51414	Risiko NU Straßenbau allg.					8.992,20	93,71%	19,81%
5141	Straßenbauarbeiten NU					9.595,58	100,00%	21,14%
51	Gewerke zum Rohbau					9.595,58	100,00%	21,14%
5	**Fremdleistungen**					**9.595,58**	**100,00%**	**21,14%**
Summe der Kostenansätze mit Risikomerkmal:						**45.395,05**		**100,00%**

Abbildung 130: Kostenartenauswertung mit Risikomerkmal für VA-Mengen

Kostenartenauswertung der Vorgabeabweichungen für VA-Mengen
(Stichtag der Arbeitskalkulation: 31.05.2002)

Koa-Nummer	Koa-Bezeichnung	ME	VS	Menge	K-Fakt.	Kosten	% von H-Koa	% von HK
S34	Std. Schalung Stützen	Std	27,00	-168,598		-4.552,15	100,00%	100,00%
S3	Std. Schalung, Rüstung	Std	(27,00)	-168,598		-4.552,15	100,00%	100,00%
1			**(27,00)**	**-168,598**		**-4.552,15**	100,00%	**100,00%**
Summe der Kostenansätze der Vorgabeabweichungen:						**-4.552,15**		**100,00%**

Abbildung 131: Kostenartenauswertung mit dem Merkmal "Vorgabeabweichung" für VA-Mengen

Dasselbe gilt für die Kostenansätze mit dem Merkmal "Vorgabeabweichung" (Abbildung 131).

1.4.2 Auswertung der Artikel für VA-Mengen

Die Auswertung der Artikel (Abbildung 132) – zunächst auf der Basis der Auftragskalkulation - ist eine wichtige Arbeitsgrundlage für den Einkauf, kann er doch dieser Übersicht zumindest die wichtigsten Artikel entnehmen. Man muss allerdings wissen, dass es sich nur um die Artikel handelt, die in der Kalkulation explizit als Einzelartikel angesprochen wurden.

Artikel werden ausgewertet mit

- Mengen
- VS pro Mengeneinheit
- Gesamtkosten für VA-Mengen

Auf der Grundlage der Auswertung – zunächst der Auftragskalkulation - kann der Einkauf die Preisanfrage beim Baustoffhandel durchführen. Der erfahrene Einkäufer wird wissen, dass weitere Artikel von geringerer Bedeutung hinzukommen werden. Die schließlich vereinbarten Einkaufspreise wurden als Verrechnungssätze der Artikel in den Artikelkatalog des Projektes (Abschnitt B, Kap. 7.1) eingearbeitet, womit sie automatisch Bestandteil der Arbeitskalkulation wurden.

Auswertung der Artikel für VA-Mengen
(Stichtag der Arbeitskalkulation: 31.05.2002)

Artikel-Nr.	Artikel-Bezeichnung	ME	VS	Menge	Kosten
051101	PCI-Dichtschlämme	kg	0,75	1.816,000	1.362,00
05	Chemische Produkte				1.362,00
0	**Bindemittel, Chemie, Putz**				**1.362,00**
1121202	KSL 1,6/12, 2 DF (240 x 115 x 113)	Stk	0,38	69.894,000	26.559,72
1123302	KSL-I, 1,6/12, 2 DF (240 x 115 x 113)	Stk	0,46	76.197,000	35.050,62
1123304	KSL-I, 1,6/12, 4 DF (240 x 240 x 113)	Stk	0,89	75.487,000	67.183,43
112	Kalksandstein-Lochsteine (KSL)				128.793,77
1132125	Kalksandstein-Mauersturz 2 DF, L = 125 cm	Stk	26,90	584,000	15.709,60
113	Kalksandstein-Stürze				15.709,60
11	Kalksandsteine				144.503,37
1	**Steine**				**144.503,37**
....					
71111002	Steinzeugrohr N, L, DN 100, L = 1,25 m	m	11,63	67,935	790,08
71111252	Steinzeugrohr N, L, DN 125, L = 1,25 m	m	14,20	8,520	120,98
71111502	Steinzeugrohr N, L, DN 150, L = 1,25 m	m	16,44	278,260	4.574,59
71112002	Steinzeugrohr N, L, DN 200, L = 1,50 m	m	28,70	55,000	1.578,50
71112502	Steinzeugrohr N, L, DN 250, L = 2,00 m	m	39,06	71,600	2.796,70
7111	Steinzeugrohre N, gerade				9.860,86
7113100	Steinzeug-Bogen N, L, DN 100	Stk	15,97	24,000	383,28
7113125	Steinzeug-Bogen N, L, DN 125	Stk	19,26	12,000	231,12
7113150	Steinzeug-Bogen N, L, DN 150	Stk	22,53	8,000	180,24
7113	Steinzeugbögen N				794,64
71141501	Steinzeug-Abzweig N, LL, DN 150/100	Stk	36,41	30,000	1.092,30
....					
7114	Steinzeugabzweige N				1.795,56
....					
711	Steinzeugrohre N (Normallast)				13.685,77
71	Steinzeugrohre				13.685,77
....					
77211002	Schachtring rund SR-M, NW 1000, h = 500 mm mit Steigeisen	Stk	83,82	24,000	2.011,68
77211202	Schachtring rund SR-M, NW 1200, h = 500 mm mit Steigeisen	Stk	140,40	24,000	3.369,60
7721	Betonschachtringe rund SR-M, mit Steigeisen				5.381,28
....					
77	Betonschachtfertigteile				6.545,76
7	**Rohre, Schächte**				**20.882,89**

Abbildung 132: Auswertung der Artikel für VA-Mengen (Auszug)

1.4.3 Die Geräteliste

Sämtliche auf der Baustelle einzusetzenden Geräte sind Gegenstand der Geräteliste, gleich ob die Geräte als sog. "Leistungsgeräte" direkt in Teilleistungen einkalkuliert oder ob sie als sog. "Vorhaltegeräte" außerhalb der Teilleistungen geführt sind.

Es ginge zu weit, hier die Auswertungen der Geräte hinsichtlich sämtlicher Kostenbereiche (Vorhaltung, Energie, Transport, Montage etc.) abzubilden. Stellvertretend zeigt Abbildung 133 die Auswertung der Vorhaltekosten für den Gerätebereich der Container.

Das Prinzip der Verarbeitung der Ergebnisse der Geräteliste in der Arbeitskalkulation wurde in Abschnitt B, Kap. 7.2.1 beschrieben.

G-Schluessel	Sch...	Bezeichnung	Anz	V-Zeit[...	V-Zeit[Std]	[%]A+V	A+V/G	A+V	[%]Rep	Rep/G	Rep
X		Baustellenunterkünfte, Containe									
X.3		Container									
X.3.10.0006		Magazincontainer 6,0 m									
X.3.10.0006	1	Magazincontainer 6,0 m	1,000	12,000	2.040,000	65,00	143,00	1.115,40	70,00	128,70	1.081,08
X.3.10.0006	2	Magazincontainer 6,0 m	1,000	10,000	1.700,000	65,00	143,00	929,50	70,00	128,70	900,90
X.3.11.0008		Unterkunftscontainer 8,0 m									
X.3.11.0008	1	Unterkunftscontainer 8,0 m	1,000	12,000	2.040,000	65,00	192,00	1.497,60	70,00	172,80	1.451,52
X.3.11.0008	2	Unterkunftscontainer 8,0 m	2,000	10,000	3.400,000	65,00	192,00	2.496,00	70,00	172,80	2.419,20
X.3.12.0008		Bürocontainer 8,0 m									
X.3.12.0008	1	Bürocontainer 8,0 m	1,000	24,000	4.080,000	65,00	192,00	2.995,20	70,00	172,80	2.903,04
X.3.12.0008	2	Bürocontainer 8,0 m	1,000	12,000	2.040,000	65,00	192,00	1.497,60	70,00	172,80	1.451,52
X.3.18.0006		Wasch- und Toilettencontainer									
X.3.18.0006	1	Wasch- und Toilettencontainer	1,000	24,000	4.080,000	65,00	200,00	3.120,00	70,00	180,00	3.024,00
X.3.18.0006	2	Wasch- und Toilettencontainer	1,000	12,000	2.040,000	65,00	200,00	1.560,00	70,00	180,00	1.512,00
X.3.18.0008		Wasch- und Toilettencontainer									
X.3.18.0008	1	Wasch- und Toilettencontainer	1,000	12,000	2.040,000	65,00	240,00	1.872,00	70,00	216,00	1.814,40

Abbildung 133: Ausschnitt aus einer Geräteliste mit Vorhaltekosten

Die Auswertung der Geräte in allen Kostenbereichen ist eine wichtige Grundlage für die Abstimmungen mit der Abteilung, die für die Verwaltung der Geräte zuständig ist. Die Dispositionen der Geräte – ergänzt um deren Einsatztermine – geht in das Unternehmens-Controlling ein, weil dort die Gesamtübersicht über den Einsatz aller Geräte geführt wird.

1.4.4 Gesamtauswertung des Projektes

Die Gesamtauswertung des Projektes enthält alle Informationen von den Kosten bis zum Ergebnis der Baustelle. Alle Werte sind eine Prognose auf der Basis der VA-Mengen der Teilleistungen und den Inhalten der Arbeitskalkulation. Abbildung 134 und Abbildung 135 zeigen eine solche Auswertung. Die Berechnung der Werte ist zum einen in der Erläuterungsspalte ganz rechts verdeutlicht, zum anderen entsprechen die Berechnung den Erläuterungen von Abschnitt D, Kap. 5 bis 7.

Bei den "voraussichtlichen" Werten zum Bauende sind hier alleine die Werte lt. Arbeitskalkulation zu Grunde gelegt, d.h. es handelt sich nicht um die Auswertung auf der Basis der Ist-Kosten zum Stichtag zuzüglich der Auswertung der Arbeitskalkulation nur für die Restbauleistung gemäß Abschnitt D, Kap. 5.1.4 und Kap. 7.5.2. Diese Projektauswertung unter Einbeziehung der Ist-Kosten zum Stichtag wird in Abschnitt G, Kap. 5.2.2 gezeigt.

Auf Seite 1 der Gesamtauswertung (Abbildung 134) sind die wichtigen Kerninformationen zu Kosten und Erlös (Auftragswert) zu finden. Auf Seite 2 (Abbildung 135) sind Budgets und Kosten vergleichend zusammengestellt sowie die Berechnungen von Deckungsbeitrag und Ergebnis entwickelt.

Musterbau GmbH			Liste Arbeitskalkulation (Schlussblatt)				Seite: 1	
Projekt: 02142 - Verwaltungsgebäude Schmidt KG		Rechenmenge: VA-Menge		Bearbeitungsstand:	31.05.2002		02.06.2002/15:46	
							[Euro]	
		Erstvertrag			Nachträge		Gesamt	
	beauftr. Teillstg.	Regie	BGK	gesamt	genehmigt	offen		
Stunden	30.175		3.973	34.148	131	22	34.301	
Kosten Koa-Nr. **Bezeichnung**								
1 Std./Lohn	843.095		107.488	950.583	3.528	594	954.705	
2 Stoffe	578.727			578.727	574		579.301	
3 Gerät	176.027			176.027			176.027	
4 Betriebst./Hilfsst./Transp.	159.049		31.319	190.368	132		190.500	
5 Fremdleistungen	721.793			721.793	2.667		724.460	
6 Allgemeine Kosten	4.105		174.530	178.635			178.635	
Soll-Herstellkosten ohne eig. Betriebe	**2.482.796**		**313.337**	**2.796.133**	**6.901**	**594**	**2.803.628**	1
Risiken								
Risiko in EKT	17.368			17.368			17.368	2
Unvorhergesehenes	8.992			8.992			8.992	3
Aktuelle bewertete Sollkosten	**2.509.156**		**313.337**	**2.822.493**	**6.901**	**594**	**2.829.988**	4=1+2+3
Vorgabeabweichungen	13.544			13.544			13.544	5
Voraussichtliche Herstellkosten	**2.522.700**		**313.337**	**2.836.037**	**6.901**	**594**	**2.843.532**	6=4+5
Sollkosten eigener Betriebe	14.115			14.115			14.115	7
Voraussichtliche HK gesamt	**2.536.815**		**313.337**	**2.850.152**	**6.901**	**594**	**2.857.647**	8=6+7
Soll-AGK	224.939		27.939	252.878	615	53	253.546	9
Voraussichtliche Selbstkosten	**2.761.754**		**341.276**	**3.103.030**	**7.516**	**647**	**3.111.193**	10=8+9
Auftragswert ohne eigene Betriebe								
Erlös aus VA x EP bzw. Pauschalen	3.203.947			3.203.947	8.955	769	3.213.671	11
abzgl. Anteil eigene Betriebe	-14.115			-14.115			-14.115	12
Preisrisiko bei Nachträgen						-609	-609	13
Nachlässe	-29.523			-29.523	-90	-8	-29.621	14
Soll-Erlös ohne eig. Betriebe	**3.160.309**			**3.160.309**	**8.865**	**152**	**3.169.326**	15=Summe
Verschuldete Erlösminderung	-675			-675			-675	16
Bewerteter Erlös (geminderter Auftragswert)	3.159.634			3.159.634	8.865	152	3.168.651	17=15+16
Soll-Erlös eigene Betriebe								
Koa-Nr. Bezeichnung								
7 Eigene Betriebe	**14.115**			**14.115**			**14.115**	18
Auftragswert gesamt	**3.174.424**			**3.174.424**	**8.865**	**152**	**3.183.441**	19=15+18
geminderter Auftragswert gesamt	3.173.749			3.173.749	8.865	152	3.182.766	20=16+18

Abbildung 134: Gesamt-Projektauswertung für VA-Mengen (Seite 1)

Musterbau GmbH — **Liste Arbeitskalkulation (Schlussblatt)** — Seite: 2

Projekt: 02142 - Verwaltungsgebäude Schmidt KG — Rechenmenge: VA-Menge — Bearbeitungsstand: 31.05.2002 — 02.06.2002/15:46

		Erstvertrag			Nachträge		[Euro] Gesamt	
	beauftr. Teillstg.	Regie	BGK	gesamt	genehmigt	offen		
Vergleiche Budget - Kosten (ohne eig. Betr.)								
Budget = Plankosten	2.535.844		336.525	2.872.369	6.227	137	2.878.733	21
Sollkosten	2.482.796		313.337	2.796.133	6.901	594	2.803.628	22=1
bewertete Sollkosten	2.509.156		313.337	2.822.493	6.901	594	2.829.988	23=4
voraussichtliche Kosten	2.522.700		313.337	2.836.037	6.901	594	2.843.532	24=6
voraussichtliche Budgetreserve	13.144		23.188	36.332		-457	35.201	25=21-24
Erlös (Auftragswert) ohne eig. Betriebe								
Soll-Erlös ohne eig. Betriebe	3.160.309			3.160.309	8.865	152	3.169.326	26=15
bewerteter Erlös ohne eig. Betreibe	3.159.634			3.159.634	8.865	152	3.168.651	27=17
Deckungsbeitrag								
Plan-DB	624.465		-336.525	287.940	2.638	15	290.593	28=26-21
Soll-DB	677.513		-313.337	364.176	1.964	-442	365.698	29=26-22
bewerteter Soll-DB	**650.478**		**-313.337**	**337.141**	**1.964**	**-442**	**338.663**	30=27-23
bewerteter Soll-DB in % vom Umsatz				10,67%	22,15%	-290,79%	**10,69%**	31=30/26
bewerteter Soll-DB in % von Kosten				11,94%	28,46%	-74,41%	**11,97%**	32=30/23
voraussichtl. DB	636.934		-313.337	323.597	1.964	-442	325.119	33=27-24
Plan-AGK = Soll-AGK	224.939		27.939	252.878	615	53	253.546	34=9
Ergebnis								
Plan-Ergebnis	399.526		-364.464	35.062	2.023	-38	37.047	33=28-34
Soll-Ergebnis	452.574		-341.276	111.298	1.349	-495	112.152	34=29-34
bewertetes Soll-Ergebnis	425.539		-341.276	84.263	1.349	-495	85.117	35=30-34
bewertetes Soll-Ergebnis in % vom Umsatz				2,67%	15,22%	-325,66%	**2,69%**	36=35/26
bewertetes Soll-Ergebnis in % von Kosten				2,99%	19,55%	-83,33%	3,01%	37=35/23
voraussichtliches Ergebnis	411.995		-341.276	70.719	1.349	-495	71.573	38=33-34

Abbildung 135: Gesamt-Projektauswertung für VA-Mengen (Seite 2)

Wichtig ist die Darstellung aller Werte nach folgenden Bereichen:

- Erstvertrag
    - beauftragte Teilleistungen (Vertragspositionen ohne Regiearbeiten)
    - Regiearbeiten
    - bei der Preisbildung umgelegte BGK
    - gesamt
- Nachträge
    - genehmigt (verhandelt)
    - offen
- Gesamt (Erstvertrag + Nachträge)

Die Trennung nach "Erstvertrag" und "Nachträgen" verdeutlicht die Entwicklung des Auftragsvolumens im Laufe der Bauzeit.

Die gesonderte Darstellung von Regiearbeiten ist von Interesse, weil sie eine stets unvorhersehbare Größe waren und auch für die Restbauzeit sein werden. Regiearbeiten stellen eine Veränderung des ursprünglichen Auftragsvolumens dar – ähnlich wie Nachträge.

Der getrennte Ausweis der bei der Preisbildung umgelegten BGK ist besonders beim Einheitspreisvertrag wichtig, weil sie im Gegensatz zu den mengenabhängigen Vertragspositionen eine pauschal eingerechnete Leistung sind.

Bei Nachträgen ist die Trennung nach "genehmigt" und "offen" sehr wichtig, weil unter "offen" zu erkennen ist, wie groß das Volumen ist, das hinsichtlich des Erlöses noch mit Unsicherheiten behaftet ist. Allerdings muss man wissen, dass in der Auswertung der intern bewertete Erlös (Abschnitt D, Kap. 5.2.2) ausgewiesen wird, d.h. nicht die angebotene Summe.

Eine Kurzübersicht über die wichtigsten Werte verschafft man sich bereits unmittelbar nach der Bearbeitung, wie z.B. in Abbildung 136 gezeigt.

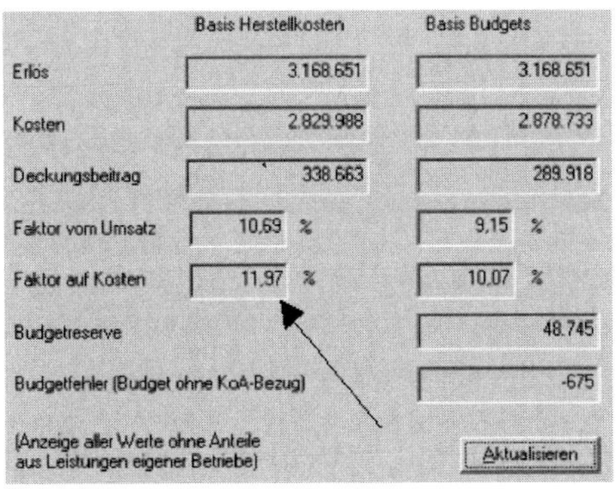

Abbildung 136: Projektauswertung im Dialog

Der für die Bestimmung des Leistungswertes teilfertiger Leistung maßgebende Wert des Deckungsbeitrages ist der DB auf der Basis von

- bewertetem Erlös
- bewerteten Sollkosten

d.h. in vorstehenden Abbildungen der Wert 11,97 % bezogen auf die bewerteten Sollkosten. Dieser Wert ist auch in Abbildung 135, Zeile 32 zu finden. Bei der Bestimmung des Leistungswertes nach der Formel

Leistungswert = (bewertete Sollkosten) x (100 % + bew. Soll-DB in %)

werden also die Kostenanteile der Arbeitskalkulation, welche zu den bewerteten Sollkosten zählen, zu Grunde gelegt und mit dem "Leistungsfaktor" 1,1197 multipliziert.

Mit den Veränderungen von Erlös oder Kosten ändert sich dieser für den Leistungswert maßgebende Faktor. Die Änderung betrifft den Leistungswert seit Baubeginn, d.h. auch die bereits früher bewerteten Leistungen. Allerdings werden die früher festgestellten Leistungswerte deshalb nicht korrigiert; der Einfluss aus der später erfolgten Änderung des Leistungsfaktors wird indirekt dem aktuellen Zeitraum zugerechnet.

	Stichtag: 31.05.2002	Stichtag: 30.06.2002
Leistungsfaktor:	1,1197	1,1200
bewertete Sollkosten seit Baubeginn	1.000.000,00	1.250.000,00
bewertete Sollkosten im Monat		250.000,00
Leistungswert seit Baubeginn	1.119.700,00	1.400.000,00
Leistungswert im Monat = 1.400.000 – 1.119.700 anstatt 250.000 x 1,1200 = 280.000		280.300,00

Vergl. hierzu auch Abschnitt D, Kap. 9.4.

1.5 Erhöhte Nutzbarkeit der Arbeitskalkulation durch Kopplung mit den Bauvorgängen

In Abschnitt F, Kap. 1.1.1 wurde die herausragende Stellung der Arbeitskalkulation dargestellt.

Es sei hier nochmals in Erinnerung gerufen, dass es ohne die Arbeitskalkulation

- keine brauchbaren Planungsdaten der Projekte für das Unternehmens-Controlling,
- keine Grundlage für irgendeine Art von Vorgabe für die Ausführung,
- keine Grundlage für eine zuverlässige Bewertung teilfertiger Leistungen,
- keine Grundlage für die Kontrolle der Bauausführung

gibt.

Dennoch könnte man versucht sein, den Nutzen der Arbeitskalkulation zumindest für die Disposition und Durchführung der jeweils bevorstehenden Bauarbeiten in Frage zu stellen:

Die Arbeitskalkulation ist in Teilleistungspositionen, die Kostenkalkulation ist nach Kostenarten gegliedert. Unter diesen Ordnungskriterien können wir nur in Ausnahmefällen an die eigentliche Bauausführung herangehen. Wir denken und disponieren die Bauleistungen in Leistungspaketen, welche mehrere Teilleistungen und somit eine Vielzahl von Kostenbestandteilen enthalten. Selbst eine hervorragend ausgebaute Arbeitskalkulation kann nicht diese andere, zunächst vollkommen unabhängige "Portionierung" der Gesamtbauleistung ersetzen.

Andererseits kommen wir nicht umhin zu erkennen, dass wir alleine mit frei definierten Leistungspaketen (Bauvorgängen) kaum zuverlässig disponieren können, wenn ihnen jegliche Detailinformation über das enthaltene Leistungsvolumen und daraus bedingten Ressourcen fehlt.

Daraus folgt, dass wir die beiden Planungsinstrumente

- Arbeitskalkulation, welche auf Teilleistungen aufbaut und Leistungs- und Kostenaussagen macht, und die
- Bauvorgänge, welche in der Bauablaufplanung zeitlich eingeplant werden,

in einen Zusammenhang bringen müssen. Erst dann werden diese beiden unverzichtbaren Planungsschritte zum größtmöglichen Nutzen des Projektes ausgeschöpft. Dieses Verfahren wird in Abschnitt F, Kap. 3.5 behandelt werden. Hier sei zunächst nur festgehalten, dass den Bauvorgängen die enthaltenen Teilleistungen mit Teilmengen zuzuordnen sind. Damit sind den Bauvorgängen indirekt und automatisch auch die zugehörigen Kalkulationsbestandteile zugeordnet, d.h. wir haben Bauvorgänge mit Teilleistungen und Kalkulation und somit die gewünschten, äußerst aussagekräftigen Leistungspakete. Zudem werden über die zeitliche Lage der Bauvorgänge auch die zugeordneten Bestandteile der Kostenkalkulation auf die Zeitachse gelegt, womit pro Vorgang und über alle Vorgänge die zeitabhängige Ressourcenplanung zu Stande kommt.

Durch die Zuordnung der Teilleistungen zu Bauvorgängen wird der Nutzen der Arbeitskalkulation deutlich erhöht. Sie wird erst dadurch optimal genutzt.

2 Budgetkontrolle/Vergabekontrolle

Einleitend wird auf Abschnitt D, Kap. 5.1.1 verwiesen, dessen Kenntnis hier vorausgesetzt werden muss. Wiederholt sei hier die Definition von "Budget":

Budgets sind diejenigen Anteile am Erlös, welche zur Deckung der Kosten zur Verfügung stehen.

Es wird auch die Kenntnis der Kapitel zu den Rückstellungen für Kostenrisiken (KOR) (Abschnitt D, Kap. 5.1.3 und Abschnitt F, Kap. 1.1.7 und 1.2.8) vorausgesetzt, weil die Zuordnung von Teilbudgets zu diesen gesonderten Bestandteilen der Arbeitskalkulation eine wesentliche Rolle bei der Budgetkontrolle/Vergabekontrolle im Bereich der Nachunternehmerleistungen spielt.

2.1 Bestimmung von Budgetwerten allgemein

Aus der Definition, dass die Budgets die Anteile am Erlös sind, welche zur Deckung der Kosten zur Verfügung stehen, lassen sich zwei verschiedene Wege zu deren Bestimmung ableiten:

a) Die Budgets entsprechen den kalkulierten Kosten lt. Auftragskalkulation.

b) Die Budgets sind die Erlöse nach Abzug von AGK und WuG.

Die zweite Methode würde auf jeden Fall das Problem aufwerfen, dass die außerhalb des Vertrags-LV's kalkulierten und umgelegten BGK kein eigenes Budget hätten. Das Budget der BGK wäre anteilig im Budget der Vertragspositionen enthalten. Dies wiederum würde das Problem aufwerfen, dass der Vergleich der Sollkosten mit den Budgets in einzelnen Teilleistungen wertlos wäre. Folglich muss b) verworfen werden, sofern in der Angebotsphase BGK auf die Vertragspositionen umgelegt wurden. Statt dessen kommt dann nur in Frage:

c) Die Budgets sind die Erlöse nach Abzug von AGK, WuG und BGK. Zusätzlich gibt es das Budget für BGK entsprechend der umgelegten BGK.

Da nach den Methode a) oder c) nicht nur Vertragspositionen, sondern auch die internen BGK-Positionen ein Budget haben, muss die Definition von "Budget" wie folgt modifiziert werden:

Budgets sind Anteile vom <u>Gesamt-Projekterlös</u>, welche zur Deckung der Kosten zur Verfügung stehen.

Nur unter folgenden Voraussetzungen führen die Wege a) und c) zu denselben Budgetwerten in jeder einzelnen Position:

- Die Kosten lt. Auftragskalkulation stimmen entweder exakt mit den Kosten lt. Angebotskalkulation überein oder weichen im Falle eines gewährten prozentualen Preisnachlasses genau um diesen Prozentsatz von den Kosten lt. Angebotskalkulation ab.
- Die Vertragspreise sämtlicher Positionen eines Einheitspreisvertrages ergeben sich exakt über die Formel (Kosten) x (100 % + EKZ in %).
- Der vereinbarte Pauschalerlös im Falle eines Pauschalvertrages ergibt sich exakt über die Formel (Summe Kosten für VA-Mengen) x (100 % + EKZ in %)

Für den Fall, dass eine der drei vorstehenden Voraussetzungen irgendwo nicht erfüllt ist, führen a) und c) nicht zu denselben Budgetwerten. Und da es nahezu kein Projekt gibt, auf das obige Voraussetzungen zutreffen, scheidet Lösung c) aus. Diese Schlussfolgerung ist auch unabhängig daraus zu ziehen, dass die Angebotspreise über Schritte vor spekulativem Hintergrund verfälscht worden sein können. Würde von solchen manipulierten Erlösen die AGK, WuG und BGK abgezogen, ergäben sich auch manipulierte Budgets. Solche Budgets der Teilleistungen sind für eine Kostenkontrolle, welche auf dem Vergleich mit "echten" Sollkosten basiert, absolut untauglich. Wie sollen z.B. manipulierte Budgetwerte dabei helfen zu prüfen, ob ein Angebot eines Nachunternehmers im Rahmen der Kostenerwartungen liegt?

Es scheint also nur die eine Lösung zu geben: Die Budgetwerte entsprechen den Kosten lt. Auftragskalkulation. Gegen diese Lösung könnten allerdings folgende Einwände erhoben werden:

- Die Überprüfung des Deckungsbeitrages in der Auftragskalkulation hat ergeben, dass dieser deutlich niedriger wird als die Summe der erwarteten AGK/WuG. Das Gesamtbudget nach Lösung a) wäre höher als der Betrag, der aus dem Projekterlös zur Deckung der direkten Kosten zur Verfügung gestellt werden kann.

  (EKT + KOR) > (Erlös – AGK/WuG)

- Die Überprüfung des Deckungsbeitrages in der Auftragskalkulation hat ergeben, dass dieser deutlich höher wird als die Summe der erwarteten AGK/WuG. Das Gesamtbudget nach Lösung a) wäre niedriger als der Betrag, der aus dem Projekterlös zur Deckung der direkten Kosten zur Verfügung gestellt werden kann.

  (EKT + KOR) < (Erlös – AGK/WuG)

- Es wurde ein Preisnachlass gewährt, der aber nicht in den Kosten der Auftragskalkulation berücksichtigt wurde. Das Gesamtbudget nach Lösung a) wäre höher als der Betrag, der aus dem Projekterlös zur Deckung der direkten Kosten zur Verfügung gestellt werden kann

  (EKT + KOR) > (Erlös – AGK/WuG)

Es gibt nur einen Weg, all diesen Problemen zu begegnen und zu einer einheitlichen Regel zur Bestimmung der Budgetwerte in den einzelnen Teilleistungen zu kommen: In der Auftragskalkulation (Projektphase 2) müssen die angenommen Kosten sorgfältig, d.h. nach dem Grundsatz "scharf, aber machbar" überprüft worden sein. Weiterhin müssen die Kostenrisiken sorgfältig abgeschätzt worden sein. Sofern der Deckungsbeitrag auf dieser Grundlage unbefriedigend ausgefallen sein sollte. müssen die Kosten eben nochmals überprüft worden sein, aber nach wie vor unter der Maßgabe "machbar". Alle Überprüfungen können natürlich nur auf dem Wissensstand zum Zeitpunkt unmittelbar vor Auftragserteilung durchgeführt worden sein. **Die nach dieser Überprüfung vorhandene Kostenbasis wird als gültiger Maßstab für die Budgets betrachtet**, der folgende, nicht mehr in Frage zu stellende Erkenntnisse liefert:

Fall 1: (EKT + KOR) > (Erlös – AGK/WuG), bezogen auf das Gesamtprojekt

Das Projekt führt nicht zum ursprünglich erwarteten Ergebnis. Das Budget muss aus Mitteln aufgestockt werden, welche ursprünglich dem Posten WuG zugedacht waren. Sollte der Fehlbetrag die Summe von WuG übersteigen, wird der Auftrag unter Inkaufnahme eines Verlustes angenommen. Das Budget ist dann zusätzlich aus Mitteln aufzustocken, welche zur Deckung der AGK vorgesehen waren. Eine Besserung der Situation kann nur erwartet werden, wenn sich die Risiken geringer als erwartet einstellen oder die Kosten weiter reduziert werden.

Fall 2: (EKT + KOR) < (Erlös – AGK/WuG), bezogen auf das Gesamtprojekt

Das Projekt führt zu einem besseren Ergebnis als ursprünglich erwartet. Das bereitzustellende Budget ist geringer als der Betrag, der aus dem Projekt hierfür zur Verfügung gestellt werden könnte. Die AGK sind voll gedeckt. Es wird mit einem höheren Gewinn gerechnet, als in der Angebotsphase zu Grunde gelegt wurde.

Von der Regel

Budget = (EKT + KOR) lt. Auftragskalkulation

kann abgewichen werden, wenn in der Auftragskalkulation eine letzte Korrektur der Kosten pauschaler Art nicht mehr eingearbeitet wurde. Wurde z.B. auf alle Preise ein Nachlass in Höhe von 1 % eingeräumt, und war man der festen Überzeugung, dass auch die Kosten im Durchschnitt noch um 1 % gesenkt werden könnten, so könnten die Budgets auch nach folgender Formel bestimmt werden:

Budget = (EKT + KOR) x (100 % - Kostenkorrektur in %)

Bevor diese Formel angewendet wird, müssen aber Kostenanteile aus spekulativen Gründen unbedingt neutralisiert worden sein (vergl. Abschnitt C, Kap. 5.2). Diese Orientierung der Budgets an den Kosten lt. Auftragskalkulation wird durch das Verfahren der Überführung des Datenbestandes in die Projektphase 3 unterstützt, wie es in Abschnitt C, Kap. 8 gezeigt wurde. Individuelle Anpassungen der Budgets pro ME der Vertragspositionen oder auch der umgelegten BGK können zusätzlich erforderlich werden.

Es wäre falsch, das Budget grundsätzlich nach der Formel zu limitieren

Budget = (EKT+ KOR),
aber ≤ Erlös x (100 % - AGK/WuG in %)

In den Positionen mit manipulierten Preisen würde diese Methode ohnehin zu absolut unbrauchbaren Budgetwerten in den einzelnen Teilleistungen führen (siehe oben). Aber auch im Hinblick auf das Gesamtbudget würde die Methode bedeuten, dass man im Fall, dass der Deckungsbeitrag für AGK/WuG niedriger als erwartet ausfällt, die Einhaltung einer nicht machbaren Budgetvorgabe erwartet. Dieses Budget wäre kein fairer Maßstab. Es wäre lediglich die Aussage "Wenn wir dieses Kostenlimit einhalten würden, würden wir das wider besseres Wissen verlangte positive Ergebnis erreichen." Man würde die Arbeitsergebnisse aus der Projektphase 2 ignorieren und so tun, als wäre alles in Ordnung. Oder soll die Baustelle später ihre Rechnungen nicht bezahlen, weil das Budget bewusst zu gering angesetzt wurde?

Budgets müssen realistische Größen sein, wenn sie als ständig begleitender Maßstab nützlich sein sollen. Was nützen die Werte, wenn sie ständig als ohnehin nicht erreichbar kommentiert werden müssen? Was nützt der Vergleichsmaßstab, bei dem ständig gerätselt werden muss, in wie weit er ohnehin jenseits des realistisch Machbaren liegt. Natürlich beruht auch die Auftragskalkulation "nur" auf Annahmen zu den Kosten. Wir haben aber nichts besseres als Grundlage für die Budgets; also nehmen wir wenigstens das!

Der verantwortungsbewusste Mitarbeiter – gleich in welcher Stellung – wird immer versuchen, so wirtschaftlich wie möglich zu arbeiten, selbst wenn er "Super:Budgets" hätte. Er wird also niemals Budgets zum Schaden des Unternehmens ausnutzen, d.h. vorzeitig seine Bemühungen einstellen, wenn die Vorgabe erreicht ist. Er wird versuchen, den Verlust zu vermeiden, sofern es dazu eine Möglichkeit gibt, selbst wenn die Vertragsunterschrift unter der Annahme eines Verlustes geleistet wurde. Er verhält sich eben nicht so wie der Hochspringer, der sich nur entsprechend der augenblicklichen Lattenhöhe anstrengen wird. Der muss nämlich noch Kräfte sparen für die folgenden größeren Höhen. Am Projekt haben wir nur einen einzigen Versuch, d.h. wir legen uns selbst die Latte so hoch wie wir unter größter Anstrengung glauben springen zu können, aber nicht höher, weil wir dann schon gar nicht springen mögen.

Legen wir also die Budgets so, dass sie uns in unserer laufenden Arbeit helfen und als "unser" scharfes Ziel akzeptierbar sind. Dies bedeutet, dass wir sie nicht niedriger, aber auch nicht höher ansetzen als die angenommenen Kosten.

Die Orientierung der Budgets an den UR-EKT bzw. die evtl. Berücksichtigung von Nachlässen wird durch das Verfahren der Überführung des Datenbestandes in die Projektphase 3 unterstützt, wie es in Abschnitt C, Kap. 8 gezeigt wurde. Individuelle Anpassungen der Budgets pro ME der Vertragspositionen oder auch der umgelegten BGK können zusätzlich erforderlich werden.

2.2 Budgets, Sollkosten, Leistungswert und Ist-Kosten der Nachunternehmerleistungen

Bevor die Budgetplanung sowie die Budgetkontrolle und Vergabekontrolle in Zusammenhang mit NU-Leistungen behandelt werden, müssen einige Aussagen von grundsätzlicher Bedeutung gemacht werden:

- Die Vergabepreise für NU-Leistungen abzgl. Nachlässe sind die Sollkosten für die entsprechende Leistung in der Arbeitskalkulation (vergl. Abbildung 95). Da auf derselben Grundlage später die Ist-Kosten des NU berechnet werden, sind die Sollkosten die vorab ermittelten voraussichtlichen Ist-Kosten.
- Damit führt der Kosten-Soll-Ist-Vergleich bei NU-Leistungen immer zu der Aussage Soll = Ist, womit diese Art Soll-Ist-Vergleich keinen Aufschluss darüber gibt, ob die Leistungen im Rahmen der verfügbaren Mittel ausgeführt wurden.
- **Bei NU-Leistungen sind alleine die Budgetwerte der Maßstab zur Überprüfung des wirtschaftlichen Erfolges.**
- Vor der Vergabe eines Gewerkes sind die Angebotspreise eines ausgewählten Bieters die Sollkosten, nach der Vergabe sind es die Vergabepreise abzgl. evtl. Nachlässe.

- Die Sollwerte auf der Basis der LE-Mengen sind die effektiven NU-Kosten, welche in Vergleich mit den Budgets für LE-Mengen gesetzt werden.
- Der Leistungswert eines NU zu einem Stichtag ist
  Leistungswert NU = ∑ [(LE-Menge) x (NU-EP – Nachlass)]
  wobei die LE-Menge die tatsächlich ausgeführte Leistungsmenge ist, nicht die vom NU in Rechnung gestellte Menge.
- Der wie vorstehend ermittelte Leistungswert stellt die Ist-Kosten des NU zum Stichtag dar. In der Bebu wird darüber die erforderliche Abgrenzung gegenüber dem vom NU in Rechnung gestellten Wert berechnet.
- Da die Budgets als der Erfolgsmaßstab für die Summe der Projektbeteiligten definiert wurden, müssen sich alle diejenigen Personen diesem Maßstab unterwerfen, welche maßgeblichen Anteil an der Vergabe von NU-Leistungen haben. Sollte dazu der Bauleiter zählen, unterliegt dieser sowohl dem Maßstab der Budgets als auch dem Maßstab der Sollkosten, wobei letzterer aber dann "nur" noch bei der Beurteilung der Eigenleistungen relevant ist.
- **Budgetplanung, Ausschreibung, Vergabe, Budgetkontrolle und Vergabekontrolle stellen im SF-Bau eine Planungseinheit dar.** Diese Planungsarbeit ist erst mit der Einbeziehung des allerletzten NU-Nachtrages und der abschließenden Behandlung des letzten Nachtrages durch den AG abgeschlossen.

2.3 Budgets bei Einheitspreisvertrag

2.3.1 Bestimmung der Budgetwerte

2.3.1.1 Budgetwerte von Vertragspositionen und BGK

Bei einem Einheitspreisvertrag gibt es kein festes Gesamtbudget des Projektes. Das Gesamtbudget ist – ebenso wie der Gesamterlös – von den abgerechneten Mengen der Vertragspositionen abhängig. Die einzigen festen Budgetwerte bei einem Einheitspreisvertrag sind die Budgets pro Mengeneinheit der Positionen und –bedingt – das Gesamtbudget für umgelegte BGK.

Das Budget der einzelnen Vertragspositionen und der BGK bestimmt sich gemäß Abschnitt F, Kap. 2.1 auf der Grundlage der Kosten lt. Auftragskalkulation wie folgt:

Budget = (EKT + KOR) x (100 % - Kostenkorrektur in %)

Der Faktor der Kostenkorrektur besteht nur in Ausnahmefällen.

Die solchermaßen berechneten Budgets der Vertragspositionen im Vergleich mit den in der Auftragskalkulation kalkulierten Kosten (UR-EKT) zeigt Abbildung 137. In diesem Beispiel wurde ein gewährter Preisnachlass von 1 % auch bei der Berechnung der Budgetwerte berücksichtigt, weil davon ausgegangen wurde, dass die Kosten lt. Auftragskalkulation noch um diese 1 % reduziert werden könnten, ohne dass diese Korrektur aber noch auf Kostenseite durchgeführt wurde. Die Budgets betragen also 99 % der UR-EKT.

OZ	Kurztext	Einheitspreis	FB	Budget/ME	UrEKT
1. 4.	Beton- und Stahlbetonarbeiten				
1. 4. 1.	Beton B15 für Sauberkeitsschicht	11,89		9,49	9,59
1. 4. 2.	Beton B15 für Füllbeton an Fundar	101,35		80,88	81,70
1. 4. 3.	Beton B15 für Fundamente	118,09		94,25	95,20
1. 4. 4.	Beton B25 für Streifenfundamente	166,46		132,85	134,19
1. 4. 5.	Beton B25 für Einzelfundamente e	141,89		113,24	114,38
1. 4. 6.	PE-Folie 0,2 mm unter Bodenplatte	0,83		0,66	0,67
1. 4. 7.	Beton B25 für Bodenplatte d = 20 einschl. seitl. Abschalungen	136,42		108,88	109,98
1. 4. 8.	Beton B25 für Aufzugsunterfahrt d einschl seitl. Abschalungen	246,61		196,81	198,80
1. 4. 9.	Beton B25 für Wände d = 20 cm A einschl. Schalung	575,46		459,26	463,90

Abbildung 137: Vergleich der Budgets/ME mit den UR-EKT

Soll individuell eingegriffen werden, so wird ein Festbudgetkennzeichen (Spalte "FB" in vorstehender Abbildung) gesetzt, wodurch das Erfassen von Werten in der Spalte "Budget/ME" ermöglicht wird.

Während das Gesamtbudget der einzelnen Vertragspositionen wie der Gesamterlös ein mengenabhängiger Wert ist

Gesamtbudget Position = Menge x (Budget/ME),

ist das Gesamtbudget der umgelegten BGK zunächst ein pauschaler Wert. Da aber andererseits diese BGK in der Angebotsphase auf die Vertragspositionen umgelegt wurden und somit der effektiv vergütete Anteil an BGK von den abgerechneten Mengen der Vertragspositionen abhängt, ist das Gesamtbudget der BGK doch ein variabler Wert

Budget BGK = $\sum$[(Erlösanteil BGK der Vertragspos.) x (RE-Menge)]

Damit stünde das Budget für die BGK erst mit der Schlussrechnung fest. Für die BGK muss aber zu jedem Zeitpunkt ein Budgetwert zur Verfügung stehen, nicht erst nach Abschluss der Bauarbeiten.

Deshalb wird sinnvollerweise folgende Lösung gewählt:

- Für die umgelegten BGK wird vorläufig ein pauschales Festbudget festgesetzt:

  Pauschalbudget BGK = (Summe BGK + KOR in BGK) x (100 % - Kostenkorrektur in %)

- Am Ende der Bauarbeiten wird überprüft, ob auf Grund der abgerechneten Mengen der Vertragspositionen eine Korrektur dieses Wertes erforderlich ist (siehe unten). Es könnte u.U. in Frage kommen, Nachforderungen wegen Unterdeckung der ursprünglich kalkulierten BGK an den AG zu stellen (vergl. VOB, Teil B, § 2, Abs. 3).

Das Budget der umgelegten BGK ist ein pauschaler Wert, welcher als Festbudget eingetragen wird:

OZ	Kurztext	FB	Budget
2	BGK (Baustellengemeinkosten)	✓	336.525,00

Die Budgetwerte der einzelnen Positionen des BGK-LV werden auf der Basis des pauschalen Festbudgets des BGK-LV generiert. Da dieses Verfahren identisch ist mit dem Prinzip bei Pauschalvertrag, wird hierzu auf das folgende Kapitel 2.4 verwiesen.

Die abschließende Korrektur des Budgets für BGK ist erst mit der Feststellung der endgültigen Abrechnungsmengen möglich. Die einfachste Methode, welche in vielen Fällen genügt, besteht aus folgender proportionalen Umrechnung:

$$\text{Budget BGK} = \frac{(\text{urspr. Budget BGK}) \times (\text{Gesamt-Sollkosten Vertragspos. für RE-Mengen})}{(\text{Gesamt-Sollkosten Vertragspos. der 1. Arbeitskalkulation})}$$

Dabei werden Nachtragspositionen grundsätzlich ausgeklammert, weil diese gemäß dem folgenden Kapitel bereits "ihre" Budgetanteile für BGK enthalten.

Bei der vereinfachten Methode wird unterstellt, dass mit jedem Euro Umsatz ein konstanter Anteil für BGK zur Verfügung steht und dass sich die Kosten im Bereich der BGK proportional zu den Gesamtkosten entwickeln Dies muss zwar nicht in allen Fällen so sein. Da aber diese abschließende Budgetkorrektur, welche ja erst nach Abschluss der Bauarbeiten erfolgt, nur der Richtigstellung des Erfolgsmaßstabes für die Projektverantwortlichen dient, sollte wirklich nur in sehr begründeten Fällen eine differenziertere Methode angewendet werden. Jegliche andere Methode ist relativ aufwändig.

2.3.1.2 Budgetwerte von Nachtragspositionen

Nachträge an den AG tragen mit eigenen Budgets zum Gesamtbudget des Projektes bei. Da die Preise der Nachtragspositionen nach der Formel

$$\text{EP} = (\text{Kosten}) \times (100\ \% + \text{EKZ in } \%)$$

berechnet werden, sind auch Anteile von BGK eingerechnet, sofern die EKZ Anteile für BGK enthalten. An sich müssten diese Anteile dem pauschalen BGK-Budget zugewiesen werden. Da dies aber wegen der auch noch variablen Menge der Nachtragsposition relativ aufwändig wäre und der Nachtrag nicht zwangsläufig zu zusätzlichem BGK-Aufwand führen wird, kann man sich in der Regel durchaus erlauben, den Budgetanteil der BGK bei der Nachtragsposition zu belassen. Damit gilt in der Nachtragsposition aber nicht mehr die Standardformel zur Berechnung der Budgets. Hier müsste statt dessen gerechnet werden:

$$\text{Budget/ME} = (\text{EKT/ME}) \times (100\ \% + \text{EKZ für BGK in } \%)$$

Die EKT in dieser Formel wären allerdings die unvermeidbaren Kosten, nicht die evtl. bei der Preisbildung höher angesetzten Kosten. Aber auch dann ist diese Formel nicht verwendbar.

Beschreibt eine Nachtragsposition eine Forderung, welche vom AG gar nicht oder nur teilweise als sachlich gerechtfertigt angesehen wird, so kann der endgültig verhandelte Preis erheblich unter dem angebotenen Preis oder gar bei 0,00 liegen. Liegt der verhandelte Preis unter dem Wert auf der Basis der wirklich unvermeidbaren Kosten, so stellen diese unvermeidbaren Kosten teilweise oder ganz die Korrektur eines bisherigen Kalkulationsfehlers dar. Würde nun vorstehende Formel zur Berechnung des Budgets angewendet, könnte das Budget höher als der Erlös sein. Für einen Kalkulationsfehler würde ein Budget bereitgestellt, obwohl kein Erlös dafür da ist. Wenn wir uns gemäß vorstehendem Kapitel 2.1 darauf geeinigt haben, dass der Stand der Auftragskalkulation der verabschiedete Maßstab zur Bemessung der Budgets ist, so schließt der Maßstab das Risiko von Kalkulationsfehlern ein. Nachträge können nur ein zusätzliches Budget liefern, soweit deren unvermeidbare Kosten durch zusätzliche Erlöse gedeckt sind. Die oben stehende Formel für das Budget von Nachtragspositionen ist also nicht verwendbar.

Zu einem brauchbaren Lösungsansatz kommt man, wenn man davon ausgeht, dass die angebotenen Preise intern zu bewerten sind, solange der Nachtrag nicht endgültig verhandelt ist (siehe Abschnitt D, Kap. 5.2.2). Wenn ein Preis aus internen Gründen niedriger bewertet wird, muss auch das Budget entsprechend niedriger liegen. Dieses Ziel wird erreicht, wenn für die Nachtragspositionen die Formel verwendet wird, welche für die übrigen Positionen als generelle Lösung verworfen wurde:

Budget/ME = (Erlös pro ME) x (100 % - AGK/WuG in %)

Setzt man nun für *Erlös* den bewerteten EP ein, so lautet die Formel

Budget pro ME =
(angebotener EP - Nachlass) x (100 % - AGK/WuG in %) x Bewertungsfaktor

OZ	Bezeichnung			
3. 3. 3	Zulage für Mehraufwand Bewehrung Kabelkanäle			
			pro ME	gesamt für VA-Menge
ME	m	Stunden	0,500	22,000
LV-Menge	44,000	Budget	3,11	137,06 Euro
VA-Menge	44,000	EKT	13,50	594,00
RE-Menge	22,650	KOR	0,00	0,00
LE-Menge	22,650	UML	-10,04	-441,71
		EP/GB	17,48	769,12
		Preisänd.	-14,02	-616,83
		Erlös	3,46	152,29
		Leistungswert	15,12	665,10

Abbildung 138: Budget einer noch offenen bewerteten Nachtragsposition

Diese Formel kann dazu führen, dass das Budget deutlich niedriger ist als die kalkulierten EKT, wie es z.B. Abbildung 138 zeigt (vergl. auch Abbildung 121).

Der Erlös wurde im Beispiel intern nur mit 20 % des angebotenen Preises bewertet. AGK sind mit 10 % vom Umsatz vorgegeben. Es gibt einen Projektnachlass von 1 % auf alle Preise:

Preisänderung = 17,48 - 17,48 x (100 % - 1 %) x (20 %) = 14,02

Erlös = 17,48 – 14,02 = 3,46 oder

Erlös = EP x (100 % - Nachlass in %) x (Bewertung in %)
Erlös = 17,48 x (100 % - 1 %) x 20 % = 3,46

Budget = 17,48 x (100 % - 1 %) x (100 % - 10 %) x 20 % = 3,11

Wird schließlich ein Preis in einer bestimmten Höhe genehmigt, so wird dieser als neuer Festpreis der Position eingesetzt. Das Budget ist dann in Abhängigkeit vom neuen Nachtragsstatus "genehmigt" neu zu bestimmen nach der Formel

Budget pro ME = (EP - Nachlass) x (100 % - AGK/WuG in %)

Abschließend stellt sich die Frage, wie zu verfahren ist, wenn ein Preis genehmigt wurde, der deutlich über dem Mindestpreis für unvermeidbare Kosten liegt. Es könnte ja sogar sein, dass eine zusätzliche Vergütung zu Stande kommt, ohne dass effektiv Zusatzkosten anfallen. In einem solchen Fall, wurde eine Schwäche des Vertrages ausgenutzt. Es wurde weiter oben gesagt, dass der gemeinsam verabschiedete Stand der Auftragskalkulation zu Budgets geführt hat, welche das Risiko von Mehrkosten auf Grund von Kalkulationsfehlern einschließen, so dass auch abgelehnte Nachtragsforderungen nicht zu Erhöhungen der Budgets führen. Dann muss man aber fairer Weise Budgeterhöhungen zulassen, welche über nicht durch Kosten belegte zusätzliche Erlöse zu Stande kommen. Obige Formeln für die Berechnung von Budgets aus Nachtragspositionen gelten also grundsätzlich.

2.3.2 Budgetkontrolle bei EP-Vertrag

Im Zuge der Kalkulation der Sollkosten ist stets der Vergleich mit den Budgets von Interesse. Das Ergebnis der EKT auf Ebene der Position bzw. von BGK in Positionen des BGK-LV muss also direkt mit den Budgets im Blickfeld des Kalkulators sein:

Budget	113,24	48.240,28
EKT	111,66	47.565,43

Beim Gesamtwert ist das Ergebnis für die VA-Mengen wichtig. Zu diesen vergleichenden Abbildungen sei auch auf die ausführlichen Darstellungen in Abschnitt F, Kap. 1.3 verwiesen.

Budgets und Kosten werden auf verschiedenen Ebenen der Kalkulationsstruktur verglichen. Der Vergleich auf Ebene des Projektes, dort unterteilt nach einigen Kriterien des Projektes, kann der Abbildung 135 entnommen werden.

2.3.3 Vergabekontrolle bei EP-Vertrag

Soll ein Leistungsbereich an einen Nachunternehmer vergeben werden, so ist das Budget für diesen Leistungsbereich zunächst eine Vorgabe für die Vergabesumme. Es besteht in der Regel das Ziel, dass die Vergabesumme an den NU auf keinen Fall höher ausfallen soll als das verfügbare Budget. Je nach Einschätzung der Marktlage im Vergleich zur Kalkulationsbasis, welche zum Budgetwert geführt hat, kann auch ein Vergabeziel entwickelt werden, was vom Budgetwert abweicht. Abbildung 139 zeigt eine Entwicklung eines Vergabeziels unter Verwendung eines Vergabefaktors von 0,95 bezogen auf den Budgetwert.

Budget	Vergabefaktor/[%]	Vergabeziel
173.624,17	95,00	164.942,96

Abbildung 139: Entwicklung eines vom Budget abweichenden Vergabeziels

Es ist natürlich äußerst wichtig, dass das Ausschreibungs-LV auf denselben Mengen basiert, welche auch zum Budgetwert des Leistungsbereiches geführt haben. Es sollten die VA-Mengen der Teilleistungen zu Grunde liegen. Den automatischen Abgleich von Inhalten zwischen Projekt-LV/Arbeitskalkulation und dem NU-LV gewährleistet das Ausschreibungsverfahren per Vergabezuordnung, wie es in Abschnitt D, Kap. 10 beschrieben wurde. Die Positionen des NU-LV sind in diesem Fall mit den entsprechenden Elementen des Projekt-LV/der Arbeitskalkulation verknüpft, so dass der automatische Abgleich von

- VA-Mengen
- Budgets
- Angebots-/Vertragspreis des NU mit Kostenansatz der Kalkulation

sicher gestellt ist.

Im Preisspiegel werden dann zunächst die Angebotssummen der einzelnen Bieter mit dem Budget bzw. dem evtl. davon abweichenden Vergabeziel verglichen (Abbildung 140). Dies ist die erste Kontrolle, die noch vor der Vergabe stattfindet. Evtl. führen weitere Verhandlungen mit den ausgewählten Bietern zu weiteren Verbesserungen im Vergleich zum Budget.

OZ	Kurztext	Beschreibung	214111 Moser ...	214112 Meier KG	214113 Huber AG	Budget	Vergabeziel
2141	Straßenbauarbeiter	Summe	179.844,02	180.714,32	193.502,60	193.823,54	189.947,07
		MwSt.	16,00%	16,00%	16,00%		
		MwSt.-Betrag	28.775,04	28.914,29	30.960,42		
		Bruttosumme	208.619,06	209.628,61	224.463,02		
		Prozent/Rang	100,0/ 1	100,5/ 2	107,6/ 3		

Abbildung 140: Vergleich der Bietersummen im Preisspiegel mit Budget bzw. Vergabeziel

Mit erfolgter Vergabe wird auf Ebene der Vergabeeinheit (VE) die aktuelle Situation im Vergleich mit dem Budget festgestellt (Abbildung 141). Mit jedem Nachtragsangebot des NU ist die Budget-/Vergabekontrolle fortzuschreiben. Das Nachtragsangebot des NU steht sowohl im NU-LV der VE als auch im Projekt-LV/in der Arbeitskalkulation; die Elemente sind miteinander verknüpft. Mit dem entsprechenden Angebot an den AG entstehen ergänzende Budgetbeträge im Projekt-LV/in der Arbeitskalkulation (vergl. Abschnitt F, Kap.

2.3.1.2). Diese Budgetwerte stehen über den automatischen Abgleich auch unter der VE, d.h. sie führen dort zu Erhöhungen des ursprünglichen Gewerkebudgets, so dass die Budgetkontrolle/Vergabekontrolle unter Einbeziehung der NU-Nachträge fortgeschrieben ist (Abbildung 141, rechts).

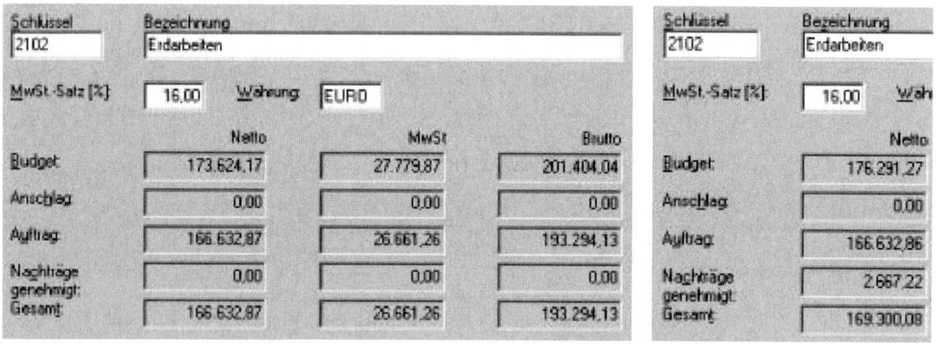

Abbildung 141: Vergabekontrolle bei Erstvergabe und nach Nachträgen

In dem folgenden Kapitel 2.3.5 werden weitere Auswertungen aus der Budget- und Vergabekontrolle gezeigt.

2.3.4 Budgets bei Unterpositionen/Ansatzzeilen der Kalkulation

In der Regel besteht keine Notwendigkeit, die Budgetwerte bis in die Ansatzzeilen der Kostenkalkulation zu verfolgen, d.h. es genügt in der Regel, mit den Budgetwerten auf Ebene der Positionen zu arbeiten.

Folgende Gründe zwingen allerdings doch dazu, mit Teilwerten des Positionsbudgets zu arbeiten:

- Eine Teilleistung wird nur zum Teil an einen NU vergeben, sei es nur ein Teil der Gesamtmenge (siehe Abschnitt D, Kap. 10.4.3.2), sei es nur eine Leistungsart innerhalb der Teilleistung (siehe Abschnitt D, Kap. 10.4.3.1).
- Die Leistungsmeldung erfolgt nicht auf Ebene der Position, sondern auf Ebene von Unterpositionen, weil innerhalb der Position abgegrenzt werden muss (siehe Abschnitt G, Kap. 1.4.2)
- Eine Position ist über ihre U-Pos. verschiedenen Bauvorgängen zugeordnet.

In allen drei Fällen werden die Teilbudgets auf Ebene der Unterpositionen benötigt. Diese Teilbudgets ergeben sich rechnerisch aus der Aufteilung des Positionsbudgets im Verhältnis der Kosten der Unterpositionen:

Teilbudget U-Pos.= (Budget Pos.) x (Kosten U-Pos.)/(Kosten Pos.)

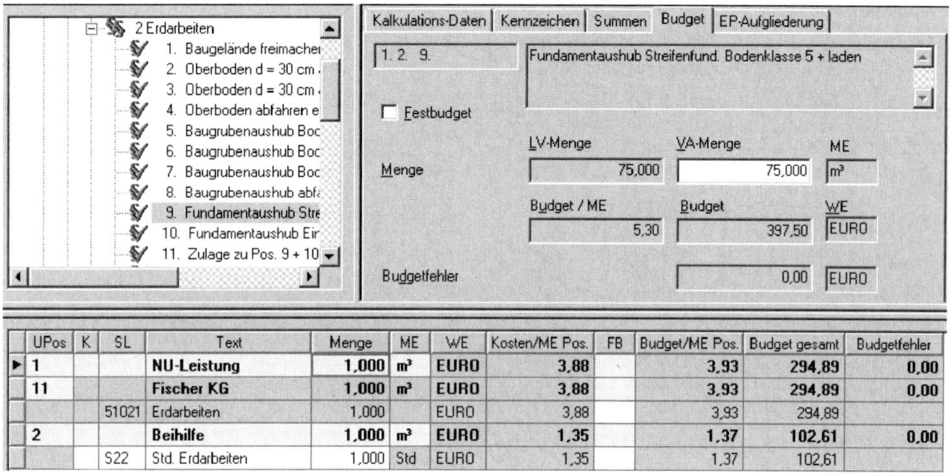

UPos	K	SL	Text	Menge	ME	WE	Kosten/ME Pos.	FB	Budget/ME Pos.	Budget gesamt	Budgetfehler
1			**NU-Leistung**	**1,000**	**m³**	**EURO**	**3,88**		**3,93**	**294,89**	**0,00**
11			**Fischer KG**	**1,000**	**m³**	**EURO**	**3,88**		**3,93**	**294,89**	**0,00**
		51021	Erdarbeiten	1,000		EURO	3,88		3,93	294,89	
2			**Beihilfe**	**1,000**	**m³**	**EURO**	**1,35**		**1,37**	**102,61**	**0,00**
		S22	Std. Erdarbeiten	1,000	Std	EURO	1,35		1,37	102,61	

Abbildung 142: Positionsbudget/ME im Verhältnis der Kosten auf die Kalkulation aufgeteilt

In Beispiel gemäß Abbildung 142 war ein Budgetwert pro ME in Höhe von 5,30 bestimmt worden. Dieser Wert wird automatisch auf die Kalkulationsbestandteile im Verhältnis der Kosten aufgeteilt. Erfolgen Anpassungen der Kalkulation, so bleibt der Budgetwert auf Ebene der Position unberührt; er wird nur im Verhältnis der geänderten Kosten erneut aufgeteilt. Wird der Budgetwert auf Ebene der Position geändert, was durch das Setzen des Festbudgetkennzeichens ermöglicht wird, so erfolgt ebenfalls eine Neuverteilung auf die Kalkulationsbestandteile.

Die aus der Verteilung "von oben nach unten" berechneten Budgetwerte müssen in bestimmten Fällen durch individuell festgesetzte Werte ersetzt werden können. Soll in vorstehendem Beispiel der Budgetwert pro ME für den NU von bisher 3,93 auf 3,90 geändert werden, so wird bei der U-Pos. 1 ein entsprechendes Festbudget pro ME eingesetzt. Die Differenz wird rechnerisch der U-Pos. 2 zugeschlagen, weil sich andernfalls nicht das Budget auf Ebene der Position ergeben würde, welches Priorität hat und nicht automatisch durch Änderungen in den Kalkulationszeilen verändert werden darf. Der Wert der U-Pos. 2 ändert sich also auf 1,40 pro ME der Position: 3,90 + 1,40 = 5,30.

Wird nun auch noch ein individueller Budgetwert in der U-Pos. 2 festgesetzt, z.B. 1,50, so sind die Budgetwerte innerhalb der Position nicht mehr schlüssig, was in Form eines "Budgetfehlers" auf Ebene der Position zum Ausdruck kommt (Abbildung 143).

Der Budgetfehler in Abbildung 143 für die VA-Menge auf Ebene der Position berechnet sich wie folgt:

$$\text{Budgetfehler} = 75{,}00 \times (5{,}30 - 3{,}90 - 1{,}50) = -7{,}50$$

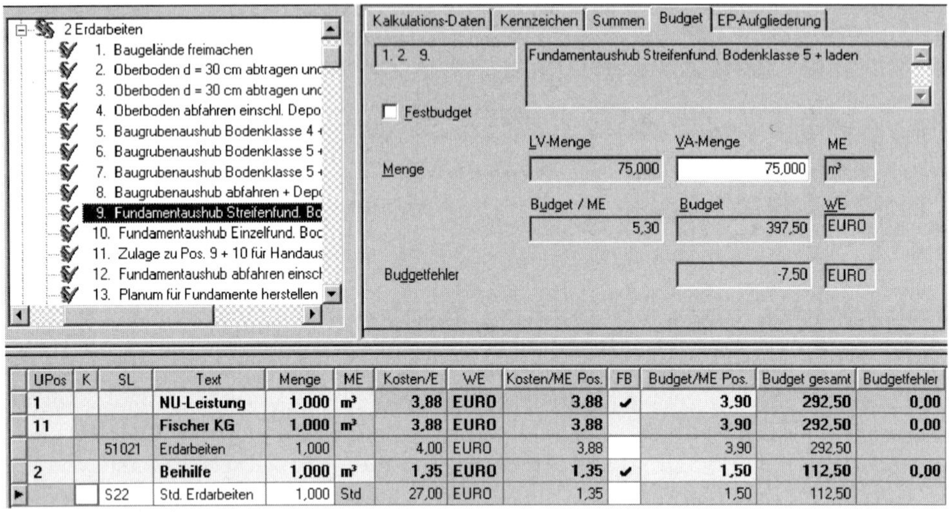

Abbildung 143: Budgetfehler auf Ebene der Position wegen Überbestimmung der Budgets der Unterpositionen

Der Budgetfehler muss beseitigt werden. Dafür gibt es zwei Möglichkeiten:

- Das Festbudgetkennzeichen wird zumindest in einer Unterposition aufgehoben, worauf dort ein Budgetwert berechnet wird, z.B. bei U-Pos. 2:
  Budget U-Pos. 2 = 5,30 – 3,90 = 1,40
- Das Budget auf Ebene der Position wird neu bestimmt, indem die Summe der Festbudgets der U-Pos. für maßgebend erklärt wird:
  Positionsbudget aus Ansatzzeilen-Budgets generieren (262)
  Budget Pos. = 3,90 + 1,50 = 5,40
  Diese Methode dürfte in der Regel aber nicht gewählt werden, weil sich ja der EP der Position nicht ändert, und folglich auch das Budget als Anteil am Erlös nicht geändert werden kann.

2.3.5 Budgets zu Rückstellungen

In der Arbeitskalkulation können Rückstellungen für Kostenrisiken gebildet worden sein (siehe Abschnitt D, Kap. 5.1.3 und Abschnitt F, Kap. 1.2.7und 1.2.8). Entsprechende Ansätze stehen entweder in

- internen Kostenpositionen mit Merkmal für Rückstellung

oder in

- gesonderten Unterpositionen von "normalen" Teilleistungspositionen, dort mit Risikomerkmal versehen.

Sollten sich die Risikoannahmen ganz oder teilweise bewahrheiten, so werden hierfür Anteile des Projekt-Budgets benötigt. Den Rückstellungen müssen also unbedingt Budgets zugeordnet werden. Diese Budgets gehen zu Lasten der übrigen Budgetwerte, d.h. dort müssen die bisher berechneten bzw. erfassten Budgetwerte reduziert werden.

Sollte innerhalb einer Teilleistung eine Rückstellung gegenüber Sollkosten per gesonderter Unterposition vorgenommen worden sein, so entspricht dies der Situation gemäß vorstehendem Kapitel, d.h. das Positionsbudget wird im Verhältnis der Kosten auf die Unterpositionen aufgeteilt, womit sowohl den Sollkosten als auch der Rückstellung ein Budgetwert zugeordnet ist.

Zwecks Erleichterung des Vergleichs greifen wir das Beispiel lt. Abbildung 142 auf und ergänzen die Kostenkalkulation um einen Risikoansatz in der neuen U-Pos. 3. Die Neuverteilung des immer noch konstanten Budgets pro ME der Position (5,30) führt zu neuen Budgetwerten in den Unterpositionen (Abbildung 144).

UPos	K	SL	Text	Menge	ME	Kosten/ME Pos.	R...	Art KOR	FB	Budget/ME Pos.	Budget gesamt
1			**NU-Leistung**	**1,000**	**m³**	**3,88**				**3,74**	**280,42**
11			**Fischer KG**	**1,000**	**m³**	**3,88**				**3,74**	**280,42**
		5102	Erdarbeiten	1,000		3,88				3,74	280,42
2			**Beihilfe**	**1,000**	**m³**	**1,35**				**1,30**	**97,57**
		S22	Std. Erdarbeiten	1,000	Std	1,35				1,30	97,57
3			**Risiko Beihilfe**	**1,000**	**m³**	**0,27**	✓	**Risiko in EKT**		**0,26**	**19,51**
	T		Risikozuschlag für Beihilfe: 20 %								
		S22	Std. Erdarbeiten	0,200	Std	0,27				0,26	19,51

Abbildung 144: Neuverteilung des Positionsbudgets (Wert: 5,30) nach Einbringen eines Kostenrisikos

Das Budget in der U-Pos. 3 geht u.a. zu Lasten des Budgets der U-Pos. 1, womit für den NU ein geringeres Budget zur Verfügung steht (3,74/ME anstatt 3,93/ME). Der Risikoansatz müsste bereits vor Vergabe enthalten gewesen sein, womit die Budgetänderung bei der Vergabekontrolle berücksichtigt worden wäre.

In vorstehendem Beispiel hätte bei der U-Pos. 3 auch ein Festbudget in Höhe des Kostenrisikos festgesetzt worden sein können (Abbildung 145):

UPos	K	SL	Text	Menge	ME	Kosten/ME Pos.	R...	Art KOR	FB	Budget/ME Pos.	Budget gesamt
1			**NU-Leistung**	**1,000**	**m³**	**3,88**				**3,73**	**279,87**
11			**Fischer KG**	**1,000**	**m³**	**3,88**				**3,73**	**279,87**
		5102	Erdarbeiten	1,000		3,88				3,73	279,87
2			**Beihilfe**	**1,000**	**m³**	**1,35**				**1,30**	**97,38**
		S22	Std. Erdarbeiten	1,000	Std	1,35				1,30	97,38
3			**Risiko Beihilfe**	**1,000**	**m³**	**0,27**	✓	**Risiko in EKT**	✓	**0,27**	**20,25**
	T		Risikozuschlag für Beihilfe: 20 %								
		S22	Std. Erdarbeiten	0,200	Std	0,27				0,27	20,25

Abbildung 145: Festbudget in Höhe des Kostenrisikos bei der U-Pos. 3

In diesem Fall berechnet sich das Budget der U-Pos. 1 wie folgt:

$$\text{Budget U-Pos. } 1 = (5{,}30 - 0{,}27) \times 3{,}88/(3{,}88 + 1{,}35) = 3{,}73$$

Zu verteilen war in diesem Fall nur das Budget der Position abzgl. des Festbudgets der U-Pos. 3. Dieses Restbudget wird im Verhältnis der Kosten der nicht mit Festbudget belegten U-Pos. 1 und 2 aufgeteilt. Die Summe der Budgets aller drei U-Pos. ergibt wiederum den Wert 5,30.

Während die Budgetzuordnung in vorstehendem Fall des Risikos innerhalb einer Teilleistung problemlos möglich war, so ist dies bei einer Rückstellung in einer gesonderten Position nicht so einfach. Eine Rückstellung muss in einer gesonderten Position vorgenommen werden, wenn sie einen positionsübergreifenden Kostenbereich betrifft.

Wir nehmen beispielhaft an, dass im NU-Vertrag für die Erdarbeiten keine Festpreisbindung für die Gesamtdauer der Arbeiten vereinbart werden konnte und dass deshalb mit einem Risiko in Höhe von 5 % bezogen auf 40 % der Gesamtleistung des Gewerkes kalkuliert wurde. Wie eine solche Kalkulation durchgeführt wird, ist Abbildung 111 zu entnehmen. Die Risikoannahme würde 5 % x 40 % = 2 % der Gewerkekosten bedeuten. Der Rückstellung wären also 2 % des Gewerkebudgets zuzuordnen bei gleichzeitiger Reduzierung aller zum Gewerk gehörigen sonstigen Positionsbudgets um 2 %. Das Gesamtbudget bleibt dann unverändert, der Vergabesumme an den NU sind aber zunächst nur 98 % des Gesamtbudgets zugeordnet.

An sich wird beim Einheitspreisvertrag ein Verfahren der Budgetbestimmung benötigt, das mit jeder Mengen- und Kostenänderung im Gewerk sowohl das zu verteilende Gesamt-Gewerkebudget neu berechnet als auch dessen Aufteilung im Verhältnis der Kosten aktuell durchführt. Wäre das Gewerkebudget ein unveränderliches Festbudget, wie es bei Pauschalvertrag mit dem AG der Fall ist, so würde das einfachere Verfahren greifen, wie es in dem folgenden Kapitel zum Pauschalvertrag dargestellt ist. Das zu verteilende Gesamtbudget ist dann eben kein variabler und mit jeder Mengenänderung neu zu berechnender Wert, sondern ein fester Wert.

Man kann aber durchaus auch "damit leben", wenn die verfügbare Software den zu verteilenden Wert nicht automatisch aktuell berechnet, sondern lediglich die Aufteilung eines festen (in obigem Fall auf 98 % reduzierten) Gesamt-Budgets auf die untergeordneten Elemente ermöglicht. Diese Möglichkeit muss aber auf jeden Fall gegeben sein, wie dem folgenden Kapitel für den Pauschalvertrag zu entnehmen ist. Im Falle des Einheitspreisvertrages wird dann das Gewerkebudget, wie es sich auf Grund der gerade gültigen Situation der VA-Mengen rechnerisch ergibt, temporär als Festbudget gekennzeichnet und auf die untergeordneten Elemente aufgeteilt. Anschließend wird das Festbudgetkennzeichen auf Ebene des Gewerkes wieder aufgehoben, damit es bei Änderungen von VA-Mengen neu berechnet werden kann, worauf der vorstehende Vorgang erneut manuell angestoßen wird.

Zum Verfahren der Aufteilung eines Festbudgets von Gewerken oder gar des gesamten Projekt-LV auf untergeordnete Elemente wird auf das folgende Kapitel 2.4 verwiesen.

2.3.6 Die einzeln pauschalierte Position

Ist eine einzelne Position pauschaliert, so bedeutet dies, dass der vereinbarte Pauschalbetrag vergütet wird unabhängig davon , welche Menge der Teilleistung letztlich ausgeführt werden musste.

Es kann sein, dass der Pauschalbetrag mit

Pauschalbetrag = EP x (LV-Menge)

festgelegt wurde; es kann aber auch ein anderer Pauschalbetrag vereinbart worden sein.

Die pauschalierte Position hat ein Pauschalbudget, bei dessen Bestimmung man sich in etwa an den ursprünglich kalkulierten Kosten orientieren wird (vergl. Abschnitt F, Kap. 2.3.1). Allerdings spielt zusätzlich eine Rolle, in wie weit die Vertragspauschale vom GB für VA-Mengen abweicht.

Beispiel:

Ausgangssituation einer Teilleistung XY im Angebot:

LV-Menge	VA-Menge	EKT/ME	EP	GB
500,00	450,00	80,00	100,00	50.000,00

Pauschaliert wurde schließlich mit 48.000,00, was sowohl aus einer gedanklichen Reduzierung des EP als auch einer geänderten Menge resultieren kann. Aus Sicht des AN bedeutet es:

für VA-Menge benötigter Erlös:	45.000,00
tatsächlicher Erlös:	48.000,00

Bei der Bestimmung des Budgets spielt nun eine Rolle, ob die Reserve auf Grund der geringeren VA-Menge dem Budget oder dem Projektgewinn zugerechnet wird. Wird sie dem Budget zugerechnet, so ergibt die Orientierung der Budgetwerte an den ursprünglich kalkulierten EKT folgendes Pauschalbudget:

Pauschalbudget = 48.000,00 x 80,00/100,00 = 38.400,00

oder allgemein

Pauschalbudget = Pauschalerlös x (EKT/ME)/(EP)

Würde die Reserve nicht dem Budget zugerechnet, so wäre das

Pauschalbudget = 450,00 x 80,00 = 36.000,00

oder allgemein

Pauschalbudget = VA-Menge x EKT/ME

Intern wird zur Berechnung des Budgets der teilfertigen Leistung der Budgetwert pro ME benötigt:

Budget pro ME = Pauschalbudget/(VA-Menge)

Budget/ME = 38.400,00/450,00 = 85,33

Für eine LE-Menge ist dann das zugehörige Budget

Budget für LE = (Budget/ME) x (LE-Menge)

Das Budget für eine LE-Menge kann aber auch direkt berechnet werden:

Budget für LE = (Pauschalbudget) x (LE-Menge)/(VA-Menge)

Mit Fertigstellung ist zu überprüfen, ob VA-Menge = LE-Menge. Evtl ist die VA-Menge an die endgültig festgestellte LE-Menge anzupassen.

2.4 Budgetkontrolle/Vergabekontrolle bei Pauschalvertrag

2.4.1 Begriffsdefinitionen

Allgemein gilt: Ist der Erlös zu einem Leistungsbereich im eigenen Vertrag mit dem AG pauschaliert, so ist das zugehörige Budget ein fester Betrag. Das Budget ist ein Pauschalbudget und kein mengenabhängiges Budget als Summe von mengenabhänigen Positionsbudgets.

Dies folgt aus der Definition, dass die Budgets Anteile vom Erlös sind, der in diesem Fall ein unveränderlicher Wert ist, gleich welche Teilleistungen in welchen Mengen auszuführen sind (solange Leistungsarten und Leistungsvolumen der Beschreibung entsprechen, welche der vertraglichen Vereinbarung zu Grunde lag).

Zum weiteren Verständnis seien folgende Begriffsdefinition festgehalten:

Berechnetes Budget = temporär gültiger Budgetwert, welcher entweder eine Summe von Budgets aus untergeordneten Elementen oder das Ergebnis einer Aufteilung eines übergeordneten Budgetwertes auf dessen untergeordnete Elemente ist. Berechnete Budgets ändern sich, wenn sich Ausgangswerte zur Berechnung ändern.

Festbudget = manuell festgelegter Budgetwert, welcher nicht durch einen Rechenvorgang geändert wird. Ein Budgetwert erhält diese Eigenschaft durch das Merkmal "Festbudget". Das Merkmal schützt den Budgetwert gegen ungewollte Veränderungen. Ein berechnetes Budget kann durch Setzen des Merkmals zum Festbudget gemacht werden. Ein Budgetwert ist manuell nur änderbar, wenn das Merkmal "Festbudget" vergeben ist.

Pauschalbudget = Festbudget auf Ebene einer Pauschalvergütung. Das Merkmal "Festbudget" wird durch die Pauschalierung fest vorgegeben.

2.4.2 Einleitende Kurzdarstellung der Budgetplanung bei Pauschalvertrag

In diesem Kapitel wird einleitend eine Kurzübersicht über das Prinzip der Budgetplanung bei Pauschalvertrag gegeben. Dafür wird ein einfaches Zahlenbeispiel (mit kleinen Werten) verwendet, welches in 5 Schritten aufgebaut ist (Abbildung 146). Die einzelnen

Schritte mit ihren Zahlen werden jeweils erläutert, und es wird angegeben, in welchen der folgenden Kapitel die jeweils ausführlichen Darlegungen zu finden sind.

1. Schritt

LV1 für Pauschalvertrag			
Pauschalvergütung	1.200,00		
Pauschalbudget	1.050,00		
Gewerke 1 bis 3		**Rückst. für Risiko Vertragsstrafe**	
Kosten lt. Auftragskalkulation	1.000,00	Erlösrisiko	50,00
berechnetes Budget	1.000,00	berechnetes Budget	
Festbudget		Festbudget	50,00
Budgetfehler	0,00		

2. Schritt

Gewerk 1		Gewerk 2		Gewerk 3	
Kosten lt. Auftragskalkulation	500,00	Kosten lt. Auftragskalkulation	200,00	Kosten lt. Auftragskalkulation	300,00
berechnetes Budget	500,00	berechnetes Budget	200,00	berechnetes Budget	300,00
Festbudget	500,00	Festbudget	200,00	Festbudget	300,00

3. Schritt

Gewerk 1 (zum Zeitpunkt der Ausschreibung an NU)					
Festbudget	500,00				
EKT + KOR	500,00				
Budgetfehler	0,00				
Pos. der Ausschreibung für Erstvertrag				**Risiken und Nachträge NU**	
Kosten lt. Auftragskalk. (EKT)	400,00			KOR	100,00
berechnetes Budget	400,00			berechnetes Budget	
Festbudget				Festbudget	100,00
Budgetfehler	0,00			Budgetfehler	0,00
Pos. 1		**Pos. 2**		**Pos. 101**	
Kosten lt. Auftragskalk. (EKT)	180,00	Kosten lt. Auftragskalk. (EKT)	220,00	KOR	100,00
berechnetes Budget	180,00	berechnetes Budget	220,00	berechnetes Budget	100,00
Festbudget		Festbudget		Festbudget	

4. Schritt

Gewerk 1 (nach Vergabe an den NU)					
Festbudget	500,00				
EKT + KOR	510,00				
Budgetfehler	0,00				
Erstvertrag mit NU				**Risiken und Nachträge NU**	
Kosten lt. Arbeitskalk. (EKT)	410,00			KOR	100,00
berechnetes Budget	400,00			berechnetes Budget	
Festbudget				Festbudget	100,00
Budgetfehler	0,00			Budgetfehler	0,00
Pos. 1		**Pos. 2**		**Pos. 101**	
Kosten lt. Arbeitskalk. (EKT)	170,00	Kosten lt. Arbeitskalk. (EKT)	240,00	KOR	100,00
berechnetes Budget	165,85	berechnetes Budget	234,15	berechnetes Budget	100,00
Festbudget		Festbudget		Festbudget	

5. Schritt

Gewerk 1 (nach dem 1. Nachtrag des NU zu Lasten des Gewerkebudgets)					
Festbudget	500,00				
EKT +KOR	500,00				
Budgetfehler	0,00				
Erstvertrag mit NU		**Risiken und Nachträge NU**			
Kosten lt. Arbeitskalk. (EKT)	410,00	EKT	30,00		
berechnetes Budget	400,00	KOR	60,00		
Festbudget		berechnetes Budget			
		Festbudget	100,00		
		Budgetfehler	0,00		
		Pos. 101		**Nachtragspos. 1 NU**	
		KOR	60,00	EKT	30,00

Abbildung 146: Prinzip der Budgetplanung bei Pauschalvertrag

1. Schritt: **Ausgangssituation:**
Pauschalvergütung = 1.200,00
Sollkosten lt. Auftragskalkulation = 1.000,00
Rückstellung lt. Auftragskalkulation für Vertragsstrafe = 50,00
(Abschnitt F, Kap. 2.5)
Bestimmung des Pauschalbudgets zur Vertragspauschalen
Das Pauschalbudget wird in etwa in Höhe der Kosten lt. Auftragskalkulation angesetzt, sofern diese Kosten kritisch überprüft wurden (Kap. 2.4.4)
EKT + KOR = 1.000,00 + 50,00 = 1.050,00
EKT = Gewerke 1 bis 3
KOR= Erlösrisiko durch Vertragstrafe
Eintrag Festbudget bei Rückstellung = 50,00
Berechnung des Budgets für die Gewerke 1 – 3
= Pauschalbudget – Budget Rückstellung = 1.000,00
(Kap. 2.4.5.2)

2. Schritt: **Aufteilung des Pauschalbudgets auf die Gewerke**
Die Budgets der Gewerke werden benötigt, weil auf dieser Ebene die Vergabe- und Budgetkontrolle durchzuführen ist.
Das Pauschalbudget wird im Verhältnis der Kosten aufgeteilt.
Aufzuteilendes Budget = Pauschalbudget abzgl. Festbudgets oberer Ebene.
Dieser Wert wird im Verhältnis der Kosten der Gewerke aufgeteilt; welche nicht mit einem Festbudget belegt sind.
Budget Gewerk 1 = (1.050 – 50) x 500/(500+200+300) = 500,00
(Abschnitt F, Kap. 2.4.5.2)
Festlegung der berechneten Budgets der Gewerke als Festbudgets
Damit spätere Änderungen in den Gewerken nicht zu Änderungen in den Budgets anderer Gewerke führen, müssen die berechneten Budgets als Festbudgets fixiert werden. (Kap. 2.4.5.3)
Würde bei einem Gewerk ein Festbudget eingetragen, das nicht mit dem berechneten Budget übereinstimmt, ergibt sich auf der übergeordneten Ebene ein Budgetfehler (2.4.5.3). Würde das Budget von Gewerk 1 mit 600,00 eingetragen, ergäbe sich auf Ebene des LV ein Budgetfehler aus dem Vergleich des Pauschalbudgets mit der Summe der untergeordneten Festbudgets wie folgt:
1.050 - (600 + 200 + 300 + 50) = -100

3. Schritt: (gezeigt am Gewerk 1)
Aufteilung des Gewerkes auf zwei Hauptbereiche
(Abschnitt F, Kap. 2.4.3 und 2.4.6 und Abbildung 158):
- Teilleistungen, welche ausgeschrieben und vergeben werden können.
  Pos. 1 und Pos. 2 mit Kosten lt. Auftragskalkulation von 180,00 + 220,00 (EKT)
- "Risiken und Nachträge NU", zunächst für noch unklare Leistungen

und Risiken. Später werden hier die Nachträge des NU eingeordnet, welche nicht an den AG "durchgereicht" werden können.
Pos. 101 mit abgeschätzten Kosten von 100,00 (KOR)

Festlegung eines Festbudgets für den Gewerkebereich "Risiken und Nachträge NU" von 100,00 (Abschnitt F, Kap. 2.4.6)
Für die Positionen 1 + 2 verbleibt ein Budget von
500,00 – 100,00 = 400,00
Berechnung der Budgets der Positionen 1 und 2 (Kap. 2.4.7)
Das übergeordnete Budget wird im Verhältnis der Kosten aufgeteilt:
Budget Pos. 1 = (500 – 100)x 180/(180+220) = 180,00
Budget Pos. 2 = (500 – 100)x 220/(180+220) = 220,00

4. Schritt: **Übernahme der Vergabepreise als Kosten in die Arbeitskalkulation**
Pos. 1: EKT = 170,00
Pos. 2: EKT = 240,00
Neuberechnung der Positionsbudgets (Abschnitt F, Kap. 2.4.7)
Budget Pos. 1 = (500 – 100)x 170/(170+240) = 165,85
Budget Pos. 2 = (500 – 100)x 240/(170+240) = 234,15
Vergleich der Gewerkekosten mit dem Gewerkebudget (Kap. 2.4.9)
410,00 zu 400,00 (ohne Rückstellungen)
510,00 zu 500,00 (incl. Rückstellungen)

5. Schritt: **Aufnahme der Nachtragsposition des NU, welche zu Lasten der Pauschalsumme geht, in den LV-Bereich "Risiken und Nachträge NU"** (Abschnitt F, Kap. 2.4.10.3)
EKT = 30,00
Bestimmung eines Budgets zur Nachtragsposition
Möglichkeiten:
a) in Höhe der EKT als Festbudget: 30,00
b) in anderer Höhe, als berechnetes Budget aus der Aufteilung des Bereichsbudgets auf Pos. 101 + Nachtrag
Überprüfung der Restrisiken in Pos. 101 und Neufestsetzung
KOR = 60,00
Budgetkontrolle im Bereich "Risiken und Nachträge NU"
EKT + KOR = 30,00 + 60,00 = 90,00
Budget = 100,00
Vergleich der Gewerkekosten mit dem Gewerkebudget
410,00 zu 400,00 (ohne Rückstellungen)
500,00 zu 500,00 (incl. Rückstellungen)

2.4.3 Grobstruktur des Projekt-LV

In diesem Kapitel muss die Kenntnis von Abschnitt D, Kap. 10 vorausgesetzt werden.

Auch bei einem Pauschalvertrag kann es zu Nachtragsvereinbarungen mit dem AG kommen. Theoretisch könnte man Nachtragspositionen in das interne Leistungsverzeichnis, mit welchem das Leistungsvolumen zur Pauschalvereinbarung beschrieben wird, einordnen.

Dies würde aber dazu zwingen, jeweils die Pauschalsumme zu ändern. Dazu kann aber nicht einmal dann geraten werden, wenn der AG mit der Anpassung der Pauschalvergütung einverstanden sein sollte. Der Hauptgrund, der gegen eine solche Handhabung spricht, ist, dass es sehr schwer wird, den Überblick über die Veränderungen auf der Seite von Erlös, Kosten und Budgets zu wahren. Man denke dabei auch daran, dass jedes Nachtragsangebot eine "Historie" durchlebt mit laufenden Veränderungen der Erlösbewertung und damit auch der Budgetbewertungen. Bei Änderungen großen Umfangs erlangt irgendwann eine gesamtheitliche Betrachtung aller Änderungen allergrößte Bedeutung. Diese wird aber nahezu unmöglich, wenn die Änderungen in Form von Anpassungen ursprünglicher Ansätze eingepflegt wurden.

Sollten einzelne Nachtragspositionen nach Mengen abgerechnet werden, so lassen sich diese überhaupt nicht unter einer Pauschalvergütung einordnen.

Deshalb sollten folgende Empfehlungen zur Gestaltung der Grobstruktur der Leistungsbeschreibungen unbedingt berücksichtigt werden:

- Das Leistungsvolumen, welches der vereinbarten Pauschalvergütung zuzuordnen ist, wird in einem einzigen Projekt-Leistungsverzeichnis beschrieben (LV1).
- In LV1 werden auch sämtliche Positionen zu Baustellengemeinkosten eingeordnet, welche der Kostenermittlung zur Auftragssumme zuzuordnen sind. Es gibt also kein spezielles BGK-LV.
- In LV1 werden höchstens diejenigen Änderungen eingepflegt, welche keinen Einfluss auf die Höhe der vereinbarten Pauschalvergütung haben, d.h. nur Änderungen, welche innerhalb des vom AN übernommenen Risikos liegen. Dazu zählt weitgehend auch das Mengenrisiko der Teilleistungen.
- Die ursprünglich vereinbarte Pauschalvergütung zu diesem LV bleibt grundsätzlich unverändert, gleich ob Änderungen des enthaltenen Leistungsumfangs zu Minderungen oder Erhöhungen der Vergütung führen würden. Änderungen mit Folgen auf die Vergütung werden also in einem anderen LV berücksichtigt.
- Sämtliche Änderungen, welche im Risiko des AG liegen, sind Gegenstand eines zweiten Leistungsverzeichnisses (LV2) für Nachtragsangebote an den AG.
- Auch zweifelhafte Nachträge an den AG werden zunächst in dieses zweite LV2 eingefügt. Erst, wenn so gut wie sicher ist, dass sie doch dem Risiko des AN zugerechnet werden müssen, werden sie in das LV1 übertragen.
- Sämtliche Nachtragsangebote beschreiben nur Differenzen gegenüber dem Leistungsumfang, welcher im ersten LV beschrieben ist. Entsprechend müssen auch die Nachtragsangebote vom NU eingefordert werden. Die Nachtragspositionen sind Träger von entsprechenden Kosten, Erlösen und Budgets.
- Bei Minderungen im Leistungsumfang haben Kosten und Erlös der Nachtragspositionen ein negatives Vorzeichen. (Zur Behandlung der Budgets wird auf Abschnitt F, Kap. 2.5 verwiesen.)

In diesem Zusammenhang sei hier wiederholt, dass die Arbeitskalkulation diejenige Einheit des Projektes ist, welche sämtliche Leistungsverzeichnisse umfasst.

Die Projektstruktur bis zu diesem Punkt zeigt Abbildung 147.

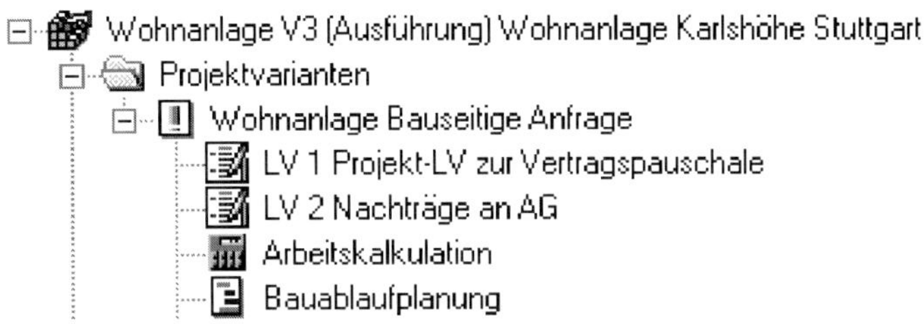

Abbildung 147: Projektstruktur bei Pauschalvertrag

Aus dem internen Bedarf der laufenden Verfolgung von Kosten und Budgets gelten folgende weiteren Empfehlungen zur Struktur des LV, welches die ursprüngliche Vertragspauschale beschreibt.

- Sofern eine Rückstellung auf das Gesamtprojekt vorzunehmen ist (z.B. für eine Vertragsstrafe), wird in das LV1 neben den Teilleistungen ein Bereich für Rückstellungen eingeführt (siehe auch Abschnitt F, Kap. 2.4.8)
- Die einzelnen Leistungsvolumina, welche zu Verträgen mit NU führen, stehen im Projekt-LV jeweils geschlossen in einer bestimmten Gruppenstufe. Dies gilt allerdings nur für die Leistungen, welche der Vertragspauschalen zuzuordnen sind, also nicht für spätere Nachtragspositionen der NU, welche an den AG "durchgereicht" werden können.
- Jede dieser Gruppenstufen wird auf der folgenden Ebene in zwei Gruppenstufen unterteilt (vergl. Abbildung 158):
  - Gruppenstufe 1 für diejenigen Leistungen, welche bereits zuverlässig ausgeschrieben und vergeben werden können. Diese Gruppenstufe beschreibt also den "Erstvertrag" mit dem NU. Ihr wird ein Teilbudget des Gewerkebudgets zugeordnet. Soweit bereits zum Zeitpunkt der Erstvergabe an den NU Leistungsänderungen definiert worden sein sollten, welche im Risiko des AG liegen, so müssen diese im LV 2 als Nachträge an den AG eingeordnet sein (siehe oben). Unter der Vergabeeinheit werden die Leistungen aus Gruppenstufe 1 des LV1 und Nachträge an den AG aus LV2 dennoch in einem einzigen NU-LV zusammengeführt (siehe Abschnitt D, Kap. 10).
  - Gruppenstufe 2 für Rückstellungen im Gewerk stellvertretend für das Leistungsvolumen, welches zum Zeitpunkt der Erstvergabe auf Grund unzureichender Planung noch nicht qualifiziert vergeben werden kann, sowie für Risiken im Gewerk. Dieser Gruppenstufe wird der zweite Teile des Gewerkebudgets zugeordnet. In diese Gruppenstufe werden spätere NU-Nachträge eingeordnet, soweit diese im Risiko des AN liegen. Mit dem Budget dieser GRS sind die Kosten aus diesen NU-Nachträgen sowie allgemeine Risiken

aus dem NU-Vertrag zu decken. Dieser gesonderte Bereich ist wichtig für die Budgetkontrolle bei Nachträgen und Problemen mit dem NU (siehe folgende Kapitel).

- Erst unterhalb der vorstehend genannten Gruppenstufen wird die LV-Struktur gewählt, wie sie zur Gliederung der Leistungsarten innerhalb des Gewerkes zweckmäßig erscheint.

Letztlich kann die Struktur natürlich auch anders gewählt werden; eine Struktur gemäß diesen Empfehlungen erleichtert allerdings die Durchführung der Controlling-Aufgaben sehr deutlich und verschafft Sicherheit in den Aussagen.

Auch die Arbeitsweise nach folgenden weiteren Empfehlungen unterstützt die Controlling-Aufgaben:

- Dem NU wird vorgegeben, wie er seine Nachträge zu strukturieren hat und dass er Leistungsänderungen grundsätzlich in Form von Angeboten für die Kostendifferenz anzubieten hat.
- Die OZ für Nachtragspositionen des NU im NU-LV werden letztlich vom AN festgelegt, gleich unter welcher OZ sie der NU angeboten hat. Eine Änderung der OZ wird dem NU mitgeteilt.
- Im NU-LV wird per gesonderten Gruppenstufen folgende Ordnung hergestellt:

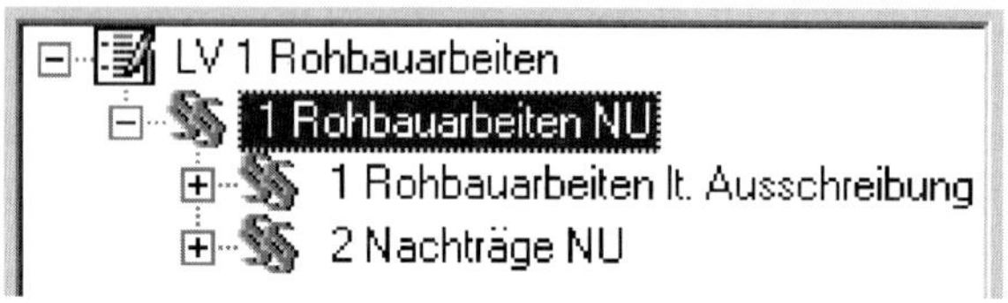

Abbildung 148: Unterteilung des NU-LV in der Vergabeeinheit

- Die OZ einer Teilleistung wird im NU-LV identisch mit der OZ im Projekt-LV gewählt, soweit dies nicht zu Gegensätzen mit anderen Empfehlungen führt, oder in seltenen Fällen gar unmöglich sein sollte. Evtl. kann man im NU-LV die oberste Hierarchiestufe des Projekt-LV weglassen, sofern es dazu im NU-LV nur ein einziges Element geben würde.

Nach dem Lesen vorstehender Empfehlungen könnten eine Reihe von Einwendungen gemacht werden, auf die eine Antwort zu geben ist:

- **Einwand 1:** Wenn das eigene Angebot auf der Grundlage eines <u>fremden</u> Teilleistungs-LV's zu Stande kam und erst anschließend pauschaliert wurde, so entspricht die Struktur des LV höchstens zufällig den Empfehlungen.

  Antwort: Eine leistungsfähige Software stellt genügend Hilfsmittel zur Verfügung, um bestehende LV's mit wenig Aufwand in eine neue Ordnung zu bringen und Positionen umzunummerieren. Die Freiheit dazu besteht, weil das LV nicht mehr zur Abrechnung mit dem AG herangezogen wird. Wenn die ursprüngliche OZ sichtbar bleiben soll, so wird dies über die zweite "internen" OZ gelöst.

- **Einwand 2:** Das Teilleistungs-LV wurde mit Hilfe eines eigenen Standard-LV aufgebaut. Die Standard-OZ sollen auch im Projekt-LV erhalten bleiben.

  Antwort: Wenn die ursprüngliche OZ sichtbar bleiben soll, so wird dies mit der zweiten "internen" OZ gelöst. Die zusätzliche Verwendung dieser internen OZ wird ohnehin empfohlen, weil sie der einzige Ansatzpunkt zum Aufbau einer Preisdatenbank für Teilleistungen ist. Sie hat dann die Bedeutung einer unveränderlichen Standard-OZ.

- **Einwand 3:** Erst die Ergebnisse aus den Ausschreibungen lassen in einigen Bereichen eine endgültige Entscheidung zu, welche Teilleistungen welcher Vergabe zugeordnet werden. Der Estrich könnte z.B. vom NU der Rohbauarbeiten, aber auch von einem Spezialunternehmen ausgeführt werden.
  Antwort: siehe Antwort zu Einwand 1

- **Einwand 4:** Es gibt NU oder gar eigene Mitarbeiter, welche verwirrt sind, wenn die vorgegebenen Leistungsverzeichnisse nicht fortlaufend lückenlos nummeriert sind.
  Antwort: Darauf muss man keine Rücksicht nehmen. Warum soll man viel Arbeitszeit investieren, um einen Zustand zu vermeiden, bei dem eine einfache Erklärung genügen würde. Im Zweifelsfall kann man ja in die Ausschreibung einen Satz aufnehmen wie: "Lücken in den OZ bedeuten nicht, dass Teilleistungen fehlen." Sollte ein NU noch eine "antiquierte" Software verwenden, welche die lückenlose OZ voraussetzt, so wird es Zeit, dass er in eine leistungsfähigere Software investiert.

- **Einwand 5:** Warum soll schon im Projekt-LV die Ordnung gemäß den Vergaben erzeugt werden, wenn die gewünschte Ordnung doch Sache der Vergabeeinheiten und der Vergabezuordnung nach Abschnitt D, Kap. 10 ist?
  Antwort: Die Übersicht wird erleichtert, wenn die gewünschte Ordnung zumindest weitgehend auch im Projekt-LV/in der Arbeitskalkulation vorhanden ist. Ausschlaggebend ist aber, dass die Budgetplanung und –kontrolle in Verbindung mit der Vergabekontrolle nur bei der empfohlenen Ordnung leicht und sicher durchführbar ist. Es gibt aus Gründen der Logik der Kalkulation keine Kalkulation direkt zum NU-LV, d.h. in der Vergabeeinheit. Folglich fehlt auf dieser Seite eine wesentliche Grundlage für eine einfache Budgetplanung und –kontrolle.

2.4.4 Bestimmung des Pauschalbudgets auf Ebene der Pauschalierung

Aus der Angebotsphase gibt es eine Aussage zu den Gesamtkosten. Dies kann sein

- Eine Angebotskalkulation auf der Basis eines Teilleistungs-LV's.
- Eine Kostenschätzung auf der Basis von Kostenelementen

Diese Kostenaussage muss in der Projektphase 2 einer kritischen Überprüfung unterworfen worden sein, bevor die Vertragsunterschrift geleistet wurde. Die Aufgabe der Auftragskalkulation war es, die Mindestkosten unter Ausschöpfung aller bis dahin überschaubaren Möglichkeiten der Kostenreduzierung festzustellen. Eine ergänzende Beurteilung von verbleibenden Kostenrisiken (KOR) hat schließlich zu einer Kostenaussage geführt, welche die endgültige Entscheidungsgrundlage war. Es muss hier unbedingt die Kenntnis der Ausführungen in Abschnitt F, Kap. 2.1 vorausgesetzt werden.

Unter Beachtung dieser Ausführungen ergibt sich das Pauschalbudget zur vereinbarten Pauschalvergütung auf der Grundlage der Auftragskalkulation wie folgt:

Pauschalbudget = (EKT + BGK + KOR) x (100 % - Kostenkorrektur in %)

Da die Kostenannahmen der Auftragskalkulation eben doch "nur" Annahmen mit zumindest kleineren Spielräumen sind, sollte der Wert auf Grund der Formel

Pauschalbudget = Pauschalvergütung x (100 % - AGK/WuG in %)

zumindest als Vergleichswert ermittelt werden. Sollte dieser Wert nur geringfügig (ca.. ± 1 %) von eingangs berechneten Wert abweichen, wird man sagen müssen, dass der eine Wert ebenso gut wie der andere ist.

Die Auftragskalkulation gibt in Form des Deckungsbeitrages Auskunft darüber, unter welcher Erwartungshaltung wir den Auftrag angenommen haben (Abbildung 149), vorausgesetzt die Kosten wurden dort unter scharfen, aber realistischen Maßstäben kalkuliert, evtl. unter Einbeziehung von Kostenrisiken. Diesen Rückstellungen für Kostenrisiken muss nicht misstraut werden, sind sie doch von den Sollkosten getrennte "Posten" in der Kalkulation mit eigenen Budgets. "Verfügbar" sind zunächst nur die Budgets für den Anteil der Sollkosten. Gerade über die Rückstellungen können die zunächst verfügbaren Budgets im Sinne einer vorsichtigen Freigabe reguliert werden.

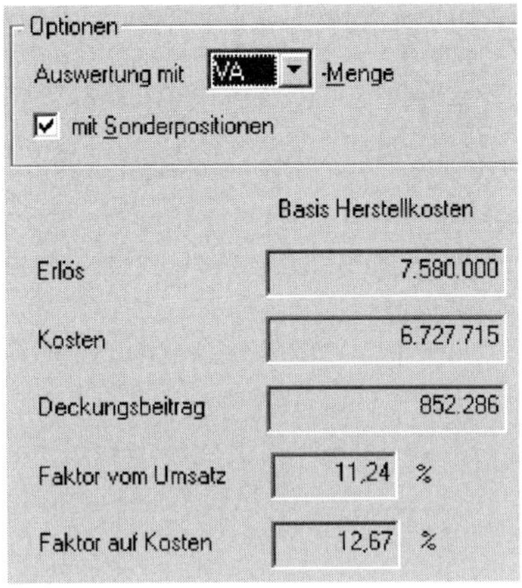

Abbildung 149: Pauschalerlös, Kosten, Deckungsbeitrag aus der Auftragskalkulation

Vorstehendes Beispiel würde bei AGK in Höhe von 8 % des Umsatzes zu einem Ergebnis von 11,24 % - 8,00 % = 3,24 % bezogen auf Umsatz führen. Nur, wenn die Erwartungshaltung höher läge, wäre die Kostenaussage (incl. Rückstellungen) in Höhe von 6.727.715 unbefriedigend.

Bei AGK in Höhe von 8 % und erwarteten WuG in Höhe von 3 %, jeweils vom Umsatz, würde das Budget nur geringfügig von den Kosten lt. Auftragskalkulation abweichen, wenn man es nach der Formel

Pauschalbudget = Pauschalvergütung x (100 % - AGK/WuG in %)

berechnet.

Pauschalbudget = 7.580.000 x (100 % - 11 %) = 6.746.200

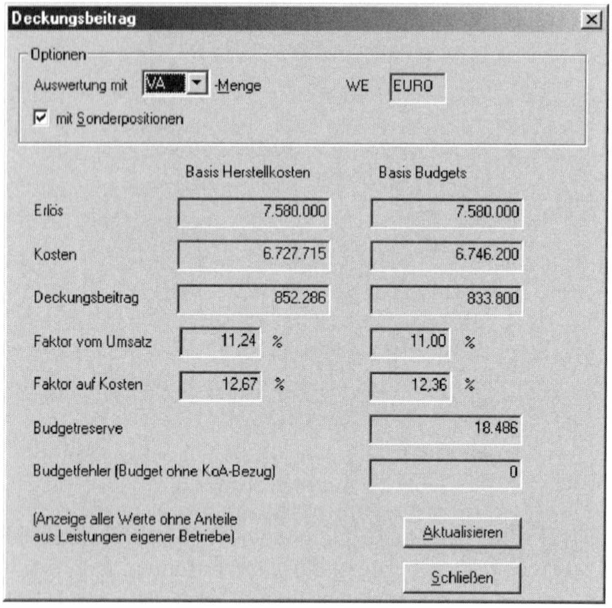

Abbildung 150: Ergebnis der Arbeitskalkulation unmittelbar nach Phasenwechsel und Eintrag des Pauschalbudgets (vor Aktualisierung der Sollkosten)

2.4.5 Festlegung der Gewerkebudgets

2.4.5.1 Einleitende Feststellung zum NU-LV

Die Budgets der einzelnen Gewerke werden benötigt, weil sie der Vergleichs- und Kontrollmaßstab für die Vergabe und Ausführung der NU-Leistungen sind (siehe Abschnitt F, Kap. 2.1. Die Gewerkebudgets wiederum sind dann der Ansatzpunkt zur Berechnung der Budgets von Teilleistungen, welche für die Bewertung teilfertiger Leistungen benötigt werden.

Die Budgets einzelner Gewerke einschl. des Bereiches von Planung und Eigenleistungen können nur aus der Gesamt-Budgetplanung des Projektes heraus festgelegt werden, weil die Summe der Gewerkebudgets genau dem festgesetzten Pauschalbudget entsprechen muss. Aus diesem Grund ist die Festlegung nicht in isolierter Arbeit innerhalb der einzelnen Gewerke-LV's in den Vergabeeinheiten möglich, sondern nur im Gesamt-Projekt-LV/in der Arbeitskalkulation. Die dort festgelegten Gewerkebudgets bzw. Teilleistungsbudgets sind dann die maßgebenden Budgetwerte für die in den NU-LV's enthaltenen Teilleistungen.

Es gilt:

Die Budgetwerte von Elementen eines NU-LV, welche mit Elementen des Projekt-LV/der Arbeitskalkulation verknüpft sind, sind aus Sicht der Vergabeeinheit unveränderbare Werte; es sind dort Festbudgets. Dabei wird vorausgesetzt, dass die VA-

Mengen der Positionen auf beiden Seiten identisch sind, was durch die eingesetzte Software gewährleistet werden kann und muss. Im NU-LV können also Budgetwerte verknüpfter Elemente nicht geändert werden, aber auch nicht die Budgetwerte von deren übergeordneten Gruppenstufen oder des gesamten NU-LV.

Sollte eine GRS des NU-LV oder gar das gesamte NU-LV mit einer Pauschalposition des Projekt-LV verknüpft sein, so stehen deren Positionen nicht im Projekt-LV (vergl. Abschnitt D, Kap. 10.4.3.6). Nur dann können die Budgetwerte im NU-LV nach unten auf die Positionen verteilt werden, weil diese nicht mit dem Projekt-LV verknüpft sind.

Das NU-LV wird automatisch über die verknüpften Elemente mit den maßgebenden Budgetwerten aus dem Projekt-LV/der Arbeitskalkulation versorgt. Eine Aufteilung dieser Werte ist im NU-LV für den Fall möglich, dass es dort unterhalb der Ebene der Verknüpfung weitere Elemente gibt, die nicht mit dem Projekt-LV/der Arbeitskalkulation verknüpft sind.

2.4.5.2 Rechnerische Aufteilung des Pauschalbudgets

Ein Festbudget (Pauschalbudget) eines Elementes der LV-Struktur kann auf dessen untergeordnete Elemente rein rechnerisch nach folgenden Schlüsseln aufgeteilt werden:

- im Verhältnis der Kosten für VA-Mengen:

$$\text{Teilbudget} = (\text{Pauschalbudget}) \times \frac{(\text{Kosten Element für VA-Mengen})}{(\text{Gesamtkosten für VA-Mengen})}$$

- im Verhältnis der Gesamtbeträge (GB) der Positionen für VA-Mengen, sofern es Positionen mit EP/GB gibt.

In der Regel werden die Kosten lt. Kostenkalkulation als Verteilungsschlüssel herangezogen werden. Es könnte aber auch sein, dass zunächst lediglich ein Grob-LV mit geschätzten Gesamtbeträgen zur Verfügung steht. Dann wird dieser Schlüssel für die rechnerische Aufteilung verwendet.

Die genannten Grundlagen zur rechnerischen Aufteilung mögen ungenau sein. Solange aber nichts besseres existiert, ist es die einzige Grundlage zur Berechnung der Gewerkebudgets. Bevor die Berechnung durchgeführt wird, sollte nochmals versucht werden, die bisherigen Kostengrundlagen lt. Auftragskalkulation zu verbessern. Dazu gehört auch die Abschätzung der Kostenrisiken in den einzelnen Gewerken. Diese Risiken sollten zur Erleichterung der Budgetplanung in gesonderten Gruppenstufen der Gewerke abgebildet werden; siehe hierzu Abschnitt F, Kap. 2.4.6. Wenn die Kostenrisiken bestimmt sind, werden die Gewerke incl. dieser Beträge gewichtet und erhalten entsprechende Anteile des Pauschalbudgets. Innerhalb der Gewerke erhalten die Rückstellungen für Kostenrisiken wiederum gewichtete Anteile am Gewerkebudget.

Sämtliche Gewerkebudgets müssen möglichst noch vor der Vergabe des ersten Gewerkes bestimmt werden, weil ja bereits für die Kontrolle dieser Vergabe ein Gewerkebudget bekannt sein muss.

Wurde beim Wechsel des Datenbestandes von der Phase 2 in die Phase 3 die Möglichkeit genutzt, die Budgetwerte als Vorschlagswerte zu generieren (siehe Abschnitt C, Kap. 8) so gibt es bereits Budgetwerte zu allen Elementen, entweder genau in Höhe der Kosten lt. Auftragskalkulation oder in Höhe der um einen geringen Prozentsatz veränderten Kosten. Wird anschließend, also in Phase 3, das neu bestimmte Pauschalbudget auf Ebene des LV für die Vertragspauschale (siehe Abschnitt F, Kap. 2.4.2) eingetragen, so ist dieser Wert in der Regel nicht identisch mit der Budgetsumme der untergeordneten Elemente. Diese Ausgangssituation zeigt Abbildung 151.

OZ	Kurztext	FB	Budget	Budgetfehler
1	Projekt-LV zur Vertragspauschale	✓	6.746.200,00	18.484,50

Abbildung 151: Budgetfehler nach Eintrag des Pauschalbudgets

Die Abweichung der Summe der bisher generierten Budgets der untergeordneten Elemente vom neu eingetragenen Pauschalbudget wird in Form des "Budgetfehlers" sichtbar. In obigem Beispiel liegt das eingetragene Pauschalbudget um 18.484,50 höher als die mit dem Projektphasenwechsel generierte Budgetsumme, d.h. diese war bisher 6.727.715,50 (vergl. Abbildung 150, linke Spalte). Die Differenz ist tatsächlich ein Fehler, weil die Budgetsumme der untergeordneten Elemente in diesem Zustand noch nicht mit dem übergeordneten Festbudget übereinstimmt. Es wird davon ausgegangen, dass immer das übergeordnete Festbudget der maßgebende Wert ist. Mit dem Eintrag des neuen Pauschalbudgets, welches automatisch ein Festbudget ist, muss eine Neuberechnung der untergeordneten Werte durchgeführt werden. Eine Software kann automatisch dazu auffordern (Abbildung 152).

Der Vorgang der Aufteilung erzeugt in den untergeordneten Elementen neue Budgetwerte bis hinunter zu den Ansatzzeilen der Kalkulation. Diese Budgets sind aber keine Festbudgets, sondern berechnete Budgets, die jederzeit durch einen neuen Rechenvorgang auf geänderter Grundlage geändert werden können. Nur Festbudgets wären gegen eine Veränderung durch einen Rechenvorgang geschützt. Diese dürfte es aber unmittelbar nach Erfassen des Pauschalbudgets noch nicht geben.

Nach Durchführung der Verteilung des Pauschalbudgets verfügt jedes Element des Projekt-LV über einen neu berechneten Budgetwert. Die Summe dieser Teilbudgets auf der Basis der VA-Mengen entspricht dem Wert des erfassten Pauschalbudgets. Der Budgetfehler auf Ebene der Vertragspauschalen ist damit eliminiert (Abbildung 152, rechts).

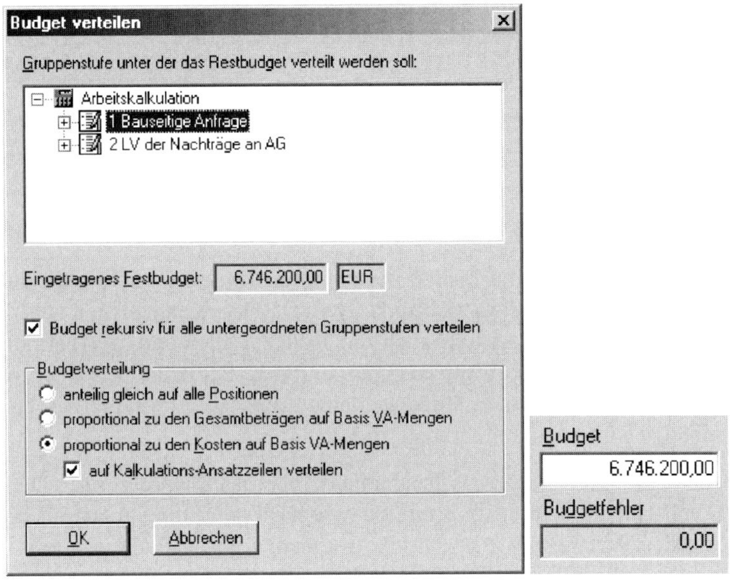

Abbildung 152: Verteilung eines Festbudgets auf die untergeordneten Elemente und Kontrolle des Budgetfehlers

2.4.5.3 Festlegung und individuelle Veränderung der Gewerkebudgets

Nach der Verteilung des Pauschalbudgets gemäß vorstehendem Kapitel verfügen die einzelnen Gewerke, welche im Projekt-LV über Gruppenstufen abgebildet sind, über berechnete Budgets, welche in Summe in Einklang mit dem Pauschalbudget sind.

Wenn anschließend in einem oder mehreren Gewerken Veränderungen im Leistungsumfang vorgenommen werden, verändern sich die Gewichte der einzelnen Gewerke im Projekt. Man könnte nun zwar auf eine Neuverteilung des Pauschalbudgets verzichten, andererseits ist eine Neuverteilung aber spätestens dann erforderlich, wenn Leistungen zwischen Gewerken verlagert werden. Sollten sich aber Leistungsvolumina auch anderer Gewerke bis dahin verändert haben, womit im Laufe der Bauzeit in fast allen Gewerken zu rechnen ist, so würde die Neuverteilung des Pauschalbudgets die Budgets sämtlicher Gewerke verändern, also nicht nur der Gewerke, zwischen denen Leistungen "verschoben" wurden.

Solange die berechneten Gewerkebudgets keine Festbudgets sind, führt jede Änderung in irgendeinem Gewerk (Leistungen, VA-Mengen) und eine darauf folgende Neuverteilung des Pauschalbudgets zur Änderung sämtlicher Gewerkebudgets. Dies wäre absolut unerwünscht, weil es die Budgetkontrolle innerhalb der einzelnen Gewerke nahezu unmöglich machen würde. Die gegenseitige Beeinflussung der Gewerke könnte dazu führen, dass sich in einem bestimmten Gewerk eine zunächst positive Sicht in eine negative wandelt, ohne dass sich in dem Gewerk selbst etwas geändert hat.

OZ	Kurztext	FB	Budget	Budgetfehler
1.	Rohbauarbeiten		2.575.212,14	0,00

OZ	Kurztext	FB	Budget	Budgetfehler
1.	Rohbauarbeiten	✓	2.575.212,14	0,00

Abbildung 153: Gewerkebudget vor und nach der Festlegung als Festbudget

Aus diesem Grund werden die bisher berechneten Budgets auf Ebene der Gewerke als Festbudgets festgeschrieben (Abbildung 153). Das Kennzeichen des Festbudgets bewirkt, dass dieser Budgetwert und auch die Budgets aller darunter befindlichen Teilbudgets nicht verändert werden, wenn das übergeordnete Pauschalbudget neu verteilt wird. Sofern alle Gewerke mit einem Festbudget belegt sind, ist eine rechnerische Aufteilung des Pauschalbudgets überhaupt nicht mehr möglich.

Es könnte auch ein anderer Wert als Festbudget eingetragen worden sein. Dies wäre aber in der Regel nur dann gerechtfertigt, wenn inzwischen Teilleistungen zwischen diesem und anderen Gewerken verlagert worden wären. In einem solchen Fall "wandern" berechnete Budgets der verlagerten Elemente von Gewerk zu Gewerk, was eine Anpassung der dortigen Gewerkebudgets bedingt (siehe Abbildung 155 und Abbildung 156).

Bei individueller Veränderung von Gewerkebudgets wird anschließend wahrscheinlich die Summe aller Gewerkebudgets nicht mehr mit dem Pauschalbudget übereinstimmen. Dies zeigt die Budgetkontrolle auf Ebene der Vertragspauschalen (LV 1) auf (Abbildung 154).

Budget
6.746.200,00
Budgetfehler
-100.000,00

Abbildung 154: Budgetkontrolle nach individueller Änderung von Gewerkebudgets

Um den Budgetfehler zu beseitigen, gibt es zwei Möglichkeiten:

- Die Budgets einiger Gewerke werden individuell so geändert, dass der Budgetfehler auf Ebene des Pauschalbudgets auf 0,00 geht.
- In einem oder mehreren Gewerken wird das Festbudgetkennzeichen aufgehoben, z.B. in den Gewerken, zwischen denen Leistungsverlagerungen vorgenommen wurden. Anschließend wird das Pauschalbudget auf Ebene des LV1 neu verteilt. Die Neuverteilung wirkt nur bei den Gewerken, welche nicht mit einem Festbudget belegt sind. Der Rechenvorgang folgt der Logik, dass vom maßgebenden Pauschalbudget zunächst alle noch verbliebenen Festbudgets der Gewerke abgezogen werden. Dieses Restbudget wird proportional auf diejenigen Gewerke verteilt, welche kein Festbudget haben. Dieses Prinzip gilt übrigens bei der Verteilung aller Festbudgets auf untergeordnete Elemente.

Es ist zu empfehlen, dass anschließend auch die neu berechneten Gewerkebudgets wieder mit dem Festbudgetkennzeichen gegen ungewollte Veränderungen geschützt werden.

Es wurde bereits angedeutet: Die zu Projektbeginn bestimmten und schließlich als Festbudgets markierten Budgetwerte der Gewerke werden nur in Ausnahmefällen geändert, damit die Budgetkontrolle über den Verlauf der Bauzeit übersichtlich bleibt.

Auf jeden Fall muss ein Gewerkebudget nachträglich geändert werden, wenn dem Gewerk entweder Teilleistungen hinzugefügt werden, die vorher Bestandteil eines anderen Gewerkes waren, oder wenn dem Gewerk Teilleistungen entnommen und einem anderen Gewerk zugeordnet werden. Bei der Verlagerung von Teilleistungen gehen deren Budgets mit. In den betroffenen Gewerken entsteht dadurch zunächst ein Budgetfehler, welcher auf Ebene der Gewerke sichtbar ist (Abbildung 155).

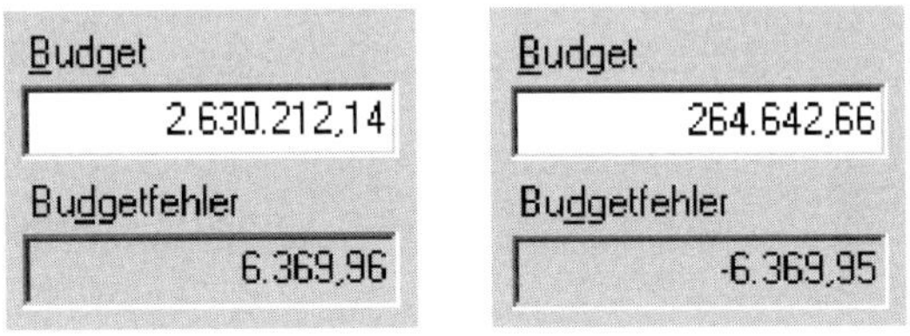

Abbildung 155: Budgetfehler nach Leistungsverlagerung zwischen Gewerken

Man braucht nun nur das Festbudgetkennzeichen in den Gewerken aufzuheben, worauf beide Gewerkebudgets um den jeweiligen Budgetfehler korrigiert werden, weil dann das berechnete Gewerkebudget die Summe der untergeordneten Teilbudgets gemäß aktuellem Stand ist (Abbildung 156).

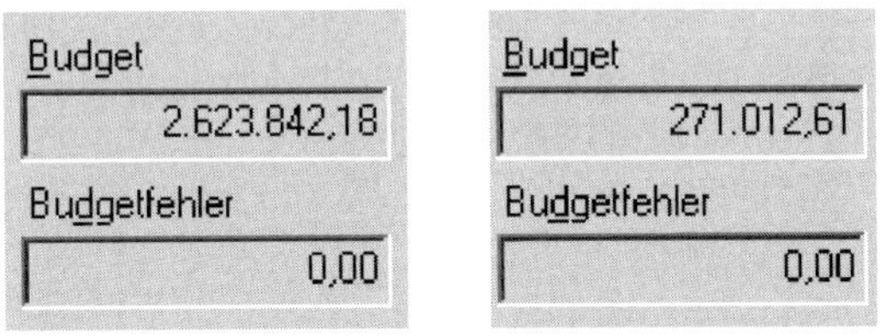

Abbildung 156: Automatisch korrigierte Gewerkebudgets nach Aufhebung des Festbudgetkennzeichens

Es kann in Erwägung gezogen werden, Gewerkebudgets zu ändern, wenn sehr gravierende Fehleinschätzungen aus früherer Zeit erkannt werden. Dann wären mehrere oder gar alle Gewerkebudgets im Zusammenhang zu überarbeiten, so dass sich anschließend wieder das Pauschalbudget ergibt. Dann muss aber unbedingt eine entsprechende Information an alle Projektbeteiligten gehen, damit die Änderungen in den Gewerkeaussagen verstanden werden. Solche Eingriffe sollten gut überlegt sein. Sie bringen so gut wie nichts, wenn generell Unterschätzungen festgestellt werden, weil dann ohnehin keine Möglichkeit des Ausgleichs über andere Gewerke besteht.

Solche Korrekturen sind letztlich auch überflüssig, weil die Transparenz innerhalb der Gewerke schon vor der Vergabe an NU durch entsprechende Rückstellungen gegenüber den bisher angenommen Sollkosten geschaffen werden kann. Die Kontrolle über das Gesamtprojekt ist ebenfalls für jede Art von Kosten- und Ergebnisaussage gewährleistet, wenn in der Arbeitskalkulation die Kostenaussagen durch Aussagen über Rückstellungen gemäß der Konzeption des Baustellen-Controlling ergänzt werden. Hierauf wird im folgenden Kapitel eingegangen.

Abbildung 157 zeigt einen Ausschnitt aus der Budgetübersicht der Gewerke. Die Spalte "FB" zeigt das Festbudgetkennzeichen.

OZ	Kurztext	FB	Budget
1	Bauseitige Anfrage	✓	6.746.200,00
1.	Rohbauarbeiten	✓	2.630.212,14
1. 1.	Rohbauarbeiten lt. Ausschreibung	✓	2.630.212,14
2.	Ausbau-Gewerke	✓	2.038.385,45
2.14.	Natur- und Betonwerksteinarbeiter	✓	94.970,23
2.16.	Zimmer- und Holzarbeiten	✓	264.642,66
2.20.	Dachdeckungsarbeiten	✓	149.404,39
2.21.	Dachabdichtungsarbeiten	✓	36.482,47
2.22.	Klempnerarbeiten	✓	45.168,77
2.23.	Putz- und Stuckarbeiten	✓	186.465,94
2.24.	Estrich, Fliesen, Platten	✓	160.407,04
2.27.	Tischlerarbeiten	✓	429.682,39
2.28.	Parkettarbeiten	✓	11.002,65
2.30.	Rollladenarbeiten	✓	19.688,95
2.31.	Metall- und Schlosserarbeiten	✓	48.064,20
2.32.	Fenster und Türen	✓	282.594,35
2.34.	Maler- und Lackierarbeiten	✓	151.141,65
2.36.	Boden- und Belagsarbeiten	✓	158.669,78
3.	Haustechnik-Gewerke	✓	1.122.270,17

Abbildung 157: Budgetübersicht über Gewerke

2.4.6 Sonderbereich pro Gewerk für Rückstellungen

In Abschnitt F, Kap. 2.4.2 wurde empfohlen, die Grobstruktur eines Gewerkes auf der nächst tieferen Ebene der Gruppenstufen gemäß Abbildung 158 zu wählen. Dies gilt zumindest dann, wenn nicht ausgeschlossen werden kann, dass das Gewerk mit Risiken behaftet ist, welche zu Nachträgen des NU führen können, welche wiederum nicht an den AG "durchgereicht" werden können.

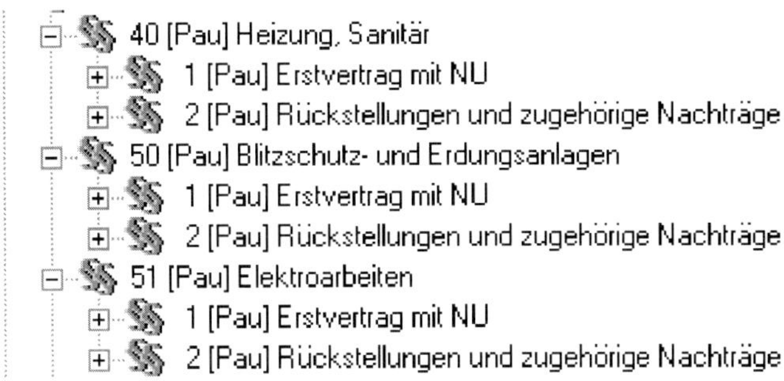

Abbildung 158: Grobstruktur der einzelnen Gewerke

Es ist eine nicht zu verleugnende Erfahrung, dass in einem Pauschalvertrag, welcher die Risiken aus der Detailplanung dem AN zuweist, nahezu in jedem Gewerk, welches auszuschreiben ist, der Gesamtleistungsumfang nach zwei Kriterien qualifiziert werden muss:

- Leistungsumfang, der bereits ausreichend genau bestimmt werden kann, so dass eine sinnvolle Ausschreibung und somit auch einen Vergabe möglich ist.
- Leistungsumfang, der zwar erahnt, aber noch nicht hinreichend genau bestimmt werden kann. Hier sind Nachträge des NU oder sonstige Zusatzkosten zu erwarten.

Wie groß die beiden Anteile gemessen am Gesamtleistungsumfang sind, hängt davon ab, wie weit die Gesamtplanung des Projektes sowie die Detailplanung des Gewerkes selbst zu dem Zeitpunkt gediehen sind, an dem die Vergabe spätestens durchgeführt werden muss. Das Gesamt-Gewerkebudget ist zwar nicht von den Unsicherheiten betroffen, wohl aber das Budget, welches noch zurückgehalten werden muss. Davon wiederum hängt es ab, welches Budget dem Leistungsumfang zugewiesen werden kann, der zum sog. Erstvertrag mit dem NU führen soll.

Unter der Gruppenstufe "Rückstellungen und zugehörige NU-Nachträge" muss versucht werden, die Kostenrisiken abzuschätzen, welche aus den unterschiedlichsten Gründen bestehen können, z.B.:

- Mengenrisiko in den ausgeschriebenen Teilleistungen
- noch "unbekannte" oder nicht ausreichend qualifizierbare Teilleistungen
- Kostenrisiko aus nicht erzielbarer Festpreisbindung über die Dauer der NU-Bauzeit (meist erst unmittelbar vor Vergabe feststellbar)
- Allgemeines Risiko im NU selbst (ebenfalls erst unmittelbar vor Vergabe erahnbar)

Eine objektive Risikoabschätzung ist sehr schwer; darauf wurde bereits in Abschnitt D, Kap. 5.1.3.1 eingegangen. Man darf hier nicht übertreiben, weil damit niemand gedient wäre. Man darf Risiken aber auch nicht unterschätzen, weil sonst zunächst von zu günstigen Voraussetzungen ausgegangen würde. Es ist wichtig, die Risiken über differenzierte Einzelbetrachtungen einzugrenzen. Dazu fehlen andererseits oft noch die Planungsgrundlagen und die Kenntnis der späteren Ausführungsbedingungen. Zu viele Einzelbetrachtungen bergen wiederum die Gefahr, dass überall nur "Befürchtungen" gesammelt werden und "Chancen" übersehen werden. Hier hilft nur Erfahrung und auch gesamtheitliche Betrachtung.

Die vorgenommenen Rückstellungen können letztlich nur ein Kompromiss sein. Sie sind aber dann ein nützliches Mittel im Baustellen-Controlling, weil sie uns einerseits die "Posten" vor Augen führen, in denen erhöhte Aufmerksamkeit angebracht ist, und andererseits den anderen Teil des Leistungsumfangs definieren, in dem wir schon relativ abgesichert vorgehen können.

Das Gesamtbugdet des Gewerkes wird nach durchgeführter Risikoabschätzung in Form von Kostenaussagen (siehe Abschnitt F, Kap. 1.2.8) aufgeteilt. Als Schlüssel für die Aufteilung werden die Kostenaussagen beider Bereiche herangezogen. Dabei gibt es zwei sinnvolle Möglichkeiten:

a) Das Gesamtbudget wird proportional der Kosten aufgeteilt. In der ersten Gruppenstufe sind es entweder noch die Kostenannahmen lt. Auftragskalkulation oder es sind bereits schon revidierte Werte, aber natürlich noch nicht die Vergabepreise, weil die Vergabe ja erst noch ansteht. Als Zwischenstand der Kostenaussage kann durchaus schon das inzwischen vorliegende neue Angebot des in Frage kommenden Bieters verwendet werden. Dessen Angebotspreise können aus dem Preisspiegel direkt in die Arbeitskalkulation eingestellt werden (siehe Abschnitt D, Kap. 10.5). Bei der späteren Vergabe werden diese vorläufigen Werte automatisch überschrieben, gleich welcher Bieter letztlich ausgewählt wurde.

b) Der Gruppenstufe für die Rückstellungen wird ein Festbudget in Höhe der angenommenen Kostenrisiken zugewiesen. Das Budget für den Erstvertrag des NU ist dann der Rest vom Gesamt-Gewerkebudget.

Abbildung 159 zeigt aufgeteilte Gewerkebudgets in vorstehendem Sinn, wobei einmal die eine, einmal die andere Methode der Aufteilung benutzt wurde.

OZ	Kurztext	FB	Budget
3.	Haustechnik-Gewerke		1.219.696,39
3.40.	Heizung, Sanitär	✓	842.361,89
3.40. 1	Erstvertrag mit NU		802.242,15
3.40. 2	Rückstellungen und zugehörige Nachträge		40.119,73
3.50.	Blitzschutz- und Erdungsanlagen	✓	30.837,37
3.50. 1	Erstvertrag mit NU		30.837,37
3.50. 2	Rückstellungen und zugehörige Nachträge		0,00
3.51.	Elektroarbeiten	✓	267.667,94
3.51. 1	Erstvertrag mit NU		252.667,94
3.51. 2	Rückstellungen und zugehörige Nachträge	✓	15.000,00

Abbildung 159: Gewerke nach Zweiteilung des Budgets

2.4.7 Die Budgets der Positionen

Die Budgets der einzelnen Positionen ergeben sich aus der rechnerischen Aufteilung des Gewerkebudgets im Verhältnis der Kosten für VA-Mengen (siehe Abschnitt F, Kap. 2.4.5.3). Die Budgets der Positionen werden in der Regel nicht als Festbudgets festgelegt.

Die Budgets der Positionen werden benötigt, um Budgetsummen zu bestimmten Leistungsständen der Gewerke berechnen zu können. Diese Berechnungen basieren auf den LE-Mengen der Positionen:

$$\text{Budgetsumme} = \sum [(\text{Budget/ME}) \times (\text{LE-Menge})]$$

2.4.8 Besonderes Risiko im Gesamtprojekt

Ein gewerkeübergreifendes Risiko wird nach den Regeln der vorstehenden Kapitel im LV-Bereich der Eigenleistungen berücksichtigt. Es wird sinnvollerweise vor der Festlegung der Gewerkebudgets gemäß Kap. 2.4.5 eingebracht, weil es dann automatisch einen Budgetanteil erhält, welcher zu Lasten aller Gewerkebudgets geht.

2.4.9 Ausschreibung und Vergabekontrolle

Der Budgetanteil eines Gewerkes, welcher dem Leistungsumfang zugewiesen ist, der zunächst der Vergabe zugeführt werden kann (Kap. 2.4.6), dient zunächst als Anhaltspunkt für die Zielvorstellungen bei der Vergabe, dem **Vergabeziel**. Ob allerdings das Budget direkt das Vergabeziel ist oder ein davon abweichender Wert hängt im Wesentlichen davon ab, wie man die Marktpreise für den betreffenden Leistungsumfang zum Zeitpunkt der Ausschreibung und die Chancen zu deren Beeinflussung im konkreten Fall einschätzt.

Im Beispiel gemäß Abbildung 160 ist aus dem Budget ein Vergabeziel über einen Faktor von 0,98 entwickelt worden.

Budget	Vergabefaktor/[%]	Vergabeziel
802.242,15	98,00	786.197,31

Abbildung 160: Entwicklung eines Vergabeziels aus dem Budget

Budget und Vergabeziel werden bereits im Preisspiegel als Vergleichsgrößen benutzt (Abbildung 161).

OZ	Kurztext	Beschreibung	40119 Fa. Rohr	40108 Fa. Kessel	40121 Fa. Leitung	Budget	Vergabeziel
40	Heizung, Sanitär	Summe vor Nachl.	817.380,00	**845.120,00**	842.023,00		
		Nachlass	32.695,20	**42.256,00**	16.840,46		
		Summe	784.684,80	**802.864,00**	825.182,54	**802.242,15**	**786.197,31**
		MwSt.	16,00%	**16,00%**	16,00%		
		MwSt.-Betrag	125.549,57	**128.458,24**	132.029,21		
		Bruttosumme	910.234,37	**931.322,24**	957.211,75		
		Prozent/Rang	100,0/ 1	**102,3/ 2**	105,2/ 3		

Abbildung 161: Budget und Vergabeziel als Vergleichsgrößen im Preisspiegel

Im Preisspiegel können zusätzlich die derzeit kalkulierten Kosten als Vergleichsgröße benutzt werden, sofern diese nicht identisch mit den Budgets sein sollten.

Nach durchgeführter Vergabe erfolgt die einfache Vergabekontrolle auf Ebene der Vergabeeinheit, welche im Vergleich zwischen Budget und Vergabesumme besteht (Abbildung 162). Der aktuelle Stand des Preisspiegels vor der Vergabe hat dieselbe Information gezeigt.

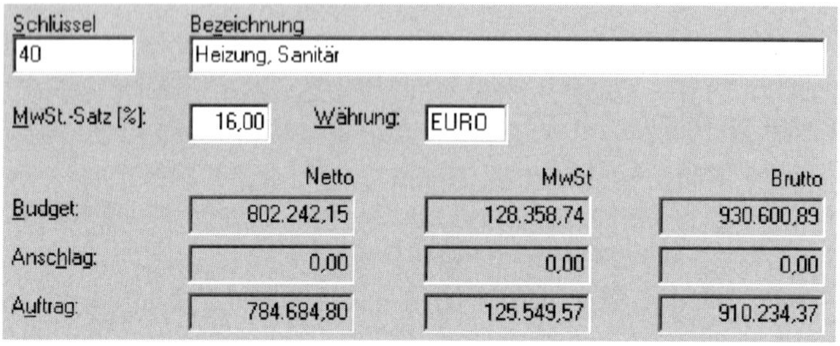

Abbildung 162: Einfache Vergabekontrolle in der Vergabeeinheit

Wenn die Vergabesumme niedriger ausgefallen ist als das Budget, so mag dies auf den ersten Blick befriedigend sein. Es darf aber nicht übersehen werden, dass es dennoch Gefahrenquellen gibt, welche das Bild eintrüben können, z.B.:

- Dem Gewerk wurde ein zu hohes Budget zugewiesen, während anderen Gewerken ein zu niedriger Wert zur Verfügung steht.
- Es sind zu geringe Rückstellungen im Gewerk vorgenommen worden, wodurch dem Leistungsvolumen gemäß Erstvertrag ein zu hohes Budget zugewiesen ist.
- Die VA-Mengen der Teilleistungen, welche der Vergabesumme zu Grunde liegen, sind im Durchschnitt zu niedrig angesetzt, d.h. die Abrechnungssumme des NU könnte höher sein.

Sämtlichen Unsicherheiten kann man nur durch eine sorgfältige Überprüfung des Leistungsvolumens in allen Gewerken begegnen. Sofern man zum Zeitpunkt einer Vergabe glaubt, alles diesbezüglich mögliche getan zu haben, muss aber auf jeden Fall neben der Vergabekontrolle im einzelnen Gewerk gemäß Abbildung 161 und Abbildung 162 gleichzeitig die Budgetkontrolle über das Gesamtprojekt durchgeführt werden. Darüber wird zumindest festgestellt, ob die aktuelle Vergabe zu einer Verbesserung oder zu einer Verschlechterung der Situation im Gesamtprojekt führen wird. Dabei kommt es auf den Vergleich zwischen der Situation vor und nach Einarbeitung der Vergabepreise in die Arbeitskalkulation an, wie ihn Abbildung 163 zeigt.

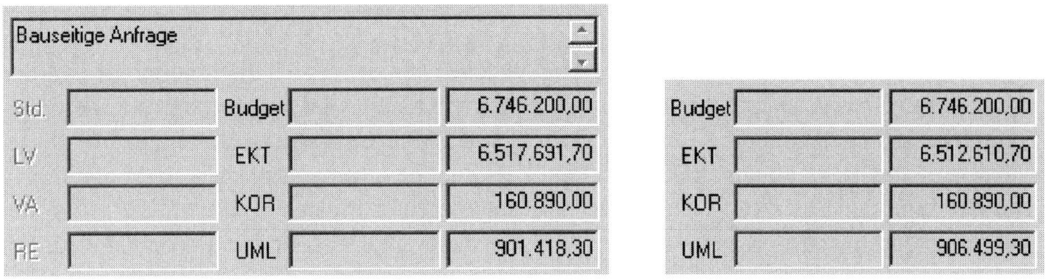

Abbildung 163: Projekt-Budgets und -Kosten vor und nach einer NU-Vergabe

Der vorstehend gezeigte höhere Wert für den verbleibenden Umlageanteil (UML) signalisiert eine Verbesserung des Deckungsbeitrages nach der Vergabe.

Die ausführliche Kontrolle unter Darstellung der einzelnen Gewerke wird in dem folgenden Kapitel – bereits unter Einbeziehung von ersten Nachtragsangeboten von Nachunternehmern - gezeigt.

Solange nicht alle Gewerke vergeben sind, beruhen Kostensummen auf Ebene des Projektes teilweise auf noch vorläufig angenommenen Preisen und teilweise auf bereits durch Vergaben abgesicherten Preisen für NU-Leistungen.

2.4.10 Nachträge der NU und Budgetkontrolle

2.4.10.1 Einordnung der Nachtragspositionen in die LV-Strukturen

Reichen beauftragte Nachunternehmer Nachtragsangebote ein, so werden diese zunächst in den (gemäß den Empfehlungen Abschnitt F, Kap. 2.4.2. Abbildung 148) für Nachträge vorgesehenen Bereich des NU-LV in der Vergabeeinheit aufgenommen. Anschließend werden sie mit Hilfe der Vergabezuordnung (Abschnitt D, Kap. 10) gemäß folgender Qualifikation in die Struktur der beiden Projekt-LV's gemäß Abschnitt F, Kap. 2.4.2 kopiert, womit auch die Arbeitskalkulation automatisch ergänzt wird:

- Nachträge, welche an den AG "durchgereicht" werden können, werden in das LV2 für die Nachträge an den AG eingeordnet. Die Kosten aus diesen Nachtragsangeboten gehen nicht zu Lasten des Pauschalbudgets, weil die Nachträge zu gesonderten Erlösen führen, womit gesonderte Budgets zur Verfügung stehen.
- Nachträge, welche zu Lasten des Risikos des AN gehen, werden in das LV zum Pauschalvertrag eingeordnet. Die Einordnung erfolgt im jeweiligen Gewerk in der gesonderten Gruppenstufe, in welcher auch die Rückstellungen für das Gewerk stehen. Die Kosten aus diesen Nachtragsangeboten gehen zu Lasten des jeweiligen Gewerkebudgets, speziell zu Lasten des Budgets für die Rückstellungen.

Sollte ein NU-Nachtrag zunächst an den AG weitergereicht, aber von diesem später endgültig abgelehnt worden sein, so wird dieser Nachtrag aus dem LV2 für die AG-Nachträge entfernt und in das LV1 für den Pauschalvertrag eingeordnet. Diese Neueinordnung bedingt eine erneute Budgetkontrolle, weil die Kosten jetzt zu Lasten des ursprünglichen Gewerkebudgets gehen.

2.4.10.2 Der Nachtrag des NU wird zu eigenem Nachtrag an den AG

Reicht ein NU ein Nachtragsangebot ein, welches an den AG "durchgereicht" werden kann, so entsprechen Handhabung und Regeln zur Kosten- und Budgetkontrolle den Darstellungen gemäß Abschnitt F, Kap. 2.3 für den Einheitspreisvertrag. Jede einzelne dieser Nachtragspositionen an den AG liefert "ihr" zusätzliches Budget, welches in Abhängigkeit von der internen Bewertung des (dem AG) angebotenen Preises bzw. von der Höhe des endgültig durch den AG genehmigten Preises steht. Die Regeln zur Berechnung dieser Zusatzbudgets sind dem Unterkapitel 2.3.1.2 zu entnehmen. (Auf die Handhabung von Budgets im Falle von Nachträgen für Rückvergütungen an den AG wird im speziellen Kapitel 2.5 eingegangen.)

In der Regel müsste das Budget eines genehmigten Nachtrages an den AG ausreichen, um die entsprechenden Kosten aus dem NU-Nachtrag zu decken. Man wird nach Möglichkeit dem NU einen Preis genehmigen, der die Bedingung erfüllt

$$\text{genehmigter Vergabepreis} \leq \text{Budget ohne BGK-Anteil}$$

also

$$\text{genehmigter Vergabepreis} \leq (\text{Erlös}) \times [100\ \% - (\text{AGK/WuG in } \% + \text{BGK in } \%)]$$

Dies bedeutet auch, dass der Vergabepreis für den NU nach Möglichkeit erst dann festgelegt wird, wenn der vom AG genehmigte Preis vorliegt.

Sollte dem NU ein höherer Preis genehmigt werden müssen, so reicht das Budget zur Deckung der Kosten nicht aus.

Im Zeitraum vor der Genehmigung eines Nachtrages durch den AG kann ein Zustand vorliegen, in dem die Sollkosten höher sind als das Budget. Dies ist dann der Fall, wenn der Nachtrag des NU aus Sicht des AN vorsichtig, d.h. mit 100 %, und der dem AG angebotene Preis ebenfalls vorsichtig bewertet wird, was in diesem Fall aber deutlich unter 100 % bedeutet mit einem entsprechend niedrig bewerteten Budget. Dieser Zustand wird dann erst mit der Genehmigung des Nachtrages durch den AG beendet (vergl. auch Abbildung 138).

Wird der Nachtrag durch den AG abgelehnt, so geht der entsprechende Nachtrag des NU zu Lasten des eigenen Risikos. Dann wird gemäß dem folgenden Kapitel 2.4.10.3 verfahren. Die Nachtragsposition ist dann in das LV1 zum Pauschalvertrag einzuordnen. Wird der Nachtrag auch gegenüber dem NU abgelehnt, kann er eliminiert werden.

Budgets und Kosten der Nachtragspositionen gehen in die Budget-/Vergabekontrolle des Gewerkes und des Gesamtprojektes ein.

2.4.10.3 Nachtrag des NU geht zu Lasten des eigenen Risikos

Ein Nachtragsangebot des NU, welches im Risiko des AN liegt, "zehrt" vom Gewerkebudget. Aus diesem Grund sind entsprechende Positionen im LV1 einzuordnen, welches die Leistungen beschreibt, die mit der Vertragspauschalen in Auftrag gegeben sind. Die Positionen sind dort wiederum innerhalb des betroffenen Gewerkes einzuordnen, weil die

Kosten über das Gewerkebudget abzudecken sind. Gemäß der Empfehlungen in Abschnitt F, Kap. 2.4.2 soll es innerhalb des Gewerkes wiederum eine spezielle Gruppenstufe oberster Ebene geben, in der sämtliche Gewerkenachträge getrennt von dem Leistungsumfang verwaltet werden, welcher dem NU per Erstvertrag in Auftrag gegeben wurde. In diesem Sonderbereich stehen zunächst Rückstellungen gemäß Abschnitt F, Kap. 2.4.6, denen ein Teil des Gewerkebudgets zugeordnet ist. Es sei nochmals auf Abbildung 158 verwiesen, in der diese zweigeteilte Grobstruktur der Gewerke zu sehen ist.

Die Budgetreserve für den Sonderbereich der Rückstellungen dient der Deckung von Kosten aus Leistungen des NU, welche auf Grund von Unsicherheiten und Unklarheiten zunächst nicht in Auftrag gegeben werden konnten. Ob diese Budgetreserve ausreicht, wird sich im Laufe der Bauzeit herausstellen. Sollte es einen solchen Bereich mit eigenem Budget nicht geben, so geht ein Nachtrag des NU zu Lasten des Budgets, welches für die Leistungen lt. Erstvertrag vorgesehen war. Ein solcher Zustand ist äußerst unbefriedigend, weil damit die ursprüngliche Aussage der Budget-/Vergabekontrolle später immer wieder revidiert werden muss und die Verfolgung der einzelnen Einflüsse auf die Budgets sehr erschwert oder gar unmöglich gemacht wird.

Existiert ein Sonderbereich für Rückstellungen mit eigenem Budget, so gibt es dort zunächst, d.h. unmittelbar nach Erteilung des Erstauftrages, nur eine oder wenige Positionen, in denen die Kostenrisiken mehr oder weniger detailliert abgeschätzt sind. Jede dieser Positionen hat einen Anteil der Budgetreserve des Gewerkes (vergl. Abbildung 159). Nachträge des NU werden in der Regel als nunmehr konkretisierter Bestandteil der Kostenrisiken betrachtet. Eine Nachtragsposition des NU ersetzt dann einen Teil der Rückstellungen für Kostenrisiken. Der entsprechende Anteil ist damit kein Kostenrisiko mehr, sondern "Sollkosten". In den Ansätzen für das Kostenrisiko muss eine Korrektur vorgenommen werden.

Nun ist natürlich nicht gesagt, dass die Kosten lt. Nachtrag des NU genau in dieser Höhe von den Rückstellungen für Kostenrisiken abzuziehen wären. Die Abschätzung der Kostenrisiken ist immer eine eigenständige Betrachtung des Leistungsumfangs, der außerhalb der bereits beauftragten bzw. jetzt ergänzend angebotenen Leistungen noch "befürchtet" werden muss. In einem ungünstigen Fall kann der Nachtrag eine absolute Überraschung, d.h. vollkommen "ungedeckt" sein. Darüber hinaus können andere neue Erkenntnisse sogar eine Erhöhung der Rückstellungen nach sich gezogen haben, womit zwei ungünstige Einflüsse zusammengekommen wären. Dann würde die Budgetreserve noch weniger ausreichen.

Solange man allerdings keine konkretere Grundlage zur Abschätzung der Kostenrisiken hat als zum Zeitpunkt der Erstvergabe, wird man davon ausgehen, dass die Kosten lt. Nachtrag genau in dieser Höhe an die Stelle einer Rückstellung treten. Dann wird ein bisheriger Kostenansatz mit Risikomerkmal genau um diesen Betrag reduziert. An dessen Stelle steht der Ansatz der Sollkosten in der Nachtragsposition des NU. Die Sollkosten (EKT) des Sonderbereiches werden also höher, die Kostenrisiken (KOR) entsprechend niedriger. Die Summe der bewerteten Sollkosten (EKT + KOR) bleibt identisch.

Um die Transparenz der Entwicklung der Abschätzungen des Kostenrisikos zu gewährleisten, wird dringend empfohlen, Änderungen in den Rückstellungen nicht in Form der Korrektur früherer Werte vorzunehmen, sondern mit Differenzen gegenüber früheren Werten in gesonderten Unterpositionen zu arbeiten. Dort wird auch der Grund für die Änderung erläutert. Eine solche Entwicklung zeigt die Abbildung 164; es handelt sich dabei um eine Position mit Merkmal für Rückstellungen, d h. hier sind nur Kostenrisiken abgebildet. Reduzierungen wurden in Form von Abzügen über gesonderte U-Pos. mit Erläuterungen vorgenommen.

UPos	K	SL	Text	Menge	ME	Kosten/E	FB	Budget gesamt
1			**Risikoabschätzung zu Baubeginn**	**1,000**	**PSCH**	**105.000,00**	✔	**105.000,00**
		50	Rohbau komplett	1,000		105.000,00		105.000,00
	T		Festbudget in Höhe des Kostenrisikos.					
2			**Verlagerung Risiko, März 2003**	**1,000**	**PSCH**	**-20.000,00**	✔	**-20.000,00**
	T		Der NU von Gewerk 1 hat angekündigt, dass ihm lt. Vertrag die Vergütung des Betonstahls gemäß tatsächlich					
	T		eingebauter Menge zusteht und dass er vermutet, dass die ursprünglich angenommene Menge nicht ausreichen wird.					
	T		Hierfür wird vorsorglich eine Nachtrags-OZ des NU 1.2.11 eingeführt. Dort wird dieses spezielle Risiko gesondert dargestellt.					
	T		Der entsprechende Risikobetrag wird hier entnommen. Entsprechend wird hier auch das Budget reduziert.					
	T		Zunächst werden Zusatzforderungen des NU in Höhe von 20.000,- angenommen.					
		50	Rohbau komplett	1,000		-20.000,00		-20.000,00
3			**Verlagerung Risiko, Juli 2003**	**1,000**	**PSCH**	**-30.000,00**	✔	**-30.000,00**
	T		Das technische Büro hat mitgeteilt, dass die Mehrmenge Betonstahl etwa 65 to betragen wird.					
	T		Dies würde eine Nachforderung des NU von ca. 50.000,- bedeuten.					
	T		Es werden weitere 30.000,- in die Nachtrags-OZ 1.2.11 verlagert.					
		50	Rohbau komplett	1,000		-30.000,00		-30.000,00
4			**Beurteilung Restrisiko Juli 2003**	**1,000**	**PSCH**	**-20.000,00**	✔	**-20.000,00**
	T		Das hier noch verbliebene Kostenrisiko in Höhe von 55.000,- kann auf Grund des aktuellen Kenntnisstandes					
	T		um 20.000,- reduziert werden.					
		50	Rohbau komplett	1,000		-20.000,00		-20.000,00
	T		Ebenso wird das hiesige Festbudget um diese 30.000,- reduziert. Diese 30.000,- werden der GRS 1.1 zugeschlagen.					
5			**NU-Forderung Betonstahl**	**1,000**	**PSCH**	**-985,00**	✔	**-985,00**
	T		Die Forderung des NU beläuft sich engültig auf 50.985,- gemäß dessen Nachtrag Nr. 5.					
	T		So ist nun OZ 1.2.11 festgestellt. Der Betrag stellt dort jetzt Sollkosten dar. Hier sind noch 985,- nicht berücksichtigt.					
		50	Rohbau komplett	1,000		-985,00		-985,00

Abbildung 164: "Historie" einer Kalkulation von Kostenrisiken

Wird eine sichere Möglichkeit des NU auf einen Nachtrag erkannt, so wird möglichst umgehend ein NU-Nachtrag in die Arbeitskalkulation aufgenommen, selbst wenn ihn der NU noch nicht gestellt hat. Sofern er auch bereits mit Verknüpfung in das NU-LV eingestellt wird, erhält er dort den Status "erkannt" (vergl. Abschnitt E, Kap. 3.2.3). In der Arbeitskalkulation werden entsprechende Anteile der Rückstellungen in die neue Position übertragen, dort zunächst ebenfalls mit Risikomerkmal versehen, solange noch keine konkrete Forderung vom NU bekannt ist. Wenn dann der NU den Nachtrag stellt, werden bisherige Ansätze mit Risikomerkmal neutralisiert und durch die Sollkosten gemäß Angebotspreis des NU ersetzt.

Bei der Zuweisung der Budgets gemäß neuer Situation kommen zwei Möglichkeiten in Frage:

- Das Festbudget des gesamten Sonderbereiches wird anteilig der kalkulierten Kosten neu verteilt. Das Budget für die Rückstellungen wird damit automatisch reduziert; die Nachtragspositionen erhalten ein Budget.
- Die Budgets zu den Nachtragspositionen werden individuell festgesetzt. Dann wird das Festbudget des Sonderbereiches neu verteilt, wobei dann nur noch der Rest des Festbudgets den verbliebenen Rückstellungen zugewiesen wird.

Die erstere Möglichkeit kann nicht empfohlen werden, da dabei jeder neue Nachtrag zur Änderung der Budgets bisheriger Nachträge führen würde. Es sollte nach der zweiten Methode verfahren werden. Ein Beispiel nach dieser Methode zeigt Abbildung 165.

OZ	Kurztext	Menge	ME	FB	Budget	Budgetfehler
1. 2. . 11.	Mehrkosten für Betonstahl nach tatsächlicher Menge	1,000	PSCH	✓	50.985,00	0,00

Abbildung 165: Festbudget eines NU-Nachtrages im Sonderbereich des Gewerkes

Die Nachtragspreise des NU sind im NU-LV zu bewerten, solange sie noch nicht genehmigt sind. Die vorsichtigste Bewertung im Sinne des Baustellen-Controlling ist die Bewertung mit 100 %, womit man den ungünstigsten Fall unterstellt, dass der Preis in der angebotenen Höhe zu genehmigen ist. Der NU-Preis geht bewertet als Sollkosten in die Arbeitskalkulation ein. Letztendlich wird der genehmigte Preis in der Nachtragsposition des NU-LV eingesetzt und dort mit 100 % eingesetzt.

In der Arbeitskalkulation werden Budgets der Nachtragspositionen des NU entweder in Höhe des bewerteten (genehmigten) NU-Preises angesetzt oder niedriger, auf keinen Fall aber höher. Abbildung 166 zeigt die Situation aus Abbildung 165 im Gesamtzusammenhang des Sonderbereiches für Rückstellungen und NU-Nachträge. Das Festbudget für Rückstellungen und zugehörige NU-Nachträge in Höhe von 90.000,- ist in der Weise verteilt, dass den Nachträgen ein Festbudget in Höhe deren Kosten zugewiesen ist und das Restbudget für die noch verbleibenden Rückstellungen berechnet wurde.

OZ	Kurztext	FB	Budget
1. 2.	Rückstellungen und zugehörige NU-Nachträge	✓	90.000,00
1. 2. . 1.	Rückstellung für Risiken		30.315,00
1. 2. . 11.	Mehrkosten für Betonstahl nach tatsächlicher Menge	✓	50.985,00
1. 2. . 12.	Änderung Eingangsbereich	✓	8.700,00

Abbildung 166: Budgets von Rückstellungen und NU-Nachträgen

Abbildung 167 zeigt dann die Auswertung des gesamten Sonderbereiches bzw. der darin enthaltenen Position für noch verbleibende Rückstellungen.

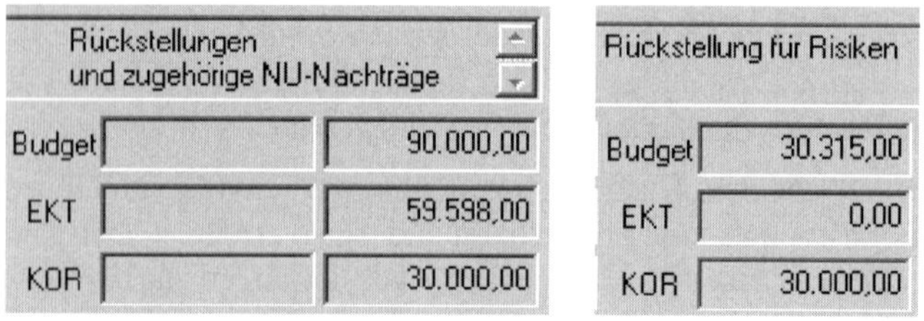

Abbildung 167: Budgets und Kosten im Sonderbereich und bei der Position für Rückstellungen

Im Laufe des Baufortschritts wird in einigen oder vielen Gewerken erkannt werden, dass die Summe der effektiven Zusatzkosten und noch bestehender Kostenrisiken höher oder niedriger als die Budgets in diesem Sonderbereich ist. Würde man das Budget ändern, so müsste das Budget für den Bereich des Erstvertrages des NU entgegengesetzt geändert werden, damit beide Teilbudgets zusammen wieder das Festbudget des Gewerkes ergeben. Solche Änderungen sollten nur in überschaubaren Einzelfällen vorgenommen werden. Es ist im Interesse der Übersichtlichkeit der Budgetkontrolle einschl. deren Entwicklung über die Bauzeit, wenn nachträgliche Budgetänderung auf Ebene der Gewerke und in deren beiden Unterbereichen "Erstvertrag NU" und "Rückstellungen bzw. NU-Nachträge" unterbleiben. (vergl. auch Abschnitt F, Kap. 2.4.5.3).

Gerade, weil ausschlaggebende Budgetwerte nachträglich nicht verändert werden sollen, kommt es auf die Budget-/Vergabekontrolle auf Ebene des Gesamtprojektes an. Zwar sollen in jedem einzelnen Gewerk Budgetüberschreitungen vermieden werden; dies wird sich aber trotz größter Bemühungen nicht immer erreichen lassen. Die Kontrolle über das Gesamtprojekt zeigt dann auf, ob ein Ausgleich über andere Gewerke gegeben ist oder ob die Situation auch insgesamt bedenklich wird. Die Gesamtkontrolle zeigt auch auf, ob in "späteren" Gewerken noch besonders große Anstrengungen in Planung und Vergabe erforderlich sind, weil "frühe" Gewerke" nicht im Rahmen der Budgets vergeben werden konnten.

Abbildung 168 und Abbildung 169 zeigen Ausschnitte von Projektauswertungen unter Einbeziehung der aktuellen Angebots- bzw. Vergabesituation der NU-Leistungen.

Beide gezeigte Auswertungen stehen in der Ordnung nach Vergabeeinheiten (Gewerken), also nicht nach der Ordnung der Gesamt-Projekt-LV's. Die Möglichkeit des Wechsels zwischen den Darstellungen nach diesen beiden Ordnungssystemen unterstützt das Baustellen-Controlling.

Beide vorstehenden Auswertungen stehen in engem Zusammenhang. Während Abbildung 168 vorrangig die Verfolgung von Budget über Vergabeziel, Angebot/Vergabe bis zum Vergabegewinn/-verlust zeigt, gibt die Auswertung gemäß Abbildung 169 die Auskunft über Budgetreserven unter Zugrundelegung von Budgets, Rückstellungen und der aktuellen Angebots- und Vergabesummen der NU. Sämtliche Auswertungen werden über die Bauzeit fortgeschrieben, d.h. es werden sowohl die Nachträge an den AG aufgenommen als auch die Nachträge der NU.

Vergabekontrolle - Budgetkontrolle (sortiert nach VE)

Stand der Bearbeitung: 30.11.2003

Projekt: Wohnanlage Karlshöhe, Stuttgart

LV	OZ		VE	Nachträge NU				Vertrag AG	NU-Angebot/-Vertrag						
	GRS	Pos.		Status	von NU	Datum		akt. Budget	Vergabeziel	Angebot	Nachlass	nicht beauftr.	Auftrag	Vergabe-abweichung	Vergabe-gewinn/-verlust
								8	10	11	12	14	15	16=10-15	17=8-15
							Gesamtprojekt	6.772.271,66		6.166.904	-74.164,90	358.895,60	5.728.052,00		17.841,14
1	1		1				**Rohbauarbeiten**	2.600.754,14		2.584.150	-25.841,50	8.613,00	2.543.904,00		17.841,14
1	1.1		1				**Erstvertrag mit NU**	2.485.527,14	2.525.000	2.492.300	-24.923,00	0,00	2.467.377,00	57.623,00	18.150,14
1	1.2		1				**Rückstellungen/NU-Nachträge**	96.912,00		67.500	-675,00	8.613,00	58.212,00		-309,00
1	1.2	1	1				Rückstellungen	30.309,00							
1	1.2	11	1	G	5	18.03.03	Mehrmengen Betonstahl	50.676,00		51.500	-515,00		50.985,00		-309,00
1	1.2	12	1	A	4	14.01.03	Änderung Eingangsbereich	8.700,00		8.700	-87,00	8.613,00			
1	90.1	2.2	1	G	2	11.11.02	Beihilfe durch NU Rohbau	7.227,00	7.300	7.300	-73,00		7.227,00		0,00
2	1		1				**Nachträge zu Gewerk 1**	18.315,00		24.350	-243,50	0,00	18.315,00		
2	1	1	1	G	1	09.10.02	Beseitigung kontaminierter Boden	18.315,00		18.500	-185,00		18.315,00		0,00
2	1	2	1	G	3	11.11.02	Zuschlag leichter Fels	0,00		5.850	-58,50	0,00			
2	1	3	1	A	4	14.01.03	Änderung Eingangsbereich	0,00		0	0,00	0,00			
1	2						**Ausbaugewerke**	2.079.457,74		2.033.479	-17.905,20	340.117,00	1.675.456,80		
1	2.14		14				**Natur- und Betonwerksteinarbeiten**	97.143,20		91.600	-1.832,00		89.768,00		
1	2.14.1		14				**Erstvertrag mit NU**	92.443,20	90.000	91.600	-1.832,00		89.768,00	232,00	2.675,20
1	2.14.2		14				**Rückstellungen/NU-Nachträge**	4.700,00							
1	2.14.2	1	14				Rückstellungen								
1	2.14.2	2	14				NU-Nachträge								
1	2.16		16				**Zimmer- und Holzarbeiten**	259.925,29		266.000		-9.400,00	275.400,00		
1	2.16.1		16				**Erstvertrag mit NU**	266.916,79	264.000	275.400			275.400,00	-11.400,00	-8.483,21
1	2.16.2		16				**Rückstellungen/NU-Nachträge**	4.000,00							
1	2.16.2	1	16				Rückstellungen	4.000,00							
1	2.16.2	2	16				NU-Nachträge								
2	16		16				**Nachträge zu Gewerk 16**	-10.991,50		-9.400		-9.400,00			
2	16	1	16	A	1	03.11.03	Rückforderung Entfall Auswechslungen	-10.991,50		-9.400		-9.400,00			
1	2.20		20				**Dachdeckungsarbeiten**	153.000,82		153.730	-6.149,20		147.580,80		
1	2.20.1		20				**Erstvertrag mit NU**	149.404,39	143.000	153.730	-6.149,20		147.580,80	-4.580,80	1.823,59
1	2.20.2		20				**Rückstellungen/NU-Nachträge**								
1	2.20.2	1	20				Rückstellungen								
1	2.20.2	2	20				NU-Nachträge								
1	2.21		21				**Dachabdichtungsarbeiten**	37.324,56		34.300	-686,00		33.614,00		
1	2.21.1		21				**Erstvertrag mit NU**	35.824,56	35.750	34.300	-686,00		33.614,00	2.136,00	2.210,56
1	2.21.2		21				**Rückstellungen/NU-Nachträge**	1.500,00							
1	2.21.2	1	21				Rückstellungen	1.500,00							
1	2.21.2	2	21				NU-Nachträge								

Abbildung 168: Vergabekontrolle unter Einbeziehung der Nachträge

Budgetkontrolle (sortiert nach VE)

Stand der Bearbeitung: 30.11.2003

Projekt: Wohnanlage Karlshöhe, Stuttgart

LV	OZ		VE		Budget	NU-Angebot/-Vertrag		Arbeitskalkulation			Budgetreserve	
	GRS	Pos.			akt. Budget	nicht beauftr.	Auftrag	Sollkosten	Rückstellungen für Kostenrisiko	bewertete Sollkosten	Budgetreserve auf Basis der bewerteten Sollkosten	Budgetreserve auf Basis der Sollkosten
					8	14	15	18	19	20=18+19	23=8-20	24=8-18
				Gesamtprojekt	6.772.271,66	358.895,60	5.728.052,00	6.575.334,65	160.890,49	6.736.225,14	36.046,52	196.937,01
1	1		1	**Rohbauarbeiten**	2.600.754,14	8.613,00	2.543.904,00	2.552.517,00	30.000,00	2.582.517,00	18.237,14	48.237,14
1	1.1		1	**Erstvertrag mit NU**	2.485.527,14	0,00	2.467.377,00	2.467.377,00		2.467.377,00	18.150,14	18.150,14
1	1.2		1	**Rückstellungen/NU-Nachträge**	96.912,00	8.613,00	58.212,00	66.825,00	30.000,00	96.825,00	87,00	30.087,00
2	1		1	**Nachträge zu Gewerk 1**	18.315,00	0,00	18.315,00	18.315,00		18.315,00	0,00	0,00
1	2			**Ausbaugewerke**	2.079.457,74	340.117,00	1.675.456,80	2.015.573,80	63.200,00	2.078.773,80	683,94	63.883,94
1	2.14		14	**Natur- und Betonwerksteinarbeiten**	97.143,20		89.768,00	89.768,00	4.700,00	94.468,00	2.675,20	7.375,20
1	2.16		16	**Zimmer- und Holzarbeiten**	259.925,29	-9.400,00	275.400,00	266.000,00	4.000,00	270.000,00	-10.074,71	-6.074,71
1	2.20		20	**Dachdeckungsarbeiten**	153.000,82		147.580,80	147.580,80		147.580,80	5.420,02	5.420,02
1	2.21		21	**Dachabdichtungsarbeiten**	37.324,56		33.614,00	33.614,00	1.500,00	35.114,00	2.210,56	3.710,56
1	2.22		22	**Klempnerarbeiten**	29.321,99	-14.453,00	47.142,00	32.689,00	1.000,00	33.689,00	-4.367,01	-3.367,01
1	2.23		23	**Putz- und Stuckarbeiten**	190.954,51		195.000,00	195.000,00		195.000,00	-4.045,49	-4.045,49
1	2.24		24	**Estrich, Fliesen, Platten**	164.172,04		154.859,00	154.859,00	4.000,00	158.859,00	5.313,04	9.313,04
1	2.27		27	**Tischlerarbeiten**	439.403,20		403.123,00	403.123,00	30.000,00	433.123,00	6.280,20	36.280,20
1	2.28		28	**Parkettarbeiten**	11.267,50	10.972,50		10.972,50		10.972,50	295,00	295,00
1	2.30		30	**Rolladenarbeiten**	20.162,90	19.635,00		19.635,00		19.635,00	527,90	527,90
1	2.31		31	**Metallbau- und Schlosserarbeiten**	49.148,98	3.000,00	47.470,00	50.470,00		50.470,00	-1.321,02	-1.321,02
1	2.32		32	**Fenster, Türen**	310.508,04	21.400,00	281.500,00	302.900,00	12.000,00	314.900,00	-4.391,96	7.608,04
1	2.34		34	**Maler- und Lackierarbeiten**	154.635,47	150.727,50		150.727,50	6.000,00	156.727,50	-2.092,03	3.907,97
1	2.36		36	**Bodenbelagsarbeiten**	162.489,24	158.235,00		158.235,00		158.235,00	4.254,24	4.254,24
1	3			**Haustechnik-Gewerke**	1.223.554,54	10.165,60	1.170.691,20	1.180.856,80	47.690,49	1.228.547,29	-4.992,75	42.697,74
1	3.40		40	**Heizung, Sanitär**	846.220,04	10.165,60	808.572,60	818.738,20	30.890,49	849.628,69	-3.408,65	27.481,84
1	3.50		50	**Blitzschutz- und Erdungsanlagen**	30.837,37		32.200,00	32.200,00		32.200,00	-1.362,63	-1.362,63
1	3.51		51	**Elektroarbeiten**	267.667,94		249.723,60	249.723,60	15.000,00	264.723,60	2.944,34	17.944,34
1	3.61		61	**RTL-Anlagen**	78.829,19		80.195,00	80.195,00	1.800,00	81.995,00	-3.165,81	-1.365,81
1	4			**Planungsleistungen fremd**	335.920,47		338.000,00	338.000,00		338.000,00	-2.079,53	-2.079,53
1	4.81		81	**Tragwerksplanung**	180.494,58		185.000,00	185.000,00		185.000,00	-4.505,42	-4.505,42
1	4.84		84	**Planung Haustechnik**	155.425,89		153.000,00	153.000,00		153.000,00	2.425,89	2.425,89
1	90			**Eigenleistungen**	512.529,82			488.387,05		488.387,05	24.142,77	24.142,77
1	90.1		99	**Nebenleistungen**	4.140,26			-8.237,95		-8.237,95	12.378,21	12.378,21
1	90.2		99	**Projekt-Gemeinkosten**	508.389,56			496.625,00		496.625,00	11.764,56	11.764,56
1	99			**Allgemeine Risiken**	20.054,95				20.000,00	20.000,00	54,95	20.054,95

Abbildung 169: Budgetkontrolle auf Grund der NU-Angebote bzw. Vergaben (verdichtet auf Gewerke)

2.5 Budgets bei Erlösminderung

Es kann sein, dass Erlösminderungen aus folgenden Gründen vereinbart werden:

- Vertragsstrafe pro Kalendertag oder Arbeitstag der Bauzeitüberschreitung
- Preisabzug für Qualitätsmangel bei einer Teilmenge einer Teilleistung
- Wegfall einer in einem Pauschalvertrag vorgesehenen Teilleistung
- Reduzierung des Ausführungsstandards einer in einem Pauschalvertrag vorgesehenen Teilleistung

In allen Fällen werden Nachtragspositionen eingeführt, deren Preis ein negatives Vorzeichen hat, womit die Erlösminderung zum Ausdruck gebracht wird. Für das Baustellen-Controlling wird auch für die Vertragstrafe eine Nachtragsposition eingeführt, selbst wenn die Vertragsstrafe in anderer Form abgerechnet werden sollte.

In den ersten beiden Fällen handelt es sich um die sog. "verschuldete" Erlösminderung (vergl. Abschnitt D, Kap, 5.2.1). Die entsprechenden Positionen haben keine Kostenkalkulation. In den beiden weiteren Fällen kann es eine Kostenkalkulation geben, deren Ansätze ein negatives Vorzeichen haben. Sofern es keine Kostenkalkulation gibt, muss der Abzug bei den Sollkosten innerhalb der betroffenen ursprünglichen Teilleistungen vorgenommen sein.

Nun stellt sich die Frage nach den Budgets der Nachtragspositionen für Erlösminderungen. Wenn man gemäß der Definition, dass Budgets Anteile vom Erlös sind, verfährt, käme man zu Budgets mit negativem Vorzeichen, also zu schwer erklärbaren Werten. Budgets werden im Normalfall zur Deckung der Kosten benötigt; im Fall der Erlösminderung stehen aber direkt keine Kosten gegenüber, sondern höchstens Kostenminderungen an anderer Stelle. Es wären also die Budgets in anderen Bereichen zu reduzieren, während in den Nachtragspositionen für Erlösminderungen das Budget mit 0,00 anzusetzen wäre.

Das Reduzieren der ursprünglichen Budgets der Leistungsbereiche, in denen die Ursache für eine Erlösminderung zu sehen ist, ist in der Regel erst nach Abschluss der Bauarbeiten und nach endgültiger Feststellung der Erlösminderung möglich. Weder die Anzahl der Tage mit Vertragsstrafe noch die Art und Höhe sonstiger Erlösminderungen werden lange vorher feststehen. Vor Bauende wäre also eine "Umlage" der Erlösminderung auf Budgets von Teilleistungen immer nur vorläufiger Art, weil weder der umzulegende Betrag noch die Umlagebasis feststehen. Budgets sollen aber nicht immer wieder geändert werden, um nicht ständig bisherige Kontrollaussagen nachträglich in Frage zu stellen.

Zumindest während der Bauausführung ist man doch gezwungen, den Nachtragspositionen, welche Erlösminderungen beschreiben, ein Budget mit negativen Vorzeichen zuzuweisen. Bei dieser Handhabung besteht die Möglichkeit der Budgetkontrolle über das Gesamtprojekt, ohne dass andere Budgets in vorläufiger Höhe korrigiert werden. Erlösminderungen und ihre Budgetabzüge werden dabei in der Höhe berücksichtigt, wie sie dem augenblicklichen Kenntnisstand entsprechen.

Beispiel:

	Erlös	Budget
Teilleistungen ohne Erlösminderung:	1.000.000	900.000
Erlösminderung:	-20.000	-20.000
Gesamtprojekt:	980.000	880.000

Bezogen auf das Gesamtprojekt wird die richtige Auskunft zum Budget gegeben. Bei Betrachtung der Budgets von Teilleistungen muss man wissen, dass hier noch ein Abschlag zum Tragen kommen wird. Die Positionen für Erlösminderungen sollten in einem geschlossenen Bereich stehen, damit die daraus zu erwartende Budgetreduzierung leicht erkennbar ist.

Die Lösung ist nicht absolut befriedigend. Immerhin gibt es die Möglichkeit, eine Rückstellung für Erlösminderungen in vorläufiger Höhe einzuführen und diese "Position" mit einem Budget zu belegen. Dazu muss man natürlich eine Annahme zu erwarteten Erlösminderungen treffen, was nicht einfach sein wird. Das folgende Beispiel zeigt den Weg beim Pauschalvertrag:

Beispiel:

	Erlös	Kosten	Budget
Pauschale	1.000.000		900.000
Teilleistungen		850.000	880.000
Rückstellung für Erlösminderungen innerhalb des pauschalierten LV			20.000

Vom Pauschalbudget in Höhe von 900.000 wird gemäß Abschnitt F, Kap. 2.4.5.2 das Teilbudget von 20.000 für erwartete Erlösminderungen abgezogen, so dass für die Teilleistungen nur ein reduziertes Budget von 880.000 zur Verfügung steht. Dieses reduzierte Budget wird dann auf die untergeordneten Teilleistungen aufgeteilt.

Bei einem Einheitspreisvertrag ist ein solches Verfahren möglich, indem das berechnete Budget für die Summe der Teilleistungen (900.000) temporär als Pauschalbudget definiert und die Rückstellung mit einem Festbudget (20.000) versehen wird. Anschließend kann das temporäre Pauschalbudget auf die Teilleistungen aufgeteilt werden, wobei zunächst das Restbudget (880.000) gebildet und verteilt wird.

Ein Budget bei einer Rückstellung für Erlösminderungen steht natürlich effektiv nicht zur Verfügung. Es bewirkt lediglich eine Reduzierung des Budgets für die Teilleistungen. Über die negativen Budgets der Nachtragspositionen für Erlösminderungen wird das Gesamt-Projektbudget reduziert.

Die vollständigen Kontrollaussagen zu den einzelnen Gewerken sind nur unter Einbeziehung auch der Nachtragspositionen für Erlösminderung gegeben. Deshalb ist die Zuordnung auch der Nachtragspositionen an den AG zu den Vergabeeinheiten so wichtig, weil nur darüber die auf mehrere LV's verteilten Informationen zu einem Gewerk zusammenkommen. Der Einfluss der Vertragsstrafe wird sogar erst über die Auswertung des Gesamtprojektes sichtbar, weil dieser Einfluss sämtliche Gewerke berührt.

Deshalb gilt:

Auch bei Nachtragsangeboten an den AG, welche Erlösminderungen beschreiben, gelten die Regeln zur Budgetberechnung und –zuordnung wie bei den Nachtragsangeboten mit positivem Erlös (siehe Abschnitt F, Kap. 2.3.1.2).

Abbildung 170 zeigt die Kostenkalkulation mit Budgetzuordnung einer Nachtragsposition für eine Erlösminderung im Falle eines Pauschalvertrages, welche anzubieten war, weil eine Leistungsreduzierung gegenüber dem Leistungsprogramm eingetreten ist. Im Erläuterungstext der Kalkulation ist der Zustand gemäß dem Stand der Verhandlungen mit dem AG erklärt.

UPos	K	SL	Text	Menge	ME	Kosten/E	Kosten/ME P...	FB	Budget gesamt
1			**Fa. Huber**	**1,000**	**PSCH**	**-9.400,00**	**-9.400,00**		**-10.991,50**
		5116	Zimmer- und Holzarbeiten	1,000		-9.400,00	-9.400,00		-10.991,50
	T		Der AG fordert statt des angebotenen Nachlasses von 11.000,00 einen Nachlass von 12.350,00.						
	T		Dieser Betrag wird vorsichtshalber als Festpreis eingesetzt und mit 100 % bewertet.						
	T		Die Erlösminderung führt an sich zu einer Reduzierung des Budgets des Gewerks 16 um						
	R		-12350/(1+0,11/0,89) = -10.991,500						
	T		Da dort aber die ursprünglichen Kosten stehen, bleibt dort auch das ursprüngliche Budget stehen.						
	T		Über die vorliegenden Nachtragsposition erfolgen die Korrekturen bei Kosten und Budget.						
	T		Allerdings ist der Budgetabzug höher als der Kostenabzug, solange der AG auf seiner Forderung beharrt.						

Abbildung 170: Kalkulation, Budget und Erläuterungen einer Nachtragsposition für Erlösminderung

3 Bauvorgänge und zugeordnete Teilleistungen

3.1 Definition "Bauvorgang"

Wenn wir eine Baumaßnahme oder Teile davon vorbereiten und disponieren wollen, so strukturieren wir das Leistungsvolumen gedanklich überwiegend nach Einheiten, welche im Wesentlichen einer räumlichen Gliederung entsprechen. Erst innerhalb dieser Einheiten strukturieren wir nach Leistungsarten. Nur wenige Leistungen ohne räumliche Zuordnung werden direkt in Leistungsarten "gedacht", wie z.B. Teile des Leistungsvolumens der Baustellengemeinkosten wie "Arbeitsvorbereitung", "Baustelleneinrichtung" etc..

Es gibt verschiedene Begriffe für dieser Art der Projekteinheiten wie

- Leistungspaket
- Ausführungseinheit
- Arbeitseinheit
- Bauvorgang (Vorgang)

In den folgenden Ausführungen wird einheitlich der Begriff "Bauvorgang" verwendet, weil dies ein gängiger Begriff in der Bauablaufplanung ist. Die "Bauvorgänge" stellen die Strukturierung der Bauablaufplanung dar. Dort werden Bauvorgänge mit Terminaussagen ergänzt.

Bei der Definition der Bauvorgänge steht nicht die Strukturierung nach Leistungsarten, im Vordergrund, sondern die Strukturierung nach räumlich und terminlich begrenzten Einheiten. Die Leistungsarten werden indirekt insofern beachtet, als dass man Leistungen, welche im Bauablauf sehr unterschiedliche zeitliche Lagen haben, nicht in einem Bauvorgang zusammenfassen wird. In einem solchen Fall werden trotz Übereinstimmung der räumlichen Einheit mehrere Bauvorgänge definiert, und zwar so, dass jeder Bauvorgang nur solche Teilleistungen enthält, welche weitgehend dieselbe zeitliche Lage haben. Aber selbst bei übereinstimmender zeitlicher Lage mehrerer Leistungsarten kann eine Aufteilung auf mehrere Bauvorgänge sinnvoll sein. So wird man z.B. im SF-Bau Bauvorgänge pro Gewerk und Bauteil definieren, weil für jedes Gewerk ein anderer NU zuständig ist.

3.2 Hierarchische Strukturierung der Bauvorgänge

Sofern es sich nicht um eine sehr einfache und kleine Baumaßnahme handelt, sollte unbedingt eine hierarchische Struktur der Bauvorgänge gewählt werden. Sie fördert die Übersichtlichkeit und verbessert die Auswertbarkeit.

Folgende Gesichtspunkte können über die hierarchische Struktur der Bauvorgänge berücksichtigt werden, bei Bedarf in Kombination:

- räumliche Grob- und Feinstruktur des Bauwerks
- Gewerke im SF-Bau (Leistungsbereiche)

Im SF-Bau wird man die Gewerkegliederung in den Vordergrund stellen, d.h. die Gewerke stehen auf einer oberen Ebene, während die räumliche Struktur darunter steht. Jedes Gewerk ist dann räumlich unterteilt.

Bei Rohbaumaßnahmen irgendwelcher Art mit hohem Eigenleistungsanteil wird man die räumliche Struktur in den Vordergrund stellen und die NU-Gewerke gar nicht zum Bestandteil einer Strukturebene machen. Für Leistungsbereiche, welche nicht "räumlich" gesehen werden, werden fiktive übergeordnete "Räume" definiert wie z.B. "Baustellengemeinkosten".

Man sollte bei der "Schachtelung" unterschiedlicher Kriterien nicht übertreiben. Dabei können schnell unlösbare Konflikte auftreten. Auf keinen Fall sollten Kriterien wie "Zuständigkeit" oder "Kostenbereich" zum Gegenstand einer Strukturebene gemacht werden. Dies ist Sache entweder von Merkmalen zu Bauvorgängen oder von ganz normalen Auswertungsmöglichkeiten, z.B. nach Kostenarten als Bestandteile der Kalkulation von Teilleistungen, die den Bauvorgängen zugeordnet sind.

Bauvorgänge oberer Ebenen einer hierarchischen Struktur nennen wir **Summenvorgänge**. Jeglicher Wert - von Budget über Kosten bis Erlös - eines Summenvorgangs ist die rechnerische Summe der untergeordneten Bauvorgänge.

Abbildung 171 zeigt eine ausschnittsweise bis zur untersten Ebene geöffnete hierarchische Struktur eines Rohbaus für ein Hochbauprojekt mit Außenanlagen.

Für die allgemeinen Leistungen ohne konkrete Bauteilzuordnung wurde ein spezieller Summenvorgang "0" eingeführt. Es ist wichtig, dass es diesen Bereich gibt, weil ja auch hier Leistungen mit wesentlicher Bedeutung erbracht werden, welche auch terminlich einzuordnen sind. Dass es hierin einen Summenvorgang wie z.B. "Kostenrisiken" gibt, ist darin begründet, dass sämtliche Positionen der Arbeitskalkulation Bauvorgängen zugeordnet werden sollen (siehe Abschnitt F, Kap. 3.5), um einen Komplettauswertung des Projektes auf der Zeitachse zu erhalten. Bei dieser Aufgabenstellung werden eben auch Bauvorgänge benötigt, welche etwas außerhalb der "klassischen" Vorstellung von einem Bauvorgang liegen. So ist auch "Bauleitung" keine eigentliche Bauleistung, aber doch eine mit bedeutenden Kosten belegte Tätigkeit. Es kann durchaus sein, dass solche Bauvorgänge eine Dauer gemäß der Gesamtbauzeit haben.

Die Hochbauteile 1 und 2 sind zwei im Grundriss abgrenzbare Baukörper. Jeder dieser Baukörper ist wiederum nach Stockwerken unterteilt, wobei die Gründung als "künstliches" Stockwerk eingeführt ist. Da die Stockwerke über Dehnfugen geteilt sind, wurden die drei Achsenbereiche (1-5, 5-9, 9-13) als Unter-Summenvorgänge der Stockwerke definiert. Erst unterhalb der Ebene dieser Summenvorgänge sind die eigentlichen Bauvorgänge angeordnet, zu denen detaillierte Aussagen gemacht werden.

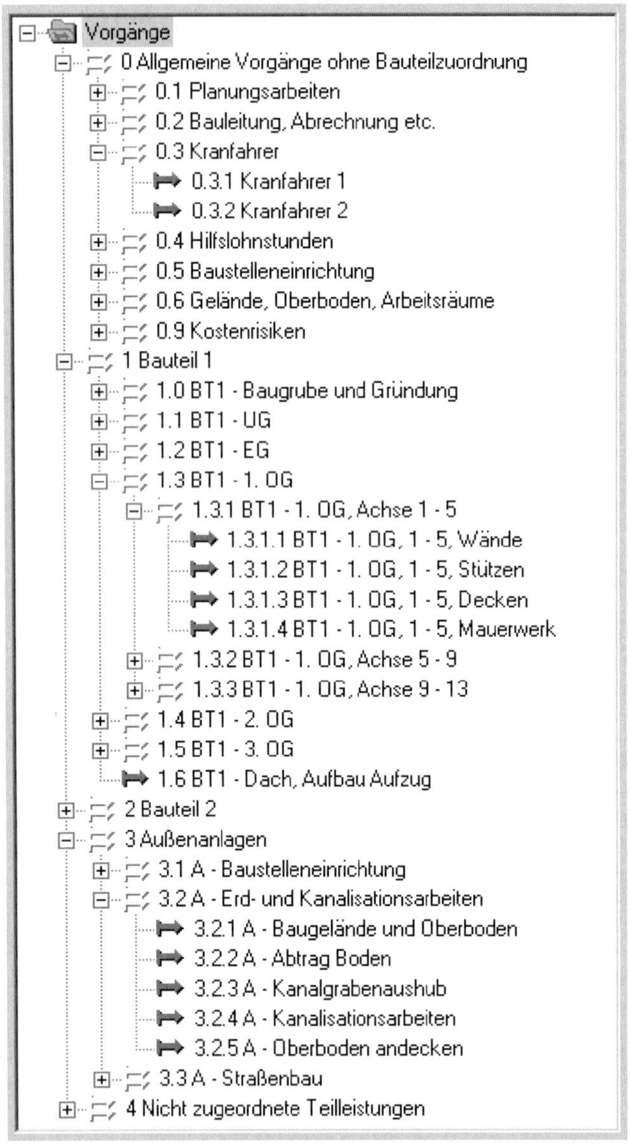

Abbildung 171: Beispiel einer hierarchischen Struktur von Bauvorgängen

3.3 Aufgabenstellungen für die Bauvorgänge

Unter dem Begriff "Bauvorgänge" wird üblicherweise an die Bauablaufplanung gedacht. Es ist zwar richtig, dass mit den Bauvorgängen die Zielrichtung der Bauablaufplanung verfolgt werden kann und dies auch in der Regel praktiziert wird. Zunächst einmal muss man aber die Bauvorgänge gegenüber Leistungsverzeichnis und Arbeitskalkulation als neue und freie Gliederung eines Projektes sehen. Die Bauvorgänge können u.a. für die Bauablaufplanung benutzt werden, ihre Bedeutung muss aber viel umfassender gesehen werden.

Bauvorgänge dienen folgenden Aufgabenstellungen:

- Freie Strukturierung des Projektes nach den Erfordernissen der Disposition
- Zuordnung der Teilleistungen der Arbeitskalkulation mit Teilmengen
- Ermittlung von Ressourcen, Kosten, Budgets und Erlösen nach der Struktur der Bauvorgänge
- Ermittlung von Mindestdauern der Ausführung
- Leistungsvorgaben und Leistungskontrollen
- Leistungsmeldung und Leistungsbewertung über den Fertigstellungsgrad der Bauvorgänge
- Darstellung von Abhängigkeiten zwischen Bauvorgängen in der Bauablaufplanung
- Bestimmung von Ausführungsterminen in der Bauablaufplanung
- Optimierung der Ressourcenanforderungen über die Bauablaufplanung
- Nachweis der Machbarkeit der Bauablaufplanung
- Nachweis der Mehrkosten aus Einflussnahmen durch den AG

An dieser Aufzählung ist zu erkennen, dass einige Aufgabenstellungen zwar mit der Bauablaufplanung zu tun haben, aber keineswegs alle. Es ist auch zu erkennen, dass die Bauvorgänge im Baustellen-Controlling selbst dann von Nutzen sind, wenn gar keine Bauablaufplanung durchgeführt würde, nämlich in den Aufgabenstellungen Leistungsvorgabe, Leistungskontrolle, Leistungsmeldung, Leistungsbewertung.

Natürlich entsteht erst aus der Einbeziehung der Bauvorgänge in die Bauablaufplanung die optimale Projektplanung. Dennoch müssen die Bauvorgänge als eigenständige Elemente der Konzeption des Baustellen-Controlling betrachtet werden und nicht als originäre Bestandteile der Bauablaufplanung.

Letztendlich mag man diese Feststellung als nebensächlich betrachten. Andererseits zeigt die Praxis leider auf, dass den Bauvorgängen und den darauf aufbauenden Möglichkeiten im Baustellen-Controlling viel zu wenig Bedeutung zugemessen wird. Würde man sie als eigenständiges Element im Baustellen-Controlling betrachten und nutzen, so hätte man an vielen Stellen schon deutlich größeren wirtschaftlichen Erfolg. Es ist leider weit verbreitete Praxis, dass die Bauvorgänge lediglich als Zeilen und Balken eines Terminplanes gesehen werden, während die großen Möglichkeiten, welche aus der Verbindung der Bauvorgänge mit der Arbeitskalkulation entstehen, absolut ignoriert werden.

Von allen Modulen des Baustellen-Controlling sind es die Bauvorgänge, welche die größten Aussichten auf wirtschaftlichen Erfolg eröffnen. Diese große Chance liegt darin, dass den Bauvorgängen die Teilleistungen der Arbeitskalkulation mit jeweiligen Teilmengen zugeordnet werden. Dann stehen sämtliche Aussagen der Arbeitskalkulation in der Struktur der Bauvorgänge zur Verfügung, d.h. in der Struktur, in der wir denken und arbeiten.

3.4 Detaillierung der Bauvorgänge

Bei der Definition der Bauvorgänge muss eine Regel beachtet werden, die für alle Arten von Planungsschritten gilt:

In den Planungen des Baustellen-Controlling muss möglichst viel Wissen um die auszuführenden Leistungen berücksichtigt und zum Ausdruck gebracht werden. Es muss aber auf Detaillierungen verzichtet werden, welche sich im Falle der Bauausführung als hinfällig herausstellen können.

Mit Bezug auf die Bauvorgänge in der Gesamtprojektplanung bedeutet dies:

- Es wird auf eine weitere Unterteilung einer räumlichen Einheit verzichtet, wenn die räumlichen Grenzen der Untereinheiten im Ausführungsfall gegenüber den Annahmen durchaus auch anders sein können, z.B. bei Betonierabschnitten.
- Es wird auf eine weitere Unterteilung einer räumlichen Einheit verzichtet, wenn die Reihenfolge der Herstellung von enthaltenen Untereinheiten mehr oder weniger beliebig ist, so dass die Terminaussagen zur den Untereinheiten kaum nutzbar wären.

Es werden also nur Bauvorgänge definiert, zu denen zutreffende und effektive nutzbare Aussagen möglich sind. Wir detaillieren, soweit wir "wissen", und verzichten auf "Erfindungen". Stößt man auf Punkte, an denen eine weitere Detaillierung notwendig erscheint, damit die Planung überhaupt zu nutzbaren Ergebnissen führt, muss versucht werden, mehr Randbedingungen der Ausführung zu klären.

Je weiter der Zeitpunkt der Ausführung vom Zeitpunkt der Planung entfernt ist, um so größer werden die Unsicherheiten in der Detaillierung der Bauvorgänge sein. Dennoch darf nicht "erfunden" werden. Offene Punkte sind dann entweder die Sache einer späteren Aktualisierung der Gesamtplanung oder der kurzfristigen Detailplanung der Baustelle, z.B. in Form des 2-Wochenprogramms der Baustelle (Abschnitt F, Kap. 5.2).

3.5 Zuordnung von Teilleistungen zu den Bauvorgängen

3.5.1 Prinzip der Zuordnung und Auswertung im Bauvorgang

Die Eingangsdefinition des einzelnen Bauvorgangs besteht lediglich aus Nummer und Bezeichnung. Er wird damit in die hierarchische Struktur der Summenvorgänge eingefügt (siehe Abbildung 171), welche ebenfalls nur aus dieser einfachen Information bestehen.

Seinen wirklichen Wert erhält der Bauvorgang erst über die Zuordnung von Teilleistungen der Arbeitskalkulation mit den im Bauvorgang vorkommenden Teilmengen. Der Bauvorgang enthält damit wichtige Zusatzinformation:

- Teilleistungen
- Teilmengen der Teilleistungen

Mit dieser Zuordnung sind indirekt auch die zugehörigen Kalkulationsbestandteile dem Bauvorgang zugeordnet, so dass jeder Bauvorgang und darüber wiederum jeder Summenvorgang über dieselben Arten von Informationen verfügt, welche die Arbeitskalkulation liefern kann. Dies sind z.B.:

- Mengen und Kosten der Kostenarten
- Mengen und Kosten der Artikel
- Mengen der Arbeitsstunden
- Budget
- Sollkosten
- bewertete Sollkosten
- Leistungswert
- Erlös

Werden die Bauvorgänge in der Bauablaufplanung auf die Zeitachse gelegt, liegen alle zugehörigen Informationen ebenfalls auf der Zeitachse. Bauablaufplanung und Arbeitskalkulation führen in ihrer Kopplung über die Bauvorgänge zu den wichtigen Aussagen in jedem einzelnen Bauvorgang und auch über die Summe aller oder ausgewählter Bauvorgänge:

was, wann, womit?

Genau diese Informationen werden bei der Disposition der Bauleistungen benötigt. Genau diese Informationen werden bei der Vorausschau auf die gesamte Bauzeit benötigt.

Das Prinzip der Zuordnung der Teilleistungen zu Bauvorgängen und die darauf aufbauenden Möglichkeiten der Auswertung seien im Folgenden an nur drei Bauvorgängen und vier darin vorkommenden Teilleistungen verdeutlicht.

In Abbildung 172 sind auf der linken Seite vier Teilleistungspositionen aufgeführt mit nur einigen der Informationen, wie sie sich in der Arbeitskalkulation darstellen, stellvertretend für jegliche Art von Information (siehe oben):

- VA-Menge der Positionen
- kalkulierte Stunden pro ME
- NU-Kosten für das Verlegen der Bewehrung pro ME
- EKT/ME
- Leistungswert pro ME

Das Prinzip der Leistungsmeldung über Bauvorgänge

Teilleistungen

Position 1			
m² B15 für Sauberkeitsschicht 8 cm			
VA	Std/ME	EKT/ME	LW/ME
300,00	0,15	10,00	11,00

Position 2			
m³ B25 für Fundamente			
VA	Std/ME	EKT/ME	LW/ME
250,00	1,00	100,00	110,00

Position 3			
m² Fundamentschalung			
VA	Std/ME	EKT/ME	LW/ME
400,00	1,20	40,00	44,00

Position 4			
to Betonrundstahl BST 500S			
VA	NU/ME	EKT/ME	LW/ME
500,00	750,00	750,00	825,00

Bauvorgänge mit zugeordneten Teilleistungen

Bauvorgang 1						
Fundamente Achse 1- 5						
Position	Teilm.	Restm.	Std.	NU	EKT	LW
1	90,00	210,00	13,50		900,00	990,00
2	75,00	175,00	75,00		7.500,00	8.250,00
3	120,00	280,00	144,00		4.800,00	5.280,00
4	7,20	492,80		5.400,00	5.400,00	5.940,00
Summe			232,50	5.400,00	18.600,00	20.460,00

Bauvorgang 2						
Fundamente Achse 5 - 9						
Position	Teilm.	Restm.	Std.	NU	EKT	LW
1	120,00	90,00	18,00		1.200,00	1.320,00
2	100,00	75,00	100,00		10.000,00	11.000,00
3	160,00	120,00	192,00		6.400,00	7.040,00
4	9,60	483,20		7.200,00	7.200,00	7.920,00
Summe			310,00	7.200,00	24.800,00	27.280,00

Bauvorgang 3						
Fundamente Achse 9 - 13						
Position	Teilm.	Restm.	Std.	NU	EKT	LW
1	90,00	0,00	13,50		900,00	990,00
2	75,00	0,00	75,00		7.500,00	8.250,00
3	120,00	0,00	144,00		4.800,00	5.280,00
4	7,20	476,00		5.400,00	5.400,00	5.940,00
Summe			232,50	5.400,00	18.600,00	20.460,00

Legende:
VA: VA-Menge
LW: Leistungswert
NU: NU-Kosten

Legende:
Teilm.: Teilmenge der Position im Vorgang
Restm: Verbleibende Restmenge nach Abzug der Teilmenge dieses und der davorstehenden Bauvorgänge von der VA-Menge
NU: NU-Kosten
LW: Leistungswert = EKT x (100 % + mittl. DB in %)

Abbildung 172: Bauvorgänge und zugeordnete Teilleistungen

Auf der rechten Seite stehen drei Bauvorgänge, deren Gesamtleistung sich aus den vier gezeigten Positionen zusammensetzt. Die Positionen sind dort mit Teilmengen zugeordnet. In der Spalte der Restmengen ist jeweils die Menge der Teilleistungen zu sehen, die sich in der chronologischen Bearbeitung der Vorgänge jeweils auf Grund der Formel

$$\text{Restmenge} = (\text{VA-Menge}) - (\text{Summe Teilmengen aus bisherigen Zuordnungen})$$

ergibt. Im Bauvorgang 1 war dies bei der Position 1:

$$\text{Restmenge} = 300{,}00 - 90{,}00 = 210{,}00$$

Im Bauvorgang 2 war dies bei der Position 1:

$$\text{Restmenge} = 300{,}00 - 90{,}00 - 120{,}00 = 90{,}00$$

Im Bauvorgang 3 war dies bei der Position 1:

$$\text{Restmenge} = 300{,}00 - 90{,}00 - 120{,}00 - 90{,}00 = 0{,}00$$

Mit jeder Zuordnung einer Teilmenge einer Teilleistung wird die noch verbleibende Restmenge festgestellt. Diese Kontrolle ist wichtig, sollte doch nach Abschluss der Bearbeitungen in jeder Teilleistung die Bedingung erfüllt sein:

Summe Teilmengen = VA-Menge

Diese Bedingung ist erfüllt, wenn die Restmenge = 0,00 ist.

Steht eine bestimmte Teilleistung nicht weiter an zur Verteilung auf weitere Vorgänge, und ist vorstehende Bedingung nicht erfüllt,

- so ist entweder eine Korrektur der VA-Menge vorzunehmen, sofern die Teilmengen richtig sind,
- oder es sind Teilmengen in Vorgängen zu korrigieren.

Das positive oder negative Vorzeichen der Restmenge zeigt die Richtung der erforderlichen Korrektur auf. Es wurde bereits in Abschnitt E, Kap. 2.4 darauf verwiesen, dass die Ermittlung der VA-Mengen in der Struktur der Bauvorgänge erfolgen sollte, damit diese zeitaufwändige Arbeit nicht nur die VA-Mengen, sondern gleichzeitig auch die Teilmengen liefert. Dann dürfte es auch kaum mehr vorkommen, dass nach abgeschlossener Zuordnung der Teilmengen noch Restmengen verbleiben.

Bei den Positionen 1 bis 3 ist in Bauvorgang 3 zu sehen, dass keine Restmenge mehr besteht. Es sind alle Bauvorgänge für Fundamente definiert; die Positionen 1 bis 3, welche nur mit Fundamenten zu tun haben, sind vollständig verplant. Bei Position 4 im Bauvorgang 3 hingegen ist immer noch eine große Restmenge vorhanden. Dies kann auch nicht anders sein, da der Betonstahl noch zur Verplanung in vielen weiteren Bauvorgängen ansteht.

Die Software, welche die Mengenkontrolle durchführt, "weiß" zu jedem Zeitpunkt, welche Teilleistungen mit welcher Restmenge noch nicht verplant sind. Dieses "Wissen" wird auch dazu benutzt, bestimmte Vorgänge mit noch verbleibenden Restmengen bestimmter Teilleistungen oder Anteilen davon auffüllen zu lassen. Auf die Einzelheiten des eigentlichen Verfahrens der Zuordnung wird im folgenden Kapitel 3.5.2 eingegangen.

Auf der Basis der zugeordneten Teilmengen sind die o.g. Werte der Arbeitskalkulation pro ME berechnet, z.B. im Bauvorgang 1, Position 1:

Std. = (Teilmenge) x (Std./ME) = 90,00 x 0,15 = 13,50 Std.

oder im Bauvorgang 1, Position 4:

NU-Kosten = 7,20 x 900 = 5.400,00

Pro Bauvorgang werden die Werte der einzelnen Informationsarten über alle Positionen summiert. Das Ergebnis der Zuordnung sind also Leistungsverzeichnis und Arbeitskalkulation in der Struktur der Bauvorgänge.

Nicht jede Einzelinformation aus der Arbeitskalkulation wird in der Struktur der Bauvorgänge direkt genutzt, ebenso wenig wie in der Struktur des LV. Andererseits sind einige Informationen wie z.B. Sollstunden, Gerätestunden und auch einige Materialmengen erst in dieser Struktur für die Dispositionen direkt nutzbar. Dazu zählen auch die Teilleistungsmengen im Bauvorgang im Gegensatz zu den Gesamtmengen der Teilleistungen im LV.

Die in dieser Art aufbereiteten Bauvorgänge finden wichtige Weiterverwendungen in

- der Bauablaufplanung/Ressourcenplanung
  Darstellung des Prinzips: Abschnitt F, Kap. 3.8.1
  Ausführliche Behandlung: Abschnitt F. Kap. 4
- der Leistungsvorgabe
  Ausführliche Behandlung: Abschnitt F. Kap. 5
- der Leistungsmeldung
  Darstellung des Prinzips: Abschnitt F, Kap. 3.8.2
  Ausführliche Behandlung: Abschnitt G. Kap. 1.3

Die Zuordnung der Teilleistungen zu Bauvorgängen stellt die Umsetzung des Organisationsprinzips dar: "Organisiere deine Arbeit so, dass die Arbeitsergebnisse in guter Qualität möglichst früh zur Verfügung stehen, so dass sie vielfältiger und öfter nutzbar sind."

3.5.2 Arbeitsweisen bei Zuordnung der Teilleistungen

Für die Zuordnung von Teilleistungen zu Bauvorgängen kommen verschiedene Arbeitsweisen in Frage:

- Individuelle Zuweisung von einzelnen Teilleistungen mit Angabe von Teilmengen, wobei die Teilmengen auf einer vorher durchgeführten Mengenermittlung beruhen.
- Individuelle Zuweisung von einzelnen Teilleistungen mit Angabe eines Prozentsatzes der Teilmenge bezogen auf
  - die VA-Menge
  - die aktuelle Restmenge
- Zuordnung von Teilleistungsbereichen (Gruppenstufen oder Auswahl "von ... bis ..."), soweit deren Teilleistungen noch nicht vollständig verplant sind. Bestimmung der Teilmengen über Angabe eines Prozentsatzes bezogen auf die Restmengen.

3.5.2.1 Die individuelle Zuordnung von Teilleistungen

Die individuelle Zuordnung von Teilleistungen zu Bauvorgängen erfolgt in einer Übersicht, welche sowohl die Bauvorgänge als auch die Teilleistungen zeigt Abbildung 173.

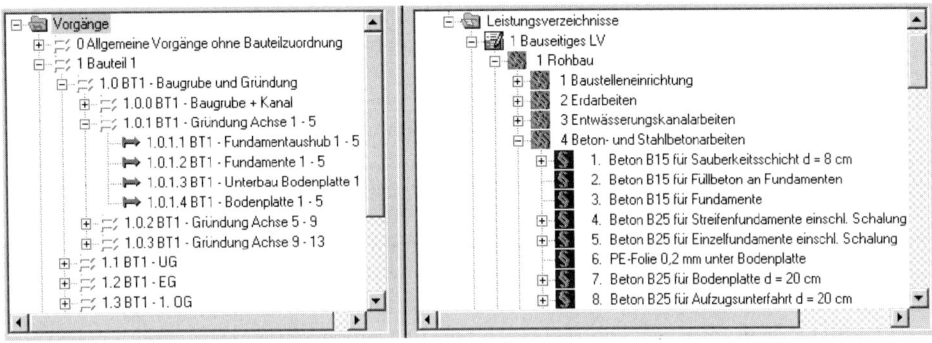

Abbildung 173: Sicht auf Bauvorgänge und Teilleistungen

Mit dem aus der Systemsoftware bekannten Verfahren "Drag and Drop" werden Teilleistungen auf den in Frage kommenden Vorgang gezogen. Schrittweise füllt sich eine Tabelle des Bauvorgangs, in welcher die zugeordneten Teilleistungen sichtbar sind (Abbildung 174).

OZ	Kurztext	ME	VA.Menge	Teilmenge	Restmenge
1. 4. 1.	Beton B15 für Sauberkeitsschicht d = 8 cm	m²	608,000	114,183	0,112
1. 4. 2.	Beton B15 für Füllbeton an Fundamenten	m³	5,000	0,850	0,000
1. 4. 3.	Beton B15 für Fundamente	m³	10,000	1,700	0,000
1. 4. 4.	Beton B25 für Streifenfundamente einschl. Schalunç	m³	87,000	15,788	0,000
1. 4. 5.	Beton B25 für Einzelfundamente einschl. Schalung	m³	426,000	85,156	0,000
1. 4. 37.	Betonstahl IV S liefern, biegen und verlegen	t	230,000	5,381	0,227
1. 4. 38.	Betonstahlmatten liefern, biegen und verlegen‖Lage	t	213,000	0,284	0,102

Abbildung 174: Tabelle der einem Bauvorgang zugeordneten Teilleistungen mit absoluten Werten der Teilmengen

Die Software kann für die Teilmenge einer Position nur die noch verfügbare Restmenge vorschlagen. Ob man sofort eine Bearbeitung der Teilmengen vornimmt (wie oben) oder zunächst einmal mehrere gleichartige Bauvorgänge nur in der Zuordnung der Teilleistungen bearbeitet, wird davon abhängen, ob die Mengenbearbeitung aus der Sicht des einzelnen Bauvorgangs oder aus Sicht einer einzelnen Teilleistung einfacher ist. Ist eine Teilleistung mehreren Bauvorgängen zugeordnet, so kann eine Kontrolle aus Sicht der Teilleistung sinnvoll sein. Abbildung 175 zeigt diese Kontrollsicht aus der OZ 1.4.5 des obigen Beispiels. Sie zeigt Teilmenge und prozentualen Anteil von der VA-Menge pro Bauvorgang.

Name	Teilmenge	%
1.0.1.2 BT1 - Fundamente 1 - 5	85,156	19,990
1.0.2.2 BT1 - Fundamente 5 - 9	74,460	17,479
1.0.3.2 BT1 - Fundamente 9 - 13	65,541	15,385
2.0.1.2 BT2 - Fundamente 1 - 5	75,756	17,783
2.0.2.2 BT2 - Fundamente 5 - 9	67,260	15,789
2.0.3.2 BT2 - Fundamente 9 - 13	57,827	13,574

Abbildung 175: Sicht aus der OZ auf die Aufteilung deren Mengen

Wäre in obigem Fall, in dem es mehrere Bauvorgänge für Fundamente gibt, keine Mengenermittlung durchgeführt worden, so könnte eine prozentuale Verteilung von VA-Mengen auf die Vorgänge zumindest bei denjenigen Positionen gewählt worden sein, die nur zu Fundamenten gehören. Abbildung 176 zeigt eine solche prozentuale Aufteilung einer Position auf insgesamt 6 Bauvorgänge. Es ist ebenfalls die Sicht von einer Teilleistung auf diejenigen Bauvorgänge, denen die Teilleistung zugeordnet ist.

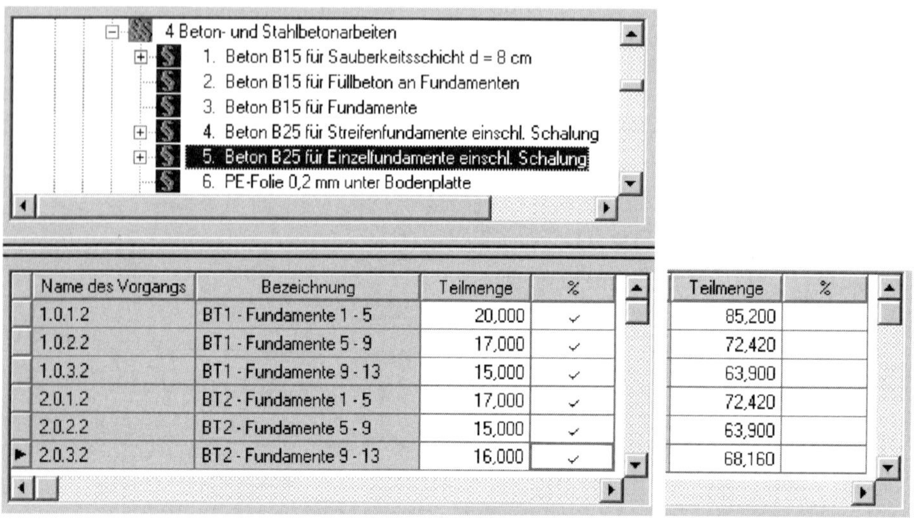

4 Beton- und Stahlbetonarbeiten
1. Beton B15 für Sauberkeitsschicht d = 8 cm
2. Beton B15 für Füllbeton an Fundamenten
3. Beton B15 für Fundamente
4. Beton B25 für Streifenfundamente einschl. Schalung
5. Beton B25 für Einzelfundamente einschl. Schalung
6. PE-Folie 0,2 mm unter Bodenplatte

Name des Vorgangs	Bezeichnung	Teilmenge	%
1.0.1.2	BT1 - Fundamente 1 - 5	20,000	✓
1.0.2.2	BT1 - Fundamente 5 - 9	17,000	✓
1.0.3.2	BT1 - Fundamente 9 - 13	15,000	✓
2.0.1.2	BT2 - Fundamente 1 - 5	17,000	✓
2.0.2.2	BT2 - Fundamente 5 - 9	15,000	✓
2.0.3.2	BT2 - Fundamente 9 - 13	16,000	✓

Teilmenge	%
85,200	
72,420	
63,900	
72,420	
63,900	
68,160	

Abbildung 176: Prozentuale Verteilung einer Teilleistung auf Bauvorgänge und Anzeige der absoluten Werte

Die Mengenbearbeitung wird je nach Verfügbarkeit von Mengenermittlungen entweder über absolute Werte oder über %-Angaben bezogen auf die VA-Menge durchgeführt werden, gleich in welcher der beiden Sichten. Die %-Angabe ist ein Hilfswert zur Ermittlung eines absoluten Wertes. Beide Wertearten können sichtbar gemacht werden.

Bei einer Reihe von untergeordneten Teilleistungen wird man auf eine Mengenermittlung verzichten oder sogar verzichten müssen, weil die verfügbaren Planunterlagen noch keine Mengenermittlung zulassen. Die VA-Mengen sind dann entweder die LV-Mengen aus dem LV des AG oder geschätzte Mengen des eigenen LV. In allen diesen Fällen werden die Teilmengen über %-Angaben bezogen auf die VA-Mengen bestimmt, entweder aus

Sicht der Bauvorgänge (Abbildung 174) oder aus Sicht der Teilleistungen (Abbildung 176). Abbildung 177 zeigt einen Bauvorgang für Kanalisationsarbeiten zu Bauteil 1 eines Hochbaus, welchem 50 % der entsprechenden Teilleistungen zugewiesen wurden. Die anderen 50 % sind einem entsprechenden Bauvorgang in Bauteil 2 zugewiesen.

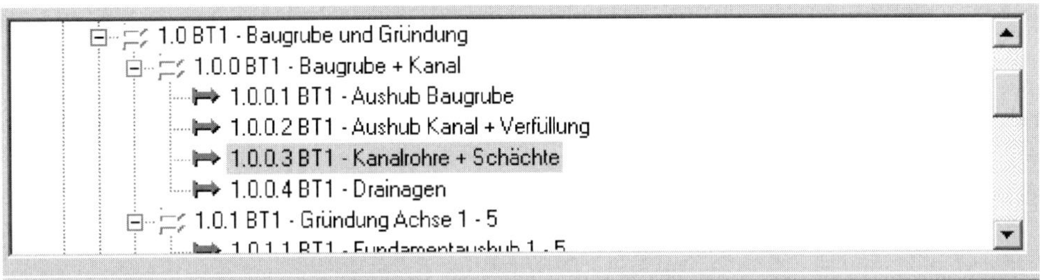

	OZ	Kurztext	ME	VA.Menge	Teilmenge	%	Restmenge
►	1. 3. 1.	Stzg.-Rohre DN 250, Steckmuffe K	m	74,000	50,000	✓	0,000
	1. 3. 2.	Stzg.-Rohre DN 200, Steckmuffe K	m	58,000	50,000	✓	0,000
	1. 3. 3.	Stzg.-Rohre DN 150, Steckmuffe L	m	296,000	50,000	✓	0,000
	1. 3. 4.	Stzg.-Rohre DN 125, Steckmuffe L	m	12,000	50,000	✓	0,000
	1. 3. 5.	Stzg.-Rohre DN 100, Steckmuffe L	m	84,000	50,000	✓	0,000
	1. 3. 6.	Zulage zu OZ 1.3.1 bis 1.3.5 für Formstücke		1,000	50,000	✓	0,000
	1. 3. 7.	Dichtigkeitsprüfung Kanalrohre durchführen	m	524,000	50,000	✓	0,000
	1. 3. 8.	Abwasserschächte DN 1000, T = 3,0 bis 3,5 r	Stk	4,000	50,000	✓	0,000
	1. 3. 9.	Abwasserschächte DN 1200, T = 3,0 bis 3,5 r	Stk	4,000	50,000	✓	0,000
	1. 3. 10.	Ausgleichsringe DN 625, d = 8 cm	Stk	12,000	50,000	✓	0,000
	1. 3. 11.	Schachtabdeckungen Klasse B mit Lüftungsö	Stk	4,000	50,000	✓	0,000
	1. 3. 12.	Schachtabdeckungen Klasse D mit Lüftungsc	Stk	12,000	50,000	✓	0,000
	1. 3. 13.	Benzinabscheider	Stk	2,000	50,000	✓	0,000

Abbildung 177: Tabelle der einem Bauvorgang zugeordneten Teilleistungen mit %-Werten für die Teilmengen bezogen auf VA

In Zusammenhang mit diesem letzten Beispiel sei darauf hingewiesen, dass Bauvorgänge, welche aus Sicht der zugeordneten Teilleistungen inhaltlich ähnlich oder gar identisch sind, am einfachsten durch Kopieren eines solchen Inhalts gefüllt werden. Oft sind dann nur wenige Teilmengen zu korrigieren. In vielen Projekten gibt es eine Vielzahl ähnlicher Bauvorgänge, so dass mit zunehmendem Fortschritt der Bearbeitung immer mehr Bauvorgänge durch Kopieren ähnlicher oder identischer Teilleistungszuordnungen gefüllt werden können.

3.5.2.2 Die bereichsweise Zuordnung von Teilleistungen

Es wird häufig Bauvorgänge geben, denen eine ganze Serie von Teilleistungen zugeordnet werden soll. Das Beispiel gemäß Abbildung 177 könnte einer solcher Fall sein, wo eine Reihe von Positionen der Kanalisationsarbeiten einem Vorgang zuzuordnen war. Insbesondere im SF-Bau wird die Zuordnung größerer Bereiche von Teilleistungen zu einem bestimmten Bauvorgang sogar die Regel sein.

Für diese Art der Zuordnung kommen zwei Auswahlverfahren der Teilleistungen in Frage:

- Auswahl einer ganzen Gruppenstufe mit sämtlichen Positionen: In diesem Fall wird die Gruppenstufe dem Bauvorgang zugeordnet.
- Auswahl einer Serie von Positionen innerhalb einer Gruppenstufe: In diesem Fall wird ein Positionsbereich durch Angabe nach dem Prinzip "von Position ... bis Position ...." ausgewählt.

Nach getroffener Auswahl von Gruppenstufe oder Positionsbereich wird eine Pauschalaussage zu der gewünschten Teilmenge gemacht. Dabei kommen wiederum zwei Auswahlmöglichkeiten in Frage:

- .... % der VA-Menge
- .... % der Restmenge

Das Ergebnis dieser Arbeit ist identisch mit den Beispielen gemäß Abbildung 174 oder Abbildung 177.

Das Verfahren der Zuordnung per Bereichsauswahl kommt selbst dann noch in Frage, wenn nicht alle, aber doch die meisten Positionen eines Bereiches zugeordnet werden sollen. Dann werden im Anschluss an die Pauschalzuordnung aus der Tabelle der zugeordneten Teilleistungen diejenigen Verknüpfungen gelöscht, welche nicht zum Bauvorgang gehören sollen.

3.5.2.3 Zuordnung von Unterpositionen

Es kann Fälle geben, in denen nur ein bestimmter Leistungsanteil einer Position einem Bauvorgang zuzuordnen ist. Dies wäre z.B. dann der Fall, wenn die Arbeiten für eine umfangreiche Baustelleneinrichtung, welche in einer einzigen Teilleistungsposition beschrieben ist, über mehrere Bauvorgänge abgebildet werden sollen. Dann sind den Bauvorgängen Unterpositionen der Arbeitskalkulation zuzuordnen.

Das Verfahren der Zuordnung von Unterpositionen ist identisch mit der individuellen Zuordnung von Teilleistungen gemäß dem vorstehenden Kapitel 3.5.2.1. Allerdings hat diese differenzierte Art der Zuordnung Konsequenzen in Folgebearbeitungen:

- Ist die Ebene der Unterposition für die Zuordnung gewählt, muss auch in folgenden Zuordnungen aus dieser Position über Unterpositionen gegangen werden. Nur dann kommt eine in sich logische Zuordnung der Gesamtposition zu Stande.
- Die gewählte Ebene der Unterpositionen ist auch die Ebene für die Meldung von LE-Mengen zu der Position. Dies hängt damit zusammen, dass über die Leistungsmeldung per Fertigstellungsgrad des Bauvorgangs LE-Mengen der zugeordneten Teilleistungen berechnet werden. Im Falle zugeordneter Unterpositionen sind dies eben dann die LE-Mengen der Unterpositionen und nicht der Position.

3.5.2.4 Nachträgliche Änderung der VA-Mengen in der Arbeitskalkulation

Werden nach der Zuordnung der Teilleistungen zu den Bauvorgängen VA-Mengen der Teilleistungen geändert, so stellt dies natürlich die bisherige Arbeit in den Bauvorgängen in Frage. Die Änderung einer VA-Menge führt immer dazu, dass eine Restmenge mit positivem oder negativem Vorzeichen entsteht.

Die Änderung der VA-Menge einer Teilleistung dürfte eigentlich nur in Erkenntnissen zu den Teilmengen begründet sein. Dann ist die Änderung der VA-Menge direkt eine Konsequenz aus der erneuten Bearbeitung der Teilmengen in den Bauvorgängen mit dem Endergebnis der Restmenge = 0,00 nach der Korrektur der VA-Menge. Anders dürfte eigentlich nicht vorgegangen werden. Bei Umkehrung der Bearbeitungsreihenfolge muss eben über die Korrektur von Teilmengen dafür gesorgt werden, dass die Restmenge den Wert 0,00 erreicht. Kleine Werte in den Restmengen sind natürlich unbedenklich, weil man immer davon ausgehen muss, dass die VA-Mengen nicht absolut korrekt sind.

3.5.2.5 Einarbeitung der Nachtragspositionen

Wenn die Planung und Verfolgung des Projektes über die Bauvorgänge vollständig sein soll, müssen auch die Nachtragspositionen einbezogen werden. Dies bedingt, dass alle eingeführten Nachtragspositionen sukzessive den Bauvorgängen zugeordnet werden. Meistens werden sie vorhandenen Bauvorgängen zuzuordnen sein. Nur im Falle, dass der Nachtrag eine neue geschlossene Leistung darstellt, wird ein gesonderter Bauvorgang erforderlich.

3.5.2.6 Kontrolle der Vollständigkeit der Zuordnung

Es wird immer wieder vorkommen, dass nicht alle Teilleistungen der Arbeitskalkulation vollständig zugeordnet sind. Dann gibt es Teilleistungen, in denen Restmengen bestehen, sei es mit positivem, sei es mit negativem Vorzeichen. Insbesondere eingeführte Nachtragspositionen und nachträgliche Änderungen von VA-Mengen oder Teilmengen können zu einem solchen Zustand führen.

Für die Kontrolle bestehender Restmengen können verschiedene Verfahren verwendet werden:

- Es werden Teilleistungen mit Restmengen durch ein besonderes Symbol optisch kenntlich gemacht und es wird ergänzend der Anteil der verplanten Mengen angezeigt. Markiert man eine solche Teilleistung, wird die Restmenge sichtbar (Abbildung 178).
- Es wird ein Protokoll der Teilleistungen mit Restmengen ausgedruckt.
- Man legt einen "künstlichen" Vorgang an, welchem man alle Teilleistungen zuordnet, allerdings mit den Teilmengen = 0,00. Soweit die Positionen vollständig verplant wurden, steht dort die Restmenge 0,00. Soweit diese Bedingung nicht erfüllt ist, zeigt die Restmenge ≠ 0,00 an, in welcher Höhe zu korrigieren ist.

Die beste Lösung ist sicher die Erstgenannte, weil damit stets eine direkte Kontrolle im Zuge der Bearbeitungen gegeben ist.

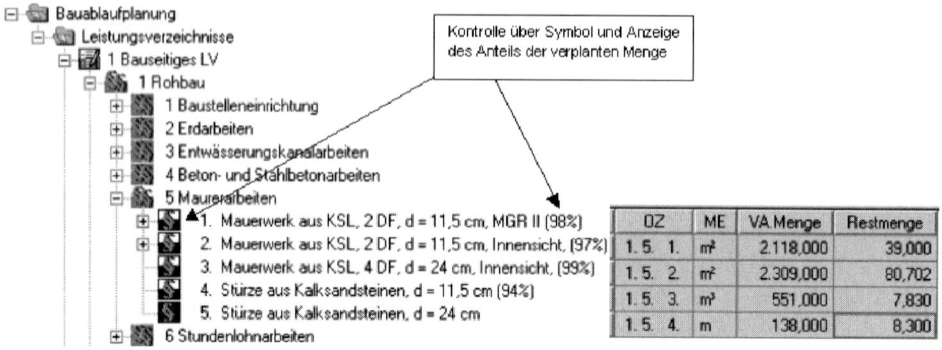

Abbildung 178: Direktkontrolle von Teilleistungen mit Restmengen

Bestehen nur geringfügige Restmengen, so ist dies letztlich unerheblich für die Gesamtplanung des Baustellen-Controlling. Legt man aber unbedingt Wert darauf, auch in der Struktur der Bauvorgänge zu denselben Gesamtwerten des Projektes zu kommen wie in der Struktur der Arbeitskalkulation, so legt man am einfachsten Bauvorgänge für Restmengen an. Mit dem Verfahren gemäß Kap. 3.5.2.2 werden diese mit den "Resten" gefüllt. Abbildung 179 zeigt einen solchen Bereich von "Hilfsvorgängen" am Ende der Struktur der Bauvorgänge.

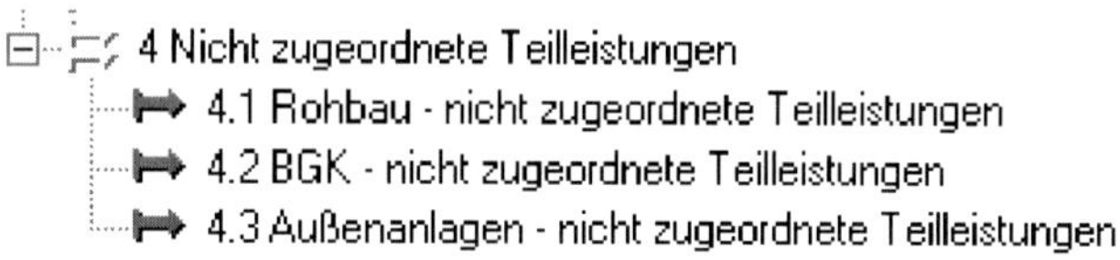

Abbildung 179: Hilfsvorgänge zur Berücksichtigung von Restmengen

Man darf nach Änderungen in der Arbeitskalkulation allerdings nicht vergessen, den Inhalt dieser Hilfsvorgänge zu aktualisieren.

In der Bauablaufplanung werden diese Hilfsvorgänge ungefähr gemäß der zeitlichen Lage der enthaltenen Teilleistungen eingeplant. Ein solcher Hilfsvorgang kann dann u.U. über die gesamte Bauzeit reichen.

3.6 Zuordnung freier Ressourcen zu den Bauvorgängen

Neben der Zuordnung der Bestandteile der Arbeitskalkulation zu den Bauvorgängen kann es erforderlich werden, auch sog. freie Ressourcen zuzuordnen. Freie Ressourcen sind Angaben, welche außerhalb der Kostenkalkulation entstehen, in der Regel aus der allgemeinen Arbeitsvorbereitung des Projektes wie z.B.

- Wandschalungssatz 1
- Wandschalungssatz 2
- Deckenrüstung, Teil 1

- Deckenrüstung, Teil 2
- Pflastererkolonne 1
- Pflastererkolonne 2

Freie Ressourcen sind in der Regel so projektspezifisch, dass sie nicht Gegenstand eines Stammkataloges der Ressourcen (Abschnitt B, Kap. 7.4) sein können. Sie werden im Projektkatalog der Ressourcen definiert.

Sind solche Ressourcen den Bauvorgängen zugeordnet, so kann der "Lauf" dieser Ressource durch das Projekt verfolgt werden bzw. es kann überprüft werden, ob die Ressource konstant eingesetzt oder gar wegen zeitlichen Überlappungen "überfordert" wäre. Der Lauf der freien Ressourcen wird oft bei der Definition der technologischen Abhängigkeiten zwischen den Bauvorgängen berücksichtigt.

3.7 Auswertung der Bauvorgänge und Berechnung der Mindestdauern

3.7.1 Auswertung der Bauvorgänge

Sind einem Bauvorgang Teilleistungen mit Teilmengen zugeordnet, so ist der Bauvorgang im Hinblick auf jede Art von Informationen auswertbar, über welche die Arbeitskalkulation verfügt, z.B.:

- Mengen und Kosten der Kostenarten, jeweils getrennt für Sollkosten und Kostenrisiken.
- Mengen und Kosten der Artikel
- Budget
- Sollkosten
- bewertete Sollkosten
- Erlös

Abbildung 180 zeigt die Auswertung des Bauvorgangs gemäß Abbildung 174 in den wichtigsten Informationsarten.

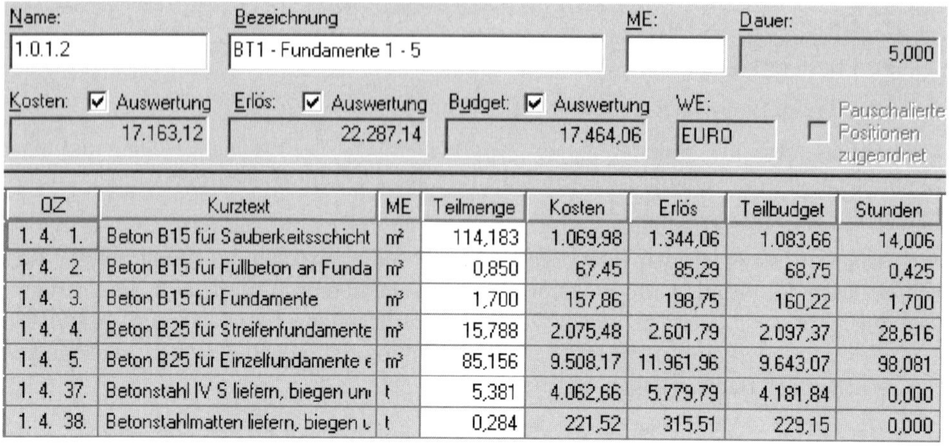

Name: 1.0.1.2 | Bezeichnung: BT1 - Fundamente 1 - 5 | ME: | Dauer: 5,000

Kosten: ☑ Auswertung 17.163,12 | Erlös: ☑ Auswertung 22.287,14 | Budget: ☑ Auswertung 17.464,06 | WE: EURO | ☐ Pauschalierte Positionen zugeordnet

OZ	Kurztext	ME	Teilmenge	Kosten	Erlös	Teilbudget	Stunden
1. 4. 1.	Beton B15 für Sauberkeitsschicht	m³	114,183	1.069,98	1.344,06	1.083,66	14,006
1. 4. 2.	Beton B15 für Füllbeton an Funda	m³	0,850	67,45	85,29	68,75	0,425
1. 4. 3.	Beton B15 für Fundamente	m³	1,700	157,86	198,75	160,22	1,700
1. 4. 4.	Beton B25 für Streifenfundamente	m³	15,788	2.075,48	2.601,79	2.097,37	28,616
1. 4. 5.	Beton B25 für Einzelfundamente e	m³	85,156	9.508,17	11.961,96	9.643,07	98,081
1. 4. 37.	Betonstahl IV S liefern, biegen un	t	5,381	4.062,66	5.779,79	4.181,84	0,000
1. 4. 38.	Betonstahlmatten liefern, biegen u	t	0,284	221,52	315,51	229,15	0,000

Abbildung 180: Auswertung eines Bauvorgangs in den wichtigsten Informationen

Bei Bauvorgängen, welche ausschließlich NU-Leistungen beschreiben, sind die Kostenaussagen die Aussage zum erwarteten Umsatz des NU. Die Auswertung der Vorgänge ist in diesem Fall also eine wichtige Vorgabe für den NU (Abbildung 181).

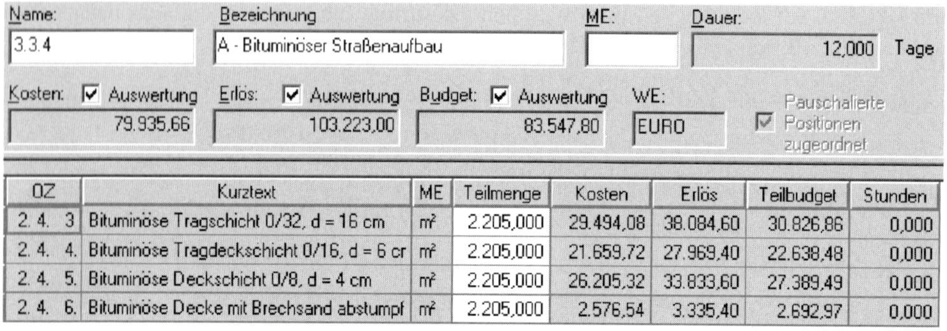

Name: 3.3.4 | Bezeichnung: A - Bituminöser Straßenaufbau | ME: | Dauer: 12,000 Tage

Kosten: ☑ Auswertung 79.935,66 | Erlös: ☑ Auswertung 103.223,00 | Budget: ☑ Auswertung 83.547,80 | WE: EURO | ☑ Pauschalierte Positionen zugeordnet

OZ	Kurztext	ME	Teilmenge	Kosten	Erlös	Teilbudget	Stunden
2. 4. 3	Bituminöse Tragschicht 0/32, d = 16 cm	m²	2.205,000	29.494,08	38.084,60	30.826,86	0,000
2. 4. 4.	Bituminöse Tragdeckschicht 0/16, d = 6 cr	m²	2.205,000	21.659,72	27.969,40	22.638,48	0,000
2. 4. 5.	Bituminöse Deckschicht 0/8, d = 4 cm	m²	2.205,000	26.205,32	33.833,60	27.389,49	0,000
2. 4. 6.	Bituminöse Decke mit Brechsand abstumpf	m²	2.205,000	2.576,54	3.335,40	2.692,97	0,000

Abbildung 181: Erwarteter Umsatz des NU

Es hängt von der Art der enthaltenen Bauleistungen ab, welche Informationen des Bauvorgangs für die weiteren Schritte im Baustellen-Controlling von Bedeutung sind. Umfassen die enthaltenen Teilleistungen im Wesentlichen Eigenleistungen, so werden z.B. Informationen über Sollstunden oder Gerätekosten benötigt. Diese Art der Information ist aber bei NU-Leistungen überflüssig; dort wird der Umsatz pro Gewerk benötigt.

In vielen Fällen werden die Informationen gemäß den Abbildung 180 bzw. Abbildung 181 genügen, in anderen Fällen aber nicht. Deshalb ist es hilfreich, wenn pro Vorgang hinterlegt werden kann, welche Informationen in der Auswertung des Vorgangs per Druckliste ausgegeben werden sollen.

Jede Änderung in der Arbeitskalkulation hat natürlich Einfluss auf die Auswertung der Bauvorgänge. Die rechnerischen Ergebnisse in den Bauvorgängen stellen ja lediglich eine Umstrukturierung der Ergebnisse der Arbeitskalkulation dar.

Sind den Bauvorgängen freie Ressourcen zugeordnet (Abschnitt F, Kap. 3.6), so gehören auch diese Angaben zur wichtigen Information.

3.7.2 Berechnung der Dauern von Bauvorgängen

Auf der Grundlage der zugeordneten Teilleistungen und Kalkulationsbestandteile können Dauern der Bauvorgänge berechnet werden.

Beispiel 1:

Ein Bauvorgang enthält 160 Arbeitsstunden. An der Bauleistung arbeitet eine Kolonne von 4 Mann, welche eine tägliche Arbeitszeit von 8,0 Std. hat.

Die Mindestdauer des Bauvorgangs beträgt dann

$$\text{Mindestdauer} = 160{,}00/(4{,}0 \times 8{,}0) = 5{,}00 \text{ AT}$$

Beispiel 2:

Ein Bauvorgang, welcher ausschließlich NU-Leistungen enthält, bedingt einen Umsatz durch den NU von € 40.000,00. Vom NU wird erwartet, dass er pro Tag Leistungen im Wert von € 5.000,00 erbringt.

Die Mindestdauer des Bauvorgangs beträgt dann

$$\text{Mindestdauer} = 40.000/5.000 = 8{,}00 \text{ AT}$$

Beispiel 3:

Ein Bauvorgang enthält 12.000 cbm Aushubmenge. Vom ausführenden NU wird erwartet, dass er täglich 500 cbm leistet.

Die Mindestdauer des Bauvorgangs beträgt dann

$$\text{Mindestdauer} = 12.000/500 = 24{,}00 \text{ AT}$$

Mit den drei Beispielen wurden die drei wesentlichen Methoden der Dauerberechnung aufgeführt:

- Berechnung der Dauer über Leistungsstunden von Personal
- Berechnung der Dauer über Kosten (Umsatz)
- Berechnung der Dauer über Leistungsmengen

Für die Berechnung wird der insgesamt zu erbringende Wert im Bauvorgang sowie eine Leistungsvorgabe pro AT benötigt. Die Berechnung auf dieser Basis kann erfolgen

- für den gesamten Bauvorgang: Es werden Gesamtwert und Leistungsvorgabe auf Ebene des Vorgangs benötigt. Siehe Abbildung 182.

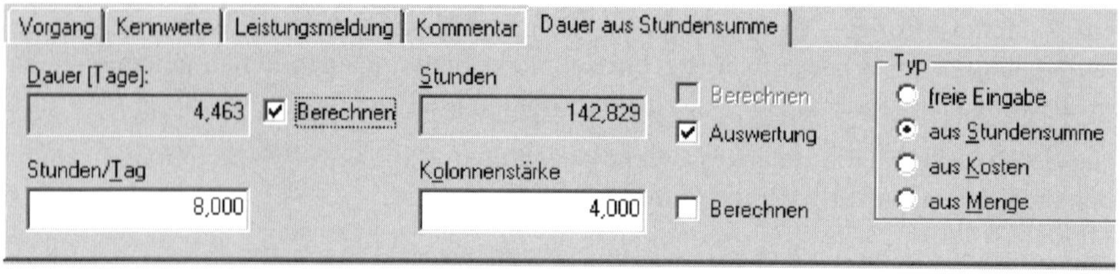

Abbildung 182: Berechnung der Vorgangsdauer über Stunden auf Ebene des Vorgangs

- für die einzelne Teilleistung im Bauvorgang: Es werden Gesamtwert und Leistungsvorgabe auf Ebene der Teilleistung benötigt. In diesem Fall kann pro Teilleistung gewählt werden, auf welche Größe Bezug genommen werden soll. Bestimmte Teilleistungen können auch aus der Berechnung ausgeschlossen werden. Die Gesamtdauer des Bauvorgangs ist die Summe der Dauern aus den Teilleistungen. Siehe Abbildung 183.

OZ	Kurztext	LE-Kennung	Gesamtwert	Leistung pro AT	Dauer in AT
1. 4. 1	Beton B15 für Sauberkeitsschicht d = 8 cm	S	14,006	32,00	0,44
1. 4. 2	Beton B15 für Füllbeton an Fundamenten				
1. 4. 3	Beton B15 für Fundamente				
1. 4. 4	Beton B25 für Streifenfundamente einschl. Schalung	S	28,616	32,00	0,89
1. 4. 5	Beton B25 für Einzelfundamente einschl. Schalung	S	98,081	32,00	3,07
1. 4. 37	Betonstahl IV S liefern, biegen und verlegen	M	5,381	4,00	1,35
1. 4. 38	Betonstahlmatten liefern, biegen und verlegen	M	0,284	4,00	0,07

Abbildung 183: "Gemischte" Dauerberechnung auf Ebene der Teilleistungen

Bei der Dauerberechnung aus den Teilleistungen wird zunächst eine Kennung für die Wahl der Berechnungsbasis eingegeben:

- S = Stunden
- K = Kosten
- M = Menge

Je nach Kennung wird der entsprechende Gesamtwert vorgegeben. Aus der Eingabe der Leistung pro AT ergibt sich die berechnete Einzeldauer. Teilleistungen ohne Kennung werden nicht in die Berechnung der Dauer einbezogen. Bei der Arbeit über Teilleistungen können natürlich Einzeldauern überlappen. Insofern muss der Anwender schließlich beurteilen, welchen Gesamtwert der Dauer er letztlich für richtig hält.

Berechnete Dauern sind immer nur Vorschlagswerte. Solche Berechnungen sind hilfreich für den Planer, der noch nicht über allzu große Bauerfahrung verfügt. Aber auch für den Erfahrenen machen solche Berechnungen zumindest bei komplexeren Bauvorgängen einen Sinn.

Es ist Sache des Anwenders, ob er berechnete Dauern übernimmt oder ob er sie durch andere Werte ersetzt. Mit Sicherheit wird man bei der Grobplanung die AT zumindest auf ganze Zahlen runden. Die endgültigen Dauern können oft auch erst aus einer Betrachtung über mehrere Bauvorgänge und deren Zusammenhänge festgelegt werden. Dies ist dann Sache der Arbeit in der Bauablaufplanung. Ressourcenauswertungen über die Bauzeit können zu weiteren Änderungen von Dauern führen.

3.8 Prinzipien der Weiterverwendung der Bauvorgänge mit Teilleistungen

3.8.1 Auswertungen über die Zeitachse

Einen hohen Nutzen haben die zugeordneten Teilleistungen und Kalkulationsbestandteile, wenn die so aufbereiteten Bauvorgänge in die Bauablaufplanung aufgenommen werden. Mit der Einordnung der Bauvorgänge auf der Zeitachse sind indirekt auch die Teilleistungen mit ihren Teilmengen sowie alle zugehörigen Werte lt. Arbeitskalkulation auf der Zeitachse eingeordnet. Jeder Bestandteil ist dann pro Zeitfenster (Tag, Woche, Monat) über die Summe der Bauvorgänge auswertbar. Zur Verdeutlichung dieses Prinzips werden die drei Bauvorgänge aus Kap. 3.5.1 aufgenommen und in eine Lage im Terminplan gebracht (Abbildung 184).

Bauvorgänge, Mengen, Ressourcen, Kosten, Leistungswert auf der Zeitachse

		18.03.	19.03.	20.03	21.03.	22.03	25.03.	26.03	27.03	28.03	29.03	01.04
Std.	232,50	46,50	46,50	46,50	46,50	46,50						
NU-Kosten	5.400,00	1.080,00	1.080,00	1.080,00	1.080,00	1.080,00						
EKT	18.600,00	3.720,00	3.720,00	3.720,00	3.720,00	3.720,00						
Leistungswert	20.460,00	4.092,00	4.092,00	4.092,00	4.092,00	4.092,00						
m³ B25	75,00	15,00	15,00	15,00	15,00	15,00						
m² Schalung	120,00	24,00	24,00	24,00	24,00	24,00						
to Stahl	7,20	1,44	1,44	1,44	1,44	1,44						
Std.	310,00				62,00	62,00	62,00	62,00	62,00			
NU-Kosten	7.200,00				1.440,00	1.440,00	1.440,00	1.440,00	1.440,00			
EKT	24.800,00				4.960,00	4.960,00	4.960,00	4.960,00	4.960,00			
Leistungswert	27.280,00				5.456,00	5.456,00	5.456,00	5.456,00	5.456,00			
m³ B25	100,00				20,00	20,00	20,00	20,00	20,00			
m² Schalung	160,00				32,00	32,00	32,00	32,00	32,00			
to Stahl	9,60				1,92	1,92	1,92	1,92	1,92			
Std.	232,50							46,50	46,50	46,50	46,50	46,50
NU-Kosten	5.400,00							1.080,00	1.080,00	1.080,00	1.080,00	1.080,00
EKT	18.600,00							3.720,00	3.720,00	3.720,00	3.720,00	3.720,00
Leistungswert	20.460,00							4.092,00	4.092,00	4.092,00	4.092,00	4.092,00
m³ B25	75,00							15,00	15,00	15,00	15,00	15,00
m² Schalung	120,00							24,00	24,00	24,00	24,00	24,00
to Stahl	7,20							1,44	1,44	1,44	1,44	1,44
Std.	775,00	46,50	46,50	46,50	108,50	108,50	62,00	108,50	108,50	46,50	46,50	46,50
NU-Kosten	18.000,00	1.080,00	1.080,00	1.080,00	2.520,00	2.520,00	1.440,00	2.520,00	2.520,00	1.080,00	1.080,00	1.080,00
EKT	62.000,00	3.720,00	3.720,00	3.720,00	8.680,00	8.680,00	4.960,00	8.680,00	8.680,00	3.720,00	3.720,00	3.720,00
Leistungswert	68.200,00	4.092,00	4.092,00	4.092,00	9.548,00	9.548,00	5.456,00	9.548,00	9.548,00	4.092,00	4.092,00	4.092,00
m³ B25	250,00	15,00	15,00	15,00	35,00	35,00	20,00	35,00	35,00	15,00	15,00	15,00
m² Schalung	400,00	24,00	24,00	24,00	56,00	56,00	32,00	56,00	56,00	24,00	24,00	24,00
to Stahl	24,00	1,44	1,44	1,44	3,36	3,36	1,92	3,36	3,36	1,44	1,44	1,44

Abbildung 184: Bauvorgänge und ihre Bestandteile auf der Zeitachse

Unter jedem "Balken" für den Bauvorgang sind die Auswertungsbestandteile gleichmäßig auf die Arbeitstage aufgeteilt; die jeweiligen Summen stehen am Beginn der Zeile.

In der Gesamtplanung des Projektes ist diese gleichmäßige Verteilung aller Bestandteile eines Bauvorgangs über dessen Dauer in der Regel aus folgenden Gründen ausreichend:

- Eine Auswertung pro Arbeitstag wäre im Rahmen der Gesamtplanung überzogen; hier genügt eine Auswertung pro KW oder – bei sehr langen Bauzeiten – sogar noch grober. Dadurch werden Einzelwerte pro Tag ohnehin auf grobere Zeiteinheiten zusammengefasst.
- In ein bestimmtes Zeitfenster fallen viele Vorgänge, so dass sich Fehler im einzelnen Vorgang über die Summe der Vorgänge weitgehend ausgleichen, zumindest im groberen Zeitraster.

Eine genaue Zuordnung einzelner Teilleistungsmengen zu einzelnen Arbeitstagen ist Sache einer ergänzenden Detailplanung 1 – 2 Wochen vor Ausführung. Diese Detailplanung, z.B. in Form des 2-Wochen-Programms der Baustelle, greift zwar die Rahmentermine der Gesamtplanung auf, nimmt im Übrigen aber eine eigenständige Vorgabe der wichtigen Details vor, welche nicht mehr in die Gesamtplanung eingetragen werden.

In Abbildung 184 unten sind die einzelnen Bestandteile der drei Vorgänge summiert. Diese Summierungen lassen sich in Form von Ganglinien oder Summenlinien grafisch über die Zeitachse auswerten. Die Auswertung der Bestandteile der Bauvorgänge über die Zeitachse ist Gegenstand von Abschnitt F, Kap. 4.

Über diese Auswertungen wird zunächst die Bauablaufplanung in der Weise optimiert, dass sie zu optimalen Ressourcenanforderungen führt (siehe Abbildung 186 und Abbildung 187). Gegenstand der Auswertung sind auch die freien Ressourcen (Abschnitt F, Kap. 3.6). Zwecks Optimierung werden Bauvorgänge in veränderte zeitliche Lage gebracht, Dauern der Bauvorgänge werden geändert. Die Bauablaufplanung wird darüber zu einer "machbaren" Bauablaufplanung. Die danach durchgeführten Auswertungen pro Vorgang bzw. über alle Vorgänge pro Zeitraum sind wichtige Aussagen im Sinne des Baustellen-Controlling.

Auch hier wird die bereits früher verwendete Aussage unter Beweis gestellt:

Die Zuordnung der Teilleistungen zu den Bauvorgängen stellt die Umsetzung des Organisationsprinzips dar: "Organisiere deine Arbeit so, dass die Arbeitsergebnisse in guter Qualität möglichst früh zur Verfügung stehen, so dass sie vielfältiger und öfter nutzbar sind."

3.8.2 Verwendung für die Leistungsmeldung

Die weitere wichtige Bedeutung der Bauvorgänge mit zugeordneten Teilleistungen liegt in deren Verwendung bei der Leistungsmeldung zu Stichtagen. Die einfachste Art der Leistungsmeldung ist ohne jeden Zweifel diejenige über die Fertigstellungsgrade der Bauvorgänge. Wenn ein Bauvorgang zu 40 % fertig gemeldet wird, bedeutet dies, dass alle seine enthaltenen Teilleistungen mit 40 % der dortigen Teilmengen geleistet sind.

Dieses Prinzip wird – erneut unter Aufgreifen des einfachen Beispiels gemäß Abschnitt F, Kap. 3.5.1 – erläutert (Abbildung 185). Auf der linken Seite der Abbildung sind die bereits bekannten drei Bauvorgänge mit ihren Bestandteilen zu sehen, wie wir sie aus Abbildung 172 kennen. Auf der rechten Seite sind die Fertigstellungsgrade der Bauvorgänge erfasst.

Bauvorgang 1 ist zu 100 % fertiggestellt. Dies bewirkt, dass sich im Bauvorgang LE-Mengen der enthaltenen Teilleistungen in Höhe der Teilmengen ergeben (Spalte LE). Bauvorgang 2 ist zu 60 % fertig gemeldet. Die LE-Mengen der Teilleistungen im Bauvorgang ergeben sich in diesen Fällen immer über die Formel

LE-Menge Teilleistung = (Teilmenge Teilleistung) x (Fertigstellungsgrad Bauvorgang)

Bauvorgänge mit zugeordneten Teilleistungen

Bauvorgang 1						
Fundamente Achse 1- 5						
Position	Teilm.	Restm.	Std.	NU	EKT	LW
1	90,00	210,00	13,50		900,00	990,00
2	75,00	175,00	75,00		7.500,00	8.250,00
3	120,00	280,00	144,00		4.800,00	5.280,00
4	7,20	492,80		5.400,00	5.400,00	5.940,00
Summe			232,50	5.400,00	18.600,00	20.460,00

Bauvorgang 2						
Fundamente Achse 5 - 9						
Position	Teilm.	Restm.	Std.	NU	EKT	LW
1	120,00	90,00	18,00		1.200,00	1.320,00
2	100,00	75,00	100,00		10.000,00	11.000,00
3	160,00	120,00	192,00		6.400,00	7.040,00
4	9,60	483,20		7.200,00	7.200,00	7.920,00
Summe			310,00	7.200,00	24.800,00	27.280,00

Bauvorgang 3						
Fundamente Achse 9 - 13						
Position	Teilm.	Restm.	Std.	NU	EKT	LW
1	90,00	0,00	13,50		900,00	990,00
2	75,00	0,00	75,00		7.500,00	8.250,00
3	120,00	0,00	144,00		4.800,00	5.280,00
4	7,20	476,00		5.400,00	5.400,00	5.940,00
Summe			232,50	5.400,00	18.600,00	20.460,00

Legende:

Teilm.: Teilmenge der Position im Vorgang
Restm: Verbleibende Restmenge nach Abzug der Teilmenge dieses und der davorstehenden Bauvorgänge von der VA-Menge
NU: NU-Kosten
LW: Leistungswert = EKT x (100 % + mittl. DB in %)

Möglichkeiten der Leistungsmeldung:

a) Über Fertigstellungsgrad des Vorgangs in %: LE-Mengen der Pos. werden berechnet. (siehe Bauvorgang 1 und 2)
b) Über LE-Mengen der Positionen im Bauvorgang: Fertigstellungsgrad des Vorgangs wird berechnet. (siehe Bauvorgang 3)
c) Über Fertigstellungsgrade der Positionen im Bauvorgang: LE-Mengen der Positionen im Bauvorgang werden berechnet. Oder direkt über LE-Mengen.

Leistungsmeldung über Bauvorgänge

Bauvorgang 1						
				Fertigstellungsgrad:		100,00%
Position	Teilm.	LE	Std.	NU	EKT	LW
1	90,00	90,00	13,50		900,00	990,00
2	75,00	75,00	75,00		7.500,00	8.250,00
3	120,00	120,00	144,00		4.800,00	5.280,00
4	7,20	7,20		5.400,00	5.400,00	5.940,00
Summe			232,50	5.400,00	18.600,00	20.460,00

Bauvorgang 2						
				Fertigstellungsgrad:		60,00%
Position	Teilm.	LE	Std.	NU	EKT	LW
1	120,00	72,00	Bau		720,00	792,00
2	100,00	60,00	60,00		6.000,00	6.600,00
3	160,00	96,00	115,20		3.840,00	4.224,00
4	9,60	5,76		4.320,00	4.320,00	4.752,00
Summe			175,20	4.320,00	14.880,00	16.368,00

Bauvorgang 3						
				Fertigstellungsgrad:		43,28%
Position	Teilm.	LE	Std.	NU	EKT	LW
1	90,00	90,00	13,50		900,00	990,00
2	75,00	25,00	25,00		2.500,00	2.750,00
3	120,00	60,00	72,00		2.400,00	2.640,00
4	7,20	3,00		2.250,00	2.250,00	2.475,00
Summe			110,50	2.250,00	8.050,00	8.855,00

Legende:

Teilm.: Teilmenge der Position im Vorgang
LE: LE-Menge = (Teilmenge) x (Fertigstellungsgrad) oder erfasst
NU: NU-Kosten

Berechneter Fertigstellungsgrad des Bauvorgangs 3 = Summe[(LE x EKT/ME)]/(EKT des Vorgangs)

LE-Mengen der Positionen				
Pos.	Vorg. 1	Vorg. 2	Vorg. 3	**Summe**
1	90,00	72,00	90,00	**252,00**
2	75,00	60,00	25,00	**160,00**
3	120,00	96,00	60,00	**276,00**
4	7,20	5,76	3,00	**15,96**

Abbildung 185: Leistungsmeldung über Fertigstellungsgrade

In Bauvorgang 3 wurde anders vorgegangen. Hier wurde der Fertigstellungsgrad nicht auf Ebene des Bauvorgangs gemeldet, sondern es wurde eine individuelle Leistungsbewertung pro Teilleistung vorgenommen. Die Leistungsbewertung pro Teilleistung ist möglich über

- Fertigstellungsgrad in %
- absolute LE-Menge (in obigem Beispiel verwendet)

Beide Methoden stehen in einem rechnerischen Zusammenhang:

LE-Menge = (Teilmenge) x (Fertigstellungsgrad Teilleistung)

Fertigstellungsgrad Teilleistung = 100 x (LE-Menge)/(Teilmenge)

Der Fertigstellungsgrad des gesamten Bauvorgangs ergibt sich dann aus dem Verhältnis der Kostensumme der Teilleistungen für LE-Mengen zur Gesamtkostensumme des Bauvorgangs:

Fertigstellungsgrad Bauvorgang = 100 x [Σ (LE-Menge x EKT/ME)]/(Summe EKT für Teilmengen)

In einem abschließenden Rechenvorgang werden die LE-Mengen pro OZ über alle Bauvorgänge ausgewertet, woraus sich die LE-Summen pro OZ ergeben (untere Tabelle in Abbildung 185).

Bei diesem Verfahren wird die Vorarbeit der Zuordnung der Teilleistungen zu den Bauvorgängen immer wieder genutzt. Zu jedem Stichtag genügt das einfache und zeitsparende Verfahren der Bestimmung der Fertigstellungsgrade, um zu den LE-Mengen der OZ zu kommen, welche letztlich immer benötigt werden. Leistungswert und Sollwerte sind wiederum "Abfallprodukte" dieser einfachen Arbeit. Wurde das Projekt über die Bauvorgänge vollständig und übersichtlich strukturiert, und wurden die Teilleistungen ausreichend zuverlässig zugeordnet, so ist sichergestellt, dass die jeweiligen Leistungsmeldungen zu zuverlässigen Ergebnissen führen und mit minimalem Aufwand durchgeführt werden.

Man halte sich demgegenüber das häufig praktizierten Verfahren der Improvisation zu jedem einzelnen Leistungsstichtag vor Augen: Es werden die LE-Mengen in einer hohen Anzahl von Positionen ermittelt. Bei den wichtigen Positionen werden Mengenberechnungen (auf Schmierpapier?) durchgeführt, in anderen Positionen wird geschätzt. Wegen des Zeitdrucks wird dabei wenig auf Systematik und klare Beschreibung geachtet; Hauptsache man hat die Mengen seit Baubeginn bis Stichtag. Der Zeitaufwand war hoch, das Arbeitsergebnis hinterlässt das Gefühl der Unsicherheit. Beim nächsten Stichtag stellt man fest, dass wiederum alle Mengen seit Baubeginn ermittelt werden müssen, also nicht nur Werte in der neuen Periode, weil zu den Ergebnissen des vorherigen Stichtages nicht mehr ausreichend genau feststellbar ist, welchen physikalischen Leistungsstand diese Werte eigentlich beschrieben haben. Der Zeitaufwand, welcher zu vorherigen Stichtagen investiert wurden, ist damit verloren.

In diesem Kapitel sollte nur das Prinzip dieser Art der Leistungsmeldung als Folgeschritt der Aufbereitung der Bauvorgänge dargestellt werden. Der Arbeitsschritt der Leistungsmeldung wird in Abschnitt G, Kap. 1.3 behandelt. Auch hier wird die bereits früher verwendete Aussage unter Beweis gestellt:

Die Zuordnung der Teilleistungen zu Bauvorgängen stellt die Umsetzung des Organisationsprinzips dar: "Organisiere deine Arbeit so, dass die Arbeitsergebnisse in guter Qualität möglichst früh zur Verfügung stehen, so dass sie vielfältiger und öfter nutzbar sind."

3.9 Nutzung des Raumbuchs

In Abschnitt E, Kap. 2.4 wurde bereits dargelegt, dass eine Aufbereitung des Projektes über das sog. Raumbuch die Arbeit mit den Bauvorgängen wesentlich unterstützen könnte. Wenn die dort genannten Regeln bei der Definition der "Räume" beachtet werden, können die Bauvorgänge mit sämtlichen zugeordneten Teilleistungen aus der Struktur des Raumbuchs generiert werden.

In Abschnitt C, Kap. 3 wurde darauf hingewiesen, dass sogar ein noch größerer Vorteil aus der Zusammenarbeit zwischen AG und AN erwachsen könnte, indem der AG dem AN sein Raumbuch übergibt. Der AN müsste es dann nur noch auf seien Bedürfnisse anpassen. In dem genannten Kapitel wurde allerdings auch beklagt, dass wir im Durchschnitt von der vorbehaltlosen Zusammenarbeit zwischen AG und AN, welche von Nutzen für beide Seiten wäre, leider noch weit entfernt sind.

4 Bauablauf- und Ressourcenplanung

Im vorstehenden Kapitel 3.5.1 wurde das Prinzip der Zuordnung von Bestandteilen der Arbeitskalkulation zu den Bauvorgängen dargestellt. Kapitel 3.8.1 zeigt das Prinzip der Darstellung der Bestandteile der Arbeitskalkulation auf der Zeitachse der Bauablaufplanung. Diese zeitliche Einordnung erfolgt indirekt über die zeitliche Einplanung der Bauvorgänge mit ihren Bestandteilen der Arbeitskalkulation.

Die reine Bauablaufplanung befasst sich mit der zeitlichen Einplanung der Bauvorgänge unter Berücksichtigung technologischer Abhängigkeiten. Werden Aspekte der mit der zeitlichen Einplanung verbundenen Ressourcenanforderungen bzw. –auswertungen einbezogen, so sprechen wir von der "Bauablauf- und Ressourcenplanung". Unter "Ressourcen" sind im weitesten Sinne alle Informationsarten zu verstehen, welche die Arbeitskalkulation liefern kann, also z.B. auch Kosten, Budget, Erlös etc. In diesem Zusammenhang wird auf Abschnitt B, Kap. 7.4 verwiesen. Die Kenntnis dieses Kapitels muss hier vorausgesetzt werden.

4.1 Einfluss der Randbedingungen der baubetrieblichen Software

Es müssen hier Aussagen aus Abschnitt B, Kap. 7.4 wieder aufgegriffen und weiter vertieft werden: Heute und wohl noch auf absehbare Zeit ist die Situation des Softwaremarktes so, dass die Softwareprodukte für Baustellen-Controlling und Bauablaufplanung aus verschiedenen Quellen auf unterschiedlicher Entwicklungsgrundlage kommen. Der Produzent der Software für das Baustellen-Controlling stellt u.a. die Bearbeitung der Bauvorgänge, wie sie im vorstehenden Kapitel 3 beschrieben wurde, zur Verfügung. Ergänzend verfügt diese Software über ein Modul zur Übergabe der Bauvorgänge an die Software der Bauablaufplanung. Aus der Bauablaufplanung können dann wiederum Termine der Bauvorgänge übernommen werden. Mit diesen Terminen sind innerhalb der Software für das Baustellen-Controlling zeitbezogene Auswertungen aller Informationen möglich.

Nun besteht aber der Bedarf, dass die eigentliche Bauablaufplanung direkt unter Nutzung der zeitabhängigen Auswertung der Ressourcen optimiert werden kann. Man will z.B. sehen, zu welcher Personalanforderung pro Kalenderwoche die Planung führt und welche Auswirkungen Änderungen von Dauer und zeitlicher Lage der Bauvorgänge auf diese Anforderungen haben (siehe Abbildung 186 und Abildung 187). Dieser Einfluss muss direkt sichtbar sein, d.h. die zeitabhängige Auswertung der Ressource muss innerhalb der Bauablaufplanung erfolgen, und zwar aktuell gemäß jeder Änderung der Bauablaufplanung. Unstetige Verläufe von Ressourcenanforderung wird man durch Änderungen in der Bauablaufplanung auszugleichen versuchen.

An die Software für die Bauablaufplanung müssen also auch die Detailinformationen zu den Bauvorgängen aus der Arbeitskalkulation übergeben werden. Wenn diese Software aber aus anderer Quelle stammt, muss die Information aus der Software des Baustellen-Controlling so aufbereitet sein, dass die andere Software sie "versteht". Die Information zu den Bauvorgängen muss also in einem bestimmten Format aufbereitet und übergeben werden.

Diese "Verständigung" zwischen den Softwareprodukten hinsichtlich der Kalkulationsbestandteile erfolgt z.Zt. über die "Ressourcen". Jegliche Art von Information der Arbeitskalkulation zu den Bauvorgängen wird vor der Übergabe an die Bauablaufplanung zunächst in eine artneutrale "Ressource" umgewandelt, womit alle Elemente dort in einem einheitlichen und interpretierbaren Datenformat zur Verfügung stehen. Die Kalkulationsbestandteile eines Bauvorgangs werden auf der anderen Seite nur noch in Form von Ressourcen zum Ausdruck gebracht, jeweils versehen mit Mengen und Beträgen, die aus den ursprünglichen Quellinformationen errechnet sind. Welche Möglichkeiten letztlich bestehen, hängt alleine vom Produkt der Bauablaufplanung ab.

Wurde der Bauablaufplan optimiert, so werden die Termine der Bauvorgänge in die Software des Baustellen-Controlling übernommen. Dort ist man dann wieder autark, d.h. jegliche Information zu den Bauvorgängen kann dort in ihrer ursprünglichen Form zeitabhängig ausgewertet werden, also

- Erlös
- Budget
- Sollkosten
- Rückstellungen
- bewertete Sollkosten
- Mengen und Kosten von Kostenarten
- Mengen und Kosten von Artikeln
- Mengen und Kosten von Bausteinen und Gerätebausteinen
- beliebige Ressourcen auf der Basis von Kostenarten, Artikeln etc.
- freie Ressourcen
- Mengen von Teilleistungen

Der beschriebene Zustand stellt keineswegs die ideale Lösung dar, da er überflüssige Zwischenschritte in der Projektbearbeitung bedingt und den Prozess des Erlernens aller baubetrieblichen Software-Module nicht gerade fördert. Deshalb werden die Hersteller einer leistungsfähigen baubetrieblichen Software nicht umhin kommen, ein eigenes Modul der Bauablaufplanung direkt zu integrieren. Eine direkte Integration eines Fremdproduktes ist - realistisch betrachtet - unmöglich.

Dennoch muss festgestellt werden, dass die Verbindung von Arbeitskalkulation und Bauablaufplanung auch bei den derzeitigen Möglichkeiten erfolgreich genutzt werden kann.

4.2 Bauablaufplanung

Es muss hier vorausgesetzt werden, dass die Verfahren der Bauablaufplanung bekannt sind. Es wird auf die einschlägige Literatur bzw. auf die Benutzerhandbücher entsprechender Software verwiesen.

Unter Einbeziehung der Möglichkeiten der verfügbaren Softwareprodukte der Bauablaufplanung kommen folgende Verfahren in Frage:

- der vernetzte Balkenplan
- das vernetzte Zeit-Wege-Diagramm für die Linienbaustelle

In beiden Verfahren können Abhängigkeiten zwischen den Bauvorgängen definiert, es kann aber auch auf die Nutzung dieser Möglichkeit verzichtet werden.

Die Bauvorgänge mit ihren zugeordneten Teilleistungen und Werten der Arbeitskalkulation werden im Baustellen-Controlling in optimaler Weise genutzt, wenn sie in der Bauablaufplanung zeitlich eingeplant werden.

4.3 Optimierung der Bauablaufplanung über Ressourcenauswertungen

Bei der Festlegung von Dauern und zeitlicher Lage der Bauvorgänge ist vor allem darauf zu achten, dass die Anforderungen an die einzusetzenden Arbeitsmittel (Personal, Geräte, NU-Umsätze etc.) machbar und unter dem Aspekt der Wirtschaftlichkeit als vernünftig bezeichnet werden können. Die vertraglich vereinbarten Termine können einen mehr oder weniger starken Einfluss darauf haben, ob das gewünschte Optimum der Bauablaufplanung erreicht werden kann.

In der Regel sind vertragliche Termine so eng gesetzt, dass der vertragliche Termin für das Bauende ausgeschöpft werden muss. Sollte es möglich sein, den vertraglichen Endtermin ohne besondere Anstrengungen zu unterschreiten, so wird man dies in der Planung vorgeben.

Die Bestimmung der optimalen Bauzeit ist ein sehr komplexer Vorgang, der nicht alleine mit reinen Rechenvorgängen bewältigt werden kann.

Rein rechnerisch lassen sich im Wechselspiel zwischen Bauablaufplanung und Arbeitskalkulation evtl. Bautermine und zugehörige Baustellengemeinkosten (Baustelleneinrichtung,

Geräte, Schalungen, Rüstungen, Bauleitung, Baubüro etc.) optimieren. Allerdings ist bereits dieser Prozess sehr aufwändig, da wesentliche Änderungen in der Bauzeit auch zunächst Änderungen in den kalkulierten BGK erforderlich machen, bevor man wiederum in die zeitabhängige Auswertung der Ressourcen geht. Kürzere Bauzeiten bedingen höhere Ressourcenmengen über kürzere Zeit, längere Bauzeiten niedrigere Ressourcenmengen über längere Zeit, was evtl. kostenneutral sein kann. Die Ressourcen der materiellen Ausstattung verursachen aber nicht nur zeitabhängige Kosten, sondern auch einmalige Kosten in Abhängigkeit von deren Mengen für Transport sowie Auf- und Abbau. Beide Kostenbereiche müssen in der Arbeitskalkulation überprüft werden. Daraufhin wiederum kann die Ressourcenauswertung ein unerwünschtes Bild liefern, was eine erneute Überarbeitung beider Planungen bedingen könnte.

Schon alleine bei diesem Prozess verhilft nur Erfahrung zu einem schnellen und brauchbaren Arbeitsergebnis. Rein rechnerische Vorgänge helfen überhaupt nicht mehr bei den Beurteilungen der technologischen Einflüsse auf die Planung von Kosten und Bauablauf. Es ist allgemein geläufig, dass das sog. "Chinesenprinzip" nicht funktioniert: "Brauche ich bei Einsatz von 100 Arbeitern 10 Monate Bauzeit, so brauche ich bei 1.000 Arbeitern nur 1 Monat Bauzeit und bei 20.000 Arbeitern nur einen Tag." Die räumliche Situation der Baustelle sowie technologische Abhängigkeiten haben einen ausschlaggebenden Einfluss darauf, was der wirtschaftlichste Bauablauf in welcher Bauzeit sein könnte. Hier helfen Rechenmodelle wenig oder gar nicht; hier hilft ebenfalls nur Erfahrung.

Ein erster Entwurf der Bauablaufplanung wird zunächst weitgehend alleine unter Einsatz von Bauerfahrung und unter Beachtung der wesentlichen technologischen Abhängigkeiten entstehen. Die technologischen Abhängigkeiten bestehen sowohl zwischen einzelnen Baukörpern ("erst das Fundament, zuletzt das Dach") und Leistungsarten ("der Maler kommt nach dem Gipser") als auch auf Grund von gedanklich eingesetzten Geräten und Ausstattungen. Außerdem fließen Erfahrungen aus der jahreszeitlichen Abhängigkeit bestimmter Leistungsarten ein. Bei der Wahl der Dauern der Bauvorgänge wurde evtl. rechnerische Hilfe gemäß Abschnitt F, Kap. 3.7.2 in Anspruch genommen.

Auf der Basis dieses Entwurfes wird man nun an die zeitabhängige Auswertung von Bestandteilen der Arbeitskalkulation gehen. Wenn den Bauvorgängen Informationen lt. Arbeitskalkulation hinterlegt sind, so befinden sich diese Werte gemäß dem in Abschnitt F, Kapitel 3.8.1 dargestellten Prinzip auf der Zeitachse. Zum Zweck der Optimierung des Bauablaufs ist allerdings nur eine begrenzte Auswahl von Arbeitsmitteln relevant. Die Auswertung wesentlicher Ressourcen zeigt auf, ob der Bauablauf zu vernünftigen, d.h. wirtschaftlichen Anforderungen führt. Je nach Art der Baumaßnahme und Art der Ausführung sind unterschiedliche Arten von Aussagen von Bedeutung für die Beurteilung von Wirtschaftlichkeit und Machbarkeit. Als grundsätzlich positiv darf eine Ganglinie (Werte pro Zeiteinheit) gewertet werden, welche einen stetigen Verlauf, d.h. einen Verlauf ohne abrupte Veränderungen aufweist.

Bei einem Projekt, welches weitgehend in Eigenleistung ausgeführt wird, ist z.B. die Auswertung der aufzuwändenden Arbeitsstunden bzw. der Größe der hierfür bereitzustellenden Mannschaft von ausschlaggebender Bedeutung. Würde die zeitabhängige Auswertung von Arbeitsstunden bzw. Mannschaftsgröße zu einem Bild gemäß Abbildung 186 führen, so müsste man folgern, dass der zu Grunde liegende Bauablauf nicht optimal ist. Der Aufbau der Mannschaft in den KW 4 bis 8 erscheint zwar brauchbar, ebenso wie der Abbau in der Zeit von KW 17 bis 20, die Anforderungen in der Kernbauzeit sind aber absolut unbefriedigend. In der Kernbauzeit wären die Mannschaftsstärken sprunghaft zu ändern, was dem Unternehmen aber wahrscheinlich nicht möglich sein wird. Hält man aber eine Mannschaftsstärke von ca. 14 Mann, so setzt dies einen anderen Bauablauf voraus, um zu einer guten Mannschaftsleistung zu kommen.

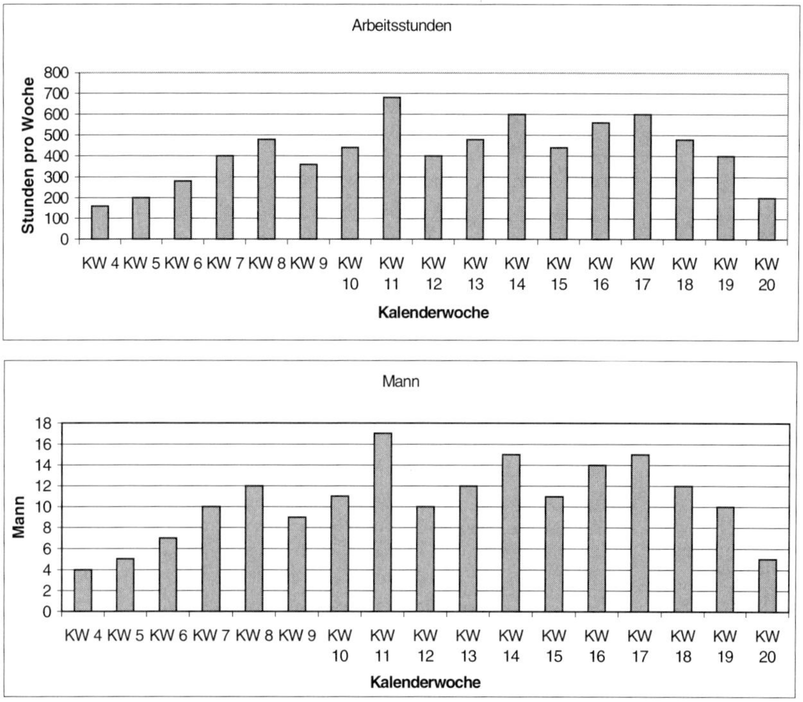

Abbildung 186: Ganglinie der Arbeitsstunden bzw. der Mannschaftsstärke vor der Optimierung der Bauablaufplanung

Man wird in die Bauablaufplanung eingreifen müssen, um zu einer guten Ressourcenauslastung zu kommen. Änderungen können bestehen in

- Änderung von Dauern von Bauvorgängen
- Änderung der zeitlichen Lage von Bauvorgängen.

Das Ergebnis jeder dieser Änderungen muss sofort in Form der geänderten Ganglinie sichtbar sein. Die Änderungen werden solange weitergeführt, bis ein guter Verlauf der Ganglinie erzeugt ist (Abbildung 187). Natürlich müssen auch bei diesen Änderungen technologisch begründete Abhängigkeiten im Auge behalten werden.

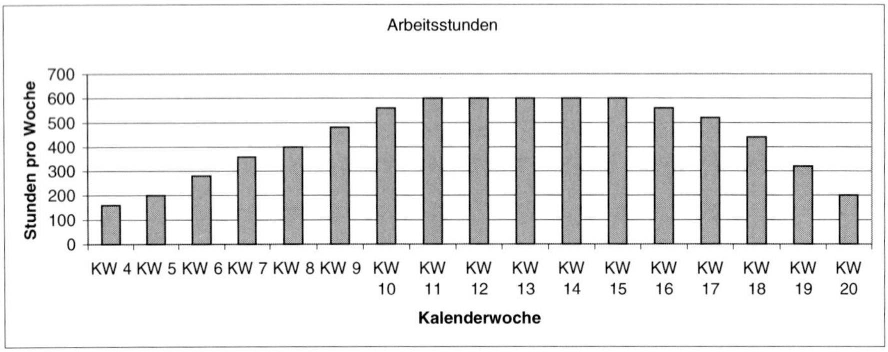

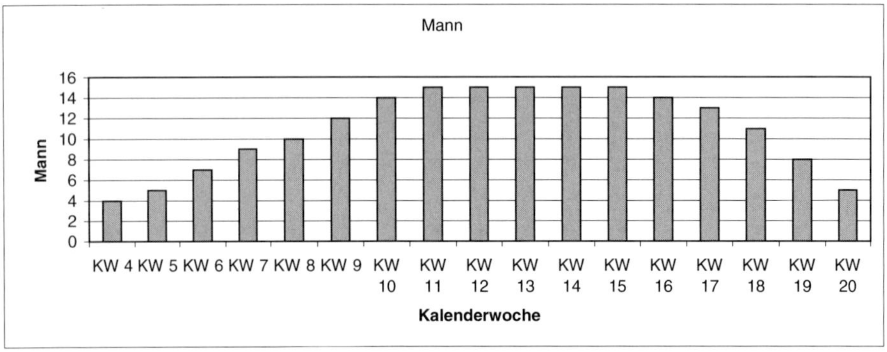

Abbildung 187: Ganglinie der Arbeitsstunden bzw. der Mannschaftsstärke nach der Optimierung der Bauablaufplanung

In vielen Fällen wird nicht nur eine einzelne Ressource zu untersuchen sein. In obigem Beispiel könnten in den KW 4 bis 8 dem Einsatz von Geräten für den Baugruben- und Fundamentaushub eine ausschlaggebende Bedeutung zukommen. Dann wird man auch die Ressourcen "Bagger" und "LKW" auswerten. Sollten sich hier stark schwankende Anforderungen zeigen, wäre der Bauablauf in den Bauvorgängen mit dem Einsatz dieser Geräte zu optimieren. Evtl. sieht dann auch die Personalanforderung wiederum etwas anders aus. Z.B. wäre eine Anforderung von 1,4 Baggern denkbar ungünstig. Bei Großgeräten, denen eine bestimmte Stundenleistung zugewiesen ist, müssen sich in etwa ganze Zahlen ergeben, wenn die Geräteauslastung gegeben sein soll. Wenn der Bauablauf nicht entsprechend anpassbar ist, muss eben eine andere Baggergröße gewählt werden, was wiederum eine Änderung in der Arbeitskalkulation bedingt. Auch hieran ist zu erkennen, dass die optimale Gesamtplanung eigentlich nur aus dem Wechselspiel zwischen Arbeitskalkulation und Bauablaufplanung entstehen kann.

Folgende Größen können in der Beurteilung der Machbarkeit der Planung eine Rolle spielen:

- Gesamt-Mannschaftsstärke
- Mannschaftsstärke für bestimmte Leistungsgarten, sofern die Größe der Baustelle den Einsatz spezialisierter Kolonnen ermöglicht oder die Art der Arbeiten den Einsatz solcher Kolonnen erforderlich macht.
- Großgeräte
- Umsätze der NU pro Gewerk (auch den NU wird man stetige Verläufe der Umsätze ermöglichen müssen)
- Zu leistende Mengen von Teilleistungen, z.B. m^3 Erdbewegung oder m^2 Straßenoberbau oder to Betonstahl
- Bestimmte Sonderausstattungen von größerem Wert, welche möglichst konstant, aber nicht überlappend ausgelastet sein sollen (freie Ressourcen)

Nun sollte man aber nicht versuchen, überperfekt in der Planung zu sein. Weder die Annahmen zu den Sollkosten der Arbeitskalkulation noch die Angaben zu Dauern und Lage der Bauvorgänge erheben einen Anspruch auf absolute Richtigkeit. Folglich erhebt auch eine Auswertung auf diesen beiden Grundlagen diesen Anspruch nicht. Es genügt folglich, wenn die Auswertungen im Wesentlichen den gewünschten Verläufen entsprechen. Die Baustelle muss ohnehin immer gemäß der jeweils aktuellen Situation reagieren, u.a. auch, wenn sie die Sollkostenvorgaben nicht einhalten kann. Das beschriebene Verfahren wird aber dazu beitragen, dass die Gesamtplanung deutlich näher an dem wirklich Machbaren liegt, als wenn man Arbeitskalkulation und Bauablaufplanung nicht in dieser Kopplung betreibt.

Voraussetzung ist natürlich, dass die in der Arbeitskalkulation zu Grunde gelegten Ressourcen auch tatsächlich zur Verfügung stehen. Schon die Arbeitskalkulation beruht auf einer Vorstellung vom Bauablauf und den benötigten Ressourcen (vergl. Abschnitt E, Kap. 1.3). In Verbindung mit der Bauablaufplanung ist aber letztlich doch noch zu prüfen, ob die Annahmen zu den Arten der Ausführung so beibehalten werden können. Die abgesicherte Gesamt-Projektplanung entsteht letztlich aus einem iterativen Prozess zwischen den Teilschritten Arbeitskalkulation, Bauablaufplanung und Ressourcenauswertung. Verfügen die Planungsbeteiligten über große Bauerfahrung, kann dieser Prozess wesentlich abgekürzt werden.

Eine große Bedeutung erlangt die über den Bauablauf optimierte Planung, wenn der Bauablauf durch Einflussnahme des AG gestört wurde. Die Arbeiten in Zusammenhang mit dem Nachweis der Mehrkosten aus solchen Einflüssen sind zwar nicht Gegenstand dieser Veröffentlichung, dennoch muss darauf hingewiesen werden, dass einer der Ansatzpunkte in diesen Fällen immer der Nachweis der Machbarkeit der ursprünglichen Planung ist. Stetige Verläufe in den wichtigsten Ressourcen sind ein guter Beleg, wenn der AG auch einzelne Werte der Arbeitskalkulation in Frage stellen kann. Er darf nämlich nicht generell zu niedrige Kalkulationswerte unterstellen, da er sonst einräumen würde, den Auftrag trotz offensichtlich nicht gegebener Kostendeckung vergeben zu haben. Damit hätte er gegen Vergaberichtlinien verstoßen.

Die gekoppelte Kosten- und Bauablaufplanung ist die beste Art der Vorbereitung auf den gestörten Bauablauf. Über diese Planung können die Auswirkungen der einzelnen Einflüsse und der Summe der Einflüsse um so viel sicherer und besser nachgewiesen werden, dass der große Nutzen dieser Planungsmethode alleine aus diesem Aspekt heraus nicht in Frage gestellt werden dürfte. Der gestörte Bauablauf mit seinen erhöhten Kostenvorgaben (evtl. den Ist-Kosten) wird in derselben Weise aufbereitet. Beide Planungen werden dann in den Auswertungen der wichtigen Ressourcen gegenübergestellt. In diesem Fall geben die Summenlinien am besten Auskunft über den Grad der Veränderung (Abbildung 188).

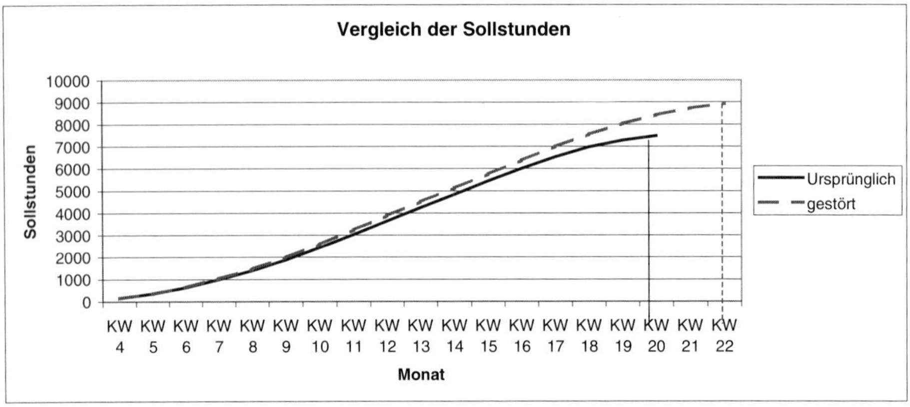

Abbildung 188: Vergleich der Sollstunden bei gestörtem Bauablauf

4.4 Auswertung der Bauvorgänge über die Zeitachse

Neben der Optimierung der Gesamt-Projektplanung liegt die weitere große Bedeutung der Kopplung von Arbeitskalkulation und Bauablaufplanung in der Auswertbarkeit sämtlicher Informationsarten der Arbeitskalkulation über die Zeitachse.

Diese Auswertungen wurden zwar bereits zur Optimierung der Bauablaufplanung genutzt, allerdings beschränkt auf einige, für die Bauablaufplanung selbst ausschlaggebende Werte. Diese Auswertungen erfolgten direkt in der Bauablaufplanung. Mit Abschluss der Bauablaufplanung verfügen aber die Bauvorgänge selbst über folgende weitere Informationen:

- Anfangstermin
- Dauer
- Endtermin

Damit sind die Bauvorgänge auch außerhalb der eigentlichen Bauablaufplanung über die Zeitachse auswertbar, und zwar in sämtlichen Informationsarten, über die auch die Arbeitskalkulation verfügt. In Abschnitt F, Kap. 3.3 wurde bereits darauf hingewiesen, dass die Bauvorgänge als ein von der Bauablaufplanung unabhängiges Element gesehen werden müssen, wodurch sich eine breitere Nutzbarkeit ergibt. In Abschnitt F, Kap. 4.1 wurde zudem auf das derzeit noch am Softwaremarkt bestehende Handicap hingewiesen, welches die Kommunikation zwischen der Software des Baustellen-Controlling und der Software der Bauablaufplanung auf vorher speziell hierfür definierte "Ressourcen" beschränkt. Die Arbeitskalkulation enthält aber eine viel größere Vielfalt an Informationen als das, was man zwecks Optimierung der Bauablaufplanung den "Ressourcen" zuweist. Jede dieser Informationen ist eine Ressource. Sie muss aber nicht als solche definiert werden, wenn die eigenständigen Bauvorgänge über ihre Termininformation verfügen.

Der Nutzen vieler Informationsarten der Arbeitskalkulation wird noch beträchtlich gesteigert, wenn deren Gesamtwerte in Teilwerte zerlegt auf der Zeitachse sichtbar sind. Damit können verschiedene Ziele im Projekt und im Unternehmen verfolgt werden. Die Informationen geben Antwort auf eine Vielzahl von Fragen:

- Die Baustelle erhält wichtige Dispositionshilfen, z.B. zu
  - Stundenanforderungen pro Leistungsart
    (welche Stundenanzahl in welcher Leistungsart wann in welcher Menge?)
  - Geräteanforderungen
    (welches Gerät wann in welcher Anzahl?)
  - Umsätzen der einzelnen Nachunternehmer
    (welcher Umsatz wann?)
  - Teilleistungsmengen
    (was wann in welcher Menge?)
  - Schalungen, Rüstungen und sonstigen Ausstattungen
    (was wann in welcher Menge?)
- Der Einkäufer erhält wichtige Informationen über Art und Mengen der benötigten wichtigen Baustoffe für seine Verhandlungen mit den Lieferanten
  (was wann in welcher Menge?)
- Baustelle bzw. Projektleitung erhalten wichtige Planungs-Informationen
  - zu den erwarteten Umsatzverläufen der NU in ihren Gewerken
    (welches Gewerk mit welchen Umsätzen in welchen Zeiträumen?)
  - zu den einzusetzenden Ressourcen für die Projektplanung
    (welches Personal wann wofür?)
- Das Unternehmen erhält die wichtigen Ressourcenanforderungen aus dem Projekt für Gesamtplanung und Unternehmens-Controlling
  - erforderliche Bereitstellung von Personal nach einzelnen Qualifikationen
    (wann welche Mannschaft in welcher Qualifikation?)
  - erforderliche Bereitstellung von Geräten
    (wann welches Gerät in welcher Menge?)

- erforderliche Bereitstellungen sonstiger Ausstattungen (wann welche Ausrüstung in welcher Menge?)

- Für das Unternehmens-Controlling stehen weitere wichtige Informationen zu Verfügung
  - Verteilung der Erlöse für die Finanzplanung (wann welcher Zahlungseingang?)
  - Verteilung der Leistungswerte (wann welcher bewertete Umsatz?)
  - Verteilung der Kosten für die Finanzplanung (wann welche Kosten?)

An vorstehender Aufzählung ist zu erkennen, von welch vielfältigem Nutzen die Auswertung der Arbeitskalkulation über die Zeitachse ist. Sie gibt in jeder Hinsicht die dringend benötigte Auskunft.

Was, wann, wo, womit?

Der Nutzen wird noch erhöht durch die Möglichkeit der Auswertung nur über bestimmte Bauvorgänge, z.B. nur für ein bestimmtes Gewerk.

Die Auswertung erfolgt in Form einer Tabelle mit folgenden Eigenschaften:

- Jede Informationsart ist eine Zeile der Tabelle.
- Die gewünschten Informationsarten sind wählbar.
- Die Zeitfenster sind die Spalten der Tabelle.
- Das Zeitraster der Tabelle wird frei gewählt (AT, KW, Monat, Jahr).
- Der auszugebende Gesamtzeitausschnitt ist wählbar.
- In einer Spalte vor dem Zeitraster werden die Gesamtwerte pro Informationsart ausgegeben.

Abbildung 189 zeigt eine solche Auswertung für die Gesamtbauzeit eines Projektes im Monatsraster und für eine Auswahl von Informationsarten. Den Wert solcher Ausgaben in Tabellenform erkennt man auch daran, dass sie z.T. den eigentlichen Bauablaufplan ersetzen. Wo eine Wert in der Tabelle steht, findet eine Bauleistung statt. Wo z.B. Werte zum Umsatz eines bestimmten Gewerkes stehen, hat der beauftragte NU Leistungen zu erbringen. Wo z.B. Werte zu Erdbaugeräten stehen, findet Erdbau statt. Wo z.B. Stunden für Maurerarbeiten stehen, finden Maurerarbeiten statt.

Eine Auswertung im Wochenraster liefert genauere Informationen. Hingegen wird eine Auswertung im Tagesraster kritisch zu sehen sein, weil die Gesamtplanung eines Projektes keinen Anspruch auf Tagesgenauigkeit erhebt (vergl. Abschnitt F, Kap. 3.4).

Musterbau GmbH | **Ressourcenauswertung (für VA-Menge)** | Seite: 1

Projekt: 02142 - Verwaltungsgebäude Schmidt KG | Bearbeitungsstand: 31.05.2002 | 03.06.2002/12.02

Ressource	Einh.	Gesamt	Feb 02	Mrz 02	Apr 02	Mai 02	Jun 02	Jul 02	Aug 02	Sep 02	Okt 02	Nov 02	Dez 02	Jan 03
Erlös ohne Anteil eig. Betr.		**3.169.326**	194.735	266.834	297.077	306.583	312.886	328.941	308.303	315.211	307.617	271.088	195.299	64.752
Budget		**2.878.733**	154.701	226.831	267.966	282.411	288.879	305.245	285.895	290.524	281.034	249.947	179.807	65.492
Sollkosten		**2.817.743**	152.031	224.722	261.835	275.743	282.061	297.944	279.139	283.794	274.772	245.066	176.538	64.098
Kostenrisiko		**26.360**			2.908	3.271	3.343	3.629	3.317	3.235	2.881	1.875	1.106	795
Bewertete Sollkosten		**2.844.103**	152.031	224.722	264.743	279.014	285.404	301.573	282.456	287.029	277.653	246.941	177.644	64.893
Leistungswert		**3.169.326**	169.378	250.363	294.950	310.849	317.969	335.983	314.684	319.779	309.333	275.116	197.914	72.297
Gesamtstunden	Std	**34.300**	869	2.434	3.421	3.848	3.933	4.270	3.902	3.806	3.389	2.205	1.302	921
Stunden BE	Std	**4.382**	636	612	334	334	334	334	334	334	334	334	256	206
Stunden Tiefbau	Std	**975**	201	274	189	63	37	112	12			38	23	26
Stunden Schalung	Std	**17.471**		1.308	2.310	2.599	2.495	2.454	2.041	1.847	1.615	601	201	
Stunden Bewehrung	Std	**902**		76	112	125	133	135	115	106	72	28		
Stunden Beton	Std	**3.459**		62	368	506	514	530	496	491	314	165	14	
Stunden Mauerwerk	Std	**5.900**				104	312	576	790	908	937	941	731	601
Sonstige Stunden	Std	**1.211**	32	102	108	117	108	128	114	121	118	98	77	88
Mannschaft	Mann		6	15	20	24	25	23	22	23	18	15	11	6
Bewehrungsstahl	to	**453**		38	56	63	67	68	58	53	36	14		
Transportbeton	m³	**4.808**		86	512	703	714	737	689	682	436	230	19	
NU Erdarbeiten		**169.531**	112.987	29.702				14.311				2.845	3.011	6.675
NU Bewehrungsarbeiten		**339.790**		28.503	42.005	47.256	50.256	51.006	43.505	39.755	27.003	10.501		
NU Straßenbauarbeiten		**176.844**									124.037	52.807		
Kosten BGK		**313.337**	36.987	32.114	24.216	24.216	24.216	24.216	24.216	24.216	24.216	24.216	24.216	26.292
Aushub	m³	**13.113**	11.283	1.830										
Erdabfuhr	m³	**9.440**	8.632	808										

Abbildung 189: Auswertung von Ressourcen im Monatsraster

Werden die strukturellen Grundlagen der Arbeitskalkulation, wie sie in Abschnitt B dargestellt sind, genutzt, so sind alleine darüber fast alle wichtigen Informationen auswertbar. Was Kostenarten, Artikel und Gerätebausteine nicht direkt ermöglichen (Abschnitt B, Kap. 5, 7.1 und 7.2, wird über die Ressourcen (Abschnitt B, Kap. 7.4) bzw. über die freien Ressourcen des Projektes (Abschnitt F, Kap. 3.6) möglich gemacht.

5 Disposition und Leistungsvorgabe

5.1 Baustellensteuerung mit Hilfe der Planung

Folgender Hinweis mag manchem vollkommen selbstverständlich und damit absolut überflüssig erscheinen:

Die Planungsschritte des Baustellen-Controlling sind dazu da, um für die Steuerung der Bautätigkeit benutzt zu werden.

Die Praxis zeigt leider viel zu oft, dass dieser Hinweis keineswegs überflüssig ist. Immer wieder wird viel Aufwand in die Planung investiert, die Planungsergebnisse werden aber für die Baustellensteuerung gar nicht oder kaum genutzt. Sie werden höchstens wieder für Vergangenheitsbewältigungen in Form der Soll-Ist-Vergleiche aufgegriffen, deren Ergebnisse dann auch noch als unbrauchbar erkannt werden müssen. Wenn es so ist, gibt es dafür in der Regel gleich mehrere Ursachen:

- Baustellen-Controlling wird von Unternehmen und Mitarbeitern falsch aufgefasst (siehe Abschnitt A, Kap. 1 und Kap. 3)
- Es steht kein geeignetes Werkzeug zur Durchführung des Baustellen-Controlling zur Verfügung.
  (siehe Abschnitt A, Kap. 2)
- Es gibt kein durchgängiges Unternehmenskonzept zum Baubetrieb
  (siehe Abschnitt A, Kap. 3)
- Es gibt keine ausreichenden strukturellen Grundlagen für das Baustellen-Controlling
  (siehe Abschnitt B)
- Die Bedeutungen der Planung werden nicht erkannt.
- Art und Inhalte der Planungen sind ungeeignet für die Baustellensteuerung und für die Verfolgung der Bauausführung.
- Die Planungen werden nicht so angegangen und gestaltet, dass sich alle Beteiligten damit identifizieren können.

Im positiven Fall gibt die Planung die Ziele für die Steuerung der Bautätigkeiten vor und liefert die Grundlagen, damit diese Ziele erreicht werden. Die Planung findet ihre Fortsetzung in der Disposition der Tätigkeiten. Die Planung liefert die ausschlaggebenden Anhaltspunkte, welche bei der Umsetzung der Dispositionen im Auge behalten werden müssen, in Form von Leistungsvorgaben unterschiedlicher Art.

5.2 Disposition der Tätigkeiten und Leistungsvorgaben

Disposition der Bautätigkeit und Leistungsvorgabe können weitgehend als ein gemeinsamer Arbeitsschritt im Baustellen-Controlling betrachtet werden. So ist z.B. eine Terminvorgabe für einen Bauvorgang sowohl eine Disposition von enthaltenen Tätigkeiten als auch eine Leistungsvorgabe in Form der vorgegebenen Dauer.

Meist sind die Bauvorgänge diejenigen Elemente aus der Gesamt-Projektplanung, welche als Ausgangspunkt für die Disposition verwendet werden. Nur zu den Bauvorgängen gibt es Aussagen terminlicher Art; und auf Termine kann in der Disposition von Tätigkeiten nicht verzichtet werden.

Welche Art von Informationen in Zusammenhang mit Disposition und Leistungsvorgabe von Bedeutung sind, hängt von der Art der im Bauvorgang enthaltenen Leistungsarten ab. Zu einem Bauvorgang, welcher Eigenleistungen zum Inhalt hat, werden weitgehend andere Informationen benötigt als zu einem Bauvorgang, welcher vollständig von einem Nachunternehmer geleistet wird. Zu einer geräteintensiven Erdbauleistung werden andere Arten von Informationen benötigt als für die Leistung der Arbeitsvorbereitung im Rahmen der BGK. Insofern gibt es keine allgemeingültige Regel, was aus den Gesamtprojektplanungen für Disposition und Leistungsvorgabe aufzugreifen ist.

Immerhin gibt es vier Informationsarten zu den Bauvorgängen, welche grundsätzlich von Bedeutung sind:

- Starttermin
- Endtermin
- Arbeitsdauer in Arbeitstagen
  (falls diese auf Grund von unvermeidbaren Arbeitsunterbrechungen kürzer ist als die Differenz zwischen End- und Starttermin)
- Von dem Bauvorgang abhängige andere Bauvorgänge

In der Regel wird auch das Wissen um die enthaltenen Teilleistungen mit ihren zugeordneten Teilmengen von Bedeutung sein. Hilfreich, wenn auch nicht immer notwendig, sind die Auswertungen von Erlös, Budget, Kosten und Stunden. Eine in dieser Art gestaltete Auswertung im Bearbeitungsdialog zeigt Abbildung 190. In einer Druckliste kann man noch etwas ausführlicher werden.

Es sollte zur Regel gemacht werden, dass solche Auswertungen der Bauvorgänge als Grundlage für die Disposition und Leistungsvorgabe zur Verfügung gestellt werden.

Bei Bauvorgängen, welche Eigenleistungen beschreiben, werden u.U. mehr Informationen benötigt. Dies könnten sein:

- Leistungsannahmen eines Gerätes pro Zeiteinheit, z.B. für einen Bagger die zu Grunde gelegte Aushubmenge pro Std. (siehe hierzu auch Abschnitt F, Kap. 5.3)
- Vorgabe einer Leistungsmenge pro Zeiteinheit, z.B. die Menge der an einem Tag zu setzenden Randsteine gemäß den Annahmen zu den Sollkosten (siehe hierzu auch Abschnitt F, Kap. 5.3).

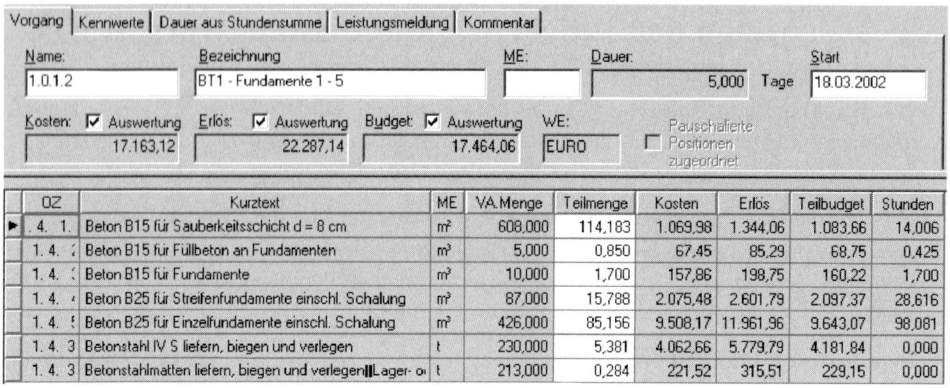

Abbildung 190: Bauvorgang mit wichtigen Informationen für die Disposition

- Mengen bestimmter Materialien, soweit sie nicht mit der Menge von Teilleistungen identisch sind, z.B. die Tonnage des bituminösen Mischguts eines Straßenoberbaus (Abbildung 191).
- Berechnete Ressourcenanforderungen wie z.B. Stunden pro Leistungsart (Abbildung 191).
- Zugeordnete freie Ressourcen wie z.B. Wandschalungssätze (Abbildung 191)

Die Ausgaben gemäß der drei letzten Punkte sind lediglich Sache einer Auswertung bestimmter Kostenarten, Artikel oder Ressourcen. Hingegen sind die Informationen gemäß der ersten beiden Punkte u.U. nicht direkt erhältlich, wenn sie sich aus der Arbeitskalkulation nur in indirekter Weise ergeben. Dann müssen solche Werte nach einer Analyse der Kalkulation der Teilleistungen manuell ergänzt werden.

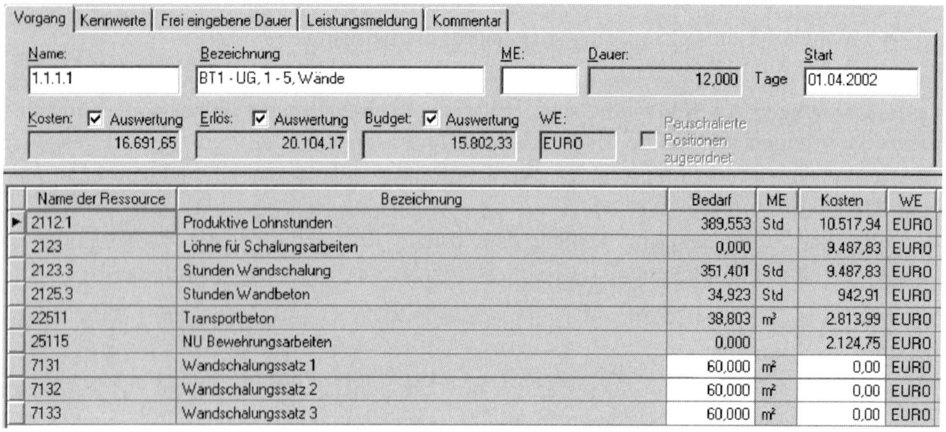

Abbildung 191: Vorgesehene Arbeitsmittel zu einem Bauvorgang als Grundlage für eine Leistungsvorgabe bzw. Materialanforderung

Eine der am häufigsten verwendeten Formen für Disposition und Leistungsvorgabe ist das 2-Wochenprogramm der Baustelle, welches in der Regel in Zusammenarbeit von Bauleiter und Polier/Schachtmeister erarbeitet wird. Einen Auszug aus einer solchen individuell gestalteten Form zeigt Abbildung 192.

2-Wochenprogramm

Bauvorgänge	Vorgaben aus Gesamtplanung		Mo 11.03.	Di 12.03.	Mi 13.03	Do 14.03.	Fr 15.03.	Mo 18.03.	Di 19.03	Mi 20.03.	Do 21.03.
BT1 - Aushub Kanal + Verfüllung	Start	27.02.2002									
	Ende	15.03.2002									
	Menge	780 m³									
	Leistung	2 x 65 m³/Tag									
BT1 - Kanalrohre + Schächte	Start	04.03.2002									
	Ende	15.03.2002									
			A-D/1-5	A-D/5-9	A-D/5-9	A-D/9-13	A-D/9-13				
	Std	266	28	28	28	28	21				
BT1 - Fundamente 1 - 5	Start	18.03.2002									
	Ende	22.03.2002									
	Unterbeton	114 m²						1-3	3-5		
	Schalung	50 m²						1-3	1-3	3-5	3-5
	Beton	118 m³								1-3	
	Stahl (NU)	5,6 to									
	Std	143						28	24	40	20
BT1 - Fundamente 5 - 9	Start	19.03.2002									
	Ende	25.03.2002									
	Unterbeton	113 m²							5-7	7-9	
	Schalung	46 m²							5-7	5-7	7-9
	Beton	102 m³									5-7
	Stahl (NU)	5,0 to									
	Std	127							24	16	40
BT1 - Aufzugsunterfahrt 5 - 9	Start	19.03.2002									
	Ende	25.03.2002									
	Schalung	48 m²									
	Beton	5,7 m³									
	Stahl (NU)	0,5 to									
	Std	48								12	12
Summe Stunden			28	28	28	28	21	28	48	68	72
Mann			3,3	3,3	3,3	3,3	3,5	3,3	5,6	8,0	8,5

Abbildung 192: 2-Wochenprogramm der Baustelle

Das 2-Wochenprogramm der Baustelle wird jeweils am Donnerstag oder Freitag der Vorwoche erstellt. Da es den Zeitraum der nächsten 2 Wochen umfasst, werden die Angaben der 2. Woche in der Folgewoche erneut aufgegriffen. Insofern stellt es für die 1. Woche eine verbindliche Vorgabe und für die 2. Woche eine vorläufige Vorgabe dar.

In die 2-Wochenplanung werden diejenigen Bauvorgänge aufgenommen, die entweder lt. Gesamtplanung mindestens mit einem Tag in diesem Zeitfenster liegen oder die bereits begonnen werden können, obwohl sie lt. Gesamtplanung noch jenseits des Zeitfensters liegen. Ein solches Formular kann mit Hilfe der Software ausgegeben werden mit denjenigen Informationen, welche lt. Gesamtplanung vorhanden sind. Nr. und Bezeichnung des Bauvorgangs sind dann ebenso schon vorhanden wie dessen "Balken" und einige wichtige Ausgangswerte für die weitere Detailplanung (2. und 3. Spalte in Abbildung 192).

Es ist nun Aufgabe der Detailplanung, die Tätigkeiten zu den Bauvorgängen detaillierter darzustellen. Diese Detailplanung ist jetzt aber eine von der Gesamtplanung losgelöste Planung, d.h. deren Ergebnis geht nicht mehr in die Gesamtplanung ein. Sollten also Termine gegenüber der Gesamtplanung geändert werden müssen, so geschieht dies zunächst nur im 2-Wochen-Programm. Eine Änderung der Gesamtplanung ist ein gesonderter Vorgang, der nur bei größeren Verschiebungen in Frage kommt.

Da das 2-Wochenprogramm auf der Kenntnis der Baustellensituation unmittelbar vor Ausführung aufsetzt, können die Teilleistungen des Bauvorgangs nach dem konkreten Bedarf der Baustelle aufgeteilt und in dieser Detaillierung mit zuverlässigen Terminaussagen versehen werden. Dies war in der Gesamtplanung nicht möglich, weil zum Zeitpunkt dieser Planung zu wenig über die konkreten Randbedingungen und den konkreten Bedarf bekannt war.

Die detaillierten Teilleistungen werden auf die Wochentage gelegt, an denen sie nach aktueller Erkenntnis ausgeführt werden können. Sie sind dort evtl. zu beschriften, soweit die Zeilenbeschreibung alleine nicht ausreicht. Eine noch feinere Planung als in Abbildung 192 wäre eine Aufteilung des Arbeitstages in 2 Tageshälften.

Zu jeder Einzeltätigkeit jedes Tages können Sollstunden oder sonstige wichtige Werte eingetragen werden. Um diese Werte zu finden, wird der eine oder andere Blick in die Arbeitskalkulation unumgänglich sein, weil die Gesamtstunden pro Teilleistung im Bauvorgang alleine nicht jede gewünschte Information liefern. Enthält die Teilleistung z.B. Schalungs- und Betonierarbeiten, so umfasst die Stundenzahl beide Leistungsarten. Diese wäre nur zu vermeiden gewesen, indem dem Bauvorgang nicht die Position, sondern die Unterpositionen einzeln zugeordnet worden wären. Darauf wird man aber oft und zu Recht verzichten.

Die Addition der Stunden pro Arbeitstag über alle Tätigkeiten ist eine Kontrolle, ob die Mannschaft konstant ausgelastet ist.

5.3 Leistungseinheiten zur Kontrolle der Tagesleistungen

Werden für bestimmte Leistungsbereiche eines Projektes Leistungseinheiten (Arbeitsgruppen) bestimmter Zusammensetzung (Mannschaft, Gerät) eingesetzt, so erfüllen diese die Vorgaben der Arbeitskalkulation nur dann, wenn sie in einer bestimmten Arbeitszeit die Mengen an Teilleistungen ausführen, die in Form der Leistungsansätze zu Grunde gelegt wurden. Es besteht also die Aufgabe zu überprüfen, ob eingesetzte Leistungseinheiten ihr Soll erfüllen. Diese Überprüfung muss möglichst zeitnah zur Ausführung erfolgen, weil sie Erkenntnisse für unmittelbar bevorstehende Arbeiten liefern soll.

Solange eine Leistungseinheit nur eine einzelne Teilleistung auszuführen hat, sind Vorgabe und Kontrolle relativ einfach. Besteht z.B. die Leistungseinheit für den Baugrubenaushub aus einem Bagger + Geräteführer + 1 Mann Beihilfe, und ist der Baugrubenaushub in einer einzigen Position beschrieben, so kann der Arbeitskalkulation in der Regel direkt entnommen werden, welche Menge die Leistungseinheit zu leisten hat, z.B. 50 cbm pro Std. oder 400 cbm pro Tag. Hat die Leistungseinheit diese Tagesleistung erbracht, so hat sie die Leistungsvorgabe der Arbeitskalkulation erfüllt.

Leistungsvorgabe und -kontrolle gestalten sich aber wesentlich schwieriger, wenn der Leistungseinheit mehrere Teilleistungen zugewiesen sind. Hat die o.g. Leistungseinheit den Aushub in verschiedenen Bodenklassen auszuführen, für die jeweils unterschiedliche Leistungsansätze gelten, und arbeitet die Einheit über den Tag hinweg tatsächlich in verschiedenen Bodenklassen, so sind Vorgabe und Kontrolle der Tagesleistung nicht ohne Weiteres möglich. Ein noch komplexerer Fall liegt vor, wenn z. B. eine kleine Arbeitskolonne im kommunalen Tiefbau verschiedene Arten von Leistungen ausführt, welche in Art und Menge von Tag zu Tag wechseln – u.U. in unvorhersehbarer Weise. Dann sind Leistungsvorgabe und -kontrolle überhaupt nicht mehr direkt über Mengen von Teilleistungen möglich.

Trotz solcher Schwierigkeiten ist die zeitnahe Leistungskontrolle über Leistungseinheiten möglich, wie weiter unten noch gezeigt werden wird. Vorab ist noch auf andere Probleme einzugehen, welche ebenfalls zum Lösungsansatz der Leistungskontrolle über Leistungseinheiten führen.

Die "klassischen" Kontrollen in Form der Kosten- oder Stunden-Soll-Ist-Vergleiche, welche üblicherweise nur im Monatsrhythmus durchgeführt werden, liefern ihre Informationen erst ca. 2 Wochen nach Monatswechsel. Die Informationen "hinken" also der Ausführung konstant um 2 bis 6 Wochen hinterher. Sie kommen nicht zeitnah bezogen auf die Ausführung, womit ihr Nutzen eingeschränkt ist. Zu diesem Problem sei auf die Ausführungen in Abschnitt G, Kap. 3 verwiesen.

Bei einer Baustelle mit sehr kurzer Bauzeit sind Kosten- oder Stunden-Soll-Ist-Vergleich u.U. nur reine "Vergangenheitsbewältigung", weil zum Zeitpunkt ihres "Erscheinens" entweder gar keine Bauarbeiten mehr bevorstehen oder zumindest keine vergleichbaren Arbeiten, bei denen die Information noch von Nutzen sein könnte. Je kleiner die Baustelle ist, je kürzer die Bauzeit ist, je weniger eindeutige Tagesvorgaben gemacht werden können, um so weniger kann den Baustellen alleine mit den "großen" Kontrollmethoden des Baustellen-Controlling geholfen werden. Hierzu sei auf Abschnitt H verwiesen.

Die Aufgabe der zeitnahen Leistungskontrolle kann auch kaum über Bauvorgänge erfüllt werden. Um zu beurteilen, ob die Tätigkeit an einem Bauvorgang wie geplant abläuft, müsste fast täglich festgestellt werden, welcher Fertigstellungsgrad in den einzelnen Teilleistungen, welche dem Bauvorgang zugeordnet sind, erreicht ist, und mit welchem Aufwand dieser Zustand erreicht wurde. Dies wird nur in Ausnahmefällen möglich sein. Es darf auch nicht übersehen werden, dass es Baustellen gibt, in denen es gar nicht möglich ist, weit im Voraus annähernd genaue Vorgaben zu auszuführenden Teilleistungen zu machen. Hierzu zählen z.B. die Aufträge des kommunalen Tiefbaus, welche über sog. Jahresverträge abgewickelt werden. Hier können oft gar keine Bauvorgänge mit klaren Leistungsinhalten und Terminen vorgegeben werden, weil die Leistungen von Tagesentscheidungen und laufend veränderlichen Randbedingungen abhängen.

Es gibt also viele Gründe, welche ein ergänzendes System der Kontrolle im Baustellen-Controlling erfordern. Es muss ein einheitliches System sein, was unter allen Randbedingungen von Baustellen einsetzbar ist, auf denen Bauleistungen in Eigenleistung erbracht werden. Es muss insbesondere ein System sein, welches den üblichen Kontrollbedarf der **Kleinbaustelle** abdeckt.

Der Ansatzpunkt liegt in den **Leistungseinheiten** (siehe Eingang des Kapitels), welche – sofern möglich – zunächst zur Leistungsvorgabe benutzt werden. Sie dienen immer der zeitnahen Leistungskontrolle, selbst wenn keine sinnvolle Leistungsvorgabe möglich war.

Eine **Leistungseinheit** setzt sich zusammen aus

- Personal,
- Gerät,
- sonstige Ausstattungen,

welche zur Ausführung eines bestimmten **Leistungsbereich**es der Baustelle benötigt werden.

Leistungseinheiten und Leistungsbereiche werden frei definiert und zwar so, dass zwischen Leistungsbereich und Leistungseinheit eine eindeutige Beziehung hergestellt werden kann. Zu einem Leistungsbereich können mehrere Leistungseinheiten gehören. Dem Leistungsbereich werden Leistungseinheiten datumsbezogen zugeordnet, d.h. die im Leistungsbereich tätigen Leistungseinheiten können wechseln. Im ungünstigsten Fall ist die gesamte Baustelle über einen bestimmten Zeitraum ein einziger Leistungsbereich. Letzteres ist sehr häufig bei der **Kleinbaustelle** der Fall.

Eine Leistungseinheit verursacht feste Kosten pro Zeiteinheit (pro Stunde oder pro Tag), gleich ob sie arbeitet oder nicht. Diese Kosten sind sehr leicht feststellbar und mit den Methoden der "klassischen" Kalkulation kalkulierbar. Es kommen nur wenige Kostenarten in Frage, welche im Katalog der Kostenarten markiert sind (siehe Abschnitt B, Kap. 5.4). Sofern zur Leistungseinheit Geräte gehören und die Basisdaten der Geräte in Form eines Gerätekataloges (Abschnitt B, Kap. 7.2) verfügbar sind, kann direkt auf Gerätedaten zurückgegriffen werden. Abbildung 193 zeigt die Kalkulation der Fixkosten einer Leistungseinheit pro Arbeitsstunde, bestehend aus einem Raupenbagger, dem Baggerfahrer und einem Mann Beihilfe.

Musterbau GmbH		**Leistungseinheiten**		Seite: 1
Projekt:	**02142 - Verwaltungsgebäude Schmidt KG**			02.03.2002/15:33
Schlüssel	Bezeichnung	ME		Fixkosten/ME
GR-D.1.00.0080-3	Hydrobagger 80 KW auf Raupen, 0,7 m³ Tiefl., 1 Mann Beihilfe	Std.	Euro	**79,43**

U-Pos.	SL	Text	Menge ME		Faktor	Kosten/E	Kosten/E LE
1		**Vorhaltekosten**	**1,000 psch**	**/**	**170,000**	**4.094,30**	**24,08**
	311	A + V Gerät	0,650		1,000	3.351,60	12,81
	312	Rep. Gerät	0,700		1,000	2.736,80	11,27
2		**Bedienung**	**1,000 Std.**		**1,000**	**28,35**	**28,35**
	S16	Std. Gerätefahrer	1,000 Std.		1,050	27,00	28,35
3		**Beihilfe**	**1,000 Std.**		**1,000**	**27,00**	**27,00**
	S22	Std. Beihilfe Erdbau	1,000 Std.		1,000	27,00	27,00

Abbildung 193: Fixkosten einer Leistungseinheit

Wenn diese Leistungseinheit beim Aushub einer Baugrube eingesetzt ist, verursacht sie Kosten in Höhe von 79,43 Euro pro Stunde.

Nicht eingerechnet werden Kosten, bei denen angenommen werden kann, dass sie bei Einsatz der Leistungseinheit in Höhe der bei den Teilleistungen kalkulierten Werte anfallen. Im vorstehenden Fall wurden die Treibstoffkosten des Baggers nicht in die Kosten der

Leistungseinheit eingerechnet. Solche Kostenarten werden im Katalog der Kostenarten dann auch nicht als relevant für die Leistungseinheiten markiert.

Das Verfahren der Leistungskontrolle baut nun auf der Folgerung auf, dass eine Leistungseinheit kostendeckend arbeitet, wenn sie pro Tag einen Leistungsumfang ausführt, der mindestens Kostenanteile für die Leistungseinheit in Höhe deren Kosten liefert.

Würde man sich auf sämtliche Kostenbestandteile in Aufwand und Teilleistungen beziehen, so wäre das Verfahren nicht praktikabel, weil z.B. Materialkosten pro Tag und Leistungseinheit weder im Voraus bestimmbar, noch im Nachhinein feststellbar sind. Hingegen sind die Festkosten der Leistungseinheiten bei den wenigen Kostenarten leicht im Voraus bestimmbar (Abbildung 193) und – das ist das Besondere – die Werte sind bereits die Ist-Kosten pro Zeitraum!

Nun müssen nur noch die entsprechenden Kosten lt. Kalkulation der Teilleistungen festgestellt werden. Da die relevanten Kostenarten im Katalog der Kostenarten bereits markiert sind, kann dieser Kostenanteil aus jeder Teilleistung automatisch berechnet werden. Benötigt werden die Mengen der Teilleistungen.

Sofern Mengen von Teilleistungen vorgegeben werden können, müsste die Auswertung der Kalkulation der Teilleistungen zum selben Wert führen wie die festen Kosten der Leistungseinheiten. Eine Leistungsvorgabe für Leistungseinheiten mit einer zugeordneten Teilleistung zeigt Abbildung 194.

Musterbau GmbH **Leistungsvorgabe nach Leistungsbereichen** Seite: 1
Projekt: **02142 - Verwaltungsgebäude Schmidt KG** 02.03.2002/15:33

Schlüssel	Bezeichnung	Zeiteinheit	Std./Tag
101	**Aushub Baugrube**	**Tag**	**8,000**

Leistungseinheit

Schlüssel	Bezeichnung	ME	Fixkosten/ME	Std./Tag	Menge	Fixkosten/ZE
GR-D.1.00.0080-3	Hydrobagger 80 KW auf Raupen, 0,7 m³ Tiefl.,	Std.	79,43	8,00	1,00	635,47
GR-P.2.13.0200	LKW 14 to Nutzlast	Std.	47,43	8,00	6,00	2.276,64
						2.912,11

Zugewiesene Teilleistungen

OZ	Bezeichnung	ME	Fixkosten/ME	Menge/Std.	Menge/ZE	Fixkosten
1.2.4	Baugrubenaushub Bodenklasse 5 einschl. Abfuhr	m³	7,28	50,00	400,02	2.912,11

Abbildung 194: Leistungsvorgabe nach Leistungsbereich

Dem **Leistungsbereich** "Aushub Baugrube" sind zwei **Leistungseinheiten** zugeordnet, nämlich 1 Bagger und 6 LKW. Die Leistungsvorgabe bezieht sich auf die Zeiteinheit von einem Tag. Die beiden Leistungseinheiten verursachen Fixkosten pro Tag in Höhe von Euro 2.912,11. In der zugeordneten OZ sind Fixkosten von Euro 7,28 pro m³ kalkuliert. Es wurde eine Aushubleistung von 50,00 m³/Std. zu Grunde gelegt wurde. Bei 8 Stunden/Tag sind also 400 m³ Aushub zu leisten. Diese 400 m³ liefern einen Kostenanteil zur Deckung der Fixkosten der Leistungseinheiten in Höhe von Euro 2.912,11. Das Beispiel enthält sowohl eine Mengen- als auch eine Kostenvorgabe.

Spätestens, wenn eine Leistungseinheit von Tag zu Tag unterschiedliche Teilleistungen in verschiedenen Mengen ausführt, wird auf eine Vorgabe von Teilleistungen mit Mengen verzichtet. Solche Angaben wären weitgehend pure Erfindung und sind folglich überflüssig. In diesen Fällen gibt es im Voraus nur den Leistungsbereich mit seinen Leistungseinheiten, und es ist bekannt, welche festen Kosten die Leistungseinheiten pro Tag oder in einem anderen Zeitraum verursachen. Diese Verhältnisse werden vor allem bei der sog. **Kleinbaustelle** vorherrschen.

In der Kontrolle wird dann festgestellt, welche Teilleistungen in welcher Menge ausgeführt wurden, entweder pro Tag oder bezogen auf die Dauer der Gültigkeit des Leistungsbereiches. Dieses Leistungsvolumen liefert kalkulierte feste Kosten. Übersteigt dieser Wert die festen Kosten der eingesetzten Leistungseinheiten, wurde sehr wahrscheinlich kostendeckend gearbeitet. Dieses Verfahren ist in Abschnitt H, Kap. 2 anhand von Beispielen beschrieben.

Die Vorgabe von Mengen oder Kosten für Leistungsbereiche und deren Kontrolle stellt immer nur ein Controlling für einen Teilbereich des Gesamtprojektes dar. In den meisten Fällen werden daraus aber dennoch die Informationen gewonnen, die eine zeitnahe ausreichend sichere Beurteilung der laufenden Arbeiten ermöglichen. Sind die festen Kosten der Leistungseinheiten gedeckt, so gilt dasselbe wahrscheinlich auch für die sonstigen Kosten, welche in unmittelbarem Zusammenhang mit den zugerechneten Teilleistungen stehen, vorausgesetzt die Arbeitskalkulation weist keine gravierenden Fehler auf. Die schlüssige Auskunft über alle Kostenbereich gibt dann letztlich nur der Kosten-Soll-Ist-Vergleich.

Die Vorgabe von Mengen ist immer in den Fällen angebracht, in denen sog. Leistungsgeräte der Maßstab des Baufortschritts sind. In solchen Fällen ist die laufende Feststellung der tatsächlich erbrachten Tagesleistungen und der Vergleich mit den Vorgaben von größter Wichtigkeit.

Abschnitt G: Baustellen-Controlling in der Projektphase der Ausführung: Verfolgung der Bauausführung

Um einer grundlegend falschen Einschätzung des Ganzen und der Details vorzubeugen, sei dringend empfohlen, die Kap. 3.8 und 3.11 bis 5 des Abschnitts A nachzulesen.

1 Feststellung des Leistungsstandes

1.1 Übersicht

Definition: Leistungsstand = zu einem Stichtag erbrachte Leistungen, beschrieben durch Mengen von erbrachten Teilleistungen.

Während der Bauzeit muss der Leistungsstand jeweils zu einzelnen Stichtagen aus zwei Gründen festgestellt werden:

- Für die Bilanzierung des Unternehmens
- Für die Kontrollschritte im Baustellen-Controlling

Für die Bilanzierung wird der Leistungsstand als Basis für die Ermittlung des Leistungswertes (bewerteter Umsatz) benötigt.

Bei der Verfolgung der Bauausführungen über die Bauzeit müssen die jeweils erreichten Stände der erbrachten Leistungen sowie die zugehörigen Aufwände mit den entsprechenden Aussagen der Planungen verglichen werden. Die Aussagen der Planungen stehen an folgenden Stellen:

- In der Arbeitskalkulation in der Ordnung der OZ: Teilleistungen, Erlöse, Budgets, Kosten, Deckungsbeitrag, Leistungswert etc..
- In den Bauvorgängen: Termine, Teilleistungen mit Teilmengen

In den Bauvorgängen waren zwar Bestandteile der Kalkulation auswertbar, die zugehörigen Ausgangswerte werden aber dennoch immer in aktueller Höhe direkt aus der Arbeitskalkulation entnommen. Basis dieser Auswertungen sind die Mengen der erbrachten Teilleistungen (der OZ).

Die effektiv geleisteten Mengen von Teilleistungen zu einem Stichtag sind die Leistungsmengen (LE-Mengen). Die LE-Mengen der Teilleistungen können über zwei Wege eingebracht werden:

- direkt über die Ermittlung/Erfassung pro Teilleistung (Abschnitt G, Kap. 1.2)
- indirekt über die Angabe von Fertigstellungsgraden von Bauvorgängen (Abschnitt G, Kap. 1.3)

Es soll nicht unerwähnt bleiben, dass es auch die indirekte Bearbeitung über Fertigstellungsgrade der Gruppenstufen (Titel, Gewerke) gibt. Diese Methode kommt aber in Praxis kaum in Frage, da sie sehr fein gegliederte Gruppenstufen voraussetzt, damit eine annähernd korrekte Bewertung der enthaltenen Positionen stattfindet.

Es ist äußerst wichtig, dass der Leistungsstand zuverlässig festgestellt wird. Dazu ist es erforderlich, dass

- die Mengen der erbrachten Teilleistungen ausreichend genau festgestellt werden,
- teilfertige Leistungen richtig bewertet werden,
- der Leistungsbereich der BGK richtig bewertet wird.

Fehler in der Feststellung des Leistungstandes haben negative Auswirkungen an folgenden Stellen:

- Der eigene Leistungswert (Umsatz) und die Leistungswerte der NU sind falsch.
- In der Unternehmensbilanz bzw. in der Gewinn- und Verlustrechnung sind folgende Werte falsch:
  - Forderungen aus Lieferungen und Leistungen (aus falschem Umsatz)
  - Verbindlichkeiten aus Lieferungen und Leistungen (aus falschem Leistungswert der NU)
  - Summe Aktiva und Passiva
  - Umsatzerlöse
  - Gewinn/Verlust
- Die Abgrenzungen im kaufmännischen Bereich gegen eigene Rechnungssummen und Rechnungssummen der NU sind falsch.
- Im Kosten-Soll-Ist-Vergleich des Projektes sind die Sollkosten falsch, womit der ganze Vergleich falsch ist.
- Im Stunden-Soll-Ist-Vergleich sind die Sollstunden falsch, womit der ganze Vergleich falsch ist.
- In der Projektauswertung ist das Ist-Ergebnis falsch.
- Jegliche Aussage über Erfolg oder Misserfolg ist falsch.

Absolute Genauigkeit in der Feststellung des Leistungsstandes wird man zwar trotz größter Bemühungen nicht erreichen. Man muss aber doch so sorgfältig vorgehen, dass man eine Fehleinschätzung mit bedeutenden Auswirkungen ausschließen kann.

Eine wesentliche Maßnahme zur Vorbeugung gegen gravierende Fehlbewertungen war die Berücksichtigung der Risiken in Form der Rückstellungen (Abschnitt D, Kap. 5.1.3 und Abschnitt F, Kap. 1.1.7). Damit ist zumindest Vorsorge getroffen, dass Kostenrisiken, welche noch in der Zukunft liegen, anteilig auch schon im Leistungswert zur Vergangenheit berücksichtigt sind. Außerdem verhindert das Verfahren zur Bestimmung des Leistungswertes gemäß Abschnitt D, Kap. 9, dass teilfertige Leistungen nach deren Erlös bewertet werden.

Darüber hinaus kommt es jetzt auf die Zuverlässigkeit der LE-Mengen an.

Die sicherste Methode wäre eine genaue Mengenermittlung zu sämtlichen Teilleistungen. Im Fall, dass ein Einheitspreisvertrag vorliegt und ein Aufmaß zu erstellen ist, könnte auf diesem Aufmaß aufgebaut werden. Das Problem besteht aber meist darin, dass das Aufmaß nicht auf dem Laufenden ist, die Mengenabgrenzungen genau zum Leistungsstichtag nicht berücksichtigt sind, und überhaupt keine Abgrenzungen bei komplexen Teilleistungen über Unterpositionen vorgenommen wurden. Dennoch kann ein solches Aufmaß helfen, sofern eindeutig ist, welchen Leistungsstand es beschreibt, und wenn es nicht zu sehr im Rückstand ist. Dann können noch erforderliche Abgrenzungen in provisorischen Ermittlungen hinzugefügt werden.

Sofern es kein einigermaßen brauchbares Aufmaß gibt, ist eine jeweils gesonderte Mengenermittlung erforderlich. Diese muss nicht in der Genauigkeit eines Aufmaßes für die Abrechnung durchgeführt werden. Insofern kommen zwei Möglichkeiten in Betracht, welche auf die bereits im Zuge der Planung ermittelten Mengen zurückgreifen.

- Es wird direkt auf die Ermittlung der VA-Mengen zurückgegriffen. Diese Ermittlung sollte gemäß den dringenden Empfehlungen aus Abschnitt E, Kap. 2.4 unbedingt in der Struktur der vorher definierten Bauvorgänge aufgebaut sein, so dass es relativ einfach wird, dem Leistungsstand entsprechende Anteile herauszugreifen. Je nach "Eleganz" des verfügbaren Verfahrens werden diese Mengen direkt als LE-Mengen an die stichtagsbezogene Mengenverwaltung übergeben, oder sie werden aus der Mengenermittlung heraus aufgenommen und bei den OZ als LE-Mengen erfasst (Abschnitt G, Kap. 1.2).
- Es wird der Fertigstellungsgrad der Bauvorgänge erfasst, wodurch gemäß dem in Abschnitt F, Kap. 3.8.2 dargestellten Prinzip indirekt die LE-Mengen nach Teilleistungen generiert werden (Abschnitt G, Kap. 1.3).

In beiden Fällen können ergänzende Abgrenzungen über LE-Mengen in Unterpositionen erforderlich werden (Abschnitt G, 1.4).

1.2 Direkte Bearbeitung der LE-Mengen der Teilleistungen

1.2.1 Mengenermittlung/Mengenerfassung

Auf das eigentliche Verfahren der Mengenermittlung über geometrische Körper kann hier nicht eingegangen werden. Hier kann nur festgehalten werden, dass das Ergebnis dieser Mengenermittlung Mengen der einzelnen Teilleistungen sind, also die LE-Mengen von Baubeginn bis zum Stichtag. Sofern die Mengenermittlung zunächst alleine auf die RE-Mengen (Mengen für die Rechnung an den AG) Bezug nimmt, entstehen die LE-Mengen über ergänzende provisorische Mengenermittlungen. In dieser Ergänzung werden alle erforderlichen Abgrenzungen gegen die RE-Mengen vorgenommen.

Trotz evtl. noch so genauer Mengenermittlungen bleibt das Problem der Beurteilung, ob denn nun diese LE-Mengen tatsächlich dem Leistungsstand entsprechen. Wenn eine LE-Menge zu einer Teilleistung erfasst ist, so sagt sie aus, dass die Teilleistung in dieser Menge vollständig ausgeführt ist. Zu einem Stichtag sind aber viele Teilleistungen an irgendwelchen Baukörpern gerade in Arbeit, so dass LE-Mengen auf Grund von Mengenermittlung nochmals zu bewerten sind. Wird z.B. ein Abschnitt einer Betonwand gerade eingeschalt, so ist zwar eindeutig, dass die Teilleistung "Beton" noch nicht angefallen ist. Wie ist aber die Menge der Wandschalung zu bewerten? In der Regel wird man eine Gewichtung entsprechend dem Fertigstellungsgrad der Wandschalung vornehmen und eine entsprechende LE-Menge wählen.

Beispiel: Der Wandabschnitt bedingt insgesamt 60,00 m² Wandschalung. Zum Stichtag wird festgestellt, dass eine Seite geschalt ist und gerade die Bewehrung eingebaut wird. Zur fiktiven LE-Menge der Wandschalung kommt man nach folgendem Prinzip:

Gewichtung des Aufwandes von Ein- und Ausschalen: 75 %/25 %

Gewichtung des Aufwandes von Wandseite 1 und Wandseite 2: 60 %/40 %

Fiktive LE-Menge Wandschalung = 60,00 m² x 60 % x 75 % = 27,0 m²

Solche Berechnungen werden meistens nicht explizit durchgeführt, sondern es wird nach diesem Prinzip geschätzt.

Bleiben wir bei dem Wandabschnitt: Ist der Abschnitt fertiggestellt, so ist dennoch zu prüfen, ob die vollen Mengen der zugehörigen Teilleistungen als LE-Mengen gemeldet werden dürfen. Folgende Feststellungen z.B. müssten zu Abstrichen führen:

- Es ist zwar ausgeschalt, die Schalung und sämtlicher Abfall liegt aber im Arbeitsraum.
- Die Oberflächenqualität des Betons wird Betonnacharbeiten bedingen.

Beide Zustände werden noch zu Aufwand führen, der unmittelbar mit dem Wandabschnitt verbunden ist. Treffen beide Feststellungen zu, so lautet die LE-Menge in Abhängigkeit von der Gewichtung der Mängel evtl.:

Wandschalung: LE-Menge = 55,0 m² anstatt 60,0 m²

Wandbeton: LE-Menge = 8,0 m³ anstatt 9,0 m³

Diese reduzierte Bewertung des Bauabschnitts bleibt erhalten, solange der nachteilige Zustand nicht behoben ist.

Wesentlich schwieriger wird eine "gerechte" Bewertung auf Ebene der Position, wenn sie mehrere verschiedene Teilleistungen enthält. Solche "gewichteten" LE-Mengen werfen dann vor allem das Problem auf, dass die Sollwerte der einzelnen Kalkulationsbestandteile auf dieser Grundlage nicht richtig sind. Wird z.B. eine LE-Menge zu einer Position "Beton einschl. Schalung" gemeldet, so werden selbst dann Betonmengen ausgewertet, wenn noch gar nicht betoniert, wohl aber geschalt ist. Diesem Problem ist nur über die Meldung von LE-Mengen über Unterpositionen beizukommen, was im folgenden Kapitel 1.4 behandelt wird.

Große Probleme machen die stets sehr unaufgeräumt wirkenden Baustellen. Ist dort bei den laufenden Meldungen des Leistungsstandes berücksichtigt, dass das "Chaos" einen unfertigen Zustand vieler bisher erbrachter Teilleistungen beschreibt? Ist berücksichtigt, dass das schon bestehende Chaos auch den Aufwand zu vielen noch bevorstehenden Leistungen negativ beeinflussen wird? Es müssten viele LE-Mengen reduziert werden, um den wahren Leistungsstand darzustellen. Aber selbst das hilft nicht, weil sich aus "fiktiven" LE-Mengen auf keinen Fall korrekte Sollwerte in den einzelnen Kostenarten ergeben können. Die "Rettung" kann nur in der umgehenden Beseitigung des Chaos liegen.

Besonderes Augenmerk ist auf korrekte LE-Mengen im Leistungsbereich der BGK zu legen. Hierzu wird auf Abschnitt F, Kap. 1.2.4 verwiesen. Weil schon die Wahl geeigneter Mengeneinheiten der BGK-Positionen eine ausschlaggebende Voraussetzung für eine korrekte Leistungsbewertung ist, musste die Thematik bereits im Kapitel zur Arbeitskalkulation behandelt werden. Dort ist auch mit Beispielen die richtige Handhabung der LE-Mengen bei BGK-Positionen erläutert.

Sowohl die RE- als auch die LE-Mengen werden grundsätzlich bezogen auf Perioden verwaltet. Die Perioden können die "klassischen" Kalendermonate sein, eine Periode kann aber auch die Kalenderwoche oder gar der einzelne Arbeitstag sein. Die RE-Mengen werden in der Regel gemäß den für die Abschlagsrechnungen vereinbarten Abrechnungszeiträumen (AZ) verwaltet, die LE-Mengen nach Berichtszeiträumen (BZ). BZ können kleinere Einheiten als die AZ sein. Auf jeden Endtermin eines AZ muss ein Endtermin eines BZ fallen, damit Werte auf der Basis von RE-Mengen mit Werten auf der Basis von LE-Mengen verglichen werden können:

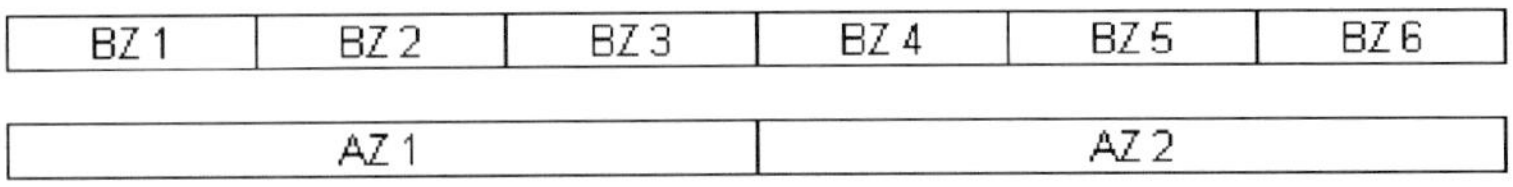

Im Falle der "klassischen" monatlichen Bearbeitungen stimmen AZ und BZ überein. Die Belange des Baustellen-Controlling können aber durchaus kürzere BZ bedingen.

Es gibt keine RE- oder LE-Menge, welche nicht einen Bezug zu AZ bzw. BZ hat. Wird über Aufmaße gearbeitet, so entsteht der Bezug bereits dort.

Abbildung 195 zeigt die typischen Informationen, welche im Dialog der Verwaltung bzw. der Erfassung der LE- und RE-Mengen sichtbar sein müssen. Über die Wahl zurückliegender BZ bzw. AZ kann nach Belieben in die "Historie" der Mengen geschaut werden.

Zu den Positionen werden die LV- und VA-Mengen informativ gezeigt. Diese Information gewinnt um so mehr an Bedeutung, je mehr man sich der Fertigstellung der Teilleistung nähert. Wenn dann die LE-Menge im Falle eines Einheitspreisvertrages noch wesentlich von der LV-Menge abweicht, kann dies ein Hinweis auf Zusatzforderungen sein (siehe Abschnitt G, Kap. 5.5.2). Wenn zum Schluss die LE-Menge wesentlich von der VA-Menge abweicht, besteht Anlass, die VA-Menge auf den Wert der LE-Menge zu ändern.

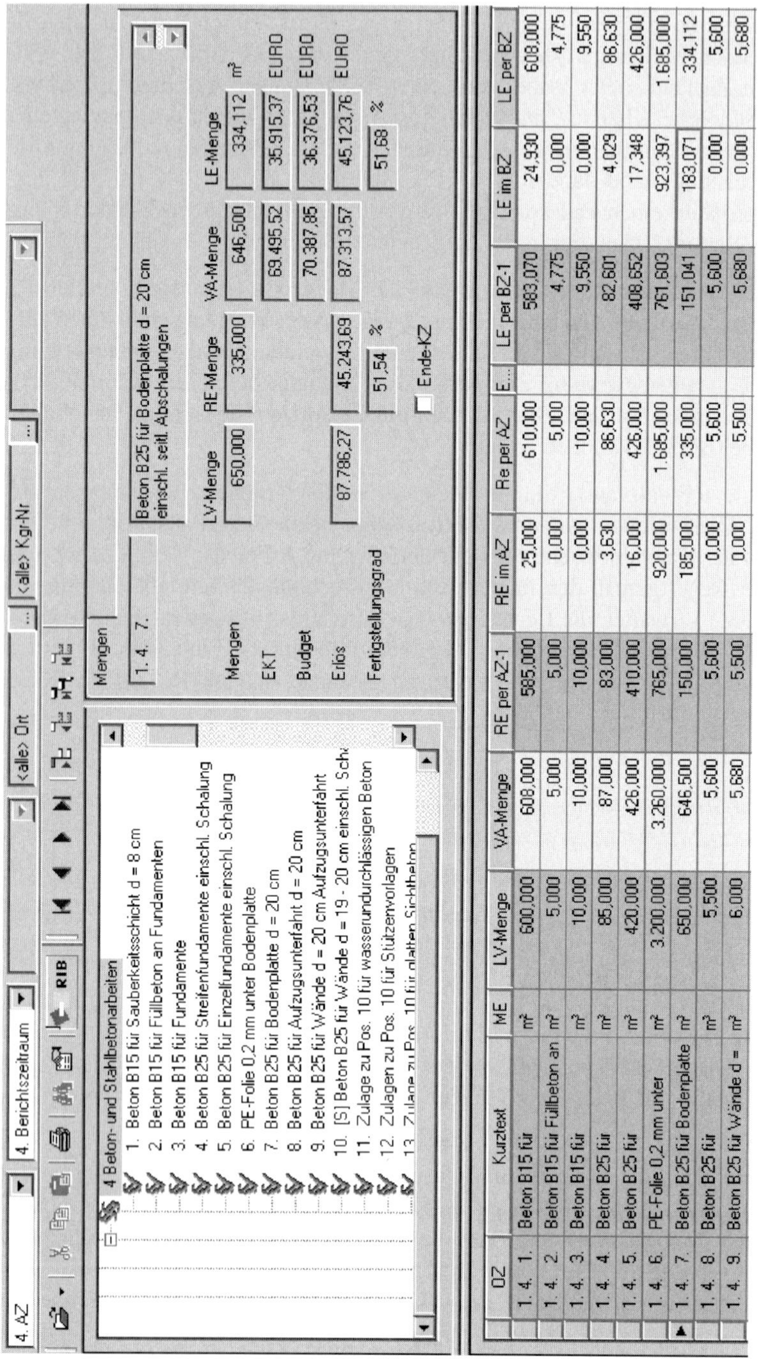

Abbildung 195: LE- und RE-Mengen im Dialog der Mengenverwaltung

Die Anzeige der RE- bzw. LE-Mengen bis zum vorherigen Stichtag (AZ – 1 bzw. BZ – 1) ist eine Orientierungshilfe bei der Bestimmung der neuen Gesamtmengen. Neue Mengen können als Periodenmengen (Mengen im ...) erfasst werden oder als Gesamtmengen seit Baubeginn (Mengen per ...). Es muss festgehalten werden, dass es grundsätzlich das sicherste Verfahren ist, wenn Gesamtmengen seit Baubeginn bis zum Stichtag erfasst werden an Stelle von Zuwachsmengen der aktuellen Periode. Dann muss nämlich nicht geprüft werden, welcher Leistungsstand und welche Abgrenzungen zum vorherigen Stichtag zu Grunde gelegt waren. Periodenmengen entstehen dennoch indirekt, indem von der neuen Gesamtmenge die Gesamtmenge zum vorherigen Stichtag abgezogen wird.

Werden Gesamtmengen erfasst, so wird die Periodenmenge berechnet:

RE-Menge im AZ = (RE-Menge per AZ) – (RE-Menge per AZ – 1)

LE-Menge im AZ = (LE-Menge per AZ) – (LE-Menge per AZ – 1)

Sollte sich ein negativer Periodenwert ergeben, so ist dies Hinweis entweder auf einen Fehler zum vorherigen Stichtag oder einen Fehler in der neuen Menge.

Hilfreich im Sinne des Baustellen-Controlling ist, wenn zu einer in der Mengenverwaltung markierten Position bereits hier einige Auswertungen sichtbar gemacht werden wie:

- Erlös
- Budget
- Sollkosten
- Fertigstellungsgrad

1.2.2 Hilfsmittel "Pendelliste"

Sofern die Mengen nicht an der Stelle erfasst werden, wo sie ermittelt wurden, kann eine Übergabe "per Papier" erforderlich werden. In diesem Fall ist eine Druckliste hilfreich, die in Praxis häufig als "Pendelliste" bezeichnet wird. Die Liste "pendelt" zwischen Erfassungsstelle, welche sie als Formular herausgibt, zur Baustelle und von dort zurück zur Erfassungsstelle, nachdem die Mengen von Hand eingetragen wurden.

Abbildung 196 zeigt eine solche Liste, und zwar für den Positionsbereich gemäß Abbildung 195, vorbereitet für den folgenden Zeitraum. Im linken Listteil wird die Information zum vorherigen Stichtag gezeigt. Die prozentuale Wertung des Erlöses in Bezug auf die EKT gibt einen Hinweis auf "gute" oder "schlechte" Preise.

Rechts können neue Mengen zum neuen Stichtag von Hand eingetragen werden.

Die Verteilung der Bearbeitung der Mengen auf Baustelle und Büro ist mit Sicherheit kein Idealzustand. Er verursacht Mehraufwand in Baustellen-Controlling und Bauabrechnung, und er birgt die Gefahr, dass Fehler in Mengen nicht bemerkt werden. Zumindest dieser Teil des Baustellen-Controlling gehört komplett auf die Baustelle, wenn man schon noch nicht so weit ist, dass dort auch andere Schritte praktiziert werden.

Pendelliste

Projekt: Muster_Contr Musterprojekt zur Wissensvermittlung
LV: 1 Bauseitiges LV

Gedruckte Mengen für Abrechnungszeitraum: vom 01.05.2002 bis 31.05.2002 (Periode) Währung: Euro

Eigetragene Mengen gelten für: AZ: .... BZ: ....
Die eingetragenen Werte sind Periodenwerte/Gesamtwerte seit Baubeginn (nicht zutreffendes streichen)

OZ	U.-Pos.	Kurztext	ME			Mengen bisher		pro ME		Mengen neu	
				LV-Menge		VA-Menge		EKT		RE-Menge	LE-Menge
				RE-Menge per	% v. LV	LE-Menge per	% v. VA	Erlös	% v. EKT		
				RE-Menge ges.	% v. LV	LE-Menge ges.	% v. VA	EP	% v. EKT		
1		Rohbau									
1.4		Beton- und Stahlbetonarbeiten									
1.4.1		Beton B15 für Sauberkeitsschicht	m²	600,000		608,000		9,37		....	....
				25,000	4,17%	24,390	4,01%	11,77	125,61%		
				610,000	101,67%	608,000	100,00%	11,89	126,89%		
1.4.2		Beton B15 für Füllbeton an Fund.	m³	5,000		5,000		79,36		....	....
				0,000	0,00%	0,000	0,00%	100,34	126,44%		
				5,000	100,00%	4,775	95,50%	101,35	127,71%		
1.4.3		Beton B25 für Streifenfundamente	m³	85,000		87,000		131,46		....	....
				3,630	4,27%	4,029	4,63%	164,80	125,36%		
				86,630	101,92%	86,630	99,57%	166,46	126,62%		
1.4.4		Beton B25 für Einzelfundamente	m³	420,000		426,000		111,66		....	....
				16,000	3,81%	17,348	4,07%	140,47	125,80%		
				426,000	101,43%	426,000	100,00%	141,89	127,07%		

Abbildung 196: Pendelliste zum Handeintrag von LE- und RE-Mengen

1.3 Ermittlung der LE-Mengen über Fertigstellungsgrade der Bauvorgänge

Es wurde bereits vielfach darauf hingewiesen, dass die Ermittlung der LE-Mengen über die Bestimmung der Fertigstellungsgrade der Bauvorgänge die einfachste und effektivste Methode ist. Für Projekte des SF-Bau ist sie in der Regel die einzig sinnvolle Methode.

Das Prinzip dieses Verfahrens wurde in Abschnitt F, Kap. 3.8.2 unter Verwendung des einfach nachvollziehbaren Beispiels aus Abschnitt F. Kap. 3.5.1 dargestellt. In Abschnitt G, Kap. 1.5 wird dargestellt, dass die Fertigstellungsgrade über die Meldung der Ist-Termine als Vorschlagswerte generiert werden können.

Die Zuverlässigkeit der über dieses Verfahren generierten LE-Mengen der Teilleistungen hängt davon ab,

- wie genau die Teilleistungen mit Teilmengen den Bauvorgängen zugeordnet sind,
- wie gut mit dem Fertigstellungsgrad des Bauvorgangs der tatsächliche Leistungsstand getroffen wird,
- wie zutreffend die VA-Mengen der Teilleistungen sind, welche u.U. als Berechnungsbasis bei der Ermittlung der Teilmengen in den Bauvorgängen benutzt wurden.

Das in Abschnitt F, Kap. 3.8.2 dargestellte Prinzip sei nochmals an zwei praktischen Beispielen aufgegriffen, mit denen zwei unterschiedliche Randbedingungen zur Möglichkeit der sicheren Abschätzung des Fertigstellungsgrades beschrieben werden sollen.

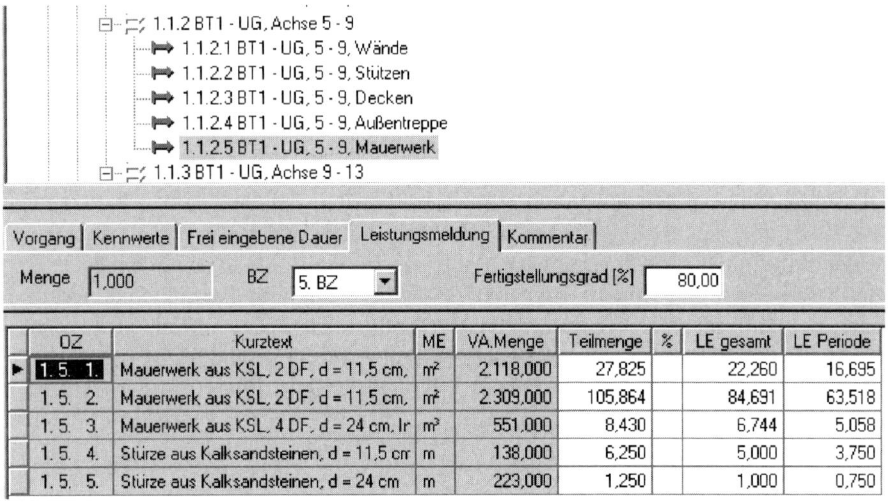

OZ	Kurztext	ME	VA.Menge	Teilmenge	%	LE gesamt	LE Periode
1. 5. 1.	Mauerwerk aus KSL, 2 DF, d = 11,5 cm,	m²	2.118,000	27,825		22,260	16,695
1. 5. 2.	Mauerwerk aus KSL, 2 DF, d = 11,5 cm,	m²	2.309,000	105,864		84,691	63,518
1. 5. 3.	Mauerwerk aus KSL, 4 DF, d = 24 cm, Ir	m²	551,000	8,430		6,744	5,058
1. 5. 4.	Stürze aus Kalksandsteinen, d = 11,5 cn	m	138,000	6,250		5,000	3,750
1. 5. 5.	Stürze aus Kalksandsteinen, d = 24 cm	m	223,000	1,250		1,000	0,750

Abbildung 197: Bauvorgang mit einfacher Feststellung des Fertigstellungsgrades

Im ersten Beispiel geht es um einen Bauvorgang, dessen Fertigstellungsgrad ohne besondere Betrachtungen der enthaltenen Teilleistungen ausreichend sicher festgestellt werden kann. Der Bauvorgang gemäß Abbildung 197 "BT1 – UG, 5 – 9, Mauerwerk" enthält nur Positionen zum Mauerwerk.

Da der Bauvorgang das Mauerwerk in einem leicht überschaubaren Bauteil beschreibt, und dort im Wesentlichen auch an allen enthaltenen Teilleistungen gleichzeitig gearbeitet wird, ist die Feststellung des Fertigstellungsgrades auf Ebene des Bauvorgangs leicht möglich und auch ausreichend. Im Beispiel wurde er zum 5. BZ mit 80 % festgestellt; zum vorherigen Stichtag war er mit 20 % festgestellt worden.

Die Teilmenge jeder enthaltenen Teilleistung wurde mit diesen Fertigstellungsgraden bewertet, woraus sich z.B. die LE-Mengen der OZ 1.5.1 wie folgt berechnen:

LE gesamt = 27,825 x 80 % = 22,260

LE Periode = 22,260 – (27,825 x 20 %) = 16,695

Die LE-Mengen der Teilleistungen im Bauvorgang wären nun zwar korrigierbar; sofern aber die Schätzung auf Ebene des Bauvorgangs als ausreichend betrachtet wird, können die berechneten Werte so stehen bleiben.

So wird man z.B. weitgehend im SF-Bau verfahren, wenn die Leistungen von NU ausgeführt werden. Selbst, wenn die Mengen in den einzelnen enthaltenen Teilleistungen von dem Wert entsprechend 80 % abweichen sollten, ist dies nicht von Bedeutung, wenn der Wert von 80 % als Mittelwert annähernd richtig ist. Es entsteht kein Problem für einen Soll-Ist-Vergleich, weil die Kosten aller enthaltenen Teilleistungen unter ein und derselben Kostenart, nämlich der Kostenart des Gewerkes geführt werden. Auch bei individuellen Teilleistungsmengen pro OZ, welche ebenfalls zu 80 % des Gesamtwertes des Bauvorgangs führen, ergibt sich keine andere Kostensumme unter der Gewerkekostenart.

Im zweiten Beispiel wird die Arbeit bei einem Bauvorgang gezeigt, dessen Teilbewertung auf Ebene des Bauvorgangs nicht einfach ist bzw. zu unerwünschten Ergebnissen bei den Sollwerten führen würde. Einen ersten "Versuch" der Bewertung auf Ebene des Bauvorgangs "BT1 – Fundamente 1 – 5" mit 50 % zeigt Abbildung 198.

Da alle enthaltenen Teilleistungen mit 50 % bewertet sind, steht auch eine LE-Menge beim Beton. Es ist aber noch nicht betoniert. Würde es sich komplett um NU-Leistungen handeln, wäre dies nicht problematisch (siehe oben). Wenn es sich aber um Eigenleistungen handelt, muss jetzt individuell eingegriffen, damit nicht über letztlich unkorrekte LE-Mengen der einzelnen Teilleistungen falsche Sollkosten in den einzelnen zugehörigen Bestandteilen der Kostenkalkulation ermittelt werden. Im Beispiel dürfen noch keine Sollstunden und Sollkosten für den Beton ausgewiesen werden, für die Schalungsstunden und Schalungskosten müssen aber größere Mengen der Teilleistungen zu Grunde gelegt werden.

Abbildung 199 zeigt den Bauvorgang, nachdem die LE-Mengen der einzelnen Teilleistungen im Bauvorgang überarbeitet wurden. Auf Ebene des Bauvorgangs zeigt sich jetzt ein Fertigstellungsgrad von nur 30,08 %, der nach folgender Formel berechnet ist:

Fertigstellungsgrad Bauvorgang = 100 x [$\sum$ (LE-Menge x EKT/ME)]/(Summe EKT für Teilmengen)

Die Kosten der Teilleistungen für LE-Mengen werden also ins Verhältnis gesetzt zu den Gesamtkosten der Bauvorgangs auf der Basis der Teilmengen.

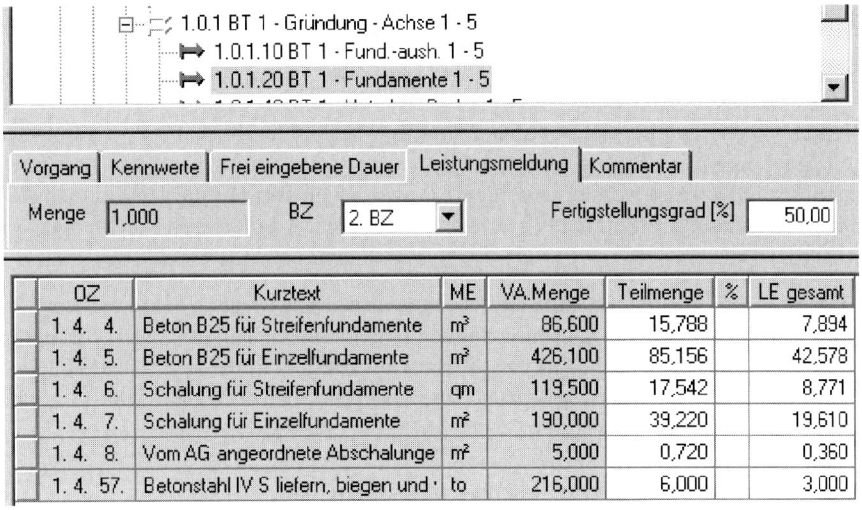

OZ	Kurztext	ME	VA.Menge	Teilmenge	%	LE gesamt
1. 4. 4.	Beton B25 für Streifenfundamente	m³	86,600	15,788		7,894
1. 4. 5.	Beton B25 für Einzelfundamente	m³	426,100	85,156		42,578
1. 4. 6.	Schalung für Streifenfundamente	qm	119,500	17,542		8,771
1. 4. 7.	Schalung für Einzelfundamente	m²	190,000	39,220		19,610
1. 4. 8.	Vom AG angeordnete Abschalunge	m²	5,000	0,720		0,360
1. 4. 57.	Betonstahl IV S liefern, biegen und	to	216,000	6,000		3,000

Abbildung 198: Komplexer Bauvorgang, zunächst auf Ebene des Bauvorgangs bewertet

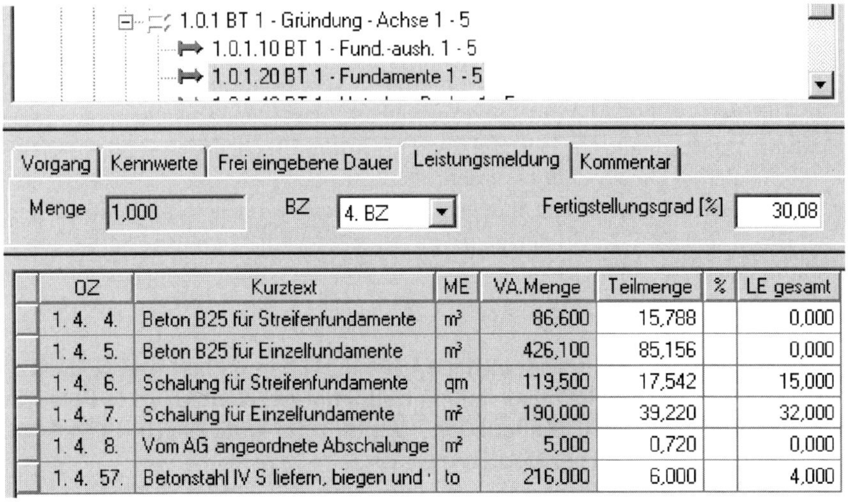

OZ	Kurztext	ME	VA.Menge	Teilmenge	%	LE gesamt
1. 4. 4.	Beton B25 für Streifenfundamente	m³	86,600	15,788		0,000
1. 4. 5.	Beton B25 für Einzelfundamente	m³	426,100	85,156		0,000
1. 4. 6.	Schalung für Streifenfundamente	qm	119,500	17,542		15,000
1. 4. 7.	Schalung für Einzelfundamente	m²	190,000	39,220		32,000
1. 4. 8.	Vom AG angeordnete Abschalunge	m²	5,000	0,720		0,000
1. 4. 57.	Betonstahl IV S liefern, biegen und	to	216,000	6,000		4,000

Abbildung 199: Bauvorgang mit einzeln bewerteten Teilmengen der Teilleistungen

Ein deutlich schwieriger Fall liegt vor, wenn die enthaltenen Teilleistungen in Eigenleistung erbracht werden, und einzelne Teilleistungen wiederum mehrere Leistungsarten enthalten, die jeweils individuell zu bewerten sind, weil sich andernfalls falsche Sollwerte in den einzelnen Bestandteilen der Kostenkalkulation ergeben würden. Diesem Problem kann nur über individuelle LE-Mengen zu Unterpositionen begegnet werden, die dann natürlich dem Bauvorgang auch als solche individuell zugeordnet sein müssen. Darauf wird im folgenden Kapitel 1.4 eingegangen.

Wenn alle Bauvorgänge zu einem Stichtag bearbeitet sind, werden die LE-Mengen pro Position über alle Bauvorgänge summiert und an die Mengenverwaltung nach OZ gemäß dem vorstehenden Kapitel 1.2 übergeben (vergl. Abschnitt F, Kap. 3.8.2). Dieser automatisierte Vorgang ist im Ergebnis identisch mit dem Verfahren, in dem die "fertigen" LE-Mengen der OZ erfasst werden. Aus den Bauvorgängen werden die Gesamtmengen zum Stichtag übergeben; die Periodenwerte werden nach der Übergabe in der Mengenverwaltung berechnet.

Das Ergebnis dieser Arbeiten ist in der Mengenverwaltung sichtbar und auch noch veränderbar. Sollen also noch einige Abgrenzungen in bestimmten Teilleistungen vorgenommen werden, so werden diese Arbeiten gemäß Kap. 1.2 durchgeführt. Diese Änderungen können natürlich nicht in die Bauvorgänge zurückgeschrieben werden, weil sie nicht vorgangsbezogen durchgeführt wurden.

1.4 Abgrenzung über Unterpositionen

1.4.1 Bedarf und Regeln zur Abgrenzung

Einleitendes Beispiel:

Position: ... m³ B25 für Wände d = 20 cm einschl. Schalung (Schalung: 10 m²/m³)

Ist ein Wandabschnitt zum Stichtag teilweise eingeschalt, aber noch nicht betoniert, so ist die LE-Menge der Schalung in diesem teilfertigen Abschnitt eine von der LE-Menge des Betons unabhängige Menge. Würde eine "gewichtete" LE-Menge zur Position von 2,00 m³ gemeldet, so würde damit ein Zustand erzeugt, in dem rechnerisch 2,00 m³ Beton und 20,00 m² Schalung berücksichtigt werden. Da dies aber nicht den Tatsachen entspricht, kann der korrekte Leistungsstand nur über die Unterpositionen festgestellt werden, z.B. 0,00 m³ Beton und 30,00 m² Schalung. Nur so werden die richtigen Sollkosten in den richtigen Kostenarten ermittelt.

Allgemeingültig lässt sich formulieren:

Wenn eine einzelne Position verschiedene Leistungsarten enthält und sich deren LE-Mengen bei teilfertigen Leistungen anders zueinander verhalten, als es dem Verhältnis der "inneren" Mengen lt. Kalkulation entspricht, so kann es erforderlich werden, die LE-Mengen über Unterpositionen zu erfassen.

Diese Art der Leistungsabgrenzung kommt aber nur bei Eigenleistungen in Frage, weil es nur dazu komplexere Kalkulationen mit vielen Kostenbestandteilen in unterschiedlichen Kostenarten gibt, welche getrennt auszuwerten wären. Hat eine solche Position ein relativ geringes Gewicht - gemessen an den Gesamtkosten der Eigenleistung - , so wird man dennoch auf eine Abgrenzung über Unterpositionen verzichten. Sie kommt nur in Frage, wenn die Position ein größeres Gewicht hat und das Verhältnis der Leistungsstände in den einzelnen Unterpositionen zu den Stichtagen deutlich vom angenommenen Durchschnitt abweichen kann.

Natürlich kann die Methode immer verwendet werden, wenn die überschlägige Bestimmung von "gewichteten" LE-Mengen auf Ebene der Position zu mühsam ist.

Über die LE-Mengen der Unterpositionen lassen sich "theoretische" LE-Mengen auf Ebene der Position berechnen. Diese haben intern zwar keine direkte Bedeutung, sie helfen aber, wenn man die RE-Mengen zum Stichtag aus den LE-Mengen generieren lassen will. RE-Mengen gibt es nämlich nicht auf Ebene von Unterpositionen.

"theoretische" LE-Menge der Pos. = [Σ (LE U-Pos.) x (EKT/ME U-Pos.)]/[EKT/ME Pos.]

1.4.2 Abgrenzung bei direkter Bearbeitung der Teilleistungen

Zur Vorbereitung der direkten Erfassung der LE-Mengen bei Unterpositionen werden die ausgewählten Unterpositionen mit einer Kennung versehen (Abbildung 200). Damit kann auf Ebene der Position keine LE-Menge mehr erfasst werden. Anschließend werden die LE-Mengen der Unterpositionen erfasst, womit die erforderlichen Abgrenzungen durchgeführt sind.

	OZ	UPos	Kurztext	ME	Re per AZ	LE per BZ	Erfassungs-Kennung
►	1. 4. 73.		Beton B25 für Wände d =	m³	15,000	0,000	
		1	**Beton B25**	**m³**	**0,000**	**12,000**	✔
		2	**Schalung Wände**	**m²**	**0,000**	**175,000**	✔

Abbildung 200: Erfassen von LE-Mengen bei Unterpositionen

Wenn sich der Bedarf zum Wechsel der Meldeebene zu einem Zeitpunkt ergibt, zu dem bereits LE-Mengen auf Ebene der Position erfasst sind, so geht keine Menge verloren, weil die entsprechenden Mengen auf Ebene der U-Pos. unmittelbar mit der Wahl der neuen Meldebene berechnet werden können:

Menge U-Pos. = (Menge Pos.) x (innere Menge U-Pos.)

z.B. in obigem Fall bei einem Schalungsanteil von 10,00 m²/m³:

LE-Menge Beton (U-Pos. 1) = (LE-Menge Pos.) x 1,000

LE-Menge Schalung (U-Pos. 2) = (LE-Menge Pos.) x 10,000

Es kann auch vorkommen, dass man die U-Pos. als Meldeebene aufgeben möchte. Dann wird mit dem Setzen der Erfassungskennung die LE-Menge auf Ebene der Pos. nach der o.g. Formel für die theoretische Menge berechnet:

"theoretische" LE-Menge der Pos. = [Σ (LE U-Pos.) x (EKT/ME U-Pos.)]/[EKT/ME Pos.]

1.4.3 Abgrenzung bei Bearbeitung über die Bauvorgänge

Sind Bauvorgängen nicht Positionen, sondern Unterpositionen zugeordnet (Abbildung 201), so entstehen über die Fertigstellungsgrade der Bauvorgänge LE-Mengen der Unterpositionen. In der Verwaltung der Mengenergebnisse sind dann diese Unterpositionen die "Meldeebene", nicht die Positionen.

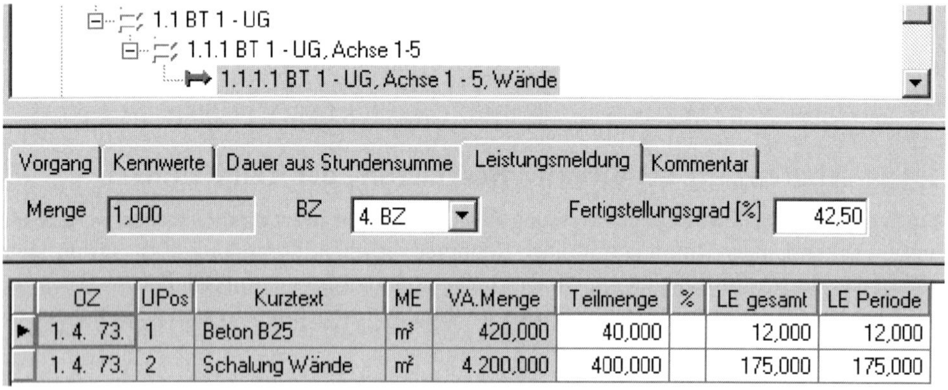

OZ	UPos	Kurztext	ME	VA.Menge	Teilmenge	%	LE gesamt	LE Periode
1. 4. 73.	1	Beton B25	m³	420,000	40,000		12,000	12,000
1. 4. 73.	2	Schalung Wände	m²	4.200,000	400,000		175,000	175,000

Abbildung 201: Bauvorgang mit zugeordneten Unterpositionen

Im vorstehenden Beispiel wurde die Position aus Abbildung 200 verwendet. Jetzt können im Bauvorgang Beton und Schalung mit individuellen LE-Mengen versehen werden. Es sind 55,00 m² mehr Schalung gemeldet als es dem durchschnittlichen Mengenverhältnis von Beton zu Schalung von 1:10 entspricht.

Die Übergabe der Mengen an die Mengenverwaltung generiert dort die zugehörigen Erfassungsebenen gemäß Abbildung 200.

1.5 Fertigstellungsgrad der Bauvorgänge über Ist-Termine

Wenn die tatsächlichen Ausführungstermine der Bauvorgänge in Form der Ist-Termine festgehalten werden, ist weitgehend auch deren Fertigstellungsgrad bestimmt. Mit der Meldung eines Ist-Endtermins eines Bauvorgangs wird ein Fertigstellungsgrad von 100 % festgestellt. Die Meldung eines Ist-Anfangstermins zu einem noch nicht abgeschlossenen Bauvorgang eröffnet eine Möglichkeit zur Berechnung eines Vorschlagswertes des Fertigstellungsgrades. In beiden Fällen ist allerdings zu überprüfen, ob der Rückschluss vom Ist-Termin auf den Fertigstellungsgrad so zulässig ist.

Wird zum Stichtag X ein Ist-Endtermin zu einem Bauvorgang gemeldet, der nicht später als der Stichtag der Bearbeitung liegt, so wird für den Bauvorgang ein Fertigstellungsgrad von 100 % generiert. Dies gilt auch dann, wenn der Ist-Endtermin später liegt als der Soll-Endtermin. Dieser Fall liegt bei den ersten beiden Vorgängen in **Abbildung 202** vor. Sollte dieser Fertigstellungsrad nicht gelten, z.B. weil ein Wandabschnitt noch nicht ausgeschalt ist, wird der generierte Fertigstellungsgrad manuell geändert.

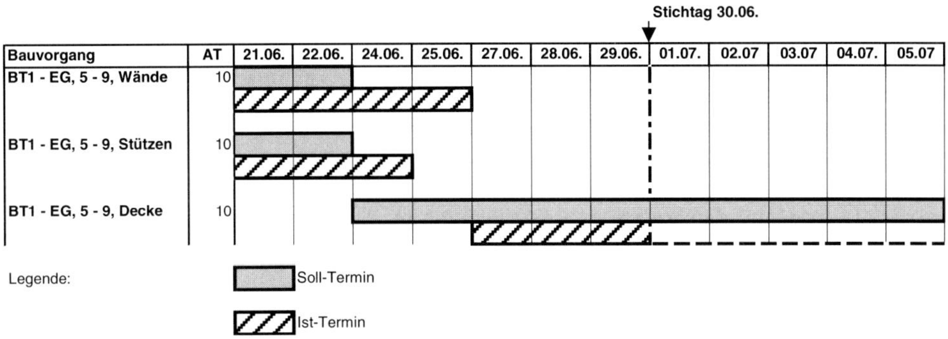

Abbildung 202: Ist-Termine und Fertigstellungsgrad

Ist zu einem Bauvorgang ein Ist-Anfangstermin, aber noch kein Ist-Endtermin gemeldet, so bedeutet dies, dass der Bauvorgang zum Bearbeitungsstichtag noch nicht beendet ist. Mit Hilfe von Ist-Anfangstermin und Soll-Dauer wird ein Fertigstellungsgrad wie folgt generiert:

Fall a): Ist-Anfangstermin + Soll-Dauer liegt nach dem Stichtag

Fertigstellungsgrad in % =
= 100 x (AT zwischen Stichtag und Ist-Anfangstermin)/(Soll-Dauer in AT)

Der generierte Fertigstellungsgrad des Bauvorgangs "BT1 – EG, 5 – 9, Decke" in **Abbildung 202** wäre zum 30.06.:

Fertigstellungsgrad in % = 100 x (3,0)/(10,0) = 30 %

Fall b): Ist-Anfangstermin + Soll-Dauer liegt vor dem Stichtag (entweder wird die Soll-Dauer überschritten, oder die Meldung des Ist-Endtermins wurde vergessen)

Fertigstellungsgrad in % = 100 %

In beiden Fällen wird bei Generieren der Vorschlagswerte davon ausgegangen, dass die Soll-Dauer eingehalten wird. In beiden Fällen wird manuell eingegriffen, sofern der generierte Fertigstellungsgrad nicht der Realität entsprechen sollte.

1.6 LE-Mengen von internen Kostenpositionen für Änderungen von Basiskosten während der Bauzeit

In Abschnitt F, Kap. 1.2.8 wurde an Hand verschiedener Beispiele gezeigt, wie Änderungen von Basiskosten (Mittellöhne, Einkaufspreise, NU-Preise) während der Bauzeit in die Arbeitskalkulation eingebracht werden. Dieses Prinzip konnte auch der Abbildung 62 entnommen werden. Es stellt sich nun die Frage, wie diese internen Kostenpositionen hinsichtlich von LE-Mengen zu behandeln sind. Auf jeden Fall steht fest, dass Änderungen von Basiskosten in die Sollkosten eingehen müssen, weil sie ja auch in die Ist-Kosten eingehen. Erhöht sich z.B. der Mittellohn zum 01.04.2002 um 3,2 %, wie lt. Abbildung

108 kalkuliert wurde, so erhöhen sich die Soll-Lohnkosten entsprechend für diejenigen Leistungen, welche ab diesem Datum erbracht werden. Wie mit LE-Mengen zu verfahren ist, richtet sich nach den Möglichkeiten des verfügbaren Programmes:

a) Das Programm bietet die Möglichkeit, bei Kostenarten und Artikeln mehrere Verrechnungssätze vorzuhalten, die jeweils ab einem hinterlegten Datum gelten: Da die LE-Mengen datumsbezogen verwaltet werden, kann in jeder Position jeweils der VS zur Berechnung der Sollkosten herangezogen werden, der zur einzelnen Periode gehört. In der internen Kostenposition für die vorausschauende Berücksichtigung der Änderungskosten wird dann keine LE-Menge gemeldet.

b) Das Programm kennt keine datumsbezogenen VS von Kostenarten und Artikeln: In der internen Kostenposition wird eine LE-Menge gemeldet und zwar entsprechend dem Anteil der bisherigen Sollstunden im Änderungszeitraum zu den Sollstunden im gesamten Änderungszeitraums. Dieser Anteil wird geschätzt. Wird z.B. zum Stichtag geschätzt, dass 20 % der Stunden im Änderungszeitraum erbracht sein müssten, so ist die LE-Menge der pauschalen Kostenposition = 0,200.

Bei Änderungskosten für NU-Leistungen kommt nur die Möglichkeit b) in Frage, es sei denn, man kann Faktoren für die NU-Preise datumsbezogen verwalten und auswerten.

Selbst, wenn VS von Kostenarten und Artikeln bzw. Änderungsfaktoren von NU-Preisen datumsbezogen gespeichert werden könnten, ist das Problem nicht gelöst, dass bei Verzug im Bauablauf die LE-Mengen von Teilleistungen einem Zeitraum mit Änderung von Basiskosten zugerechnet würden, obwohl dies z.T. noch gar nicht sein dürfte. Werden z.B. Bauleistungen, welche im März 2002 hätten ausgeführt werden sollen, erst im April ausgeführt, so wären die Soll-Lohnkosten noch mit dem Mittellohn vom März zu berechnen, obwohl die LE-Mengen dem April zugeordnet sind. Dieses Problem ist mit ein Grund dafür, dass Lösungen gemäß a) von den Softwareprdukten üblicherweise gar nicht angeboten werden. Es wird also gemäß b) zu verfahren sein, d.h. in den pauschalen internen Kostenpositionen für Änderungskosten werden LE-Mengen gemeldet, welche den Erfüllungsgrad gemäß Soll-Bauablauf berücksichtigen.

2 Leistungsbewertung, Sollwertermittlung, Leistungsmeldung

2.1 Der "eigene" Leistungswert (Umsatz)

Der Leistungsstand des ausführenden Unternehmens ist in Form des Leistungswertes auszudrücken. Der Leistungswert ist identisch mit "Umsatz", wie er in die Unternehmensbilanz eingeht. Jede einzelne Teilleistung hat gemäß ihrem Leistungsstand einen Leistungswert. Der daraus errechnete Projektleistungswert zu einem Stichtag ist der Umsatz zum Stichtag. Der Projektleistungswert (Umsatz) ist einer der Basiswerte zur Berechnung des Ergebnisses.

Wie der Leistungswert berechnet wird, wurde ausführlich in Abschnitt D, Kap. 9 erläutert. Die Kenntnis der dortigen Ausführungen wird hier vorausgesetzt. Vor allem sei auf Abschnitt D,

Kap. 9.3.1 verwiesen, wo an Hand vieler Beispiele nachgewiesen wurde, dass der Leistungswert der einzelnen Teilleistungen auf keinen Fall dem Erlös entspricht. Damit entspricht auch der Leistungswert des teilfertigen Projektes zu einem Stichtag nicht dem Erlös.

Gemäß Abschnitt D, Kap. 9.3.2 ist der Leistungswert

Leistungswert = (bewertete Sollkosten) x (100 % + bew. Soll-DB in %)

Diese Formel gilt für jegliche Leistung im Projekt. Die bewerteten Sollkosten werden auf der Basis der LE-Mengen der Teilleistungen aus der Arbeitskalkulation berechnet.

Der in obiger Formel enthaltene bewertete Soll-DB in % bestimmt sich wie folgt:

bew. Soll-DB = (Gesamt-Projekt-Erlös für VA-Mengen) – (bew. Gesamt-Projekt-Sollkosten)

bew. Soll-DB in % = 100 x (bew. Soll-DB)/(bew. Gesamt-Projekt-Sollkosten)

Nur für das vollständig abgeschlossene Projekt, d.h. für die Summe sämtlicher Einzelleistungen nach Fertigstellung, gilt:

Gesamt-Projektleistungswert = Gesamt-Projekterlös

Sofern im Projekt ein eigenständig bilanzierender Unternehmensbereich wie ein Nachunternehmer tätig ist (z.B. ein Fertigteilwerk des eigenen Unternehmens, welches Fertigteile zu Festpreisen liefert und montiert), so zählt dessen Leistungswert nicht zum Umsatz des Projektes. Siehe hierzu Abschnitt D, Kap. 6. Der abzuziehende anteilige Leistungswert dieser Betriebsstelle innerhalb des Projektes entspricht den zugehörigen Sollkosten gemäß der LE-Mengen. Der Leistungswert des Projektes beträgt also bereinigt

Leistungswert Projekt ohne eig. Betriebe =
= (bewertete Sollkosten ohne Sollkosten eig. Betr.) x (100 % + bew. Soll-DB in %)

Der eigene Betrieb muss seinen Leistungswert unabhängig feststellen und melden.

Innerhalb "unseres" Projektes wird die Formel

Leistungswert = (bewertete Sollkosten) x (100 % + bew. Soll-DB in %)

also nur auf Kostenanteile angewendet, welche keine Kosten eigener Betriebe beschreiben. In der oben stehenden Formel zur Berechnung des bewerteten Soll-DB werden die Sollkosten eigener Betriebe sowohl beim Gesamt-Projekterlös als auch bei den Gesamt-Projektkosten abgezogen.

2.2 Der Leistungswert der Nachunternehmer

2.2.1 Bestimmung des Leistungswertes der NU

Mit der Feststellung des Leistungsstandes in Form der LE-Mengen ist nicht nur die Grundlage für die Ermittlung des eigenen Leistungswertes, sondern auch die Grundlage für die Ermittlung der Leistungswerte der NU gelegt.

Sind die LE-Mengen von Teilleistungen, welche von einem NU ausgeführt wurden, festgestellt, so stehen diese Mengen sowohl zur Auswertung der Arbeitskalkulation als auch zur Auswertung im NU-LV zur Verfügung. Die Grundlage hierfür wurde über die Verknüpfung der Elemente des NU-LV mit Elementen der Arbeitskalkulation geschaffen (Abschnitt D, Kap. 10.4). Für den Leistungswert des NU gilt allgemein gemäß Abschnitt D, Kap. 9.3.2:

Leistungswert NU = Kosten NU für LE-Mengen
= Summe (LE-Mengen x NU-Preise abzgl. Nachlass)

Die NU-Vertragspreise stehen im NU-LV. Da diese Preise abzgl. Nachlass die Kosten sind, welche der NU im Projekt verursacht, stehen die Vertragspreise des NU abzgl. Nachlässe auch als Kostenansätze in der Arbeitskalkulation (siehe Abbildung 95 in Abschnitt F, Kap. 1.2.2.2). Die Kostenansätze jedes einzelnen NU sind in der Arbeitskalkulation unter einer jeweils spezifischen Gewerkekostenart geführt. Der Leistungswert eines NU kann folglich über zwei Wege übereinstimmend festgestellt werden:

- In der Arbeitskalkulation über die Kostensumme der Gewerkekostenart für LE-Mengen.
- Im NU-LV über die Auswertung der Preise im NU-LV für LE-Mengen unter Berücksichtigung von Preisnachlässen.

Die LE-Mengen werden im NU-LV für die Prüfung der NU-Rechnungen benutzt (siehe folgendes Kapitel). Da LE-Mengen als effektiv geleistete Mengen definiert sind, ist der über die LE-Mengen festgestellte Leistungswert des NU die Summe, die bei der Rechnungsprüfung als genehmigte Leistungssumme einzusetzen ist. Folglich gilt:

Leistungswert NU = Ist-Kosten NU

Der Leistungswert des NU entspricht somit den effektiven Kosten des NU, wie er in der Bilanz zu berücksichtigen ist. Die Summe, die der NU tatsächlich in Rechnung gestellt hat, entspricht nicht den Ist-Kosten. Im kaufmännischen Bereich wird, wenn die Forderung des NU gebucht wird, folgende Abgrenzung vorgenommen:

Abgrenzung NU = Leistungswert NU – Rechnungssumme NU

Die Rechnungssumme des NU ist hierbei die Nettosumme nach Berücksichtigung von Preisnachlässen, aber vor Berücksichtigung von sonstigen Abzügen wie Einbehalte, Verrechnung von Nebenleistungen etc..

2.2.2 Integration der Rechnungsprüfung NU

Die Rechnungen der NU werden auf der Grundlage der vom Generalunternehmer eigenständig festgestellten LE-Mengen geprüft. Bei der Schlussrechnung eines NU muss an die Genauigkeit der Mengen diejenige Anforderung gestellt werden, die der Vertrag mit dem NU vorsieht. Bei den Abschlagsrechnungen der NU ist eine gewisse "Großzügigkeit" in den Mengen zum Stichtag möglich und meist auch notwendig, weil zu diesen Zwischenterminen in der Regel keine genaue Mengenermittlung vorliegt und die Bewertung teilfertiger Mengen ohnehin Spielraum für Interpretationen lässt. Bei einer Abschlagsrechnung des NU könnte sich der Generalunternehmer evtl. sogar auf die Korrektur der Rechnungsendsumme auf der Basis einer Schätzung beschränken. Da er aber damit rechnen muss, dass die Korrektur doch über Korrekturen der Mengen zu belegen ist, ist es sinnvoll, immer über LE-Mengen der Positionen zu gehen und auf diesem Weg die genehmigte Endsumme zu berechnen. Eine solche Berechnung wird in Form der Prüfrechnung ausgedruckt und dem NU als Beleg für die Korrektur seiner Endsumme übergeben. Mit dieser Unterlage entfällt die Arbeit, die Rechnung des NU per Handkorrekturen richtig zu stellen.

Wenn die Leistungssumme, welche der NU in Rechnung gestellt hat, deutlich von dem intern festgestellten Leistungswert abweicht, so muss überprüft werden, ob ein Fehler in der internen Berechnungsbasis der LE-Mengen vorliegt. Zum einen wird dies der NU einfordern; zum anderen dürfen aus eigenem Interesse keine wesentlichen Fehleinschätzungen der NU-Leistungen vorkommen.

Bei Pauschalvertrag des Generalunternehmers und Einheitspreisvertrag mit dem NU wäre eine Fehleinschätzung des Leistungswertes des NU besonders fatal, wenn sie daraus resultiert, dass die VA-Mengen der Leistungen und damit die Auftragssumme des NU zunächst zu niedrig angesetzt sind. Wird die teilfertige Leistung des NU über Fertigstellungsgrade bezogen auf diese zu niedrige Gesamt-Leistungssumme bewertet, so stellt der Generalunternehmer zunächst gar nicht fest, dass die Kosten mit Fertigstellung das Festbudget übersteigen werden. Eine solche Entwicklung wird nur dann bemerkt, wenn LE-Mengen nicht nur über Fertigstellungsgrade, sondern auch als absolute Werte ermittelt werden. Dann wird z.B. bemerkt, dass ein als realistisch eingeschätzter Fertigstellungsgrad einer wichtigen Teilleistung von 40 % bei einer bisherigen VA-Menge von 1.000 gar nicht zu der gemessenen LE-Menge von 600 geführt hat, sondern nur zu 400. Die VA-Menge muss also auf 1.500 erhöht werden, womit sich der Leistungswert des NU auf 40 % von 1.500 = 600 erhöht. Das Gesamtbudget des Gewerkes bleibt natürlich trotz der Mengenerhöhung unverändert.

Es wurde bereits gesagt, dass die gerade für den SF-Bau propagierte Leistungsbewertung über Fertigstellungsgrade zuverlässige VA-Mengen der Teilleistungen voraussetzt. Eine prozentuale Bewertung einer Zahl führt nur dann zum richtigen absoluten Wert, wenn die Zahl richtig ist. Sollte man selbst bei der Bestimmung von VA-Mengen nachlässig gewesen sein, so kann man immerhin noch darauf hoffen, dass sich der NU gegen zu geringe Mengen zur Wehr setzen wird, auch schon in Abschlagsrechnungen. Also muss man die Abschlagsrechnungen der NU hinsichtlich der dort vermerkten Mengen zunächst einmal ernst nehmen und Abweichungen dieser RE-Mengen von den selbst ermittelten LE-Mengen zum Anlass für eine Überprüfung der LE-Mengen bzw. deren Berechnungsbasis nehmen. Erst, wenn eigene Fehler ausgeschlossen werden können, dürfen VA-Mengen und LE-Mengen unverändert stehen bleiben.

Die Integration der Prüfung der NU-Rechnungen in das Baustellen-Controlling führt zum einen zu einer Arbeitserleichterung bei der Rechnungsprüfung, zum anderen ist sie eine weitere Möglichkeit zur Kontrolle der internen Werte.

Abbildung 203 zeigt eine Zusammenstellung der Ergebnisse der Prüfung der NU-Rechnungen pro Gewerk. Die in der ersten Spalte sichtbaren Fertigstellungsgrade sind gewichtete Ergebnisse auf Ebene der Gewerke, welche über die Fertigstellungsgrade von Bauvorgängen zu den Gewerken zu Stande gekommen sind.

Rechnungsprüfung NU (sortiert nach VE)

Stand der Bearbeitung: 30.11.2003

Projekt: Wohnanlage Karlshöhe, Stuttgart

LV	OZ		VE			Rechnung/Zahlung NU					Restbauleistung	
	GRS	Pos.			Fertigstellungsgrad in %	Rechnung NU	Leistungswert NU	Bewertung NU-Nachtrag Zahlung	Zahlungsfreigabe	Differenz Zahlung - Rechnung (Abgrenzung)	Rest-Sollkosten (Restleistung NU)	Rückstellungen
					28	34	35=31	36	37	38=35-34	41=18-31	42=19
				Gesamtprojekt	71,22%	4.498.157,80	4.471.268,57		4.459.655,57	-38.502,24	1.777.568,09	160.890,49
1	1		1	**Rohbauarbeiten**	98,84%	2.564.074,00	2.552.517,00		2.543.904,00	-20.170,00	0,00	30.000,00
1	2			**Ausbaugewerke**	42,30%	883.883,80	879.318,60		876.318,60	-7.565,20	1.136.255,20	63.200,00
1	2.14		14	**Natur- und Betonwerksteinarbeiten**							89.768,00	4.700,00
1	2.16		16	**Zimmer- und Holzarbeiten**	98,52%	266.000,00	266.000,00		266.000,00	0,00	0,00	4.000,00
1	2.20		20	**Dachdeckungsarbeiten**	100,00%	147.580,80	147.580,80		147.580,80	0,00	0,00	0,00
1	2.21		21	**Dachabdichtungsarbeiten**	95,73%	33.614,00	33.614,00		33.614,00	0,00	0,00	1.500,00
1	2.22		22	**Klempnerarbeiten**	97,03%	32.689,00	32.689,00		32.689,00	0,00	0,00	1.000,00
1	2.23		23	**Putz- und Stuckarbeiten**	35,00%	70.000,00	68.250,00		68.250,00	-1.750,00	126.750,00	0,00
1	2.24		24	**Estrich, Fliesen, Platten**	1,51%		2.405,90		2.405,90	2.405,90	152.453,10	4.000,00
1	2.27		27	**Tischlerarbeiten**	27,92%	125.000,00	120.936,90		120.936,90	-4.063,10	282.186,10	30.000,00
1	2.28		28	**Parkettarbeiten**							10.972,50	0,00
1	2.30		30	**Rolladenarbeiten**							19.635,00	0,00
1	2.31		31	**Metallbau- und Schlosserarbeiten**	15,35%	5.000,00	7.747,00		4.747,00	-253,00	42.723,00	0,00
1	2.32		32	**Fenster, Türen**	63,54%	204.000,00	200.095,00		200.095,00	-3.905,00	102.805,00	12.000,00
1	2.34		34	**Maler- und Lackierarbeiten**							150.727,50	6.000,00
1	2.36		36	**Bodenbelagsarbeiten**							158.235,00	0,00
1	3			**Haustechnik-Gewerke**	57,72%	715.200,00	709.082,97		709.082,97	-6.117,03	471.773,84	47.690,49
1	3.40		40	**Heizung, Sanitär**	54,82%	470.000,00	465.793,03		465.793,03	-4.206,97	352.945,17	30.890,49
1	3.40.1		40	**Erstvertrag mit NU**	56,38%		452.451,65		452.451,65		350.106,95	0,00
1	3.40.2		40	**Rückstellungen/NU-Nachträge**	28,19%		12.125,00		12.125,00		0,00	30.890,49
1	3.40.2.	1	40	Rückstellungen							0,00	30.890,49
1	3.40.2	11	40	Vergessene Wandschlitze Sanitär	100,00%		6.014,00	100,00%	6.014,00		0,00	0,00
1	3.40.2	12	40	Erschwerter Einbau Heizzentrale	100,00%		6.111,00	100,00%	6.111,00		0,00	0,00
2	40		40	**Nachträge zu Gewerk 40**	30,00%		1.216,38		1.216,38		2.838,22	0,00
2	40	1	40	Änderung Heizkörper 1. OG	30,00%		1.216,38	100,00%	1.216,38		2.838,22	0,00
1	3.50		50	**Blitzschutz- und Erdungsanlagen**	100,00%	32.200,00	32.200,00		32.200,00	0,00	0,00	0,00
1	3.51		51	**Elektroarbeiten**	58,53%	155.000,00	154.953,44		154.953,44	-46,57	94.770,17	15.000,00
1	3.61		61	**RTL-Anlagen**	68,46%	58.000,00	56.136,50		56.136,50	-1.863,50	24.058,50	1.800,00
1	4			**Planungsleistungen fremd**	97,74%	335.000,00	330.350,00		330.350,00	-4.650,00	7.650,00	0,00
1	4.81		81	**Tragwerksplanung**	100,00%	185.000,00	185.000,00		185.000,00	0,00	0,00	0,00
1	4.84		84	**Planung Haustechnik**	95,00%	150.000,00	145.350,00		145.350,00	-4.650,00	7.650,00	0,00
1	90			**Eigenleistungen**	66,85%						161.889,05	0,00
1	90.1		99	**Nebenleistungen**	87,73%						-1.010,95	0,00
1	90.2		99	**Projekt-Gemeinkosten**	67,20%						162.900,00	0,00
1	99			**Allgemeine Risiken**							0,00	20.000,00

Abbildung 203: Zusammenstellung der Ergebnisse der Rechnungsprüfung NU

2.3 Die Leistungsmeldung

Unter "Leistungsmeldung" ist der vom Unternehmen vorgegebene Pflichtvorgang zu verstehen, dass die Baustellen zu festgelegten Stichtagen eine Meldung an die Unternehmensleitung abzugeben haben, aus der die wichtigen Informationen zum entsprechenden Leistungsstand hervorgehen. In der Regel ist der Stichtag der letzte Tag des Monats.

Für die Bilanzierung benötigt das Unternehmen mindestens folgende Informationen:

- ("Eigener") Leistungswert
- Leistungswert pro Nachunternehmer
- Wert der Baustoffvorräte

Dass der Wert der Baustoffvorräte verlangt wird, hängt damit zusammen, dass Baustoffe, welche noch nicht verbraucht sind, die somit also noch nicht zum Umsatz beigetragen haben, noch keinen Aufwand im Sinne der Bilanz darstellen. In der Gewinn- und Verlustrechnung dürfen nur diejenigen Aufwendungen berücksichtigt werden, die mit bereits getätigten Umsätzen zusammenhängen. Baustoffvorräte sind Vermögen und somit Bestandteil der Aktiva der Bilanz.

Die Meldung über Baustoffvorräte muss nachprüfbar sein. Insofern werden die Stoffe gemeldet mit

- Bezeichnung
- Menge
- Wert

Auf der Basis der festgestellten LE-Mengen lassen sich letztlich sämtliche Arten von Informationen aus der Arbeitskalkulation auswerten. Im Zuge der Leistungsmeldung beschränkt man sich allerdings auf wenige Kerninformationen. Abbildung 204 zeigt ein Beispiel, in dem sowohl die Auftragssummen als auch die Leistungswerte sowie die Restleistungswerte enthalten sind. In beiden Bereichen ist differenziert nach dem Volumen gemäß Erstvertrag und den Nachträgen.

Das Formular für die Meldung der Baustoffvorräte kann eine 2. Seite dieser Auswertung sein.

Abbildung 205 zeigt eine andere Art der Auswertung, wie sie für den SF-Bau typisch ist. Es sind pro Gewerk und über die Summe aller Gewerke gegenübergestellt:

- Fertigstellungsgrad
- Leistungswert des Generalunternehmer
- Budget für LE-Mengen
- Leistungswert NU
- Plan-Deckungsbeitrag (Basis: Budget)
- Soll-Deckungsbeitrag (Basis: bewertete Sollkosten)

- Rechnungssumme NU
- Zahlungsfreigabe NU

Es seien noch einige Bemerkungen angefügt, welche sich aus dem Vergleich zu früher üblichen Formen der Leistungsmeldung ergeben.

Der Leistungswert wurde früher oft in folgender Weise verlangt:

Rechnungssumme	955.387,40
Abgrenzung gegen Rechnungssumme:	- 8.304,40
Leistungswert:	947.083,00

Diese Form ist überflüssig, da der Leistungswert über die LE-Mengen direkt berechnet wird. In dem folgenden Kapitel 2.4 ist eine Projektauswertung abgebildet, in der die Abgrenzung der Rechnungssumme gegen den Leistungswert berechnet wird.

Ähnlich war traditionell beim Leistungswert der NU zu verfahren:

Rechnungssumme NU:	155.000,00
Abgrenzung gegen Rechnungssumme NU:	- 1.297,00
Leistungswert NU:	153.703,00

Auch diese Form ist überflüssig, weil der Leistungswert des NU über die LE-Mengen direkt berechnet wird. Die Abgrenzung gegen die Rechnungssumme des NU kann im kaufmännischen Bereich vorgenommen werden.

Musterbau GmbH | **Auftragswert und Leistungswert** | Seite: 1

Projekt: **02142 - Verwaltungsgebäude Schmidt KG** | Zeitraum: 01.02.2002-31.05.2002 | 02.06.2002/15:53

Auftragswert des AN

LV	Auftragswert für LV-Menge (Erstvertrag) (einschl. eig. Betr.)	Auftragswert für VA-Menge (Erstvertrag) (einschl. eig. Betr.)	Auftragswert Nachträge genehmigt	"Auftragswert" Nachträge offen (Erlös bewertet)	Auftragsmehrung, Auftragsminderung	Auftragswert gesamt für VA-Mengen (einschl. eig. Betr.)	Auftragswert (=Kosten) eigene Betriebe (enthalten)	Auftragswert gesamt ohne eigene Betriebe
1	2	3	4	5	6 = (3+4+5) - 2	7 = 3+4+5	8	9 = 7 - 8
Bauseitiges LV	3.128.676	3.173.749	8.865	152	54.090	3.182.766	14.115	3.168.651
BGK-LV								
Summe aller LV's	3.128.676	3.173.749	8.865	152	54.090	3.182.766	14.115	3.168.651

Leistungswert des AN zum Stichtag

LV		Leistungswert für LE-Menge ohne Nachträge (einschl. eig. Betr.)	Leistungswert Nachträge genehmigt	Leistungswert Nachträge offen		Leistungswert gesamt (einschl. eig.Betr.)	Leistungswert (=Kosten) eigene Betriebe (enthalten)	Leistungswert gesamt ohne eigene Betriebe
1		3	4	5		7 = 3+4+5	8	9 = 7 - 8
Bauseitiges LV		806.039	5.427	343		811.809	3.722	808.087
BGK-LV		135.274				135.274		135.274
Summe aller LV's		941.313	5.427	343		947.083	3.722	**943.361**

Rest-Leistungswert des AN ab Stichtag

LV		Rest-Leistungswert ohne Nachträge (einschl. eig. Betr.)	Rest-Leistungswert Nachträge genehmigt	Rest-Leistungswert Nachträge offen		Rest-Leistungswert gesamt (einschl. eig.Betr.)	Rest-Leistungswert (=Kosten) eigene Betriebe (enthalten)	Rest-Leistungswert gesamt ohne eigene Betriebe
1		3	4	5		7 = 3+4+5	8	9 = 7 - 8
Bauseitiges LV		2.232.436	3.438	-191		2.235.683	10.393	2.225.290
Summe aller LV's		2.232.436	3.438	-191		2.235.683	10.393	2.225.290

Leistungswerte der NU zum Stichtag

Gewerk	NU	Leistungswert NU für LE-Menge ohne Nachträge	Leistungswert NU Nachträge genehmigt	Leistungswert NU Nachträge offen		Leistungswert NU gesamt		
Erdarbeiten	Fa. Fischer KG	150.953	2.750			**153.703**		
Bewehrungsarbeiten	Fa. Stahl + Co.	88.855				**88.855**		
Summe NU-Gewerke		239.808	2.750			**242.558**		

Abbildung 204: Leistungsmeldung mit Auftragsentwicklung und Leistungswerten

Leistung - Rechnung NU - Zahlung NU (sortiert nach VE)

Stand der Bearbeitung: 30.11.2003

Projekt: Wohnanlage Karlshöhe, Stuttgart

LV	OZ GRS	Pos.	VE		Leistung zum Stichtag: Fertigstellungsgrad in %	Leistung zum Stichtag: Leistungswert GU	Leistung zum Stichtag: Anteiliges Bugdet	Leistung zum Stichtag: Sollkosten (Leistungswert NU)	Leistung zum Stichtag: Plan-DB	Leistung zum Stichtag: Soll-DB	Rechnung/Zahlung NU: Rechnung NU	Rechnung/Zahlung NU: Zahlungsfreigabe
					28	29=22*28	30=8*28	31=18*28	32=29-30	33=29-31	34	37
				Gesamtprojekt	71,22%	5.421.601,28	4.812.572,00	4.797.766,57	609.029,28	623.834,72	4.498.157,80	4.459.655,57
1	1		1	**Rohbauarbeiten**	98,84%	2.884.410,75	2.570.445,14	2.552.517,00	313.965,61	331.893,75	2.564.074,00	2.543.904,00
1	2			**Ausbaugewerke**	42,30%	993.652,94	866.474,84	879.318,60	127.178,10	114.334,34	883.883,80	876.318,60
1	2.14		14	**Natur- und Betonwerksteinarbeiten**								
1	2.16		16	**Zimmer- und Holzarbeiten**	98,52%	300.586,93	255.925,29	266.000,00	44.661,64	34.586,93	266.000,00	266.000,00
1	2.20		20	**Dachdeckungsarbeiten**	100,00%	166.770,15	149.404,39	147.580,80	17.365,76	19.189,35	147.580,80	147.580,80
1	2.21		21	**Dachabdichtungsarbeiten**	95,73%	37.984,70	35.824,56	33.614,00	2.160,14	4.370,70	33.614,00	33.614,00
1	2.22		22	**Klempnerarbeiten**	97,03%	36.939,42	28.321,99	32.689,00	8.617,43	4.250,42	32.689,00	32.689,00
1	2.23		23	**Putz- und Stuckarbeiten**	35,00%	77.124,28	66.834,08	68.250,00	10.290,20	8.874,28	70.000,00	68.250,00
1	2.24		24	**Estrich, Fliesen, Platten**	1,51%	2.718,73	2.488,44	2.405,90	230,29	312,83		2.405,90
1	2.27		27	**Tischlerarbeiten**	27,92%	136.661,85	122.820,96	120.936,90	13.840,89	15.724,95	125.000,00	120.936,90
1	2.28		28	**Parkettarbeiten**								
1	2.30		30	**Rolladenarbeiten**								
1	2.31		31	**Metallbau- und Schlosserarbeiten**	15,35%	8.754,31	7.614,90	7.747,00	1.139,41	1.007,31	5.000,00	4.747,00
1	2.32		32	**Fenster, Türen**	63,54%	226.112,57	197.240,23	200.095,00	28.872,34	26.017,57	204.000,00	200.095,00
1	2.34		34	**Maler- und Lackierarbeiten**								
1	2.36		36	**Bodenbelagsarbeiten**								
1	3			**Haustechnik-Gewerke**	57,72%	801.282,23	706.277,66	709.082,97	95.004,58	92.199,27	715.200,00	709.082,97
1	3.40		40	**Heizung, Sanitär**	54,82%	526.358,27	464.739,46	465.793,03	61.618,81	60.565,24	470.000,00	465.793,03
1	3.50		50	**Blitzschutz- und Erdungsanlagen**	100,00%	36.386,84	30.837,37	32.200,00	5.549,47	4.186,84	32.200,00	32.200,00
1	3.51		51	**Elektroarbeiten**	58,53%	175.101,42	156.780,40	154.953,44	18.321,02	20.147,99	155.000,00	154.953,44
1	3.61		61	**RTL-Anlagen**	68,46%	63.435,71	53.920,43	56.136,50	9.515,28	7.299,21	58.000,00	56.136,50
1	4			**Planungsleistungen fremd**	97,74%	373.304,11	328.149,18	330.350,00	45.154,94	42.954,11	335.000,00	330.350,00
1	4.81		81	**Tragwerksplanung**	100,00%	209.054,82	180.494,58	185.000,00	28.560,24	24.054,82	185.000,00	185.000,00
1	4.84		84	**Planung Haustechnik**	95,00%	164.249,29	147.654,60	145.350,00	16.594,69	18.899,29	150.000,00	145.350,00
1	90			**Eigenleistungen**	66,85%	368.951,25	341.225,19	326.498,00	27.726,06	42.453,25		
1	90.1		99	**Nebenleistungen**	87,73%	-8.166,70	-405,43	-7.227,00	-7.761,27	-939,70		
1	90.2		99	**Projekt-Gemeinkosten**	67,20%	377.117,95	341.630,62	333.725,00	35.487,33	43.392,95		
1	99			**Allgemeine Risiken**								

Abbildung 205: Leistungswerte des GU und der NU in einem Projekt des SF-Bau

2.4 Projekt- und Detailauswertungen

Wie bereits vorstehend gesagt wurde, kann auf der Basis der LE-Mengen jegliche Art von Information in der Arbeitskalkulation ausgewertet werden. Darüber hinaus kann auch jeder Teilbereich der LV's bis hin zur einzelnen Position ausgewertet werden. So ist auch der Leistungswert jeder einzelnen Position feststellbar. Dieser könnte wiederum in Vergleich mit Budget oder Sollkosten gesetzt werden.

Man wird die Auswertungen für LE-Mengen aber letztlich doch auf wenige wichtige Bereiche beschränken, zu denen man Erkenntnisse gewinnen will. Erst, wenn eine Gesamtinformation nicht ausreichend Auskunft gibt, wird weiter ins Detail gegangen.

Auf der Basis der LE-Mengen werden die Budgets und Sollwerte für die Vergleiche mit den Ist-Werten berechnet. Diese Auswertungen werden im Zuge der Soll-Ist-Vergleiche automatisch angestoßen.

Die Auswertung der Kostenarten, wie sie in Abschnitt F, Kap. 1.4.1 auf der Basis der VA-Mengen gezeigt wurde, gibt es genauso auf der Basis der LE-Mengen. Auf eine erneute Abbildung, nur mit anderen Werten, kann verzichtet werden. Sofern die differenzierten Stundenkostenarten gemäß Abschnitt B, Kap. 5.5.3 genutzt wurde, gibt die Auswertung der Kostenarten sogar die Sollstunden nach einzelnen Leistungsarten aus (vergl. Abbildung 127).

Die andere Art der Aufbereitung der Sollstunden über den Bauarbeitsschlüssel (BAS) ist Gegenstand von Abschnitt G, Kap. 5.2.3.

Aus der sonstigen Vielzahl der Auswertungsmöglichkeiten des Gesamtprojektes sei neben Abbildung 204 und Abbildung 205 nur noch eine weitere Projektauswertung gezeigt, welche über ihren Zeilenaufbau von den Kosten über Leistungswert und Ergebnis bis hin zu den Abgrenzungswerten führt (Abbildung 206).

Die Werte zu den einzelnen Stichtagen sind jeweils für sich von Bedeutung; einige dieser Werte werden für die laufenden Arbeiten des Unternehmens-Controlling benötigt. Zusätzliche Aussagekraft erhalten die Werte im Vergleich mit den Ist-Werten sowie in der Zusammenstellung von Stichtag zu Stichtag über die Bauzeit. Mit Hilfe der vergleichenden Verfolgung von Planung und Ausführung über die Bauzeit werden zusätzliche Erkenntnisse gewonnen, welche die Auswertung zu einem einzelnen Stichtag alleine nicht liefern kann. Diese "Historie" der Planungs- und Leistungsdaten wird in Abschnitt G, Kap. 6 behandelt.

Musterbau GmbH — Leistungsermittlung — Seite: 1

Projekt: 02142 - Verwaltungsgebäude Schmidt KG — Rechenmenge: LE-Menge — Zeitraum: 01.02.2002-31.05.2002 — 02.06.2002/15:53

		Erstvertrag			Nachträge		[Euro] Gesamt	
	beauftr. Teillstg.	Regie	BGK	gesamt	genehmigt	offen		
Soll-Stunden	8.021		1.132	9.153	67	11	9.231	
Kosten Koa-Nr. **Bezeichnung**								
1 Std./Lohn	224.661		30.778	255.439	1.816	306	257.561	
2 Stoffe	147.124			147.124	296		147.420	
3 Gerät	43.047			43.047			43.047	
4 Betriebst./Hilfsst./Transp.	49.378		21.388	70.766	68		70.834	
5 Fremdleistungen	251.330			251.330	2.667		253.997	
6 Allgemeine Kosten	1.026		68.650	69.676			69.676	
Soll-Herstellkosten ohne eig. Betriebe	**716.566**		**120.816**	**837.382**	**4.847**	**306**	**842.535**	1
Risiken								
Risiko in EKT								2
Unvorhergesehenes								3
Aktuelle bewertete Sollkosten	**716.566**		**120.816**	**837.382**	**4.847**	**306**	**842.535**	4=1+2+3
Deckungsbeitrag 11,97%	85.751		14.458	100.209	580	37	100.826	5
Leistungswert ohne eig. Betriebe	**802.317**		**135.274**	**937.591**	**5.427**	**343**	**943.361**	6=4+5
Soll-AGK	64.185		10.822	75.007	434	27	75.469	7=6*AGK%
Soll-Ergebnis	21.566		3.636	25.202	146	9	25.357	8=5-7
Sollergebnis in % vom Umsatz	2,69%		2,69%	2,69%	2,69%	2,69%	2,69%	9
Leistungswert eig. Betriebe	3.722			3.722			3.722	10
Leistungswert einschl. eig. Betriebe	806.039		135.274	941.313	5.427	343	947.083	11=6+10
Budget	735.299		129.757	865.056	4.847	71	869.974	12
Abweichung Budget-bew. Sollkosten	18.733		8.941	27.674	0	-235	27.439	13=12-6
Rechnungssumme vor Nachlass	886.041			886.041	6.295	396	892.732	14
Verschuldete Erlösminderung	-675			-675			-675	15
Nachlass	-8.801			-8.801	-64	-4	-8.869	16
Rechnungssumme nach Nachlass	876.565			876.565	6.231	392	883.188	17=14+15+16
Rechnungsvorgriff/-rückstand	70.526		-135.274	-64.748	804	49	-63.895	18=17-11
LE-Menge x Erlös	879.347			879.347	6.231	78	885.656	19
Abweichung LE-Erlös-Leistungswert	73.308		-135.274	-61.966	804	-265	-61.427	20=19-11

Abbildung 206: Projektauswertung für LE-Mengen

3 Zeitnahe Leistungs- und Kostenkontrolle in Leistungsbereichen

Es gehört zu den Aufgaben des Baustellen-Controlling festzustellen,

- ob der zu einem Stichtag geplante Leistungsstand erreicht ist und
- ob der Leistungsstand mit dem geplanten Aufwand erreicht wurde.

Diese Fragen werden in der Regel mit Hilfe folgender Kontrollschritte beantwortet:

- Termin-Soll-Ist-Vergleich (Abschnitt G, Kap. 5.1)
- Kosten-Soll-Ist-Vergleich (Abschnitt G, Kap. 5.2)
- Budget-Kontrolle (Abschnitt G, Kap. 5.3)
- Stunden-Soll-Ist-Vergleich (Abschnitt G, Kap. 5.4)

Sofern der Termin-Soll-Ist-Vergleich laufend, d.h. möglichst im Tagesrhythmus durchgeführt wird, ist man zumindest mit der Antwort zur ersten Frage "auf dem Laufenden". Aber selbst, wenn die Plantermine eingehalten wurden, kann die Antwort zur zweiten Frage unbefriedigend ausfallen. Es könnte ja sein, dass geplante Termine nur durch erhöhten Einsatz von Personal und Gerät erreicht wurden. Ergänzende Auskunft könnte in den meisten Fällen ein differenzierter Kosten- oder Stunden-Soll-Ist-Vergleich geben. Wenn diese Schritte aber – wie üblich – erst nach Abschluss eines Kalendermonats durchgeführt werden, kommt die Information u.U. zu spät, um noch gegensteuern zu können. Wenn eine Kontrollaussage erst ca. 2 Wochen nach Monatswechsel kommt, so bedeutet dies, dass es zum Baugeschehen der jeweils zurückliegenden 6 Wochen über diese Dauer zunächst keine Information gab.

Ein solcher Zustand ist äußerst unbefriedigend. Bei einer Baustelle mit sehr kurzer Bauzeit wären u.U. zumindest ein Kosten- oder ein Stunden-Soll-Ist-Vergleich nur noch reine "Vergangenheitsbewältigung", weil zum Zeitpunkt einer Information entweder gar keine Bauarbeiten mehr bevorstehen oder zumindest keine vergleichbaren Arbeiten, bei denen die Information noch von Nutzen sein könnte. Die "klassischen" Methoden müssen also durch ein zeitnahes Informationssystem ergänzt werden. Bei Baustellen mit sehr kurzer Bauzeit kann ein solches System sogar das einzig wirksame im Hinblick auf Steuerungsmaßnahmen für noch bevorstehende Arbeiten sein.

Zunächst einmal sind natürlich die Dispositionshilfen und Leistungsvorgaben gemäß Abschnitt F, Kap. 5.2 ein wichtiges Mittel, um die Bauausführung zeitnah "im Griff zu haben". Die Vorgaben der Gesamtplanung sind als verbindliche Rahmen für die Disposition aufzunehmen; mit den Leistungsvorgaben und dem im Wochenrhythmus ergänzten 2-Wochen-Programm hat man wichtige Leitlinien für die Ausführung. Werden diese Mittel tatsächlich laufend benutzt, so dürfte es fast auszuschließen sein, dass erst Wochen später die große Überraschung kommt. Dennoch ist es in vielen Fällen sinnvoll, ein ergänzendes Vorgabe- und Kontrollsystem einzusetzen, wie es in Abschnitt F, Kap. 5.3 und Abschnitt H beschrieben ist (siehe dort).

In diesem System werden wenige wichtige Leistungsbereiche des Projektes definiert. Sofern in diesen Leistungsbereichen Tagesmengen von Teilleistungen vorgegeben werden können, erfolgt die Kontrolle über diese Mengen. Sofern die Vorgabe von Tagesmengen wegen ständig wechselnder Verhältnisse nicht möglich sein sollte, erfolgt die Kontrolle in einfacher Weise über Kosten in vordefinierten Kostenarten, welche nur die festen Kosten von eingesetztem Personal und Gerät beschreiben. Einerseits werden die festen Kosten pro Tag festgestellt, welche die Leistungseinheiten verursachen, die dem Leistungsbereich zugeordnet sind. In einem Leistungsbereich entstehen also feste Kosten pro Tag in bekannter Höhe. Andererseits sind die in denselben Kostenarten kalkulierten Kosten der Teilleistungen pro Mengeneinheit bekannt. Folglich müssen die Leistungseinheiten zu einem Leistungsbereich in einem bestimmten Zeitraum so viele Teilleistungen ausführen, dass deren Kostenanteile in den ausgewählten Kostenarten zur Deckung der entsprechenden Kosten der Leistungseinheiten des Leistungsbereiches ausreichen. Zur Kontrolle sind lediglich die Mengen der ausgeführten Teilleistungen im ausgewählten Zeitraum festzustellen.

Das Verfahren wird erst dadurch praktikabel, dass die Kostenkontrolle auf wenige Kostenarten beschränkt wird, welche im Wesentlichen nur die festen Kosten von Personal und Gerät beschreiben. Diese Kosten wechseln nicht von Tag zu Tag. Bei geeigneter Wahl der Leistungsbereiche und Leistungseinheiten können sie mit wenig Aufwand im Voraus berechnet werden (vergl. Abbildung 193 und Abbildung 194). Man muss sich nicht mit den vielen sonstigen Kostenarten beschäftigen, in denen die Kosten von Tag zu Tag stark wechseln wie z.B. bei den Materialkosten und die im Voraus so gut wie gar nicht bestimmbar sind. Die Feststellung der in einem Leistungsbereich geleisteten Mengen von Teilleistungen ist ebenfalls nicht allzu aufwändig, wenn man sich auf die wenigen ausschlaggebenden Leistungsbereiche beschränkt.

Die beschriebene Art der Leistungskontrolle ist bei der Baustelle mit

- begrenztem Leistungsvolumen
- stets wechselnden Leistungsarten
- kurzer Bauzeit

oft überhaupt die einzige Möglichkeit, um schnell genug einen ausreichenden Überblick darüber zu bekommen, ob kostendeckend gearbeitet wird. Diesem speziellen Bedarf des "kleinen" Projektes ist der gesonderte Abschnitt H gewidmet. Es wird deshalb auf die dortigen Ausführungen verwiesen. In Abschnitt H, Kap. 2 sind Beispiele der Leistungskontrolle in Leistungsbereichen zu finden.

Dieser Querverweis auf Abschnitt H bedeutet nicht, dass das Verfahren im Allgemeinen keine Bedeutung hätte. Es wird deshalb dringend empfohlen, die Thematik aus Abschnitt F, Kap. 5.3 aufzunehmen und in Abschnitt H weiterzuverfolgen.

4 Feststellung der Ist-Kosten/-Mengen

Neben den Ist-Werten der Teilleistungen (= LE-Mengen) , welche den Leistungsstand in einem Projekt beschreiben (Abschnitt G, Kap. 1), können zu Stichtagen Ist-Werte in folgenden Informationsarten festgestellt werden:

- Ist-Termine der Bauvorgänge (siehe Abschnitt G, Kap. 1.5)
- Ist-Kosten nach Kostenarten
- Ist-Mengen nach Kostenarten
- Ist-Stunden nach BAS (siehe Abschnitt G, Kap. 5.4.3)

Im vorliegenden Kapitel wird die Feststellung von Ist-Kosten und Ist-Mengen nach Kostenarten behandelt.

4.1 Das Problem der frühen Verfügbarkeit

Die Ist-Werte werden in das Baustellen-Controlling eingebracht, um sie mit den Werten der Planung zu vergleichen. Aus der Analyse des Vergleichs werden Rückschlüsse für die weitere Steuerung der Bauausführung gewonnen. Sofern Einflussnahmen durch den AG mit negativen Folgen für die Kosten vorliegen, geben die Analysen Hinweise für die Durchsetzung der Forderungen nach zusätzlichen Erlösen.

Je früher Ergebnisse aus den Analysen vorliegen, um so früher können sie für die Steuerung noch bevorstehender Bauleistungen genutzt werden. Der Nutzen der Ist-Werte ist um so größer, je früher sie festgestellt werden. Es geht ja im Baustellen-Controlling gemäß Abschnitt A, Kap. 1.1 selbst dann noch vorrangig um die Zukunft, wenn die Bautätigkeit der Vergangenheit ausgewertet wird.

Es ist zunächst nahe liegend, dass man sich auf die Ist-Kosten stützt, wie sie in der Betriebsbuchhaltung (Bebu) festgestellt werden. Dort müssen sie festgestellt werden; folglich nutzt man sie auch im Baustellen-Controlling. In dieser Hinsicht muss man allerdings registrieren, dass der Zeitpunkt, an dem die Ist-Werte aus der Bebu zur Verfügung stehen, selbst bei guter Organisation immer noch ca. 1,5 Wochen nach Monatsstichtag liegt. Sollte der Zeitverzug länger als 1,5 Wochen sein, muss die Organisation der Abläufe verbessert werden. Trotzdem liegen die Ist-Werte erst 6 bis 1,5 Wochen nach Ausführung vor, je nach dem, ob der Aufwand zu Beginn oder zum Ende Vormonats angefallen ist. Dieser Zustand ist zwar aus Sicht des Baustellen-Controlling unbefriedigend, er ist aber andererseits auf Seiten der Bebu nicht nach Belieben beeinflussbar.

Die Bebu erhält ihre Informationen über den Aufwand von verschiedenen Stellen und in unterschiedlichen Formen der Unterlagen. Immer ist sie darauf angewiesen, dass diese Informationen von anderen geliefert werden, z.B.

- Lohndaten aus dem Lohnbüro
- Berichte zur internen Verrechnung von Lieferungen und Leistungen, übergeben von den leistenden Stellen

- Lieferscheine der Materialien, übergeben von der Baustelle
- Einkaufspreise aus dem Einkauf
- Rechnungen der Lieferanten und der sonstigen Leistenden
- Baustoffvorräte auf der Baustelle, zu melden von der Baustelle

Selbst, wenn all diese Informationen vorliegen, muss noch geprüft werden, ob etwas fehlt und wenn ja, in welcher Höhe.

Es liegt in der Natur der Sache, dass es dauert, bis ein Monat über gebuchte Werte und Werte der Abgrenzungen vollständig erfasst ist. Mit der Verfügbarkeit der EDV in allen Bereichen des Unternehmens konnte oder kann dieser Prozess zwar beschleunigt werden; einen Zeitpunkt früher als ca. 1,5 Wochen nach Monatsende wird man in der Regel aber kaum erreichen. Eine gute Kommunikation zwischen Baustelle und Büro hilft, aber ebenfalls letztlich mit Grenzen.

Sollen die Informationen noch schneller nach Ausführung und dann auch unabhängig vom Monatsletzten vorliegen, muss die Baustelle ein eigenes Berichtswesen zur laufenden Erfassung des Aufwandes nutzen. Bei dieser kurzfristigen Aufwandsfeststellung geht es nicht um extreme Genauigkeit. Es genügt, den Aufwand in den wichtigsten Bereichen ausreichend genau zu erfassen, soweit es eben die gewünschten Analysen erforderlich machen. Die Ergebnisse dieser Aufwandserfassung sollen auch nicht die Werte aus der Bebu überflüssig machen. Sie dokumentieren nur den aktuellen Zeitraum, und dies auch nur so lange, bis die Werte aus der Bebu zur Verfügung stehen. Abbildung 207 zeigt, wie sich die Gesamtwerte der Ist-Kosten dann seit Baubeginn in Abhängigkeit von dem Monatsabschluss durch die Bebu zusammensetzen.

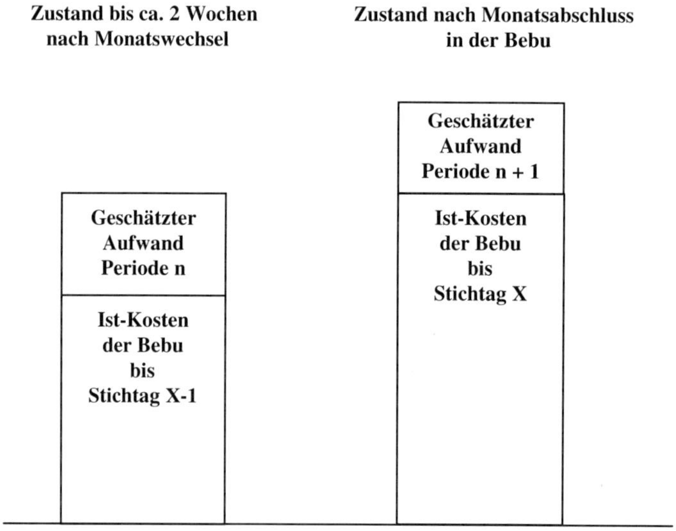

Abbildung 207: Ist-Werte seit Baubeginn vor und nach Monatsabschluss der Bebu

Zum Stichtag X stehen zunächst nur die Werte aus der Bebu bis Stichtag X-1 zur Verfügung. Der Aufwand der laufenden Periode ist über das Berichtswesen der Baustelle festgestellt, und zwar laufend, d.h. zu jedem beliebigen Zeitpunkt. Wenn dann der Monatsabschluss zum Stichtag X durch die Bebu erfolgt ist, ersetzen diese Werte die bisher geschätzten Werte der Periode. Das Gesamtverfahren zur Verarbeitung der Ist-Werte bewirkt, dass provisorische Werte einer Periode ersetzt werden, sobald die Werte der Bebu zu diesem Zeitraum in das Baustellen-Controlling eingestellt werden. Zu diesem Zeitpunkt können bereits wieder provisorische Werte zum folgenden Zeitraum vorhanden sein.

Die beiden Arten der Feststellung der Ist-Werte ergänzen sich also. Die Werte der provisorischen und kurzfristigen Aufwandserfassung werden nicht an die Bebu übergeben. Der darauf aufbauende Kosten-Soll-Ist-Vergleich findet also alleine im Baustellen-Controlling statt, evtl. nur in einigen wichtigen Kostenarten.

Die kurzfristige und eigene Aufwandsfeststellung der Baustelle hat auf jeden Fall den hervorragenden Nebeneffekt, dass Kosten durch erhöhte Aufmerksamkeit eingespart werden. Hierzu wird auf das folgende Kap. 4.3 verwiesen. Sie sollte aus den dort geschilderten Gründen betrieben werden, auch wenn sie für das Baustellen-Controlling wegen des eigentlichen Kosten-Soll-Ist-Vergleiches nicht für erforderlich gehalten werden sollte.

4.2 Ist-Kosten/-Mengen aus der Bebu

Wenn die Ist-Kosten aus der Bebu in das Baustellen-Controlling eingestellt werden, so mit dem Ziel, sie mit den kalkulierten Kosten zu vergleichen. Die Gegenüberstellung der Gesamtkosten über alle Kostenarten bedarf grundsätzlich keinerlei besonderer Vorbereitungen. Der Kostenvergleich auf dieser Ebene ist allerdings nicht geeignet, um Ursachen für Fehlentwicklungen auf die Spur zu kommen. Hierzu müssen Kosten in einzelnen Kostenbereichen gegenübergestellt werden. Sollen allerdings Kosten pro Kostenart gegenübergestellt werden, müssen die Strukturen der Kostenarten in der Kalkulation und in der Bebu aufeinander abgestimmt sein. Diese Thematik und die Art der Vorbereitung auf die Gegenüberstellung der Kosten nach Kostenarten wurde in Abschnitt B, Kap. 5.1 und 5.6 behandelt.

Ist-Kosten pro Kostenart können gegenübergestellt werden

- den Sollkosten pro Kostenart
- den Budgets pro Kostenart

Die Gegenüberstellungen von Ist-Kosten und Soll-Kosten ist grundsätzlich auf beiden Seiten, d.h. sowohl im technischen als auch im kaufmännischen Bereich möglich:

- Innerhalb des Baustellen-Controlling. In diesem Fall müssen die Ist-Kosten aus der Bebu in das Baustellen-Controlling eingestellt werden (Abbildung 208).

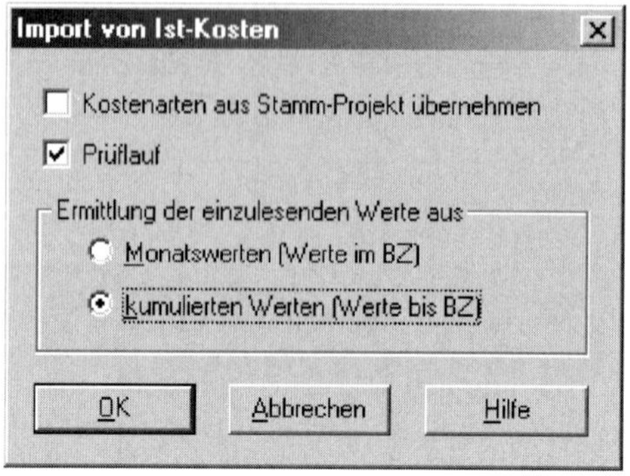

Abbildung 208: Import von Ist-Kosten aus der Bebu

- Innerhalb der Kosten- und Leistungsrechnung des Unternehmens. In diesem Fall müssen die Sollkosten aus dem Baustellen-Controlling in die KLR eingestellt werden (Abbildung 209).

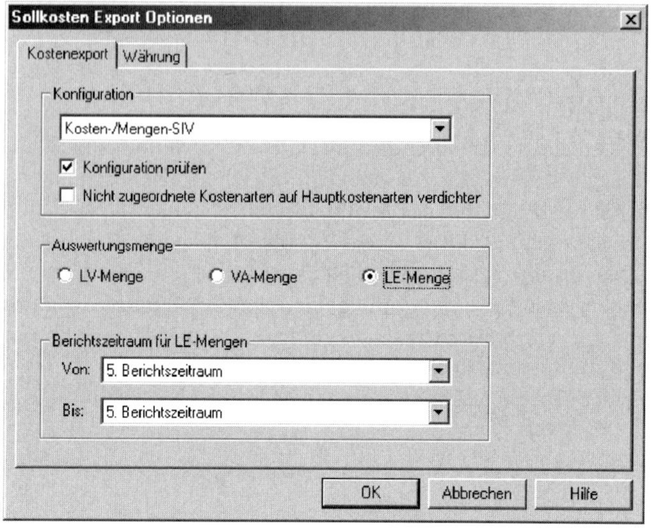

Abbildung 209: Export der Sollkosten an die Bebu

Die "Übersetzung" von einer Koa-Struktur auf die andere erfolgt vor oder nach der Übergabe, je nach dem, wo die Übersetzungstabelle mit den Beziehungen zwischen den Kostenarten beider Systeme hinterlegt ist. Die Übergabe setzt immer einen abgeschlossenen Bearbeitungsstand voraus.

Der Kosten-Soll-Ist-Vergleich sollte auf jeden Fall innerhalb des Baustellen-Controlling durchgeführt werden, selbst wenn er auch innerhalb der KLR praktiziert wird. Wenn mit provisorischen Aufwandswerten gemäß Kap. 4.3 gearbeitet wird, ist dies ohnehin unumgänglich. Sollte die verfügbare Software keine direkte Übernahme der Ist-Kosten aus der Bebu zulassen, so ist dies zwar bedauerlich, aber letztlich kein Grund, auf den Soll-Ist-

Vergleich zu verzichten. Die Zahl der Kostenarten, bei denen Kosten verglichen werden, ist in der Regel so gering, dass das Abtippen der Ist-Werte aus einer Druckliste nicht mehr als 5 – 10 Minuten in Anspruch nimmt (vergl. Abbildung 210).

Der Vergleich der Ist-Kosten mit den Budgets wird nur innerhalb des Baustellen-Controlling durchgeführt, solange die Systeme der KLR nicht auch auf Budgets parallel zur Verwaltung der Sollkosten eingestellt sind.

Es muss hier nochmals darauf hingewiesen werden, dass die Ist-Kosten für Leistungen der Nachunternehmer direkt in Form des Leistungswertes der NU aus dem Baustellen-Controlling kommen (siehe Abschnitt G, Kap. 2.2). Diesbezüglich ist man nicht auf die Werte aus der Bebu angewiesen. Sollten die entsprechenden Werte aus der Bebu nicht mit den aus dem Baustellen-Controlling übergebenen Leistungswerten übereinstimmen, muss nach der Ursache geforscht werden. Ist die vom NU in Rechnung gestellte Summe gebucht, so gilt für die vorzunehmende Abgrenzung:

$$\text{Abgrenzung NU} = \text{Leistungswert NU} - \text{Rechnungssumme NU}$$

Auch in anderen Kostenbereichen kann es die Zweiteilung "gebuchte Rechnungssumme" und "Abgrenzung" geben.

Kostenart	Bezeichnung	ME	Kosten im BZ	Kosten per BZ	Abgrenzung K.	Summe
11	Std. Baustelle	Std	114.450,00	246.042,00	0,00	246.042,00
12	Std. Bauhof	Std	0,00	8.402,00	0,00	8.402,00
20	Bindemittel, Chemie, Putz		0,00	0,00	0,00	0,00
21	Steine		4.533,00	4.533,00	-860,00	3.673,00
22	Zuschlagstoffe, Schüttgüter		0,00	3.508,00	0,00	3.508,00
24	Stahl, Eisen		1.020,00	1.020,00	-480,00	540,00
2511	Transportbeton (Basismenge)	m³	0,00	0,00	0,00	0,00
25	Betonfertigprodukte		46.882,50	113.904,00	0,00	113.904,00
26	Isolierstoffe		237,00	1.142,00	-150,00	992,00
27	Rohre, Schächte		0,00	20.945,00	0,00	20.945,00
28	Tiefbaustoffe (sonstige)		371,00	4.401,00	0,00	4.401,00
31	Vorhaltekosten Eigengerät		13.731,00	37.318,00	0,00	37.318,00
34	Mengengeräte		0,00	3.501,00	0,00	3.501,00
41	Betriebsstoffe		400,00	1.192,00	0,00	1.192,00
42	Schalung, Rüstung		17.978,00	34.408,00	-1.000,00	33.408,00
44	Hilfsstoffe		575,00	7.683,00	0,00	7.683,00
45	Transportkosten		0,00	5.683,00	0,00	5.683,00
47	Werkzeug, Ausstattung		1.753,00	20.498,00	0,00	20.498,00
5102	Erdarbeiten		3.808,00	153.703,00	0,00	153.703,00
5115	Bewehrungsarbeiten		50.509,00	88.855,00	0,00	88.855,00
59	Untergeordnete Fremdleistung		3.493,00	10.981,00	0,00	10.981,00
61	Gehaltskosten Angestellte incl.		11.207,00	63.703,00	0,00	63.703,00
63	Bürokosten		252,00	833,00	0,00	833,00
66	Reise- und Bewirtungskosten		406,00	1.687,00	0,00	1.687,00
68	Steuern, Finanzierungen		620,00	1.860,00	0,00	1.860,00
71	Fertigteilwerk Neustadt		2.245,00	3.722,00	0,00	3.722,00
Summe	4. Berichtszeitraum		274.470,50	839.524,00	-2.490,00	

Abbildung 210: Ist-Kosten innerhalb des Baustellen-Controlling

Abbildung 210 zeigt den Zustand innerhalb des Baustellen-Controlling nach Übernahme bzw. nach Erfassung der Ist-Kosten. Abgrenzungen sind hier nur bei Materialien vorgenommen. Es handelt sich um den Wert von Baustoffvorräten, welche als solche noch keine Ist-Kosten darstellen (siehe Abschnitt G, Kap. 2.3).

Neben den Kosten zu Kostenarten können auch Mengen zu Kostenarten verglichen werden. Dabei kann es allerdings nicht im Kostenartengruppen vielfältigen Inhalts in unterschiedlichen Mengeneinheiten gehen, sondern nur um spezielle Kostenarten, unter denen Mengen gleicher Mengeneinheit erfasst werden.

Ein sinnvolles Beispiel für einen solchen Mengen-Soll-Ist-Vergleich ist das bituminöse Material für einen Straßenbau. Dort ist darauf zu achten, dass die Mengen des eingebauten Materials möglichst genau den Sollwerten gemäß Flächen und geforderten bzw. tatsächlichen (und gemessenen) Einbaustärken entspricht. Folglich ist der Mengenvergleich von Interesse. Die Sollmengen entstammen der Arbeitskalkulation, in der der Mengenverbrauch gemäß theoretischen Schichtdicken angesetzt ist. Über die Lieferscheine ergeben sich die Ist-Mengen, welche neben den Ist-Kosten gebucht werden.

Kosten- und Mengenvergleich innerhalb einer Kostenart stehen unabhängig nebeneinander, d.h. die Mengen und Kosten sind nicht durch einen Verrechnungssatz des Materials pro Mengeneinheit miteinander verknüpft. Der Grund hierfür ist, dass meist verschiedene Materialrezepturen mit etwas variierenden Preisen unter einer gemeinsamen Kostenart geführt werden.

Wenn die Bebu darauf eingestellt ist, bei bestimmten Kostenarten neben den Kosten auch Mengen zu erfassen, können die Werte aus der Bebu auch für diesen Mengen-Soll-Ist-Vergleich einbezogen werden. Andernfalls werden die Mengen unabhängig innerhalb des Verfahrens des Baustellen-Controlling erfasst.

4.3 Laufende Aufwandsfeststellung durch die Baustelle

In Abschnitt G, Kap. 4.1 wurde dargelegt, dass eine schnelle Feststellung von Kostenabweichungen nur über ein Berichtswesen der Baustell möglich ist. In einem solchen Berichtswesen werden zumindest die wichtigen Aufwände in unmittelbarem zeitlichen Zusammenhang mit der Ausführung festgestellt, und zwar nicht in höchster, sondern in ausreichender Genauigkeit.

In einem Projekt des SF-Bau mit relativ geringem Anteil an Eigenleistungen macht ein solches Berichtswesen nur sehr wenig Mühe. Die Ist-Kosten der NU werden in Form der Leistungswerte (Abschnitt G, Kap. 2.2) ohnehin durch die Baustelle festgestellt. Der Aufwand zu den wenigen Eigenleistungen ist mit einfachen Mitteln und ohne großen Aufwand feststellbar.

Bei einem Projekt, das zu großen Teilen in Eigenleistung ausgeführt wird, macht die laufende Aufwandsfeststellung zwar mehr Arbeit. Man kann sich hier aber durch vorbereitete Formulare auf einem Computer so sehr entlasten, dass der Aufwand erträglich ist, insbesondere wenn möglichst täglich erfasst wird. Die Arbeit lohnt auf jeden Fall. Wenn der

Nutzen auch manchmal nicht so sehr im Kosten-Soll-Ist-Vergleich zu finden sein wird, so kommt er aber doch immer in Form allgemeiner Kostenersparnis zum Ausdruck.

Durch die laufende Auseinandersetzung mit allen wichtigen Kostenbereichen entwickelt sich ein so geschärftes Kostenbewusstsein und eine so sorgfältige Disposition und Beobachtung des Aufwandes, dass Einsparungen zu verzeichnen sind, welche den Aufwand für die Protokollierung und Analyse des Aufwandes weit überwiegen. Ob es Lohnkosten, Materialkosten oder Kosten anderer Art sind: Immer mehr wird vorausblickend gedacht und gehandelt werden, was hilft, Kosten in erheblichem Umfang einzusparen. Immer mehr wird verhindert, dass mehr Aufwand als erforderlich betrieben wird, dass mehr bezahlt wird als zu bezahlen ist.

Es seien einige typische "Fälle" der Baustelle genannt, in denen nur geschärftes Kostenbewusstsein sowie ständige Aufmerksamkeit und aktuelle Kontrolle helfen können, überflüssige Kosten zu vermeiden:

- Es entstehen zusätzliche Lohnkosten für die Arbeit in einer chaotischen Baustelle sowie für "Sucharbeiten".
- Materialien werden mehrfach bestellt, weil im Baustellen-Chaos nichts zu finden ist.
- Es entstehen Lohnkosten zur Beseitigung des Baustellen-Chaos
- Es werden zusätzliche Lohn- und Transportkosten für die Besorgung vergessener Materialien aufgewendet.
- Arbeitsgänge werden häufig unterbrochen mit entsprechend vielfachen "Rüstzeiten"
- Baustraßen werden ständig geflickt, anstatt sie von Anfang an ordentlich zu bauen.
- Auf dem Lieferschein steht mehr, als geliefert ist.
- Es werden Materialien und Geräte für andere Zwecke "abgezweigt".
- Kleinteile verschwinden im Arbeitsraum oder sonstwo.
- Es wird zu viel angefangen, aber nicht beendet.
- Die Arbeit der Bauleitung ist schlecht organisiert.

Es gäbe noch viele weitere Beispiele. Allen diesen "Kleinproblemen", welche sich durchaus in Größenordnungen von 5 oder mehr Prozent der Gesamtkosten summieren können, kommt man über eine laufende Aufwandsfeststellung und .-kontrolle bei. Das "Papier" alleine hilft dabei bedingt; ständige Beobachtung ist genauso gefordert. Beide Maßnahmen zusammen sind ohne Zweifel ein wirksames Mittel zur Vermeidung überflüssiger Kosten.

Befasst man sich zunächst einmal mit den wichtigen Kostenbereichen einer Baustelle mit hohem Eigenleistungsanteil, so kommt man sehr schnell zur Erkenntnis, dass die laufende Aufwandserfassung relativ wenig Mühe macht, sofern man folgende Grundsätze beachtet:

- Es wird nicht mit extremer, sondern mit ausreichender Genauigkeit gearbeitet.

- Für die Erfassung benutzt man vorbereitete Formulare, möglichst unter Nutzung der EDV.
- Die Formulare sind je nach Kostenbereich auf deren speziellen Bearbeitungsbedarf ausgerichtet.
- Die Erfassung erfolgt möglichst täglich, weil dann auch noch das Gedächtnis hilft.

Im Rahmen der vorliegenden Veröffentlichung können nicht alle denkbaren Formen der Aufwandserfassung abgebildet werden. Zu einigen wichtigen Kostenbereichen werden aber doch zumindest einige Hinweise bzw. Anregungen gegeben.

Lohnkosten

In der Regel macht es wenig Mühe, die Zahl der geleisteten Arbeitsstunden täglich festzuhalten. Der Polier/Schachtmeister führt ohnehin einen täglichen Lohnbericht. Aus diesem können pro Tag die Stundensummen in ein einfaches Formular übertragen werden, in dem jeder Arbeitstag eine Zeile darstellt. Sofern es mehrere Kolonnen gibt, kann jede Kolonne in eine eigene Spalte eingetragen werden (Abbildung 211).

Lohnstunden-Summenbericht			
		Zeitraum von	01.04.02
		Zeitraum bis	30.04.02
		Kolonne	
	Name	Müller	Schmidt
	Mittellohn pro Std.	27,14	27,14
Datum	Lohnbericht-Nr.		
02.04.02		58,50	48,00
03.04.02		58,00	48,50
04.04.02		50,50	46,00
05.04.02		36,00	29,00
08.04.02		56,00	49,00
09.04.02		57,00	48,50
10.04.02		60,50	49,00
11.04.02		56,00	48,00
12.04.02		34,50	30,00
15.04.02		55,00	47,00
16.04.02		57,00	50,00
17.04.02		57,50	48,50
18.04.02		56,00	48,00
19.04.02		36,00	29,00
22.04.02		56,50	56,00
23.04.02		57,00	57,00
24.04.02		56,00	58,50
25.04.02		48,50	56,00
26.04.02		31,00	35,00
29.04.02		48,00	54,00
30.04.02		48,00	57,00
Menge im Zeitraum:		**1.073,50**	**992,00**
Kosten im Zeitraum:		**29.134,79**	**26.922,88**

Abbildung 211: Lohnstunden-Summenbericht

Wenn das Formular die Summierung und die Multiplikation mit dem mittleren Mittellohn eigenständig durchführt, sind Stundensumme und Lohnsumme ein Abfallprodukt der laufenden Stundenerfassung.

Materialkosten

Zumindest für die wichtigsten Materialien können Erfassungsformulare nach dem Prinzip der Abbildung 212 zur Verfügung gestellt werden.

Wareneingang
Transportbeton

Zeitraum von	**01.04.02**
Zeitraum bis	**30.04.02**

			Mengen bzw. Kosten			
		Koa-Bezeichnung:	B 10	B15	B25	B35
		Koa-Nummer:	2511101	2511151	2511252	2511532
		Artikel-Bezeichn.:				
		Artikel-Nummer:				
		Kosten pro ME	37,50	72,50	77,00	80,00
Datum	**Lieferant**	**Lieferschein-Nr.**	**m³**	**m³**	**m³**	**m³**
02.04.02	Müller KG	1213456		5,00		
02.04.02	Müller KG	1213472		6,00		
03.04.02	Müller KG	1216354			6,00	
03.04.02	Müller KG	1216357			6,00	
03.04.02	Müller KG	1216362			4,50	
04.04.02	Müller KG	1216368	3,00			
08.04.02	Müller KG	1216389		5,00		
09.04.02	Müller KG	1216402			45,50	
09.04.02	Müller KG	1216409				5,50
10.04.02	Müller KG	1216413			6,00	
10.04.02	Müller KG	1216419			5,00	
15.04.02	Müller KG	1217382		7,00	14,00	
16.04.02	Müller KG	1217400			4,00	
18.04.02	Müller KG	1217459			22,00	3,50
22.04.02	Müller KG	1217513	4,00		23,50	
22.04.02	Müller KG	1217519			13,00	
23.04.02	West-Beton	773854			12,00	
24.04.02	Müller KG	1217603			98,00	
25.04.02	Müller KG	1217681			16,00	
29.04.02	Müller KG	1217774			38,00	
30.04.02	Müller KG	1217786			17,00	4,00
Menge im Zeitraum:			**7,00**	**23,00**	**330,50**	**13,00**
Kosten im Zeitraum:			**262,50**	**1.667,50**	**25.448,50**	**1.040,00**

Abbildung 212: Prinzip eines Erfassungsformulars für den Materialeingang

Die Art der Materialien ist bereits in den Spalten vorgegeben. Dort stehen auch die vereinbarten Einkaufspreise, so dass nach der Mengenerfassung sowohl Mengen als auch Kosten automatisch zur Verfügung stehen.

Gerätekosten

Die laufenden Gerätekosten sind leicht feststellbar über eine vorbereitete Geräteliste analog Abbildung 133 in Abschnitt F, Kap. 1.4.3, in der alle Vorhaltegeräte stehen. Die Vorhaltedauer steht dort auf "1 Monat", was nur zu ändern ist, wenn das Gerät im Laufe des Monats auf die Baustelle kommt oder von der Baustelle geht.

Transportkosten

Sofern Fuhrleistungen größeren Umfangs geleistet werden, kann das Prinzip gemäß der vorstehenden Abbildung 212 aufgegriffen werden. Die einzelnen Fahrzeuge werden in die

Spalten gesetzt; dort stehen auch die Kosten pro Stunde. Erfasst werden in den Datumszeilen die geleisteten Stunden.

Kosten der Angestellten

Die Kosten der Angestellten werden der Baustelle über deren Arbeitsbericht mit einem festen Satz pro Arbeitstag belastet. Dieser Verrechnungssatz ist in der Regel ein bestimmter Wert abhängig von einer Berufsgruppe. Die geleisteten Tage sind auch ohne Kenntnis dieser Arbeitsberichte leicht feststellbar. Für die Erfassung kann man das bereits bekannte Formularprinzip ebenfalls aufgreifen. Die Berufsgruppen stehen zusammen mit ihrem Verrechnungssatz in den Spalten. Die Tage zu Lasten der Baustelle werden in den Datumszeilen erfasst.

Kosten der Nachunternehmer

Die Ist-Kosten der Nachunternehmer werden ohnehin durch die Baustelle in Form der Leistungswerte der NU festgestellt (siehe Abschnitt G, Kap. 2.2).

Man kann es sich durchaus erlauben, die vorläufige und laufende Aufwandsfeststellung auf die wichtigen Kostenbereiche zu beschränken. Dann ist auf dieser vorläufigen Basis zwar der Kosten-Soll-Ist-Vergleich über das Gesamtprojekt nicht möglich, aber doch der Soll-Ist-Vergleich in den ausgewählten Kostenbereichen. Man sollte aber nicht den erwähnten Aspekt vernachlässigen, dass es neben der Zielstellung des Kosten-Soll-Ist-Vergleiches auch um die Aufgabe der kurzfristigen Kostenkontrolle in allen Kostenbereichen und um die Schärfung des Kostenbewusstseins geht.

4.4 Ist-Kosten pro Bauteil

Wenn die Teilleistungen der Arbeitskalkulation den Bauvorgängen zugewiesen sind (Abschnitt F, Kap. 3), so sind auch die Sollkosten in der Struktur der Bauvorgänge verfügbar. Es stellt sich die Frage, ob auch die Ist-Kosten in dieser Struktur verfügbar sein können, um einen Soll-Ist-Vergleich pro Bauvorgang durchführen zu können.

Zunächst muss man zu dieser Frage feststellen, dass es nur einen Kostenbereich gibt, in dem die Ist-Kosten ohne Zusatzarbeit in dieser anderen Struktur zur Verfügung stehen, nämlich die Ist-Kosten der Nachunternehmer. Dies gilt aber wiederum auch nur dann, wenn die Ist-Kosten mit dem Leistungswert der NU gleichgesetzt werden, welcher über die LE-Mengen der Teilleistungen festgestellt wird, und die LE-Mengen über die gemeldeten Fertigstellungsgrade der Bauvorgänge ermittelt wurden (Abschnitt G, Kap. 1.3). In diesem Fall gibt es die LE-Mengen der NU pro Bauvorgang und damit den Leistungswert der NU pro Bauvorgang. Bezeichnet man aber die gebuchten Rechnungssummen der NU als die Ist-Kosten (was an sich nicht richtig ist), so stehen diese nicht pro Bauvorgang zur Verfügung.

Von der vorstehend genannten Ausnahme der NU-Kosten abgesehen stehen aus dem normalen Belegwesen keinerlei Ist-Kosten bezogen auf Bauvorgänge zur Verfügung. Ein solcher Bezug bedingt eine zusätzliche Aufbereitung der Belege für die Ist-Kosten; es wird ein spezielles Berichtswesen benötigt. Lohnstunden müssen pro Bauvorgang berichtet werden, Materiallieferungen müssen auf Bauvorgänge aufgeteilt werden etc. Bei nüchterner Prüfung der Möglichkeiten wird man sehr schnell zur Erkenntnis gelangen, dass eine solche Aufteilung in vielen Kostenbereichen entweder nur mit extremem Zusatzaufwand oder gar nicht möglich ist. Dies gilt selbst dann, wenn man als Bauvorgänge nur die Summenvorgänge heranzieht, welche die Grobstruktur oberster Ebene, als die Hauptbauteile des Projektes beschreiben.

Einen Vergleich von Soll- und Ist-Kosten wird man zwangsläufig auf wenige ausgewählte Kostenarten beschränken. Für diese ausgewählten Koa wird das Verfahren der Aufbereitung der Ist-Kosten bestimmt und praktiziert. Bei den Lohnstunden kann der Bericht über den Bauarbeitsschlüssel (BAS) benutzt werden, wenn man in die Struktur des BAS die Bauteile einbezieht. Bei Rechnungsbelegen wäre eine manuelle Aufteilung der Beträge vorzunehmen. Ob die Bebu so buchen kann oder ob die Verwaltung der Teilkosten an anderer Stelle zu geschehen hat, sei dahingestellt.

Da ein solches Verfahren – abgesehen von den erwähnten NU-Kosten - höchstens in Ausnahmefällen angewendet werden wird, wird hier nicht auf weitere Details eingegangen. Es sei lediglich der Hinweis ergänzt, dass das Verfahren der Aufbereitung der Soll-Lohnstunden nach BAS und ein darauf abgestimmtes Berichtswesen der Ist-Stunden in Abschnitt G, Kap. 5.4 behandelt wird. Ein Soll-Ist-Vergleich in der Struktur von Bauvorgängen folgt im Übrigen den allgemeinen Regeln der Soll-Ist-Vergleiche.

5 Soll-Ist-Vergleiche, Budget-Ist-Vergleiche sowie daraus zu gewinnende Erkenntnisse

Ein Soll-Ist-Vergleich beschreibt immer die Vergangenheit, d.h. die bereits erbrachten Bauleistungen. Die Soll-Ist-Vergleiche von Kosten und Stunden gibt es

- für den Gesamtzeitraum seit Baubeginn bis zum Stichtag
- für jeden einzelnen Zeitraum (Periode) innerhalb des Gesamtzeitraums, soweit die Zeiträume über die Stichtage der LE-Mengen der Teilleistungen und der Ist-Kosten bestimmt sind. Die "klassische" Periode ist der Kalendermonat.

Soll-Ist-Vergleiche von Kosten oder Stunden können nur für Zeiträume durchgeführt werden, deren Stichtage einheitlich sowohl für die Soll- als auch für die Ist-Werte zu Grunde gelegt wurden.

Die Aussagekraft der Soll-Ist-Vergleiche steigt, wenn der Trend über die Entwicklung in den einzelnen Perioden verfolgt wird.

Soll-Ist-Vergleiche zu einzelnen Elementen haben nur dann eine Aussagekraft, wenn die Inhalte der Elemente auf Seite der Bearbeitung der Sollwerte mit den Inhalten der Elemente auf Seite der Bearbeitung der Ist-Werte identisch gewählt sind. Soll und Ist müssen nach übereinstimmenden Gesichtspunkten "gebucht" sein.

Das Ziel aller Soll-Ist-Vergleiche ist die Feststellung, in wie weit die Ist-Werte von den geplanten Werten abweichen. Aus diesen Feststellung wiederum will man Erkenntnisse gewinnen, wo und in welcher Weise bei noch bevorstehenden Leistungen steuernd einzugreifen ist. Je detaillierter die Aussagen der Soll-Ist-Vergleiche sind, um so gezieltere Analysen der Ausführung sind möglich. Der Möglichkeit der Detaillierung sind Grenzen gesetzt, welche im Aufwand für die Aufbereitung der Informationen begründet sind. Nicht jegliche mögliche Detaillierung führt zu einem Nutzen, welcher den Aufwand rechtfertigen würde.

Unabhängig vom Ergebnis eines Soll-Ist-Vergleiches gilt immer die Maxime, die Leistungen mit dem geringst möglichen Aufwand auszuführen, welchen die geforderte Qualität der Leistungen zulässt. Ein positives Ergebnis eines Soll-Ist-Vergleiches sagt nicht aus, dass die Ist-Kosten nicht hätten noch geringer ausfallen können.

Im Baustellen-Controlling kommt es nicht auf absolute Genauigkeit der Aussagen an, sondern auf ausreichende Genauigkeit. Daraus ergibt sich, dass der Aufwand für die Aufbereitung des Soll und des Ist in Fällen geringerer Bedeutung begrenzt werden kann.

5.1 Soll-Ist-Vergleich der Termine

Der Soll-Ist-Vergleich der Termine bereitet von allen Soll-Ist-Vergleichen die geringste Mühe. Die häufig praktizierte Methode besteht darin, im Terminplan (Balkenplan, Zeit-Wege-Diagramm) unmittelbar bei den Balken bzw. Linien, welche die Soll-Termine beschreiben, die Ist-Termine ebenfalls als Balken bzw. Linien einzutragen. Im Balkenplan kann dies auszugsweise dann wie in Abbildung 213 aussehen.

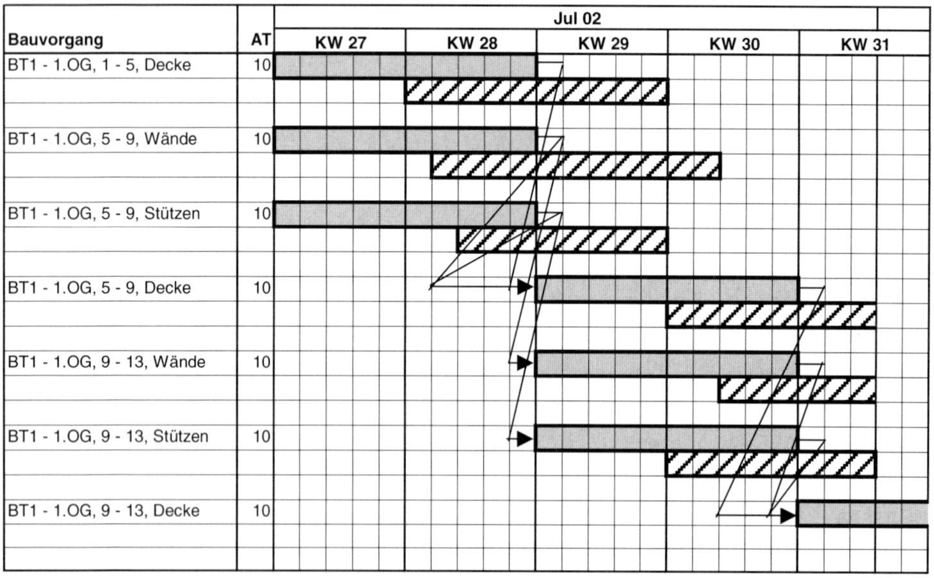

Abbildung 213: **Soll- und Ist-Termine im Balkenplan**

Terminverschiebungen eines Vorgangs haben Auswirkungen auf mögliche Termine anderer Vorgänge, soweit Abhängigkeiten zwischen den Vorgängen bestehen. In bestimmten Fällen ist es möglich, die unter technologischen Gesichtspunkten definierten Abhängigkeiten nachträglich aufzuheben, um die Auswirkungen bestehender Terminverschiebungen zu begrenzen.

In dem gezeigten Beispiel hätte die Abhängigkeit zwischen den Bauvorgängen "BT1 – 1. OG, 5 – 9, Wände" und "BT1 – 1. OG, 9 – 13, Wände" aufgehoben werden können, wenn für den 2. Vorgang ein zusätzlicher Wandschalungssatz zur Verfügung gestellt worden wäre. Dann hätte dort früher begonnen werden können mit positiven Auswirkungen für die wiederum folgenden Vorgänge.

Aus dem genannten Beispiel ist ersichtlich, dass es äußerst wichtig ist, den Termin-Soll-Ist-Vergleich laufend durchzuführen. Nur dann wird rechtzeitig festgestellt, dass ein Anlass zu Überprüfung der Dispositionen gegeben ist. In vielen Fällen wird ein Gegensteuern gegen weitere negative Folgen möglich sein. Nur mit der laufend durchgeführten Terminkontrolle wird dieser Schritt der Grundsatzforderung des Baustellen-Controlling gerecht, dass die Verfolgungen der Bauausführung zu Erkenntnissen führen sollen, welche zum Nutzen der unmittelbar bevorstehenden Arbeiten eingesetzt werden können. Eine schnellstmögliche Analyse gibt Hinweise auf Probleme und Möglichkeiten des Gegensteuerns. Es genügt auf keinen Fall, den Termin-Soll-Ist-Vergleich nur jeweils zum Monatsende durchzuführen.

Dass Ist-Termine vor den Soll-Terminen liegen, ist eher die Ausnahme. In der Regel sind die Fertigstellungstermine eines Projektes und die darauf ausgerichtete Bauablaufplanung so knapp bemessen, dass es grundsätzlich größter Anstrengungen bedarf, um diese Termine einzuhalten. Terminverschiebungen stellen in der Regel Verzögerungen dar. Die Gefahr, dass Verzögerungen eintreten, ist insbesondere dann vorhanden, wenn die Soll-Termine so eng bemessen sind, dass sie Einsätze von Ressourcen erzwingen, welche in Art und Menge außerhalb des "Üblichen" liegen und als solche nicht mehr als die wirtschaftliche Lösung anzusehen sind, welche ohne Termindruck gewählt würde.

Natürlich ist es schon Aufgabe der integrierten Anwendung von Arbeitskalkulation und Bauablaufplanung aufzuzeigen, welche Art von Ressourcen in welcher Menge zu welchem Zeitpunkt einzusetzen ist. Es sei an die einprägsame Frage erinnert, welche die Planung zu beantworten hat:

Was, wann, wo, womit?

Diese Antwort muss bei jedem größeren Projekt gegeben werden. Bei einem Projekt mit extremen Terminanforderungen, in dem die Disposition "nach Gefühl" oder "nach Erfahrung" immer zur Nichteinhaltung der Termine führen würde, ist die Berechnung der erforderlichen Ressourcen der einzige Anhaltspunkt für eine Disposition im Sinne der Termintreue.

Dennoch kann sich niemand der Tatsache entziehen, dass er sich in den Entscheidungen des Alltages auch von seinen Erfahrungen leiten lässt. So soll es ja auch sein. Die Planungsergebnisse müssen aber grundsätzlich bereits bei der Disposition beachtet werden.

Sie bestätigen entweder, dass "normale" Randbedingungen gegeben sind, oder sie zeigen auf, dass "ungewöhnliche" Anforderungen vorliegen. Und immer muss die Kontrolle so früh wie möglich aufzeigen, ob Änderungen gegenüber der bisherigen Disposition erforderlich sind.

Bei durchschnittlichen Terminverzögerungen von mehr als ca. 5 % bezogen auf die bisherige Bauzeit ist die Wahrscheinlichkeit groß, dass die kalkulierten Kosten überschritten sind:

- Die unbeeinflussbaren Fixkosten der Baustelle (Gehälter, Vorhaltekosten) nehmen einen höheren Anteil an den Gesamtkosten ein als kalkuliert.
- Die Ursache für längeren Einzeldauern der Bauvorgänge ist unwirtschaftliches Arbeiten mit höheren Kosten.

Die Verzögerung muss unbedingt aufgeholt werden; die Wirtschaftlichkeit der Ausführung ist möglichst umgehend zu überprüfen. Der weitere Trend ist besonders sorgfältig zu beobachten.

Treten bereits in den ersten 4 – 6 Wochen Verzögerungen von mehr als ca.10 % auf, so ist die Gefahr sogar erheblicher Kostenüberschreitungen gegeben. Solche Verzögerungen sind oft ein Indiz dafür, dass die Vorbereitungen für die eigentlichen Arbeiten am Bauwerk (AV, BE, Planungsschritte des Baustellen-Controlling, NU-Vergaben) mit unzureichendem Einsatz und unzulänglicher Qualität betrieben werden mit negativen Auswirkungen auf alle folgenden Arbeiten. In Fällen solcher Verzögerungen muss das Projekt mit einem besonderen Kraftakt möglichst umgehend auf den richtigen Weg gebracht werden.

Sollte der AG Ursache der Verzögerungen sein, so müssen umgehend ergänzende Schritte zur Sicherstellung zusätzlicher Vergütungsansprüche eingeleitet sowie erforderliche Maßnahmen zur Behebung der Probleme mit dem AG beraten werden.

Bei größeren Terminverzögerungen ist die Gefahr einer falschen Einschätzung des Leistungswertes der Baustellengemeinkosten besonders groß. Man ist z.B. geneigt, bei einer Gesamtbauzeit von 10 Monaten nach dem 4. Monat diese 4 Monate als Leistungsmenge für die Leistung des Bauleiters anzunehmen. Dies ist zum einen generell nicht richtig, und schon gar nicht im Falle von Bauzeitverzögerungen. Zu dieser Thematik sei auf Abschnitt F, Kap. 1.2.4 verwiesen. Dort ist gesagt, dass nicht die abgelaufenen Zeiten die LE-Menge für Teilleistungen der BGK sind, sondern dass immer der tatsächliche Fertigstellungsgrad gemessen an der insgesamt zu erbringenden Leistung der Grundwert für die LE-Menge ist. So können ja aus 10 Monaten Bauleitung am Schluss nicht 12 Monate als LE-Menge gemacht werden, nur weil eine Bauzeitverzögerung von 2 Monaten eingetreten ist, welche wo möglich auch noch selbst zu vertreten ist. Am Ende des 4. Monats hat der Bauleiter vielleicht erst 30 % seiner Gesamtleistung erbracht. Zum Bauende sind es keinesfalls mehr als 100 %. 12 Monate wären aber 120 %!

5.2 Der Kosten-Soll-Ist-Vergleich

Zur Durchführung des Kosten-Soll-Ist-Vergleichs müssen 3 Voraussetzungen gegeben sein:

- Die Leistungsmengen der Teilleistungen zum Stichtag müssen erfasst sein. Auf dieser Basis der LE-Mengen werden die in der Arbeitskalkulation kalkulierten Sollkosten und Vorgabeabweichungen ausgewertet.

  Die Verfahren zur Bestimmung der LE-Mengen sind in Abschnitt G, Kap. 1 beschrieben.

- Die Ist-Kosten zum Stichtag müssen vorhanden sein.

  Die hierfür möglichen Arbeitsweisen sind in Abschnitt G, Kap. 3 beschrieben.

- Die Inhalte der technischen und kaufmännischen Kostenarten müssen aufeinander abgestimmt sein, und die Zuordnung der Kostenarten muss hinterlegt sein.

  Diese Thematik wurde in Abschnitt B, Kap. 5.1, 5.6 und 9 behandelt.

Sind die genannten Voraussetzungen erfüllt, ist der Soll-Ist-Vergleich lediglich noch die Frage einer Auswertung durch ein Programm.

5.2.1 Der rückblickende Kosten-Soll-Ist-Vergleich

Der Kosten-Soll-Ist-Vergleich ist eine vergleichende Auswertung der Soll- und Ist-Kosten der zurückliegenden Bauzeit. Es kann die gesamte zurückliegende Bauzeit ausgewertet werden oder nur eine bestimmte Periode. Im Standardfall werden gleichzeitig zwei Zeiträume ausgewertet:

- Zeitraum seit Baubeginn bis zum aktuellen Stichtag
- Letzte Periode, d.h. Zeitraum zwischen vorherigem und aktuellem Stichtag.

Auswertbar ist letztlich jeder Zeitraum, welcher durch Stichtage eingegrenzt wird.

Man muss sich bewusst sein, dass nicht nur die Ist-Kosten in den Zeiträumen stehen, in denen die Bauleistungen effektiv erbracht wurden, sondern auch die Soll-Kosten. Die Sollkosten stehen also nicht in den Zeiträumen, in denen sie geplant waren. Die Soll-Kosten sind das Ergebnis der Auswertung der LE-Mengen in Zeiträumen, in denen die Teilleistungen effektiv geleistet wurden; sie sind also das Ergebnis des jeweiligen Ist-Bauzustandes. Die Sollwerte stehen nur dann in den Zeiträumen, wie es die ursprüngliche Planung vorgesehen hat, wenn die Ist-Termine der Bauleistungen mit den Soll-Terminen übereinstimmen.

Der Kosten-Soll-Ist-Vergleich basiert sowohl in den Soll-Kosten als auch in den Ist-Kosten auf dem tatsächlichen Bauablauf.

Auf den Vergleich zwischen ursprünglich geplanter Lage und tatsächlicher Lage des Soll wird in Abschnitt G, Kap. 6 eingegangen.

Musterbau GmbH	**Kosten-Soll-Ist-Vergleich (mit Periode)**			Seite: 1
Projekt: 02142 - Verwaltungsgebäude Schmidt KG	Berichtsstichtag: **31.05.2002**	Berichtszeitraum: **01.05.-31.05.2002**		02.06.2002/15:46
	Konfiguration: **Kosten-SIV**			**[EUR]**

Kostenart/Bewertungsgröße	Per Bauende	Seit Baubeginn bis Stichtag				im Berichtszeitraum			
	Soll + Risiko	Soll	Ist	Abweichung		Soll	Ist	Abweichung	
Nr. Bezeichnung	für VA-Mengen	für LE-Mengen		Betrag	in %	für LE-Mengen		Betrag	in %
Eigenleistungen ohne eigene Betriebe									
11 Std. Baustelle	957.951	249.454	246.042	3.412	1,37%	117.571	114.450	3.121	2,65%
12 Std. Bauhof	10.902	8.107	8.402	-295	-3,64%			0	
Summe Lohnkosten	**968.853**	**257.561**	**254.444**	**3.117**	**1,21%**	**117.571**	**114.450**	**3.121**	**2,65%**
20 Bindemittel, Chemie	1.362			0					
21 Steine	144.513	3.655	3.673	-18	-0,49%	3.655	3.673	-18	-0,49%
22 Zuschlagstoffe, Schüttgüter	4.356	3.413	3.508	-95	-2,78%			0	
24 Stahl, Eisen	30.790	537	540	-3	-0,56%	537	540	-3	-0,56%
25 Betonfertigprodukte	367.107	113.603	113.904	-116	-0,10%	46.904	46.883	21	0,04%
26 Isolierstoffe	7.034	994	992	2	0,20%	572	487	85	14,86%
27 Rohre, Schächte	21.483	20.832	20.945	-113	-0,54%			0	
28 Sonstige Tiefbaustoffe	5.272	4.386	4.401	-15	-0,34%	335	371	-36	-10,75%
Summe Baustoffe	**581.917**	**147.420**	**147.963**	**-358**	**-0,24%**	**52.003**	**51.954**	**49**	**0,09%**
31 Vorhaltekosten Eigengerät	172.423	39.635	37.318	2.317	5,85%	14.392	13.731	661	4,59%
32 Reparaturstoffe Gerät				0				0	
34 Mengengerät	3.604	3.412	3.501	-89	-2,61%			0	
Summe Gerätekosten	**176.027**	**43.047**	**40.819**	**2.228**	**5,18%**	**14.392**	**13.731**	**661**	**4,59%**
41 Betriebsstoffe	18.644	1.227	1.192	35	2,85%	458	400	58	12,66%
42 Schalung, Rüstung	96.524	33.174	33.408	-234	-0,71%	18.246	18.278	-32	-0,18%
44 Hilfsstoffe	12.052	7.826	7.683	143	1,83%	593	575	18	3,04%
45 Transportkosten	7.336	5.006	5.683	-677	-13,52%			0	
47 Werkzeug, Ausstattung	55.944	23.601	20.498	3.103	13,15%	2.710	1.753	957	35,31%
Summe Hilfsstoffe, Transp.	**190.500**	**70.834**	**68.464**	**2.370**	**3,35%**	**22.007**	**21.006**	**1.001**	**4,55%**
61 Gehaltskosten Angestellte	164.445	65.422	63.703	1.719	2,63%	10.534	11.207	-673	-6,39%
63 Bürokosten	3.000	900	833	67	7,44%	300	252	48	16,00%
66 Reise-, Bewirtungskosten	4.800	1.440	1.687	-247	-17,15%	480	406	74	15,42%
68 Steuern, Finanzierung	6.390	1.914	1.860	54	2,82%	638	620	18	2,82%
Summe sonstige Kosten	**178.635**	**69.676**	**68.083**	**1.593**	**2,29%**	**11.952**	**12.485**	**-533**	**-4,46%**
Summe Eigenleistung	**2.095.932**	**588.538**	**579.773**	**8.765**	**1,49%**	**217.925**	**213.626**	**4.299**	**1,97%**

Abbildung 214: Kosten-Soll-Ist-Vergleich Gesamt und Periode (Seite 1)

Musterbau GmbH — **Kosten-Soll-Ist-Vergleich (mit Periode)** — Seite: 2

Projekt: 02142 - Verwaltungsgebäude Schmidt KG — Berichtsstichtag: **31.05.2002** — Berichtszeitraum: **01.05.-31.05.2002** — 02.06.2002/15:46

Konfiguration: **Kosten-SIV** — **[EUR]**

Kostenart/Bewertungsgröße		Per Bauende	Seit Baubeginn bis Stichtag				im Berichtszeitraum			
		Soll + Risiko	Soll	Ist	Abweichung		Soll	Ist	Abweichung	
Nr.	Bezeichnung	für VA-Mengen	für LE-Mengen		Betrag	in %	für LE-Mengen		Betrag	in %
	Fremdleistung									
5102	Erdarbeiten	169.531	153.703	153.703	0	0,00%	3.808	3.808	0	0,00%
5115	Bewehrungsarbeiten	339.790	88.854	88.854	0	0,00%	50.509	50.509	0	0,00%
5141	Straßenbauarbeiten	189.440			0				0	
5151	Kernbohrarbeiten	603			0				0	
	Summe Gewerke Rohbau	**699.364**	**242.557**	**242.557**	**0**	**0,00%**	**54.317**	**54.317**	**0**	**0,00%**
59	Sonstige Fremdleistungen	34.692	11.440	10.981	459	4,01%	4.375	3.493	882	20,16%
	Summe Fremdleistungen	**734.056**	**253.997**	**253.538**	**459**	**0,18%**	**58.692**	**57.810**	**882**	**1,50%**
	Eigene Betriebe									
71	Fertigteilwerk Neustadt	14.115	3.722	3.722	0	0,00%	2.245	2.245	0	0,00%
	Summe eigene Betriebe	**14.115**	**3.722**	**3.722**	**0**	**0,00%**	**2.245**	**2.245**	**0**	**0,00%**
	NU + eigene Betriebe	**748.171**	**257.719**	**257.260**	**459**	**0,18%**	**60.937**	**60.055**	**882**	**1,45%**
	Projekt incl. Eig. Betr.	**2.844.103**	**846.257**	**837.033**	**9.224**	**1,09%**	**278.862**	**273.681**	**5.181**	**1,86%**
	Summe Arbeitskosten	1.514.015	441.118	431.810	9.308	2,11%	165.922	161.672	4.250	2,56%
	enthaltene Abgrenzungen			-13.035						
	Projekt ohne eig. Betr.	**2.829.988**	**842.535**	**833.311**	**9.224**	**1,09%**	**276.617**	**271.436**	**5.181**	**1,87%**
	Deckungsbeitrag	338.663	100.826	110.050	9.224	9,15%	33.103	38.284	5.181	15,65%
	Deckungsbeitrag in % auf Kosten	11,97%	11,97%	13,21%			11,97%	14,10%		
	Deckungsbeitrag in % v. Umsatz	10,69%	10,69%	11,67%			10,69%	12,36%		
	Leistungswert o. eig. Betr.	**3.168.651**	**943.361**	**943.361**			**309.720**	**309.720**		
	AGK	253.492	75.469	75.469			24.778	24.778		
	Ergebnis	85.171	25.357	34.581	9.224	36,38%	8.325	13.506	5.181	62,23%
	Ergebnis in % v. Umsatz	2,69%	2,69%	3,67%			2,69%	4,36%		
	Stunden	34.825	9.198	8.978	220	2,39%	4.146	4.051	95	2,29%
	Mittellohn	27,82	28,00	28,34	-0,34	-1,21%	28,36	28,25	0,11	0,37%
	Auftrags-/Leistungswert Eigenl.	2.346.751	658.968	658.968			244.004	244.004		
	Umsatz Eigenlstg. pro A-Stunde	67,39	71,64	73,40	1,76	2,45%	58,85	60,23	1,38	2,35%

Abbildung 215: Kosten-Soll-Ist-Vergleich Gesamt und Periode (Seite 2)

Abbildung 214 und Abbildung 215 zeigen einen Kosten-Soll-Ist-Vergleich mit den Zeiträumen

- seit Baubeginn bis Stichtag
- letzter Berichtsmonat

In der ersten Wertespalte stehen die bewerteten Sollkosten (Sollkosten + Kostenrisiken) für VA-Mengen lt. aktuellem Stand der Arbeitskalkulation. Diese Werte beschreiben also den Zeitraum von Baubeginn bis Bauende.

In der 2. und 6. Werte-Spalte stehen die Sollwerte lt. Arbeitskalkulation, ausgewertet auf der Basis der gemeldeten LE-Mengen. Für die abgelaufene Bauzeit gibt es keine Kostenansätze für Risiken (siehe Abschnitt D, Kap. 5.1.3.1), so dass die Spaltenüberschrift nur mit "Soll" korrekt ist.

In der 3. und 7. Wertespalte stehen die Ist-Werte. Bei den Ist-Werten ist der Wert von Baustoffvorräten von den gebuchten Kosten abgezogen (siehe Abschnitt G, Kap. 4.2).

Bei dem Vergleich von Soll- und Ist-Kosten kommt es vorrangig auf die Abweichungen im aktuellen Berichtsmonat an, weil die Abweichungen bis zum vorherigen Stichtag ja bereits Gegenstand früherer Betrachtungen waren. Die prozentualen Abweichungen im Berichtszeitraum sollten allerdings mit denjenigen im Zeitraum seit Baubeginn verglichen werden. Nur daran ist zu erkennen, ob im aktuellen Zeitraum eine Verbesserung oder Verschlechterung gegenüber früheren Ergebnissen zu verzeichnen ist.

Bevor aber die Analyse der Bauausführung auf der Grundlage des Kosten-Soll-Ist-Vergleiches durchgeführt wird, sollte zunächst eine Überprüfung der Auswertung hinsichtlich sehr auffallender Abweichungen vorgenommen werden. Es kommt mitunter vor, dass bei einzelnen Kostenarten extrem große Abweichungen positiver oder negativer Art festgestellt werden. In solchen Fällen – und natürlich auch generell – muss zunächst ausgeschlossen werden, dass folgende Ursachen für die auffallende Abweichung in Frage kommen:

- Falsche LE-Mengen, welche zu falschen Sollkosten führen.
- Buchungen von Ist-Kosten unter falschen Kostenarten - bzw. vorsichtiger ausgedrückt – Soll und Ist sind nicht denselben Kostenarten zugewiesen.
- Buchungen von Kosten, welche eine andere Kostenstelle betreffen.
- Fehlende Ist-Kosten.
- Eine andere Kostenstelle hat per interner Verrechnung zu Unrecht oder zu hoch belastet.

Es werden zunächst die Ist-Kosten überprüft. Buchungen unter "falschen" Kostenarten werden über die Kostenstellenauswertung der Bebu zumindest bei größeren Beträgen schnell entdeckt. Der Betrag, der unter der Kostenart A zu viel gebucht ist, fehlt unter der Kostenart B. Buchungen zu Lasten der falschen Baustelle werden zumindest bei größeren Beträgen ebenfalls schnell entdeckt. Kleinere Beträge zu entdecken, macht mehr Mühe.

Es wäre müßig und falsch, auf Buchungsfehler mit Schuldvorwürfen zu reagieren. Der Buchhalter kann einen Rechnungsbetrag in der Regel nur nach den schriftlichen Informationen auf Lieferschein oder Rechnung einordnen. Lassen diese Unterlagen Fehlinterpretationen zu, kann es zur Buchung unter einer "falschen" Kostenart kommen. Auf Belegen zur internen Kostenverrechnung kann bereits der Ersteller des Berichts einen Fehler gemacht haben, welchen die Bebu in der Regel gar nicht entdecken kann. Weiterhin ist niemand vor Tippfehlern bei der Eingabe von Kostenarten gefeit.

Fehlinterpretationen der Belege kann man durch folgende Maßnahmen vorbeugen:

- Gegenseitige Abstimmungen über zu verwendende Kostenarten in voraussehbaren Fällen unterschiedlicher Interpretationsmöglichkeiten zum Beginn des Projektes.
- Vorkontierung der Kostenart durch die Bauleitung im Zuge der Rechnungsprüfung von NU-Rechnungen auf dem Rechnungsbeleg.

Im Übrigen muss man dem Bauleiter im eigenen Interesse dazu raten, die Buchungen zu Lasten seiner Baustelle grundsätzlich zu überprüfen, und zwar möglichst umgehend, sobald die Unterlagen vorliegen, weil dann das Gedächtnis noch einiges hergibt. Korrekturen wegen Fehlbuchungen durch die Buchhaltung machen wenig Mühe, weil lediglich ein Irrtum zu korrigieren ist. Anders sieht es bei internen Belastungen von anderen Kostenstellen aus, wenn um die Berechtigung der Höhe der Belastung gestritten werden muss. Gerade weil es zu den beliebten Übungen gehört, die eigene Kostenstelle zu Lasten anderer Kostenstellen zu entlasten (kommt das jemand bekannt vor?), muss solchen Posten größte Aufmerksamkeit gewidmet werden. Es sollte im Unternehmen üblich sein, Belege über geleistete Arbeiten zu erstellen und von der empfangenden Kostenstelle gegenzeichnen zu lassen, dies aber nicht erst mit großer Zeitverzögerung, sondern unmittelbar. Zu den Aufgaben eines Bauleiters gehört es, sich zumindest über die Verrechnungssätze interner Leistungen Gewissheit zu verschaffen, bevor er sie beauftragt. Bei größerem Leistungsumfang müssen Festpreise verlangt werden.

Nach der Überprüfung der Richtigkeit der Ist-Kosten und noch vor der Überprüfung der LE-Mengen wird der Kosten-Soll-Ist-Vergleich erneut durchgeführt. Es kann sein, dass bereits jetzt ein plausibles Bild vorliegt. Wenn nicht, müssen auch noch die LE-Mengen wichtiger Positionen überprüft werden. Es sei auf Abschnitt D, Kap. 9.1 verwiesen, wo die große Bedeutung der Richtigkeit der LE-Mengen hervorgehoben ist. Es ist möglich, dass die Abweichungen in bestimmten Kostenarten – meist sind es die Materialkostenarten - einen Hinweis geben, in welchen Teilleistungen die LE-Mengen falsch sein könnten. Eine Überprüfung der LE-Mengen von NU-Leistungen müsste bereits früher stattgefunden haben, wenn der NU in seiner Abschlagsrechnung wesentlich größere Mengen in Rechnung gestellt hat, als man selbst ermittelt hatte.

Nachdem auch die LE-Mengen bestätigt oder evtl. korrigiert sind, entsteht der Kosten-Soll-Ist-Vergleich in endgültiger Form.

Es gibt vielfältige Interpretationsmöglichkeiten der Abweichungen in den verschiedenen Kostenbereichen. Hier können nur wenige Hinweise zu typischen Fällen gegeben werden.

- **Lohnkosten:** Abweichungen können ihre Ursache in Abweichungen von Stunden oder der Höhe des Mittellohnes haben.

  In welchen Leistungsbereichen welche Stundenabweichungen bestehen, kann nur durch den ergänzenden Stunden-Soll-Ist-Vergleich (Abschnitt G, Kap. 5.4) festgestellt werden, welcher ein spezielles Berichtswesen der Ist-Stunden voraussetzt.

  Abweichungen in der Höhe des Mittellohnes können direkt festgestellt werden, da sowohl im Soll als auch im Ist neben den Lohnkosten auch die Lohnstunden bekannt sind. Dieser Vergleich ist am Ende der Auswertung ausgewiesen. Es muss darauf hingewiesen werden, dass Änderungen der Tariflöhne während der Bauzeit in die Sollkosten eingehen müssen, und zwar nicht über Stunden, sondern nur in Form von Zusatzkosten. Das entsprechende Verfahren ist in Abschnitt D, Kap. 5.1.3.1 und Abschnitt F, Kap.1.2.8.1 beschrieben.

  Es muss noch darauf hingewiesen werden, dass eine unzulängliche Berücksichtigung von Einarbeitungseffekten in der Arbeitskalkulation temporär zu größeren negativen Abweichungen in den Lohnkosten führen können. Wenn die Mannschaft sich bei einer wichtigen Teilleistung zunächst intensiv einarbeiten muss, um zur "normalen" Leistung zu kommen, so verursacht die Teilleistung zu Beginn einen höheren Stundenaufwand pro Mengeneinheit als später. Bei großer Bedeutung der Einarbeitung sollte eine Differenzierung der Sollstunden in der Arbeitskalkulation vorgenommen sein, wie sie Abschnitt F, Kap. 1.2.3.2 gezeigt ist. Auch eine umfangreiche Vorbereitung von Teilleistungen sollte in der Arbeitskalkulation gesondert ausgewiesen sein, damit hierfür eine qualifizierte Leistungsbewertung möglich ist (siehe Abschnitt F, Kap. 1.2.6).

- **Kosten der Baustoffe:** Hier dürften keine größeren Abweichungen vorkommen, sofern folgende Bedingungen erfüllt sind:

  - In die Arbeitskalkulation sind die effektiven Einkaufspreise eingearbeitet.
  - Baustoffe, welche außerhalb des eigentlichen Bauwerks verbraucht werden, z.B. in der BE, sind als solche in der Arbeitskalkulation kalkuliert.
  - Der Baustoffverbrauch wird vor Ort laufend überwacht (siehe hierzu Abschnitt G, Kap. 4.3).
  - Ein Mehrverbrauch wegen Bruch, Verschnitt oder "Streuverlust" ist in der Arbeitskalkulation berücksichtigt.

  Sollten dennoch größere Abweichungen vorliegen, sind Fehler sowohl in der Arbeitskalkulation als auch in der Ausführung mögliche Ursachen. Auf jeden Fall muss nach der Ursache gesucht werden.

  Sollten bei den Baustoffen des Straßenunter- und –oberbaus Abweichungen vorliegen, und unterliegt die Ausführung den strengen Vorschriften zu Einhaltung und Nachweis der Schichtdicken, so muss unbedingt überprüft werden, ob Mängel in der Ausführung vorliegen.

- **Gerätekosten:** Sofern die Baustelle gemäß Planung ausgestattet ist und der Bauablauf ebenfalls der Planung entspricht, dürften keine größeren Abweichungen zu verzeichnen sein. Ursache für größere Kostenüberschreitungen sind meist Bauzeitverzögerungen, welche der Termin-Soll-Ist-Vergleich aufzeigen müsste. Es muss dann unbedingt analysiert und steuernd eingegriffen werden. Sofern der AG Ursache für Bauzeitverzögerungen ist, müssen Art und Volumen der Auswirkungen jetzt und in Zukunft festgehalten werden.
- **Betriebsstoffe:** Die Betriebsstoffe werden nur bei der Baustelle mit großer Geräteausstattung eine wesentliche Rolle spielen. Abweichungen im Verbrauch elektrischer Energie haben ihre Ursache meist in Fehlern auf Seiten der Sollkosten. Abweichungen im Verbrauch von Verbrennungsstoffen können ebenfalls in Fehlern der Arbeitskalkulation begründet sein, es kommt aber durchaus auch eine missbräuchliche Nutzung von angelieferten Mengen in Frage. Es sollte in solchen Fällen überprüft und sichergestellt werden, dass diese angelieferten Betriebsstoffe ausschließlich für Zwecke der Baustelle verwendet werden.
- **Schalung, Rüstung:** Der Kostenbereich von Material für Schalungen und Rüstungen ist immer problematisch, sobald Betonarbeiten größeren Umfangs ausgeführt werden. Auch in der Arbeitskalkulation wird meist mit Stoff- und Vorhaltekosten pro m² geschalter Fläche kalkuliert. Diesen Sollkosten stehen aber Ist-Kosten in ganz anderer Form gegenüber, nämlich in Form von Rechnungen für eingekauftes Holz, Schaltafeln, Schalöl etc. sowie in Form von intern verrechneten Vorhaltekosten von Normelementen pro Menge und Monat. Die Kosten der eingekauften Materialien fallen zudem zum Zeitpunkt der Lieferung an und nicht sukzessiv mit jedem m² geschalter Fläche.

  Es ist trotz aller Mühe unmöglich, den effektiven Anfall der Kosten in der Arbeitskalkulation korrekt zu berücksichtigen, weder zeitlich noch in der Höhe. Folglich wird es im Laufe der Bauzeit immer wieder zu Abweichungen zwischen Soll und Ist kommen, mal so, mal so. Auf jeden Fall müssen lagernde Vorräte an Holz über Abgrenzungen in den Ist-Kosten berücksichtigt werden. Auch schon im Einsatz befindliches Holz kann man zunächst noch teilweise als Vorrat berücksichtigen, schrittweise abgebaut über die Berichtsmonate. Sollte sich ein negativer Trend verfestigen, so muss vor Ort überprüft werden, ob Kosten reduziert werden können.
- **Transportkosten:** Sollten Transportkosten eine wesentliche Rolle spielen, so müssen bei größeren Abweichungen Untersuchungen sowohl in der Arbeitskalkulation als auch vor Ort durchgeführt werden.

  Es sei in diesem Zusammenhang die Unsitte erwähnt, sich bei der Versorgung der Baustelle mit Kleinmaterialen auf ein ständig vorhandenes Baustellenfahrzeug zu verlassen. Dies führt dazu, dass immer weniger eine vorausschauende und kostensparende Materialdisposition praktiziert wird und statt dessen immer häufiger vergessene Materialien kurzfristig mit teuren Einzelfahrten "besorgt" werden. Aus erzieherischen und aus Kostengründen gehören solche Fahrzeuge entweder abgeschafft oder unter "Transportkosten" gebucht, nicht aber unter "Gerätekosten". Die aufgewendeten Stunden für diese "Besorgungen" sowie evtl. Wartezeiten der

Mannschaft sind gesondert zu rapportieren, damit deren Aufwand zumindest im Stunden-Soll-Ist-Vergleich auftaucht.

- **Gehaltskosten der Angestellten:** Sofern Personal wie Bauleiter, Abrechner etc. direkt zu Lasten der Baustelle geht, also nicht Bestandteil der AGK oder sog. technischer Geschäftskosten ist, muss auf diesen Kostenbereich großes Augenmerk gelegt werden. Größere Abweichungen haben bei korrekter Leistungsbewertung der BGK in der Regel ein negatives Vorzeichen. Sollten sie ein positives Vorzeichen haben, sollte unbedingt überprüft werden, ob eine Überbewertung des Leistungsstandes der BGK zum Stichtag vorliegt. Hierzu sei auf die diesbezüglichen Ausführungen in Abschnitt F, Kap. 1.2.4 verwiesen.

  Es wird dringend empfohlen, auch den Leistungsbereich der BGK strengen Leistungsanforderungen zu unterwerfen. Jede Person in der Bauleitung muss sich stets selbst zu wirtschaftlichem Arbeiten anhalten. Personal, welches der Baustelle zuarbeitet (Arbeitsvorbereiter, Planer) muss kostenbewusst arbeiten und von der Baustelle entsprechend überwacht werden.

- **Fremdleistungen:** Es wurde bereits ausgeführt, dass sich die Ist-Kosten des NU auf der Basis der LE-Mengen direkt aus der Arbeitskalkulation ergeben (Abschnitt G, Kap. 2.2 und Kap. 4.2). In der Arbeitskalkulation sind die Vertragspreise des NU als Kostenansätze der Sollkosten hinterlegt. Damit ergibt sich zwangsläufig die "langweilige" Feststellung: Soll = Ist. Aus diesem Grund ist der Kosten-Soll-Ist-Vergleich im Bereich der NU-Leistungen, welche über Teilleistungsmengen abgerechnet werden, nichtssagend. In diesen Kostenbereichen ist der Vergleich der Budgets mit den Ist-Kosten (=Sollkosten) von Bedeutung. Siehe hierzu Abschnitt F, Kap. 2.4 und Abschnitt G, Kap. 5.2.3.

  Nur bei untergeordneten Fremdleistungen wie z.B. Arbeiten mit Autokranen und Betonpumpen oder Baureinigungen, welche nicht über eine Vertrag bezogen auf die Teilleistungen des eigenen Vertrages abgerechnet werden, besteht die Unabhängigkeit zwischen Soll und Ist. Hier sind also Vergleiche durchzuführen, wobei natürlich auch hier vorausgesetzt werden muss, dass diese Leistungen auch als solche in der Arbeitskalkulation kalkuliert sind.

Im Anschluss an die Auswertung der Kosten werden die Auswertungen in Soll und Ist im Hinblick auf weitere wichtige Aussagen zum Gesamtstand fortgesetzt:

- Gesamtkosten
- Deckungsbeitrag
- Leistungswert
- AGK
- Ergebnis
- Stunden
- Mittellohn
- Leistungswert Eigenleistung
- Umsatz Eigenleistung pro Arbeitsstunde

Im Leistungswert gibt es keinen Unterschied zwischen Soll und Ist.

Bei

- Deckungsbeitrag
- Ergebnis
- Umsatz Eigenleistung pro Arbeitsstunde

wird die Abweichung nicht über die Formel (Soll) – (Ist) berechnet, sondern über (Ist) – (Soll). Eine höherer Wert für das Ist-Ergebnis ist ja eine Feststellung positiver und nicht negativer Art.

Der Vergleich des Mittellohnes kann auf seine drei Komponenten

- Basislohn (AP)
- Sozialzuschlag (S)
- Lohnnebenkosten (L)

erweitert werden, da die Ist-Lohnkosten grundsätzlich in dieser Weise aufbereitet aus der Lohnbuchhaltung geliefert werden. In der Arbeitskalkulation müssen für den Vergleich die kalkulierten Zuschläge in % für S und L hinterlegt sein. Ob eine Abweichung des Mittellohnes im Wesentlichen in einer der drei Komponenten begründet ist, kann aber auch leicht mit einfachen manuellen Methoden festgestellt werden.

5.2.2 Der Kosten-SIV mit Ergebnisvorausschau

Sind die Ist-Kosten zu einem Stichtag festgestellt, so lassen sich auf dieser Basis die voraussichtlichen Kosten zum Bauende errechnen. Gemäß Abschnitt D, Kap. 5.1.4 und der Abbildung 69 in Abschnitt D , Kap. 7.5.2 gilt:

Voraussichtliche Kosten
=
(Ist-Kosten bis Stichtag)
+
(bewertete Sollkosten für Restbauleistung)
+
Vorgabeabweichungen

Die bewerteten Sollkosten für die Restbauleistung ergeben sich aus der Auswertung der Arbeitskalkulation für die Restmengen der Teilleistungen:

Restmenge = (VA-Menge) – (LE-Menge)

Die Vorgabeabweichungen sind gemäß Abschnitt D, Kap. 5.1.4 in der Arbeitskalkulation hinterlegte Ansätze für Abweichungen von den Soll-Kosten, welche als sicher für die restlichen Bauleistungen angenommen werden können. Auch die Vorgabeabweichungen werden für die Restmengen ausgewertet.

Am aussagekräftigsten ist die gemeinsame Darstellung der abgelaufenen Bauzeit in Form des Kosten-SIV und der Prognose bis zum Bauende unter Einbeziehung der Ist-Kosten. Abbildung 216 zeigt diese Art der Auswertung (nur Seite 2). Die linke Seite ist identisch mit dem Kosten-SIV für den Zeitraum seit Baubeginn gemäß Abbildung 215. Die rechte Seite zeigt die Werte für die noch bevorstehende Restbauleistung:

- Vorgabeabweichungen
- bewerte Sollkosten = (bew. Sollkosten für VA) – (Sollkosten für LE)
- Voraussichtliche Kosten = (bew. Sollkosten) + Vorgabeabweichung

In dem abgebildeten Blatt ist die Gesamtbauleistung zweigeteilt:

Gesamtbauleistung = Bauleistung bis Stichtag + Bauleistung ab Stichtag

In ergänzenden Blättern werden die Werte für die Gesamtbauleistung ausgegeben mit den Spalten:

- bewertete Sollkosten (identisch mit 1. Wertespalte der Abbildung)
- voraussichtliche Kosten = (Ist-Kosten) + (bew. Sollkosten Restbauleistung) + (Vorgabeabweichung Restbauleistung)
- Abweichung = (bew. Sollkosten) – (voraussichtliche Kosten)

Auf der Basis dieser Werte ergibt sich eine aktualisierte Prognose auf das Bauende hinsichtlich Deckungsbeitrag und Ergebnis. Diese Werte weichen von denjenigen der Arbeitskalkulation ab, weil für die abgelaufene Bauzeit nicht mehr die kalkulierten Kosten, sondern die tatsächlichen Kosten berücksichtigt wurden.

Musterbau GmbH — **Kosten-Soll-Ist-Vergleich und Ergebnisvorausschau** — Seite: 2

Projekt: 02142 - Verwaltungsgebäude Schmidt KG — Berichtsstichtag: **31.05.2002** — 02.06.2002/15:46

Konfiguration: **Kosten-SIV** — **[EUR]**

		Per Bauende	Seit Baubeginn bis Stichtag					Aktualisierte Vorausschau auf das Bauende			
Kostenart/Bewertungsgröße		Soll + Risiko	Soll	Ist	Abweichung		Vorgabeabw.	Soll + Risiko	Voraussichtl.	Abweichung	
Nr.	Bezeichnung	für VA-Mengen	für LE-Mengen		Betrag	in %	für VA - LE	für VA - LE	Ist-Werte	Betrag	in %
	Fremdleistung										
5102	Erdarbeiten	169.531	153.703	153.703	0	0,00%		15.828	15.828	0	0,00%
5115	Bewehrungsarbeiten	339.790	88.854	88.854	0	0,00%		250.936	250.936	0	0,00%
5141	Straßenbauarbeiten	189.440			0			189.440	189.440	0	
5151	Kernbohrarbeiten	603			0			603	603	0	
	Summe Gewerke Rohbau	**699.364**	**242.557**	**242.557**	**0**	**0,00%**		**456.807**	**456.807**	**0**	**0,00%**
59	Sonstige Fremdleistungen	34.692	11.440	10.981	459	4,01%		23.252	23.252	0	0,00%
	Summe Fremdleistungen	**734.056**	**253.997**	**253.538**	**459**	**0,18%**		**480.059**	**480.059**	**0**	**0,00%**
	Eigene Betriebe										
71	Fertigteilwerk Neustadt	14.115	3.722	3.722	0	0,00%		10.393	10.393	0	0,00%
	Summe eigene Betriebe	**14.115**	**3.722**	**3.722**	**0**	**0,00%**		**10.393**	**10.393**	**0**	**0,00%**
	NU + eigene Betriebe	**748.171**	**257.719**	**257.260**	**459**	**0,18%**		**490.452**	**490.452**	**0**	**0,00%**
	Projekt incl. Eig. Betr.	**2.844.103**	**846.257**	**837.033**	**9.224**	**1,09%**	**10.218**	**1.997.846**	**2.008.064**	**-10.218**	**-0,51%**
	Summe Arbeitskosten	1.514.015	441.118	431.810	9.308	2,11%	10.218	1.072.897	1.083.115	-10.218	-0,95%
	enthaltene Abgrenzungen			-13.035							
	Projekt ohne eig. Betr.	**2.829.988**	**842.535**	**833.311**	**9.224**	**1,09%**	**10.218**	**1.987.453**	**1.997.671**	**-10.218**	**-0,51%**
	Deckungsbeitrag	338.663	100.826	110.050	9.224	9,15%		237.837	227.619	-10.218	-4,30%
	Deckungsbeitrag in % auf Kosten	11,97%	11,97%	13,21%				11,97%	11,39%		
	Deckungsbeitrag in % v. Umsatz	10,69%	10,69%	11,67%				10,69%	10,23%		
	Leistungswert o. eig. Betr.	**3.168.651**	**943.361**	**943.361**				**2.225.290**	**2.225.290**		
	AGK	253.492	75.469	75.469				178.023	178.023		
	Ergebnis	85.171	25.357	34.581	9.224	36,38%		59.814	49.596	-10.218	-17,08%
	Ergebnis in % v. Umsatz	2,69%	2,69%	3,67%				2,69%	2,23%		
	Stunden	34.825	9.198	8.978	220	2,39%	378	25.627	26.005	-378	-1,48%
	Mittellohn	27,82	28,00	28,34	-0,34	-1,21%	27,00	27,76	27,74	0,01	0,04%
	Auftrags-/Leistungswert Eigenl.	2.346.751	658.968	658.968				1.687.783	1.687.783		
	Umsatz Eigenlstg. pro A-Stunde	67,39	71,64	73,40	1,76	2,45%		65,86	64,90	-0,96	-1,46%

Abbildung 216: Kosten-SIV mit Ergebnisvorausschau (nur Seite 2)

5.2.3 Der Mengen-Soll-Ist-Vergleich ausgewählter Materialien

In Abschnitt G, Kap. 4.3 wurde allgemeingültig gesagt, dass die Überwachung der Kosten für Materialien durchaus wichtig ist, weil nicht ohne Weiteres sichergestellt ist, dass man nicht doch mehr bezahlt, als auf Grund der theoretisch erforderlichen Materialmengen erforderlich wäre.

Eine der Ursachen für Mengendifferenzen im Materialverbrauch können Abweichungen in der Bauausführung gegenüber den Planunterlagen und sonstigen Beschreibungen sein. Im Baustellen-Controlling wird natürlich unterstellt, dass nicht bewusst gegen Qualitätsanforderungen verstoßen wird, indem im Materialverbrauch in unzulässiger Weise "gespart" wird. Die geforderten Abmessungen sind einzuhalten, die geforderten Einlagen an Bewehrung sind einzubauen, die geforderten Rezepturen von "gemischten" Stoffen sind einzuhalten. Das Fachkonzept braucht sich nicht mit Folgen aus ungesetzlichen Handlungsweisen zu beschäftigen. Thema sind also nur

- Mindermengen wegen ungewollter Unterschreitung von Abmessungen
- Mehrmengen wegen Überschreitung von Abmessungen

Um solchen Quellen für Abweichungen auf die Spur zu kommen, müsste zunächst einmal bekannt sein, wo und in welchem Maß von den theoretischen Abmessungen abgewichen wurde. Die meisten Maßabweichungen werden aber niemals festgestellt; diese Art der Ursache für Mengenabweichungen gibt es dann eben nicht. Wenn sie nicht festgestellt sind, sind sie in der Regel auch so unbedeutend, dass eine Verfolgung müßig wäre.

Tritt eine Mengenabweichung wegen Maßabweichung auf und wirkt sich diese in gleichem Umfang auf den Erlös aus (Abrechnung auf Nachweis der Menge), so besteht ebenfalls kein Anlass zu einem speziellen Mengen-SIV, weil Soll- und Istmenge zwangsläufig übereinstimmen.

Das Thema spielt nur dann eine Rolle, wenn die Maßabweichung festgestellt ist, aber kein Anlass besteht, die Sollmenge in der Arbeitskalkulation zu ändern:

- Wurde in der Arbeitskalkulation für das Betonieren der Fundamente gegen Grund ein Betonmehrverbrauch von 10 % gegenüber theoretischer Menge angenommen, so hat eine Überschreitung dieser Menge rein interne Bedeutung: Die Sollmenge ist geringer als die Istmenge. Die Sollmenge bleibt aber bei 110 % der theoretischen Menge (=Abrechnungsmenge).
- Hat die Baustelle das Erdplanum für den Straßenbau im Durchschnitt um 3 cm zu tief angelegt, so ist der Mengenmehrverbrauch bei der Forstschutzschicht von rein interner Bedeutung. Die Sollmenge ergibt sich nach wie vor aus der Solldicke von 15 cm, nicht aus der tatsächlichen Dicke von 18 cm.
- Ist im Straßenbau eine Tragschicht aus Bitukies mit 15 cm Dicke vorgeschrieben, so hat die tätsächlich ausgeführt Dicke bedingt Einfluss auf die Vergütung: Größere Dicken führen zwar zu einem Materialmehrverbrauch, nicht aber zu größeren Sollmengen, weil keine zusätzliche Vergütung erfolgt. Hingegen führen Minderstärken zu einem Preisabzug; hier ist die Sollmenge entsprechend zu reduzieren

(negativer Mengenansatz in der betreffenden Nachtragsposition für den Preisabzug bei einer Teilmenge). Der AG lässt sich in der Regel bereits die gelieferten Mengen über Lieferscheine nachweisen. Später werden die tatsächlichen Schichtstärken mittels Bohrkernen gemessen. Es besteht also hinsichtlich der Mengen eine doppelte Kontrolle. Wo Minderstärken zu einem Preisabzug führen, wird alleine über die Bohrkerne festgestellt. Nur daraus ergibt sich also die notwendige Reduzierung der Sollmengen in der Arbeitskalkulation.

Die Sollmengen ergeben sich immer auf der Basis der Regelungen, welche für die Vergütung gelten, und auf der Grundlage der hierfür kalkulierten Materialmengen pro Mengeneinheit.

Um die Mengendifferenz auf Grund von nicht vergütungsrelevanten Maßabweichungen festzustellen, kommen theoretisch zwei Methoden in Frage:

- Mengen-Soll-Ist-Vergleich analog dem Verfahren des Kosten-SIV
  (Es müssen in der Bebu für ausgewählte Materialien Einzelkostenarten eingeführt werden, unter denen neben den Kosten auch die Mengen erfasst werden.)
- Einzelnachweis bezogen auf bestimmte Baukörper

Die erste Methode führt nur dann zu einer schlüssigen Aussage, wenn die Materialart eindeutig nur für diejenigen Teilleistungen verwendet wurde, welche für die Berechnung der Sollmengen herangezogen wurden. Wurde z.B. das Frostschutzmaterial auch zu allerlei sonstigen Zwecken verwendet, so wird aus einer Differenz im Materialverbrauch kaum darauf geschlossen werden können, ob bei der vertraglichen Leistung an der eigentlichen Straße mehr oder weniger als die Sollmenge verbraucht wurde. In einem solchen Fall müssten zumindest alle "sonstigen" Verbräuche unter einer anderen Kostenart gebucht werden, was aber voraussetzt, dass der Bauleiter die Lieferscheine vorkontiert und die Buchhaltung gegebenenfalls eine Aufteilung von Rechnungsbeträgen vornimmt. Die Mengenkontrolle über die Kostenart liefert kaum Auskünfte über Abweichungen in einzelnen Bauteilen.

Der Einzelnachweis bezogen auf einzelne Baukörper wird in der Regel eher zu Aussagen führen, welche glaubhaft sind und an Hand derer gezielt analysiert und steuernd eingegriffen werden kann. Solche Einzelnachweise enthalten:

- ausgewerteter Bauteil
- Zeitraum der Ausführung
- Vertragsposition(en) und vergütungsrelevante Menge(n)
- zugehörige theoretische Materialmenge (Sollmenge)
- tatsächlich verbrauchte Materialmenge (Lieferscheine und ihre Mengen)
- Vergleich der Sollmenge mit der Istmenge gesamt
- Sollmenge und Istmenge pro Mengeneinheit der Teilleistung

5.3 Erneute Budgetkontrolle

Ein wichtiger Teil der Budgetkontrolle hat bereits früher stattgefunden

- im Zuge der Arbeitskalkulation bei der Kalkulation der Sollkosten (Abschnitt F, Kap. 2.3.2)
- im Zuge der Vergabe von NU-Leistungen (Abschnitt F, Kap. 2.3.3und 2.4.9)
- im Zuge der Verfolgung der eigenen und der NU-Nachträge (Abbildung 169)

Mit Feststellung der Ist-Kosten lebt die Budgetkontrolle erneut auf, weil zu prüfen ist, ob die tatsächlichen Kosten noch durch die Budgets gedeckt sind. Es sei in Erinnerung gebracht, dass die Sollkosten auch höher als die Budgets sein können, so dass aus einem positiven Ergebnis des Kosten-SIV nicht zwangsläufig auf eine ebenso positive Aussage in der Budgetkontrolle geschlossen werden kann.

Abbildung 217 zeigt den Vergleich der Budgetwerte mit den Ist-Werten in der Struktur des Kosten-SIV. Gegenüber Abbildung 215 sind ausgetauscht:

- *Soll + Risiken für VA-Mengen* gegen *Budget für VA-Mengen*
- Im Zeitraum seit Baubeginn: *Soll für LE-Mengen* gegen *Budget für LE-Mengen*
- In der Periode: *Soll für LE-Mengen* gegen *Budget für LE-Mengen*

Die folgende Tabelle zeigt die Gegenüberstellung einiger prägnanter Werte aus beiden Auswertungen:

	Seit Baubeginn bis Stichtag			**Periode**		
	Budget	**Soll**	**Ist**	**Budget**	**Soll**	**Ist**
Kosten	864.000	842.535	833.311	275.857	276.617	271.436
Leistungswert (Umsatz)	943.361	943.361	943.361	309.720	309.720	309.720
Deckungsbeitrag	79.361	100.826	110.050	33.863	33.103	38.384
DB in % von Umsatz	8,41 %	10,69 %	11,67 %	10,93 %	10,69 %	12,36 %
AGK (8 % v. Umsatz)	75.469	74.469	75.469	24.778	24.778	24.778
Ergebnis	3.892	25.357	34.581	9.085	8.325	13.506
Ergebnis in % von Ums.	0,41 %	2,69 %	3,67 %	2,93 %	2,69 %	4,36 %

Am Vergleich von Budgets und Sollwerten ist zu erkennen, dass in der Arbeitskalkulation gegenüber den Kosten lt. Auftragskalkulation, welche in etwa zu den Budgetwerten geführt haben, durchaus einige Veränderungen stattgefunden haben. In der aktuellen Periode wurden Leistungen ausgeführt, in denen Budgets und Sollkosten in Summe etwa gleich waren. Im Zeitraum seit Baubeginn ist die Summe der Budgets hingegen deutlich höher als die Sollwerte.

Der Leistungswert (Umsatz) stimmt natürlich unter allen drei Größen jeweils überein.

Musterbau GmbH — **Budget-Ist-Vergleich (mit Periode)** — Seite: 2

Projekt: 02142 - Verwaltungsgebäude Schmidt KG — Berichtsstichtag: **31.05.2002** — Berichtszeitraum: **01.05.-31.05.2002** — 02.06.2002/15:51

Konfiguration: **Kosten-SIV** — **[EUR]**

Kostenart/Bewertungsgröße		Per Bauende	Seit Baubeginn bis Stichtag				im Berichtszeitraum			
		Budget	Budget	Ist	Abweichung		Budget	Ist	Abweichung	
Nr.	Bezeichnung	für VA-Mengen	für LE-Mengen		Betrag	in %	für LE-Mengen		Betrag	in %
	Fremdleistung									
5102	Erdarbeiten	176.523	160.369	153.703	6.666	4,16%	3.884	3.808	76	1,96%
5115	Bewehrungsarbeiten	350.603	91.664	88.854	2.810	3,07%	52.131	50.509	1.622	3,11%
5141	Straßenbauarbeiten	198.000			0				0	
5151	Kernbohrarbeiten	597			0				0	
	Summe Gewerke Rohbau	**725.723**	**252.033**	**242.557**	**9.476**	**3,76%**	**56.015**	**54.317**	**1.698**	**3,03%**
59	Sonstige Fremdleistungen	35.314	11.816	10.981	835	7,07%	4.439	3.493	946	21,31%
	Summe Fremdleistungen	**761.037**	**263.849**	**253.538**	**10.311**	**3,91%**	**60.454**	**57.810**	**2.644**	**4,37%**
	Eigene Betriebe									
71	Fertigteilwerk Neustadt	13.974	3.685	3.722	-37	-1,00%	2.223	2.245	-22	-0,99%
	Summe eigene Betriebe	**13.974**	**3.685**	**3.722**	**-37**	**-1,00%**	**2.223**	**2.245**	**-22**	**-0,99%**
	NU + eigene Betriebe	**775.011**	**267.534**	**257.260**	**10.274**	**3,84%**	**62.677**	**60.055**	**2.622**	**4,18%**
	Projekt incl. Eig. Betr.	**2.893.382**	**867.685**	**837.033**	**30.652**	**3,53%**	**278.080**	**273.681**	**4.399**	**1,58%**
	Summe Arbeitskosten	1.525.715	450.155	431.810	18.345	4,08%	162.355	161.672	683	0,42%
	enthaltene Abgrenzungen			-13.035						
	Projekt ohne eig. Betr.	**2.878.733**	**864.000**	**833.311**	**30.689**	**3,55%**	**275.857**	**271.436**	**4.421**	**1,60%**
	Deckungsbeitrag	290.593	79.361	110.050	30.689	38,67%	33.863	38.284	4.421	13,06%
	Deckungsbeitrag in % auf Kosten	10,09%	9,19%	13,21%			12,28%	14,10%		
	Deckungsbeitrag in % v. Umsatz	9,17%	8,41%	11,67%			10,93%	12,36%		
	Leistungswert o. eig. Betr.	**3.169.326**	**943.361**	**943.361**			**309.720**	**309.720**		
	AGK	253.546	75.469	75.469			24.778	24.778		
	Ergebnis	37.047	3.892	34.581	30.689	788,49%	9.085	13.506	4.421	48,66%
	Ergebnis in % v. Umsatz	1,17%	0,41%	3,67%			2,93%	4,36%		
	Stunden		9.198	8.978	220	2,39%	4.146	4.051	95	2,29%
	Mittellohn		28,14	28,34	-0,20	-0,70%	27,11	28,25	-1,14	-4,20%
	Auftrags-/Leistungswert Eigenl.		655.277	655.277			237.147	237.147		
	Umsatz Eigenlstg. pro A-Stunde		71,24	72,99	1,75	2,45%	57,20	58,54	1,34	2,35%

Abbildung 217: Budget-Ist-Vergleich (nur Seite 2)

In Abbildung 217 ist der Vergleich zu sehen, auf den es bei den Kostenarten der Fremdleistungen eigentlich ankommt. Die Ist-Kosten der NU sollten durch die Budgets gedeckt sein, was im vorliegenden Beispiel der Fall ist.

Die Gegenüberstellung von Budgets und Ist-Werten auf Gewerkeebene für ein komplettes Projekt des SF-Bau zeigt Abbildung 218.

Leistung - Istkosten - Budget-Ist - Ist-DB (sortiert nach VE)

Stand der Bearbeitung: 30.11.2003

Projekt: Wohnanlage Karlshöhe, Stuttgart

LV	OZ		VE		Leistung zum Stichtag					Ist-Kosten	Budget-Ist	Ist-DB
	GRS	Pos.			Fertigstellungsgrad in %	Leistungswert GU	Anteiliges Bugdet	Sollkosten (Leistungswert NU)	Plan-DB		Vergleich Budget-Ist-Kosten	
					28	29=22*28	30=8*28	31=18*28	32=29-30	33a	33b=30-33a	33c=29-33a
				Gesamtprojekt	71,22%	5.421.601,28	4.812.572,00	4.797.766,57	609.029,28	4.781.737,57	30.834,43	639.863,72
1	1		1	**Rohbauarbeiten**	98,84%	2.884.410,75	2.570.445,14	2.552.517,00	313.965,61	2.552.517,00	17.928,14	331.893,75
1	2			**Ausbaugewerke**	42,30%	993.652,94	866.474,84	879.318,60	127.178,10	879.318,60	-12.843,76	114.334,34
1	2.14		14	**Natur- und Betonwerksteinarbeiten**								
1	2.16		16	**Zimmer- und Holzarbeiten**	98,52%	300.586,93	255.925,29	266.000,00	44.661,64	266.000,00	-10.074,71	34.586,93
1	2.20		20	**Dachdeckungsarbeiten**	100,00%	166.770,15	149.404,39	147.580,80	17.365,76	147.580,80	1.823,59	19.189,35
1	2.21		21	**Dachabdichtungsarbeiten**	95,73%	37.984,70	35.824,56	33.614,00	2.160,14	33.614,00	2.210,56	4.370,70
1	2.22		22	**Klempnerarbeiten**	97,03%	36.939,42	28.321,99	32.689,00	8.617,43	32.689,00	-4.367,01	4.250,42
1	2.23		23	**Putz- und Stuckarbeiten**	35,00%	77.124,28	66.834,08	68.250,00	10.290,20	68.250,00	-1.415,92	8.874,28
1	2.24		24	**Estrich, Fliesen, Platten**	1,51%	2.718,73	2.488,44	2.405,90	230,29	2.405,90	82,54	312,83
1	2.27		27	**Tischlerarbeiten**	27,92%	136.661,85	122.820,96	120.936,90	13.840,89	120.936,90	1.884,06	15.724,95
1	2.28		28	**Parkettarbeiten**								
1	2.30		30	**Rolladenarbeiten**								
1	2.31		31	**Metallbau- und Schlosserarbeiten**	15,35%	8.754,31	7.614,90	7.747,00	1.139,41	7.747,00	-132,10	1.007,31
1	2.32		32	**Fenster, Türen**	63,54%	226.112,57	197.240,23	200.095,00	28.872,34	200.095,00	-2.854,77	26.017,57
1	2.34		34	**Maler- und Lackierarbeiten**								
1	2.36		36	**Bodenbelagsarbeiten**								
1	3			**Haustechnik-Gewerke**	57,72%	801.282,23	706.277,66	709.082,97	95.004,58	709.082,97	-2.805,31	92.199,27
1	3.40		40	**Heizung, Sanitär**	54,82%	526.358,27	464.739,46	465.793,03	61.618,81	465.793,03	-1.053,57	60.565,24
1	3.50		50	**Blitzschutz- und Erdungsanlagen**	100,00%	36.386,84	30.837,37	32.200,00	5.549,47	32.200,00	-1.362,63	4.186,84
1	3.51		51	**Elektroarbeiten**	58,53%	175.101,42	156.780,40	154.953,44	18.321,02	154.953,44	1.826,96	20.147,99
1	3.61		61	**RTL-Anlagen**	68,46%	63.435,71	53.920,43	56.136,50	9.515,28	56.136,50	-2.216,07	7.299,21
1	4			**Planungsleistungen fremd**	97,74%	373.304,11	328.149,18	330.350,00	45.154,94	330.350,00	-2.200,82	42.954,11
1	4.81		81	**Tragwerksplanung**	100,00%	209.054,82	180.494,58	185.000,00	28.560,24	185.000,00	-4.505,42	24.054,82
1	4.84		84	**Planung Haustechnik**	95,00%	164.249,29	147.654,60	145.350,00	16.594,69	145.350,00	2.304,60	18.899,29
1	90			**Eigenleistungen**	66,85%	368.951,25	341.225,19	326.498,00	27.726,06	310.469,00	30.756,19	58.482,25
1	90.1		99	**Nebenleistungen**	87,73%	-8.166,70	-405,43	-7.227,00	-7.761,27	-3.481,00	3.075,57	-4.685,70
1	90.2		99	**Projekt-Gemeinkosten**	67,20%	377.117,95	341.630,62	333.725,00	35.487,33	313.950,00	27.680,62	63.167,95
1	99			**Allgemeine Risiken**								

Abbildung 218: Budgetkontrolle der Gewerke eines Projektes des SF-Bau

5.4 Der Stunden-Soll-Ist-Vergleich

Folgende Voraussetzungen müssen geschaffen sein, damit ein Vergleich zwischen den kalkulierten Soll-Stunden und den tatsächlichen aufgewendeten Stunden durchgeführt werden kann:

- Es muss ein Katalog von Leistungsarten bestehen, der sog. Bauarbeitsschlüssel (BAS). Sowohl Soll- als auch Ist-Stunden werden diesen Leistungsarten zugewiesen.
- Die Arbeitskalkulation muss dahingehend aufbereitet sein, dass die dortigen Teilleistungen, welche mit Kostenansätzen in Form von Arbeitsstunden versehen sind, jeweils eindeutig einer Leistungsart des BAS zugewiesen sind.
- Die Ist-Stunden müssen nach BAS rapportiert werden.

Der Katalog des BAS ist ausführlich in Abschnitt B, Kap. 6 beschrieben. Neben dem Beispiel, was in den folgenden Unterkapiteln benutzt wird, sind dort die wichtigen Merkmale eines BAS aufgeführt, welche über Erfolg oder Misserfolg bei der Arbeit mit BAS in Arbeitskalkulation und Rapportierung der Ist-Stunden entscheiden.

Der Stunden-Soll-Ist-Vergleich nach BAS ist zu Unrecht in vielen Unternehmen in Verruf geraten. Weit verbreitet ist die Behauptung, man würde mit viel Aufwand weitgehend unsinnige Zahlen produzieren. Es wurde tatsächlich viel Unsinn produziert. Die Schuld daran hatte aber nicht das Verfahren, sondern Inhalt und Umfang des Bauarbeitsschlüssels, welchen die Unternehmen selbst aufzustellen hatten. Es wurden wahre "Bibeln" des BAS geschaffen mit der Folge, dass spätestens die Poliere und Schachtmeister bei der Zuordnung von Ist-Stunden hoffnungslos überfordert waren.

Bei umfangreichen Eigenleistungen ist der Stunden-Soll-Ist-Vergleich nach BAS durchaus ein sehr sinnvolles Verfahren im Sinne des Baustellen-Controlling. Er ist in der Regel die einzige Möglichkeit, um Ursachen für Fehlentwicklungen in den Lohnkosten auf die Spur zu kommen. Damit nicht erneut Unfug produziert wird, sollten die Empfehlungen gemäß Abschnitt B, Kap. 6 zum Aufbau des BAS unbedingt beachtet werden. Werden diese Empfehlungen beachtet, so ist der Stunden-Soll-Ist-Vergleich effektiv ein nützlicher Bestandteil des Baustellen-Controlling.

Es sollte auf keinen Fall der Versuch gemacht werden, über BAS zu Werten der sog. Nachkalkulation zu kommen, d.h. zu Ist-Stunden pro Mengeneinheit einzelner Positionen, die in zukünftigen Angebotskalkulation wieder aufgegriffen werden können. Der BAS wird so ausgerichtet, dass der Stunden-SIV Abweichungen in frei definierten Leistungsarten liefert, nicht aber in Leistungsarten nach Positionen. Es wird nur in Ausnahmefällen gelingen, zu Ist-Stunden pro Mengeneinheit einer Position zu kommen, nämlich dann, wenn eine bestimmte Leistungsart nach BAS nur in einer einzigen Position vorkommt.

5.4.1 Aufbereitung der Arbeitskalkulation

Jede in der Arbeitskalkulation kalkulierte Stunde, welche in den Stunden-SIV einbezogen werden soll, muss einer bestimmten Leistungsart des BAS zugewiesen sein. Dies geschieht

- entweder auf Ebene der Position, sofern alle darin kalkulierten Stunden zur selben Leistungsart gehören

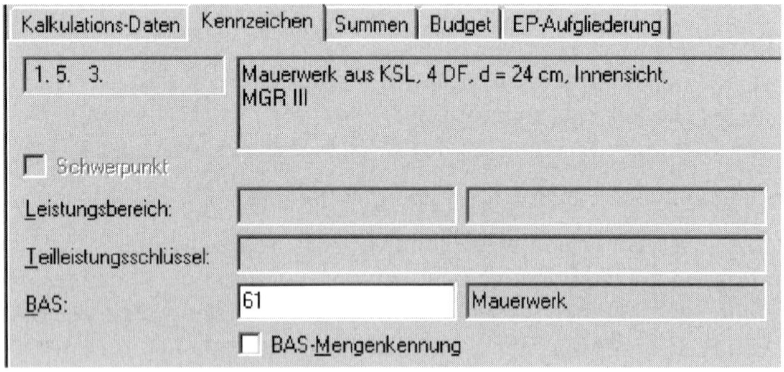

Abbildung 219: BAS auf Ebene der Position

- oder auf Ebene von Unterposition, sofern die Position mehrere Leistungsarten nach BAS umfasst. Aus dieser Bedingung folgt, dass für unterschiedliche Leistungsarten innerhalb einer Position jeweils eigene Unterpositionen eingeführt werden müssen. Diese Struktur ergab sich aber bereits aus der Anforderung nach guter Tiefenstrukturierung der Kalkulation, so dass die Arbeit mit BAS diesbezüglich kaum zu neuen Strukturen führt

UPos	K	SL	Text	Menge	ME	Kosten/E	Std./ME UPos.	Std./ME Pos.	BAS	Kennung...
1			**Seitl. Abschalungen**	**0,200**	**m²**	**30,13**	**1,000**	**0,200**	32	
11			**Abschalung pro lfm**	**5,000**	**lfm**	**6,03**	**0,200**	**0,200**		
	T		2 Mann schalen 10 lfm pro Std.:							
		S32	Std. Schalung Bodenplatten	2,000	Std	27,00	0,200	0,200		
	T		Das Schalmaterial kann ca. 20 x verwendet werden:							
		42102	Stoffe Bodenplattenschalung	1,000	m²	12,50				
2			**Beton einbauen**	**1,000**	**m³**	**94,72**	**0,500**	**0,500**	52	
	T		4 Mann bauen 8 m³ pro Std. ein.							
		S52	Std. Beton Bodenplatten	4,000	Std	27,00	0,500	0,500		
		2511252	B 25, 290 kg	1,000	m³	74,00				
		592050	Betonpumpe bei 50 m³/h	1,000	m³	8,70				
3			**Oberfläche abziehen un**	**5,000**	**m²**	**1,35**	**0,050**	**0,250**	52	✔
	T		2 Mann stellen 40 m² pro Std. fertig:							
		S52	Std. Beton Bodenplatten	2,000	Std	27,00	0,050	0,250		

Abbildung 220: Verschiedene BAS auf Ebene von Unterpositionen

Bei Position und Unterposition gilt, dass deren Mengeneinheiten mit derjenigen des zugeordneten BAS übereinstimmen sollen, weil nur dann eine sinnvolle Größe für "Std./ME" beim BAS zu Stande kommt. Die Nichtübereinstimmung der ME auf Ebene der Position kann Anlass sein, eine Unterposition mit der ME des BAS zu eröffnen.

Hinsichtlich der Mengenauswertung ist zwischen zwei Fällen zu unterscheiden:

- Die Mengen der Teilleistungen zu einem bestimmten BAS sollen addiert werden, damit eine Auswertung "Std./ME" zu Stande kommt. In diesem Fall erhält der BAS die gewünschte Mengeneinheit. Position bzw. Unterposition müssen dieselbe Mengeneinheit haben, damit sich eine sinnvolle Mengensumme ergibt.
- Die Mengen der Teilleistungen sollen nicht addiert werden, weil der BAS eine Sammlung verschiedener Teilleistungen umfasst, welche u.U. verschiedene Mengeneinheiten haben. Auf eine Auswertung "Std./ME" wird verzichtet, d.h. man vergleicht nur die Stundensummen von Soll und Ist. In diesem Fall hat der BAS keine Mengeneinheit.

Im zweiten Fall kann sofort aus der fehlenden Mengeneinheit des BAS gefolgert werden, dass keine Summierung der Mengen der Teilleistungen durchzuführen ist. Im ersten Fall hingegen darf aber nicht zwangsläufig gefolgert werden, dass die Teilleistungsmengen immer zu summieren seien. Es gibt nämlich Fälle, in denen es trotz übereinstimmender ME der Teilleistungen nicht erwünscht ist, dass neben den Stunden auch die Mengen bestimmter Teilleistungen mitaddiert werden. Im Wesentlichen geht es dabei um Mengen von Zulagepositionen (z.B. .... m² Zulage zur Wandschalung für glatten Sichtbeton), welche mit demselben BAS versehen sind, wie die Basispositionen (.... m² Wandschalung). In diesen Fällen sind zwar die Soll-Stunden aller Positionen zu addieren, aber nur die Mengen der Basispositionen. Werden Soll- und Ist-Stunden bezogen auf die Mengeneinheit errechnet, dürfen nur die Mengen der Basispositionen im Divisor berücksichtigt werden.

Wenn bei BAS mit Mengeneinheit Teilleistungsmengen nicht mitaddiert werden sollen, so erhalten die betreffenden Positionen bzw. Unterpositionen eine Mengenkennung. Eine solche aktivierte Mengenkennung zeigt Abbildung 220. Die Menge der dortigen Unterposition 3 für das Abziehen der Oberfläche darf nicht mitaddiert werden, weil die eigentliche Betonmenge zum BAS 52 bereits über die Menge der U-Pos. 2 berücksichtigt ist.

Bei Verwendung von BAS ohne Mengeneinheit kann die Mengenkennung automatisch gesetzt werden, weil gar keine Mengenaddition gewünscht ist. Hat der BAS eine andere ME als die Position/Unterposition, so kann die Mengenkennung ebenfalls automatisch vergeben werden, weil "Äpfel" nicht zu "Birnen" addiert werden können.

Bei existierendem Stamm-BAS können bereits die zum Aufbau der Projektkalkulation verwendeten Standard-Kalkulationen (Abschnitt B, Kap. 8.3) mit BAS belegt sein. Damit ist im Projekt nur noch eine Überarbeitung in bestimmten Fällen erforderlich.

5.4.2 Soll-Stunden nach BAS

Wenn die Arbeitskalkulation gemäß vorstehendem Kapitel aufbereitet ist, so stehen die Soll-Stunden in der Struktur nach BAS automatisch zur Verfügung:

- für VA-Mengen
- für LE-Mengen seit Baubeginn
- für LE-Mengen in der Periode

Auf eine gesonderte Darstellung dieser Auswertung kann hier verzichtet werden. Die Sollstunden tauchen ohnehin im eigentlichen Stunden-SIV auf.

5.4.3 Ist-Stunden nach BAS

Wenn die Ist-Stunden in der Struktur des BAS zu Verfügung stehen sollen, müssen die geleisteten Stunden über ein spezielles Berichtswesen erfasst werden. In der Regel wird der Stundenbericht, welcher ohnehin für das Lohnbüro zu erstellen ist, verwendet, erweitert um Spalten für die Stundenzuordnung nach BAS. Abbildung 221 zeigt eine solche Form des Stundenberichts.

Das im Lohnbüro verwendete Programm sollte die Möglichkeit bieten, auch die Stunden nach BAS zu erfassen. Diese Stunden werden dann in das System für das Baustellen-Controlling übernommen. Falls diese Möglichkeit nicht besteht, muss das System des Baustellen-Controlling eine Erfassung der Ist-Stunden nach BAS ermöglichen.

Es sei hier nochmals auf Ausführungen in Abschnitt B, Kap. 6 verwiesen, soweit es um BAS geht, welche im Soll nicht belegt sind, die aber für Ist-Stunden bestimmter Art verwendet werden. Auch auf die Funktion zur Umlage der Ist-Stunden dieser BAS auf die sog. Leistungs-BAS sei nochmals hingewiesen.

Auf eine gesonderte Darstellung der Auswertung der Ist-Stunden kann hier verzichtet werden. Die Ist-Stunden tauchen ohnehin im eigentlichen Stunden-SIV auf.

5.4.4 Stunden-Soll-Ist-Vergleich

Der Stunden-Soll-Ist-Vergleich ist lediglich noch Sache einer Auswertung durch das Programm. Er ist in der Spalteneinteilung sinnvollerweise wie der Kosten-SIV aufgebaut, d h. für die Zeiträume

- seit Baubeginn bis Stichtag
- aktueller Berichtszeitraum

Abbildung 222 zeigt einen Ausschnitt (nicht alle Einzel-BAS enthalten) eines solchen Stunden-SIV.

Auch für den Stunden-SIV gilt, dass größere Abweichungen zwischen Soll und Ist ihre Ursache in fehlerhaften LE-Mengen der Teilleistungen oder fehlerhaft zugeordneten Ist-Stunden haben können. Ersteres dürfte aber bereits ausgeschlossen werden können, wenn schon eine Überprüfung auf Grund von unerklärlichen Abweichungen im Kosten-SIV stattgefunden hat (siehe Abschnitt G, Kap. 5.2.1).

Lohnstundenbericht									Berichtsnummer:		327	Ort der Tätigkeit								
Bau-/Kostenstellennummer:		**02142**							Arbeitstag:		**22.05.02**									
Bau-/Kostenstellenbezeichnung:		**Verwaltungsgebäude Schmidt KG**							Kolonne:		**Lohmüller**	Art der Tätigkeit								
												Aufsicht	BGK-Stunden	Stundenlohnarbeiten	Wandschalung	Stützenschalung	Deckenschalung	Wandbeton	Stützenbeton	Deckenbeton
			Kennung LNK		Ausfallzeit		Zulagen		Anwesenheitszeit		Stunden	001	010	090	330	340	370	530	540	570
Pers.-Nr.	Name	Berufsgr.	LNK 1	LNK 2	Art	Std.	Art	Std.	Anfang	Ende	Zeitlohn	Std.	Std.	Std.	Std.	Std.	Std.	Std.	Std.	Std.
180	Lohmüller, Gerhard	P							7.00	17.00	9,0	9,0								
97	Huber, Manfred	I							7.00	16.00	8,0				3,0	3,0	2,0			
132	Schröder, Matthias	II							7.00	16.00	8,0			1,5	5,0	1,5				
247	Wagner, Peter	III							7.00	16.00	8,0				5,0	3,0				
201	Dörfler, Günther	III							7.00	16.00	8,0				2,0		6,0			
165	Brandner, Thomas	III							7.00	16.30	8,5				3,5		5,0			
238	Schmidt, Walter	III							7.00	16.00	8,0						8,0			
251	Sancic, Wesil	III							7.00	16.00	8,0				5,0		3,0			
317	Vadric, Josip	IV							7.00	16.30	8,5		0,5			3,0	5,0			
289	Üzdül, Uklas	IV							7.00	16.00	8,0				5,0		3,0			
303	Özdemir, Dablas	V							7.00	16.00	8,0						8,0			
287	Yyldiz, Üzdür	V							7.00	16.00	8,0						8,0			
Summe:											98,0	9,0	0,5	1,5	28,5	10,5	48,0	0,0	0,0	0,0

Polier/Schachtmeister: Datum: .... Unterschrift: ....

Bauleitung: Datum: .... Unterschrift: ....

Abbildung 221: Rapport der Lohnstunden mit BAS

Stunden-Soll-Ist-Vergleich

Projekt: **Muster_Contr** **Musterprojekt zur Wissensvermittlung** Berichtszeitraum vom 01.05.2002 bis 31.05.2002
Kalkulation: Arbeitskalkulation

				bis Stichtag (31.05.2002)			im Berichtszeitraum						
BAS	Bezeichnung	VA-Menge	ME	LE-Menge	Soll-Std.	Ist-Std.	LE-Menge	Soll-Std.	Ist-Std.	Soll-Std./ME	Ist-Std./ME	Diff.-Std.	Abw. In %
0	**Allgemeine Stunden**				**1.135,250**	**1.075,500**		**381,000**	**382,000**			**-1,00**	**-0,26**
1	**Baustelleneinrichtung**				**966,245**	**990,000**		**8,850**	**4,000**			**4,85**	**54,80**
21	Erdarbeiten				254,225	212,500		4,889	6,000			-1,11	-22,72
22	Kanalisationsarbeiten				518,714	550,500		15,000	13,500			1,50	10,00
26	Isolierungen Baugrund				16,850	17,500		9,234	12,500			-3,27	-35,37
2	**Erdbau, Kanalisation**				**789,789**	**780,500**		**29,123**	**32,000**			**-2,88**	**-9,88**
31	Fundamentschalung	260,893	m²	260,430	295,244	281,500	11,232	12,587	16,000	1,121	1,425	-3,41	-27,12
32	Bodenplattenschalung	200,900	m²	106,397	128,985	118,500	55,439	64,852	58,500	1,170	1,055	6,35	9,79
33	Wandschalung	7.756,800	m²	1.677,110	1.664,684	1.572,500	1.077,188	1.024,172	968,000	0,951	0,899	56,17	5,48
34	Stützenschalung	1.446,022	m²	270,658	364,113	343,500	195,321	260,331	241,500	1,333	1,236	18,83	7,23
35	Trägerschalung	3.680,000	m²	665,148	1.218,992	1.184,500	576,177	795,495	776,000	1,381	1,347	19,50	2,45
36	Deckenschalung	9.240,000	m²	1.636,712	1.301,685	1.276,500	1.387,678	920,662	913,500	0,663	0,658	7,16	0,78
37	Treppenschalung	155,750	m²	4,380	5,913	14,000	4,380	5,913	14,000	1,350	3,196	-8,09	-136,77
3	**Schalungsarbeiten**				**4.979,616**	**4.791,000**		**3.084,012**	**2.987,500**			**96,51**	**3,13**
4	**Bewehrungs- und Stahlbauarbeiten**				**11,325**	**7,000**		**6,275**	**5,000**			**1,28**	**20,32**
51	Fundamentbeton	635,236	m³	634,154	438,952	423,000	25,808	17,755	16,000	0,688	0,620	1,76	9,88
52	Beton Bodenplatten	660,020	m³	343,789	276,972	285,500	185,330	146,339	151,000	0,790	0,815	-4,66	-3,19
53	Wandbeton	782,680	m³	143,088	130,483	143,661	89,845	80,860	83,000	0,900	0,924	-2,14	-2,65
54	Stützenbeton	133,900	m³	25,898	66,337	59,428	18,665	47,226	40,500	2,530	2,170	6,73	14,24
55	Trägerbeton	461,400	m³	71,263	37,276	41,341	56,778	29,758	32,000	0,524	0,564	-2,24	-7,53
56	Beton Decken	2.096,000	m³	329,014	180,958	183,969	262,156	144,186	137,000	0,550	0,523	7,19	4,98
57	Beton Treppen	31,150	m³	0,876	1,051	3,101	0,876	1,051	3,000	1,200	3,425	-1,95	-185,44
5	**Betonierarbeiten**				**1.132,029**	**1.140,000**		**467,175**	**462,500**			**4,68**	**1,00**
6	**Maurerarbeiten**	**1.060,105**	**m³**	**26,905**	**150,600**	**157,000**	**26,905**	**150,600**	**157,000**	**5,597**	**5,835**	**-6,40**	**-4,25**
8	**Montagearbeiten**				**32,704**	**37,000**		**18,472**	**21,000**			**-2,53**	**-13,69**
	Summe Gesamt				**9.197,558**	**8.978,000**		**4.145,507**	**4.051,000**			**94,51**	**2,28**

Abbildung 222: Stunden-Soll-Ist-Vergleich (nur Ausschnitt)

Größere Abweichungen negativer Art sind Anlass, die Arbeitsweisen in den betroffenen Leistungsarten BAS zu überprüfen. Nach entsprechenden Maßnahmen kommt es besonders auf die erneuten Überprüfungen in den Folgewochen an. Der Trend, welcher aus dem Vergleich mehrerer Berichtszeiträume zu erkennen ist, sollte dann eine Besserung aufzeigen.

5.5 Soll-Ist-Vergleich der Teilleistungsmengen

5.5.1 Mengenvergleiche

Bei LE- und RE-Mengen wird im Laufe der Bauzeit der Vergleich zu den ursprünglich vorgesehenen Mengen wichtig, jeweils in den Positionen, die weitgehend als abgeschlossen gelten können.

Folgende Vergleiche sind wichtig:

LV-Menge ⇔ RE-Menge (siehe folgendes Kapitel)

VA-Menge ⇔ LE-Menge

Auf eine Abbildung solcher Vergleiche kann verzichtet werden. Neben den zu vergleichenden Mengen geben sie Auskunft über die Abweichung in absoluten Zahlen und in Prozent.

Bei fertiggestellten Teilleistungen gilt:

VA-Menge = LE-Menge

Falls diese Bedingung nicht erfüllt ist, wird die VA-Menge auf den Wert der festgestellten LE-Menge angepasst.

5.5.2 Forderungen wegen Mengenabweichungen

Bei einem Einheitspreisvertrag erlangt der Vergleich

LV-Menge ⇔ RE-Menge

eine große Bedeutung, hat doch bei größeren Abweichungen der AN einen Anspruch auf Vergütung von Unterdeckungen in den Gemeinkosten, der AG einen Anspruch auf Rückvergütung aus Überdeckungen in den Gemeinkosten, jeweils nach bestimmten Regeln, welche der Vertrag bestimmt. Allerdings kann erst nach Abschluss aller Arbeiten festgestellt werden, welcher Anspruch insgesamt besteht, weil die Ansprüche von AG und AN aufgerechnet werden.

Bei einem Vertrag nach VOB können gemäß Teil B, § 2 Nr. 3 Forderungen auf Grund von Mengenabweichungen geltend gemacht werden, wenn die Mengenabweichung größer als 10 % bezogen auf die Menge lt. Auftrag ist. Bei Mindermengen erwächst dem AN ein Anspruch auf Zusatzvergütung, welcher im Wesentlichen den nicht zur Abrechnung gekommenen Anteilen an Gemeinkosten entspricht. Bei Mehrmengen kann für den AG ein Anspruch auf Reduzierung des Preises um den Anteil der BGK entstehen, aber nur für die über 110% hinausgehende Menge. Andererseits kann der AN für die überschreitende

Menge auch Zusatzvergütungen geltend machen, falls er Fehler in der Kalkulation nachweisen kann. Der AG kann auch Überdeckungen in den Gemeinkosten auf Grund der Ausführung von Sonderpositionen und Zusatzleistungen geltend machen.

Im Rahmen dieser Veröffentlichung kann nicht mehr als dieser Hinweis auf die Bedeutung des Vergleiches der abschließend festgestellten RE-Mengen mit den vertraglich vorgesehenen LV-Mengen gegeben werden.

6 Vergleichende Verfolgung über die Bauzeit

Im Laufe der Bauzeit entstehen Informationen zu unterschiedlichen Planungsständen bzw. zu den Ständen der Ausführung:

- Auswertungen der Arbeitskalkulation und Bauablaufplanung für VA-Mengen.
- Auswertungen der Arbeitskalkulation für LE-Mengen je Stichtag, jeweils auf der Basis der zum Stichtag gültigen Fassung der Arbeitskalkulation.
- Auswertungen der Arbeitskalkulation und Bauablaufplanung für Restmengen (VA – LE) je Stichtag, jeweils auf der Basis der zum Stichtag gültigen Fassung der Arbeitskalkulation und der auf der Basis der Ist-Termine aktualisierten Bauablaufplanung.

Jede Aktualisierung der Arbeitskalkulation, jede Aktualisierung der Bauablaufplanung auf Grund der Ist-Termine führt dazu, dass neue Planungsstände vorhanden sind, in denen die Komponenten der Arbeitskalkulation andere Werte in anderer zeitlicher Lage aufweisen, als ursprünglich geplant wurde. Die LE-Mengen wiederum, welche über ihre Terminzuordnung den tatsächlichen Bauablauf beschreiben, führen zu zeitlichen Lagen der Sollwerte, welche von der zeitlichen Lage gemäß Planung abweichen. Man muss zu einem beliebigen Stichtag X letztlich unterscheiden zwischen

- vorgegebenen Werten gemäß Soll-Terminen der ursprünglichen Planung,
- vorgegebenen Werten gemäß Soll-Terminen einer aktualisierten Planung,
- vorgegebenen Werten der erbrachten Bauleistung gemäß Ist-Terminen,
- vorgegebenen Werten der Restbauleistung gemäß aktualisierten Soll-Terminen.

Unter "vorgegebenen Werten" sind alle Größen der Arbeitskalkulation wie *Leistungswert, Budget, Sollkosten* etc. zu verstehen.

Es kann im Laufe der Bauzeit mehrere Stände der Gesamtplanung gegeben haben. Jede Feststellung von Ist-Terminen hat wiederum Einfluss auf die zeitliche Lage der Restbauleistungen. Die Struktur sämtlicher Informationen ist also bei Einbeziehung der verschiedenen Planungsstände und der Historie der Bauausführung je nach Größenordnung der unvorgesehenen Einflüsse u.U. sehr komplex.

Nur die Ist-Werte haben eine eindeutige zeitliche Lage.

Zumindest die wichtigsten Informationen müssen in Zusammenhängen sichtbar gemacht werden, weil vergleichende Verfolgungen über die Bauzeit erforderlich sind. Die vorgegebenen und die Ist-Werte müssen dazu in Abhängigkeit von ihrer zeitlichen Lage ausgewertet werden. Dabei besteht das Problem, dass trotz ständiger datumsbezogener Verfügbarkeit der LE-Mengen, frühere Auswertungsstände nicht ohne Weiteres nachvollzogen werden können, sobald Arbeitskalkulation und Bauablaufplanung verändert wurden. Deshalb ist es erforderlich, dass Ergebnisse früherer Auswertungsstände datumsabhängig gespeichert werden. In Abschnitt D, Kap. 1.3.2 wurde bereits festgestellt, dass eine solche Speicherung notwendig ist, um das Unternehmens-Controlling in brauchbarer Form mit Projektinformationen versorgen zu können. Der Anwender des Baustellen-Controlling muss jeweils entscheiden, wann nutzbare Zustände der Bearbeitung erreicht sind, und dafür sorgen, dass die wichtigen Kerninformationen des Projektes jeweils ausgewertet und unabhängig von weiteren Veränderungen der Planungsdaten bereitgestellt werden. In einer "neutralen" Datei oder Datenbank stehen dann die wichtigen Kerninformationen, jeweils auch auf die Bauzeit verteilt:

- aus den wichtigsten Planungsständen
- aus den Auswertungen auf Basis der LE-Mengen (Ist-Stände)

Die Informationen werden dort von Dialogen oder Drucklisten aufgegriffen. Dorthin kann auch die Bebu die Ist-Kosten einstellen.

Wert			**Feb. 02**	**Mrz. 02**	**Apr. 02**	**Mai. 02**
LE zum Stichtag						
Leistungswerte	Eigenleistung	P	66.891	133.434	214.639	244.004
	Fremdleistung	P	96.668	60.206	61.803	65.716
	Gesamt ohne eig. Betr.	P	163.559	193.639	276.442	309.720
	Eigene Betriebe	P				3.722
	Gesamt	P	163.559	193.639	276.442	313.442
AGK		P	13.085	15.491	22.115	24.778
Budget	Eigenleistung	P	62.105	121.797	200.847	215.402
	Fremdleistung	P	88.363	56.472	58.559	60.455
	Gesamt ohne eig. Betr.	P	150.468	178.269	259.406	275.857
	Eigene Betriebe	P	0	0	1.462	2.222
	Gesamt	P	150.468	178.269	260.868	278.079
Sollkosten	Eigenleistung	P	59.741	119.145	191.727	217.925
	Fremdleistung	P	86.335	53.750	55.220	58.692
	Gesamt ohne eig. Betr.	P	146.076	172.895	246.947	276.617
	Eigene Betriebe	P	0	0	1.477	2.245
	Gesamt	P	146.076	172.895	248.424	278.862
Ist-Kosten	Eigenleistung	P	62.443	119.253	184.451	213.626
	Fremdleistung	P	86.526	53.846	55.356	57.810
	Gesamt ohne eig. Betr.	P	148.969	173.099	239.807	271.436
	Eigene Betriebe	P	0	0	1.477	2.245
	Gesamt	P	148.969	173.099	241.284	273.681
Soll-Ist	Gesamt ohne eig. Betr.	P	-2.893	-204	7.140	5.181
Budget - Ist	Gesamt ohne eig. Betr.	P	1.499	5.170	19.584	4.398
Soll-Deckungsbeitrag	Gesamt ohne eig. Betr.	P	17.483	20.744	29.495	33.103
Soll-DB in % v. Ums.	Gesamt ohne eig. Betr.	P	10,69%	10,71%	10,67%	10,69%
Ist-Deckungsbeitrag	Gesamt ohne eig. Betr.	P	14.590	20.540	36.635	38.284
Ist-DB in % von Ums.	Gesamt ohne eig. Betr.	P	8,92%	10,61%	13,25%	12,36%

Abbildung 223: Vergleichende Auswertung von Ist-Ständen

Das Unternehmen muss einmal allgemeingültig definiert haben, welche Arten von Informationen aus den Projektbearbeitungen grundsätzlich im "neutralen" Informationssystem bereitzustellen sind. Ob alle diese Informationen oder nur Teile davon relevant werden, entscheidet sich im Einzelfall.

6.1 Vergleichende Auswertung von Ist-Ständen

Abbildung 223 zeigt die Auswertung einiger wichtiger Werte des Projektes in den abgelaufenen Kalendermonaten, jeweils als Periodenwerte:

- Leistungswert, Budget, Sollkosten auf der Basis der jeweiligen LE-Mengen und der zu diesen Zeitpunkten jeweils gültigen Stände der Arbeitskalkulation
- Ist-Kosten
- Deckungsbeitrag und Ergebnis für Soll und Ist

Insbesondere die Vergleiche von Deckungsbeitrag und Ergebnis in % von Monat zu Monat zeigen auf, wie der "Trend" ist. Es sind auch Darstellungen mit jeweils Summenwerten seit Baubeginn möglich.

6.2 Vergleichende Auswertung von Planung und Ist-Stand

Wie wichtig es sein kann, die ursprüngliche Planung mit den Ist-Ständen zu vergleichen, wird besonders deutlich in den Fällen, in denen der AG verantwortlich dafür ist, dass Terminverzögerungen eingetreten sind. In der Regel besteht der Einfluss in der verspäteten Bereitstellung der Ausführungsplanung oder in Änderungen der Planungen.

In solchen Fällen müssen gegenübergestellt werden:

- Zeitlicher Verlauf der wichtigsten Kenngrößen (Leistungswert, Kosten, Stunden, wichtige Ressourcen) pro Kalendermonat gemäß ursprünglicher Planung.
- Tatsächlicher Verlauf dieser Kenngrößen unter Einbeziehung der Ist-Kosten.

Abbildung 224 zeigt einen solchen Vergleich, welcher eine der Grundlagen zur Geltendmachung zusätzlicher Baustellengemeinkosten und sonstiger Zusatzkosten werden wird.

Welche derartigen Vergleiche relevant werden können, ist sehr unterschiedlich. Besonders schwierig wird es, wenn zu unterschiedlichen Zeitpunkten immer wieder störende Einflüsse zum Tragen kommen. Deshalb ist es erforderlich, dass das Verfahren die freie Auswahl der in einem Zusammenhang zu stellenden Informationen ermöglicht. Die Ergebnisse mehrerer Planungsstände müssen getrennt voneinander verwaltbar sein.

Auf die eigentliche Kalkulation der Mehrkosten auf Grund von Störungen des Bauablaufes kann im Rahmen dieser Veröffentlichung nicht eingegangen werden. Es ist ein sehr komplexes Thema, weil in einem Projekt meistens viele Einflüsse zusammenkommen mit unterschiedlichen Auswirkungen auf Termine und Kosten. Außerdem spielen viele Fragen rechtlicher Art eine Rolle.

Musterbau GmbH | Projektauswertung über die Bauzeit | Seite: 1

Projekt: 02142 - Verwaltungsgebäude Schmidt KG | Bearbeitungsstand: 31.05.2002 | 02.06.2002/15:46

Wert			Feb. 02	Mrz. 02	Apr. 02	Mai. 02	Jun. 02	Jul. 02	Aug. 02	Sep. 02	Okt. 02	Nov. 02	Dez. 02	Jan. 03	ab Feb 03
Ursprüngliche zeitliche Einplanung															
Leistungswert	Gesamt ohne eig. Betr.	S	161.095	352.939	635.704	935.018	1.242.870	1.568.804	1.859.633	2.161.579	2.532.046	2.876.481	3.076.213	3.122.692	3.160.308
Leistungswert	Gesamt ohne eig. Betr.	P	161.095	191.844	282.765	299.314	307.852	325.934	290.830	301.946	370.467	344.435	199.732	46.479	37.616
Istwerte nach Störung Bauablauf															
Leistungswert	Gesamt ohne eig. Betr.	S	163.559	357.199	569.587	790.388	1.022.132	1.278.331	1.591.099	1.937.137	2.299.981	2.655.118	2.904.549	3.137.604	3.182.766
Leistungswert	Gesamt ohne eig. Betr.	P	163.559	193.639	212.388	220.801	231.744	256.199	312.768	346.038	362.844	355.137	249.431	233.055	45.162
bew. Sollkosten	Gesamt ohne eig. Betr.	S	146.078	319.021	508.710	705.912	912.887	1.141.704	1.421.043	1.730.097	2.054.160	2.371.341	2.594.113	2.802.259	2.842.594
bew. Sollkosten	Gesamt ohne eig. Betr.	P	146.078	172.943	189.688	197.202	206.975	228.817	279.340	309.054	324.064	317.180	222.772	208.146	40.335
Ist-Kosten	Gesamt ohne eig. Betr.	S	148.969	322.068	519.401	743.359	984.651	1.243.956	1.545.639	1.880.500	2.231.167	2.573.605	2.827.293	3.057.053	3.119.819
Ist-Kosten	Gesamt ohne eig. Betr.	P	148.969	173.099	197.333	223.958	241.292	259.305	301.683	334.861	350.667	342.438	253.688	229.760	62.766
bew. Soll-DB		S	17.481	38.177	60.877	84.476	109.245	136.627	170.055	207.040	245.820	283.777	310.436	335.345	340.172
bew. Soll-DB in % vom Umsatz			10,69%	10,69%	10,69%	10,69%	10,69%	10,69%	10,69%	10,69%	10,69%	10,69%	10,69%	10,69%	10,69%
		P	17.481	20.696	22.700	23.599	24.769	27.382	33.428	36.984	38.780	37.957	26.659	24.909	4.827
Ist-DB		S	14.590	35.131	50.186	47.029	37.481	34.375	45.460	56.637	68.814	81.513	77.256	80.551	62.947
Ist-DB in % vom Umsatz		S	8,92%	9,84%	8,81%	5,95%	3,67%	2,69%	2,86%	2,92%	2,99%	3,07%	2,66%	2,57%	1,98%
		P	14.590	20.540	15.055	-3.157	-9.548	-3.106	11.085	11.177	12.177	12.699	-4.257	3.295	-17.604
Ist-DB in % vom Umsatz		P	8,92%	10,61%	7,09%	-1,43%	-4,12%	-1,21%	3,54%	3,23%	3,36%	3,58%	-1,71%	1,41%	-38,98%

Legende: S = Summe seit Baubeginn bis Stichtag
P = Periodenwert

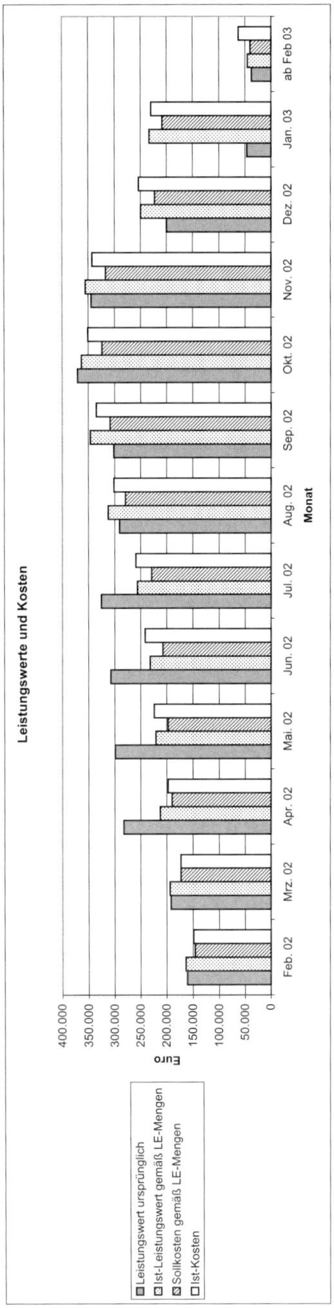

Abbildung 224: Vergleich der ursprünglichen Planung mit den Ist-Ständen

7 Dokumentation der Bauausführung

Die vollständige Dokumentation der Bauausführung – dazu zählen auch die Darstellungen besonderer Randbedingungen zur Ausführung - kann durchaus als Bestandteil des Baustellen-Controlling betrachtet werden. Sie erlangt spätestens dann sehr große Bedeutung, wenn es darum geht, Forderungen auf zusätzliche Erlöse geltend zu machen, weil durch Einflussnahmen seitens des AG anders ausgeführt werden musste als ursprünglich geplant. Siehe hierzu auch Abschnitt E, Kap. 1.2, 2.1, 3.1.1, 3.1.3 und 3.1.4. Die Dokumentation der Bauausführung ist dann ein Hilfsmittel, um die Einflüsse und deren Auswirkungen zu belegen. Da eine der Aufgaben des Baustellen-Controlling darin besteht, zur Optimierung der Erlöse beizutragen, zählt die Dokumentation zum Baustellen-Controlling.

Die Bauleitung des AN sollte eine vertraglich geregelte Pflicht, ein "Bautagebuch" zu schreiben, auf keinen Fall als eine Belastung ansehen, sondern als eine Chance begreifen. Dieses "offizielle" Bautagebuch ist ein Beleg mit Beweiskraft, wenn der AG nicht sofort widerspricht. Ob man jede interne Information in diesem Bautagebuch preisgibt, muss natürlich überlegt sein. Andererseits ist zu bedenken, dass eine sofort gegebene Information mehr Gewicht und Beweiskraft hat, als eine später nachgereichte, bei der man u.U. sogar Manipulation unterstellt. Außerdem sollte man nicht übersehen, dass der AG die Möglichkeit hat, sich fast jede Information eigenständig zu beschaffen. Und wehe, der AG verfügt über schlüssigere Informationen als man selbst!

Natürlich kann die Dokumentation auch nachteilige Wirkung haben, wenn man selbst ebenfalls für Bauzeitverzögerungen und unwirtschaftliches Arbeiten verantwortlich ist. Wer allerdings in ein Projekt geht in der Annahme, dass er mehr mit den eigenen Schwächen als mit den Schwächen anderer zu tun haben wird, sollte am besten gar nicht anfangen. Wir gehen also davon aus, dass die Dokumentation von Nutzen ist.

7.1 Termine der Ausführungsunterlagen

Dieses Thema wurde bereits in Abschnitt E, Kap. 2.1 und 3.1.3 behandelt Deshalb sei hier nur eine Zusammenfassung wiedergegeben.

Der AG muss rechtzeitig angeben, was er in welcher Art gebaut haben will. Sofern er selbst für die Ausführungsplanung verantwortlich ist, muss er die Ausführungsunterlagen rechtzeitig liefern. Sofern die Ausführungsplanung Sache des AN ist, muss der AG zumindest seine Rahmenplanung und Leistungsprogramme rechtzeitig zur Verfügung stellen. Liefert der AG seine Unterlagen zu spät, ist er die Ursache für Störungen des Ablaufs und für unwirtschaftliches Arbeiten und hat die daraus resultierenden Mehrkosten zu tragen.

Es muss frühzeitig festgelegt sein, welche Unterlagen zu welchem Termin zu liefern sind, evtl. differenziert nach vorläufigen und freigegebenen Fassungen. Der AN hat keinen Anlass, dem AG in Form von knappen Lieferfristen gegenüber Ausführung entgegen zu kommen. Es ist dringend zu empfehlen, die Termine für die Bereitstellung der Ausführungsunterlagen möglichst präzise vorzugeben.

Dann kommt es darauf an, die tatsächlichen Liefertermine im Vergleich zu den Soll-Terminen festzuhalten. Dies ist ein sehr wichtiger Teil der Dokumentation, weil bei Verzögerungen zunächst grundsätzlich davon auszugehen ist, dass sie Störungen im Bauablauf bewirken. Es kann sich herausstellen, dass dem nicht so ist. Gewarnt sei aber vor zu großzügigen Auslegungen in dieser Hinsicht. Bei gründlicher Untersuchung werden oft doch noch Einflüsse auf die Kosten festgestellt.

Anzeigen der Behinderung sind immer gesondert in schriftlicher Form vorzunehmen.

7.2 Ist-Termine

Die Feststellung der tatsächlichen Ausführungstermine sollte eine Selbstverständlichkeit sein, ebenso der Vergleich mit den Soll-Terminen. Hierzu wird auf Abschnitt G, Kap. 5.1 verwiesen. Die Ist-Termine sind ein Teil der Dokumentation der Bauausführung.

7.3 Bautagebuch

Gleich, ob das Bautagebuch durch den Vertrag gefordert ist oder nicht: Es wird täglich geführt und an den AG übergeben.

Inhalte des Bautagebuches sind:

- Datum, Wochentag
- Art und Anzahl des eingesetzten Personals (auch Angestellte)
  Sofern sich hier über längere Zeit nichts ändert, kann auf das Blatt zu einem früheren Datum verwiesen werden.
- Art und Anzahl der eingesetzten größeren Geräte
  Sofern sich hier über längere Zeit nichts ändert, kann auf das Blatt zu einem früheren Datum verwiesen werden.
- Wesentliche Materialanlieferungen nach Art und Menge
- Ausgeführte Arbeiten:
  - die eigentlichen Bautätigkeiten mit sämtlichen Hilfsmaßnahmen von der Geländeerschließung bis zur Räumung der Baustelle
  - Planungsarbeiten für das Bauwerk
- Tätige Nachunternehmer
  Sofern sich hier über längere Zeit nichts ändert, kann auf das Blatt zu einem früheren Datum verwiesen werden.
- Wetter und besondere Witterungseinflüsse auf die Bauarbeiten.
- Ausgeführte Arbeiten (evtl. mit prägnanten Mengen)
- Wesentliche Ereignisse (Anweisungen, Unfälle etc.)
- Hinweise auf Unterlagen aus dem Baustellen-Controlling (z.B. Bauablaufplanung) , welche vom AN an den AG übergeben wurden.

Wenn der AG behindernd in den Bauablauf eingegriffen hat, können zusätzliche Informationen über den Ist-Zustand relevant werden wie

- Art und Mengen von eingesetzten Ausrüstungen wie Schalungen, Rüstungen, Verbaugeräte etc.
- Wesentliche Transporte
- Besondere Dispositionen

7.4 Foto-Dokumentation

Die am leichtesten verständliche Form der Dokumentation der Bauausführung ist die Foto-Dokumentation. Die Fotos sind in der Aussagekraft mit Sicherheit jeglicher Beschreibung in Worten überlegen, wenn auch auf solche Beschreibungen nicht ganz verzichtet werden kann. Der Bauzustand sollte möglichst täglich fotografiert werden, und zwar so, dass sowohl wichtige Vorgänge ausführungstechnisch belegt sind als auch Zusammenhänge der Baubereiche zueinander zu erkennen sind. Nicht zu vergessen sind die Geländebedingungen vor Aufnahme der Bauarbeiten, Baustelleneinrichtung, Bauhilfsmaßnahmen und Geräteeinsätze bestimmter Art. Die Aufnahmen außergewöhnlicher Situationen, z.B. bei spektakulären Montagearbeiten, gehören ebenso zur Pflicht wie Situationen nach der Einwirkung von Naturgewalten.

Mit den modernen Mitteln der digitalen Kameras und der Verarbeitung der Bilder auf einem Computer ist die Foto-Dokumentation sehr einfach zu bewältigen. Nicht jedes Bild muss sofort als Abzug auf Papier zur Verfügung stehen. Ausdrucke in größerem Umfang kann man bei Bedarf herstellen. Bei der Verarbeitung sollte aber immer daran gedacht werden, dass das Datum des Fotos reproduzierbar sein muss und dass manche Situation auch sofort eine textliche Erläuterung braucht.

8 Auswertungen des fertigen Projektes

Die Erfahrungen, welche aus einem ausgeführten Projekt gewonnen wurden, sollen nach Möglichkeit bei folgenden Projekten wieder genutzt werden. Zu den "Erfahrungen" gehören auch die zahlenmäßigen Auswertungen eines Projektes.

Der Schlusstand eines Projektes kann in den bereits bekannten Formen jederzeit ausgewertet werden, solange der Datenbestand des Projektes verfügbar ist. Man wird aber dennoch die wichtigsten Auswertungen unmittelbar nach Feststellung des endgültigen Leistungsstandes in Form von Drucklisten ablegen. Dies sind:

- Auswertung der Sollkosten nach Kostenarten
- Schlussauswertung der Arbeitskalkulation
- Schlussauswertung der Leistungsbewertung
- Budgetplanung und Budgetkontrolle
- Kosten-Soll-Ist-Vergleich

- Stunden-Soll-Ist-Vergleich
- Letzte Version der Bauablaufplanung

Schon zu Beginn bzw. während der Bauausführung sollte daran gedacht worden sein, folgende Unterlagen in Form von Drucklisten auszugeben und für die Archivierung aufzubewahren:

- Auswertung der Sollkosten nach Kostenarten gemäß 1. Fassung der Arbeitskalkulation
- Schlussauswertung der 1. Fassung der Arbeitskalkulation
- Ursprüngliche Budgetplanung
- Ursprüngliche Bauablaufplanung
- Aktualisierte Fassungen der Bauablaufplanung auf Grund von Störungen des Bauablaufs durch den AG

Auch die über die Bauzeit archivierten Kerndaten des Projektes (Abschnitt G, Kap. 6), welche die "Historie" der Entwicklungen wiedergeben, gehören zu den wichtigen Informationen des abgeschlossenen Projektes.

All diese Informationen eines abgeschlossenen Projektes verlieren allerdings schnell ihren Wert, wenn sie nicht ergänzend so aufbereitet sind, dass auch ein nicht am Projekt Beteiligter zur richtigen Interpretation kommen kann. Deshalb bedarf es ergänzender Beschreibungen und Angaben wie

- Eigenschaften des Projektes wie Merkmale von Architektur und Konstruktion, sowie Qualitätsstandards in den Gewerken
- Besonderheiten der örtlichen Randbedingungen
- Baupreisindizes zum Zeitpunkt der Ausführung
- Terminliche Rahmenbedingungen
- Gewählte Bauverfahren

Sehr hilfreich für die Zukunft ist die sofortige Feststellung von Kennzahlen zum Projekt. Dazu müssen Mengen zu den prägnanten Kenngrößen festgestellt werden, wie z.B. zu den Kenngrößen gemäß DIN 277 wie

- Brutto-Grundfläche (BGF)
- Konstruktions-Grundfläche (KGF)
- Netto-Grundfläche (NGF)
- Bruttorauminhalt (BRI)
- etc.

In Abhängigkeiten von Konstruktionsarten des Rohbaus kommen aber auch Mengen zu Größen wie

- m^3 Beton
- m^2 Brückenüberbau
- m^2 Fahrbahnfläche
- m^2 Gehwegfläche
- lfm Randstein
- etc.

in Frage.

Kosten und Erlöse des Projektes können dann auf diese Mengen umgelegt werden, womit sich Kennzahlen ergeben, die für Vergleiche oder Kostenschätzungen herangezogen werden können. Bei der Ermittlung von solchen Kennzahlen ist allerdings sehr sorgfältig darauf zu achten, dass die Kosten in ausreichender Differenzierung ausgewertet werden. Im SF-Bau kommt es z.B. insbesondere auf die Kennzahlen pro Gewerk an, wobei aber auch Gebäudetyp und Qualität der Ausbaustandards genau beschrieben sein müssen. Eine Kennzahl bei anspruchsvoller Architektur und hohem Ausbaustandard kann nicht mit derjenigen für einfache Bauweise und einfacher Ausstattung verglichen werden. Die Kennzahl zu einer technisch anspruchslosen Brücke kann nicht mit derjenigen einer großen Talbrücke verglichen werden.

Jede Bauwerksart hat letztlich ihre spezifischen Kenngrößen und Kennzahlen. Das Thema der Projektauswertungen ist insgesamt ein sehr weites Feld. Im Rahmen der vorliegenden Veröffentlichung muss es bei diesen kurzen Hinweisen bleiben.

Abschnitt H: Baustelle mit begrenztem Volumen und kurzer Bauzeit ("Kleinbaustelle")

1 Einfluss der speziellen Randbedingungen

In Abschnitt D, Kap. 1.2 und Abschnitt F, Kap. 5.3 wurde angedeutet, dass Baustellen mit begrenztem Bauvolumen und mit kurzer Bauzeit Randbedingungen aufweisen, welche den Nutzen verschiedener Controlling-Schritte ganz oder teilweise in Frage stellen und in anderen Schritten spezielle Arbeitsweisen erforderlich machen. In den folgenden Unterkapiteln sollen die Folgerungen aus bestimmten Randbedingungen konkretisiert werden.

1.1 Die Kleinbaustelle mit nicht konkret bestimmtem Leistungsvolumen

Es gibt verschiedene Arten von Kleinbaustellen, bei denen im Voraus die in Frage kommenden Leistungsarten und deren Mengen nur relativ vage vorgegeben sind. Beispielhaft hierfür seien genannt:

- Baumaßnahmen des kommunalen Tiefbaus (Straßenbau, Kanalbau, Leitungsbau), welche im Rahmen von Jahresverträgen abgewickelt werden.
- Kleine Baumaßnahmen des kommunalen Tiefbaus oder Reparatur und Sanierungsaufträge, die zwar per Einzel-LV ausgeschrieben und vergeben wurden, deren tatsächliches Leistungsvolumen sich aber dennoch weitgehend erst aus Einzelentscheidungen während der Ausführung ergibt.
- Aufträge, deren Leistungen zu einem großen Teil auf Nachweis per Verrechnungssätzen für Stundenlohnarbeiten (Regiearbeiten) abgerechnet werden.

In allen Fällen, in denen über einen wesentlichen Teil der Leistungsarten und auszuführenden Mengen erst kurz vor oder gar erst während der Ausführung entschieden wird, ist der Nutzen folgender Arbeitsschritte des Baustellen-Controlling ganz oder zumindest in wesentlichen Teilen in Frage gestellt:

- In der Arbeitskalkulation:
  - VA-Mengen
  - Risikoabschätzungen
  - Vorausschau auf voraussichtliche Gesamtwerte von Kosten, Erlös, Deckungsbeitrag, Ergebnis
- Entweder die gesamte Bauablaufplanung oder zumindest eine Bauablaufplanung, welche über eine Grobstrukturierung hinaus geht.

- Die Zuordnung von Teilleistungen mit Teilmengen zu Bauvorgängen und alle darauf aufbauenden Arbeiten.
- Die Budgetplanung.
- Die Ergebnisse der monatlichen Bearbeitungen als Mittel für die Steuerung der laufenden Arbeiten.

Als Aufgabe der Arbeitskalkulation verbleibt, die Darstellung der Sollkosten pro Mengeneinheit der Teilleistungen gemäß den gewählten Ausführungsmethoden. Abgesehen von Anpassungen der Mittellöhne und der Einkaufspreise, wird die Arbeitskalkulation inhaltlich weitgehendst mit der Angebotskalkulation übereinstimmen. Auf eine spezielle Überarbeitung in Form der Auftragskalkulation wird verzichtet. Die Disposition der Bauleistungen erfolgt weitgehend nur über das 2-Wochenprogramm der Baustelle.

Die laufende Leistungskontrolle erfolgt über Leistungseinheiten (siehe das folgende Kapitel 2). RE-Mengen zu den Stichtagen werden erfasst, um die Abrechnung der Leistungen gegenüber dem AG sicher zu stellen; davon abweichende LE-Mengen wird es kaum geben. Der Kosten-Soll-Ist-Vergleich wird durchgeführt, um die Kontrolle der Gesamtkosten im Auge zu behalten, kaum aber, um daraus noch Steuerungsmaßnahmen für das Projekt abzuleiten.

Ein monatlich durchgeführter Stunden-Soll-Ist-Vergleich kommt als Leistungskontrolle der aktuellen Baumaßnahme nicht in Frage, weil die Aussagen zur Vergangenheit mit einem "Durcheinander" verschiedenster Leistungen nicht für die noch wenig bekannten bevorstehenden Leistungen genutzt werden können. Eine entsprechende Aufbereitung der Arbeitskalkulation findet also nicht statt.

1.2 Die Kleinbaustelle mit kurzer Bauzeit

Ist in einem kleinen Projekt das Leistungsvolumen relativ sicher vorausbestimmbar, die Bauzeit aber nicht länger als 3 oder 4 Monate, liegen die Randbedingungen wieder näher an denen des "normalen" Projektes. Die Bedeutung der Auftragskalkulation ist nicht eingeschränkt, die der Arbeitskalkulation nur im Hinblick auf das Gewicht der Auswertungen für LE-Mengen zu Monatsstichtagen:

- Es gibt nur wenige Monats-Stichtage.
- Die einzelne Auswertung beschreibt eine Bauphase, die wenig oder gar keine Ähnlichkeit mehr mit der aktuellen Bauphase hat, so dass daraus nur sehr bedingt Rückschlüsse für Steuerungsmaßnahmen in der noch verbleibenden Bauleistung gezogen werden können. Das Monatsraster ist zu grob.

Die Arbeitskalkulation wird also im Sinne der allgemeingültigen Beschreibung durchgeführt. Inhaltlich wird sie sich wegen des beschränkten und meist technisch weniger anspruchsvollen Leistungsvolumens ebenfalls nur wenig von der Angebotskalkulation unterscheiden, abgesehen von Anpassungen der Mittellöhne und der Einkaufspreise. Die Budgetwerte aus der Auftragskalkulation werden zumindest bei einem Einheitspreisvertrag kaum einer Überarbeitung zu unterziehen sein. Der Vergleich der Sollkosten mit den Budgets ist ein "Abfallprodukt" der Arbeiten, ohne dass hierfür ein spezieller Aufwand betrieben werden muss.

Die Bedeutung der Bauablaufplanung als Terminrahmen bleibt zwar unvermindert bestehen, der Nutzen der Zuordnung von Teilleistungen zu Bauvorgängen ist allerdings gemindert, weil diese Vorarbeit nur für die Leistungsmeldung sehr weniger Stichtage genutzt werden kann. Auf diese Zuordnung wird also evtl. verzichtet werden. Die Disposition der Bauleistungen erfolgt über das 2-Wochen-Programm der Baustelle.

Die laufende Leistungskontrolle erfolgt über Leistungseinheiten (siehe das folgende Kapitel 2). RE-/LE-Mengen zu den Stichtagen werden erfasst, um die Abrechnung der Leistungen gegenüber dem AG sicher zu stellen. Der Kosten-Soll-Ist-Vergleich wird durchgeführt, um die Kontrolle der Gesamtkosten im Auge zu behalten, kaum aber, um daraus noch Steuerungsmaßnahmen für das Projekt abzuleiten.

Ein monatlich durchgeführter Stunden-Soll-Ist-Vergleich wird als Leistungskontrolle der aktuellen Baumaßnahme kaum in Frage kommen, weil die Aussagen zu spät kommen, um daraufhin noch wesentlichen Einfluss in den bevorstehenden Arbeiten nehmen zu können. Eine entsprechende Aufbereitung der Arbeitskalkulation findet also nicht statt.

2 Leistungskontrolle über Leistungseinheiten

2.1 Leistungsbereich und Leistungseinheiten

In jedem Projekt werden bestimmte Teilleistungen im Bereich der Eigenleistungen durch vorab nach Art und Menge bestimmte und bereitgestellte Arbeitsmittel (Personal, Gerät, Ausstattungen) erbracht. Welche Teilleistung in welcher Menge durch welche Art und Anzahl von Arbeitsmitteln erbracht werden soll, ist in der Arbeitskalkulation über die Ansätze zu den Sollkosten ausgesagt.

Wenn mehrere Arbeitsmittel in einer festen Zusammensetzung nach Art und Anzahl über einen Zeitraum mehrerer oder vieler Arbeitstage konstant und ausschließlich für eine bestimmte Auswahl von Teilleistungen eingesetzt werden, so stellt diese Kombination von Arbeitsmitteln eine **Leistungseinheit** dar, die auf einen bestimmten Leistungsbereich angesetzt ist. So kann z.B. dem Leistungsbereich "Aushub der Baugrube", der aus mehreren Positionen für Aushub und Abfuhr bestehen kann, eine Leistungseinheit bestehend aus 1 Bagger und 9 LKW zugeordnet sein.

Ein Leistungsbereich kann bestehen aus

- einer einzigen Position
- aus mehreren Positionen
- aus sämtlichen Positionen des Projektes.

Ein Leistungsbereich wird erst im Zuge der Leistungskontrolle frei definiert. Die Abgrenzungen der einzelnen Leistungsbereiche müssen aber gegeneinander so erfolgen, dass jedem Leistungsbereich die für dessen Ausführung bestimmten Leistungseinheiten eindeutig zugeordnet werden können. An einem Leistungsbereich können während seiner Ausführungsdauer auch unterschiedliche Leistungseinheiten arbeiten, z.B. zunächst der Bagger mit 9 LKW und später der Bagger nur mit 5 LKW. In einem solchen Fall wird man Bagger und LKW als getrennte Leistungseinheiten definieren, weil sie dann jeweils mit der richtigen Anzahl dem Leistungsbereich zugeordnet werden können. Auch der Leistungsbereich wird dann nach Zeiträumen unterteilt.

Die Leistungseinheiten sind in Abschnitt E, Kap. 5.3 behandelt. Einer Leistungseinheit werden mit den normalen Mitteln der Kalkulation diejenigen Kosten zugeordnet, welche unabhängig von Beschäftigungsgrad der Leistungseinheit anfallen. Diese Fixkosten fallen an, ob die Leistungseinheit arbeitet oder nicht. Die Fixkosten der Leistungseinheit werden für die Leistungskontrolle genutzt.

Die Fixkosten einer Leistungseinheit werden pro Zeiteinheit "Stunde" festgestellt (siehe Abbildung 193). Damit können die Fixkosten für Arbeitstage mit beliebiger Anzahl an Arbeitsstunden ermittelt werden, welche im Zuge der Kontrolle von Tagesleistungen benötigt werden.

2.2 Leistungskontrolle über Leistungseinheiten

2.2.1 Leistungskontrolle eines Teilbereiches der Baustelle

Wenn eine Leistungseinheit einer einzelnen Teilleistungsposition zugeordnet ist, so ist die Aussage zur geforderten Tagesleistung direkt aus der Arbeitskalkulation ablesbar und über eine einfache Mengenkontrolle kontrollierbar. Hat die bereits genannte Leistungsgruppe "1 Bagger + 9 LKW" über eine bestimmte Zeit nur eine einzige Position "Aushub Baugrube einschl. Abfuhr" auszuführen, und steht in dieser Position eine Leistungsvorgabe von 80,00 m³ pro Stunde, so besteht die Leistungskontrolle in der Überwachung, ob bei einem 9-Stunden-Tag mindestens 720,00 m³ oder bei einem 4-Stunden-Tag (z.B. freitags) mindestens 320,00 m³ geleistet wurden. Dazu bedürfte es nur eines sehr einfachen Berichtswesens.

In der Regel sind die Zuordnungen zwischen Leistungsbereich und Leistungseinheit aber nicht so einfach. Meist führt eine Leistungseinheit mehrere Positionen aus (der Leistungsbereich besteht aus mehreren Teilleistungen), die o.g. Einheit "1 Bagger + 9 LKW" z.B. mehrere Aushubpositionen unterschiedlicher Bodenklassen mit variierenden Leistungsansätzen pro Stunde. Die Mengenrelation dieser Teilleistungen kann von Tag zu Tag schwanken. In solchen Fällen ist die Leistungskontrolle nur über Mengen/Std. kaum mehr möglich.

Wie bereits in Abschnitt F, Kap. 5.3 gesagt wurde, wird die Kontrolle dann über den Vergleich der Fixkosten durchgeführt: **Die Leistungseinheiten zu einem Leistungsbereich müssen pro Stunde oder Tag mindestens so viele Teilleistungen ausführen, dass die dafür in der Arbeitskalkulation angesetzten Fixkosten (Personal, Gerät) zur Deckung der Fixkosten der Leistungseinheiten ausreichen.**

Die Fixkosten der Teilleistungen pro Mengeneinheit sind ein Teil der kalkulierten Gesamtkosten. Dieser Anteil bestimmt sich automatisch darüber, dass alle Kostenarten, welche zu den Fixkosten in Leistungseinheiten gerechnet werden, im Katalog der Kostenarten ein entsprechendes Merkmal führen (siehe Abschnitt B, Kap. 5.4). Wird eine Teilleistung in der Leistungskontrolle angesprochen, so liefert sie automatisch diese kalkulierten Fixkosten pro Mengeneinheit. Eine Zusammenstellung der in einem Leistungsbereich erbrachten Teilleistungen mit ihren Tagesmengen liefert automatisch die zugehörige kalkulierte Summe der Fixkosten; es sind die Soll-Fixkosten. Benennt man ergänzend die eingesetzten Leistungseinheiten mit ihrer Anzahl an geleisteten Stunden, so ergeben sich die tatsächlich aufgewendeten Fixkosten, welche mit den Soll-Fixkosten zu vergleichen sind.

Eine solche Kontrolle zeigt Abbildung 225.

Musterbau GmbH — **Kontrolle der Fixkosten nach Leistungsbereichen** — Seite: 1
Projekt: 02142 - Verwaltungsgebäude Schmidt KG — 21.02.2002/11.44

Leistungsbereich

Schlüssel	Bezeichnung
2	**Aushub Baugrube**

Datum 20.02.2002

Summe der Fixkosten der Teilleistungen bis Vortag (Soll):	**30.236,82**
Summe der Fixkosten der Leistungseinheiten bis Vortag (Ist):	**28.961,52**
Über-/Unterdeckung der Fixkosten bis Vortag:	**1.275,30**
Über-/Unterdeckung der Fixkosten bis Vortag in % bezogen auf Soll-Fixkosten:	**4,22%**

Leistungseinheit

Schlüssel	Bezeichnung			Menge	ME	Kosten/Std	Fixkosten/Tag
3	**Leistungsgruppe Baugrubenaushub**			**8,000**	**Std**	**517,17**	**4.137,36**
	U-Pos.	SL	Bezeichnung	Menge	ME	Kosten/E	Fixkosten/Std
	1	GR-D.1.00.0160-1	Hydrobagger 160 KW auf Raupen, 1,6 m³ Tiefl., mit Fahrer	1,000	Std	63,30	63,30
	2	S22	Std. Erdbau (Beihilfe)	1,000	Std	27,00	27,00
	3	GR-P.2.13.0200	LKW 14 to Nutzlast	9,000	Std	47,43	426,87

Erbrachte Teilleistungen

OZ	Bezeichnung	Menge/Tag	ME	Fixkosten/ME	Fixkosten/Tag
					4.315,33
2.7	Baugrubenaushub Bodenklasse 5 + Laden	625,000	m³	1,13	706,25
2.8	Baugrubenaushub Bodenklasse 6 + Laden	37,000	m³	2,00	74,00
2.9	Baugrubenaushub abfahren	662,000	m³	5,34	3.535,08

Über-/Unterdeckung der Fixkosten am Arbeitstag:	**177,97**
Über-/Unterdeckung der Fixkosten einschl. Stichtag in % bezogen auf Soll-Fixkosten:	**4,12%**
Summe der Fixkosten der Teilleistungen einschl. Stichtag (Soll):	**34.552,15**
Summe der Fixkosten der Leistungseinheiten einschl. Stichtag (Ist):	**33.098,88**
Über-/Unterdeckung der Fixkosten einschl. Stichtag:	**1.453,27**
Über-/Unterdeckung der Fixkosten einschl. Stichtag in % bezogen auf Soll-Fixkosten:	**4,21%**

Abbildung 225: Leistungskontrolle eines Leistungsbereiches

Dem Leistungsbereich "Aushub Baugrube" ist unter dem Datum "20.02.2002" die Leistungseinheit 3 zugewiesen, bestehend aus 1 Bagger mit Fahrer, 1 Mann Beihilfe sowie 9 LKW mit Fahrer. Bagger + Beihilfe und LKW könnten auch als getrennte Leistungseinheiten definiert sein. Gleich wie: Die Fixkosten der Leistungseinheiten sind immer pro Std. ermittelt. Im Feld "Menge" der Leistungseinheit wird dann angegeben, welche Menge an

Stunden am Arbeitstag aufgewendet wurde. Im Falle der Abbildung sind es 8,000 Stunden. Wären die LKW eigenständige Leistungseinheiten, wäre deren Menge 72,000 Stunden bei 9 LKW und 8,00 Std. Arbeitszeit.

Die Leistungseinheit verursacht bei 8,00 Std. Arbeitszeit Fixkosten von EUR 4.136,37. Es sollten also Leistungen erbracht sein, welche zu Soll-Fixkosten mindestens in dieser Höhe führen.

Unter demselben Datum sind die Teilleistungen aufgeführt, welche an diesem Tag geleistet wurden. Die drei Positionen führen zu kalkulierten Fixkosten von EUR 4.315,33, d.h. die Leistungseinheit hat mehr Teilleistungen geleistet, als bei deren Fixkosten erforderlich gewesen wäre. Die Kontrolle gibt ergänzend aus, wie es im Leistungsbereich bis zum Vortag stand und wie es insgesamt unter Einschluss des aktuellen Tages steht.

Bei dieser Art der Kontrolle wird aus der Feststellung, dass die Fixkosten der Leistungseinheit durch die entsprechend kalkulierten Fixkosten gedeckt sind, geschlossen, dass die kalkulierte Geräteleistung eingehalten wurde. Weiterhin wird daraus gefolgert, dass die kalkulierten Gesamtkosten eingehalten wurden. Diese Schlussfolgerungen sind natürlich nur unter bestimmten Voraussetzungen richtig.

Wäre in obigem Fall z.B. nur mit 4 LKW gearbeitet worden, so wären die Fixkosten der LKW entsprechend niedriger. Aber auch die Tagesmengen wären deutlich geringer, d.h. der Bagger hätte nicht mit der kalkulierten Stundenleistung gearbeitet. Dies hätte sich im Vergleich der Fixkosten negativ bemerkbar gemacht, weil die Tages-Fixkosten nur bei den LKW, nicht aber beim Bagger und bei der Beihilfe geringer geworden wären. Dennoch hätte sich auch dann noch eine positive Differenz ergeben können, wenn die Tagesleistung deutlich über 4/9 (Verhältnis der Anzahl LKW) des oben gezeigten Wertes gelegen hätte. Die Kontrolle über die Fixkosten hätte nicht aufgezeigt, dass die kalkulierte Leistung nicht erreicht wurde, was negative Folgen auf Bauablauf und sonstige Kostenbereiche mit sich bringt.

In obigem Fall hätte es aber auch sein können, dass die geforderte Tagesleistung nur mit 7 LKW erreicht wurde, obwohl mit 9 LKW kalkuliert wurde. Der Grund hierfür hätte darin liegen können, dass eine Erddeponie in geringerer Entfernung gewählt wurde. In diesem Fall würde die Überdeckung bei Kontrolle der Fixkosten noch deutlich günstiger ausfallen, weil die Fixkosten von 2 LKW entfallen. Auch die kalkulierte Stunden- und Tagesleistung wäre erfüllt. Dennoch könnte die Kontrollaussage über die Fixkosten eine Fehlentwicklung in den Gesamtkosten verbergen, nämlich dann, wenn die näher gelegene Deponie deutlich höhere Deponiegebühren kosten würde, welche die Einsparung der Fixkosten der beiden LKW mehr als aufzehrt.

Die beiden aufgezeigten Fälle machen deutlich, dass eine Kontrolle über Fixkosten von Leistungseinheiten u.U. nicht ohne begleitende Maßnahmen auskommt.

Im ersten Fall, in dem eine kalkulierte Stunden- oder Tagesleistung nicht erreicht wird, ohne dass sich dies in den Fixkosten direkt bemerkbar macht, hilft entweder eine parallel durchgeführte Kontrolle des Baufortschritts, oder die ergänzende Information über erwartete Leistungsmengen pro Stunde. Diese 2. Möglichkeit bedingt allerdings die zusätzliche

Angabe der kalkulierten Leistungsmenge pro Std. direkt in der Leistungskontrolle, weil dieser Wert auf Grund der unterschiedlichen Möglichkeiten der Darstellung in der Arbeitskalkulation nicht automatisch übernommen werden kann. Sind dem Leistungsbereich mehrere Teilleistungen zugeordnet, muss ohnehin entschieden werden, welche OZ den maßgebenden Vergleichswert liefern. Abbildung 226 zeigt diesen zusätzlichen Vergleich. Bei der OZ für die Abfuhr des Aushubs wurde die geforderte Sollmenge pro Std. erfasst. Bezogen auf die 8 Arbeitsstunden des Berichtstages wurden daraus die Sollmenge pro Tag sowie die Ist-Menge pro Stunde berechnet. Diese ergänzende Information – eingefügt in die Auswertung gemäß Abbildung 225 – stellt dann die gewünschte vollständige Kontrolle dar.

Erbrachte Teilleistungen

OZ	Bezeichnung	ME	Sollmenge/Std.	Sollmenge/Tag	Ist-Menge/Tag	Ist-Menge/Std.
2.7	Baugrubenaushub Bodenklasse 5 + Laden	m³			625,000	
2.8	Baugrubenaushub Bodenklasse 6 + Laden	m³			37,000	
2.9	Baugrubenaushub abfahren	m³	80,000	640,000	662,000	82,750

Abbildung 226: Vergleich von Stundenleistungen in der Leistungskontrolle

Diese Kontrolle wäre auch auf der Basis der Sollmengen der OZ 2.7 und 2.8 möglich (Abbildung 227). Im Falle mehrerer Bezugs-OZ sind die Rechenalgorithmen komplizierter, weil zunächst theoretische Ist-Zeiten pro OZ ermittelt werden müssen, bevor je OZ Ist-Mengen pro Stunde bzw. Sollmengen/Tag berechnet werden können.

Erbrachte Teilleistungen

OZ	Bezeichnung	ME	Sollmenge/Std.	Sollmenge/Tag	Ist-Menge/Tag	Ist-Menge/Std.
2.7	Baugrubenaushub Bodenklasse 5 + Laden	m³	80,000	579,057	625,000	86,347
2.8	Baugrubenaushub Bodenklasse 6 + Laden	m³	45,000	34,280	37,000	48,570
2.9	Baugrubenaushub abfahren	m³			662,000	

Abbildung 227: Vergleich von Stundenleistungen bei mehreren OZ

Theoretische Leistungszeit für OZ 2.7: 8,00 Std. x (625/80)/(625/80+37/45) = 7,24 Std.

Ist-Menge pro Stunde für OZ 2.7: 625/7,24 = 86,347 m³

Sollmenge pro Tag für OZ 2.7: 80 x 7,24 = 579,057 m³

Diese Rechengänge über mehrere OZ dürfen natürlich nur bei Leistungsarten durchgeführt werden, welche vergleichbare Kriterien (in diesem Fall die Leistung des Baggers) und ein ähnliches Gewicht der Fixkosten pro Mengeneinheit aufweisen. Nur dort wird eine Sollmenge pro Stunde angegeben. Die gleichzeitige Angabe auch bei OZ 2.9 wäre nicht korrekt, weil die LKW für die Abfuhr eine Leistungseinheit darstellen, welche im Baufortschritt parallel zum Bagger wirksam ist.

Dem zweiten Fall (Deponiegebühren), in dem eine Fehlentwicklung außerhalb der Fixkosten der Leistungseinheiten entsteht, aber nicht aufgezeigt würde, kann nur begegnet werden, indem man einer der Grundsatzforderung der Arbeitskalkulation folgt, nämlich dass in den Sollkosten die Herstellmethoden berücksichtigt werden müssen, welche der

Ausführung entsprechen. Im gewählten Beispiel bedeutet dies, dass vor der Entscheidung über die andere Deponie in der Arbeitskalkulation überprüft worden sein muss, ob dies insgesamt die günstigere Möglichkeit ist. Im positiven Fall wären also die höheren Deponiekosten, aber auch Fixkosten für 2 LKW weniger als Ansätze der Sollkosten zu berücksichtigen gewesen. Die Soll-Fixkosten der Teilleistungen wären wegen der LKW entsprechend niedriger, womit wiederum eine schärfere Vorgabe in der Leistungskontrolle bestanden hätte.

Den Problemen in der aufgezeigten Art kann also begegnet werden. Damit ist die dargestellte Leistungskontrolle bei der Eigenleistung grundsätzlich einsetzbar. Es besteht evtl. der Bedarf begleitender Untersuchungen. Dennoch sind dem Verfahren Grenzen gesetzt. Den diesbezüglichen Ausführungen in dem folgenden Kapitel 2.2.3 sei vorweggenommen, dass das Verfahren nicht mehr einsetzbar ist, wenn die tägliche Feststellung geleisteter Mengen pro Leistungsbereich zu aufwändig wird.

2.2.2 Leistungskontrolle der Kleinbaustelle über eine einzige Leistungseinheit

Gibt es in einer Kleinbaustelle keine Möglichkeit der eindeutigen Zuordnung von bestimmtem Personal und bestimmtem Gerät nur zu einem Teil der Gesamtleistung, so ist die gesamte Baustelle ein einziger Leistungsbereich. Nur von der Bauzeit her gesehen, könnten noch mehrere Leistungsbereiche definiert werden, welche dann aufeinander folgende Bauphasen beschreiben. Eine solche Unterteilung wird aber nur dann in Frage kommen, wenn es deutliche ausgeprägte Phasen mit sehr unterschiedlichen Leistungsschwerpunkten gibt.

Dem Leistungsbereich der Gesamtbaustelle oder den Leistungsbereichen der Gesamtbaustelle pro Bauphase wird pro Arbeitstag nur eine einzige Leistungseinheit zugeordnet. Diese Leistungseinheit umfasst sämtliches Personal und Gerät. Ändert sich die Zusammensetzung der Leistungseinheit ab einem bestimmten Stichtag in wesentlichen Komponenten, so wird eine neue Leistungseinheit definiert, welche dann auch andere Ist-Fixkosten aufweist. Da die Leistungskontrolle bezogen auf den Arbeitstag durchgeführt wird, ist immer eindeutig, welche Leistungseinheit jeweils tätig ist.

Das Verfahren ist praktikabel, wenn die Baustelle so "klein" ist, dass folgende Randbedingungen erfüllt sind:

- Die Anzahl der eingesetzten Arbeitsmittel (Personal, Gerät) mit wesentlicher Kostenbedeutung ist relativ gering, so dass die Zusammenstellung der Leistungseinheit wenig Arbeit macht.
- Die Zahl der pro Tag ausgeführten Positionen ist nicht groß (ca. 5 – 15) und die Abgrenzung teilfertiger Leistungen über Mengen ist einfach.
- Die Zahl der insgesamt im Projekt vorkommenden Positionen ist nicht groß (ca. 30-70).

Abbildung 228 zeigt ein Beispiel einer Leistungskontrolle einer Kleinbaustelle, welche nur aus einem Leistungsbereich besteht und in der nur eine Leistungseinheit arbeitet.

Musterbau GmbH **Kontrolle der Fixkosten nach Leistungsbereichen** Seite: 1
Projekt: 02151 - Kanal- und Leitungsarbeiten Industriestraße 11.09.2002/16.12

Leistungsbereich

Schlüssel	Bezeichnung
1	**Bauleistung komplett**

Datum 10.09.2002

Summe der Fixkosten der Teilleistungen bis Vortag (Soll):	**18.302,47**
Summe der Fixkosten der Leistungseinheiten bis Vortag (Ist):	**19.489,20**
Über-/Unterdeckung der Fixkosten bis Vortag:	**-1.186,73**
Über-/Unterdeckung der Fixkosten bis Vortag in % bezogen auf Soll-Fixkosten:	**-6,48%**

Leistungseinheit

Schlüssel	Bezeichnung	Menge	ME	Kosten/Std	Fixkosten/Tag
1	**Baustelle komplett von Baubeginn bis ...**	**8,000**	**Std**	**187,40**	**1.499,20**

U-Pos.	SL	Bezeichnung	Menge	ME	Kosten/E	Fixkosten/Std
	GR-D.1.00.0080-1	Hydrobagger 80 KW auf Raupen, 0,7 m³ Tiefl., ohne Personal	1,000	Std	24,08	24,08
	D.3.10.0060	Radlader 60 KW, Nutzlast 2,3 to	1,000	Std	16,35	16,35
	D.8.61.2050	Flächenrüttler 50 cm Arbeitsbreite	1,000	Std	1,40	1,40
	D.8.70.0060	Vibrostampfer 60 kg	1,000	Std	0,68	0,68
	S16	Gerätefahrer	1,000	Std	27,00	27,00
	S2	Std. Tiefbau (4 Mann)	4,000	Std	27,00	108,00
	X.2.01.0050	Bauwagen	1,000	Std	1,05	1,05
	X.2.01.0050	Bauwagen sanitär	1,000	Std	2,00	2,00
	Q.0.00.0070	Kompressor 7,0 m³, 54 KW, Diesel	1,000	Std	4,35	4,35
	Q.6.00.0011	Drucklufthammer 11 kg	2,000	Std	0,36	0,72
	Y.0.01.0007	Präzisionsnivellier 07	1,000	Std	0,81	0,81
	Y.0.50.0004	Kanalbaulaser 04	1,000	Std	0,96	0,96

Erbrachte Teilleistungen Fixkosten/Tag **1.415,89**

OZ	Bezeichnung	Menge/Tag	ME	Fixkosten/ME	Fixkosten/Tag
2.18	Kanalgrabenaushub bis 1,25 m Tiefe und Verfüllen	3,200	m³	8,14	26,05
2.19	Kanalgrabenaushub bis 2,5 m Tiefe und Verfüllen	34,500	m³	7,92	273,24
2.20	Zulage zu Pos. 18 + 19 für Handaushub	0,650	m³	67,50	43,88
3.2	Stzg.-Rohre DN 200, Steckmuffe K	21,500	lfm	17,45	375,18
3.3	Stzg.-Rohre DN 150, Steckmuffe L	4,500	lfm	16,27	73,22
3.6	Sandbett und Ummantelung Steinzeugrohre	22,500	lfm	2,38	53,55
3.7	Zulage für Stzg.-Bögen DN 150	2,000	Stk	9,45	18,90
3.19	Schachtsohlen aus B25, d = 20 cm für Schacht DN 1200	1,000	Stk	35,85	35,85
3.21	Ortbetonschachtwände d = 15 cm	0,430	m³	648,00	278,64
3.17	Schachtringe DN 1200 mit Steigeisen	2,500	stgm	94,96	237,40
Über-/Unterdeckung der Fixkosten am Arbeitstag:					**-83,31**
Über-/Unterdeckung der Fixkosten einschl. Stichtag in % bezogen auf Soll-Fixkosten:					**-5,88%**

Summe der Fixkosten der Teilleistungen einschl. Stichtag (Soll):	**19.718,36**
Summe der Fixkosten der Leistungseinheiten einschl. Stichtag (Ist):	**20.988,40**
Über-/Unterdeckung der Fixkosten einschl. Stichtag:	**-1.270,04**
Über-/Unterdeckung der Fixkosten einschl. Stichtag in % bezogen auf Soll-Fixkosten:	**-6,44%**

Abbildung 228: Leistungskontrolle einer Kleinbaustelle

Bis zum Vortag sind bereits Fixkosten im Soll und Ist aufgelaufen mit einer Unterdeckung von EUR - 1.186,73 oder –6,48 %. Es ist immer noch dieselbe Leistungseinheit im Einsatz, wie sie seit Baubeginn besteht. Ab einem späteren Tag könnte durchaus eine veränderte Leistungseinheit in Frage kommen, welche dann in veränderter Zusammensetzung zu definieren und ab dem betreffenden Stichtag einzusetzen wäre. Die eingesetzte Leistungseinheit verursacht Fixkosten pro Tag in Höhe von EUR 1.499,20. Es müssten am Stichtag also Teilleistungen ausgeführt sein, über die kalkulierte Fixkosten in mindestens dieser Höhe zusammenkommen.

Die am Stichtag ausgeführten Teilleistungen sind mit ihren Tagesmengen zusammengestellt. Dafür sind Fixkosten in Höhe von EUR 1.415,89 kalkuliert. Am Stichtag entsteht also eine Unterdeckung in Höhe von EUR – 83,31 oder – 5,88 %. Daraus kann man folgern, dass am Stichtag nur 94,12 % der erwarteten Leistung erbracht wurden. Seit Baubeginn erhöht sich die Unterdeckung auf EUR – 1.270,04.

Den größten Aufwand in dem Verfahren verursacht mit Sicherheit die tägliche Feststellung der erbrachten Leistungen. Es muss aber bedacht werden, dass zumindest bei der Baustelle, bei der über viele Leistungen tatsächlich nur von Tag zu Tag auf Grund örtlicher Gegebenheiten entschieden wird, die laufende Leistungsfeststellung meist die einzige Möglichkeit ist, um zur Vergütung in der gerechtfertigten Höhe zu kommen. Örtliche Aufmaße und Rapporte für Art und Mengen ausgeführter Regiearbeiten sind ohnehin täglich zu erstellen, weil der Nachweis später gar nicht mehr geführt werden kann. Als Beispiel hierfür sei wieder die Kleinbaustelle des kommunalen Tiefbaus angeführt. Wer solche Baustellen kennt, weiß, dass der tägliche Fleiß des Schachtmeisters oder Vorarbeiters in Aufmaß und Rapporten ausschlaggebend dafür ist, ob man zur erforderlichen Vergütung kommt.

Bei der Kleinbaustelle, bei der örtliche Aufmaße und Taglohnrapporte nur untergeordnete oder gar keine Bedeutung haben, ist die tägliche Mengenermittlung zusätzliche Arbeit. Da aber pro Tag nur wenige verschiedene Teilleistungen ausgeführt werden, hält sich der Aufwand doch in vertretbaren Grenzen. Eventuell kann auf die größere Zeiteinheit der Kalenderwoche ausgewichen werden.

Nicht unterschätzen sollte man den Effekt der Schärfung des Kosten- und Leistungsbewusstseins, welchen das ständige Praktizieren des Verfahrens zwangsläufig mit sich bringt (siehe Kap. 2.2.3).

2.2.3 Nutzen und Grenzen des Verfahrens

Bei der Leistungskontrolle über Fixkosten geht man davon aus, dass die sonstigen Kosten, welche direkt durch die Tätigkeit der Leistungseinheiten entstehen – also Materialkosten, Energiekosten und evtl. NU-Kosten – im Rahmen der zugehörigen Sollkosten lt. Arbeitskalkulation anfallen. Wenn diesbezüglich in der Arbeitskalkulation keine Kalkulationsfehler gemacht wurden, kann die Übereinstimmung von Soll- und Ist-Kosten in diesen Kostenbereichen erwartet werden.

Dennoch wird in vielen Fällen eine parallele Kontrolle des Materialverbrauchs anzuraten sein, weil es durchaus vielerlei Ursachen dafür geben kann, dass mehr Material und Betriebsstoffe verbraucht werden, als theoretisch zu Grunde gelegt wurde. Man denke z.B. an den Mehrverbrauch im Straßenunter- und –oberbau wegen Nichteinhaltung der geforderten Einbaustärken. Man denke z.B. auch an die vielen möglichen Hintergründe dafür, dass entweder mehr Material bezahlt wird, als geliefert wurde, oder mehr Material auf dem Lieferschein stand als effektiv geliefert wurde (vergl. Abschnitt G, Kap. 4.3).

Dem Verfahren sind "natürliche" Grenzen gesetzt, wie folgend noch erläutert wird. Auf jeden Fall ist es nur bei der Eigenleistung einsetzbar, weil nur diese die Bildung von Leistungseinheiten mit Fixkosten ermöglicht.

Dass die Fixkosten als Maßstab der Leistungskontrolle tauglich sind, mag zunächst verblüffen. Dies wäre auch nicht der Fall, wenn man von der "strengen" Definition der Fixkosten einer Baustelle ausgehen würde. Nicht zu den Fixkosten dürften nach dieser Definition alle jene Einsatzmittel gerechnet werden, bei deren Einsatz sich das Unternehmen ohne wesentliche Zusatzaufwendungen an die Beschäftigungsanforderungen der Baustelle anpassen kann. Dazu würden insbesondere die Personalkosten zählen: wenig Anforderung – wenig Personaleinsatz, viel Anforderung – viel Personaleinsatz.

Im Gegensatz dazu betrachtet man die Personalkosten bei den Leistungseinheiten als eine feste Größe. Die Leistungseinheit muss so beschäftigt werden, dass sie gemäß ihrer Zusammensetzung voll ausgelastet ist. Sie wird so zusammengesetzt, dass eine Auslastung möglich ist. Machen Beschäftigungsmöglichkeiten eine Änderung in der Zusammensetzung der Leistungseinheit erforderlich, so wird sie verändert. Sie ist dann ab einem bestimmten Zeitpunkt eine neue Einheit mit veränderten Fixkosten und folglich einer veränderten Leistungsanforderung. Aus der Einbeziehung der Personalkosten in die Fixkosten und aus der Flexibilität der Definition der Leistungseinheit resultiert die Verwendbarkeit des Verfahrens. Mit den Personalkosten ist der wesentliche Teil der beeinflussbaren direkten Kosten einbezogen, mit der Anpassung der Leistungseinheiten an Bauphasen wird der Maßstab der Fixkosten flexibel eingesetzt und behält damit seine Verwendbarkeit. Statt von Fixkosten könnte man auch von Arbeitskosten sprechen.

Die Leistungsbereiche und Leistungseinheiten müssen überschaubare Einheiten bleiben, damit die Arbeiten für Definition der Leistungseinheiten und die tägliche Zuordnung von geleisteten Mengen zu den Leistungsbereichen mit vertretbarem Aufwand durchgeführt werden können. Je schwerer es wird, zwischen Leistungsbereichen und eingesetzten Leistungseinheiten laufend eine eindeutige Beziehung herzustellen, um so weniger wird das Verfahren in Frage kommen. Wenn die Zuordnung gar nicht mehr möglich ist, kann nur noch die gesamte Baustelle als ein Leistungsbereich und eine Leistungseinheit betrachtet werden. Dann aber wird die Handhabung nur noch bei der Kleinbaustelle möglich sein, welche im vorstehenden Kapitel 2.2.2 behandelt wurde.

Bei der größeren Baustelle mit vielen verschiedenen Teilleistungen muss und kann man sich auf die Auswahl nur der wichtigsten Leistungsbereiche beschränken. Die laufende Leistungskontrolle ist ja letztlich nur in den Leistungsbereichen von Bedeutung, die maßgebend für den Fortschritt der Gesamtbaustelle sind. Die Beschränkung auf solche Leistungsbereiche reduziert die Zahl der zu definierenden Leistungseinheiten und der täglich zu ermittelnden Teilleistungen. Außerdem ermöglicht sie eher die eindeutige Zuordnung von Leistungseinheiten zu Leistungsbereichen. Auf jeden Fall liefert das Verfahren die laufende Übersicht, ob die für den Gesamtfortschritt der Baustelle erforderlichen Leistungen gemäß den Leistungsvorgaben erbracht wurden und ob der hierfür kalkulierte Kostenrahmen voraussichtlich eingehalten wurde.

Dennoch wird das Verfahren bei vielen Baustellen mittlerer Größe nicht in Frage kommen, nämlich dann, wenn es in der Baustelle keine ausgeprägten Leistungseinheiten mit eindeutiger Zuständigkeit für begrenzte Leistungsbereiche gibt.

Leistungsbereichen mit vorgegebenen Leistungsmengen pro Zeiteinheit dürfen keine Teilleistungen zugerechnet werden, welche nicht in direktem Zusammenhang mit dem betreffenden Baufortschritt stehen. Der Leistungsbereich der Baustellengemeinkosten kann hier also nicht einbezogen werden; er wäre als gesonderter Leistungsbereich einzuführen – wenn überhaupt.

Das Verfahren der Leistungskontrolle über Leistungsbereiche mit ihren Leistungseinheiten beschränkt sich in der Regel und abgesehen von der Kleinstbaustelle auf ausgewählte Kostenbereiche der Baustelle. Die betreffenden Vergleiche in den Fixkosten sind gute Anhaltspunkte zur Beurteilung über Erfolg oder Misserfolg im jeweiligen Bereich. Summierungen über mehrere Leistungsbereiche können bedingt ein Bild zur Gesamtbaustelle vermitteln. Letztlich liefert erst der monatliche Kosten-Soll-Ist-Vergleich die Kontrollaussage über alle Kostenbereiche. Auf diesen Soll-Ist-Vergleich sollte nicht verzichtet werden.

Bei allen eventuellen Vorbehalten gegen das Verfahren sollte bedacht werden, welch hervorragende Wirkung das ständige Praktizieren im Kostenbewusstsein der für die Disposition der Bauleistungen verantwortlichen Personen haben wird. Wer über die Arbeit am Bildschirm täglich vor Augen geführt bekommt, was die eingesetzten Leistungseinheiten kosten, und wer sich täglich vergewissern muss, ob diesen Kosten ein ausreichendes Leistungsvolumen gegenübersteht, wird sich wie selbstverständlich um Kostenreduzierung und Leistungssteigerung bemühen. Diese Art des Baustellen-Controlling ist das ureigenste Instrument der Bauleitung vor Ort mit engstem sachlichen und zeitlichen Bezug zur Ausführung.

Stichwortverzeichnis

Weitere Titel aus dem Programm

Mittag, Martin
Baukonstruktionslehre
Ein Nachschlagewerk für den Bauschaffenden über Konstruktionssysteme, Bauteile und Bauarten
18., vollst. überarb. Aufl. 2000. 586 S. Mit 9065 Abb. u. 840 Tab.
Geb. € 99,90
ISBN 3-528-02555-7

Mittag, Martin
Ausschreibungshilfe Rohbau
Standardleistungsbeschreibungen - Baupreise - Firmenverzeichnis
2002. 564 S. Geb. € 99,00
ISBN 3-528-02568-9

Mittag, Martin
Ausschreibungshilfe Ausbau
Standardleistungsbeschreibungen - Baupreise - Firmenverzeichnis
2002. 570 S. Geb. € 99,00
ISBN 3-528-02567-0

Mittag, Martin
Ausschreibungshilfe Haustechnik
Standardleistungsbeschreibungen - Baupreise - Firmenverzeichnis
2002. 808 S. Geb. € 124,00
ISBN 3-528-02571-9

Weitere Titel aus dem Programm

Schmitt, Heinrich / Heene, Andreas
Hochbaukonstruktion
Die Bauteile und das Baugefüge.
Grundlagen des heutigen Bauens
15., vollst. überarb. Aufl. 2001. XXIV, 750 S. Geb. € 108,00
ISBN 3-528-08854-0

Mittag, Martin
Baukonstruktionslehre
Ein Nachschlagewerk für den Bauschaffenden über Konstruktionssysteme, Bauteile und Bauarten
18., vollst. überarb. Aufl. 2000. 586 S. Mit 9065 Abb. u. 840 Tab. Geb. € 99,90
ISBN 3-528-02555-7

Tichelmann, Karsten / Pfau, Jochen
Entwicklungswandel Wohnungsbau:
Neue Gebäudekonzepte in Trocken- und Leichtbauweise
2000. VIII, 339 S.
Geb. € 49,90
ISBN 3-528-07717-4

Dachverband Lehm e.V. (Hrsg.)
Lehmbau Regeln
Begriffe - Baustoffe - Bauteile
2., korr. Aufl. 2002. XVI, 111 S.
Br. € 18,90
ISBN 3-528-12558-6

Tomm, Arwed
Ökologisch planen und bauen
Das Handbuch für Architekten, Ingenieure, Bauherren, Studenten, Baufirmen, Behörden, Stadtplaner, Politiker
3., vollst. aktual. u. erw. Aufl. 2000. XII, 280 S. Mit 79 Abb. u. 41 Tab. Br. € 34,90
ISBN 3-528-28879-5

Franke, Lutz / Deckelmann, Gernod (Hrsg.)
Baukonstruktion im Planungsprozess
Vom Entwurf zur Detailplanung
2002. XII, 417 S. mit 334 Abb. u. 58 Tab. Br. € 39,90
ISBN 3-528-02565-4

vieweg

Abraham-Lincoln-Straße 46
65189 Wiesbaden
Fax 0611.7878-400
www.vieweg.de

Stand März 2003.
Änderungen vorbehalten.
Erhältlich im Buchhandel oder im Verlag.